電路學精析第五版
Fundamentals of Electric Circuits 5e

Charles K. Alexander
Matthew N. O. Sadiku
著

陳在洤
編譯

國家圖書館出版品預行編目(CIP)資料

電路學精析 ／ Charles K. Alexander, Matthew N. O. Sadiku
著：陳在洼編譯. – 初版. -- 臺北市：麥格羅希爾，臺灣東華，
2016.05
　　面；　公分

譯自：Fundamentals of electric circuits, 5th ed.
ISBN　978-986-341-258-8 (平裝)

1. 電路

448.62　　　　　　　　　　　　　　　　105007631

電路學精析第五版

繁體中文版© 2016 年，美商麥格羅希爾國際股份有限公司台灣分公司版權所有。本書所有內容，未經本公司事前書面授權，不得以任何方式（包括儲存於資料庫或任何存取系統內）作全部或局部之翻印、仿製或轉載。

Traditional Chinese Abridged copyright ©2016 by McGraw-Hill International Enterprises, LLC., Taiwan Branch
Original title: Fundamentals of Electric Circuits, 5E (ISBN: 978-0-07-338057-5)
Original title copyright © 2012 by McGraw-Hill Education
All rights reserved.

作　　　者	Charles K. Alexander, Matthew N. O. Sadiku
編　　　譯	陳在洼
合作出版暨發行所	美商麥格羅希爾國際股份有限公司台灣分公司 台北市 10044 中正區博愛路 53 號 7 樓 TEL: (02) 2383-6000　　FAX: (02) 2388-8822
	臺灣東華書局股份有限公司 10045 台北市重慶南路一段 147 號 3 樓 TEL: (02) 2311-4027　　FAX: (02) 2311-6615 郵撥帳號：00064813 門市：10045 台北市重慶南路一段 147 號 1 樓 TEL: (02) 2382-1762
總 經 銷	臺灣東華書局股份有限公司
出版日期	西元 2016 年 5 月 初版一刷

ISBN：978-986-341-258-8

編輯大意

1. 本書係依 Charles K. Alexander / Matthew N. O. Sadiku 所著之"Fundamentals of Electric Circuits" 5th ed，且經原著作者 Alexander 及其出版商 McGraw-Hill 審定、授權，編譯而成。

2. 本"精析版"保留"Alexander 電路學第五版"中之最基礎及最精華部分，諸如歐姆定律、克希荷夫電壓及克希荷電流定律、串聯電阻和分壓以及並聯電阻與分流電路、Δ↔Y 互換、節點分析、網目分析、電源變換、重疊定理、戴維寧定律及諾頓定律、最大功率轉移定律、和有關相依電源、運算放大器、RLC 串聯及並聯電路之自然響應及步級響應、弦波穩態分析及功率計算、拉普拉斯轉換及其電路應用、雙埠電路等，十分符合一般大學之"電路學"課程標準且其內容由淺而深、解題精闢，又能以大量之例題、練習題及習題輔助學習，故對於一般大學、科技大學或技專院校而言，實為一本不可多得之優良教科書。

3. 若仍需探討電路學之進階主題 (如下所示) 請參閱 Charles K. Alexander / Matthew N. O. Sadiku 所著之"Fundamentals of Electric Circuits" 5th ed 完整版：

    ・三相電路 (第 12 章)。
    ・磁耦合電路 (第 13 章)。
    ・頻率響應及濾波器電路 (第 14 章)。
    ・傅立葉級數、轉換及電路應用 (第 17、18 章)。

4. 本書強調之特定教學目標為：

    ・以既有之知識去清楚理解新的觀念及想法。
    ・強調觀念理解與解題之間的關係。
    ・提供學生更扎實的工程實務基礎。

5. 本 "精析版" 雖已力求在保有原著、原譯者之原意下，參考一般大學之 "電路學" 課程，酌予精簡，使教材更符合所需，惟仍難免有所多遺漏、或疏忽之處，尚祈諸位先進不吝賜教，無勝感激。

編輯者：陳在洼

中華民國一〇五年四月十一日星期一

Contents

目錄

Chapter 1　基本概念　1
- 1.1　簡介　2
- 1.2　單位系統　3
- 1.3　電荷與電流　3
- 1.4　電壓　7
- 1.5　功率與能量　8
- 1.6　電路元件　11
- 1.7　†解題方法　14
- 1.8　總結　17
  - 複習題　18
  - 習題　18
  - 綜合題　20

Chapter 2　基本定律　23
- 2.1　簡介　24
- 2.2　歐姆定律　24
- 2.3　†節點、分支與迴路　29
- 2.4　克希荷夫定律　31
- 2.5　串聯電阻和分壓　37
- 2.6　並聯電阻與分流　38
- 2.7　†Y-Δ 轉換　46
  - 2.7.1　Δ-Y 轉換　47
  - 2.7.2　Y-Δ 轉換　48
- 2.8　總結　52
  - 複習題　54
  - 習題　55
  - 綜合題　62

Chapter 3　分析方法　65
- 3.1　簡介　66
- 3.2　節點分析　66
- 3.3　包含電壓源的節點分析　74
- 3.4　網目分析　78
- 3.5　包含電流源的網目分析　84
- 3.6　†節點分析和網目分析的視察法　86
- 3.7　節點分析和網目分析的比較　91
- 3.8　總結　91
  - 複習題　92
  - 習題　93

Chapter 4　電路理論　103
- 4.1　簡介　104
- 4.2　線性性質　104
- 4.3　重疊　106
- 4.4　電源變換　112
- 4.5　戴維寧定理　115
- 4.6　諾頓定理　122
- 4.7　†戴維寧定理和諾頓定理的推導　125
- 4.8　最大功率轉移　127
- 4.9　總結　129
  - 複習題　130
  - 習題　130
  - 綜合題　139

v

Chapter 5　運算放大器　141
5.1　簡介　142
5.2　運算放大器　142
5.3　理想運算放大器　146
5.4　反相放大器　148
5.5　非反相放大器　150
5.6　加法放大器　152
5.7　差動放大器　153
5.8　串級運算放大器電路　157
5.9　總結　160
　　複習題　162
　　習題　163
　　綜合題　172

Chapter 6　一階電路　175
6.1　電容器與電感器簡介　176
6.2　電容器　176
6.3　電容器的串聯與並聯　183
6.4　電感器　187
6.5　電感器的串聯與並聯　192
6.6　一階電路簡介　196
6.7　無源 RC 電路　197
6.8　無源 RL 電路　202
6.9　奇異函數　209
6.10　RC 電路的步級響應　217
6.11　RL 電路的步級響應　224
6.12　總結　229
　　複習題　231
　　習題　232
　　綜合題　247

Chapter 7　二階電路　249
7.1　簡介　250
7.2　求初值與終值　250
7.3　無源 RLC 串聯電路　255
7.4　無源 RLC 並聯電路　263
7.5　RLC 串聯電路的步級響應　269
7.6　RLC 並聯電路的步級響應　275
7.7　一般二階電路　278
7.8　總結　283
　　複習題　284
　　習題　285
　　綜合題　292

Chapter 8　弦波穩態分析　293
8.1　弦波與相量簡介　294
8.2　弦波信號　295
8.3　相量　300
8.4　電路元件之相量關係　309
8.5　阻抗與導納　312
8.6　†頻域中的克希荷夫定律　315
8.7　阻抗合併　316
8.8　弦波穩態分析簡介　322
8.9　節點分析法　323
8.10　網目分析法　326
8.11　重疊定理　329
8.12　電源變換　333
8.13　戴維寧與諾頓等效電路　335
8.14　總結　339
　　複習題　341
　　習題　342
　　綜合題　356

Chapter 9　交流功率分析　359
9.1　簡介　360
9.2　瞬間平均功率　360
9.3　最大平均功率轉移　367
9.4　有效值或均方根值　370
9.5　視在功率和功率因數　373

9.6	複數功率	376
9.7	†交流功率守恆	381
9.8	功率因數校正	385
9.9	總結	387
	複習題	389
	習題	390
	綜合題	398

Chapter 10　拉普拉斯轉換概論　399

10.1	簡介	400
10.2	拉普拉斯轉換的定義	401
10.3	拉普拉斯轉換的性質	404
10.4	拉普拉斯反轉換	416
	10.4.1 簡單極點	417
	10.4.2 重複極點	418
	10.4.3 複數極點	419
10.5	卷積積分	424
10.6	†積分-微分方程式應用	434
10.7	總結	436
	複習題	437
	習題	437

Chapter 11　拉普拉斯轉換應用　443

11.1	簡介	444
11.2	電路元件模型	444
11.3	電路分析	451
11.4	轉移函數	455
11.5	狀態變數	461
11.6	總結	468
	複習題	469
	習題	470
	綜合題	479

Chapter 12　雙埠網路　481

12.1	簡介	482
12.2	阻抗參數	482
12.3	導納參數	487
12.4	混合參數	491
12.5	傳輸參數	498
12.6	†各組參數之間的關係	502
12.7	網路互連	507
12.8	總結	513
	複習題	514
	習題	515

Appendix A　聯立方程式和反矩陣　523

A.1	克萊姆法則	524
A.2	反矩陣法	528

Appendix B　複數　533

B.1	複數表示法	533
B.2	數學運算	536
B.3	尤拉公式	539

Appendix C　數學公式　543

C.1	二次方程式	543
C.2	三角恆等式	543
C.3	雙曲線函數	544
C.4	微分	545
C.5	積分	545
C.6	定積分	547
C.7	羅必達法則	547

Appendix D　奇數習題答案　549

Index　中英索引　565

Chapter 1 基本概念

有些書淺嘗即可，有些書需要吞食，少數的書須咀嚼與消化。

—— 法蘭西斯・培根

加強你的技能與職能

ABET EC 2000 標準 (3.a)，"應用數學、科學和工程知識的能力。"

Photo by Charles Alexander

身為學生，需要學習數學、科學與工程的目的是應用這些知識去解決工程上的問題。所謂技能就是應用上述領域的基礎知識去解決工程問題的能力。所以如何去開發與加強這項技能呢？

最好的方法就是盡可能去解決課業上所有的問題。但是，如果真的要加強這項技能，必須花時間分析為何難以獲得正確的解決方案。令人驚訝的是，大部分的問題都是利用數學知識來解決，而不是因為對基礎理論的理解。同時，也可以快速地解決問題。花時間思考問題與如何解決問題，最終都將省下許多時間與避免失敗。

對筆者而言，六步驟解決問題的技術最適合我。然後，我會仔細辨認難以解決問題的地方。很多時候，我的不足之處是我對問題的理解，和正確使用數學原理的能力。然後，我查閱基本的數學教科書，並仔細複習相關的章節。在某些情況下，會練習教科書中的一些範例。這使我想起另一件重要的事情，應該將基本的數學、科學和工程的教科書放在旁邊。

不斷地在先修課程尋找知識的過程，剛開始可能會覺得很乏味；但是，當你的技能發展和知識增加，這個過程將變得越來越容易。就筆者而言，這個過程使我從一個中下的學生進而獲得博士學位，並成為一名成功的研究人員。

1.1 簡介

電路理論和電磁理論是電機工程所有分支的二個基本理論。許多領域，如電力、電機、控制、電子、通訊、儀表和電機工程是基於電路理論。因此，基本電路理論是電機工程專業學生最重要的課程，而且是初學電機工程學生很好的起點。電路理論對物理領域的學生也很有價值，因為電路是研究能量系統的良好模型，也因為它包括了應用數學、物理學和拓樸學。

在電機工程中，我們常對從一點到另一點的通訊或傳輸能量有興趣。要做到這一點，需要電子裝置的互連。此種互連簡稱為**電路** (electric circuit)，而電路的組成部分被稱為**元件** (element)。

> 電路是電子元件的互連。

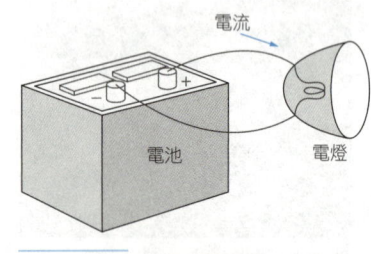

圖 1.1　一個簡單的電路

圖 1.1 顯示一個簡單的電路。它由三個基本元件所組成：電池、電燈與電線。像這樣的簡單電路可以獨立存在於許多應用之中，如手電筒、探照燈等等。

圖 1.2 顯示一個複雜的實際電路，為一個無線電接收器的電路圖。雖然它有點複雜，但這電路可以用本書所涵蓋的技巧來分析。本書的目的是教導不同的分析技巧，並使用電腦軟體來描述類似此電路的行為。

電路應用在許多電力系統中，完成不同的任務。這本書不是研究電路的應用，而是做電路的分析。所謂電路的分析是研究電路的行為：它的輸入響應是什麼？電路中的元件和設備怎麼互動？

我們必須先定義一些基本概念，包括電荷、電流、電壓、電路元件、功率與能量。在定義這些基本概念之前，我們必須先建立一套貫穿整本書的單位系統。

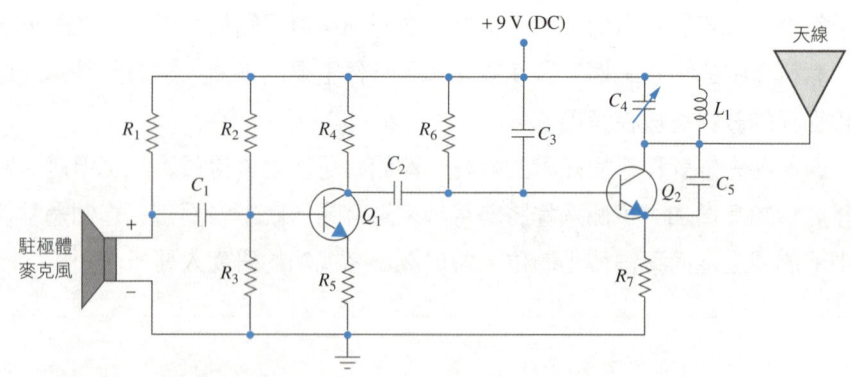

圖 1.2　一個收音機發射器的電路

1.2 單位系統

身為電機工程師要處理許多可測量的量。但是不論在任何的國家,量測結果必須使用所有專業人士都能理解的量測標準語言,此種國際的測量語言就是**國際單位制** (International System of Units, SI),這個單位制是國際度量衡大會於 1960 年通過認定的。在這個系統中,計量單位包括 7 個基本單位,並導出其他的物理量單位。表 1.1 顯示與本文有關的 6 個基本單位和 1 個導出單位。

表 1.1　SI 的 7 個基本單位

量	基本單位	符號
長度	公尺	m
質量	公斤	kg
時間	秒	s
電流	安培	A
熱力學溫度	開爾文	K
發光強度 (光度)	燭光	cd
電荷	庫倫	C

SI 單位的強大優點之一是它使用以 10 的冪次為基礎的基本單位,表 1.2 顯示 SI 字首和它們的符號。例如,下面的表達式表示相同的距離:

$$600{,}000{,}000 \text{ mm} \quad 600{,}000 \text{ m} \quad 600 \text{ km}$$

表 1.2　SI 字首

乘數	字首	符號
10^{18}	exa	E
10^{15}	peta	P
10^{12}	tera	T
10^{9}	giga	G
10^{6}	mega	M
10^{3}	kilo	k
10^{2}	hecto	h
10	deka	da
10^{-1}	deci	d
10^{-2}	centi	c
10^{-3}	milli	m
10^{-6}	micro	μ
10^{-9}	nano	n
10^{-12}	pico	p
10^{-15}	femto	f
10^{-18}	atto	a

1.3 電荷與電流

電荷的概念是解釋所有電現象的基本原則。此外,**電荷** (electric charge) 是電路的最基本量。我們都經歷過電荷效應,例如我們試圖脫下羊毛衫、走在地毯上,或遭遇電擊的效果。

> 電荷是組成原子的基本物質,單位是庫倫 (C)。

由基礎物理學得知,所有物質都是由原子所組成,每個原子則由電子、質子和中子所組成。而且電子帶負電且等於 1.602×10^{-19} C,而質子帶正電且大小與電子相同。一個中性的原子包含相同數量的質子和電子。

關於電荷應注意以下幾點:

1. 庫倫是一個相當大的電荷單位。1 庫倫等於 $1/(1.602 \times 10^{-19}) = 6.24 \times 10^{18}$ 個

電子。因此，實際或實驗室用的電荷值是 pC、nC 或 μC。[1]

2. 根據實驗觀察，實際的電荷量是電子電荷 e (-1.602×10^{-19} C) 的整數倍。
3. **電荷守恆定律** (law of conservation of charge) 說明了電荷不能被創造，也不能被破壞，只能被轉移。因此系統中的電荷總數是不變的。

我們現在考慮電荷流，電荷或電力的特性是電荷的流動。也就是說，藉由電荷的移動而產生能量的轉換。

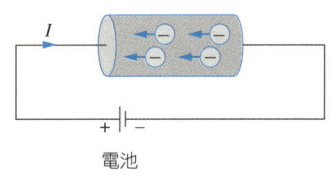

圖 1.3 電流是因為電荷在導體中流動所產生的

約定是一種描述方法的標準，它可讓相同領域的人明白我們所表達的意思。本書全篇採用 IEEE 約定。

當一條導線 (由多個原子組成的) 被連接到電池 (電動勢來源) 的二端，電荷被迫遷移 (正電荷向負端移動，負電荷向正端移動)，也因此產生電流。傳統上，將正電荷流動的方向定義為電流流動的方向，也就是圖 1.3 負電荷移動的反方向。這是由美國的科學家與發明家班傑明‧富蘭克林 (Benjamin Franklin, 1706-1790) 提出的。雖然我們知道，實際上金屬導體中的電流是來自帶負電的電子流，但仍接受傳統的定義，認為電流是正電荷電流。

電流是電荷的時間變化率，單位是安培 (A)。

電流 (i)、電荷 (q) 與時間 (t) 的關係式如下：

$$i \triangleq \frac{dq}{dt} \tag{1.1}$$

其中電流的單位是安培 (A)，以及

1 安培 = 1 庫倫/秒

對 (1.1) 式二邊積分就得到時間 t_0 到 t 之間的電荷數量，如 (1.2) 式：

$$Q \triangleq \int_{t_0}^{t} i\, dt \tag{1.2}$$

在 (1.1) 式定義的電流方法，建議電流不是固定值的函數。在本章的許多範例與問題中，以及後續章節裡，可以有許多種的電流，因此在許多方法中電荷可以是隨時間變化的。

---

[1] 但是，一個供應大功率的電容可以儲存高達 0.5 C 的電荷。

> ~歷史人物~
>
> **安德烈-馬里・安培** (Andre-Marie Ampere, 1775-1836)，法國數學家與物理學家，奠定了電動力學的基礎。在 1820 年代，他定義電流，並研究出電流的量測方法。
>
> 　他出生在法國里昂 (Lyons)。他非常喜歡數學，而許多好的數學著作都是用拉丁文寫的，所以他 12 歲時，在幾週內就掌握了拉丁文。他是一個卓越的科學家和作家，制定電磁學定律，發明了電磁鐵和電流表。電流的單位——安培，就是以他的名字命名。

The Burndy Library Collection at The Huntington Library, San Marino, California.

如果電流不隨時間變化，而且保持常數，我們稱它為**直流** (direct current, dc)。

> **直流 (dc) 是一個恆定常數的電流。**

根據約定，以 I 表示恆定電流。

　而以 i 表示隨時間變化的電流，常見的時變電流形式是正弦電流或**交流** (alternating current, ac)。

> **交流 (ac) 是指隨著時間以正弦波變化的電流。**

在你的家裡使用這種電流運行的有空調、冰箱、洗衣機和其他電器。圖 1.4 顯示最常見的二種電流：直流電流與交流電流，稍後章節將介紹其他形式的電流。

　因為將電荷的移動定義為電流，而且電流是有方向性的。如前所述，習慣上將電荷流動的方向定義為電流流動的方向。基於此約定，5 安培的電流，可表示成 +5 安培或 -5 安培，如圖 1.5 所示。換句話說，圖 1.5(b) 表示 -5 安培的負電流，它與圖 1.5(a) 中 +5 安培的正電流大小相同、方向相反。

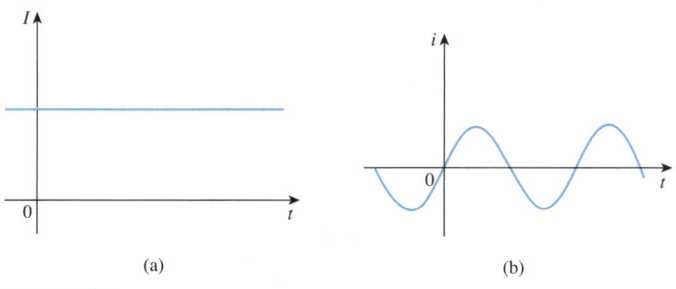

圖 1.4　二種通用形式的電流：(a) 直流 (dc)，(b) 交流 (ac)

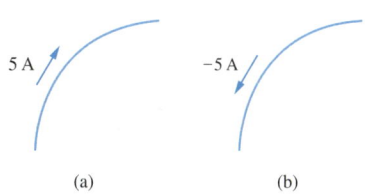

圖 1.5　電流流動方向：(a) 正電流，(b) 負電流

範例 1.1 4600 個電子帶有多少電荷？

解：一個電子的電荷量為 -1.602×10^{-19} C，因此 4600 個電子的電荷量為

$$-1.602 \times 10^{-19} \text{ C/電子} \times 4600 \text{ 電子} = -7.369 \times 10^{-16} \text{ C}$$

練習題 1.1 試計算 6,000,000 個質子的電荷量。

答：$+9.612 \times 10^{-13}$ C.

範例 1.2 已知流入某端點的電荷總量為 $q = 5t \sin 4\pi t$ mC，試計算 $t = 0.5$ s 時的電流。

解：

$$i = \frac{dq}{dt} = \frac{d}{dt}(5t \sin 4\pi t) \text{ mC/s} = (5 \sin 4\pi t + 20\pi t \cos 4\pi t) \text{ mA}$$

在 $t = 0.5$，

$$i = 5 \sin 2\pi + 10\pi \cos 2\pi = 0 + 10\pi = 31.42 \text{ mA}$$

練習題 1.2 在範例 1.2 中，如果 $q = (10 - 10e^{-2t})$ mC，試求 $t = 1.0$ s 的電流。

答：2.707 mA.

範例 1.3 如果流入某一端點的電流為 $i = (3t^2 - t)$ A，試計算在 $t = 1$ s 與 $t = 2$ s 之間流入該端點的電荷總量。

解：

$$Q = \int_{t=1}^{2} i\, dt = \int_{1}^{2} (3t^2 - t)\, dt$$

$$= \left(t^3 - \frac{t^2}{2}\right)\bigg|_{1}^{2} = (8 - 2) - \left(1 - \frac{1}{2}\right) = 5.5 \text{ C}$$

練習題 1.3 流經某元件的電流是

$$i = \begin{cases} 4 \text{ A}, & 0 < t < 1 \\ 4t^2 \text{ A}, & t > 1 \end{cases}$$

試計算在 $t = 0$ 到 $t = 2$ s 時，流入該元件的電荷量。

答：13.333 C.

1.4 電壓

在前一節簡單說明，要使導體內的電子向某方向移動，需要功率或能量轉換。也就是需要外在電動勢 (electromotive force, emf) 的驅動，典型的電動勢如圖 1.3 中的電池。電動勢就是已知的**電壓** (voltage) 或**電位差** (potential difference)。在電路中 a 與 b 之間的電壓 v_{ab}，是指單位電荷從 a 移到 b 所需的能量 (或功)，其數學式如下：

$$v_{ab} \triangleq \frac{dw}{dq} \tag{1.3}$$

其中 w 是能量，單位是焦耳 (J)；q 是電荷，單位是庫倫 (C)。電壓 v_{ab} 或 v 的單位是伏特 (V)，是紀念義大利物理學家亞歷山大‧德羅‧伏特 (Alessandro Antonio Volta, 1745-1827) 而命名的，他發明了第一個光伏電池。從 (1.3) 式得知

$$1\text{ 伏特} = 1\text{ 焦耳/庫倫} = 1\text{ 牛頓-米/庫倫}$$

因此，

> **電壓** (或電位差) 是移動單位電荷通過某個元件所需的能量，單位是伏特 (V)。

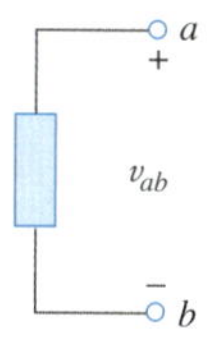

圖 1.6 顯示跨接於某一元件 (如矩形方塊所示) 上 a、b 二點的電壓。加號 (＋) 與減號 (－) 用來定義參考方向或電壓極性。v_{ab} 可用二種方式來解釋：(1) 點 a 的電位比點 b 的電位高 v_{ab}，(2) 點 a 與點 b 處的電位是 v_{ab}。按照一般邏輯：

$$v_{ab} = -v_{ba} \tag{1.4}$$

例如，在圖 1.7 有二個相同電壓的表示法，圖 1.7(a) 中點 a 比點 b 高 $+9$ V，圖 1.7(b) 點 b 比點 a 高 -9 V。所以說，在圖 1.7(a) 表示從點 a 到點 b 有 9 V 的**壓降** (voltage drop)，而圖 1.7(b) 則表示從點 b 到點 a 有 9 V 的**壓升** (voltage rise)。換句話說，從點 a 到點 b 的壓降等效於從點 b 到點 a 的壓升。

電流與電壓是電路中的二個基本變數。常見的術語**信號** (signal) 當被用於傳輸訊息時，表示電流與電壓 (或甚至電磁波) 的電量。因此，工程師比較喜歡稱這個變數為信號，而不只是數學上的時間函數，因為這個變數在通訊與其他學科中非常重要。如同電流，固定電壓被稱為**直流電壓** (dc voltage) 且以 V 表示；相反地，弦波時變電壓被稱為**交流電壓** (ac voltage) 且以 v 表示。直流電壓通常由電池產生，交流電壓則由發電機產生。

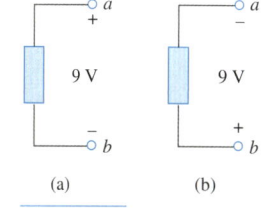

圖 1.6 電壓 v_{ab} 的極性

圖 1.7 相同電壓 v_{ab} 的等效表示法：(a) 點 a 比點 b 高 9 V，(b) 點 b 比點 a 高 -9 V

記住：電流總是流經某個元件，電壓則是跨接於該元件二端或二點之間。

~ 歷史人物 ~

亞歷山大・德羅・伏特 (Alessandro Antonio Volta, 1745-1827)，義大利物理學家，他發明第一個連續供應電流的電池與電容。

他出生在義大利科莫 (Como) 的貴族家庭，18 歲就開始做電路實驗，1796 年發明電池改變了電能的使用，1800 年發表他的著作開啟電路理論的研究。他的一生獲得了許多的榮譽，電壓和電位差的單位 (伏特) 是以他的名字命名的。

The Burndy Library Collectionat The Huntington Library, San Marino, California.

1.5 功率與能量

在電路中，雖然電流與電壓是二個基本變數，但還是不夠。為了實用目的，我們需要知道一個電路元件可以輸出多少**功率** (power)。我們都知道，100 瓦的燈泡比 60 瓦的燈泡亮；我們也知道，當我們消耗更多的**電能** (energy)，就必須付更多的電費給電力公司。因此，在電路分析中，功率和能量的計算是非常重要的。

回顧一下物理的知識，功率和能量與電壓和電流的關係：

> 功率是消耗或吸收能量的時間變化率，單位是瓦特 (watt, W)。

它們的關係式如下：

$$p \triangleq \frac{dw}{dt} \tag{1.5}$$

其中 p 是功率，單位是瓦特 (W)；w 是能量，單位是焦耳 (J)；t 是時間，單位是秒 (s)。從 (1.1) 式、(1.3) 式與 (1.5) 式可得

$$p = \frac{dw}{dt} = \frac{dw}{dq} \cdot \frac{dq}{dt} = vi \tag{1.6}$$

或

$$p = vi \tag{1.7}$$

在 (1.7) 式中的功率 p 是時變量，稱為**瞬間功率** (instantaneous power)。因此，元件吸收或提供的功率是跨接於元件的電壓和流過該元件的電流的乘積。如果功率是正

(+)，表示元件吸收或輸入功率；換句話說，如果功率是負 (−)，表示元件供應或釋放功率。然而，如何知道功率何時為負或何時為正呢？

在決定功率的正或負時，電流方向與電壓極性扮演一個重要關鍵。在圖 1.8(a) 中電流 i 與電壓 v 關係是重要的。為了使功率為正，圖 1.8(a) 的電壓極性和電流方向必須一致，這就是**被動符號規則** (passive sign convention)。根據被動符號規則，電流從電壓的正極流入元件，在這種情況下 $p = +vi$ 或 $vi > 0$，表示該元件吸收功率；反之，如果 $p = -vi$ 或 $vi < 0$，如圖 1.8(b)，則表示該元件釋放或供應功率。

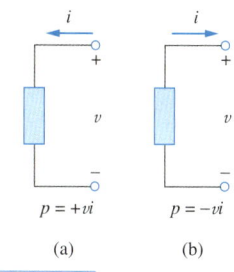

圖 1.8 被動符號規則的功率極性參考：(a) 吸收功率，(b) 供應功率

當電壓與電流方向與圖 1.8(b) 一致，得到主動符號規則且 $p = +vi$。

> 被動符號規則是當電流流進元件的正端，則 $p = +vi$；
> 而當電流流進元件的負端，則 $p = -vi$。

除非另有說明，本書將遵循被動符號規則。例如，在圖 1.9 的二個電路中，因為正電流皆流進元件的正端，所以吸收功率皆為 +12 W。但是，在圖 1.10 的二個電路中，因為正電流皆流進元件的負端，其供應功率為 +12 W。因此，−12 W 的吸收功率等效於 +12 W 的供應功率。一般而言，

+吸收功率 = −供應功率

事實上，每個電路都必須遵守**能量守恆定律** (law of conservation of energy)。因為這個原因，電路中任何時刻的功率總和必須為零：

$$\sum p = 0 \tag{1.8}$$

再一次確認，供應電路的總功率必須與該電路的總吸收功率相等，

從 (1.6) 式，在時間 t_0 到 t，元件的能量吸收或供應是

$$w = \int_{t_0}^{t} p\, dt = \int_{t_0}^{t} vi\, dt \tag{1.9}$$

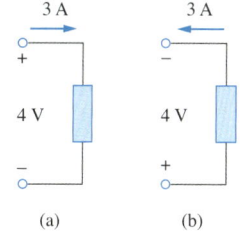

圖 1.9 元件吸收 12 W 功率的二種情況：(a) $p = 4 \times 3 = 12$ W，(b) $p = 4 \times 3 = 12$ W

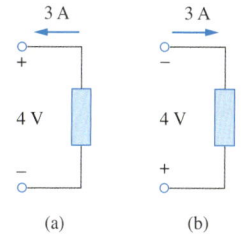

圖 1.10 元件供應 12 W 功率的二種情況：(a) $p = -4 \times 3 = -12$ W，(b) $p = -4 \times 3 = -12$ W

> 能量是作功的能力，單位是焦耳 (J)。

電力公司是以瓦特-小時 (watt-hours, Wh) 計算能量：

$$1 \text{ Wh} = 3{,}600 \text{ J}$$

範例 1.4 電源強制 2 A 的恆定電流流經一個燈泡 10 s，如果燈泡消耗的光能與熱能為 2.3 kJ，試計算燈泡二端的壓降。

解：總電荷是

$$\Delta q = i \Delta t = 2 \times 10 = 20 \text{ C}$$

壓降是

$$v = \frac{\Delta w}{\Delta q} = \frac{2.3 \times 10^3}{20} = 115 \text{ V}$$

> **練習題 1.4** 將電荷 q 從點 a 移動到點 b 需要 -30 J，假設：(a) $q = 6$ C，(b) $q = -3$ C，試計算壓降 v_{ab}。
>
> **答**：(a) -5 V, (b) 10 V.

範例 1.5 假設流進元件正端電流為

$$i = 5 \cos 60\pi t \text{ A}$$

以及電壓是：(a) $v = 3i$，(b) $v = 3 \, di/dt$，試計算在 $t = 3$ ms 時，傳送到該元件的功率。

解：(a) 電壓是 $v = 3i = 15 \cos 60\pi t$；因此，功率是

$$p = vi = 75 \cos^2 60\pi t \text{ W}$$

在 $t = 3$ ms，

$$p = 75 \cos^2 (60\pi \times 3 \times 10^{-3}) = 75 \cos^2 0.18\pi = 53.48 \text{ W}$$

(b) 電壓與功率如下：

$$v = 3\frac{di}{dt} = 3(-60\pi)5 \sin 60\pi t = -900\pi \sin 60\pi t \text{ V}$$

$$p = vi = -4500\pi \sin 60\pi t \cos 60\pi t \text{ W}$$

在 $t = 3$ ms，

$$p = -4500\pi \sin 0.18\pi \cos 0.18\pi \text{ W}$$
$$= -14137.167 \sin 32.4° \cos 32.4° = -6.396 \text{ kW}$$

> **練習題 1.5** 在範例 1.5 中，假設電流保持一樣，但電壓為：(a) $v = 2i$ V，(b) $v = \left(10 + 5\int_0^t i\,dt\right)$V，試計算當 $t = 5$ ms 時，傳送到該元件的功率。
>
> **答：**(a) 17.27 W, (b) 29.7 W.

範例 1.6

在 2 小時中，一個 100 W 的電燈泡消耗多少能量？

解：

$$w = pt = 100 \text{ (W)} \times 2 \text{ (h)} \times 60 \text{ (min/h)} \times 60 \text{ (s/min)}$$
$$= 720{,}000 \text{ J} = 720 \text{ kJ}$$

同理，

$$w = pt = 100 \text{ W} \times 2 \text{ h} = 200 \text{ Wh}$$

> **練習題 1.6** 一個電爐連接到 240 V 電源時，吸收 15 A 電流。試計算該電爐消耗 180 kJ 的能量需多少時間。
>
> **答：**50 s.

1.6 電路元件

　　如 1.1 節所述，元件是電路的基本組成部分，電路是許多元件的相互連接。電路分析是決定元件二端電壓 (或流經元件電流) 的過程。

　　在電路中有二種元件：**被動元件** (passive element) 與**主動元件** (active element)。主動元件有產生能量的能力，而被動元件則沒有。被動元件如**電阻器** (resistor)、**電容器** (capacitor) 和**電感器** (inductor)。典型的主動元件包括：**發電機** (generator)、**電池** (battery) 和**運算放大器** (operational amplifier)。本節的目的是讓讀者熟悉幾個重要的主動元件。

　　最重要的主動元件是電路中輸出功率的電壓源或電流源。電源分為二類：獨立電源與相依電源。

> 理想的獨立電源是提供指定電壓或電流的主動元件，
> 它們與電路中其他元件完全無關。

　　換句話說，理想獨立電壓源提供穩定電壓給電路，而不管電路的電流大小。實際

～歷史事件～

1884 年展覽會　1884 年美國舉辦國際電機展，推動了未來的電路時代。試想一下，在沒有電的世界，使用蠟燭和煤氣燈照亮的世界，最普遍的交通工具是走路、騎馬或乘坐馬車的世界。在這樣的世界裡，傑出的湯瑪斯·愛迪生 (Thomas Edison) 推廣其發明和產品，反映他高度發明的能力。他的展示令人印象深刻，這是一個由 100 瓦的巨型發電機供電的照明顯示器。

愛德華·韋斯頓 (Edward Weston) 的發電機和電燈，是美國電器照明公司 (United States Electric Lighting Company) 的展示特色。韋斯頓也展示了精心收藏的科學儀器。

其他著名參展商包括弗蘭克·斯普拉格 (Frank Sprague)、伊萊休·湯普森 (Elihu Thompson) 以及克利夫蘭電器公司 (Brush Electric Company of Cleveland)。在展覽期間，美國電機工程師學會 (American Institute of Electrical Engineers, AIEE) 在 10 月 7 至 8 日舉行第一次技術會議。AIEE 與無線電工程師學會 (Institute of Radio Engineers, IRE) 合併成立電機與電子工程師學會 (Institute of Electrical and Electronics Engineers, IEEE)。

Smithsonian Institution.

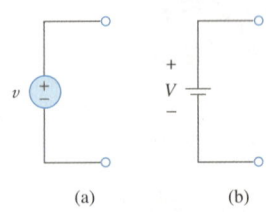

圖 1.11　獨立電壓源符號：
(a) 用於直流或交流的電壓；
(b) 用於直流電壓 (dc)

電源如電池與發電機可被視為近似理想的電壓源。圖 1.11 顯示獨立電壓源符號。注意：在圖 1.11(a) 與 (b) 的符號均可表示直流電壓源，但只有圖 1.11(a) 的符號可以表示交流電壓源。同樣地，理想的電流源是提供指定電流的主動元件，它與二端的電壓無關。因此，電流源提供電路指定的電流，而不管電路的電壓大小。圖 1.12 顯示獨立電流源符號，其中箭頭指示電流 i 的方向。

> 理想相依電源 (或受控電源) 是它所提供的電壓或電流受另一個電壓或電流控制的主動元件。

相依電源通常是以菱形符號來表示，如圖 1.13 所示。因為相依電源受電路中某些元件的電壓或電流所控制，而且可能是電壓源或電流源，所以有以下四種可能的相依電源類型，稱為：

1. **電壓控制電壓源** (voltage-controlled voltage source, VCVS)
2. **電流控制電壓源** (current-controlled voltage source, CCVS)
3. **電壓控制電流源** (voltage-controlled current source, VCCS)
4. **電流控制電流源** (current-controlled current source, CCCS)

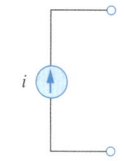

圖 1.12 獨立電流源符號

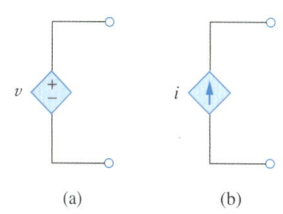

相依電源在模組元件如變壓器、運算放大器與積體電路中是非常有用的。在圖 1.14 右邊的電流控制電壓源，那個電壓源的 $10i$ 電壓與通過元件 C 的電流 i 有關。讀者可能非常驚訝，相依電壓源的值等於 $10i$ V (而不是 $10i$ A)，這是因為它是一個電壓源。讀者應該記住的是，電壓源取決於極性 ($+ -$) 符號，而電流源取決於箭頭符號。

圖 1.13 (a) 相依電壓源的符號，(b) 相依電流源的符號

注意：一個理想電壓源 (相依或獨立) 提供穩定電壓以便產生所需的電流，而一個理想的電流源則提供穩定的電流以產生所需的電壓。因此，理論上理想的電源可以供應無限量的能量。它們不僅可以供應電路的功率，也可以吸收電路的功率。對電壓源而言，我們知道它供應電壓，但不知它供應或吸收多少電流；同理，對電流源而言，我們知道它供應電流，但不知電流源二端的電壓是多少。

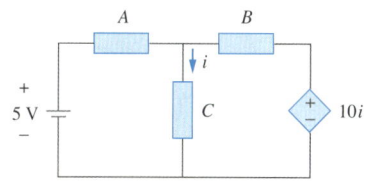

圖 1.14 電路右邊的電源是一個電流控制電壓源

如圖 1.15，試計算每個元件所供應或所吸收的功率。　　**範例 1.7**

解： 應用圖 1.8 和圖 1.9 的功率符號規則。對於 p_1 而言，從元件正端流出 (或從負端流入) 5 A 電流，因此，

$$p_1 = 20(-5) = -100 \text{ W} \quad \text{供應功率}$$

對 p_2 與 p_3 而言，電流流入各元件的正端：

$$p_2 = 12(5) = 60 \text{ W} \quad \text{吸收功率}$$
$$p_3 = 8(8) = 48 \text{ W} \quad \text{吸收功率}$$

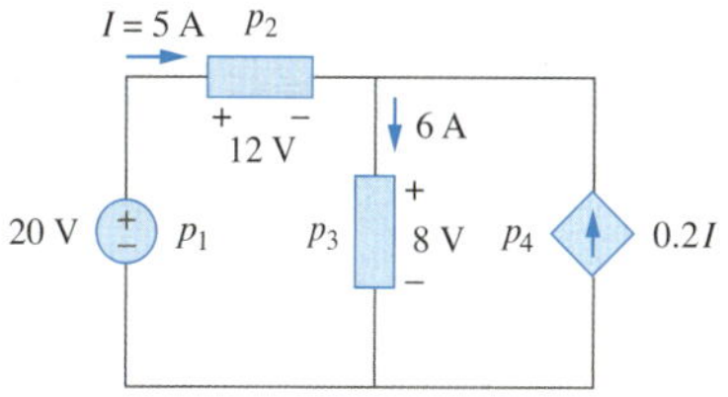

圖 1.15 範例 1.7 的電路

對 p_4 而言，應該注意電壓是 8 V (正端在上)，與 p_3 相同，因為被動元件與相依電流源的二端接在一起。(注意：總電壓是量測元件二端的值。) 因為電流從正端流出，

$$p_4 = 8(-0.2I) = 8(-0.2 \times 5) = -8 \text{ W} \quad \text{供應功率}$$

我們應該觀察 20 V 的獨立電壓源和 0.2I 的相依電流源是供應功率到電路中的其他元件。而二個被動元件是吸收功率，所以

$$p_1 + p_2 + p_3 + p_4 = -100 + 60 + 48 - 8 = 0$$

與 (1.8) 式一致，總供應功率等於總吸收功率。

練習題 1.7　如圖 1.16，試計算電路中各元件的總供應功率與總吸收功率。

答：$p_1 = -45$ W, $p_2 = 18$ W, $p_3 = 12$ W, $p_4 = 15$ W.

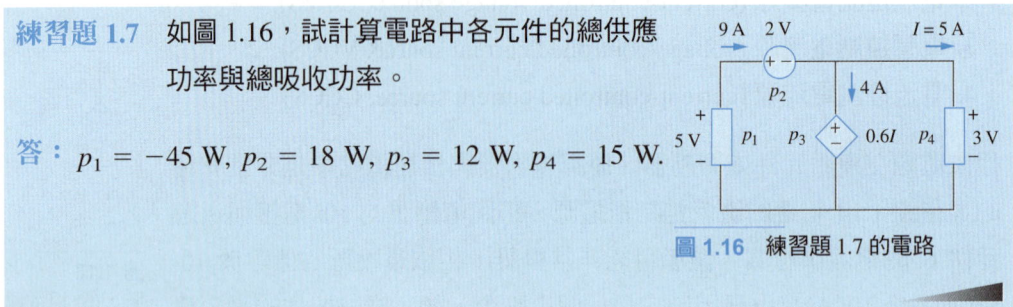

圖 1.16　練習題 1.7 的電路

1.7 †解題方法

雖然人們在工作上所需解決問題的複雜程度與重要程度是不同的，但是解決問題的基本方法是相同的。在此，為了解決工業上工程問題的答案與研究上的解題方法，作者與學生累積多年的經驗整理出解決問題的過程綱要如下。

以下列出簡單的解題步驟：

1. 小心定義問題。
2. 說明你對問題的理解。
3. 建立一套替代方案，並找出成功率最高的一個方案。
4. 嘗試解決問題。
5. 驗證所得的答案與檢查答案的精確度。
6. 是否滿意問題的答案？如果是，提交這個答案；若不是，則回到步驟 3 重做步驟 3 至 6。

以下詳細說明每一步驟：

1. **小心定義問題**：這也許是解決問題過程中最重要的部分，因為它是步驟 2 至 6 的基礎。一般而言，工程問題的介紹是有點不完整的。你必須盡你所能，確保你如同提出問題者徹底瞭解這個問題一樣。花些時間釐清問題，將可為後面步驟節省相當多的時間與避免失敗。學生可以求助於教授，去理解教科書中的問題；在工作上遇到的問題可能需要諮詢相關的人員。在繼續求解過程之前，瞭解問題的步驟是非常重要的。如果遇到這樣的問題，你必須請教相關人員或查

詢相關資料，以便獲得問題的答案。有了這些答案，你可以重新定義問題，以及在剩餘的步驟中使用該細化的問題陳述。

2. **說明你對問題的理解**：現在你可以寫下關於你對這個問題的理解和可能的解決方法。這個重要步驟將節省你的時間與避免失敗。

3. **建立一套替代方案，並找出成功率最高的一個方案**：幾乎每個問題都有一些解決的途徑，而我們期望得到更多的解決途徑。根據這一點，還需要決定使用何種工具，例如 PSpice 和 MATLAB，以及其他可以減少工作量與提高準確率的套裝軟體。要再次強調的是，花時間仔細地定義問題和建立的替代方法，對後續的解題步驟有很大的幫助。進行評估替代方案，並確定成功率最大方案是困難的，但卻值得努力。記錄這個過程，因為如果第一個方法行不通，還要回來重做這一步驟。

4. **嘗試解決問題**：現在是開始解決問題的時候了。必須完整記錄這個過程，因為如果成功可作為詳細解，如果失敗則可檢查過程。詳細的檢查可以更正錯誤得到正確解，也可以改變方法求出正確解。許多時候，明智的做法是先得到解決問題的表示式，然後再將數據代入式子，這有助於檢查結果。

5. **驗證所得的答案與檢查答案的精確度**：現在徹底驗證所完成的工作，並確定這個答案是否為隊友、老闆或教授所接受。

6. **是否滿意問題的答案？如果是，提交這個答案；若不是，則回到步驟 3 重做步驟 3 至 6**：現在可以提交結果，或嘗試另一種方法。若提交結果，則結束整個程序。但是提交結果經常引出其他更進一步的問題，而必須繼續解題，最終將得到滿意的解答。

現在讓我們看看學生選修電機或電腦工程基礎課程的過程。(這個基本程序也應用在每個工程課程中。) 雖然這些步驟應用在學術問題上有點簡單，但是仍然需要遵循這些基本的解題過程。以下考慮一個簡單範例。

試計算圖 1.17 中通過 8 Ω 電阻的電流。　　　　　　　　　　　　　**範例 1.8**

解：

1. **小心定義問題**：這只是一個簡單範例，但從電路圖看出，3 V 電源的極性為未知。處理方式有以下幾種選項：請教教授關於電源的極性；若無法詢問教授，則必須決定下一步該怎麼做。如果時間允許，可嘗試 3 V 電源的正端在上與正端在下的二種方法求解電流。現在假設教授告訴我們電源正端在下方，如圖 1.18 所示。

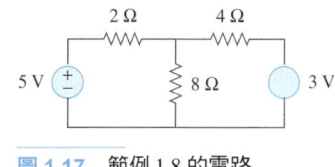

圖 1.17　範例 1.8 的電路

2. **說明你對問題的理解**：呈現所知道的問題，包括清楚地標示電路，以便定義要求

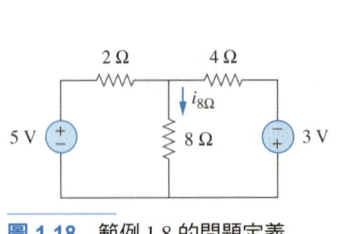
圖 1.18 範例 1.8 的問題定義

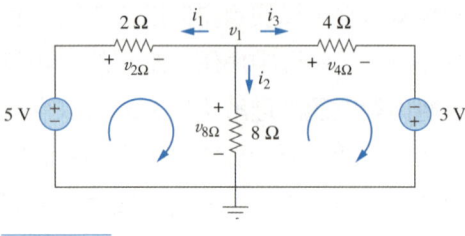
圖 1.19 使用節點分析法

解的量。電路如圖 1.18 所示，求解 $i_{8\Omega}$。如果可以的話，與教授一起檢查，以確認問題是否正確定義。

3. **建立一套替代方案，並找出成功率最高的一個方案**：基本上有三種可以用來解決這個問題的技術。在本書稍後的章節中會介紹的電路分析法 (克希荷夫定律與歐姆定律)、節點分析法與網目分析法。

使用電路分析法求解 $i_{8\Omega}$ 可以得到答案，但它可能會比節點分析法或網目分析法更繁雜。使用網目分析法求解 $i_{8\Omega}$ 要列出二個聯立方程式，求出圖 1.19 中二個迴路的電流。使用節點分析法只需解一個未知數，這是最簡單的方法，因此將採用節點分析法求解 $i_{8\Omega}$。

4. **嘗試解決問題**：現在是開始解決問題的時候了。先寫下求解 $i_{8\Omega}$ 所需的方程式。

$$i_{8\Omega} = i_2, \qquad i_2 = \frac{v_1}{8}, \qquad i_{8\Omega} = \frac{v_1}{8}$$

$$\frac{v_1 - 5}{2} + \frac{v_1 - 0}{8} + \frac{v_1 + 3}{4} = 0$$

現在可以求出 v_1，

$$8\left[\frac{v_1 - 5}{2} + \frac{v_1 - 0}{8} + \frac{v_1 + 3}{4}\right] = 0$$

因此得到 $\qquad (4v_1 - 20) + (v_1) + (2v_1 + 6) = 0$

$$7v_1 = +14, \qquad v_1 = +2 \text{ V}, \qquad i_{8\Omega} = \frac{v_1}{8} = \frac{2}{8} = \mathbf{0.25 \text{ A}}$$

5. **驗證所得的答案與檢查答案的精確度**：使用克希荷夫電壓定律 (Kirchhoff's voltage law, KVL) 檢查結果。

$$i_1 = \frac{v_1 - 5}{2} = \frac{2 - 5}{2} = -\frac{3}{2} = -1.5 \text{ A}$$

$$i_2 = i_{8\Omega} = 0.25 \text{ A}$$

$$i_3 = \frac{v_1 + 3}{4} = \frac{2 + 3}{4} = \frac{5}{4} = 1.25 \text{ A}$$

$$i_1 + i_2 + i_3 = -1.5 + 0.25 + 1.25 = 0 \quad \text{（驗證）}$$

將 KVL 應用到迴路 1，

$$\begin{aligned}-5 + v_{2\Omega} + v_{8\Omega} &= -5 + (-i_1 \times 2) + (i_2 \times 8) \\ &= -5 + [-(-1.5)2] + (0.25 \times 8) \\ &= -5 + 3 + 2 = 0 \quad \text{（驗證）}\end{aligned}$$

將 KVL 應用到迴路 2，

$$\begin{aligned}-v_{8\Omega} + v_{4\Omega} - 3 &= -(i_2 \times 8) + (i_3 \times 4) - 3 \\ &= -(0.25 \times 8) + (1.25 \times 4) - 3 \\ &= -2 + 5 - 3 = 0 \quad \text{（驗證）}\end{aligned}$$

因此，我們對答案的準確性非常有信心。

6. 是否滿意問題的答案？如果是，提交這個答案；若不是，則回到步驟 3 重做步驟 3 至 6：這個問題已經得到滿意的解答了。

> 電流是從上向下流過 8 Ω 電阻，而且電流大小是 0.25 A。

練習題 1.8 嘗試使用上述解題過程，求解本章最後更難的問題。

1.8 總結

1. 電路是由許多相連的電路元件而組成。
2. 國際單位制 (SI) 是國際度量語言，它使工程師能夠互相交流。從 SI 的七個基本單位可以推導出其他的物理量單位。
3. 電流是電荷流動的速率。

$$i = \frac{dq}{dt}$$

4. 電壓是 1 庫倫電荷通過一個元件所需的能量。

$$v = \frac{dw}{dq}$$

5. 功率是單位時間所供應或吸收的能量，也是電壓和電流的乘積。

$$p = \frac{dw}{dt} = vi$$

6. 根據被動符號規則，當電流流入元件的電壓正極，則功率為正。

7. 理想電壓源輸出指定的電位差，而不論跨接的元件為何。理想的電流源輸出指定的電流，而不論連接什麼元件。
8. 電壓源和電流源可以是獨立電源或相依電源。相依電源的值受到電路其他變數的影響。

複習題

1.1 一毫伏是千分之一伏特。
   (a) 對   (b) 錯

1.2 字首 micro 表示：
   (a) 10^6 (b) 10^3 (c) 10^{-3} (d) 10^{-6}

1.3 2,000,000 V 電壓以 10 的冪次表示，可以寫成：
   (a) 2 mV   (b) 2 kV   (c) 2 MV   (d) 2 GV

1.4 電流 2 A 表示每秒流過某點的電荷是 2 C。
   (a) 對   (b) 錯

1.5 電流的單位是：
   (a) 庫倫   (b) 安培   (c) 伏特   (d) 焦耳

1.6 電壓的單位是：
   (a) 瓦特   (b) 安培   (c) 伏特   (d) 焦耳/秒

1.7 4 A 電流對電介質材料充電 6 秒，將累積 24 C 電荷。
   (a) 對   (b) 錯

1.8 一台 1.1 kW 的烤麵包機產生的電流為 10 A，則其二端的電壓是：
   (a) 11 kV   (b) 1100 V   (c) 110 V   (d) 11 V

1.9 下列何者不是電量？
   (a) 電荷   (b) 時間   (c) 電壓   (d) 電流
   (e) 功率

1.10 在圖 1.20 的相依電源是：
   (a) 電壓控制電流源
   (b) 電壓控制電壓源
   (c) 電流控制電壓源
   (d) 電流控制電流源

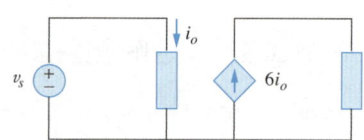

圖 **1.20** 複習題 1.10 的電路

答：1.1 b，1.2 d，1.3 c，1.4 a，1.5 b，1.6 c，1.7 a，1.8 c，1.9 b，1.10 d

習題

1.3 節　電荷與電流

1.1 下列電子的數量分別代表多少庫倫的電荷？
   (a) 6.482×10^{17} (b) 1.24×10^{18}
   (c) 2.46×10^{19} (d) 1.628×10^{20}

1.2 已知電荷量函數如下，試求流過某元件的電流：
   (a) $q(t) = (3t + 8)$ mC
   (b) $q(t) = (8t^2 + 4t - 2)$ C
   (c) $q(t) = (3e^{-t} - 5e^{-2t})$ nC
   (d) $q(t) = 10 \sin 120\pi t$ pC
   (e) $q(t) = 20e^{-4t} \cos 50t$ μC

1.3 如果電流函數如下，試求流過元件的電荷 $q(t)$：
   (a) $i(t) = 3$ A, $q(0) = 1$ C
   (b) $i(t) = (2t + 5)$ mA, $q(0) = 0$
   (c) $i(t) = 20\cos(10t + \pi/6)$ μA, $q(0) = 2$ μC
   (d) $i(t) = 10e^{-30t} \sin 40t$ A, $q(0) = 0$

1.4 流過導體的電流是 7.4 A，試計算在 20 s 內流經導體任一截面的電荷是多少？

1.5 當 $i(t) = \frac{1}{2}t$ A，試計算在 $0 \leq t \leq 10$ s 期間電荷的轉移量。

1.6 流入某元件的電荷量如圖 1.21 所示，試求以下時間的電流：
(a) $t = 1$ ms (b) $t = 6$ ms (c) $t = 10$ ms

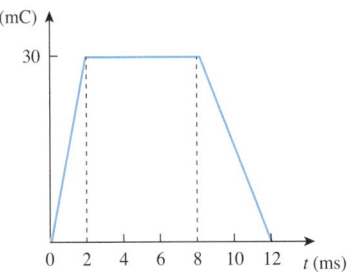

圖 1.21 習題 1.6 的圖

1.7 通過導線的電荷隨時間變化曲線如圖 1.22 所示，試畫出對應的電流變化曲線圖。

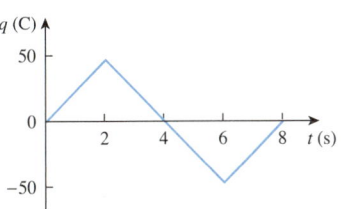

圖 1.22 習題 1.7 的圖

1.8 流入元件某一點的電流曲線如圖 1.23 所示，試計算流經該點的總電荷量。

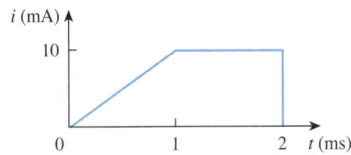

圖 1.23 習題 1.8 的圖

1.9 流入元件的電流曲線如圖 1.24 所示，試計算下列時間流過該元件的總電荷量：
(a) $t = 1$ s (b) $t = 3$ s (c) $t = 5$ s

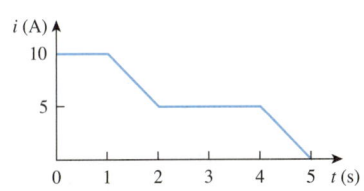

圖 1.24 習題 1.9 的圖

1.4 節和 1.5 節　電壓、功率與能量

1.10 10 kA 的閃電擊中某物體 15 μs，試求在這個物體表面有多少電荷量？

1.11 充電式手電筒的電池可持續 12 小時輸出 90 mA 電流，試求釋放出多少電荷？若端點電壓是 1.5 V，試求該電池可輸出多少的能量？

1.12 若流過元件的電流如下式：

$$i(t) = \begin{cases} 3t\text{A}, & 0 \leq t < 6 \text{ s} \\ 18\text{A}, & 6 \leq t < 10 \text{ s} \\ -12\text{A}, & 10 \leq t < 15 \text{ s} \\ 0, & t \geq 15 \text{ s} \end{cases}$$

試畫出 $0 < t < 20$ s 期間存入元件的電荷曲線。

1.13 流入元件正端的電荷 $q = 5 \sin 4\pi t$ mC，當跨接於元件二端的電壓（正到負）為 $v = 3 \cos 4\pi t$ V。
(a) 試求在 $t = 0.3$ s 時，傳送到元件的總功率。
(b) 試計算在 0 到 0.6 s 間，傳送到元件的能量。

1.14 元件二端的電壓與流過元件的電流如下：

$$v(t) = 10 \cos 2t \text{ V}, \ i(t) = 20(1 - e^{-0.5t}) \text{ mA}$$

試計算：
(a) 在 $t = 1$ s 時，元件的總電荷量。
(b) 在 $t = 1$ s 時，元件消耗的功率。

1.15 流入元件正端的電流為 $i(t) = 6e^{-2t}$ mA，而且元件二端的電壓為 $v(t) = 10 \, di/dt$ V。
(a) 試求 $t = 0$ 到 $t = 2$ s 之間，傳送到元件的電荷量。
(b) 試計算元件的吸收功率。
(c) 試計算元件在 3 s 內所吸收的能量。

1.6 節　電路元件

1.16 圖 1.25 顯示某元件的電流和電壓曲線。
(a) 試畫出 $t > 0$ 時，傳送到該元件的功率曲線。
(b) 試求 $0 < t < 4$ s 期間該元件的總吸收能量。

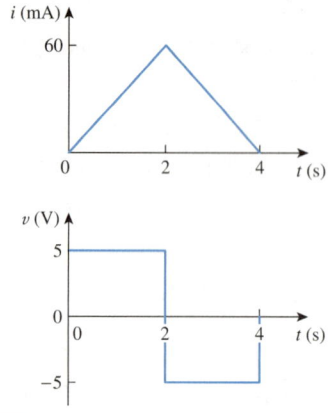

圖 1.25 習題 1.16 的圖

1.17 圖 1.26 顯示包含 5 個元件的電路，如果 $p_1 = -205$ W，$p_2 = 60$ W，$p_4 = 45$ W，$p_5 = 30$ W，試計算元件 3 的傳送或接收的功率 p_3。

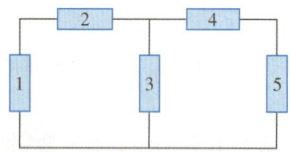

圖 1.26 習題 1.17 的圖

1.18 試求圖 1.27 中每個元件的吸收功率。

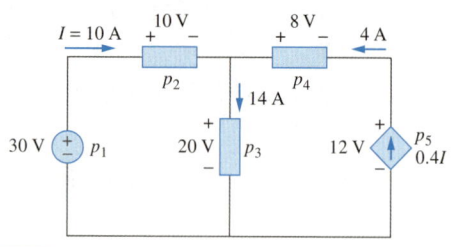

圖 1.27 習題 1.18 的圖

1.19 試求圖 1.28 網路中的電流 I 與每個元件的吸收功率。

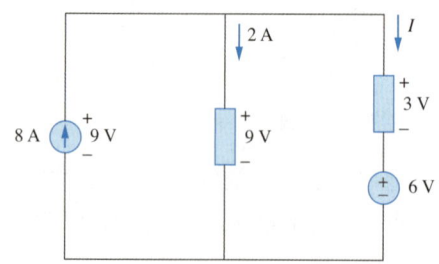

圖 1.28 習題 1.19 的圖

1.20 試求圖 1.29 電路中的電壓 V_o 與每個元件的吸收功率。

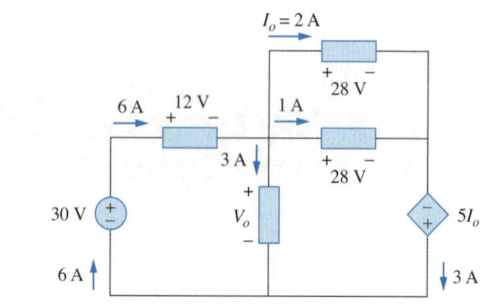

圖 1.29 習題 1.20 的圖

綜合題

1.21 電話線的電流為 20 μA，則 15 C 的電荷要花多少時間流過這電話線？

1.22 一道閃電攜帶 2 kA 電流且持續 3 ms，試計算這道閃電包含多少庫倫的電荷？

1.23 圖 1.30 顯示某家庭在一天內所消耗的功率，試計算：
(a) 總消耗能量 (單位是 kWh)。
(b) 在這 24 小時期間，每小時的平均消耗功率。

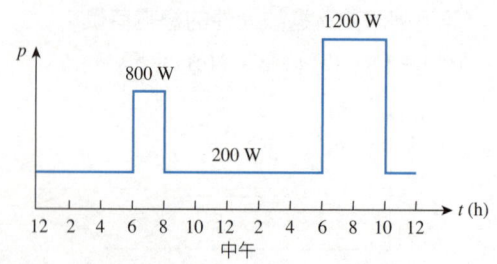

圖 1.30 綜合題 1.23 的圖

1.24 圖 1.31 顯示某工廠在上午 8:00 和 8:30 之間的電力圖形，試計算這間工廠於該時間內消耗的總能量，以 MWh 為單位。

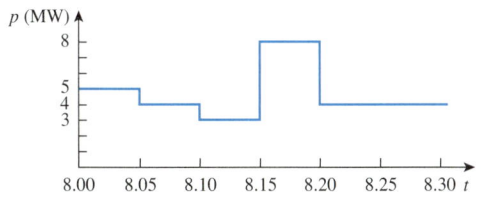

圖 1.31 綜合題 1.24 的圖

1.25 電池的額定功率可表示為安培小時 (Ah)，鉛酸電池的額定功率為 160 Ah。

(a) 此電池供電 40 小時的最大電流是多少？

(b) 如果以 1 mA 電流放電，則此電池可持續放電多少天？

1.26 一個 12 V 的電池在充電期間需 40 安培小時的總電荷，試計算有多少焦耳的能量供應到這個電池？

1.27 一個 10 hp (馬力) 的馬達工作 30 分鐘需要多少能量？假設 1 hp = 746 W (瓦特)。

1.28 一個 600 W 的電視接收器開機 4 小時而沒有人看，如果電費為 $0.10/kWh，試問浪費多少錢？

Chapter 2 基本定律

有太多的人祈禱遠離難爬的高山，但他們真正需要的是攀登高山的勇氣！

—— 無名氏

加強你的技能與職能

ABET EC 2000 標準 (3.b)，"設計和進行實驗，以及分析和解釋數據的能力。"

工程師必須能夠設計和進行實驗，以及分析和解釋數據。大多數學生花了很多時間在高中和大學進行實驗。在這段時間裡，你一直被要求對數據進行分析和解釋數據。因此，你應該已經可以熟練這二個活動。筆者的建議是，在將來進行實驗的過程中，你應該花更多的時間分析和解釋實驗的數據。這是什麼意思？

如果你正在畫電壓與電阻、電流與電阻，或功率與電阻的曲線，你真正看到了什麼？曲線有意義嗎？是否與理論值相符？它是否與期望值不符？為什麼？很顯然地，分析和解釋數據將可以加強這方面的技能。

若大多數學生，即使不是全部，很少參與或沒有參與設計這個實驗，又如何發展和加強這項技能？

事實上，在這種限制下，要發展這項技能並不困難，你需要做的是做實驗和分析。只需把它分解成最簡單的部分，然後重建它並試圖理解為什麼每個元素都存在。最後，確定筆者試圖教給你的實驗。儘管可能不一定如此，但你所做的每一個實驗，都是由想教你一些東西的人所設計的。

2.1 簡介

第 1 章介紹基本概念，如電路中的電流、電壓和功率。要計算電路中的這些變數值，需要瞭解電路的基本定律。如電路分析就是建立在已知的歐姆定律與克希荷夫定律的基礎上。

本章除了介紹這些基本定律外，還將介紹常用的電路分析與應用技術。包括電阻的串聯和並聯、分壓、分流，以及 Δ-Y 和 Y-Δ 轉換等技術。本章將侷限在應用電阻電路的定律與技術。

2.2 歐姆定律

一般材料有阻止電荷流通的特性，這種阻止電流能力的物理現象稱為**電阻** (resistance)，以符號 R 表示。均勻截面積為 A 的任何材料的電阻值與面積 A 和長度 ℓ 有關，如圖 2.1(a) 所示。(在實驗室量測的) 電阻值數學表示式如下：

$$R = \rho \frac{\ell}{A} \tag{2.1}$$

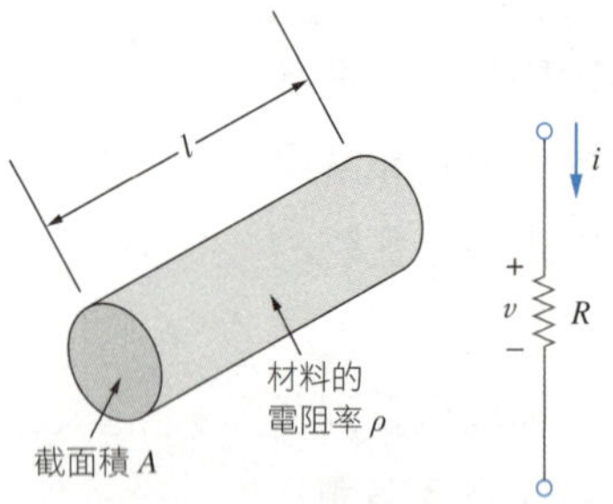

其中 ρ 是材料在歐姆表中的**電阻率** (resistivity)。良導體電阻率很低，如銅和鋁；絕緣體電阻率則很高，如雲母和紙張。表 2.1 列出一般材料的電阻率 ρ，並標示材料為導體、半導體或絕緣體。

圖 2.1 (a) 電阻，(b) 電阻的符號

電路中抑制電流行為的材料稱為**電阻器** (resistor)。為了抑制電流的目的，電阻通常由金屬合金或碳化合物組成。圖 2.1(b) 顯示電阻的符號，其中 R 表示電阻的阻值。電阻是最簡單的被動元件。

表 2.1 常見材料的電阻率

材料	電阻率 ($\Omega \cdot m$)	用途
銀	1.64×10^{-8}	導體
銅	1.72×10^{-8}	導體
鋁	2.8×10^{-8}	導體
金	2.45×10^{-8}	導體
碳	4×10^{-5}	半導體
鍺	47×10^{-2}	半導體
矽	6.4×10^{2}	半導體
紙張	10^{10}	絕緣體
雲母	5×10^{11}	絕緣體
玻璃	10^{12}	絕緣體
聚四氟乙烯 (鐵氟龍)	3×10^{12}	絕緣體

格奧爾格‧西蒙‧歐姆 (Georg Simon Ohm, 1787-1854) 是德國物理學家，他發現電阻中電流和電壓之間的關係，稱為**歐姆定律** (Ohm's law)。

歐姆定律說明跨接於電阻二端的電壓 v 與流過電阻的電流 i 成正比。

因此，

$$v \propto i \tag{2.2}$$

歐姆定義抑制電流的比例常數為電阻 R。[電阻是材料的屬性，將隨著元件內部或外部的條件變化 (如溫度) 而改變。] 因此，(2.2) 式改變如下：

$$\boxed{v = iR} \tag{2.3}$$

(2.3) 式是歐姆定律的數學表示式，其中 R 的單位是歐姆 (Ω)。因此，

一個元件的電阻 R 表示抑制電流的能力，單位是歐姆 (Ω)。

從 (2.3) 式推論得

$$R = \frac{v}{i} \tag{2.4}$$

所以，

$$1\ \Omega = 1\ \text{V/A}$$

使用 (2.3) 式的歐姆定律時，必須特別小心電流的方向與電壓的極性。電流 i 的方向和電壓 v 的極性必須符合被動符號規則，如圖 2.1(b) 所示。$v = iR$ 隱含電流從高電位流到低電位，而 $v = -iR$ 則隱含電流從低電位流到高電位。

因為 R 值可以從 0 到無限大，所以考慮 R 的這二個極端值是重要的。當元件的 $R = 0$，則稱為**短路** (short circuit)，如圖 2.2(a) 所示，且

~歷史人物~

格奧爾格‧西蒙‧歐姆 (Georg Simon Ohm, 1787-1854)，德國物理學家，在 1826 年實驗證實了電阻的電壓和電流關係的基本定律──歐姆定律。最初歐姆的研究被評論家否定。

歐姆出生於巴伐利亞州埃爾蘭根 (Erlangen) 的低收入家庭。他一生致力於電學研究，最終建立了著名的歐姆定律。在 1841 年，倫敦皇家學會 (Royal Society of London) 授予他科普利獎章 (Copley Medal)，慕尼黑大學 (University of Munich) 授予他物理特聘教授頭銜。後人為了尊敬他，將電阻的單位命名為歐姆。

© SSPL via Getty Images

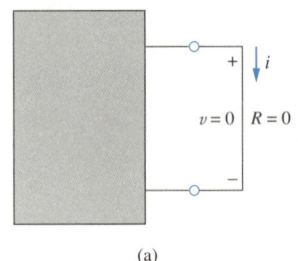

(a)

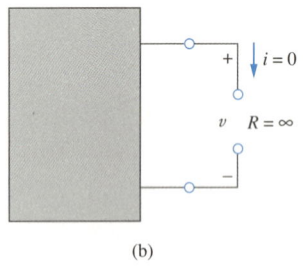

(b)

圖 2.2 (a) 短路 ($R=0$)，(b) 開路 ($R=\infty$)

$$v = iR = 0 \qquad (2.5)$$

表示電壓是 0，但電流可能是任意值。在實際電路中，通常以導線代表短路。因此，

短路代表電路元件的電阻值接近於 0。

同樣地，$R=\infty$ 表示**開路** (open circuit)，如圖 2.2(b) 所示，且

$$i = \lim_{R\to\infty}\frac{v}{R} = 0 \qquad (2.6)$$

表示電流是 0，而電壓可能是任意值，因此

開路代表電路元件的電阻值接近於 ∞。

電阻可以是固定或可變的。大多數的電阻是固定的，意思是電阻值為常數。有二種普通型態的固定電阻 (繞線電阻和組合電阻)，如圖 2.3 所示。當需要較大電阻值時則使用組合電阻。圖 2.1(b) 是固定電阻符號。可變電阻的阻值是可調整的，它的符號如圖 2.4(a) 所示。常用的可變電阻稱為**電位器** (potentiometer/pot)，符號如圖 2.4(b) 所示。電位器是一個包含滑動滑片與接觸點的三端元件，當滑動滑片，則阻值在接觸點與固定端間變化。與固定電阻相似，可變電阻也有繞線電阻和組合電阻，如圖 2.5 所示。雖然在電路設計中可使用如圖 2.3 和圖 2.5 的電阻，但今天大多數的電路使用貼片電阻或將電阻包含在積體電路中，如圖 2.6 所示。

在此必須強調，不是所有電阻都遵守歐姆定律。遵守歐姆定律的電阻稱為**線性電阻** (linear resistor)。它有一個固

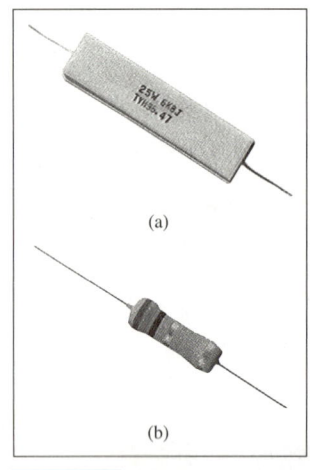

圖 2.3 固定電阻：(a) 繞線電阻，(b) 碳膜電阻
[美國科技 (Tech America) 提供]

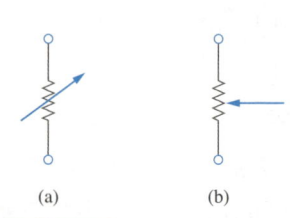

(a)　　　(b)

圖 2.4 電路符號：(a) 普通可變電阻，(b) 電位器

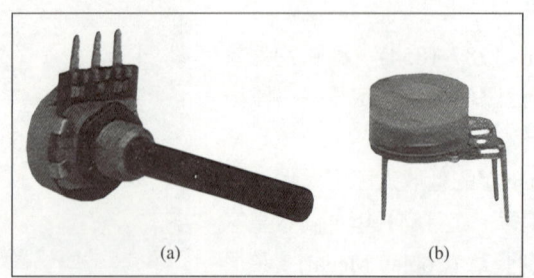

圖 2.5 可變電阻：(a) 組合式，(b) 滑動式電位器
(美國科技提供)

圖 2.6 在積體電路板上的電阻

定阻值，而且它的電流-電壓 (i-v) 特性曲線是通過座標原點的直線，如圖 2.7(a) 所示。**非線性電阻** (nonlinear resistor) 不遵守歐姆定律，它的阻值會隨著電流而變化，而且它的 i-v 特性曲線如圖 2.7(b) 所示。非線性電阻元件如燈泡和二極體。雖然所有的實際電阻在某些條件下可能展現非線性的行為，但本書假設所有元件的阻值都是線性的。

在電路分析中的一個有用的變數是電阻 R 的倒數，稱為**電導** (conductance)，以符號 G 來表示：

$$G = \frac{1}{R} = \frac{i}{v} \qquad (2.7)$$

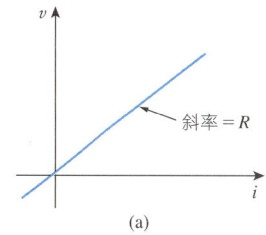

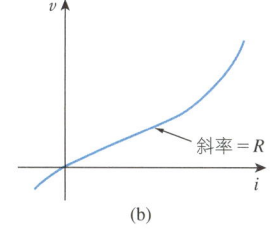

圖 2.7 i-v 特性曲線：(a) 線性電阻，(b) 非線性電阻

電導是衡量電路元件中電流傳導的好壞，電導的單位是**姆歐** (mho，歐姆倒著唸)，或歐姆符號的顛倒 (℧)。雖然工程師經常使用姆歐 (℧)，但本書採用國際單位制 (SI) 的電導符號西門子 (siemens, S)：

$$1\ S = 1\ ℧ = 1\ A/V \qquad (2.8)$$

因此，

> 電導是元件導通電流的能力，單位是姆歐 (℧) 或西門子 (S)。

同樣地，電阻也可用歐姆或西門子來表示。例如，10 Ω 等於 0.1 S。從 (2.7) 式可得

$$i = Gv \qquad (2.9)$$

電阻消耗的功率可以用 R 來表示，從 (1.7) 式與 (2.3) 式可得

$$p = vi = i^2 R = \frac{v^2}{R} \qquad (2.10)$$

電阻消耗的功率也可以用 G 來表示如下：

$$p = vi = v^2 G = \frac{i^2}{G} \qquad (2.11)$$

從 (2.10) 式和 (2.11) 式，可以得到二個結論：

1. 電阻消耗的功率是非線性的電流或電壓函數。
2. 因為 R 和 G 都是正的，所以電阻消耗的功率也是正的，因此電路中的電阻是吸收功率。這證實了電阻是不能產生能量的被動元件。

範例 2.1 一個電熨斗在 120 V 電壓下吸收 2 A 電流，試求它的電阻值。

解： 根據歐姆定律，

$$R = \frac{v}{i} = \frac{120}{2} = 60 \text{ Ω}$$

> **練習題 2.1** 烤麵包機的基本組件是一個將電能轉成熱能的電路元件 (電阻)，試求電阻值為 15 Ω 的麵包機在 110 V 電源下吸取多少電流？
>
> **答：** 7.333 A.

範例 2.2 試計算圖 2.8 所顯示電路的電流 i、電導 G 與功率 p。

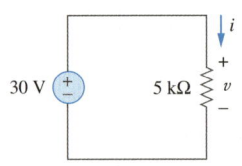

圖 2.8 範例 2.2 的電路

解： 因為電阻二端接在電壓源上，所以電阻二端的電壓與電壓源 (30 V) 相同。因此，電流是

$$i = \frac{v}{R} = \frac{30}{5 \times 10^3} = 6 \text{ mA}$$

電導是

$$G = \frac{1}{R} = \frac{1}{5 \times 10^3} = 0.2 \text{ mS}$$

功率的計算則可使用 (1.7) 式、(2.10) 式或 (2.11) 式等多種方法：

$$p = vi = 30(6 \times 10^{-3}) = 180 \text{ mW}$$

或

$$p = i^2R = (6 \times 10^{-3})^2 5 \times 10^3 = 180 \text{ mW}$$

或

$$p = v^2G = (30)^2 0.2 \times 10^{-3} = 180 \text{ mW}$$

> **練習題 2.2** 如圖 2.9 所示的電路，試計算電壓 v、電導 G 和功率 p。
>
> **答：** 30 V, 100 μs, 90 mW.

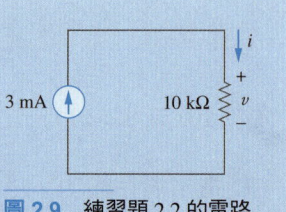

圖 2.9 練習題 2.2 的電路

> **範例 2.3**
>
> $20 \sin \pi t$ V 的電壓源跨接到 $5\ \text{k}\Omega$ 的電阻上，試求流過電阻的電流與功率消耗。
>
> **解：**
>
> $$i = \frac{v}{R} = \frac{20 \sin \pi t}{5 \times 10^3} = 4 \sin \pi t\ \text{mA}$$
>
> 因此
>
> $$p = vi = 80 \sin^2 \pi t\ \text{mW}$$
>
> **練習題 2.3** 當一電阻連接到 $v = 15 \cos t$ V 的電壓源，瞬間吸收的功率為 $30 \cos^2 t$ mW，試求 i 和 R。
>
> **答：** $2 \cos t$ mA, $7.5\ \text{k}\Omega$.

2.3 †節點、分支與迴路

電路元件可以有許多互相連接的方法，因此需要瞭解一些網路結構的基本概念。要區分電路和網路，可以視網路為多個元件或設備的互連，而電路則是提供一個或多個封閉路徑的網路。當談到網路拓樸問題時，使用的詞是用網路，而不是電路。儘管在本書中，網路與電路指的是同一事物，但也採用上述的約定。在網路拓樸中，我們研究網路元件配置與網路幾何結構有關的屬性，包括：分支、節點和迴路。

分支 (branch) 是指網路中的單一元件，例如電壓源或電阻。

換句話說，分支是指任意的二端元件。圖 2.10 的電路有五個分支，亦即 10 V 電壓源、2 A 電流源和三個電阻。

節點 (node) 是指連接二個或多個分支的接點。

節點通常是指電路中的某一點。如果是短路電路（一條導線）連接二個點，這二個節點構成單一節點。在圖 2.10 的電路，有三個節點 a、b、c。注意：有三個點被導線連接在一起而形成單一節點 b。同理，節點 c 是由四個點連接而成。圖 2.10 的電路被重畫成圖 2.11 後只包含三個節點。圖 2.10 與圖 2.11 的電路是一樣的。但是為了清楚起見，節點 b 和 c 被分開來，並使用理想導線相連，如圖 2.10 所示。

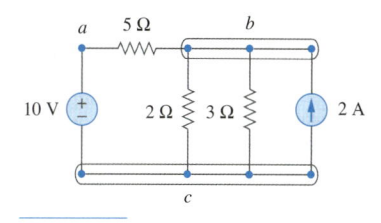

圖 2.10 節點、分支與迴路

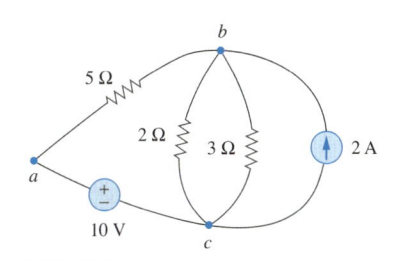

圖 2.11 重畫圖 2.10 的三節點電路

> 迴路 (loop) 是指電路中的任何一個封閉路徑。

迴路是一條封閉的路徑，從一個節點開始、經過一組節點、最後回到起始節點，且每個節點只經過一次。**獨立迴路** (independent loop) 是指一條不屬於其他獨立迴路的分支。由獨立迴路或路徑可得一組獨立方程組。

一組獨立迴路的任何一條迴路不包含分支。在圖 2.11 中，第一條獨立迴路是包含 2 Ω 電阻的迴路，第二條獨立迴路是包含 3 Ω 和電流源的迴路，第三條獨立迴路是由 2 Ω 電阻和 3 Ω 電阻並聯組成的迴路。這形成一組獨立迴路。

一個網路包含 b 個分支、n 個節點和 l 條獨立迴路，將滿足如下網路拓樸結構的基本定理：

$$b = l + n - 1 \tag{2.12}$$

如下面二個定義顯示，電路拓樸結構在研究基本電路的電壓和電流是非常有用的。

> 串聯的二個或多個元件共享一個單一的節點，從而傳遞相同的電流。
> 並聯的二個或多個元件連接到相同的二個節點，因此它們具有相同的電壓。

當元件被鏈連接或以端對端順序連接則稱為串聯。例如，如果二個元件共享同一節點，而且沒有其他元件連到該共享的節點，則這二個元件是串聯的。並聯元件被連接到同一對端點上。元件連接的方式可以不是串聯，也不是並聯。在圖 2.10 的電路中，電壓源和 5 Ω 電阻是串聯的，因為它們有相同的電流流過。2 Ω 電阻、3 Ω 電阻和電流源是並聯的，因為它們都連接到 b 和 c 二個端點，因此具有相同的端電壓。5 Ω 和 2 Ω 電阻的關係既不是串聯，也不是並聯。

範例 2.4 試計算圖 2.12 中的分支數與節點數，並指出哪些元件是串聯？哪些元件是並聯？

解： 因為電路中有四個元件，所以電路有四個分支：10 V、5 Ω、6 Ω 和 2 A。電路有三個節點，如圖 2.13 所示，5 Ω 電阻串聯 10 V 電壓源，因為流過它們的電流相同。6 Ω 電阻並聯於 2 A 電流源，因為它們都連到相同的節點 2 與 3。

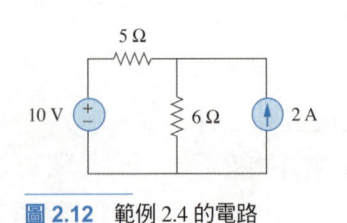

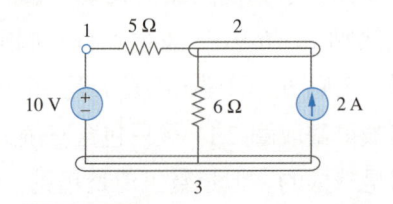

圖 2.12 範例 2.4 的電路

圖 2.13 與圖 2.12 等效的三節點電路

練習題 2.4 圖 2.14 的電路中，有多少分支與節點？並指出元件是串聯或並聯？

答： 由圖 2.15 的等效電路可知，有五個分支與三個節點。1 Ω 與 2 Ω 電阻是並聯，4 Ω 電阻與 10 V 電壓源也是並聯。

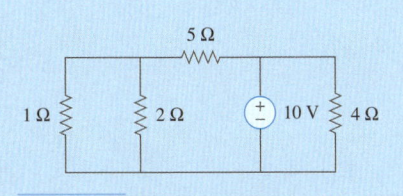

圖 2.14 練習題 2.4 的電路

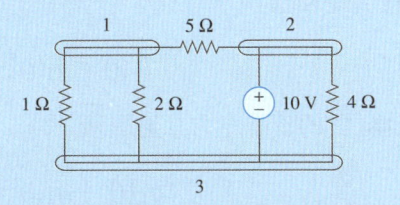

圖 2.15 與圖 2.14 等效的三節點電路

2.4 克希荷夫定律

歐姆定律還不足以用來分析電路，但若再加上克希荷夫的二個定律，就形成可分析各種大型電路的一組強大工具。克希荷夫定律最初由德國物理學家古塔斯夫‧羅伯特‧克希荷夫 (Gustav Robert Kirchhoff, 1824-1887) 於 1847 年提出，也就是眾所皆知克希荷夫電流定律 (Kirchhoff's current law, KCL) 與克希荷夫電壓定律 (Kirchhoff's voltage law, KVL)。

克希荷夫定律的基礎是電荷守恆定律，也就在一個電路系統中，電荷的總和就是不變的。

克希荷夫電流定律 (KCL) 是流入任一節點或任一封閉邊界的電流總和為零。

$$\sum_{n=1}^{N} i_n = 0 \tag{2.13}$$

～歷史人物～

古塔斯夫‧羅伯特‧克希荷夫 (Gustav Robert Kirchhoff, 1824-1887)，德國物理學家，在 1847 年提出二個電路中電壓與電流關係的基本定律。克希荷夫定律與歐姆定律共同形成電路理論的基礎。

克希荷夫出生在東普魯士柯尼斯堡 (Konigsberg) 的律師家庭，他在 18 歲進入柯尼斯堡大學 (University of Konigsberg) 讀書，畢業後在柏林擔任講師。他與德國化學家羅伯特‧本生 (Robert Bunsen) 一起從事光譜方面的研究，並於 1860 年發現了銫元素，於 1861 年發現了銣元素。克希荷夫也提出克希荷夫輻射定律。因此他是著名的工程師、化學家與物理學家。

© Pixtal/age Fotostock RF

其中 N 是連接到節點的分支數,而 i_n 是流入 (或流出) 節點的第 n 個電流。根據這個定律,電流流入節點的電壓為正;反之,從節點流出的電流為負。

為了證明 KCL,假設有一組電流 $i_k(t)$,$k = 1, 2, ...$,流入某一個節點,則該節點的電流總和為

$$i_T(t) = i_1(t) + i_2(t) + i_3(t) + \cdots \tag{2.14}$$

對 (2.14) 式的等號左右二邊取積分得

$$q_T(t) = q_1(t) + q_2(t) + q_3(t) + \cdots \tag{2.15}$$

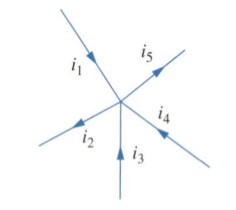

其中 $q_k(t) = \int i_k(t)dt$ 與 $q_T(t) = \int i_T(t)dt$。但是根據電荷守恆定律,該節點的總電荷數不能改變,也就是該節點所儲存的淨電荷數為 0。因此,$q_T(t) = 0 \rightarrow i_T(t) = 0$,證明了 KCL 是正確的。

在圖 2.16 的節點中,應用 KCL 可得

$$i_1 + (-i_2) + i_3 + i_4 + (-i_5) = 0 \tag{2.16}$$

圖 2.16 KCL 節點電流圖解

因為電流 i_1、i_3 和 i_4 流入該節點,而 i_2 和 i_5 從該節點流出。重新整理 (2.16) 式可得

$$i_1 + i_3 + i_4 = i_2 + i_5 \tag{2.17}$$

(2.17) 式是 KCL 的另一種形式。

> 流入某一節點的電流和等於從該節點流出的電流和。

注意:KCL 也可應用在封閉的邊界。這是一般的情況,因為節點可看成一個封閉曲面收縮成一個點。在二維空間中,封閉邊界就是一條封閉路徑。如圖 2.17 典型電路中,流入封閉曲面的總電流等於從該曲面流出的電流。

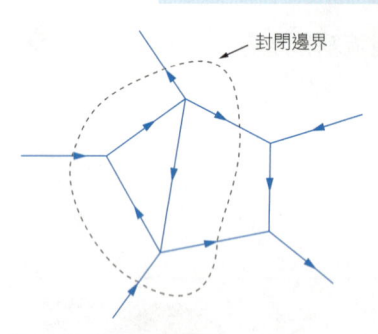

圖 2.17 封閉邊界的 KCL 應用

> 二個電源 (或一般電路) 在一對端點上有相同的 i-v 關係則稱為等效。

KCL 的簡單應用是合併並聯的電流源。合併後的電流等於單一電流源供應電流的總和。例如,在圖 2.18(a) 所顯示的電流源等效於圖 2.18(b) 合併後的電流源。在節點 a 應用 KCL 可得等效電流:

$$I_T + I_2 = I_1 + I_3$$

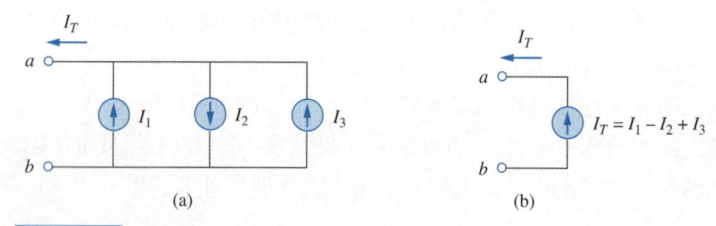

圖 2.18 並聯電流源:(a) 原始電路,(b) 等效電路

或

$$I_T = I_1 - I_2 + I_3 \tag{2.18}$$

一個串聯電路不能包含二種電流 (I_1 與 I_2)，除非 $I_1 = I_2$，否則將違反 KCL。

克希荷夫的第二個定律是建立在能量守恆原理的基礎上：

克希荷夫電壓定律 (KVL) 說明在一個封閉路徑 (或迴路) 中，電壓總和為零。

KVL 的數學表示式如下：

$$\sum_{m=1}^{M} v_m = 0 \tag{2.19}$$

其中 M 是迴路中的電壓數 (或分支數) 且 v_m 表示第 m 個電壓。

在圖 2.19 的圖解中，每個電壓的符號表示繞行迴路時先遇到該端點的極性。繞行迴路時可以從任一條分支開始，且方向可以是順時針方向或逆時針方向。假設從電壓源開始，以順時針方向繞行迴路如圖所示，則電壓依次是 $-v_1$、$+v_2$、$+v_3$、$-v_4$ 和 $+v_5$。例如，在分支 3 首先遇到正端，所以得到 $+v_3$；在分支 4 首先遇到負端，所以得到 $-v_4$。因此，根據 KVL，

$$-v_1 + v_2 + v_3 - v_4 + v_5 = 0 \tag{2.20}$$

移項後可得

$$v_2 + v_3 + v_5 = v_1 + v_4 \tag{2.21}$$

> KVL 可被應用於順時針或逆時針方向繞行迴路，無論哪種方向繞行迴路一圈的電壓總和為零。

它可解釋成

電壓降總和＝電壓升總和 (2.22)

這是 KVL 的另一種形式。若以逆時針方向繞行迴路，結果將得到 $+v_1$、$-v_5$、$+v_4$、$-v_3$ 與 $-v_2$，這與以順時針方向繞行的結果相同，但符號相反。因此，(2.20) 式與 (2.21) 式維持不變。

當電壓源串聯時，可利用 KVL 計算總電壓，串聯後的總電壓等於各個電壓源之和。例如，圖 2.20(a) 所示的電壓源，利用 KVL 可得如圖 2.20(b) 的等效電壓源。

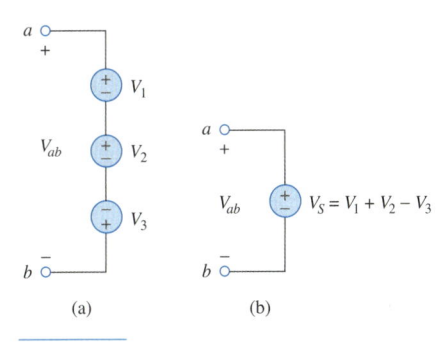

圖 2.19 單一 KVL 迴路圖解

圖 2.20 串聯電壓源：(a) 原電路，(b) 等效電路

$$-V_{ab} + V_1 + V_2 - V_3 = 0$$

或

$$V_{ab} = V_1 + V_2 - V_3 \tag{2.23}$$

為了避免違反 KVL，電路不能包含二個不同電壓 V_1 和 V_2 的並聯，除非 $V_1 = V_2$。

範例 2.5 試求圖 2.21(a) 電路中的電壓 v_1 與 v_2。

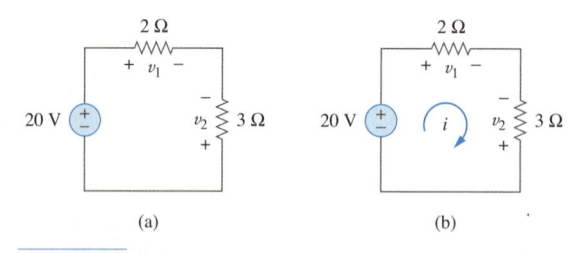

圖 2.21 範例 2.5 的電路

解： 為求 v_1 與 v_2，需應用歐姆定律與克希荷夫電壓定律。假設電流 i 流經圖 2.21(b) 的電路，則從歐姆定律：

$$v_1 = 2i, \quad v_2 = -3i \tag{2.5.1}$$

應用 KVL 繞行迴路可得

$$-20 + v_1 - v_2 = 0 \tag{2.5.2}$$

以 (2.5.1) 式代入 (2.5.2) 式，可得

$$-20 + 2i + 3i = 0 \quad 或 \quad 5i = 20 \quad \Rightarrow \quad i = 4 \text{ A}$$

再將 i 代入 (2.5.1) 式結果得到

$$v_1 = 8 \text{ V}, \quad v_2 = -12 \text{ V}$$

練習題 2.5 試求圖 2.22 電路中的 v_1 與 v_2。

答： 16V，−8V。

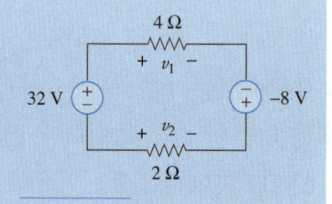

圖 2.22 練習題 2.5 的電路

試求圖 2.23(a) 電路中的 v_o 與 i。 **範例 2.6**

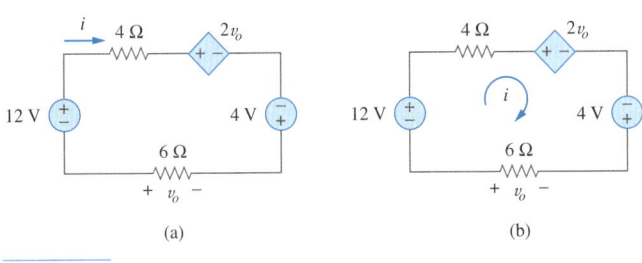

圖 2.23 範例 2.6 的電路

解： 應用 KVL 繞行迴路如圖 2.23(b) 所示，則得

$$-12 + 4i + 2v_o - 4 + 6i = 0 \tag{2.6.1}$$

應用歐姆定律到 6 Ω 電阻上可得

$$v_o = -6i \tag{2.6.2}$$

將 (2.6.2) 式代入 (2.6.1) 式得

$$-16 + 10i - 12i = 0 \quad \Rightarrow \quad i = -8 \text{ A}$$

且 $v_o = 48$ V。

練習題 2.6 試求圖 2.24 電路中的 v_x 與 v_o。

答： 20 V, −10 V.

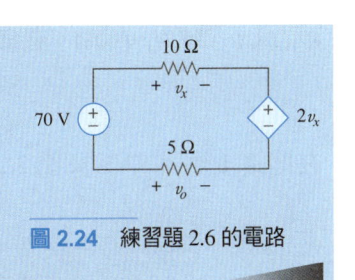

圖 2.24 練習題 2.6 的電路

試求圖 2.25 電路中的電流 i_o 和電壓 v_o。 **範例 2.7**

解： 在節點 a 應用 KCL 可得

$$3 + 0.5i_o = i_o \quad \Rightarrow \quad i_o = 6 \text{ A}$$

在 4 Ω 電阻上應用歐姆定律可得

$$v_o = 4i_o = 24 \text{ V}$$

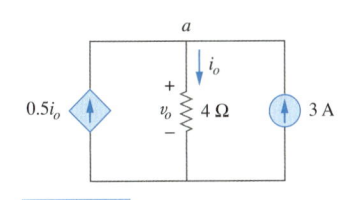

圖 2.25 範例 2.7 的電路

練習題 2.7 試求圖 2.26 電路的 v_o 和 i_o。

答：12 V, 6 A.

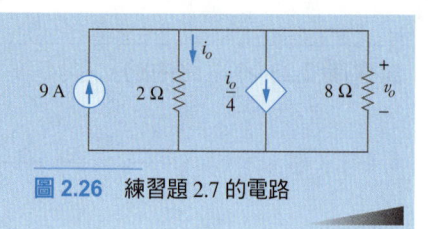

圖 2.26 練習題 2.7 的電路

範例 2.8 試求圖 2.27(a) 電路中的電流與電壓。

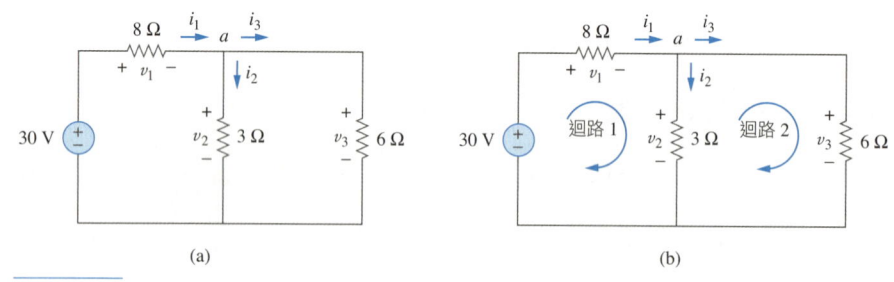

圖 2.27 範例 2.8 的電路

解：需應用歐姆定律與克希荷夫定律求解。由歐姆定律可得

$$v_1 = 8i_1, \quad v_2 = 3i_2, \quad v_3 = 6i_3 \tag{2.8.1}$$

因為每個電阻的電壓與電流關係為如上所示的歐姆定律，因此實際要求的是：(v_1, v_2, v_3) 或 (i_1, i_2, i_3)。在節點 a 應用 KCL 可得

$$i_1 - i_2 - i_3 = 0 \tag{2.8.2}$$

在迴路 1 應用 KVL 如圖 2.27(b) 所示，可得

$$-30 + v_1 + v_2 = 0$$

將 (2.8.1) 式中的 i_1 與 i_2 代入上式可得

$$-30 + 8i_1 + 3i_2 = 0$$

或

$$i_1 = \frac{(30 - 3i_2)}{8} \tag{2.8.3}$$

在迴路 2 應用 KVL，

$$-v_2 + v_3 = 0 \quad \Rightarrow \quad v_3 = v_2 \tag{2.8.4}$$

這正符合二個並聯電阻二端電壓相等。將 (2.8.1) 式中的 v_2 與 v_3 代入 (2.8.4) 式，則得

$$6i_3 = 3i_2 \quad \Rightarrow \quad i_3 = \frac{i_2}{2} \tag{2.8.5}$$

再將 (2.8.3) 式與 (2.8.5) 式代入 (2.8.2) 式得

$$\frac{30 - 3i_2}{8} - i_2 - \frac{i_2}{2} = 0$$

或 $i_2 = 2$ A。將此 i_2 值代入 (2.8.1) 式至 (2.8.5) 式可得

$$i_1 = 3 \text{ A}, \quad i_3 = 1 \text{ A}, \quad v_1 = 24 \text{ V}, \quad v_2 = 6 \text{ V}, \quad v_3 = 6 \text{ V}$$

練習題 2.8 試求圖 2.28 電路中的電流和電壓。

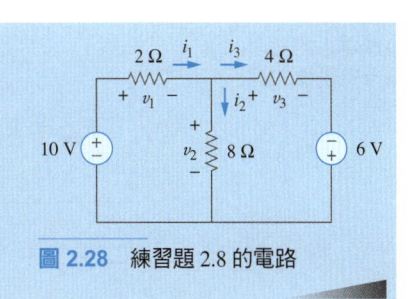

答：$v_1 = 6$ V, $v_2 = 4$ V, $v_3 = 10$ V, $i_1 = 3$ A, $i_2 = 500$ mA, $i_3 = 1.25$ A.

圖 2.28 練習題 2.8 的電路

2.5　串聯電阻和分壓

在電路分析中，經常需要將二個或多個串聯 (或並聯) 電阻結合在一起。這種電阻結合的方法是為求得單一等效電阻。根據此觀點，分析圖 2.29 單一迴路的電路，因為相同的電流 i 流過這二個串聯的電阻，因此對每一個電阻應用歐姆定律可得

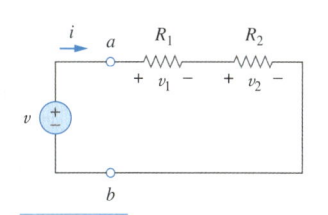

$$v_1 = iR_1, \quad v_2 = iR_2 \tag{2.24}$$

圖 2.29 二串聯電阻的單一迴路電路

如果對此迴路應用 KVL (此順時針方向繞行)，可得

$$-v + v_1 + v_2 = 0 \tag{2.25}$$

結合 (2.24) 式與 (2.25) 式，可得

$$v = v_1 + v_2 = i(R_1 + R_2) \tag{2.26}$$

或

$$i = \frac{v}{R_1 + R_2} \tag{2.27}$$

注意：(2.26) 式可被改寫如下：

$$v = iR_{eq} \tag{2.28}$$

上式隱含這二個電阻可被等效電阻 R_{eq} 所取代，也就是

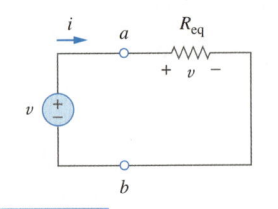

$$R_{eq} = R_1 + R_2 \tag{2.29}$$

因此圖 2.29 可被圖 2.30 的等效電路所取代。圖 2.29 與圖 2.30 二電路是等效的，因為它們在 a-b 二端點展現出相同的電壓與電流關係，所以圖 2.30 的等效電路在簡化電路分析是非常有用的。一般而言，

圖 2.30 圖 2.29 電路的等效電路

> 多個串聯電阻的等效電阻值等於各個電阻值之和。

電阻串聯後的特性如同單一個電阻，而串聯電阻的電阻值等於各個單一電阻值的總和。

對 N 個串聯電阻而言，其等效電阻為

$$R_{eq} = R_1 + R_2 + \cdots + R_N = \sum_{n=1}^{N} R_n \tag{2.30}$$

將 (2.26) 式代入 (2.24) 式可得圖 2.29 中每個電阻的電壓如下：

$$v_1 = \frac{R_1}{R_1 + R_2} v, \qquad v_2 = \frac{R_2}{R_1 + R_2} v \tag{2.31}$$

注意：電源電壓 v 被分到各個電阻的電壓與各電阻的阻值成正比；電阻值越大，則電阻上的壓降就越大。這就是所謂的**分壓定理** (principle of voltage division)，而圖 2.29 的電路稱為**分壓器** (voltage divider)。一般而言，如果一分壓電路串聯 N 個電阻 ($R_1, R_2, \ldots, R_N$) 與一個電源電壓，則第 n 個電阻 (R_n) 的壓降為

$$v_n = \frac{R_n}{R_1 + R_2 + \cdots + R_N} v \tag{2.32}$$

2.6 並聯電阻與分流

在圖 2.31 的電路中，二個電阻是並聯的，因此跨接於它們二端的電壓相同，由歐姆定律可得

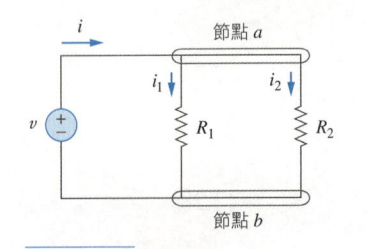

$$v = i_1 R_1 = i_2 R_2$$

或

$$i_1 = \frac{v}{R_1}, \qquad i_2 = \frac{v}{R_2} \tag{2.33}$$

圖 2.31 二並聯電阻

在節點 a 應用 KCL，則得總電流如下：

$$i = i_1 + i_2 \tag{2.34}$$

將 (2.33) 式代入 (2.34) 式，可得

$$i = \frac{v}{R_1} + \frac{v}{R_2} = v\left(\frac{1}{R_1} + \frac{1}{R_2}\right) = \frac{v}{R_{eq}} \tag{2.35}$$

其中 R_{eq} 是並聯電阻的等效電阻值：

$$\frac{1}{R_{eq}} = \frac{1}{R_1} + \frac{1}{R_2} \tag{2.36}$$

或

$$\frac{1}{R_{eq}} = \frac{R_1 + R_2}{R_1 R_2}$$

或

$$\boxed{R_{eq} = \frac{R_1 R_2}{R_1 + R_2}} \tag{2.37}$$

因此，

> 二並聯電阻的等效電阻值等於二電阻值之積除以二電阻值之和。

但必須強調 (2.37) 式只適用於二個電阻並聯。從 (2.37) 式，如果 $R_1 = R_2$，則 $R_{eq} = R_1/2$。

將 (2.36) 式延伸到 N 個電阻並聯的一般情況，則等效電阻是

$$\boxed{\frac{1}{R_{eq}} = \frac{1}{R_1} + \frac{1}{R_2} + \cdots + \frac{1}{R_N}} \tag{2.38}$$

注意：R_{eq} 永遠小於並聯電阻中最小電阻的電阻值，如果 $R_1 = R_2 = \cdots = R_N = R$，則

$$R_{eq} = \frac{R}{N} \tag{2.39}$$

例如，並聯四個 $100\ \Omega$ 的電阻，則其等效電阻為 $25\ \Omega$。

當處理電阻並聯問題時，改用電導會比較方便，由 (2.38) 式，N 個電阻並聯的

並聯的總電導相當於各個電導值相加的單一電導。

等效電導為

$$G_{eq} = G_1 + G_2 + G_3 + \cdots + G_N \tag{2.40}$$

其中 $G_{eq} = 1/R_{eq}$，$G_1 = 1/R_1$，$G_2 = 1/R_2$，$G_3 = 1/R_3$，$\cdots$，$G_N = 1/R_N$，而 (2.40) 式說明：

並聯電阻的等效電導等於各個電導之和。

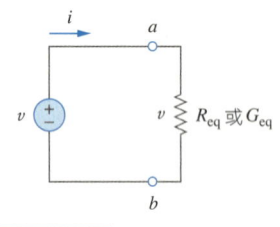

這意思是，可以用圖 2.32 取代圖 2.31。注意：(2.30) 式與 (2.40) 式的相似性，即並聯電阻的等效電導與串聯電阻的等效電阻值之取得方法相同；同理，串聯電阻的等效電導與並聯電阻的等效電阻值之取得方法相同。因此 N 個電阻串聯的等效電導 G_{eq} (如圖 2.29 所示)為

圖 2.32 圖 2.31 的等效電路

$$\frac{1}{G_{eq}} = \frac{1}{G_1} + \frac{1}{G_2} + \frac{1}{G_3} + \cdots + \frac{1}{G_N} \tag{2.41}$$

在圖 2.31 中，假設總電流 i 流進節點 a，則電流 i_1 與 i_2 如何求得？已知並聯等效電阻具有相同的電壓，即

$$v = iR_{eq} = \frac{iR_1R_2}{R_1 + R_2} \tag{2.42}$$

合併 (2.33) 式與 (2.42) 式得

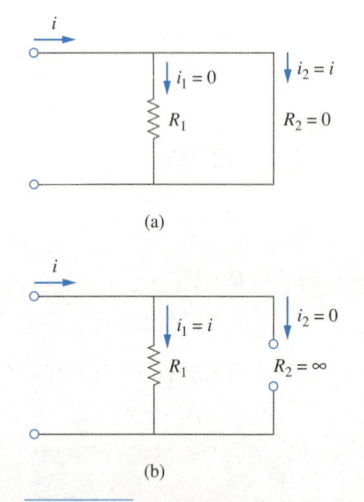

$$i_1 = \frac{R_2\, i}{R_1 + R_2}, \qquad i_2 = \frac{R_1\, i}{R_1 + R_2} \tag{2.43}$$

上式顯示總電流分給二個電阻分支，且各分支電流與電阻值成反比，這就是所謂的**分流定理** (principle of current division)，而圖 2.31 的電路就是**分流器** (current divider)。因此，較大的電流流經較小電阻的分支。

有一個極端的情況，假設圖 2.31 中一個電阻的電阻值為 0，例如 $R_2 = 0$；因此 R_2 為短路，如圖 2.33(a) 所示。從 (2.43) 式，$R_2 = 0$ 隱含 $i_1 = 0$，$i_2 = i$。這意思是全部的電流跳過 R_1 而流經短路 $R_2 = 0$，因為這是最小電阻路徑。因此，如圖 2.33(a) 所示，當

圖 2.33 (a) 短路電路，(b) 開路電路

電路短路時必須記住二件事：

1. 等效電阻 $R_{eq} = 0$。[如 (2.37) 式；當 $R_2 = 0$ 時，$R_{eq} = 0$]。
2. 全部電流流經短路分支。

另一個極端的情況，假設 $R_2 = \infty$，因此 R_2 是開路，如圖 2.33(b) 所示，則電流流經較小電阻 R_1 的分支。對 (2.37) 式取極限 $R_2 \to \infty$，則得 $R_{eq} = R_1$。

若 (2.43) 式的分子與分母同除以 $R_1 R_2$，則得

$$i_1 = \frac{G_1}{G_1 + G_2} i \tag{2.44a}$$

$$i_2 = \frac{G_2}{G_1 + G_2} i \tag{2.44b}$$

因此，一般而言，如果分流器的電流源 i 分享給 N 個並聯的電導 ($G_1, G_2, \ldots, G_N$)，則第 n 個電導 (G_n) 的電流如下：

$$i_n = \frac{G_n}{G_1 + G_2 + \cdots + G_N} i \tag{2.45}$$

一般而言，分析電路時，時常將串聯和並聯電阻結合成一個**等效電阻** (equivalent resistance) R_{eq}，以簡化電阻網路。例如等效電阻是網路端點之間的電阻值，它必須與原來網路端點間的 i-v 特性相同。

範例 2.9

試求圖 2.34 電路中的 R_{eq}。

解：要求 R_{eq}，須結合電阻的串聯與並聯。6 Ω 和 3 Ω 電阻器是並聯，其等效電阻值是

$$6\,\Omega \parallel 3\,\Omega = \frac{6 \times 3}{6 + 3} = 2\,\Omega$$

(符號 ∥ 用來表示並聯)，而且 1 Ω 和 5 Ω 電阻器為串聯，其等效電阻值是

$$1\,\Omega + 5\,\Omega = 6\,\Omega$$

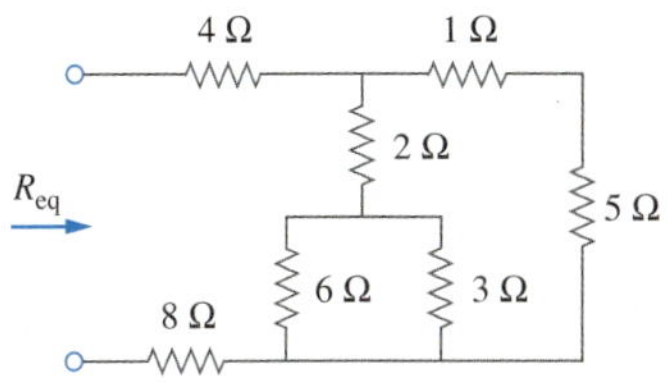

圖 2.34 範例 2.9 的電路

因此，圖 2.34 的電路被簡化成圖 2.35(a) 的電路。在圖 2.35(a) 中，二個 2 Ω 電阻器是串聯，其等效電阻值為

$$2\,\Omega + 2\,\Omega = 4\,\Omega$$

在圖 2.35(a) 中，4 Ω 電阻器與 6 Ω 電阻器並聯，其等效電阻是

$$4\,\Omega \parallel 6\,\Omega = \frac{4 \times 6}{4 + 6} = 2.4\,\Omega$$

現在圖 2.35(a) 的電路可被圖 2.35(b) 的電路所取代，而且三個電阻器是串聯。所以，這個電路的等效電阻為

$$R_{\text{eq}} = 4\,\Omega + 2.4\,\Omega + 8\,\Omega = 14.4\,\Omega$$

(a)

(b)

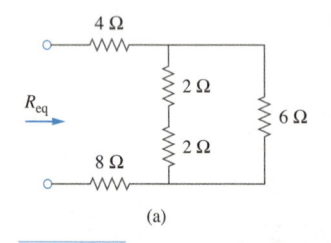

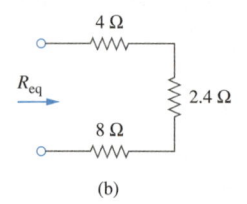

圖 2.35 範例 2.9 的等效電路

練習題 2.9 合併圖 2.36 電路中的電阻器，試求 R_{eq}。

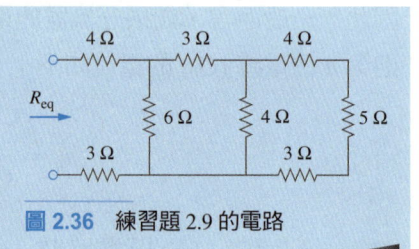

答：$10\,\Omega$。

圖 2.36 練習題 2.9 的電路

範例 2.10 試計算圖 2.37 電路中的等效電阻 R_{ab}。

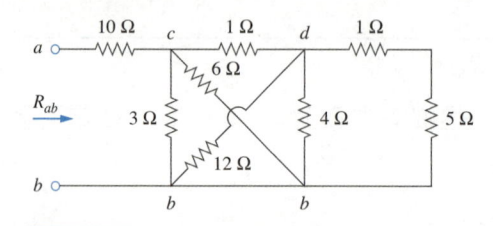

圖 2.37 範例 2.10 的電路

解：$3\,\Omega$ 和 $6\,\Omega$ 電阻器是並聯，因為它們連接到二個相同的節點 c 和 b，它們合併後的電阻為

$$3\,\Omega \parallel 6\,\Omega = \frac{3 \times 6}{3 + 6} = 2\,\Omega \tag{2.10.1}$$

同理，$12\,\Omega$ 和 $4\,\Omega$ 電阻器是並聯，因為它們連接到二個相同的節點 d 和 b，因此

$$12\,\Omega \parallel 4\,\Omega = \frac{12 \times 4}{12 + 4} = 3\,\Omega \tag{2.10.2}$$

而 1 Ω 和 5 Ω 電阻器是串聯，其等效電阻為

$$1\,\Omega + 5\,\Omega = 6\,\Omega \tag{2.10.3}$$

上述三部分合併後，圖 2.37 的電路可被圖 2.38(a) 所取代。在圖 2.38(a)，3 Ω 並聯 6 Ω 得 2 Ω，如 (2.10.1) 式計算。這個 2 Ω 等效電阻再串聯 1 Ω 電阻得合併電阻 1 Ω + 2 Ω = 3 Ω。因此，圖 2.38(a) 的電路可被圖 2.38(b) 電路取代。在圖 2.38(b) 中，合併 2 Ω 和 3 Ω 的並聯電阻器得

$$2\,\Omega \parallel 3\,\Omega = \frac{2 \times 3}{2 + 3} = 1.2\,\Omega$$

這個 1.2 Ω 電阻器串聯 10 Ω 電阻器，所以

$$R_{ab} = 10 + 1.2 = 11.2\,\Omega$$

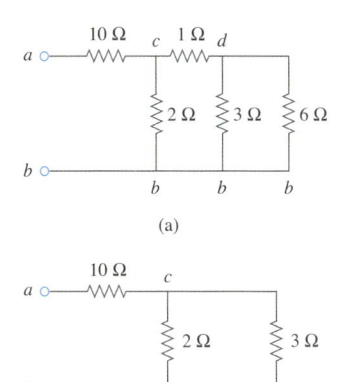

圖 2.38 範例 2.10 的等效電路

練習題 2.10 試計算圖 2.39 電路中的 R_{ab}。

答：19 Ω.

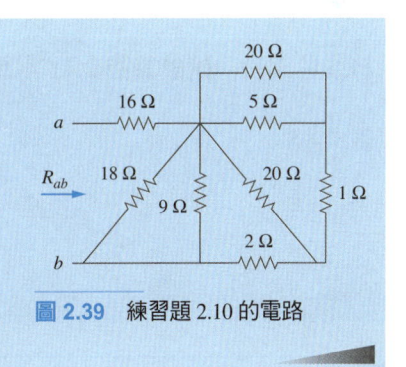

圖 2.39 練習題 2.10 的電路

範例 2.11

試計算圖 2.40(a) 電路的等效電導 G_{eq}。

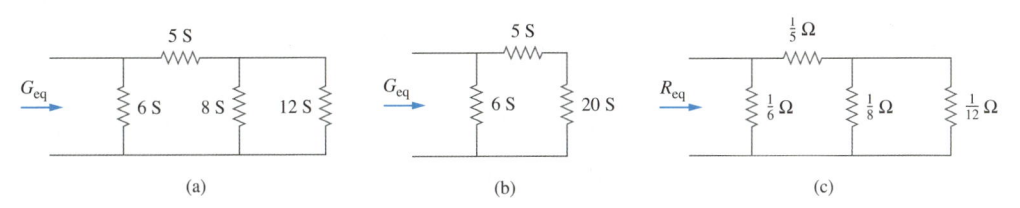

圖 2.40 範例 2.11 的電路：(a) 原電路，(b) 等效電路，(c) 與 (a) 相同的電路但是以歐姆表示電阻

解：8 S 與 12 S 電阻器是並聯，所以它們的電導為

$$8\,\text{S} + 12\,\text{S} = 20\,\text{S}$$

這個 20 S 電阻器串聯 5 S 電阻器如圖 2.40(b) 所示，所以合併後的電導為

$$\frac{20 \times 5}{20 + 5} = 4\,\text{S}$$

而這個 4 S 電阻器並聯 6 S 電阻器，因此

$$G_{eq} = 6 + 4 = 10 \text{ S}$$

圖 2.40(a) 的電路與圖 2.40(c) 電路相同。只是圖 2.40(a) 的電阻單位為西門子，而圖 2.40(c) 的電阻單位為歐姆。計算圖 2.40(c) 電路的 R_{eq}。

$$R_{eq} = \frac{1}{6} \left\| \left(\frac{1}{5} + \frac{1}{8} \left\| \frac{1}{12} \right. \right) = \frac{1}{6} \left\| \left(\frac{1}{5} + \frac{1}{20} \right) = \frac{1}{6} \right\| \frac{1}{4}$$

$$= \frac{\frac{1}{6} \times \frac{1}{4}}{\frac{1}{6} + \frac{1}{4}} = \frac{1}{10} \text{ Ω}$$

$$G_{eq} = \frac{1}{R_{eq}} = 10 \text{ S}$$

這與前面使用電導所求得的結果相同。

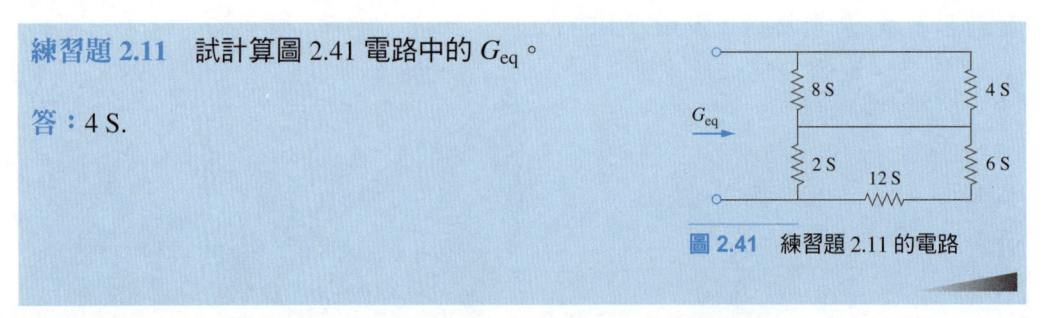

> **練習題 2.11** 試計算圖 2.41 電路中的 G_{eq}。
>
> **答**：4 S.
>
> **圖 2.41** 練習題 2.11 的電路

範例 2.12 試計算圖 2.42(a) 電路的 i_o 與 v_o，並計算 3 Ω 電阻器的功率消耗。

解：6 Ω 與 3 Ω 電阻器為並聯，所以合併後電阻為

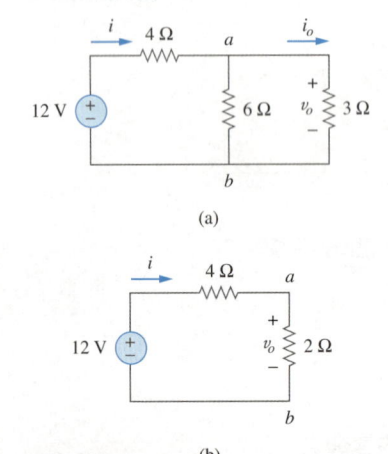

$$6 \text{ Ω} \| 3 \text{ Ω} = \frac{6 \times 3}{6 + 3} = 2 \text{ Ω}$$

因此可將電路簡化成圖 2.42(b)。注意：v_o 不受合併後的電阻影響，因為二個電阻器為並聯，而且有相同的電壓 v_o。從圖 2.42(b) 有二種方法，可求得 v_o。第一種方法是利用歐姆定律求得

$$i = \frac{12}{4 + 2} = 2 \text{ A}$$

因此 $v_o = 2i = 2 \times 2 = 4$ V。另一種方法是利用分壓，因為圖 2.42(b) 中的 12 V 分給 4 Ω 和 2 Ω 電阻器，因此

圖 2.42 範例 2.12 的電路：(a) 原電路，(b) 等效電路

$$v_o = \frac{2}{2+4}(12\text{ V}) = 4\text{ V}$$

同理，i_o 也有二種方式求得。第一種方法，從剛求得 v_o 與在 3 Ω 電阻器上利用歐姆定律，所以

$$v_o = 3i_o = 4 \quad \Rightarrow \quad i_o = \frac{4}{3}\text{ A}$$

另一種方法則是已知 i 情況下從圖 2.42(a) 中利用分流定理得

$$i_o = \frac{6}{6+3}i = \frac{2}{3}(2\text{ A}) = \frac{4}{3}\text{ A}$$

3 Ω 電阻器的功率消耗為

$$p_o = v_o i_o = 4\left(\frac{4}{3}\right) = 5.333\text{ W}$$

練習題 2.12 試計算圖 2.43 電路的 v_1 與 v_2，並計算 i_1 與 i_2 和 12 Ω 與 40 Ω 電阻器的功率消耗。

答： $v_1 = 10$ V, $i_1 = 833.3$ mA, $p_1 = 8.333$ W, $v_2 = 20$ V, $i_2 = 500$ mA, $p_2 = 10$ W.

圖 2.43 練習題 2.12 的電路

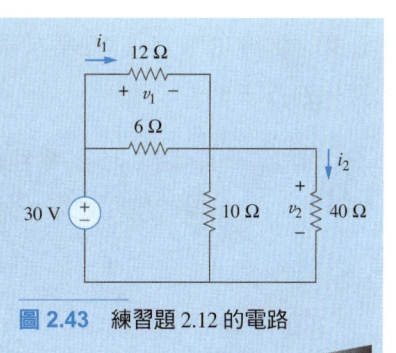

在圖 2.44(a) 顯示的電路圖中，試計算：(a) 電壓 v_o，(b) 電流源的供應功率，(c) 每個電阻器的吸收 (消耗) 功率。 **範例 2.13**

解： (a) 6 kΩ 與 12 kΩ 電阻器是串聯，所以合併後的值是 $6 + 12 = 18$ kΩ。因此，圖 2.44(a) 的電路可簡化如圖 2.44(b) 所示。利用分流技巧計算 i_1 與 i_2。

$$i_1 = \frac{18{,}000}{9000 + 18{,}000}(30\text{ mA}) = 20\text{ mA}$$

$$i_2 = \frac{9{,}000}{9000 + 18{,}000}(30\text{ mA}) = 10\text{ mA}$$

注意：9 kΩ 與 18 kΩ 電阻器二端的電壓是相同的，所以 $v_o = 9000i_1 = 18{,}000i_2 = 180$ V。

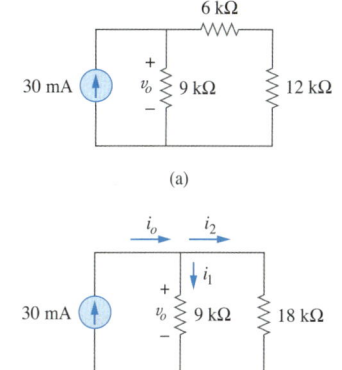

圖 2.44 範例 2.13 的電路：(a) 原電路，(b) 等效電路

(b) 電流源的供應功率是

$$p_o = v_o i_o = 180(30) \text{ mW} = 5.4 \text{ W}$$

(c) 12 kΩ 電阻器的吸收 (消耗) 功率是

$$p = iv = i_2(i_2 R) = i_2^2 R = (10 \times 10^{-3})^2 (12{,}000) = 1.2 \text{ W}$$

6 kΩ 電阻器的吸收 (消耗) 功率是

$$p = i_2^2 R = (10 \times 10^{-3})^2 (6000) = 0.6 \text{ W}$$

9 kΩ 電阻器的吸收 (消耗) 功率是

$$p = \frac{v_o^2}{R} = \frac{(180)^2}{9000} = 3.6 \text{ W}$$

或

$$p = v_o i_1 = 180(20) \text{ mW} = 3.6 \text{ W}$$

注意：供應功率 (5.4 W) 等於吸收 (消耗) 功率 (1.2 + 0.6 + 3.6 = 5.4 W)。這是驗證結果的方法。

練習題 2.13 在圖 2.45 的電路圖中，試計算：(a) v_1 與 v_2，(b) 3 kΩ 與 20 kΩ 電阻器的消耗功率，以及 (c) 電流源的供應功率。

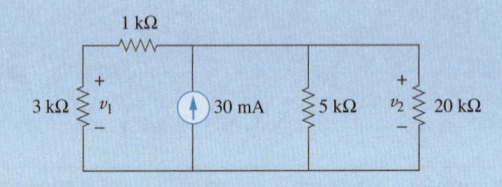

圖 2.45 練習題 2.13 的電路

答： (a) 45 V, 60 V, (b) 675 mW, 180 mW, (c) 1.8 W.

2.7 †Y-Δ 轉換

在電路分析時經常遇到電阻器不是並聯也不是串聯的情況。例如，在圖 2.46 的橋式電路。當電阻不是並聯也不是串聯時，要如何合併 R_1 至 R_6 呢？許多如圖 2.46 的電路可以利用三端等效網路來化簡，如圖 2.47 所示的 Y 型或 T 型網路，或圖 2.48 所示的 Δ 型或 ∏ 型網路。這些網路出現在獨立電路或是大型網路的一部分，用於三相網路、濾波器和匹配網路中。本節的重點在於如何辨識這類網

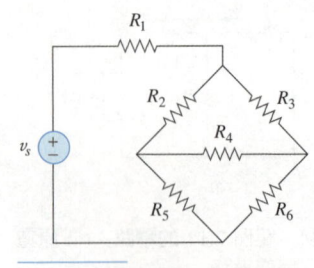

圖 2.46 橋式網路

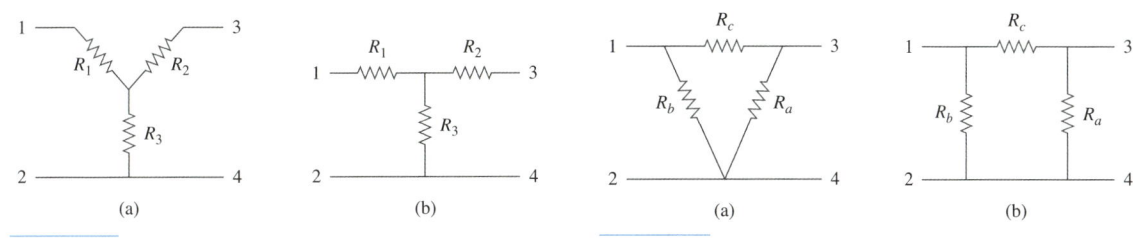

圖 2.47 同一網路的 (a) Y 型，(b) T 型二種類型　　**圖 2.48** 同一網路的 (a) Δ 型，(b) ∏ 型二種類型

路，以及如何利用 Δ-Y 轉換來分析這類網路。

2.7.1　Δ-Y 轉換

假設將包含 Δ 型結構的電路轉換成 Y 型網路來處理會更方便。以 Y 型網路取代 Δ 型網路，並求出 Y 型網路的等效電阻。要得到 Y 型網路的等效電阻，須先比較二個網路，以便確定 Δ 型 (或 ∏ 型) 網路中每一對節點之間的電阻值等於 Y 型 (或 T 型) 網路中每一對節點之間的電阻值。例如，在圖 2.47 與圖 2.48 的端點 1 和 2，

$$R_{12}(Y) = R_1 + R_3$$
$$R_{12}(\Delta) = R_b \parallel (R_a + R_c)$$
(2.46)

令 $R_{12}(Y) = R_{12}(\Delta)$，則

$$R_{12} = R_1 + R_3 = \frac{R_b(R_a + R_c)}{R_a + R_b + R_c}$$
(2.47a)

同理，

$$R_{13} = R_1 + R_2 = \frac{R_c(R_a + R_b)}{R_a + R_b + R_c}$$
(2.47b)

$$R_{34} = R_2 + R_3 = \frac{R_a(R_b + R_c)}{R_a + R_b + R_c}$$
(2.47c)

(2.47a) 式減去 (2.47c) 式，則得

$$R_1 - R_2 = \frac{R_c(R_b - R_a)}{R_a + R_b + R_c}$$
(2.48)

(2.47b) 式加上 (2.48) 式，得

$$\boxed{R_1 = \frac{R_b R_c}{R_a + R_b + R_c}}$$
(2.49)

(2.47b) 式減去 (2.48) 式，得

$$R_2 = \frac{R_c R_a}{R_a + R_b + R_c} \tag{2.50}$$

(2.47a) 式減去 (2.49) 式，得

$$R_3 = \frac{R_a R_b}{R_a + R_b + R_c} \tag{2.51}$$

不需要記憶 (2.49) 式至 (2.51) 式。如圖 2.49 所示，從 Δ 型網路轉成 Y 型網路，將增加額外的節點 n，而且它的轉換規則如下：

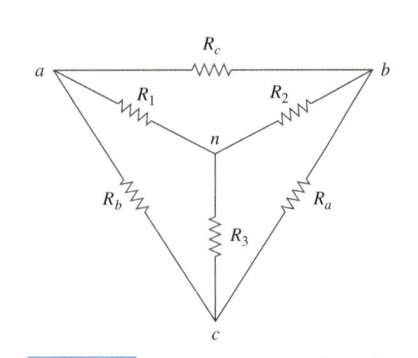

圖 2.49　Y 型和 Δ 型重疊網路當作相互轉換的輔助電路

Y 型網路的每個電阻是 Δ 型分支中二相鄰電阻的乘積，除以 Δ 網路中三個電阻之和。

根據這個規則可得 (2.49) 式至 (2.51) 式。

2.7.2　Y-Δ 轉換

要得到從 Y 型網路轉成等效 Δ 型網路的轉換公式，首先由 (2.49) 式至 (2.51) 式可得

$$\begin{aligned}R_1 R_2 + R_2 R_3 + R_3 R_1 &= \frac{R_a R_b R_c (R_a + R_b + R_c)}{(R_a + R_b + R_c)^2} \\ &= \frac{R_a R_b R_c}{R_a + R_b + R_c}\end{aligned} \tag{2.52}$$

將 (2.49) 式至 (2.51) 式除以 (2.52) 式，可導出下列方程式：

$$R_a = \frac{R_1 R_2 + R_2 R_3 + R_3 R_1}{R_1} \tag{2.53}$$

$$R_b = \frac{R_1 R_2 + R_2 R_3 + R_3 R_1}{R_2} \tag{2.54}$$

$$R_c = \frac{R_1 R_2 + R_2 R_3 + R_3 R_1}{R_3} \tag{2.55}$$

由 (2.53) 式至 (2.55) 式與圖 2.49，可得 Y-Δ 的轉換規則如下：

Δ 型網路中的每個電阻是 Y 型網路中的電阻兩兩相乘積之和，除以 Y 型網路對角電阻。

當下面條件成立時，則 Y 型和 Δ 型網路是平衡的：

$$R_1 = R_2 = R_3 = R_Y, \quad R_a = R_b = R_c = R_\Delta \tag{2.56}$$

在這些條件下，轉換公式改寫為

$$R_Y = \frac{R_\Delta}{3} \quad 或 \quad R_\Delta = 3R_Y \tag{2.57}$$

讀者或許覺得奇怪，為什麼 R_Y 小於 R_Δ。這是因為 Y 型網路像 "串聯" 連接，而 Δ 型網路像 "並聯" 連接。

在處理上述轉換時，並沒有增加或刪除任何元件，只是以數學上等效的三端網路取代原有的網路，目的在於建立一個串聯或並聯的模式，以便於計算 R_{eq}。

範例 2.14

試將圖 2.50(a) 的 Δ 型網路轉換成等效的 Y 型網路。

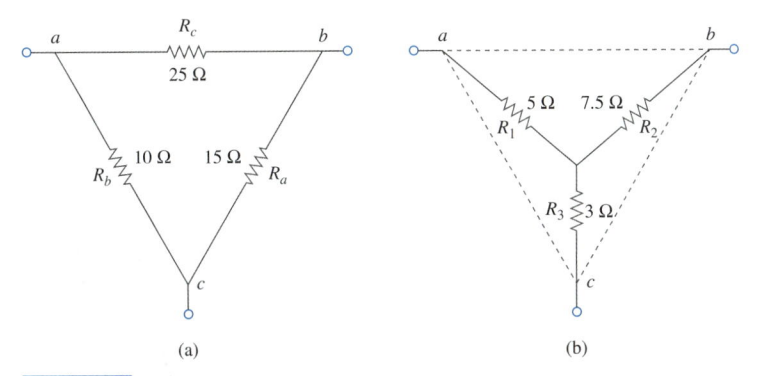

圖 2.50 範例 2.14 的電路：(a) 原 Δ 型網路，(b) 等效 Y 型網路

解： 利用 (2.49) 式至 (2.51) 式，可得

$$R_1 = \frac{R_b R_c}{R_a + R_b + R_c} = \frac{10 \times 25}{15 + 10 + 25} = \frac{250}{50} = 5 \, \Omega$$

$$R_2 = \frac{R_c R_a}{R_a + R_b + R_c} = \frac{25 \times 15}{50} = 7.5 \, \Omega$$

$$R_3 = \frac{R_a R_b}{R_a + R_b + R_c} = \frac{15 \times 10}{50} = 3 \, \Omega$$

則等效 Y 型網路如圖 2.50(b) 所示。

練習題 2.14 將圖 2.51 的 Y 型網路轉換成 Δ 型網路。

答：$R_a = 140\ \Omega$, $R_b = 70\ \Omega$, $R_c = 35\ \Omega$。

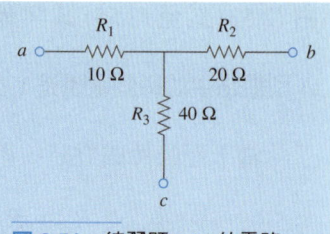

圖 2.51　練習題 2.14 的電路

範例 2.15 試計算圖 2.52 電路的等效電阻 R_{ab}，並利用它計算電流 i。

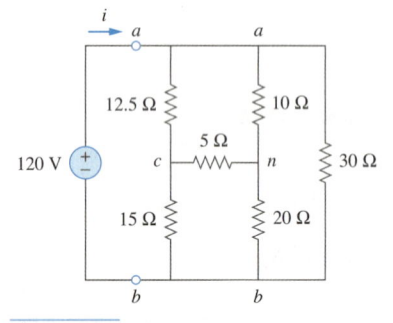

圖 2.52　範例 2.15 的電路

解：

1. **定義**：清楚定義問題。注意：這部分通常需花較多的時間。

2. **表達**：顯然，當我們移除電壓源，則成為純電阻電路。因為此電路包含 Δ 型和 Y 型網路，因此需要更複雜程序來合併所有電阻。然而，可使用 Y-Δ 轉換來求解。確認 Y 型網路位置 (有二個 Y 型網路：一個在節點 n；另一個在節點 c) 和 Δ 型網路位置 (有三個 Δ 型網路：can、abn、cnb) 是有用的。

3. **選擇**：有多種不同的方法可用來解決問題。因為 2.7 節的重點是 Y-Δ 轉換，所以應該使用這個技術來解決。另一個方法是在電路中加入安培計，並求出 a 與 b 之間的電壓，以解出等效電阻。第 4 章將會介紹這種方法。

    在此首先使用 Y-Δ 轉換為解題之方法。然後再使用 Δ-Y 轉換來驗證結果。

4. **嘗試**：在這個電路中，有二個 Y 型網路和三個 Δ 型網路，只要轉換其中之一，將可簡化電路，如果要轉換由 5 Ω、10 Ω 和 20 Ω 組成的 Y 型網路，則可令

$$R_1 = 10\ \Omega, \quad R_2 = 20\ \Omega, \quad R_3 = 5\ \Omega$$

因此從 (2.53) 式至 (2.55) 式，可得

$$R_a = \frac{R_1 R_2 + R_2 R_3 + R_3 R_1}{R_1} = \frac{10 \times 20 + 20 \times 5 + 5 \times 10}{10}$$

$$= \frac{350}{10} = 35\ \Omega$$

$$R_b = \frac{R_1 R_2 + R_2 R_3 + R_3 R_1}{R_2} = \frac{350}{20} = 17.5\ \Omega$$

$$R_c = \frac{R_1 R_2 + R_2 R_3 + R_3 R_1}{R_3} = \frac{350}{5} = 70\ \Omega$$

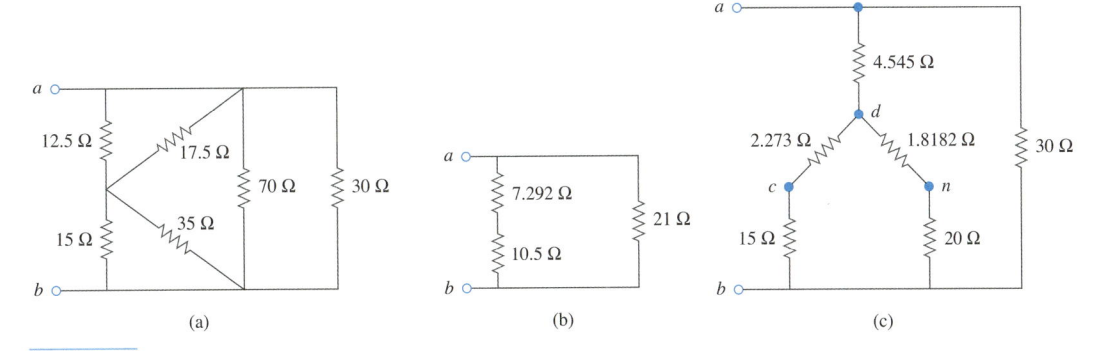

圖 2.53 移除圖 2.52 中電壓源的等效電路

當 Y 型轉換成 Δ 型後，等效電路 (電壓源被移除) 如圖 2.53(a) 所示。合併了三對並聯電阻得

$$70 \parallel 30 = \frac{70 \times 30}{70 + 30} = 21 \ \Omega$$

$$12.5 \parallel 17.5 = \frac{12.5 \times 17.5}{12.5 + 17.5} = 7.292 \ \Omega$$

$$15 \parallel 35 = \frac{15 \times 35}{15 + 35} = 10.5 \ \Omega$$

所以這個等效電路如圖 2.53(b) 所示。因此，求得

$$R_{ab} = (7.292 + 10.5) \parallel 21 = \frac{17.792 \times 21}{17.792 + 21} = \mathbf{9.632 \ \Omega}$$

而且

$$i = \frac{v_s}{R_{ab}} = \frac{120}{9.632} = \mathbf{12.458 \ A}$$

成功地解出等效電阻與電流後，接下來則是驗證答案。

5. 驗證：現在必須確定答案是否正確，並且驗證最後的結果。

使用 Δ-Y 轉換來解題，可以很容易地驗證上面的結果。下面將 Δ 型的 *can* 網路轉成 Y 型網路。

令 $R_c = 10 \ \Omega$、$R_a = 5 \ \Omega$ 和 $R_n = 12.5 \ \Omega$，則可導出 (令 d 表示 Y 型網路的中心點)：

$$R_{ad} = \frac{R_c R_n}{R_a + R_c + R_n} = \frac{10 \times 12.5}{5 + 10 + 12.5} = 4.545 \ \Omega$$

$$R_{cd} = \frac{R_a R_n}{27.5} = \frac{5 \times 12.5}{27.5} = 2.273 \ \Omega$$

$$R_{nd} = \frac{R_a R_c}{27.5} = \frac{5 \times 10}{27.5} = 1.8182 \ \Omega$$

現在導出如圖 2.53(c) 的電路，先看 d 與 b 之間的電阻，先合併二個串聯電阻再並聯的電阻，所以

$$R_{db} = \frac{(2.273 + 15)(1.8182 + 20)}{2.273 + 15 + 1.8182 + 20} = \frac{376.9}{39.09} = 9.642 \, \Omega$$

串聯 4.545 Ω 電阻器後再與 30 Ω 電阻器並聯。則整個電路的等效電阻為

$$R_{ab} = \frac{(9.642 + 4.545)30}{9.642 + 4.545 + 30} = \frac{425.6}{44.19} = \mathbf{9.631 \, \Omega}$$

且

$$i = \frac{v_s}{R_{ab}} = \frac{120}{9.631} = \mathbf{12.46 \, A}$$

因此可看出使用 Y-Δ 與 Δ-Y 二種轉換所得的結果都一樣，所以這是非常好的驗證方式。

6. **滿意？** 藉由確定電路的等效電阻與答案驗證我們得到期望的答案，這也是滿意的答案。這代表可以提交問題的結果了。

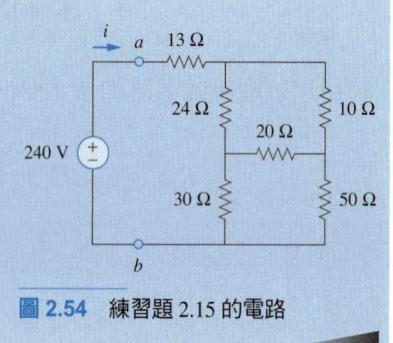

練習題 2.15 試計算圖 2.54 橋式網路的 R_{ab} 與 i。

答：40 Ω, 6 A.

圖 2.54 練習題 2.15 的電路

2.8　總結

1. 電阻器是被動元件，電阻器二端的電壓 v 與流過電阻器的電流 i 成正比。亦即，電阻器是遵守歐姆定律的元件，

$$v = iR$$

其中 R 是電阻器的阻值。

2. 短路是電阻器 (理想的導線) 的電阻值為零 ($R = 0$)。開路則是電阻器的電阻值無限大 ($R = \infty$)。

3. 電阻器的電導 G 是該電阻值的倒數：

$$G = \frac{1}{R}$$

4. 分支是一個二端元件的電路。節點是二條或多條分支的連接點。迴路是電路中的封閉路徑。在網路中，分支數 b、節點數 n 與獨立迴路數 l 的關係如下：

$$b = l + n - 1$$

5. 克希荷夫電流定律 (KCL) 說明任一節點上的電流代數和為零。換句話說，流入節點的電流和等於流出該節點的電流和。

6. 克希荷夫電壓定律 (KVL) 說明環繞一個封閉路徑的電壓代數和為零。換句話說，封閉路徑中的壓升之和等於壓降之和。

7. 串聯表示二個元件的端對端依序連接，而且流過它們的電流相等 ($i_1 = i_2$)。並聯表示二個元件連接到二個相同的節點，而且元件二端的電壓相等 ($v_1 = v_2$)。

8. 當二個電阻器 $R_1 (= 1/G_1)$ 與 $R_2 (= 1/G_2)$ 串聯後，其等效電阻 R_{eq} 與等效電導 G_{eq} 為

$$R_{eq} = R_1 + R_2, \qquad G_{eq} = \frac{G_1 G_2}{G_1 + G_2}$$

9. 當二個電阻器 $R_1 (= 1/G_1)$ 與 $R_2 (= 1/G_2)$ 並聯後，其等效電阻 R_{eq} 與等效電導 G_{eq} 為

$$R_{eq} = \frac{R_1 R_2}{R_1 + R_2}, \qquad G_{eq} = G_1 + G_2$$

10. 二電阻器串聯後的分壓定理為

$$v_1 = \frac{R_1}{R_1 + R_2} v, \qquad v_2 = \frac{R_2}{R_1 + R_2} v$$

11. 二電阻器並聯後的分流定理為

$$i_1 = \frac{R_2}{R_1 + R_2} i, \qquad i_2 = \frac{R_1}{R_1 + R_2} i$$

12. Δ-Y 轉換的公式為

$$R_1 = \frac{R_b R_c}{R_a + R_b + R_c}, \qquad R_2 = \frac{R_c R_a}{R_a + R_b + R_c}$$

$$R_3 = \frac{R_a R_b}{R_a + R_b + R_c}$$

13. Y-Δ 轉換的公式為

$$R_a = \frac{R_1R_2 + R_2R_3 + R_3R_1}{R_1}, \quad R_b = \frac{R_1R_2 + R_2R_3 + R_3R_1}{R_2}$$

$$R_c = \frac{R_1R_2 + R_2R_3 + R_3R_1}{R_3}$$

複習題

2.1 電阻的倒數為：
 (a) 電壓　　(b) 電流
 (c) 電導　　(d) 電荷

2.2 電熱器從 120 V 電壓消耗 10 A 電流，則電熱器的電阻為：
 (a) 1200 Ω　(b) 120 Ω
 (c) 12 Ω　　(d) 1.2 Ω

2.3 一台 1.5 kW 的烤麵包機消耗 12 A 電流，則其壓降為：
 (a) 18 kV　(b) 125 V
 (c) 120 V　(d) 10.42 V

2.4 一個 2 W，80 kΩ 的電阻器，可以安全傳導最大的電流為：
 (a) 160 kA　(b) 40 kA
 (c) 5 mA　　(d) 25 μA

2.5 一個網路包含 12 個分支與 8 個獨立迴路，則此網路中有多少個節點？
 (a) 19　(b) 17　(c) 5　(d) 4

2.6 在圖 2.55 電路中的電流 I 為：
 (a) −0.8 A　(b) −0.12 A
 (c) 0.2 A　　(d) 0.8 A

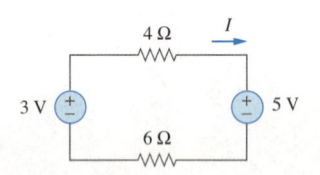

圖 **2.55**　複習題 2.6 的電路

2.7 圖 2.56 的電流 I_o 為：
 (a) −4 A　(b) −2 A　(c) 4 A　(d) 16 A

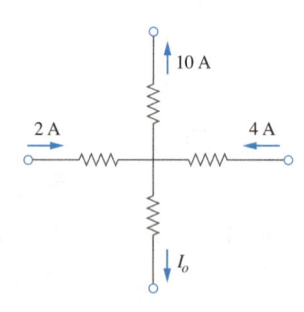

圖 **2.56**　複習題 2.7 的電路

2.8 在圖 2.57 電路中的 V 為：
 (a) 30 V　(b) 14 V　(c) 10 V　(d) 6 V

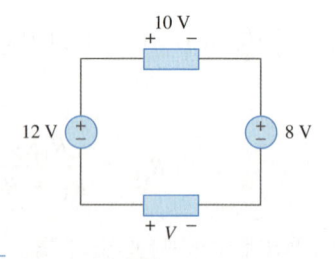

圖 **2.57**　複習題 2.8 的電路

2.9 圖 2.58 中，哪一個電路的 $V_{ab} = 7\,V$？

(a)　　　　(b)

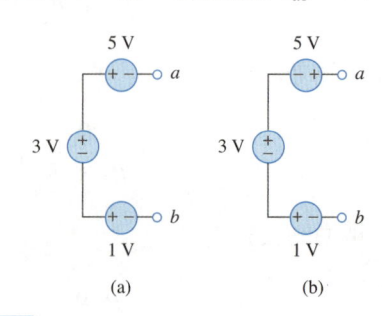

圖 **2.58**　複習題 2.9 的電路

(c) 跨接在 R_1 上的電壓
(d) R_2 的功率消耗
(e) 以上皆非

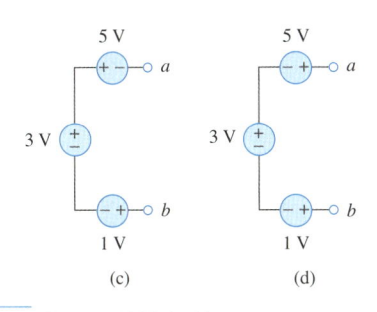

圖 2.58　複習題 2.9 的電路 (續)

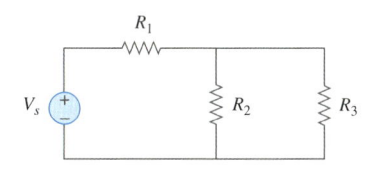

圖 2.59　複習題 2.10 的電路

2.10 在圖 2.59 的電路中，當 R_3 減少將導致下列何者減少？(選擇所有適用的)
(a) 流過 R_3 的電流
(b) 跨接在 R_3 上的電壓

答：2.1 c，　2.2 c，　2.3 b，　2.4 c，　2.5 c，　2.6 b，
2.7 a，　2.8 d，　2.9 d，　2.10 b, d

∥ 習題

2.2 節　歐姆定律

2.1 試設計一個問題，並提供完整解答，幫助學生更瞭解歐姆定律。至少使用二個電阻器和一個電壓源。提示：可自行決定一次使用二個電阻器或每次使用一個電阻。

2.2 試計算一個額定功率 60 W、額定電壓 120 V 燈泡的熱電阻值。

2.3 一個圓柱形矽棒長 4 cm，如果在室溫下矽棒的電阻值為 240 Ω，則矽棒圓截面的半徑是多少？

2.4 (a) 在圖 2.60 中，當開關在位置 1 時，試計算電流 i。
(b) 當開關在位置 2 時，試計算電流 i。

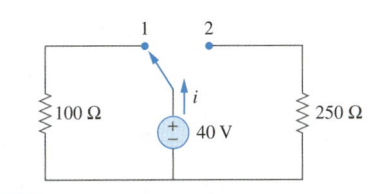

圖 2.60　習題 2.4 的電路

2.3 節　節點、分支與迴路

2.5 試計算圖 2.61 所示網路圖的節點數、分支數與迴路數。

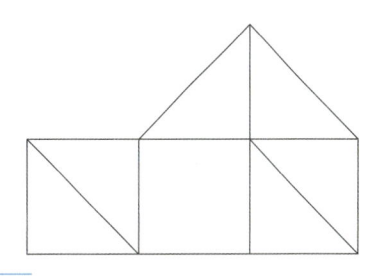

圖 2.61　習題 2.5 的網路

2.6 試計算圖 2.62 所示網路圖的分支數與節點數。

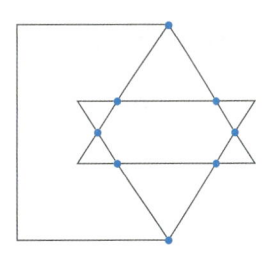

圖 2.62　習題 2.6 的網路

2.7 試計算圖 2.63 電路圖的分支數與節點數。

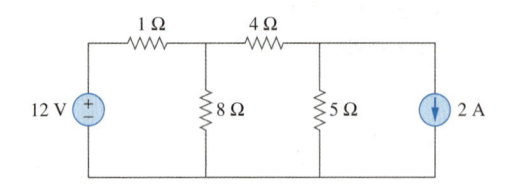

圖 2.63 習題 2.7 的電路

2.4 節　克希荷夫定律

2.8 試設計一個問題，並提供完整解答，幫助其他學生更瞭解克希荷夫電流定律。如圖 2.64 所示，透過指定 i_a、i_b 和 i_c 來設計問題，要求學生計算 i_1、i_2 和 i_3 的值。要小心指定電流值。

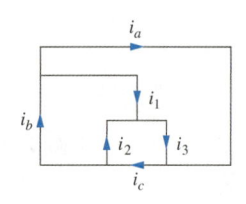

圖 2.64 習題 2.8 的電路

2.9 試計算圖 2.65 中的 i_1、i_2 和 i_3。

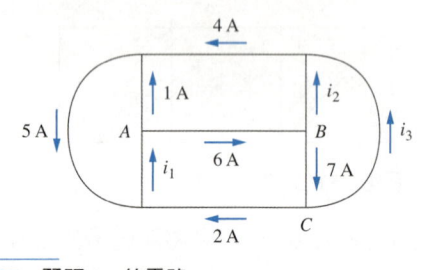

圖 2.65 習題 2.9 的電路

2.10 試計算圖 2.66 電路中的 i_1 和 i_2。

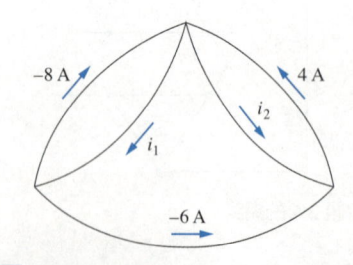

圖 2.66 習題 2.10 的電路

2.11 試計算圖 2.67 電路中的 V_1 和 V_2。

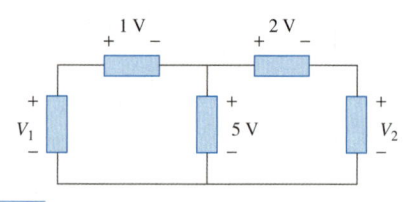

圖 2.67 習題 2.11 的電路

2.12 試計算圖 2.68 電路中的 v_1、v_2 和 v_3。

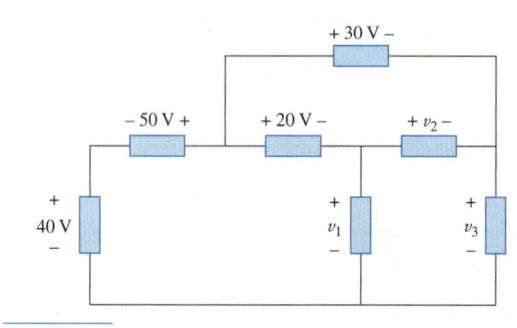

圖 2.68 習題 2.12 的電路

2.13 在圖 2.69 電路中，利用 KCL 計算分支電流 I_1 至 I_4。

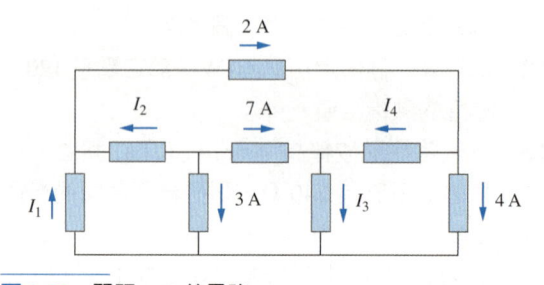

圖 2.69 習題 2.13 的電路

2.14 已知電路如圖 2.70 所示，利用 KVL 計算分支電壓 V_1 至 V_4。

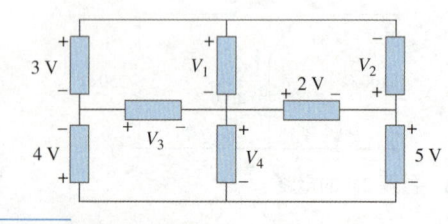

圖 2.70 習題 2.14 的電路

2.15 試計算圖 2.71 電路中的 v 和 i_x。

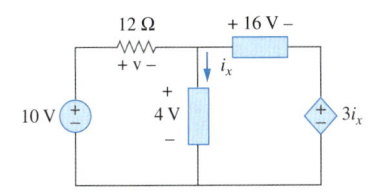

圖 2.71 習題 2.15 的電路

2.16 試計算圖 2.72 電路中的 V_o。

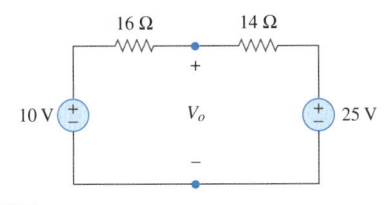

圖 2.72 習題 2.16 的電路

2.17 試計算圖 2.73 電路中的 v_1 至 v_3。

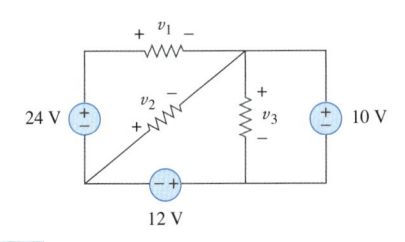

圖 2.73 習題 2.17 的電路

2.18 試計算圖 2.74 電路的 I 和 V_{ab}。

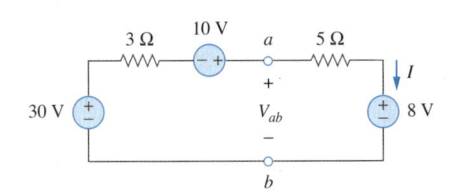

圖 2.74 習題 2.18 的電路

2.19 在圖 2.75 的電路中，試計算 I、電阻的消耗功率及每個電源的供應功率。

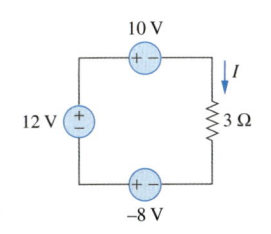

圖 2.75 習題 2.19 的電路

2.20 試計算圖 2.76 電路中的 i_o。

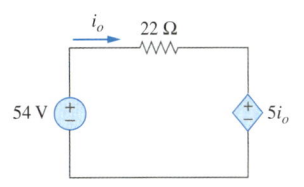

圖 2.76 習題 2.20 的電路

2.21 試計算圖 2.77 電路中的 V_x。

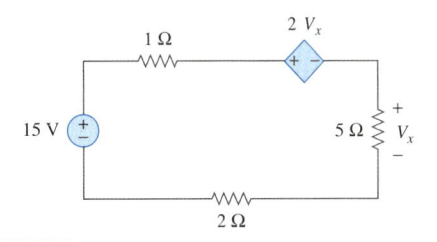

圖 2.77 習題 2.21 的電路

2.22 試計算圖 2.78 電路中的 V_o 和相依電源的消耗功率。

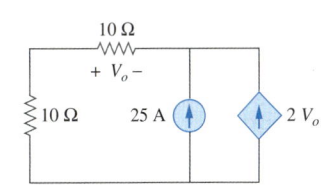

圖 2.78 習題 2.22 的電路

2.23 在圖 2.79 所示電路中，試計算 v_x 和 12 Ω 電阻的消耗功率。

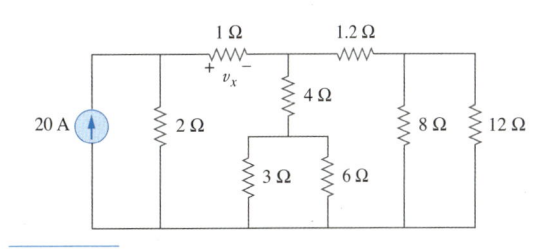

圖 2.79 習題 2.23 的電路

2.24 對於圖 2.80 的電路，試以 α、R_1、R_2、R_3 和 R_4 來表示 V_o/V_s。如果 $R_1 = R_2 = R_3 = R_4$ 且 $|V_o/V_s| = 10$ 時，α = ？

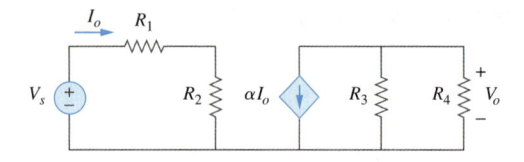

圖 2.80　習題 2.24 的電路

2.25 對於圖 2.81 網路，試計算電流、電壓和 20 kΩ 電阻器的功率消耗。

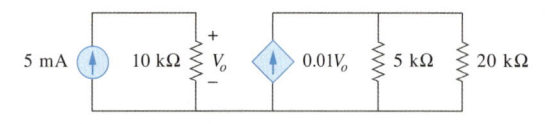

圖 2.81　習題 2.25 的電路

2.5 節和 2.6 節　串聯與並聯電阻

2.26 在圖 2.82 電路中，$i_o = 3$ A。試計算 i_x 和整個電路的總消耗功率。

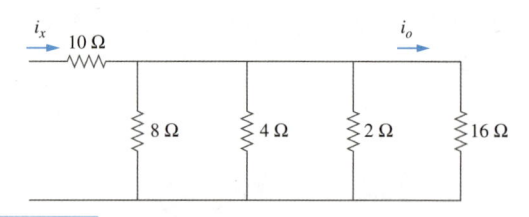

圖 2.82　習題 2.26 的電路

2.27 試計算圖 2.83 電路的 I_o。

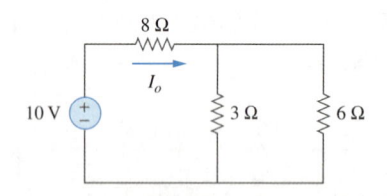

圖 2.83　習題 2.27 的電路

2.28 利用圖 2.84，試設計一個問題幫助學生更瞭解電路的串聯和並聯。

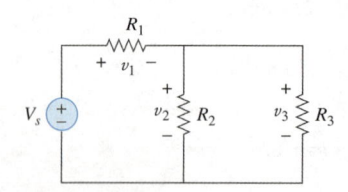

圖 2.84　習題 2.28 的電路

2.29 在圖 2.85 電路中的所有電阻為 5 Ω，試計算 R_{eq}。

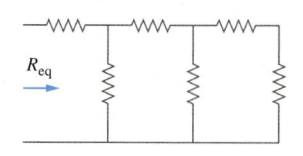

圖 2.85　習題 2.29 的電路

2.30 試計算圖 2.86 電路的 R_{eq}。

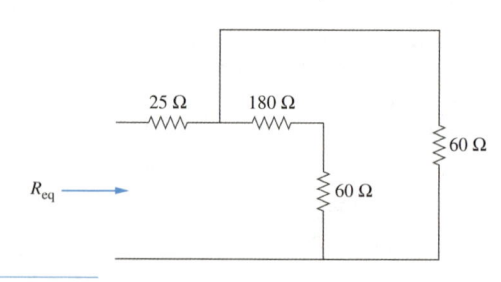

圖 2.86　習題 2.30 的電路

2.31 試計算圖 2.87 電路的 i_1 至 i_5。

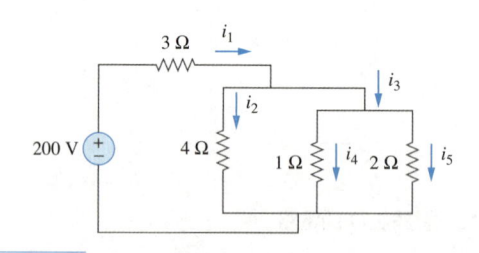

圖 2.87　習題 2.31 的電路

2.32 試計算圖 2.88 電路的 i_1 至 i_4。

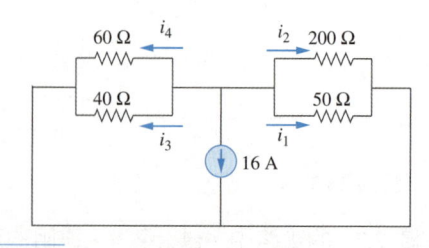

圖 2.88　習題 2.32 的電路

2.33 試計算圖 2.89 電路的 v 和 i。

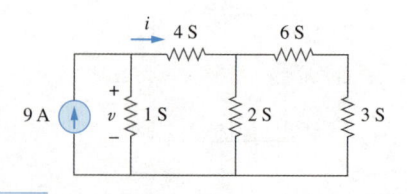

圖 2.89　習題 2.33 的電路

2.34 利用合併電阻的串聯/並聯，試計算圖 2.90 電路中，從電源端看到的等效電阻，以及電阻網路的總功耗。

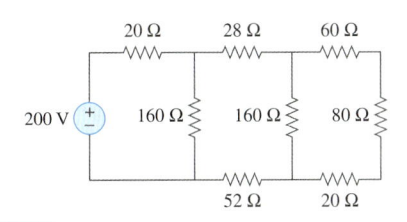

圖 2.90 習題 2.34 的電路

2.35 試計算圖 2.91 電路的 v_o 和 I_o。

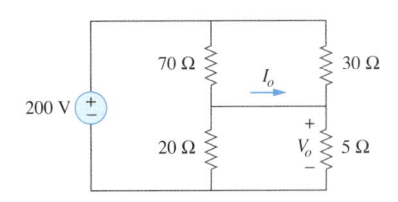

圖 2.91 習題 2.35 的電路

2.36 試計算圖 2.92 電路的 i 和 V_o。

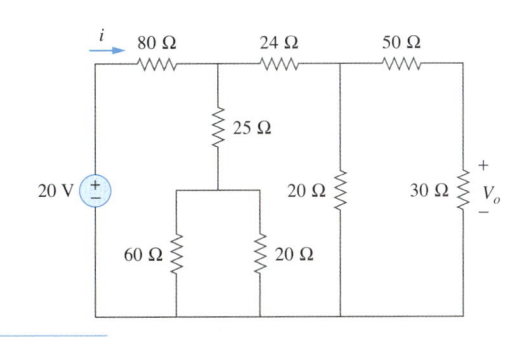

圖 2.92 習題 2.36 的電路

2.37 試計算圖 2.93 電路的 R。

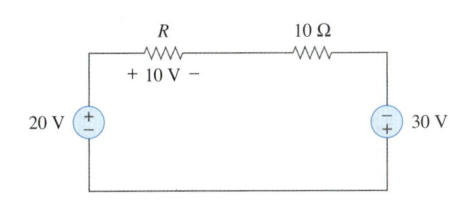

圖 2.93 習題 2.37 的電路

2.38 試計算圖 2.94 電路的 R_{eq} 和 i_o。

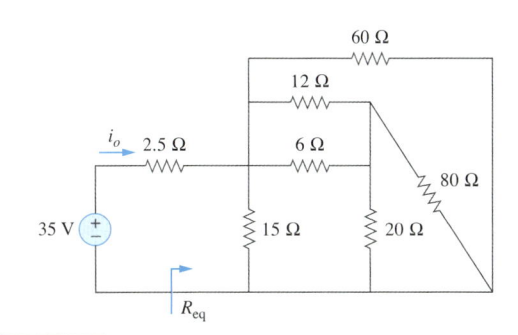

圖 2.94 習題 2.38 的電路

2.39 試計算圖 2.95(a) 與 (b) 電路的 R_{eq}。

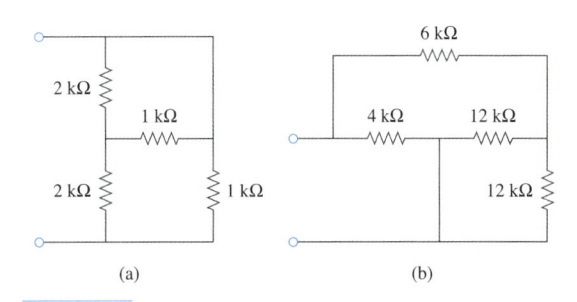

圖 2.95 習題 2.39 的電路

2.40 試計算圖 2.96 梯形網路的 I 和 R_{eq}。

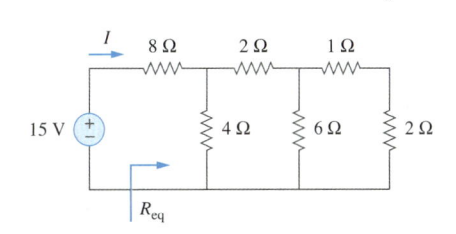

圖 2.96 習題 2.40 的電路

2.41 假設圖 2.97 電路的 $R_{eq} = 50\ \Omega$，試計算 R 值。

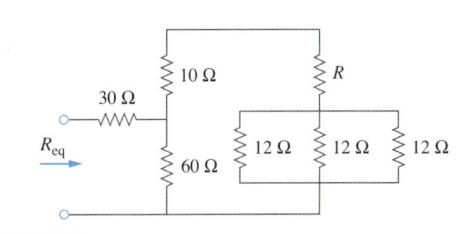

圖 2.97 習題 2.41 的電路

2.42 試將圖 2.98(a) 與 (b) 電路化簡為 a-b 二端的單一電阻。

(a)

(b)

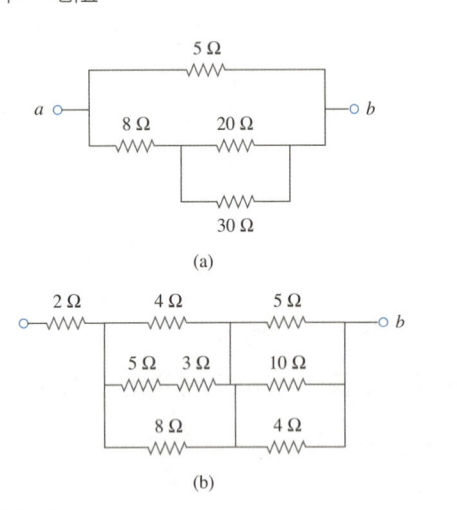

圖 2.98 習題 2.42 的電路

2.43 試計算圖 2.99(a) 與 (b) 電路中，a-b 二端的電阻 R_{ab}。

(a)

(b)

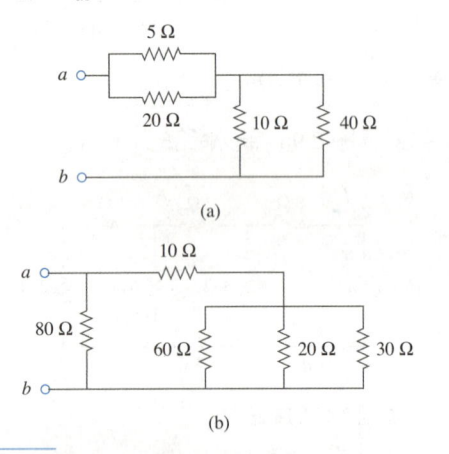

圖 2.99 習題 2.43 的電路

2.44 試計算圖 2.100 電路 a-b 二端的等效電阻。

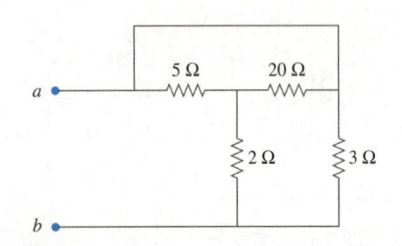

圖 2.100 習題 2.44 的電路

2.45 試計算圖 2.101(a) 與 (b) 電路 a-b 二端的等效電阻。

(a)

(b)

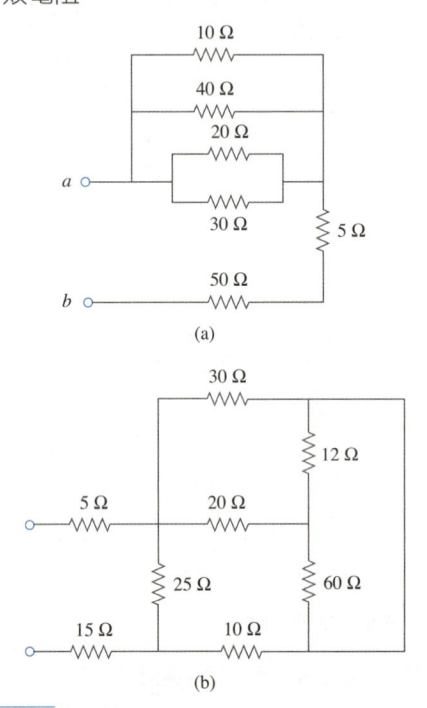

圖 2.101 習題 2.45 的電路

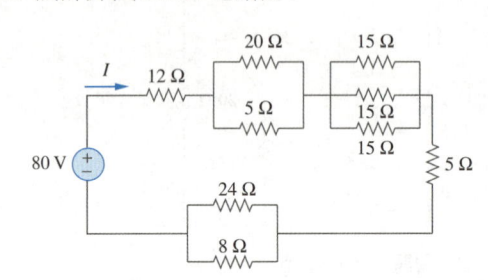

2.46 試計算圖 2.102 電路的 I。

圖 2.102 習題 2.46 的電路

2.47 試計算圖 2.103 電路中的等效電阻 R_{ab}。

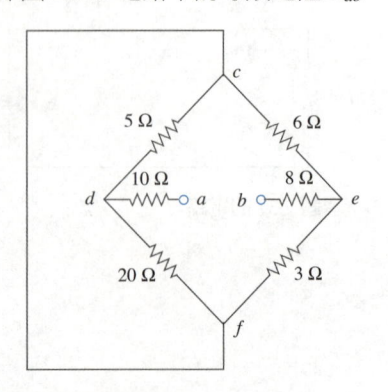

圖 2.103 習題 2.47 的電路

2.7 節　Y-Δ 轉換

2.48 試將圖 2.104 的 Y 型電路轉成 Δ 型電路。

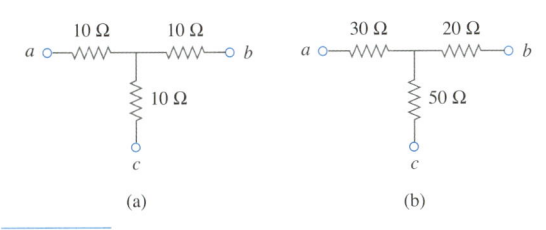

圖 **2.104**　習題 2.48 的電路

2.49 試將圖 2.105 的 Δ 型電路轉成 Y 型電路。

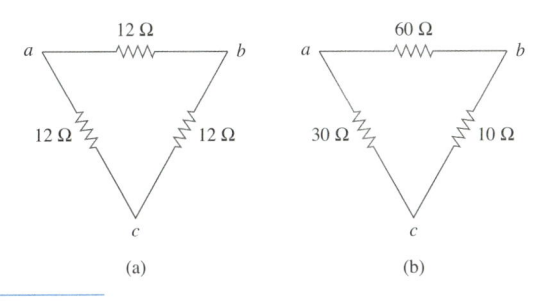

圖 **2.105**　習題 2.49 的電路

2.50 利用圖 2.106，試設計一個問題幫助學生更瞭解 Y-Δ 轉換。

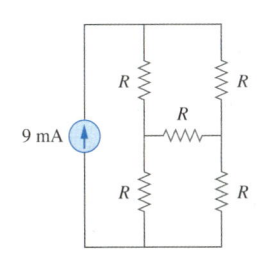

圖 **2.106**　習題 2.50 的電路

2.51 試計算圖 2.107(a) 與 (b) 電路中，$a\text{-}b$ 二端的等效電阻。

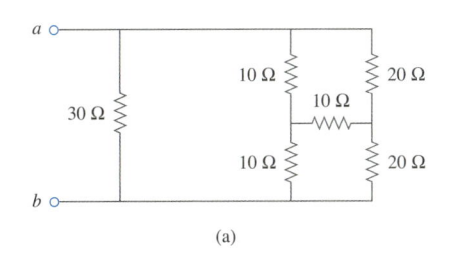

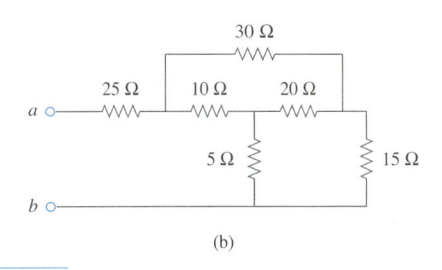

圖 **2.107**　習題 2.51 的電路

*__2.52__ 假設圖 2.108 電路中的所有電阻為 3 Ω，試計算其等效電阻。

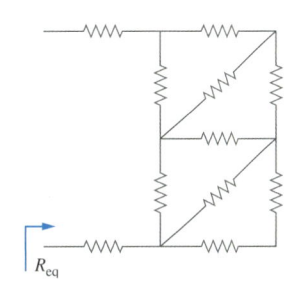

圖 **2.108**　習題 2.52 的電路

*__2.53__ 試計算圖 2.109(a) 與 (b) 電路的等效電阻 R_{ab}。在圖 (b) 中所有電阻為 30 Ω。

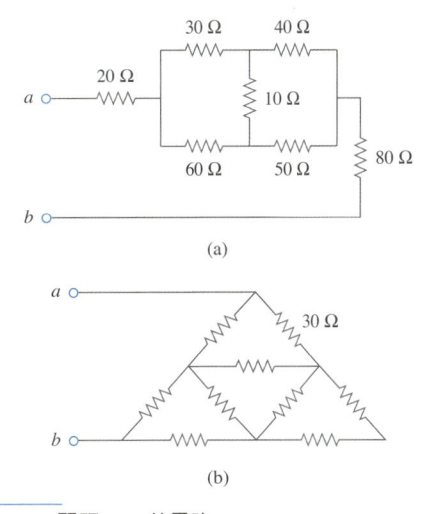

圖 **2.109**　習題 2.53 的電路

2.54 試計算圖 2.110 電路的：(a) $a\text{-}b$，(b) $c\text{-}d$ 二端的等效電阻。

---

* 星號表示該習題具有挑戰性。

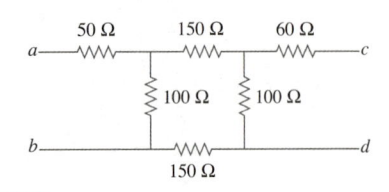

圖 2.110 習題 2.54 的電路

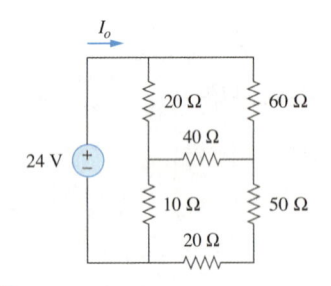

2.55 試計算圖 2.111 電路的 I_o。

圖 2.111 習題 2.55 的電路

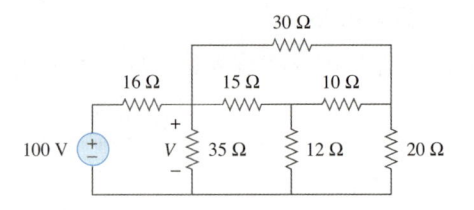

2.56 試計算圖 2.112 電路的 V。

圖 2.112 習題 2.56 的電路

*2.57 試計算圖 2.113 電路的 R_{eq} 和 I。

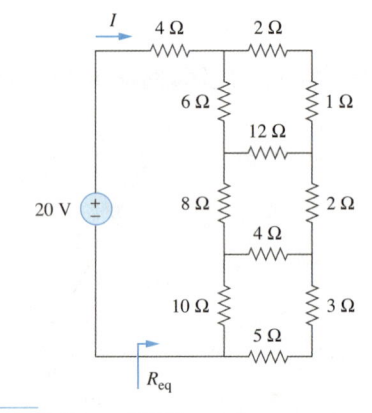

圖 2.113 習題 2.57 的電路

綜合題

2.58 將習題 2.58 的功率分配電路增為 8 條，如圖 2.114 所示，重新計算 R_{ab}。

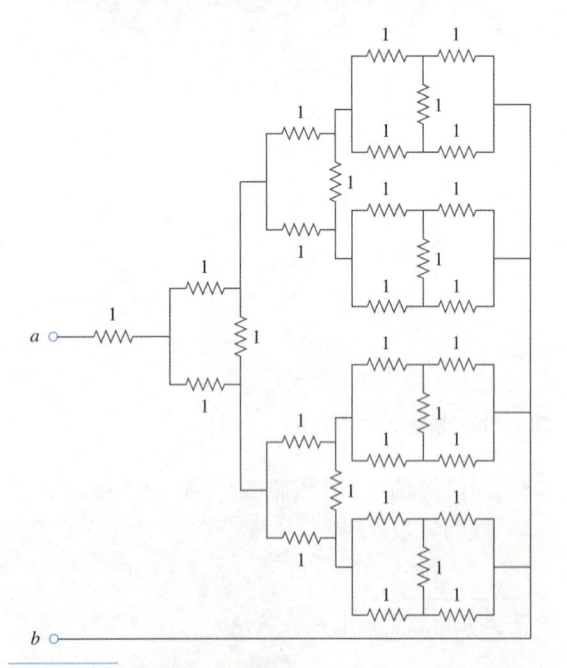

2.59 假設實驗室中有大量的商用電阻器如下：

$1.8\ \Omega \quad 20\ \Omega \quad 300\ \Omega \quad 24\ k\Omega \quad 56\ k\Omega$

以上述最少數量的電阻器，利用串聯和並聯的方法，得到下面的電阻值：
(a) $5\ \Omega$
(b) $311.8\ \Omega$
(c) $40\ k\Omega$
(d) $52.32\ k\Omega$

2.60 在圖 2.115 電路中，滑動桿將電阻區分為 αR 與 $(1-\alpha)R$，$0 \leq \alpha \leq 1$，試求 v_o/v_s。

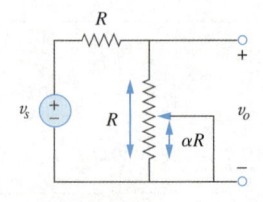

圖 2.115 綜合題 2.60 的電路

2.61 額定值為 240 mW，6 V 的電動削鉛筆機連接到 9 V 電池，如圖 2.116 所示。試計算電

圖 2.114 綜合題 2.58 的電路

動削鉛筆機正常工作時，所需串聯的壓降電阻 R_x 值。

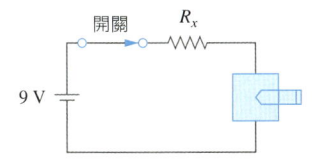

圖 2.116 綜合題 2.61 電路

2.62 揚聲器與放大器連接圖如圖 2.117 所示。如果 10 Ω 的揚聲器從放大器吸收的最大功率為 12 W，則 4 Ω 揚聲器從放大器吸收的最大功率為何？

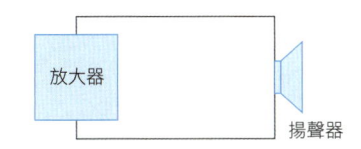

圖 2.117 綜合題 2.62 的電路

2.63 在實際應用中，圖 2.118 電路的設計必須符合下列二項標準：
(a) $V_o/V_s = 0.05$ (b) $R_{eq} = 40 \text{ k}\Omega$
如果負載電阻固定為 5 kΩ，試求符合標準的 R_1 與 R_2。

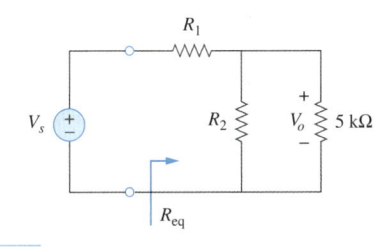

圖 2.118 綜合題 2.63 的電路

2.64 電阻陣列的接腳圖如圖 2.119 所示。試求下列接腳間的等效電阻：
(a) 1 和 2 (b) 1 和 3 (c) 1 和 4

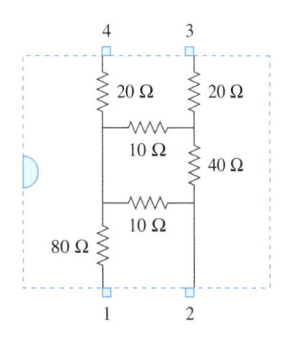

圖 2.119 綜合題 2.64 的電路

2.65 二個精密設備的額定值如圖 2.120 所示。試求使用 24 V 電池這二個設備時，所需的電阻 R_1 與 R_2 之值。

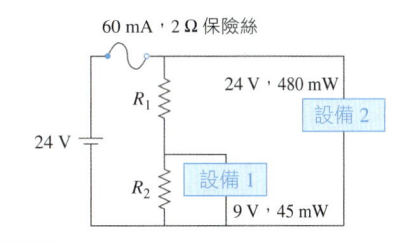

圖 2.120 綜合題 2.65 的電路

Chapter 3 分析方法

任何偉大的工作都不是一蹴可幾的。做任何大事都需要時間、耐心和毅力，如開發一個偉大的科學研究、列印一張很棒的照片、寫一篇不朽的詩篇、成為一位牧師，或者成為一位著名的將軍等。這些事情都只能一點一點逐步地完成。

——威爾蒙·巴克斯頓

加強你的技能與職能

電子業

電子電路的應用領域之一是電子產品。**電子學** (electronics) 一詞最初是用來區分非常低電流的電路。當功率半導體工作在高電流的情況下，這種區分早已不存在了。如今，電子學被視為在氣體、真空或半導體中移動的科學。現代電子學涉及電晶體和電晶體電路。早期的電子電路是由電子元件組裝而成。許多電子電路設計成積體電路 (integrated circuit)，並製作在半導體基底或晶片上。

電路板檢修。
© BrandX Pictures/Punchstock

電子電路被應用在許多領域，如自動化、廣播、計算機和儀表。電子電路元件的使用範圍非常廣大，但是受到我們想像力的限制，收音機、電視機、電腦和音響系統只是其中的一部分。

電機工程師通常執行不同的功能，並且可能使用、設計或建構一個包括某種形式的電子電路系統。因此對電機工程師而言，瞭解電子設備的操作與分析是不可缺少的。電子學已經成為電機工程與其他工程的區別。因為電子領域不斷更新，所以電子工程師必須不斷地充實新知識。最好的辦法就是成為專業機構的成員，如電機與電子工程師協會 (IEEE)。IEEE 是世界上最大的專業組織機構，擁有超過 30 萬會員。會員從每年 IEEE 的雜誌、期刊、事務和會議/研討會的獲益很大。讀者應該考慮成為 IEEE 的會員。

3.1 簡介

瞭解電路理論的基本定律 (歐姆定律和克希荷夫定律) 之後，現在可應用這些定律發展二個電路分析有用的技巧。節點分析是基於克希荷夫電流定律 (KCL) 的系統應用，以及網目分析是基於克希荷夫電壓定律 (KVL) 的系統應用。這二個技巧非常重要，所以本章可視為本書最重要的一章。因此建議同學們應花更多的時間來學習。

使用本章所發展的這二種技巧，可以分析任何線性電路，得到一組聯立方程組，並解出所需的電流或電壓。克萊姆法則 (Cramer rule) 可用來求解聯立方程組，它可利用行列式的商計算電路變數，本章範例將說明這種方法，附錄 A 也將總結讀者應用克萊姆法則的需求。MATLAB 是另一個求解聯立方程組的方法。

3.2 節點分析

> 節點分析也稱為節點電壓法。

節點分析提供一般使用節點電壓當作變數來分析電路的方法。以節點電壓取代元件電壓當作電路變數更為方便，而且可以減少聯立方程組中的方程式數量。

為了簡單起見，本節只分析不含電壓源的電路，而包含電壓源的電路將於下一節分析。

節點分析 (nodal analysis) 主要是找出節點電壓，假設不含電壓源的幾個節點電路，其節點分析如下面三個步驟：

求解節點電壓的步驟：

1. 選取一個節點作為參考節點，其餘 $n-1$ 個節點電壓為 $v_1, v_2, \ldots, v_{n-1}$，這些電壓為相對於參考節點的參考電壓。
2. 應用 KCL 到 $n-1$ 個非參考節點，利用歐姆定律以節點電壓來表示各分支的電流。
3. 求解聯立方程組，可得各節點的電壓。

以下將說明與應用這三個步驟。

節點分析的第一個步驟是選擇一個**參考節點** (reference node) 或**已知節點** (datum node)。這個參考節點是共用的，且假設它的電位為 0，所以稱為**地** (ground)。圖 3.1 顯示三種參考節點的符號。圖 3.1(c) 的接地符號稱為**機殼接地** (chassis ground)，用於設備的外殼、附件或底盤，當作所有電路的參考點。若以地球表面作為參考點稱為**地表接地** (earth ground)，如圖 3.1(a) 或 (b) 所示。本書將使用圖 3.1(b) 的接地符號。

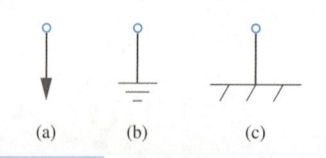

圖 3.1 參考節點的常用符號：(a) 一般接地，(b) 地表接地，(c) 機殼接地

一旦選定了參考節點，就可以指定非參考節點的電壓，如圖 3.2(a) 電路所示。節點 0 是參考節點 ($v = 0$)，而節點 1 和 2 依序為指定電壓 v_1 和 v_2。要記得各節點的指定電壓是相對於參考節點而定的。如圖 3.2(a) 圖解，各節點的電壓是從參考節點到各對應節點的升壓，或各節點相對於參考節點的電壓。

第二個步驟是在電路中的非參考節點應用 KCL。為了避免在相同電路中，放置過多的符號，故將圖 3.2(a) 重畫為圖 3.2(b)，其中依序加入電阻器 R_1、R_2 和 R_3 的電流 i_1、i_2 和 i_3。在節點 1 應用 KCL 得

$$I_1 = I_2 + i_1 + i_2 \tag{3.1}$$

在節點 2 得

$$I_2 + i_2 = i_3 \tag{3.2}$$

接下來，利用歐姆定律以節點電壓來表示未知的電流 i_1、i_2 和 i_3。要牢記的重點是，因為電阻器是被動元件，而根據被動符號規則，電流是從高壓電位流向低電位。

> 在電阻器中，電流是從高電位流向低電位。

這個原理可表示如下：

$$\boxed{i = \frac{v_{較高} - v_{較低}}{R}} \tag{3.3}$$

> 參考節點的數量等於獨立方程式的數量。

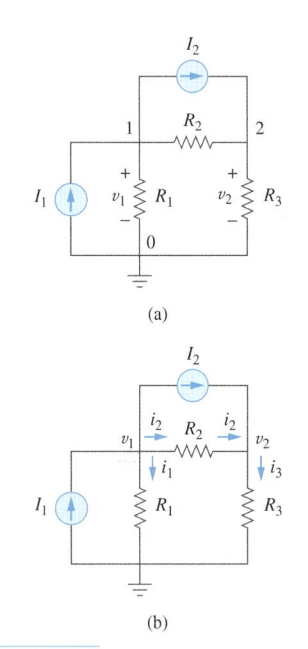

圖 3.2 節點分析的典型電路

注意：這裡定義電流的方向與第 2 章的原則是一致的 (請參閱圖 2.1)。根據這個原則，從圖 3.2(b) 得

$$i_1 = \frac{v_1 - 0}{R_1} \quad 或 \quad i_1 = G_1 v_1$$

$$i_2 = \frac{v_1 - v_2}{R_2} \quad 或 \quad i_2 = \frac{v_1 - v_2}{R_2} \tag{3.4}$$

$$i_3 = \frac{v_2 - 0}{R_3} \quad 或 \quad i_3 = G_3 v_2$$

將 (3.4) 式依序代入 (3.1) 式與 (3.2) 式可得

$$I_1 = I_2 + \frac{v_1}{R_1} + \frac{v_1 - v_2}{R_2} \tag{3.5}$$

$$I_2 + \frac{v_1 - v_2}{R_2} = \frac{v_2}{R_3} \tag{3.6}$$

以電導來表示 (3.5) 式與 (3.6) 式，則得

$$I_1 = I_2 + G_1 v_1 + G_2(v_1 - v_2) \tag{3.7}$$

$$I_2 + G_2(v_1 - v_2) = G_3 v_2 \tag{3.8}$$

節點分析的第三步驟是求解節點電壓。如果應用 KCL 到 $n-1$ 個非參考節點，可得 $n-1$ 個聯立方程式，如 (3.5) 式和 (3.6) 式或 (3.7) 式和 (3.8) 式。對於圖 3.2 電路，使用任何標準方法如代入消去法、克萊姆法則或矩陣法求解 (3.5) 式和 (3.6) 式或 (3.7) 式和 (3.8) 式，可得節點電壓 v_1 和 v_2。若使用後二種方法則須以矩陣形式來表示聯立方程組。例如，以矩陣形式表示 (3.7) 式和 (3.8) 式如下：

附錄 A 將討論如何使用克萊姆法則。

$$\begin{bmatrix} G_1 + G_2 & -G_2 \\ -G_2 & G_2 + G_3 \end{bmatrix} \begin{bmatrix} v_1 \\ v_2 \end{bmatrix} = \begin{bmatrix} I_1 - I_2 \\ I_2 \end{bmatrix} \tag{3.9}$$

求解後將得到 v_1 和 v_2。在 3.6 節將推廣 (3.9) 式。也可以使用計算器或利用 MATLAB、Mathcad、Maple 和 Quattro Pro 等套裝軟體求解聯立方程組。

範例 3.1 試計算圖 3.3(a) 電路的節點電壓。

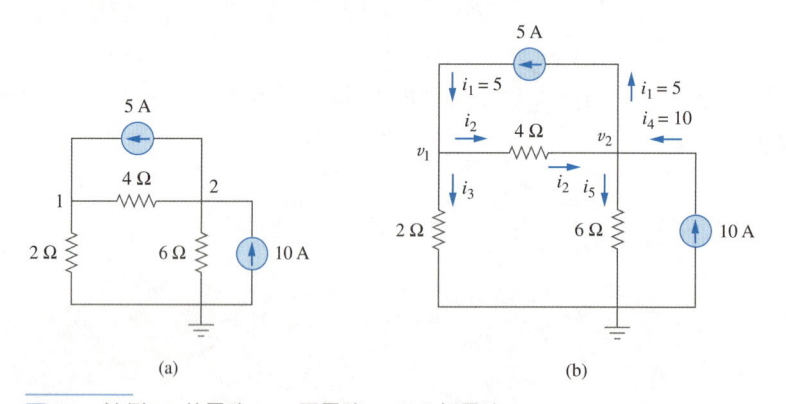

圖 3.3 範例 3.1 的電路：(a) 原電路，(b) 分析電路

解：圖 3.3(b) 是圖 3.3(a) 電路的節點分析圖。注意：應用 KCL 時電流的選擇，除了包含電流源的分支以外，其餘電流的標示是任意但一致的。(所謂一致是指假設 i_2 從 4 Ω 電阻器左端流入，則 i_2 必須從這個電阻器的右端流出。) 接下來將選擇參

考節點，以及計算節點電壓 v_1 和 v_2。

在節點 1 應用 KCL 和歐姆定律得

$$i_1 = i_2 + i_3 \quad \Rightarrow \quad 5 = \frac{v_1 - v_2}{4} + \frac{v_1 - 0}{2}$$

上面右邊方程式的等號二邊同乘以 4，則得

$$20 = v_1 - v_2 + 2v_1$$

或

$$3v_1 - v_2 = 20 \tag{3.1.1}$$

同理，在節點 2 應用 KCL 和歐姆定律得

$$i_2 + i_4 = i_1 + i_5 \quad \Rightarrow \quad \frac{v_1 - v_2}{4} + 10 = 5 + \frac{v_2 - 0}{6}$$

上面右邊方程式的等號二邊同乘以 12 得

$$3v_1 - 3v_2 + 120 = 60 + 2v_2$$

或

$$-3v_1 + 5v_2 = 60 \tag{3.1.2}$$

現在，有 (3.1.1) 式與 (3.1.2) 式二個聯立方程式，且可以使用任何方法求解這二個方程式，而得 v_1 和 v_2。

◆**方法一**：利用消去法，將 (3.1.1) 式與 (3.1.2) 式相加得

$$4v_2 = 80 \quad \Rightarrow \quad v_2 = 20 \text{ V}$$

將 $v_2 = 20$ 代入 (3.1.1) 式得

$$3v_1 - 20 = 20 \quad \Rightarrow \quad v_1 = \frac{40}{3} = 13.333 \text{ V}$$

◆**方法二**：利用克萊姆法則，先將 (3.1.1) 式與 (3.1.2) 式寫成矩陣形式如下：

$$\begin{bmatrix} 3 & -1 \\ -3 & 5 \end{bmatrix} \begin{bmatrix} v_1 \\ v_2 \end{bmatrix} = \begin{bmatrix} 20 \\ 60 \end{bmatrix} \tag{3.1.3}$$

矩陣的行列式值為

$$\Delta = \begin{vmatrix} 3 & -1 \\ -3 & 5 \end{vmatrix} = 15 - 3 = 12$$

因此得 v_1 和 v_2 如下：

$$v_1 = \frac{\Delta_1}{\Delta} = \frac{\begin{vmatrix} 20 & -1 \\ 60 & 5 \end{vmatrix}}{\Delta} = \frac{100 + 60}{12} = 13.333 \text{ V}$$

$$v_2 = \frac{\Delta_2}{\Delta} = \frac{\begin{vmatrix} 3 & 20 \\ -3 & 60 \end{vmatrix}}{\Delta} = \frac{180 + 60}{12} = 20 \text{ V}$$

這個結果與使用消去法所得結果相同。

若需要電流值，可以輕易地由節點電壓計算而得。

$$i_1 = 5 \text{ A}, \quad i_2 = \frac{v_1 - v_2}{4} = -1.6668 \text{ A}, \quad i_3 = \frac{v_1}{2} = 6.666 \text{ A}$$

$$i_4 = 10 \text{ A}, \quad i_5 = \frac{v_2}{6} = 3.333 \text{ A}$$

i_2 為負值，表示實際電流流向與假設的方向相反。

> **練習題 3.1** 試計算圖 3.4 電路的節點電壓。
>
> 答：$v_1 = -6\text{V}, v_2 = -42\text{V}$.
>
> 圖 3.4　練習題 3.1 的電路

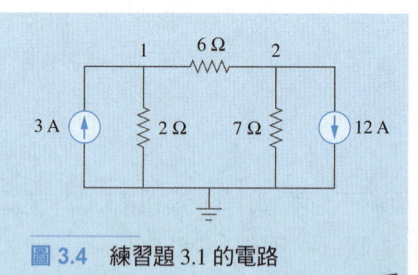

範例 3.2 試計算圖 3.5(a) 的節點電壓。

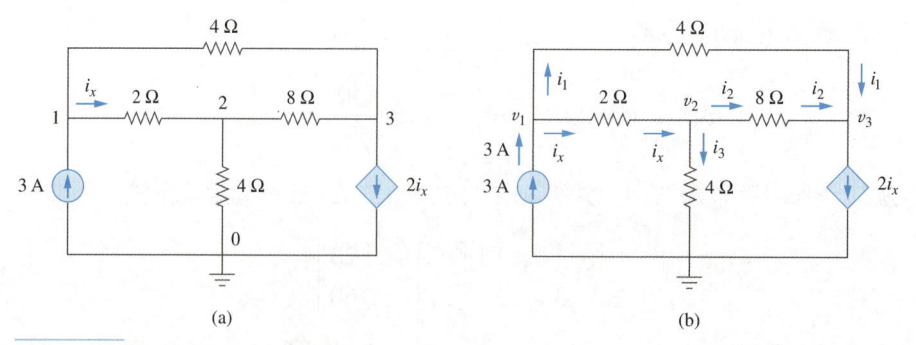

圖 3.5　範例 3.2 的電路：(a) 原電路，(b) 分析電路

解：前一個範例只有二個非參考節點，而本範例有三個非參考節點。如圖 3.5(b) 所示，指定三個節點的電壓與標示電流方向。

在節點 1 得

$$3 = i_1 + i_x \quad \Rightarrow \quad 3 = \frac{v_1 - v_3}{4} + \frac{v_1 - v_2}{2}$$

上右式二邊同乘 4 並重新整理後得

$$3v_1 - 2v_2 - v_3 = 12 \tag{3.2.1}$$

在節點 2 得

$$i_x = i_2 + i_3 \quad \Rightarrow \quad \frac{v_1 - v_2}{2} = \frac{v_2 - v_3}{8} + \frac{v_2 - 0}{4}$$

上右式二邊同乘 8 並重新整理後得

$$-4v_1 + 7v_2 - v_3 = 0 \tag{3.2.2}$$

在節點 3 得

$$i_1 + i_2 = 2i_x \quad \Rightarrow \quad \frac{v_1 - v_3}{4} + \frac{v_2 - v_3}{8} = \frac{2(v_1 - v_2)}{2}$$

上右式二邊同乘 8 並整理後，再除以 3 得

$$2v_1 - 3v_2 + v_3 = 0 \tag{3.2.3}$$

求解上面 (3.2.1) 式、(3.2.2) 式和 (3.2.3) 式聯立方程式，可得 v_1、v_2 和 v_3。而有以下三種方法求解此聯立方程式。

◆**方法一**：利用消去法，首先將 (3.2.1) 式與 (3.2.3) 式相加，

$$5v_1 - 5v_2 = 12$$

或

$$v_1 - v_2 = \frac{12}{5} = 2.4 \tag{3.2.4}$$

再將 (3.2.2) 式與 (3.2.3) 式相加得

$$-2v_1 + 4v_2 = 0 \quad \Rightarrow \quad v_1 = 2v_2 \tag{3.2.5}$$

將 (3.2.5) 式代入 (3.2.4) 式得

$$2v_2 - v_2 = 2.4 \quad \Rightarrow \quad v_2 = 2.4, \quad v_1 = 2v_2 = 4.8 \text{ V}$$

從 (3.2.3) 式得

$$v_3 = 3v_2 - 2v_1 = 3v_2 - 4v_2 = -v_2 = -2.4 \text{ V}$$

因此，

$$v_1 = 4.8 \text{ V}, \quad v_2 = 2.4 \text{ V}, \quad v_3 = -2.4 \text{ V}$$

◆**方法二**：利用克萊姆法則，先將 (3.2.1) 式至 (3.2.3) 式寫入矩陣如下：

$$\begin{bmatrix} 3 & -2 & -1 \\ -4 & 7 & -1 \\ 2 & -3 & 1 \end{bmatrix} \begin{bmatrix} v_1 \\ v_2 \\ v_3 \end{bmatrix} = \begin{bmatrix} 12 \\ 0 \\ 0 \end{bmatrix} \tag{3.2.6}$$

因此得

$$v_1 = \frac{\Delta_1}{\Delta}, \quad v_2 = \frac{\Delta_2}{\Delta}, \quad v_3 = \frac{\Delta_3}{\Delta}$$

其中 Δ、Δ_1、Δ_2 和 Δ_3 是將要計算的行列式值，如下所示。由附錄 A 的說明，計算 3×3 階行列式時，需先重複添加矩陣前二列於後，再執行交叉相乘如下：

$$\Delta = \begin{vmatrix} 3 & -2 & -1 \\ -4 & 7 & -1 \\ 2 & -3 & 1 \end{vmatrix} = 21 - 12 + 4 + 14 - 9 - 8 = 10$$

同理可得

$$\Delta_1 = \begin{vmatrix} 12 & -2 & -1 \\ 0 & 7 & -1 \\ 0 & -3 & 1 \end{vmatrix} = 84 + 0 + 0 - 0 - 36 - 0 = 48$$

$$\Delta_2 = \begin{vmatrix} 3 & 12 & -1 \\ -4 & 0 & -1 \\ 2 & 0 & 1 \end{vmatrix} = 0 + 0 - 24 - 0 - 0 + 48 = 24$$

$$\Delta_3 = \begin{vmatrix} 3 & -2 & 12 \\ -4 & 7 & 0 \\ 2 & -3 & 0 \\ 3 & -2 & 12 \\ -4 & 7 & 0 \end{vmatrix} = 0 + 144 + 0 - 168 - 0 - 0 = -24$$

最後得

$$v_1 = \frac{\Delta_1}{\Delta} = \frac{48}{10} = 4.8 \text{ V}, \qquad v_2 = \frac{\Delta_2}{\Delta} = \frac{24}{10} = 2.4 \text{ V}$$

$$v_3 = \frac{\Delta_3}{\Delta} = \frac{-24}{10} = -2.4 \text{ V}$$

這與方法一所得結果相同。

◆**方法三**：利用 MATLAB 解矩陣。首先 (3.2.6) 式可寫成如下：

$$\mathbf{AV} = \mathbf{B} \quad \Rightarrow \quad \mathbf{V} = \mathbf{A}^{-1}\mathbf{B}$$

其中 **A** 是 3×3 方陣，**B** 是行向量，且 **V** 是將要求解的 v_1、v_2 和 v_3 所組成之行向量。然後利用 MATLAB 求解 **V** 如下：

```
>>A = [3  -2  -1;  -4  7  -1;  2  -3  1];
>>B = [12  0  0]';
>>V = inv(A) * B
         4.8000
V =      2.4000
        -2.4000
```

因此，$v_1 = 4.8 \text{ V}$、$v_2 = 2.4 \text{ V}$ 和 $v_3 = -2.4 \text{ V}$，如前所得。

練習題 3.2 試計算圖 3.6 電路的三個非參考節點的電壓。

答：$v_1 = 32 \text{ V}$, $v_2 = -25.6 \text{ V}$, $v_3 = 62.4 \text{ V}$.

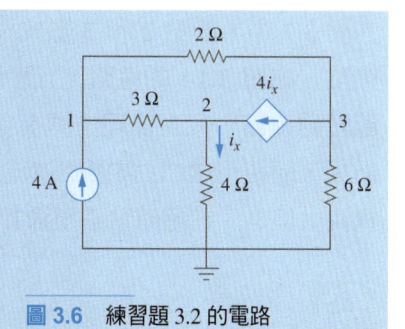

圖 3.6 練習題 3.2 的電路

3.3 包含電壓源的節點分析

現在利用圖 3.7 的電路圖解來說明電壓源對節點分析的影響。首先考慮下面二種可能性。

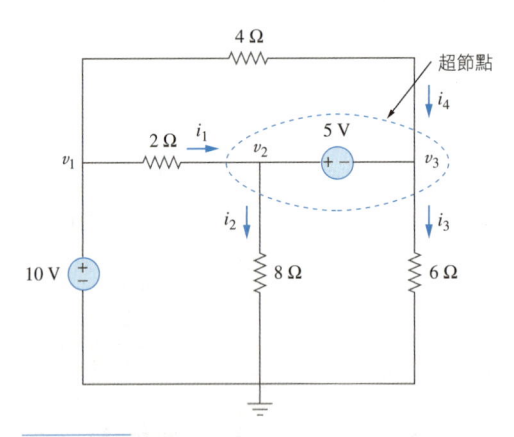

圖 3.7 包含超節點的電路

情況一： 如果電壓源連接於參考節點與非參考節點之間，則非參考節點的電壓等於電壓源的電壓，例如圖 3.7 中的

$$v_1 = 10 \text{ V} \tag{3.10}$$

因此這種情況可簡化電路的分析。

情況二： 如果 (相依或獨立) 電壓源連接於二個非參考節點之間，則這二個節點形成**廣義節點** (generalized node) 或**超節點** (supernode)。因此，利用 KCL 和 KVL 求解節點電壓。

> 超節點可視為包含電壓源和它的二個節點的封閉面。

> 超節點是由連接於二個非參考節點的電壓源，以及與其並聯的任何元件所組成。

在圖 3.7 中，節點 2 和 3 形成一個超節點。(也可以由二個以上的節點形成單一超節點，如圖 3.14 的電路。) 仍可使用上一節所介紹節點分析三步驟來分析包含超節點的電路，只是處理方式有些不同。為什麼？因為節點分析的基本要素是應用 KCL，而使用 KCL 需要知道流過每個元件的電流，但沒有辦法知道流過電壓源的電流。但是，在超節點必須像其他節點一樣滿足 KCL。因此在圖 3.7 中的超節點，

$$i_1 + i_4 = i_2 + i_3 \tag{3.11a}$$

或

$$\frac{v_1 - v_2}{2} + \frac{v_1 - v_3}{4} = \frac{v_2 - 0}{8} + \frac{v_3 - 0}{6} \tag{3.11b}$$

將圖 3.7 中的超節點應用克希荷夫電壓定律，重畫電路如圖 3.8 所示。以順時針方向繞行迴路得

$$-v_2 + 5 + v_3 = 0 \quad \Rightarrow \quad v_2 - v_3 = 5 \tag{3.12}$$

從 (3.10) 式、(3.11b) 式和 (3.12) 式可得節點電壓。

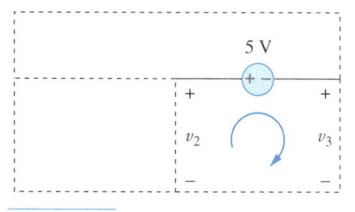

圖 3.8 對超節點應用 KVL

注意，超節點有下列三個屬性：

1. 超節點內部的電壓源，提供求解節點電壓所需的限制方程式。
2. 超節點本身沒有電壓。
3. 超節點需要同時應用 KCL 和 KVL。

試求圖 3.9 電路的節點電壓。　　　　　　　　　　　　　　　　　　　範例 3.3

解：在超節點包含 2 V 電源、節點 1 和 2，以及 10 Ω 電阻器。在超節點上應用 KCL 如圖 3.10(a) 所示，得

$$2 = i_1 + i_2 + 7$$

以節點電壓來表示 i_1 和 i_2，

$$2 = \frac{v_1 - 0}{2} + \frac{v_2 - 0}{4} + 7 \quad \Rightarrow \quad 8 = 2v_1 + v_2 + 28$$

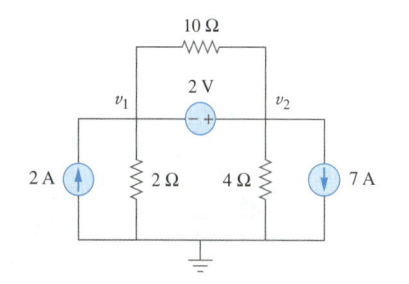

或

$$v_2 = -20 - 2v_1 \tag{3.3.1}$$

圖 3.9 範例 3.3 的電路

在圖 3.10(b) 電路中應用 KVL，可得 v_1 和 v_2 之間的關係。而繞行迴路一圈可得

$$-v_1 - 2 + v_2 = 0 \quad \Rightarrow \quad v_2 = v_1 + 2 \tag{3.3.2}$$

由 (3.3.1) 式和 (3.3.2) 式得

$$v_2 = v_1 + 2 = -20 - 2v_1$$

或

$$3v_1 = -22 \quad \Rightarrow \quad v_1 = -7.333 \text{ V}$$

以及 $v_2 = v_1 + 2 = -5.333$ V。注意：10 Ω 電阻器對電路的節點電壓沒有影響，因為它跨接在超節點二端。

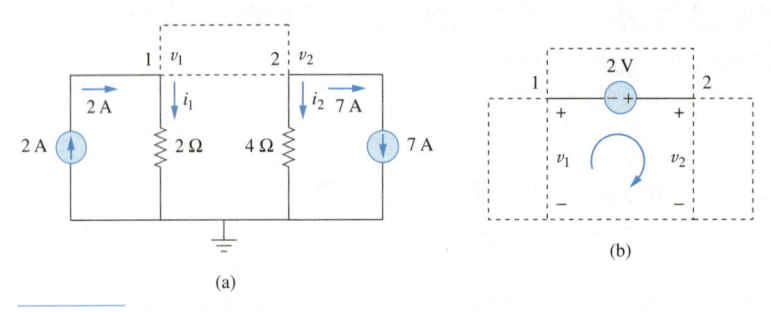

圖 3.10 應用：(a) KCL 到超節點，(b) KVL 到迴路

練習題 3.3 試求圖 3.11 電路的 v 和 i。

答：-400 mV, 2.8 A.

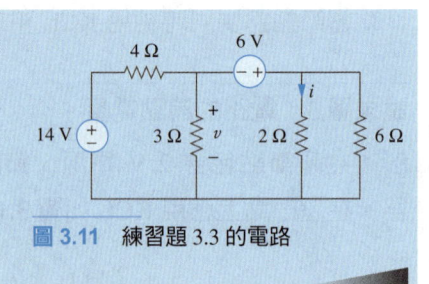

圖 3.11 練習題 3.3 的電路

範例 3.4 試求圖 3.12 電路的節點電壓。

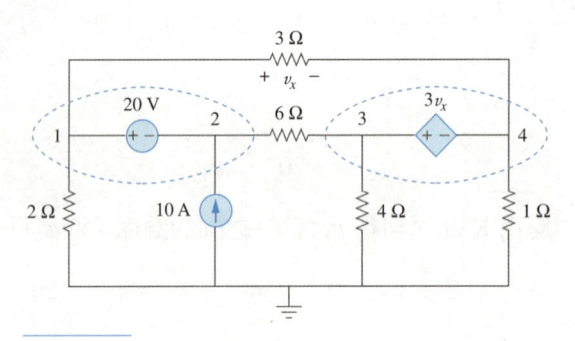

圖 3.12 範例 3.4 的電路

解：節點 1 和 2 形成一個超節點，節點 3 和 4 形成另一個超節點。對這二個超節點應用 KCL 如圖 3.13(a) 所示。在節點 1 至 2，

$$i_3 + 10 = i_1 + i_2$$

以節點電壓來表示，

$$\frac{v_3 - v_2}{6} + 10 = \frac{v_1 - v_4}{3} + \frac{v_1}{2}$$

或

$$5v_1 + v_2 - v_3 - 2v_4 = 60 \tag{3.4.1}$$

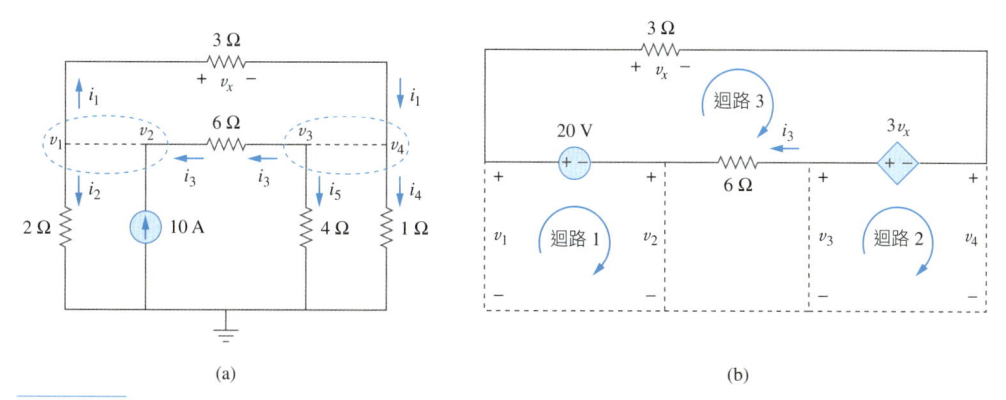

圖 3.13 應用：(a) KCL 到二個超節點，(b) KVL 到迴路

在節點 3 至 4，

$$i_1 = i_3 + i_4 + i_5 \quad \Rightarrow \quad \frac{v_1 - v_4}{3} = \frac{v_3 - v_2}{6} + \frac{v_4}{1} + \frac{v_3}{4}$$

或

$$4v_1 + 2v_2 - 5v_3 - 16v_4 = 0 \tag{3.4.2}$$

接下來應用 KVL 到包含電壓源的分支，如圖 3.13(b) 所示。對迴路 1，

$$-v_1 + 20 + v_2 = 0 \quad \Rightarrow \quad v_1 - v_2 = 20 \tag{3.4.3}$$

對迴路 2，

$$-v_3 + 3v_x + v_4 = 0$$

但 $v_x = v_1 - v_4$，所以

$$3v_1 - v_3 - 2v_4 = 0 \tag{3.4.4}$$

對迴路 3，

$$v_x - 3v_x + 6i_3 - 20 = 0$$

但 $6i_3 = v_3 - v_2$ 和 $v_x = v_1 - v_4$，因此，

$$-2v_1 - v_2 + v_3 + 2v_4 = 20 \tag{3.4.5}$$

需要 (3.4.1) 式至 (3.4.5) 式五個方程式中的四個方程式，以求解四個節點電壓，v_1、v_2、v_3 和 v_4。雖然第五個方程式是多餘的，但它可以用來檢查結果。可以直接使用 MATLAB 求解 (3.4.1) 式至 (3.4.4) 式也可以先消去一個節點電壓，求解三個聯立方程式。從 (3.4.3) 式，$v_2 = v_1 - 20$ 依序代入 (3.4.1) 式與 (3.4.2) 式得

$$6v_1 - v_3 - 2v_4 = 80 \tag{3.4.6}$$

和

$$6v_1 - 5v_3 - 16v_4 = 40 \tag{3.4.7}$$

(3.4.4) 式、(3.4.6) 式和 (3.4.7) 式可寫成矩陣形式如下：

$$\begin{bmatrix} 3 & -1 & -2 \\ 6 & -1 & -2 \\ 6 & -5 & -16 \end{bmatrix} \begin{bmatrix} v_1 \\ v_3 \\ v_4 \end{bmatrix} = \begin{bmatrix} 0 \\ 80 \\ 40 \end{bmatrix}$$

使用克萊姆法則得

$$\Delta = \begin{vmatrix} 3 & -1 & -2 \\ 6 & -1 & -2 \\ 6 & -5 & -16 \end{vmatrix} = -18, \quad \Delta_1 = \begin{vmatrix} 0 & -1 & -2 \\ 80 & -1 & -2 \\ 40 & -5 & -16 \end{vmatrix} = -480,$$

$$\Delta_3 = \begin{vmatrix} 3 & 0 & -2 \\ 6 & 80 & -2 \\ 6 & 40 & -16 \end{vmatrix} = -3{,}120, \quad \Delta_4 = \begin{vmatrix} 3 & -1 & 0 \\ 6 & -1 & 80 \\ 6 & -5 & 40 \end{vmatrix} = 840$$

因此，得到節點電壓如下：

$$v_1 = \frac{\Delta_1}{\Delta} = \frac{-480}{-18} = 26.67 \text{ V}, \quad v_3 = \frac{\Delta_3}{\Delta} = \frac{-3{,}120}{-18} = 173.33 \text{ V},$$

$$v_4 = \frac{\Delta_4}{\Delta} = \frac{840}{-18} = -46.67 \text{ V}$$

以及 $v_2 = v_1 - 20 = 6.667$ V。(3.4.5) 式沒用到，不過它可用來檢查結果。

> **練習題 3.4** 使用節點分析，試求圖 3.14 電路的 v_1、v_2 和 v_3。
>
> **答**：$v_1 = 7.608$ V, $v_2 = -17.39$ V, $v_3 = 1.6305$ V.
>
> 圖 3.14 練習題 3.4 的電路

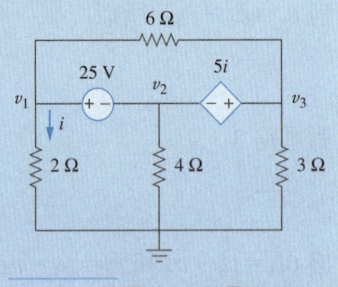

3.4 網目分析

網目分析是以網目電流作為電路變數的電路分析方法。使用網目電流變數取代元件電流變數是方便的，而且可以減少聯立方程式的數量。回想一下，迴路是一個封閉路徑，繞行迴路時每個節點只經過一次。網目則是不包含其他子迴路的單一迴路。

節點分析是在電路中應用 KCL 求解未知的電壓,而網目分析是應用 KVL 求解未知的電流。網目分析不像節點分析那麼通用,因為它只能應用於**平面電路** (planar circuit)。平面電路是在一個平面上沒有交互連接的分支,否則稱為**非平面電路** (nonplanar circuit)。在一平面上的電路似乎有交互相連的分支,但如果重畫後沒有交互相連的分支,則仍是平面電路。例如,圖 3.15(a) 電路有二個交叉的分支,但它可被重畫為圖 3.15(b) 的平面電路。然而,圖 3.16 電路則是非平面電路,因為重畫也無法避免分支交叉。這種非平面電路可使用節點分析法來分析,但這不在本書的討論範圍。

> 網目分析也被稱為迴路分析或網目電流法。

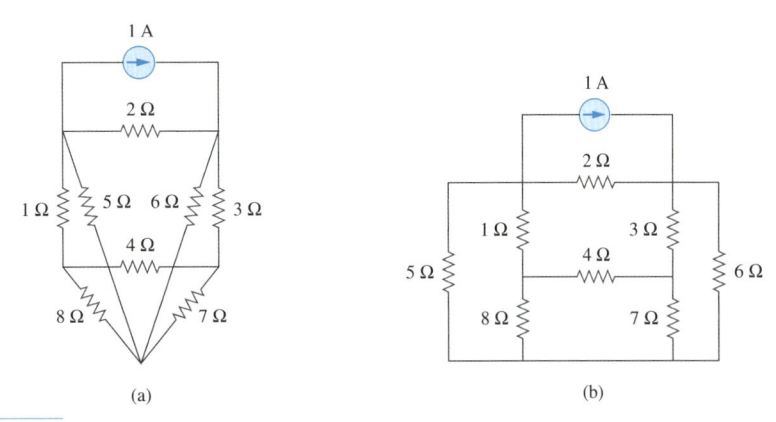

圖 3.15 (a) 有交叉分支的平面電路,(b) 重畫後沒有交叉分支

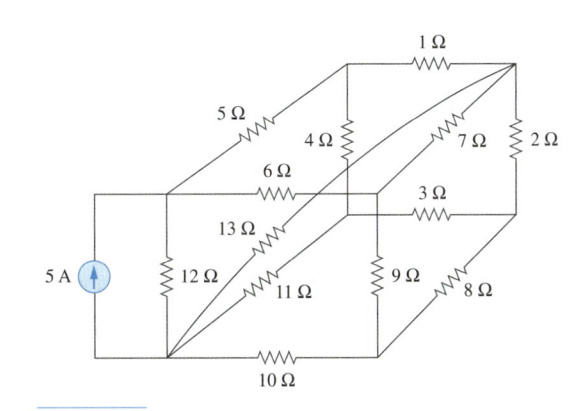

圖 3.16 非平面電路

> 雖然路徑 *abcdefa* 是迴路,不是網目,但仍適用 KVL。對於迴路分析與網目分析皆適用 KVL,表示它們所分析的是同樣的事情。

要瞭解網目分析,首先應該先解釋網目的意思。

> **網目是不包含子迴路的單一迴路。**

例如,在圖 3.17 中,路徑 *abefa* 和 *bcdeb* 是網目,但 *abcdefa* 則不是網目。流經網目的電流稱為**網目電流** (mesh current)。網目分析就是在電路中應用 KVL 求網

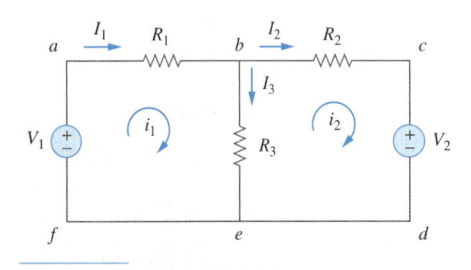

圖 3.17 有二個網目的電路

目電流的方法。

本節將討論不包含電流源電路的網目分析，下節才討論包含電流源電路的網目分析。對包括 n 個網目電路進行網目分析時，將採取以下三步驟。

決定網目電流的步驟：
1. 在 n 個網目中，指定網目電流 $i_1, i_2, ..., i_n$。
2. 對 n 個網目分別應用 KVL，並應用歐姆定律以網目電流來表示各個電壓。
3. 求解 n 個聯立方程式，以取得網目電流。

> 網目電流的方向是任意的，而且不影響解答的效力。

下面使用圖 3.17 的電路來說明上述步驟。第一步指定網目 1 和 2 的網目電流 i_1 和 i_2。雖然可以任意指定每個網目的電流方向，但習慣上都假設電流方向為順時針方向。

第二步在每個網目應用 KVL。在網目 1 應用 KVL 得

$$-V_1 + R_1 i_1 + R_3(i_1 - i_2) = 0$$

或

$$(R_1 + R_3)i_1 - R_3 i_2 = V_1 \tag{3.13}$$

在網目 2 應用 KVL 得

$$R_2 i_2 + V_2 + R_3(i_2 - i_1) = 0$$

或

$$-R_3 i_1 + (R_2 + R_3)i_2 = -V_2 \tag{3.14}$$

> 如果一個網目電流為順時針方向，而另一個網目電流為逆時針方向，則上述便捷方法將不適用。

注意：在 (3.13) 式中 i_1 的係數是網目 1 的電阻和 $(R_1 + R_3)$，而 i_2 的係數為網目 1 與 2 共用電阻 (R_3) 的負值。這個規律在 (3.14) 式也成立。應用此規律可快速寫出網目方程式。3.6 節將進一步說明此規律。

第三步是求解網目電流。將 (3.13) 式與 (3.14) 式放入矩陣如下：

$$\begin{bmatrix} R_1 + R_3 & -R_3 \\ -R_3 & R_2 + R_3 \end{bmatrix} \begin{bmatrix} i_1 \\ i_2 \end{bmatrix} = \begin{bmatrix} V_1 \\ -V_2 \end{bmatrix} \tag{3.15}$$

可以使用任何方法求解聯立方程式，以得到網目電流 i_1 和 i_2。根據 (2.12) 式，如果一個電路包含 n 個節點、b 個分支和 l 個獨立迴路或網格，則 $l = b - n + 1$。因此，使用網目分析時，需要 l 個獨立的聯立方程式來解出電路。

注意：除了獨立網目以外，其餘非獨立網目的網目電流與分支電流是不同的。為了區別這二種電流，則以 i 表示網目電流，而以 I 表示分支電流，以 I_1、I_2 和 I_3

表示網目電流之和。從圖 3.17 清楚得知

$$I_1 = i_1, \quad I_2 = i_2, \quad I_3 = i_1 - i_2 \tag{3.16}$$

範例 3.5

使用網目分析，試求圖 3.18 電路的分支電流 I_1、I_2 和 I_3。

解： 首先對網目 1 使用 KVL，得網目電流：

$$-15 + 5i_1 + 10(i_1 - i_2) + 10 = 0$$

或

$$3i_1 - 2i_2 = 1 \tag{3.5.1}$$

對網目 2，

$$6i_2 + 4i_2 + 10(i_2 - i_1) - 10 = 0$$

或

$$i_1 = 2i_2 - 1 \tag{3.5.2}$$

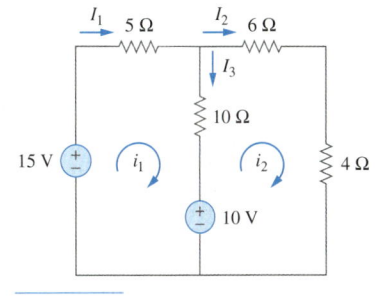

圖 3.18 範例 3.5 的電路

◆**方法一：** 利用代換法，將 (3.5.2) 式代入 (3.5.1) 式，得

$$6i_2 - 3 - 2i_2 = 1 \quad \Rightarrow \quad i_2 = 1\,\text{A}$$

從 (3.5.2) 式，$i_1 = 2i_2 - 1 = 2 - 1 = 1$，因此

$$I_1 = i_1 = 1\,\text{A}, \quad I_2 = i_2 = 1\,\text{A}, \quad I_3 = i_1 - i_2 = 0$$

◆**方法二：** 利用克萊姆法則，將 (3.5.1) 式與 (3.5.2) 式放入矩陣如下：

$$\begin{bmatrix} 3 & -2 \\ -1 & 2 \end{bmatrix} \begin{bmatrix} i_1 \\ i_2 \end{bmatrix} = \begin{bmatrix} 1 \\ 1 \end{bmatrix}$$

矩陣的行列式值如下：

$$\Delta = \begin{vmatrix} 3 & -2 \\ -1 & 2 \end{vmatrix} = 6 - 2 = 4$$

$$\Delta_1 = \begin{vmatrix} 1 & -2 \\ 1 & 2 \end{vmatrix} = 2 + 2 = 4, \quad \Delta_2 = \begin{vmatrix} 3 & 1 \\ -1 & 1 \end{vmatrix} = 3 + 1 = 4$$

因此，

$$i_1 = \frac{\Delta_1}{\Delta} = 1\,\text{A}, \quad i_2 = \frac{\Delta_2}{\Delta} = 1\,\text{A}$$

與方法一結果相同。

> **練習題 3.5** 試計算圖 3.19 電路的網目電流 i_1 和 i_2。
>
> **答**：$i_1 = 2.5\ \text{A}$, $i_2 = 0\ \text{A}$.

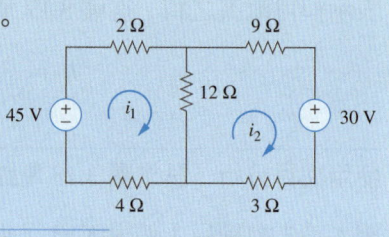

圖 3.19 練習題 3.5 的電路

範例 3.6 利用網目分析，試求圖 3.20 電路的電流 I_o。

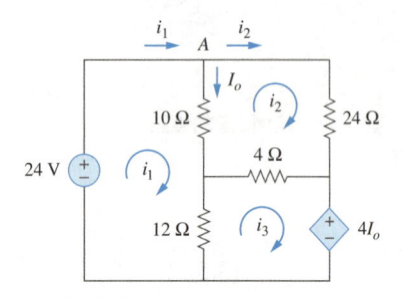

圖 3.20 範例 3.6 的電路

解：對三個網目應用 KVL。對網目 1，

$$-24 + 10(i_1 - i_2) + 12(i_1 - i_3) = 0$$

或

$$11i_1 - 5i_2 - 6i_3 = 12 \tag{3.6.1}$$

對網目 2，

$$24i_2 + 4(i_2 - i_3) + 10(i_2 - i_1) = 0$$

或

$$-5i_1 + 19i_2 - 2i_3 = 0 \tag{3.6.2}$$

對網目 3，

$$4I_o + 12(i_3 - i_1) + 4(i_3 - i_2) = 0$$

但在節點 A，$I_o = i_1 - i_2$，所以

$$4(i_1 - i_2) + 12(i_3 - i_1) + 4(i_3 - i_2) = 0$$

或

$$-i_1 - i_2 + 2i_3 = 0 \tag{3.6.3}$$

將 (3.6.1) 式與 (3.6.3) 式放入矩陣如下：

$$\begin{bmatrix} 11 & -5 & -6 \\ -5 & 19 & -2 \\ -1 & -1 & 2 \end{bmatrix} \begin{bmatrix} i_1 \\ i_2 \\ i_3 \end{bmatrix} = \begin{bmatrix} 12 \\ 0 \\ 0 \end{bmatrix}$$

矩陣的各行列式值如下：

$$\Delta = \begin{vmatrix} 11 & -5 & -6 \\ -5 & 19 & -2 \\ -1 & -1 & 2 \end{vmatrix}$$

$$= 418 - 30 - 10 - 114 - 22 - 50 = 192$$

$$\Delta_1 = \begin{vmatrix} 12 & -5 & -6 \\ 0 & 19 & -2 \\ 0 & -1 & 2 \end{vmatrix} = 456 - 24 = 432$$

$$\Delta_2 = \begin{vmatrix} 11 & 12 & -6 \\ -5 & 0 & -2 \\ -1 & 0 & 2 \end{vmatrix} = 24 + 120 = 144$$

$$\Delta_3 = \begin{vmatrix} 11 & -5 & 12 \\ -5 & 19 & 0 \\ -1 & -1 & 0 \end{vmatrix} = 60 + 228 = 288$$

利用克萊姆法則，計算網目電流：

$$i_1 = \frac{\Delta_1}{\Delta} = \frac{432}{192} = 2.25 \text{ A}, \quad i_2 = \frac{\Delta_2}{\Delta} = \frac{144}{192} = 0.75$$

$$i_3 = \frac{\Delta_3}{\Delta} = \frac{288}{192} = 1.5 \text{ A}$$

因此，$I_o = i_1 - i_2 = 1.5$ A。

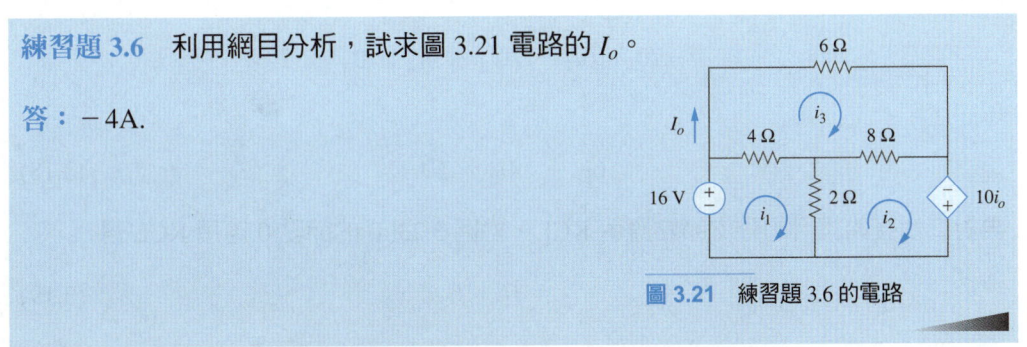

練習題 3.6 利用網目分析，試求圖 3.21 電路的 I_o。

答：-4A.

圖 3.21 練習題 3.6 的電路

3.5 包含電流源的網目分析

包含電流源 (獨立或相依) 電路的網目分析，可能看起來複雜些。但是因為電流源存在而減少方程式的個數，所以實際上反而容易許多。考慮以下三種情況：

情況一： 如圖 3.22 電路，只包含一個電流源。例如，令 $i_2 = -5$ A，且以正常方法對另一個網目列出網目方程式。所以，

$$10 + 4i_1 + 6(i_1 - i_2) = 0 \quad \Rightarrow \quad i_1 = -2 \text{ A} \tag{3.17}$$

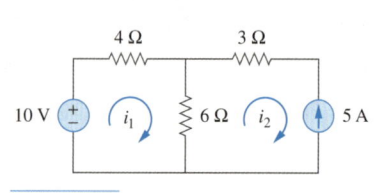

圖 3.22 包含一個電流源的電路

情況二： 如圖 3.23(a) 電路，一個電流源存在於二個網目之間。例如，建立一個**超網目** (supermesh)，排除公用電流源以及與其串聯的任何元件，如圖 3.23(b) 所示。因此，

> 當二個網目共用同一個 (獨立或相依) 電流源，則形成超網目。

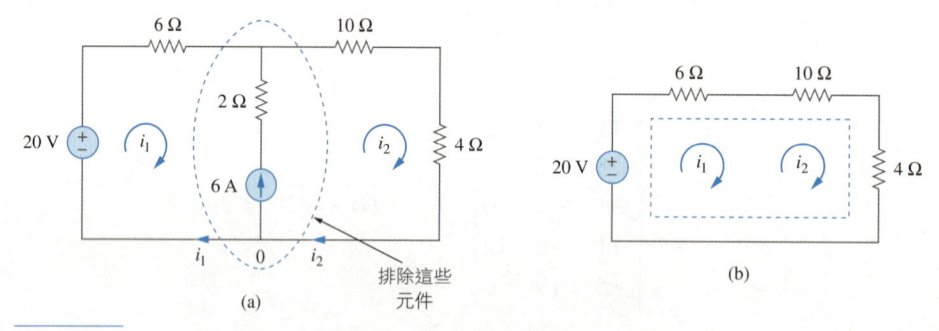

圖 3.23 (a) 二個網目共用同一個電流源，(b) 排除電流源後的超網目

如圖 3.23(b) 所示，對於二個網目的外圍所構成的超網目，其處理方式不同。(如果一個電路包含二個或多個交錯的超網目，則應該將它們合併成更大的超網目。) 為什麼這種超網目的處理方式不同呢？因為網目分析應用 KVL ——它需要知道跨接在每個分支上的電壓，可是事先卻不知道跨接電流源的電壓。然而，像其他網目一樣，超網目必須滿足 KVL。因此，在圖 3.23(b) 的超網目應用 KVL 得

$$-20 + 6i_1 + 10i_2 + 4i_2 = 0$$

或

$$6i_1 + 14i_2 = 20 \tag{3.18}$$

再對二個交錯網目的分支節點應用 KCL，對圖 3.23(a) 的節點 0 應用 KCL 得

$$i_2 = i_1 + 6 \tag{3.19}$$

解 (3.18) 式和 (3.19) 式得

$$i_1 = -3.2 \text{ A}, \qquad i_2 = 2.8 \text{ A} \tag{3.20}$$

注意，超網目具有以下性質：

1. 超網目中的電流源提供求解網目電流所需的限制方程式。
2. 超網目沒有自己的電流。
3. 解超網路必須應用 KVL 與 KCL。

範例 3.7

對圖 3.24 電路，試利用網目分析求 i_1 到 i_4。

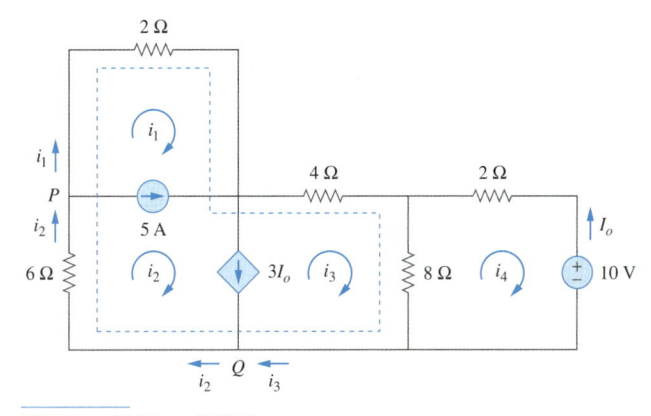

圖 3.24 範例 3.7 的電路

解：網目 1 和 2 形成一個超網目，因為它們共用一個獨立的電流源。另外，網目 2 和 3 形成另一個超網目，因為它們共同擁有一個相依電流源。這二個超網目交錯且形成一個更大的超網目如圖所示。應用 KVL 到這個超大網目得

$$2i_1 + 4i_3 + 8(i_3 - i_4) + 6i_2 = 0$$

或

$$i_1 + 3i_2 + 6i_3 - 4i_4 = 0 \tag{3.7.1}$$

對獨立電流源而言，在節點 P 應用 KCL：

$$i_2 = i_1 + 5 \tag{3.7.2}$$

對相依電流源而言，在節點 Q 應用 KCL：

$$i_2 = i_3 + 3I_o$$

但是 $I_o = -i_4$，所以

$$i_2 = i_3 - 3i_4 \tag{3.7.3}$$

在網目 4 應用 KVL，

$$2i_4 + 8(i_4 - i_3) + 10 = 0$$

或

$$5i_4 - 4i_3 = -5 \quad (3.7.4)$$

從 (3.7.1) 式至 (3.7.4) 式，

$$i_1 = -7.5 \text{ A}, \quad i_2 = -2.5 \text{ A}, \quad i_3 = 3.93 \text{ A}, \quad i_4 = 2.143 \text{ A}$$

> **練習題 3.7** 在圖 3.25 中，使用網目分析，試計算 i_1、i_2 和 i_3。
>
> **答**：$i_1 = 4.632$ A, $i_2 = 631.6$ mA, $i_3 = 1.4736$ A。 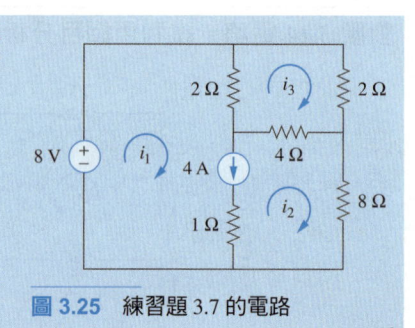
>
> **圖 3.25** 練習題 3.7 的電路

3.6 †節點分析和網目分析的視察法

本節展示節點或網目分析的一般程序。它是基於單純視察電路的快捷方法。

當電路中所有的電源是獨立電流源，則不需像 3.2 節那樣對各節點應用 KCL 以取得節點電壓方程式，可用單純視察電路以取得方程式。以圖 3.2 為例，為方便起見將它重畫如圖 3.26(a) 所示。這個電路有二個非參考節點，且 3.2 節推導出的方程式如下：

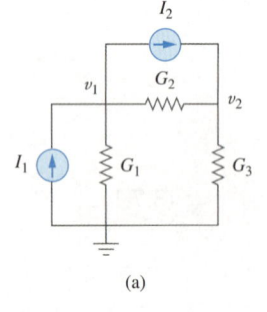

$$\begin{bmatrix} G_1 + G_2 & -G_2 \\ -G_2 & G_2 + G_3 \end{bmatrix} \begin{bmatrix} v_1 \\ v_2 \end{bmatrix} = \begin{bmatrix} I_1 - I_2 \\ I_2 \end{bmatrix} \quad (3.21)$$

觀察上式，當非對角線元素為二節點間電導的負數，則對角線元素為節點 1 或 2 的電導與二節點間電導之和。而且，(3.21) 式右邊的元素是電流流入節點的代數和。

一般而言，如果包含獨立電流源的電路有 N 個非參考節點，則其節點電壓方程式可以用電導表示如下：

$$\begin{bmatrix} G_{11} & G_{12} & \dots & G_{1N} \\ G_{21} & G_{22} & \dots & G_{2N} \\ \vdots & \vdots & \vdots & \vdots \\ G_{N1} & G_{N2} & \dots & G_{NN} \end{bmatrix} \begin{bmatrix} v_1 \\ v_2 \\ \vdots \\ v_N \end{bmatrix} = \begin{bmatrix} i_1 \\ i_2 \\ \vdots \\ i_N \end{bmatrix} \quad (3.22)$$

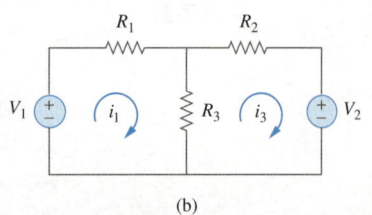

圖 3.26 (a) 圖 3.2 的電路，(b) 圖 3.17 的電路

或簡化為

$$Gv = i \tag{3.23}$$

其中

G_{kk} = 連接到節點 k 的電導之和

$G_{kj} = G_{jk}$ = 連接於節點 k 和 j 之間 ($k \neq j$) 電導之和的負數。

v_k = 節點 k 的未知電壓

i_k = 連接到節點 k 的所有獨立電流源之和，且電流以流進節點的方向為正

G 稱為**電導矩陣** (conductance matrix)；**v** 是輸出向量；**i** 是輸入向量。求解 (3.22) 式可得未知的節點電壓。請記住：(3.22) 式只對包含獨立電流源和線性電阻的電路有效。

同理，當一個線性電阻電路只包含獨立電壓源時，也可以使用檢查法得網目電流方程式。以圖 3.17 為例，為方便起見將它重畫如圖 3.26(b)，這個電路有二個非參考節點，且如 3.4 節推導的方程式如下：

$$\begin{bmatrix} R_1 + R_3 & -R_3 \\ -R_3 & R_2 + R_3 \end{bmatrix} \begin{bmatrix} i_1 \\ i_2 \end{bmatrix} = \begin{bmatrix} v_1 \\ -v_2 \end{bmatrix} \tag{3.24}$$

觀察上式，當非對角線的元素是網目 1 和 2 公共電阻的負數，則各對角線的元素為相關網目的電阻之和。(3.24) 式右邊的元素是相關網目中順時針方向上所有獨立電壓源之和。

一般而言，如果電路包含 N 個網目，則其網目方程式可以用電阻表示如下：

$$\begin{bmatrix} R_{11} & R_{12} & \ldots & R_{1N} \\ R_{21} & R_{22} & \ldots & R_{2N} \\ \vdots & \vdots & \vdots & \vdots \\ R_{N1} & R_{N2} & \ldots & R_{NN} \end{bmatrix} \begin{bmatrix} i_1 \\ i_2 \\ \vdots \\ i_N \end{bmatrix} = \begin{bmatrix} v_1 \\ v_2 \\ \vdots \\ v_N \end{bmatrix} \tag{3.25}$$

或簡化為

$$Ri = v \tag{3.26}$$

其中

R_{kk} = 網目 k 的電阻之和

$R_{kj} = R_{jk}$ = 網目 k 和 $j (k \neq j)$ 公共電阻之和的負數

i_k = 網目 k 順時針方向上未知的網目電流

v_k = 網目 k 順時針方向上所有獨立電壓源之和，以電壓上升為正

R 稱為**電阻矩陣** (resistance matrix)；**i** 是輸出向量；**v** 是輸入向量。求解 (3.25) 式可得未知的網目電流。

範例 3.8 對圖 3.27 的電路，試利用視察法寫出節點電壓方程式。

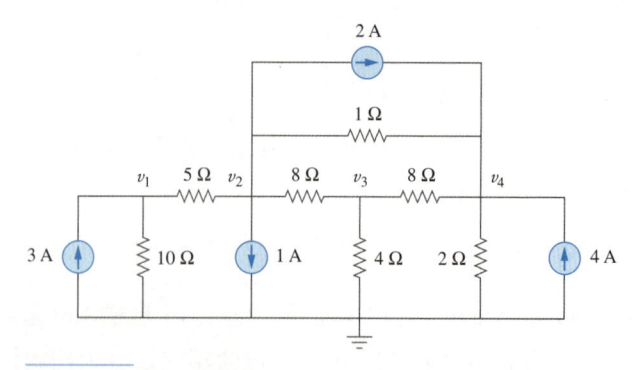

圖 3.27 範例 3.8 的電路

解：圖 3.27 的電路有四個非參考節點，所以需要四個節點方程式；也就是說，電導矩陣 **G** 為 4×4 階矩陣。**G** 的對角線元素如下，單位是西門子。

$$G_{11} = \frac{1}{5} + \frac{1}{10} = 0.3, \qquad G_{22} = \frac{1}{5} + \frac{1}{8} + \frac{1}{1} = 1.325$$

$$G_{33} = \frac{1}{8} + \frac{1}{8} + \frac{1}{4} = 0.5, \qquad G_{44} = \frac{1}{8} + \frac{1}{2} + \frac{1}{1} = 1.625$$

非對角線元素為

$$G_{12} = -\frac{1}{5} = -0.2, \qquad G_{13} = G_{14} = 0$$

$$G_{21} = -0.2, \qquad G_{23} = -\frac{1}{8} = -0.125, \qquad G_{24} = -\frac{1}{1} = -1$$

$$G_{31} = 0, \qquad G_{32} = -0.125, \qquad G_{34} = -\frac{1}{8} = -0.125$$

$$G_{41} = 0, \qquad G_{42} = -1, \qquad G_{43} = -0.125$$

輸入電流向量 **i** 的元素如下，單位是安培：

$$i_1 = 3, \qquad i_2 = -1 - 2 = -3, \qquad i_3 = 0, \qquad i_4 = 2 + 4 = 6$$

因此節點電壓方程式為

$$\begin{bmatrix} 0.3 & -0.2 & 0 & 0 \\ -0.2 & 1.325 & -0.125 & -1 \\ 0 & -0.125 & 0.5 & -0.125 \\ 0 & -1 & -0.125 & 1.625 \end{bmatrix} \begin{bmatrix} v_1 \\ v_2 \\ v_3 \\ v_4 \end{bmatrix} = \begin{bmatrix} 3 \\ -3 \\ 0 \\ 6 \end{bmatrix}$$

上式可利用 MATLAB 求解而得節點電壓 $v_1 \cdot v_2 \cdot v_3$ 和 v_4。

練習題 3.8 對圖 3.28 的電路，試利用視察法求得節點電壓方程式。

答：

$$\begin{bmatrix} 1.25 & -0.2 & -1 & 0 \\ -0.2 & 0.2 & 0 & 0 \\ -1 & 0 & 1.25 & -0.25 \\ 0 & 0 & -0.25 & 1.25 \end{bmatrix} \begin{bmatrix} v_1 \\ v_2 \\ v_3 \\ v_4 \end{bmatrix} = \begin{bmatrix} 0 \\ 5 \\ -3 \\ 2 \end{bmatrix}$$

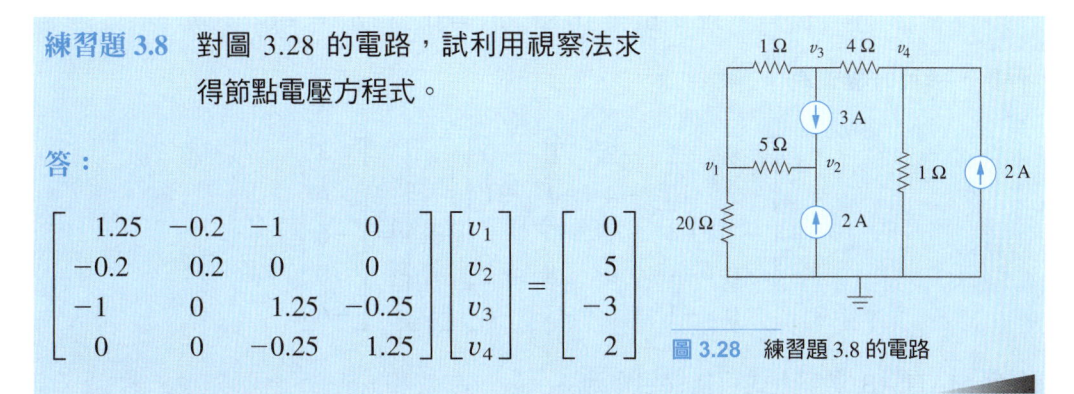

圖 3.28 練習題 3.8 的電路

對圖 3.29 的電路，試利用視察法寫出網目電流方程式。 **範例 3.9**

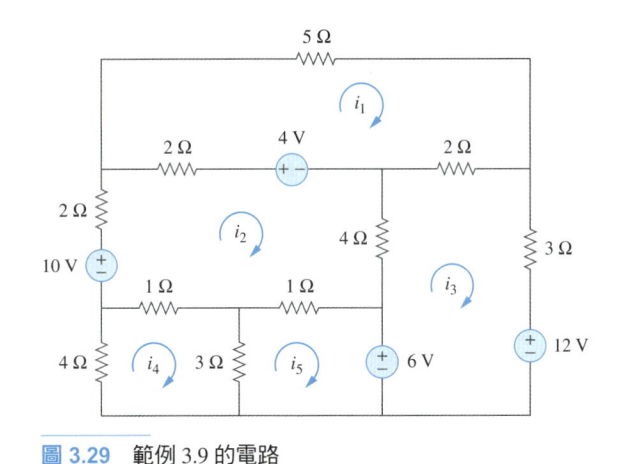

圖 3.29 範例 3.9 的電路

解： 圖 3.29 電路中有五個網目，所以電阻矩陣為 5×5，且對角線元素 (單位歐姆) 如下：

$$R_{11} = 5 + 2 + 2 = 9, \quad R_{22} = 2 + 4 + 1 + 1 + 2 = 10,$$
$$R_{33} = 2 + 3 + 4 = 9, \quad R_{44} = 1 + 3 + 4 = 8, \quad R_{55} = 1 + 3 = 4$$

非對角線元素如下：

$$R_{12} = -2, \quad R_{13} = -2, \quad R_{14} = 0 = R_{15},$$
$$R_{21} = -2, \quad R_{23} = -4, \quad R_{24} = -1, \quad R_{25} = -1,$$
$$R_{31} = -2, \quad R_{32} = -4, \quad R_{34} = 0 = R_{35},$$
$$R_{41} = 0, \quad R_{42} = -1, \quad R_{43} = 0, \quad R_{45} = -3,$$
$$R_{51} = 0, \quad R_{52} = -1, \quad R_{53} = 0, \quad R_{54} = -3$$

輸入電壓向量 **v** 的元素如下，單位是伏特：

$$v_1 = 4, \quad v_2 = 10 - 4 = 6,$$
$$v_3 = -12 + 6 = -6, \quad v_4 = 0, \quad v_5 = -6$$

因此，網目方程式為

$$\begin{bmatrix} 9 & -2 & -2 & 0 & 0 \\ -2 & 10 & -4 & -1 & -1 \\ -2 & -4 & 9 & 0 & 0 \\ 0 & -1 & 0 & 8 & -3 \\ 0 & -1 & 0 & -3 & 4 \end{bmatrix} \begin{bmatrix} i_1 \\ i_2 \\ i_3 \\ i_4 \\ i_5 \end{bmatrix} = \begin{bmatrix} 4 \\ 6 \\ -6 \\ 0 \\ -6 \end{bmatrix}$$

利用 MATLAB 求解上式可得網目電流 i_1、i_2、i_3、i_4 和 i_5。

練習題 3.9 試利用視察法列出圖 3.30 電路的網目電流方程式。

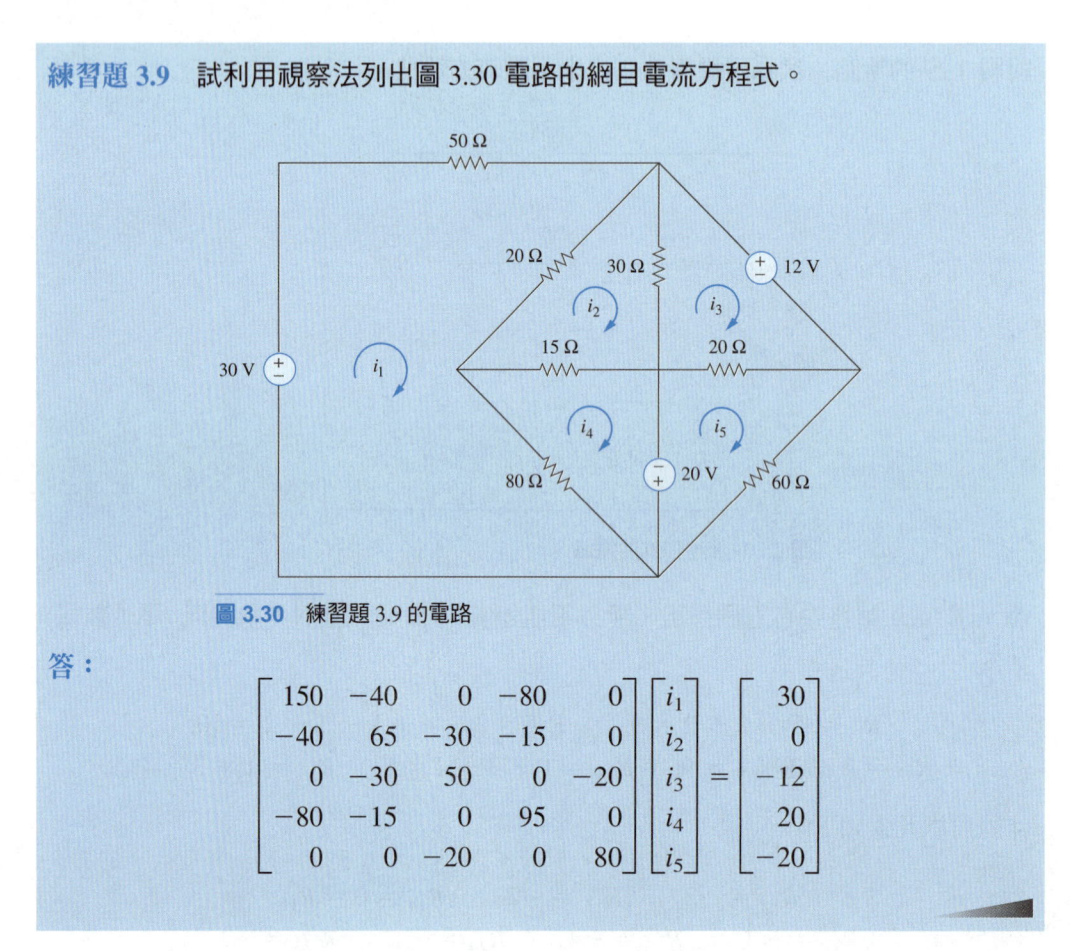

圖 3.30 練習題 3.9 的電路

答：

$$\begin{bmatrix} 150 & -40 & 0 & -80 & 0 \\ -40 & 65 & -30 & -15 & 0 \\ 0 & -30 & 50 & 0 & -20 \\ -80 & -15 & 0 & 95 & 0 \\ 0 & 0 & -20 & 0 & 80 \end{bmatrix} \begin{bmatrix} i_1 \\ i_2 \\ i_3 \\ i_4 \\ i_5 \end{bmatrix} = \begin{bmatrix} 30 \\ 0 \\ -12 \\ 20 \\ -20 \end{bmatrix}$$

3.7 節點分析和網目分析的比較

節點分析和網目分析皆為分析複雜網路提供一種系統的解法。或許有人會問：分析一個已知的網路時，如何知道哪種方法比較好或更有效率呢？選擇比較好的方法有二個因素。

第一個因素是特殊網路的特徵。包含許多串聯元件、電壓源或超網目的網路比較適合用網目分析，而包含並聯元件、電流源或超節點的網路比較適合用節點分析。而且，節點數少於網目數的電路比較適合使用節點分析，而網目數少於節點數的電路比較適合使用網目分析。選擇分析方法的關鍵因素在於何者所得的方程式數目較少。

第二個因素是資訊的需求。如果要求解節點電壓，則使用節點分析法較為有利。如果要求解分支電流或網目電路，則使用網目分析法比較好。

熟練這二種分析方法是有幫助的，其原因有二：首先，如果可以的話，可用一種方法驗證另一種方法所得的結果。其次，因為每一種方法都有其限制，對於特殊的問題，可能僅適用其中一種方法。例如，第 5 章將會介紹，因為沒有直接求得跨接於運算放大器二端電壓的方法，所以網目分析不適合用來求解運算放大器的電路。對於非平面網路，只能選擇節點分析，因為網目分析只能用來分析平面網路。而且，節點分析法比較適合使用電腦程式來解題，可分析難以用手算的複雜電路。

3.8 總結

1. 節點分析是在非參考節點上應用克希荷夫電流定律。(它適用於平面電路和非平面電路。) 分析結果以節點電壓來表示。解聯立方程式可得到節點電壓。
2. 超節點由 (相依或獨立) 電壓源與二個非參考節點連接而成。
3. 網目分析是克希荷夫電壓定律在平面電路的應用。分析結果以網目電流來表示。解聯立方程式可得網目電流。
4. 超網目是由共用 (相依或獨立) 電流源的二個網目所組成。
5. 節點分析通常用於當一個電路的節點方程式數少於網目方程式數時。網目分析通常用於當一個電路的網目方程式數少於節點方程式數時。

複習題

3.1 在圖 3.31 電路的節點 1 應用 KCL 得：

(a) $2 + \dfrac{12 - v_1}{3} = \dfrac{v_1}{6} + \dfrac{v_1 - v_2}{4}$

(b) $2 + \dfrac{v_1 - 12}{3} = \dfrac{v_1}{6} + \dfrac{v_2 - v_1}{4}$

(c) $2 + \dfrac{12 - v_1}{3} = \dfrac{0 - v_1}{6} + \dfrac{v_1 - v_2}{4}$

(d) $2 + \dfrac{v_1 - 12}{3} = \dfrac{0 - v_1}{6} + \dfrac{v_2 - v_1}{4}$

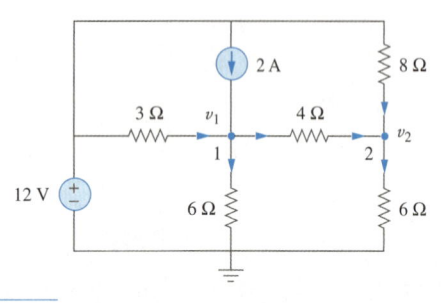

圖 3.31 複習題 3.1 和 3.2 的電路

3.2 在圖 3.31 電路的節點 2 應用 KCL 得：

(a) $\dfrac{v_2 - v_1}{4} + \dfrac{v_2}{8} = \dfrac{v_2}{6}$

(b) $\dfrac{v_1 - v_2}{4} + \dfrac{v_2}{8} = \dfrac{v_2}{6}$

(c) $\dfrac{v_1 - v_2}{4} + \dfrac{12 - v_2}{8} = \dfrac{v_2}{6}$

(d) $\dfrac{v_2 - v_1}{4} + \dfrac{v_2 - 12}{8} = \dfrac{v_2}{6}$

3.3 在圖 3.32 電路 v_1 與 v_2 的關係為：

(a) $v_1 = 6i + 8 + v_2$ (b) $v_1 = 6i - 8 + v_2$

(c) $v_1 = -6i + 8 + v_2$ (d) $v_1 = -6i - 8 + v_2$

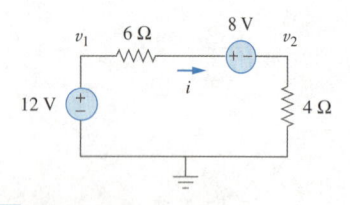

圖 3.32 複習題 3.3 和 3.4 的電路

3.4 在圖 3.32 電路中，電壓 v_2 等於：

(a) -8 V   (b) -1.6 V   (c) 1.6 V   (d) 8 V

3.5 在圖 3.33 電路中的電流 i 為：

(a) -2.667 A   (b) -0.667 A

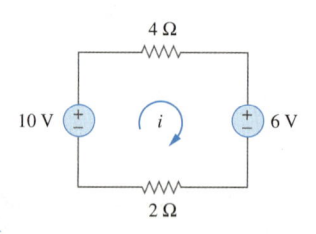

(c) 0.667 A   (d) 2.667 A

圖 3.33 複習題 3.5 和 3.6 的電路

3.6 在圖 3.33 電路的迴路方程式為：

(a) $-10 + 4i + 6 + 2i = 0$

(b) $10 + 4i + 6 + 2i = 0$

(c) $10 + 4i - 6 + 2i = 0$

(d) $-10 + 4i - 6 + 2i = 0$

3.7 在圖 3.34 電路的電流 i 為：

(a) 4 A   (b) 3 A   (c) 2 A   (d) 1 A

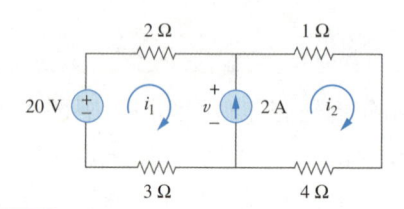

圖 3.34 複習題 3.7 和 3.8 的電路

3.8 在圖 3.34 電路中，跨接於電流源上的電壓 v 為：

(a) 20 V   (b) 15 V   (c) 10 V   (d) 5 V

答：3.1 a，3.2 c，3.3 a，3.4 c，3.5 c，3.6 a，3.7 d，3.8 b

習題

3.2 節和 3.3 節　節點分析

3.1 試利用圖 3.35，設計一個問題幫助其他的學生更瞭解節點分析。

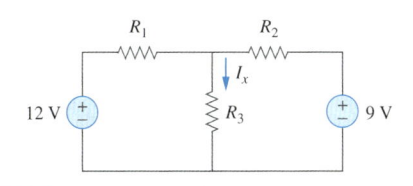

圖 3.35　習題 3.1 和 3.39 的電路

3.2 試求圖 3.36 電路的 v_1 和 v_2。

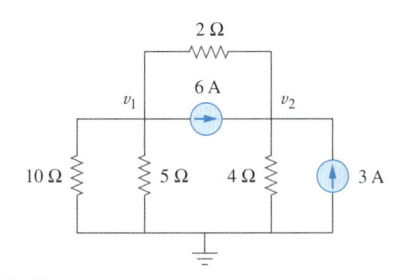

圖 3.36　習題 3.2 的電路

3.3 試求圖 3.37 電路的電流 I_1 至 I_4 和電壓 v_o。

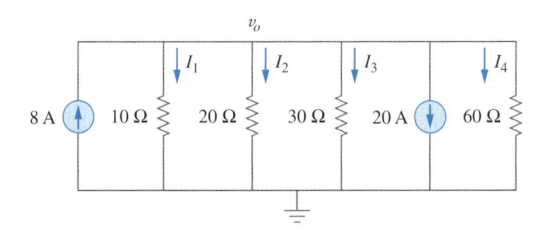

圖 3.37　習題 3.3 的電路

3.4 試計算圖 3.38 電路的電流 i_1 至 i_4。

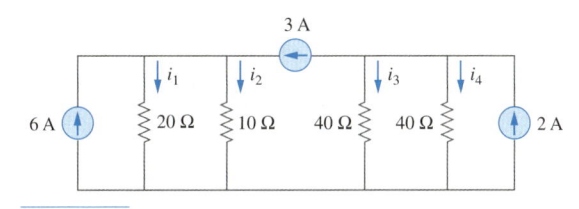

圖 3.38　習題 3.4 的電路

3.5 試求圖 3.39 電路的 v_o。

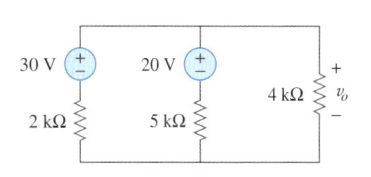

圖 3.39　習題 3.5 的電路

3.6 使用節點分析，試求解圖 3.40 電路的 V_1。

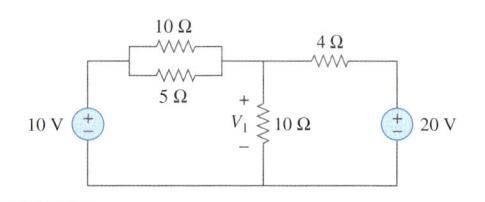

圖 3.40　習題 3.6 的電路

3.7 應用節點分析，試求解圖 3.41 電路的 V_x。

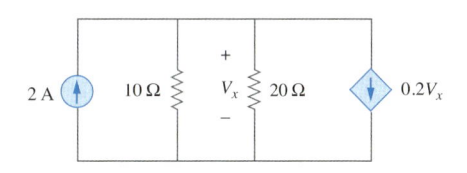

圖 3.41　習題 3.7 的電路

3.8 應用節點分析，試求解圖 3.42 電路的 v_o。

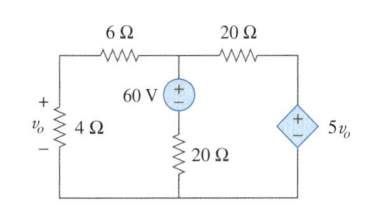

圖 3.42　習題 3.8 和 3.37 的電路

3.9 使用節點分析，試計算圖 3.43 電路中的 I_b。

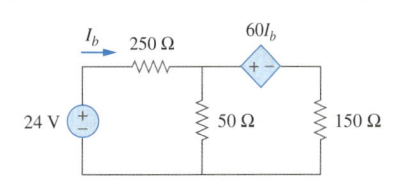

圖 3.43　習題 3.9 的電路

3.10 試求圖 3.44 電路的 I_o。

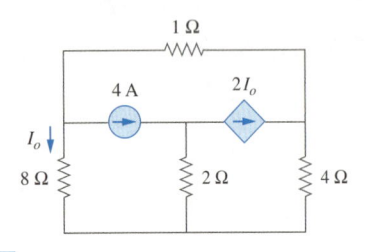

圖 3.44 習題 3.10 的電路

3.11 試求圖 3.45 電路中的 V_o 和所有電阻的功率消耗。

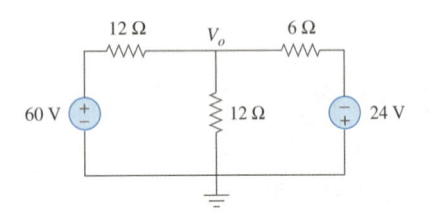

圖 3.45 習題 3.11 的電路

3.12 使用節點分析，試計算圖 3.46 電路的 V_o。

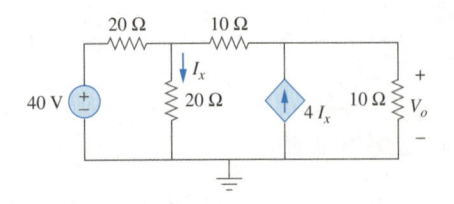

圖 3.46 習題 3.12 的電路

3.13 使用節點分析，試計算圖 3.47 電路的 v_1 和 v_2。

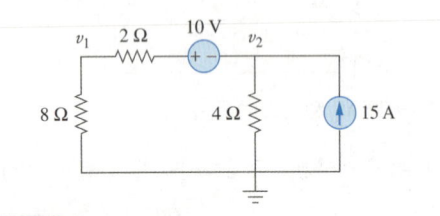

圖 3.47 習題 3.13 的電路

3.14 使用節點分析，試求圖 3.48 電路的 v_o。

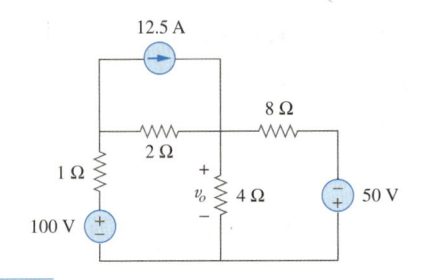

圖 3.48 習題 3.14 的電路

3.15 應用節點分析，試求圖 3.49 電路的 i_o 和每個電阻的功率消耗。

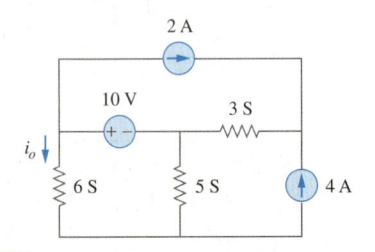

圖 3.49 習題 3.15 的電路

3.16 使用節點分析，試計算圖 3.50 電路中的電壓 v_1 至 v_3。

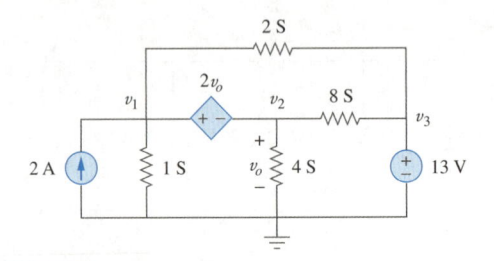

圖 3.50 習題 3.16 的電路

3.17 使用節點分析，試求圖 3.51 電路的電流 i_o。

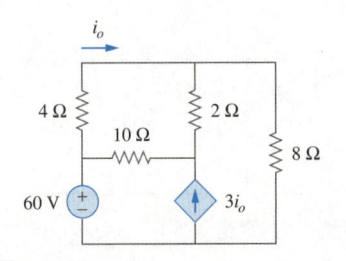

圖 3.51 習題 3.17 的電路

3.18 使用節點分析，試計算圖 3.52 電路的節點電壓。

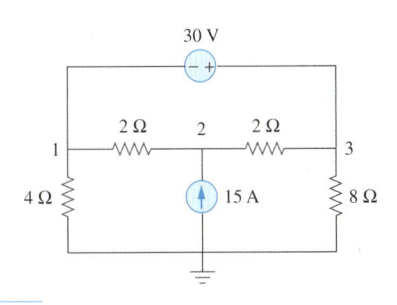

圖 3.52　習題 3.18 的電路

3.19 使用節點分析，試求圖 3.53 電路的 v_1、v_2 和 v_3。

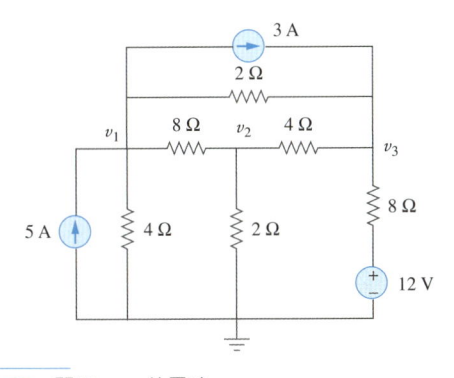

圖 3.53　習題 3.19 的電路

3.20 使用節點分析，試求圖 3.54 電路的 v_1、v_2 和 v_3。

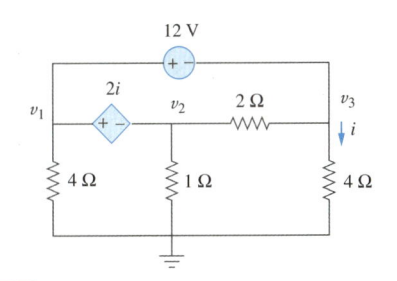

圖 3.54　習題 3.20 的電路

3.21 使用節點分析，試求圖 3.55 電路的 v_1 和 v_2。

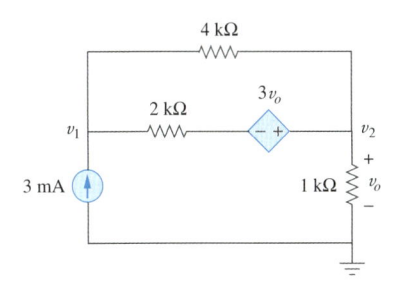

圖 3.55　習題 3.21 的電路

3.22 試計算圖 3.56 電路的 v_1 和 v_2。

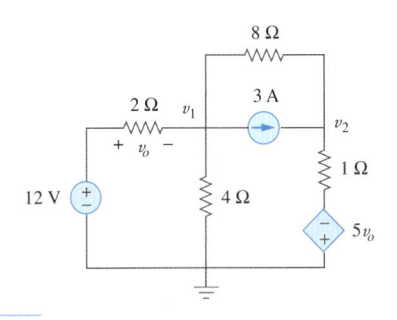

圖 3.56　習題 3.22 的電路

3.23 使用節點分析，試求圖 3.57 電路的 V_o。

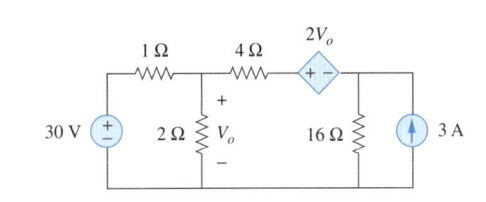

圖 3.57　習題 3.23 的電路

3.24 使用節點分析和 MATLAB，試求圖 3.58 電路的 V_o。

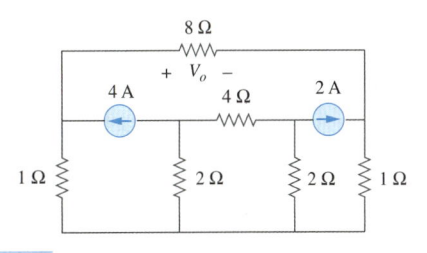

圖 3.58　習題 3.24 的電路

3.25 使用節點分析和 MATLAB，試求圖 3.59 電路的節點電壓。

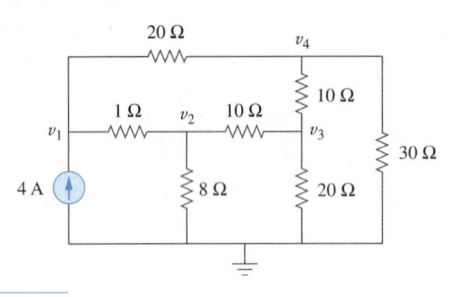

圖 3.59 習題 3.25 的電路

3.26 試計算圖 3.60 電路的節點電壓 v_1、v_2 和 v_3。

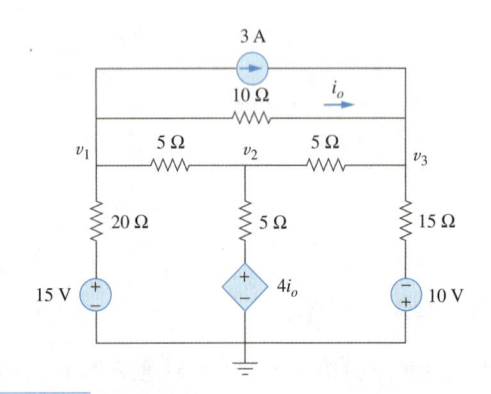

圖 3.60 習題 3.26 的電路

*3.27 使用節點分析，試計算圖 3.61 電路的 v_1、v_2 和 v_3。

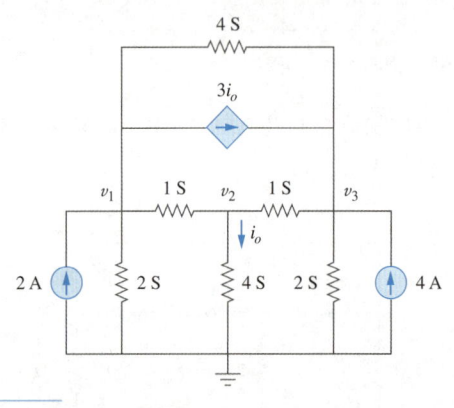

圖 3.61 習題 3.27 的電路

*3.28 使用 MATLAB，試求圖 3.62 電路節點 a、b、c 和 d 的電壓。

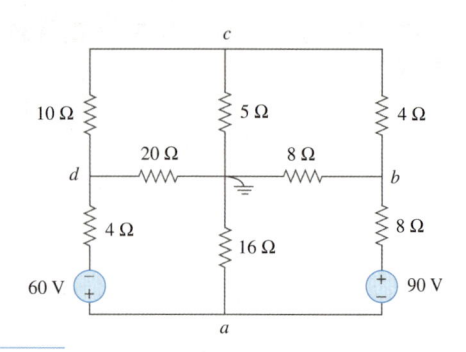

圖 3.62 習題 3.28 的電路

3.29 使用 MATLAB，試求解圖 3.63 電路的節點電壓。

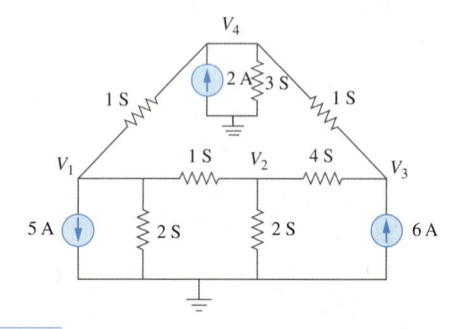

圖 3.63 習題 3.29 的電路

3.30 使用節點分析，試求圖 3.64 電路的 v_o 和 i_o。

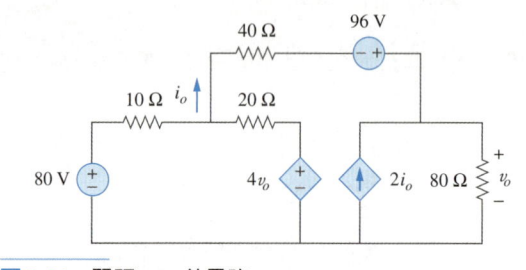

圖 3.64 習題 3.30 的電路

3.31 試求圖 3.65 電路的節點電壓。

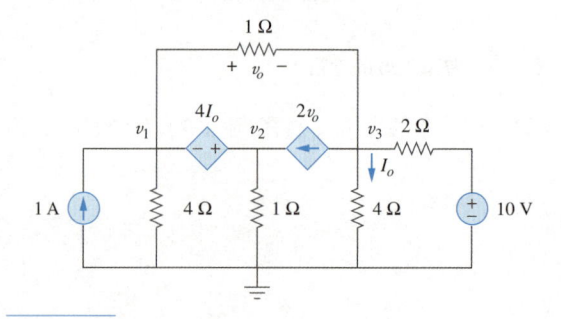

圖 3.65 習題 3.31 的電路

---

* 星號表示該習題具有挑戰性。

3.32 試求圖 3.66 電路的節點電壓 v_1、v_2 和 v_3。

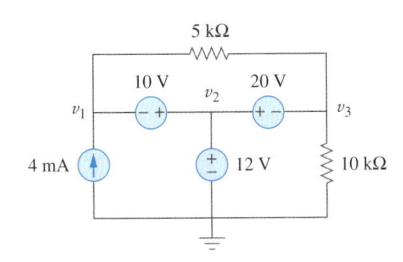

圖 3.66 習題 3.32 的電路

3.4 節和 3.5 節　網目分析

3.33 在圖 3.67 電路中，哪一個是平面電路？重新畫出此平面電路沒有交叉分支的電路圖。

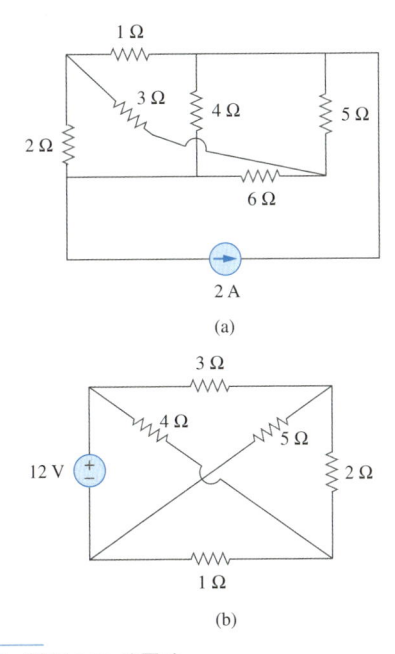

圖 3.67 習題 3.33 的電路

3.34 在圖 3.68 電路中，哪一個是平面電路？並重畫此平面電路沒有交叉分支的電路圖。

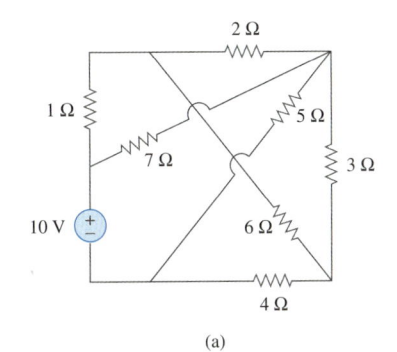

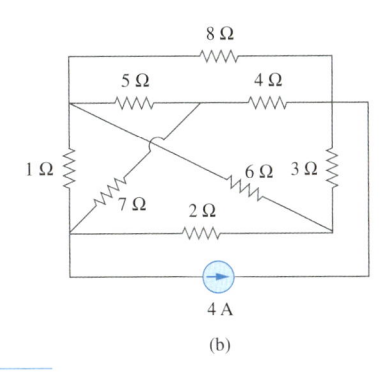

圖 3.68 習題 3.34 的電路

3.35 使用網目分析，重做習題 3.5。

3.36 使用網目分析，試求圖 3.69 電路的 i_1、i_2 和 i_3。

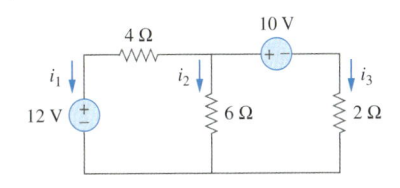

圖 3.69 習題 3.36 的電路

3.37 使用網目分析，試求解習題 3.8。

3.38 應用網目分析，試求圖 3.70 電路的 I_o。

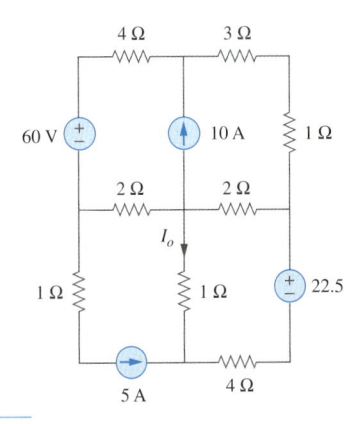

圖 3.70 習題 3.38 的電路

3.39 使用習題 3.1 的圖 3.35，試設計一個問題幫助其他同學更瞭解網目分析。

3.40 使用網目分析，試求圖 3.71 橋式網路的 i_o。

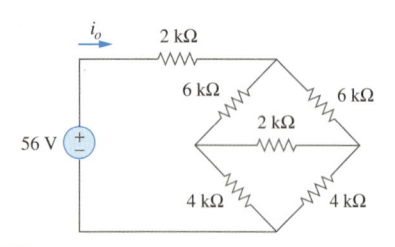

圖 3.71 習題 3.40 的電路

3.41 應用網目分析，試求圖 3.72 的 i。

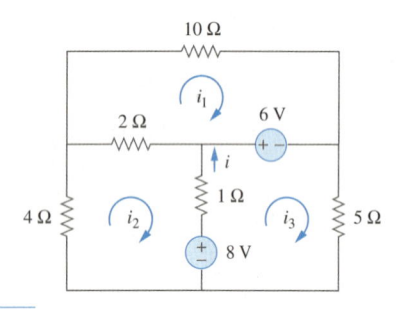

圖 3.72 習題 3.41 的電路

3.42 使用圖 3.73，試設計一個問題幫助同學更瞭解使用矩陣分析網目。

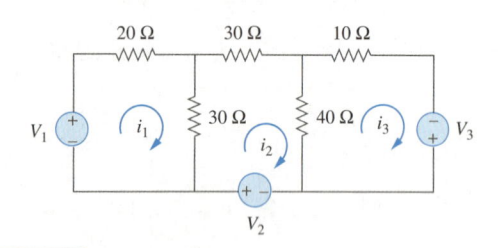

圖 3.73 習題 3.42 的電路

3.43 使用網目分析，試求圖 3.74 電路的 v_{ab} 和 i_o。

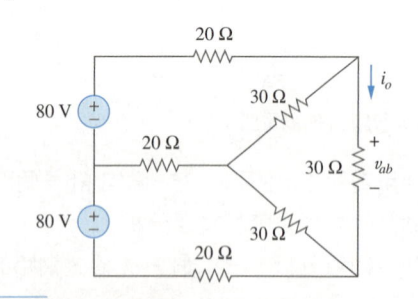

圖 3.74 習題 3.43 的電路

3.44 使用網目分析，試求圖 3.75 電路的 i_o。

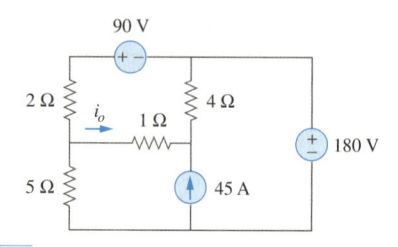

圖 3.75 習題 3.44 的電路

3.45 試求圖 3.76 電路的電流 i。

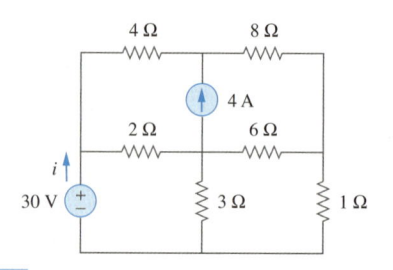

圖 3.76 習題 3.45 的電路

3.46 試計算圖 3.77 的網目電流 i_1 和 i_2。

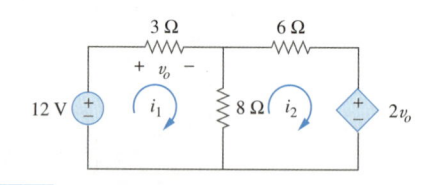

圖 3.77 習題 3.46 的電路

3.47 使用網目分析，重做習題 3.19。

3.48 使用網目分析，試計算圖 3.78 電路中流經 10 kΩ 電阻器的電流。

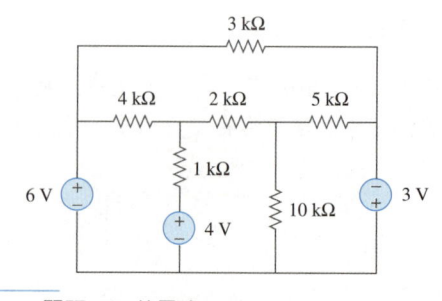

圖 3.78 習題 3.48 的電路

3.49 試求圖 3.79 電路的 v_o 和 i_o。

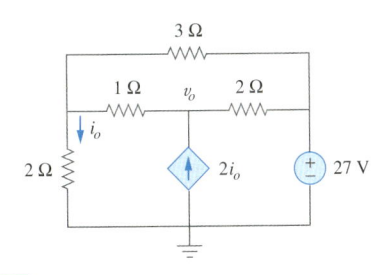

圖 3.79　習題 3.49 的電路

3.50 使用網目分析，試求圖 3.80 電路的電流 i_o。

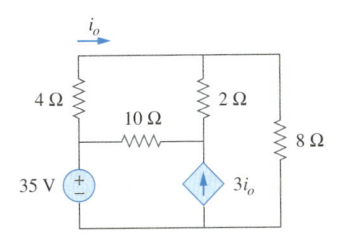

圖 3.80　習題 3.50 的電路

3.51 應用網目分析，試求圖 3.81 電路的 v_o。

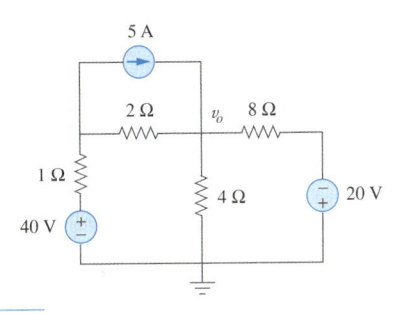

圖 3.81　習題 3.51 的電路

3.52 使用網目分析，試求圖 3.82 電路的 i_1、i_2 和 i_3。

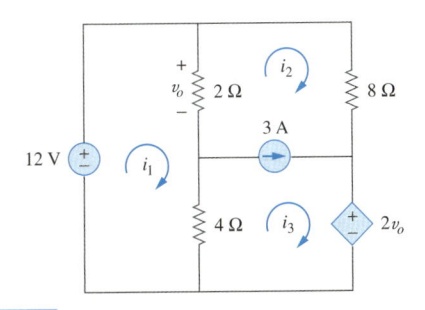

圖 3.82　習題 3.52 的電路

3.53 使用 MATLAB，試求圖 3.83 電路的網目電流。

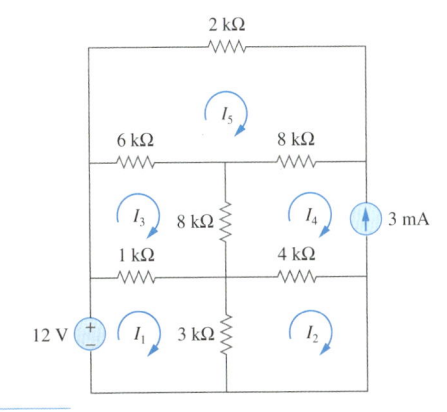

圖 3.83　習題 3.53 的電路

3.54 試求圖 3.84 電路的網目電流 i_1、i_2 和 i_3。

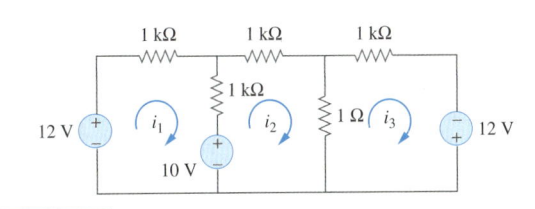

圖 3.84　習題 3.54 的電路

*__3.55__ 試求解圖 3.85 電路的 I_1、I_2 和 I_3。

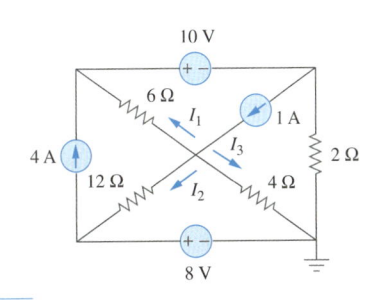

圖 3.85　習題 3.55 的電路

3.56 試計算圖 3.86 電路的 v_1 和 v_2。

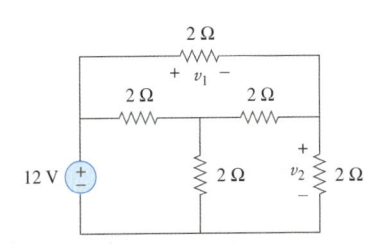

圖 3.86　習題 3.56 的電路

3.57 在圖 3.87 電路中，已知 $i_o = 15$ mA，試求 R、V_1 和 V_2 的值。

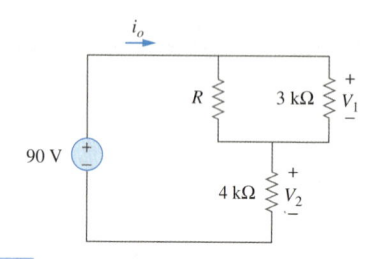

圖 3.87 習題 3.57 的電路

3.58 試求圖 3.88 電路的 i_1、i_2 和 i_3。

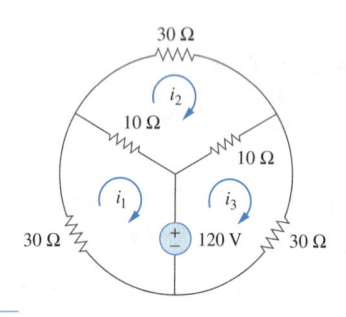

圖 3.88 習題 3.58 的電路

3.59 使用網目分析，重做習題 3.30。

3.60 試計算圖 3.89 電路中每個電阻的功率消耗。

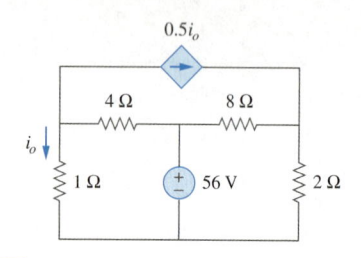

圖 3.89 習題 3.60 的電路

3.61 試求圖 3.90 電路的電流增益 i_o/i_s。

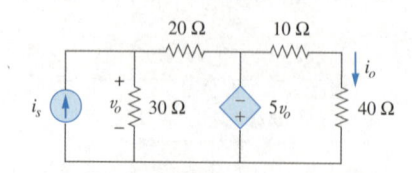

圖 3.90 習題 3.61 的電路

3.62 試求圖 3.91 網路的網目電流 i_1、i_2 和 i_3。

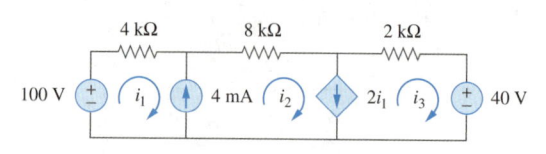

圖 3.91 習題 3.62 的網路

3.63 試求圖 3.92 電路的 v_x 和 i_x。

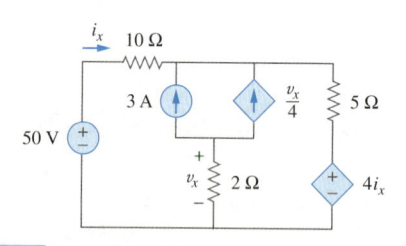

圖 3.92 習題 3.63 的電路

3.64 試求圖 3.93 電路的 v_o 和 i_o。

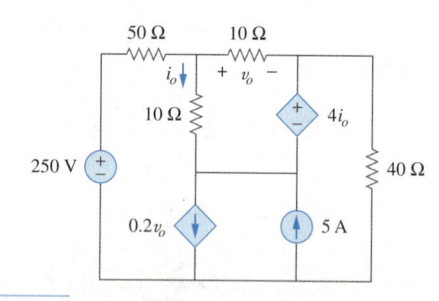

圖 3.93 習題 3.64 的電路

3.65 使用 MATLAB，試求解圖 3.94 電路的網目電流。

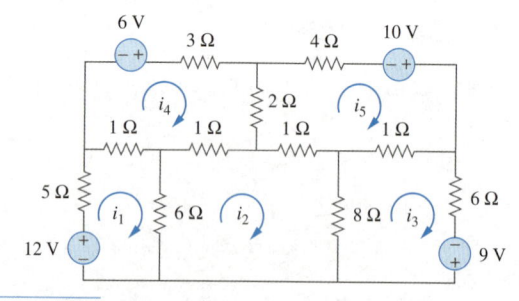

圖 3.94 習題 3.65 的電路

3.66 寫出圖 3.95 電路的一組網目方程式，然後使用 MATLAB 計算網目電流。

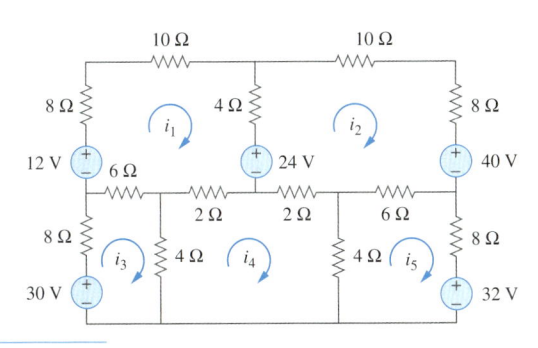

圖 3.95 習題 3.66 的電路

3.6 節　節點分析和網目分析的視察法

3.67 使用視察法寫出圖 3.96 電路的節點電壓方程式，然後求解 V_o。

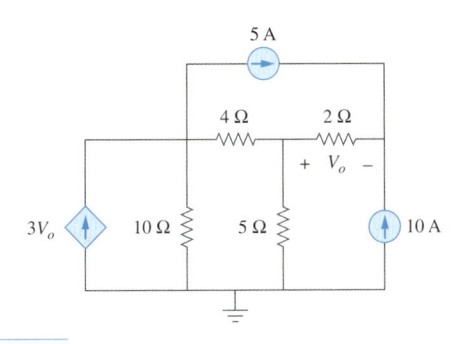

圖 3.96 習題 3.67 的電路

3.68 試使用圖 3.97，設計一個求解 V_o 的問題，幫助其他同學更瞭解節點分析。盡你所能提出最佳值，使計算更容易。

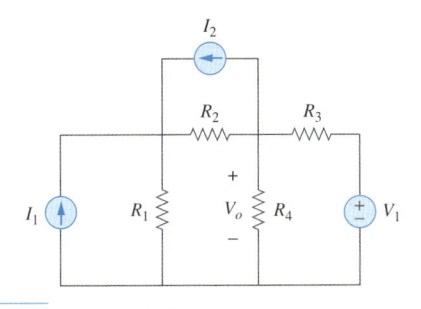

圖 3.97 習題 3.68 的電路

3.69 試使用視察法寫出圖 3.98 電路的節點電壓方程式。

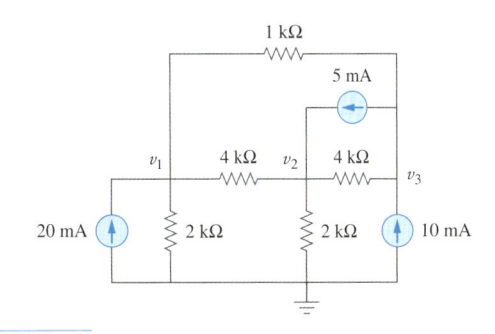

圖 3.98 習題 3.69 的電路

3.70 試使用視察法寫出圖 3.99 電路的節點電壓方程式，然後計算電路的 V_1 和 V_2 值。

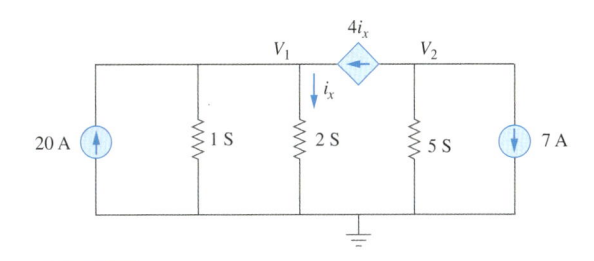

圖 3.99 習題 3.70 的電路

3.71 寫出圖 3.100 電路的網目電流方程式，然後計算 i_1、i_2 和 i_3 的值。

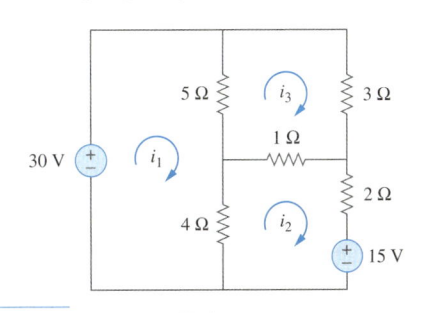

圖 3.100 習題 3.71 的電路

3.72 使用視察法寫出圖 3.101 電路的網目電流方程式。

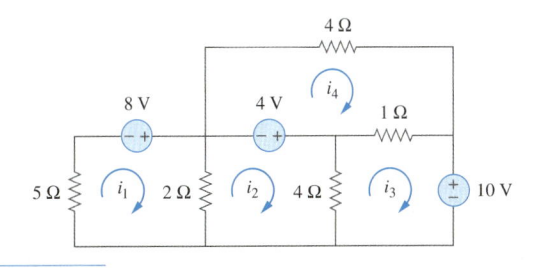

圖 3.101 習題 3.72 的電路

3.73 寫出圖 3.102 電路的網目電流方程式。

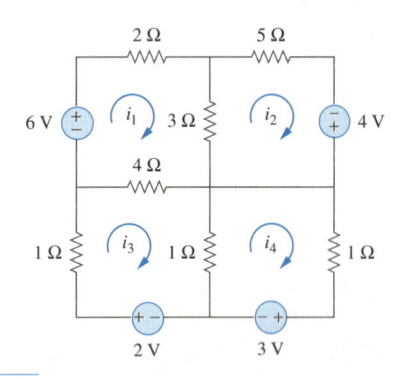

圖 3.102 習題 3.73 的電路

3.74 使用視察法寫出圖 3.103 電路的網目電流方程式。

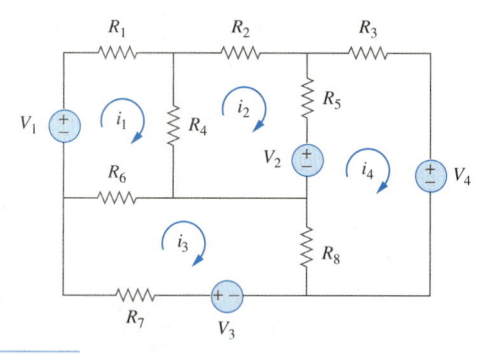

圖 3.103 習題 3.74 的電路

Chapter 4 電路理論

一名工程師成功的條件將與他的溝通能力成正比。

—— 查爾斯・亞歷山大

加強你的技能與職能

加強你的溝通技巧

學習電路理論是準備邁向電機工程職場的第一步。在學校學習期間，也應該學習提高溝通技巧，因為在工作上有很大一部分的時間用於溝通。

業界人士一再抱怨，剛畢業的工程師在書面和口頭溝通方面的準備不足。有效的溝通能力成為工程師寶貴的財富。

有效溝通的能力被許多人認為是執行推廣中最重要的一步。
© IT Stock/Punchstock

也許工程師可以容易且快速地說或寫，但卻不知如何有效地溝通。成為一名成功工程師，有效溝通的藝術是最重要的。

在業界的工程師，溝通成為提升個人的關鍵。在一個美國公司關於提升管理人員的調查中，該調查列舉 22 項個人素質及其發展的重要性。令人驚訝的是"基於經驗的技術能力"排在倒數第四。而自信、雄心、靈活、成熟、有能力作出正確的決定、與人合作，以及辛勤工作的能力都排在前面。排在最前面的是"溝通的能力"。越高階的工作，就越需要溝通的能力。因此，應該把有效的溝通能力作為個人職業生涯上的重要手段與能力。

學習有效的溝通是一個終身的任務，是應該一直努力的方向。在校期間是開始學習溝通的最佳時機。不斷地尋找機會，以培養和加強自己的讀、寫、聽和說的能力。可以透過課堂報告、團隊項目、積極參與學生社團活動和選修溝通課程培養這方面的能力。現在開始學習的風險要比將來在工作上學習來得小。

4.1　簡介

在第 3 章利用克希荷夫定律分析電路的主要優點是，可以在不修改原電路結構情況下分析電路；而它的主要缺點是分析大型複雜的電路時，計算過程將變得繁瑣。

隨著電子電路應用領域的增長，使得電子電路從簡單電路演變到複雜電路。為了處理這些複雜的電路，工程師們多年來提出一些定理以簡化電路分析，其中包括**戴維寧定理** (Thevenin's theorem) 與**諾頓定理** (Norton's theorem)。由於這些定理適用於**線性** (linear) 電路，因此本章先討論電路線性的概念。除了電路定理，本章還討論重疊、電源變換與最大功率轉移的概念。

4.2　線性性質

線性定理是描述線性元件屬性之間的因果關係。雖然這個屬性適用於許多電路元件，但本章僅討論電阻器的線性特性。線性為齊次性 (比例縮放) 屬性和可加性的組合。

齊次性的要求是如果輸入 [也稱為**激發** (excitation)] 乘以一個常數，則輸出 [也稱為**響應** (response)] 被乘以相同的常數。以電阻器為例，根據歐姆定律，輸入 i 與輸出 v 的關係如下：

$$v = iR \tag{4.1}$$

如果電流增加 k 倍，則電壓也相應地增加 k 倍；因此，

$$kiR = kv \tag{4.2}$$

可加性的要求是輸入總和的響應等於個別輸入的響應總和。以電阻器的電壓-電流關係為例，如果

$$v_1 = i_1 R \tag{4.3a}$$

且

$$v_2 = i_2 R \tag{4.3b}$$

然後應用 $(i_1 + i_2)$ 得

$$v = (i_1 + i_2)R = i_1 R + i_2 R = v_1 + v_2 \tag{4.4}$$

因此稱電阻器是一個線性元件，因為電阻器的電壓-電流關係同時滿足齊次性和可加性。

一般而言，若電路滿足可加性和齊次性，則稱此電路是線性的。線性電路僅由線性元件、線性相依電源和獨立電源所組成。

> **線性電路是指輸出與輸入為線性關係 (或成正比關係) 的電路。**

本書只考慮線性電路。注意：因為 $p = i^2R = v^2/R$ (使它成為二次函數而不是線性函數)，功率和電壓 (或電流) 之間的關係是非線性的。因此，本章所包含的定理並不適用於功率。

為了說明線性定理，可以參考圖 4.1 所示的線性電路，這個線性電路內部沒有獨立電源。它被輸入電壓源 v_s 所激發，且電路輸出端接到負載 R，所以流經負載電阻 R 的電流 i 可視為輸出電流。假設 $v_s = 10$ V 且 $i = 2$ A，根據線性定理 $v_s = 1$ V，則電流 $i = 0.2$ A。同理，$i = 1$ mA，則其對應的輸入應該為 $v_s = 5$ mV。

例如，當電流 i_1 流過電阻 R 的功率為 $p_1 = Ri_1^2$；當電流 i_2 流過 R 的功率為 $p_2 = Ri_2^2$。如果電流 $i_1 + i_2$ 流過 R，則電阻的吸收功率為 $p_3 = R(i_1 + i_2)^2 = Ri_1^2 + Ri_2^2 + 2Ri_1Ri_2 \neq p_1 + p_2$。因此，功率關係是非線性的。

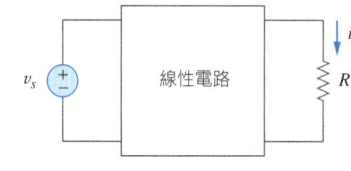

圖 4.1 輸入 v_s 對輸出 i 的線性電路

範例 4.1 當 $v_s = 12$ V 或 $v_s = 24$ V 時，試求圖 4.2 電路的電流 I_o。

解： 在二個迴路應用 KVL 得

$$12i_1 - 4i_2 + v_s = 0 \quad (4.1.1)$$

$$-4i_1 + 16i_2 - 3v_x - v_s = 0 \quad (4.1.2)$$

但 $v_x = 2i_1$，則 (4.1.2) 式改寫如下：

$$-10i_1 + 16i_2 - v_s = 0 \quad (4.1.3)$$

圖 4.2 範例 4.1 的電路

將 (4.1.1) 式與 (4.1.3) 式相加得

$$2i_1 + 12i_2 = 0 \quad \Rightarrow \quad i_1 = -6i_2$$

再將上式代入 (4.1.1) 式，則得

$$-76i_2 + v_s = 0 \quad \Rightarrow \quad i_2 = \frac{v_s}{76}$$

當 $v_s = 12$ V 時，

$$I_o = i_2 = \frac{12}{76} \text{ A}$$

當 $v_s = 24$ V 時，

$$I_o = i_2 = \frac{24}{76} \text{ A}$$

結果顯示當輸入電源加倍時，輸出電流 I_o 也加倍。

練習題 4.1 當 $i_s = 30$ A 或 $i_s = 45$ A 時，試求圖 4.3 電路的電壓 v_o。

答：40 V, 60 V.

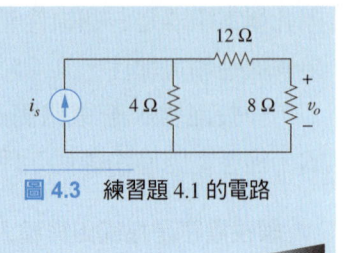

圖 4.3 練習題 4.1 的電路

範例 4.2 假設 $I_o = 1$ A，使用線性定理求圖 4.4 電路 I_o 的實際值。

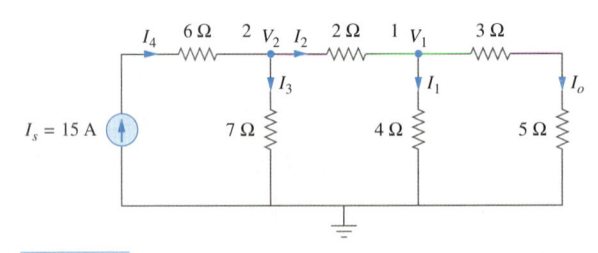

圖 4.4 範例 4.2 的電路

解：如果 $I_o = 1$ A，則 $V_1 = (3+5)I_o = 8$ V 且 $I_1 = V_1/4 = 2$ A。在節點 1 應用 KCL 得

$$I_2 = I_1 + I_o = 3 \text{ A}$$

$$V_2 = V_1 + 2I_2 = 8 + 6 = 14 \text{ V}, \qquad I_3 = \frac{V_2}{7} = 2 \text{ A}$$

在節點 2 應用 KCL 得

$$I_4 = I_3 + I_2 = 5 \text{ A}$$

因此 $I_s = 5$ A，這顯示若 $I_o = 1$ A，則 $I_s = 5$ A。當實際電流源為 $I_s = 15$ A 時，則 I_o 的實際值為 3 A。

練習題 4.2 假設 $V_o = 1$ V，試使用線性定理求圖 4.5 電路 V_o 的實際值。

答：16 V.

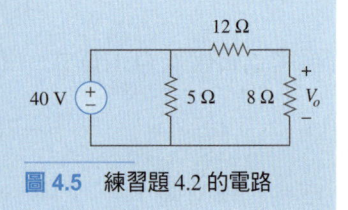

圖 4.5 練習題 4.2 的電路

4.3 重疊

如果電路中有二個或更多的獨立電源時，求此電路之特定變數 (電壓或電流) 的一種方法是使用節點或網目分析，如第 3 章所介紹。另一種方法是分別求各

獨立源的對變數的貢獻，然後把它們加起來，這種方法稱為**重疊** (superposition)。

重疊定理是基於線性定理之上。

> **重疊定理是指在一個線性電路中，跨接於元件上的電壓 (或流經元件的電流) 等於每個獨立電源單獨作用於該元件二端的電壓 (或單獨流經該元件的電流) 的代數和。**

重疊不僅適用於電路分析，也適用於其他滿足線性因果關係的領域。

重疊定理有助於以個別計算每個獨立電源對電路的貢獻方式來分析多個獨立電源的電路。但是應用重疊定理時，應注意二件事：

1. 在同一時間只考慮一個獨立電源，而其他獨立電源被關閉。這意味著，以 0 V (或短路) 取代其他電壓源，以 0 A (或開路) 取代其他電流源。這樣可獲得一種更簡單和更容易管理的電路。
2. 相依電源因受到電路變數的控制，所以應保持不變。

與關閉 (turned off) 意思相同的術語有封殺 (killed)、使不活動 (inactive)、使無感覺 (deadened)、設為零 (set equal to zero)。

應用重疊定理的三個步驟如下：

應用重疊定理的步驟：

1. 保留一個獨立電源，而關閉其他所有的獨立電源。利用第 2 章和第 3 章的技術，求獨立電源的輸出 (電壓或電流)。
2. 對每個獨立電源，重複步驟 1。
3. 將各個獨立電源對電路的貢獻相加，以求得所有獨立電源對電路的總貢獻。

採用重疊定理分析電路有一個主要的缺點：它很可能涉及更多的工作。如果電路有三個獨立的電源，則必須分析三個簡化電路中每個獨立電源對電路的貢獻。然而，重疊定理利用短路取代電壓源和開路取代電流源的方法，將較複雜的電路簡化為較簡單的電路。

請記住：重疊定理是基於線性定理。因為這個原因，它並不適用於每個電源對功率的影響，因為由電阻吸收的功率取決於電壓或電流的平方。如果要求功率值，則必須先用重疊定理計算元件上流過的電流 (或二端的電壓)。

範例 4.3

試使用重疊定理求圖 4.6 電路的 v 值。

解： 因為有二個電源，令

$$v = v_1 + v_2$$

其中 v_1 和 v_2 分別是 6 V 電壓源和 3 A 電流源貢獻的。要得到 v_1，則令電流源為 0，如圖 4.7 (a) 所示。在圖 4.7 (a) 的迴路應用 KVL 得

$$12i_1 - 6 = 0 \quad \Rightarrow \quad i_1 = 0.5 \text{ A}$$

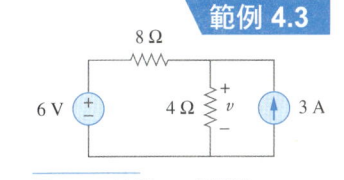

圖 4.6 範例 4.3 的電路

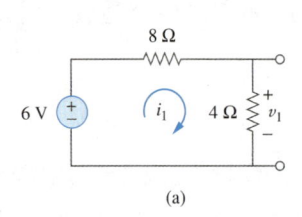

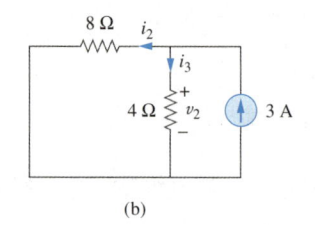

圖 4.7 範例 4.3 的電路：(a) 計算 v_1，(b) 計算 v_2

因此，

$$v_1 = 4i_1 = 2 \text{ V}$$

也可以利用分壓定理求 v_1：

$$v_1 = \frac{4}{4+8}(6) = 2 \text{ V}$$

要得到 v_2，則令電壓源為 0，如圖 4.7(b) 所示。利用分流定理得

$$i_3 = \frac{8}{4+8}(3) = 2 \text{ A}$$

因此，

$$v_2 = 4i_3 = 8 \text{ V}$$

最後求得

$$v = v_1 + v_2 = 2 + 8 = 10 \text{ V}$$

練習題 4.3 試使用重疊定理求圖 4.8 電路的 v_o 值。

答：7.4 V.

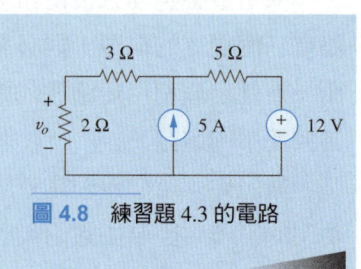

圖 4.8 練習題 4.3 的電路

範例 4.4 試使用重疊定理求圖 4.9 電路的 i_o。

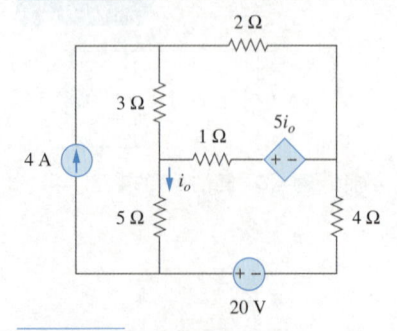

解：圖 4.9 的電路包含一個相依電源，計算時必須保持不變。令

$$i_o = i_o' + i_o'' \tag{4.4.1}$$

其中 i_o' 和 i_o'' 分別是 4 A 電流源和 20 V 電壓源貢獻的。要得到 i_o'，則關閉 20 V 電壓源，如圖 4.10(a) 所示。然後應用網

圖 4.9 範例 4.4 的電路

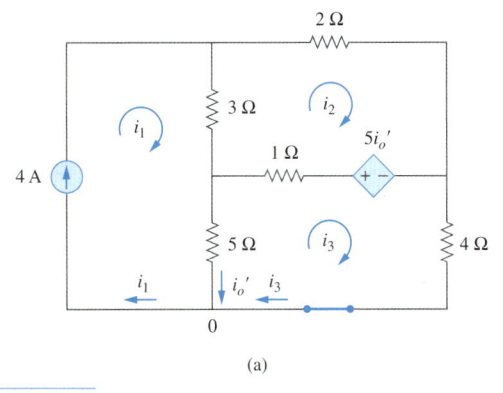

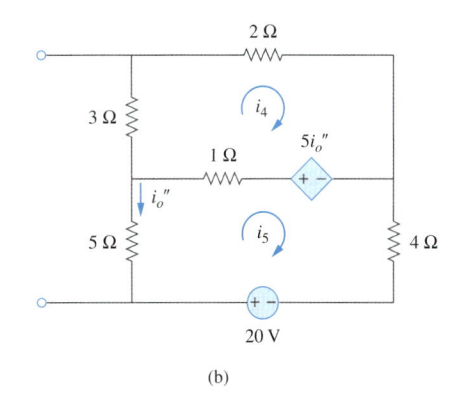

圖 4.10 範例 4.4 的電路：(a) 計算 i'_o，(b) 計算 i''_o

目分析得 i'_o，對迴路 1，

$$i_1 = 4 \text{ A} \tag{4.4.2}$$

對迴路 2，

$$-3i_1 + 6i_2 - 1i_3 - 5i'_o = 0 \tag{4.4.3}$$

對迴路 3，

$$-5i_1 - 1i_2 + 10i_3 + 5i'_o = 0 \tag{4.4.4}$$

但在節點 0，

$$i_3 = i_1 - i'_o = 4 - i'_o \tag{4.4.5}$$

將 (4.4.2) 式和 (4.4.5) 式代入 (4.4.3) 式和 (4.4.4) 式得二聯立方程式

$$3i_2 - 2i'_o = 8 \tag{4.4.6}$$

$$i_2 + 5i'_o = 20 \tag{4.4.7}$$

解聯立方程式得

$$i'_o = \frac{52}{17} \text{ A} \tag{4.4.8}$$

要得到 i''_o，則關閉 4 A 電流源，如圖 4.10(b) 所示。對迴路 4，應用 KVL 得

$$6i_4 - i_5 - 5i''_o = 0 \tag{4.4.9}$$

以及對迴路 5 得

$$-i_4 + 10i_5 - 20 + 5i''_o = 0 \tag{4.4.10}$$

將 $i_5 = -i''_o$ 代入 (4.4.9) 式和 (4.4.10) 式得

$$6i_4 - 4i''_o = 0 \tag{4.4.11}$$

$$i_4 + 5i_o'' = -20 \qquad (4.4.12)$$

解聯立方程式得

$$i_o'' = -\frac{60}{17} \text{ A} \qquad (4.4.13)$$

現在將 (4.4.8) 式和 (4.4.13) 式代入 (4.4.1) 式得

$$i_o = -\frac{8}{17} = -0.4706 \text{ A}$$

練習題 4.4 試使用重疊定理求圖 4.11 電路的 v_x。

答：$v_x = 31.25$ V.

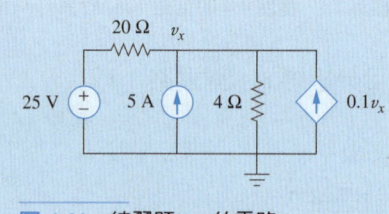

圖 4.11 練習題 4.4 的電路

範例 4.5 試使用重疊定理求圖 4.12 電路的 i。

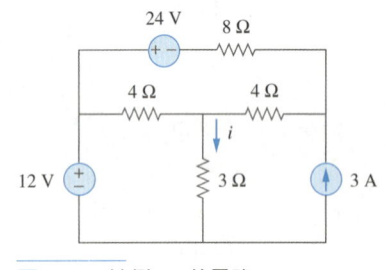

圖 4.12 範例 4.5 的電路

解： 本題包含三個獨立電源，令

$$i = i_1 + i_2 + i_3$$

其中 i_1、i_2 和 i_3 分別是 12 V、24 V 電壓源和 3 A 電流源貢獻的。要求 i_1，從圖 4.13(a) 電路，先結合（位於右側的）4 Ω 和 8 Ω 串聯電阻得 12 Ω。這 12 Ω 電阻再並聯 4 Ω 電阻得 12×4/16 = 3 Ω。因此，

$$i_1 = \frac{12}{6} = 2 \text{ A}$$

要求 i_2，從圖 4.13(b) 電路，應用網目分析得

$$16i_a - 4i_b + 24 = 0 \quad \Rightarrow \quad 4i_a - i_b = -6 \qquad (4.5.1)$$

$$7i_b - 4i_a = 0 \quad \Rightarrow \quad i_a = \frac{7}{4}i_b \qquad (4.5.2)$$

將 (4.5.2) 式代入 (4.5.1) 式得

$$i_2 = i_b = -1$$

要求 i_3，從圖 4.13(c) 電路，應用節點分析得

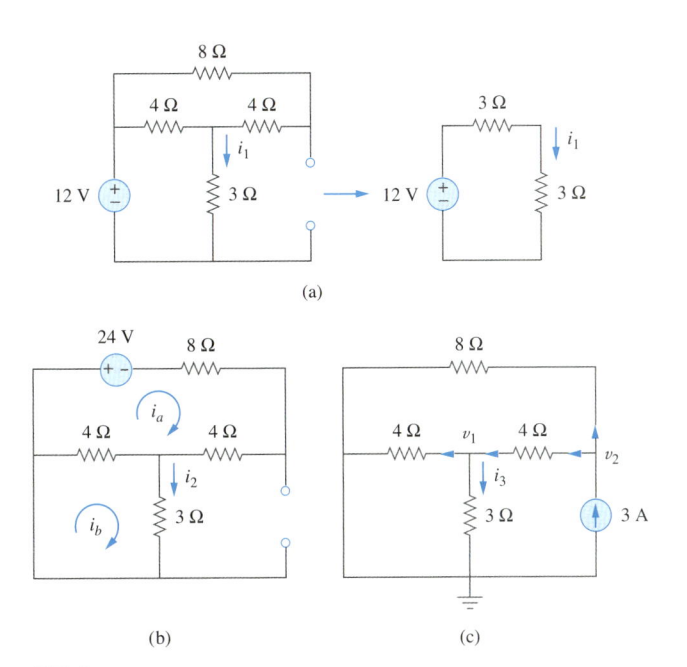

圖 4.13 範例 4.5 的電路

$$3 = \frac{v_2}{8} + \frac{v_2 - v_1}{4} \quad \Rightarrow \quad 24 = 3v_2 - 2v_1 \tag{4.5.3}$$

$$\frac{v_2 - v_1}{4} = \frac{v_1}{4} + \frac{v_1}{3} \quad \Rightarrow \quad v_2 = \frac{10}{3} v_1 \tag{4.5.4}$$

將 (4.5.4) 式代入 (4.5.3) 式導出 $v_1 = 3$ 和

$$i_3 = \frac{v_1}{3} = 1 \text{ A}$$

因此，

$$i = i_1 + i_2 + i_3 = 2 - 1 + 1 = 2 \text{ A}$$

練習題 4.5 試使用重疊定理求圖 4.14 電路的 I。

答：375 mA.

圖 4.14 練習題 4.5 的電路

4.4 電源變換

由前幾章學到，串並聯組合和 Y-Δ 轉換有助於簡化電路。而**電源變換** (source transformation) 為另一種簡化電路的工具。這些基本工具是**等效** (equivalence) 的概念，而等效電路是指與原電路具有相同 v-i 特性的電路。

由 3.6 節可知，若電路的所有電源都是獨立電流源 (或獨立電壓源)，則僅利用觀察法就可寫出節點電壓 (或網目電流) 方程式。因此，在分析電路時，若能將與電阻器串聯的電壓源轉換為與電阻器並聯的電流源，則電路分析將變得非常簡單，反之亦然，如圖 4.15 所示。這種轉換稱為**電源變換**。

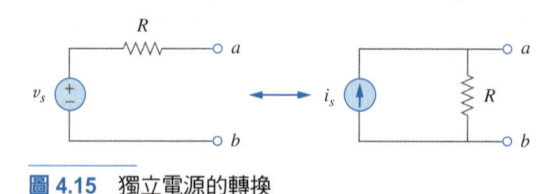

圖 4.15 獨立電源的轉換

> 電源變換是指以與電阻並聯的電流源 i_s 取代與電阻串聯的電壓源 v_s (反之亦然) 的轉換過程。

只要圖 4.15 的二個電路在 a-b 二端具有相同的電壓-電流關係，則它們是等效的。很容易就可以證明它們是等效的。如果電源被關閉，在這二個電路 a-b 二端的等效電阻都是 R。同時，當 a-b 二端被短路時，從 a 流到 b 的短路電流在左邊電路是 $i_{sc} = v_s/R$；在右邊電路則是 $i_{sc} = i_s$。因此，$v_s/R = i_s$ 是為了使左右二邊電路等效。所以，電源變換的需求如下：

$$v_s = i_s R \quad \text{或} \quad i_s = \frac{v_s}{R} \tag{4.5}$$

電源變換也適用於相依電源，但必須小心處理相依變數。如圖 4.16 所示，一個相依電壓源與電阻器串聯可以轉換成一個相依電流源與電阻器並聯，反之亦然，但必須滿足 (4.5) 式。

與第 2 章所學的 Y-Δ 轉換一樣，電源變換不影響電路的其他部分。因此，電源變換是簡化電路分析非常有用的工具。但是，處理電源變換時，必須注意以下二點：

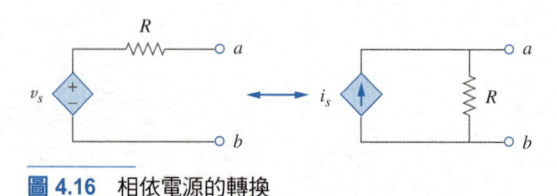

圖 4.16 相依電源的轉換

1. 在圖 4.15 (或圖 4.16)，電流源的箭頭方向是指向電壓源的正極。
2. 從 (4.5) 式，當 $R = 0$ 時，也就是在理想電壓源的情況下，不能進行電源變換。但是，對於一個實際的非理想電壓源，$R \neq 0$。同樣地，理想的電流源 $R = \infty$，是不能被有限的電壓源所取代。

範例 4.6

試使用電源變換求圖 4.17 電路的 v_o。

解： 首先對圖 4.17 的電流源與電壓源進行變換，得圖 4.18(a) 的等效電路。合併 4 Ω 與 2 Ω 的串聯電阻器與變換 12 V 電壓源，得圖 4.18(b) 的等效電路。合併 3 Ω 與 6 Ω 的並聯電阻器得 2 Ω 電阻，以及合併 2 A 與 4 A 電流源得 2 A 電流源。因此，重複應用電源變換後，得圖 4.18(c) 的等效電路。

圖 4.17 範例 4.6 的電路

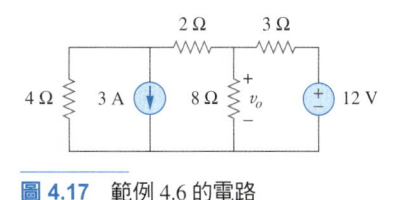

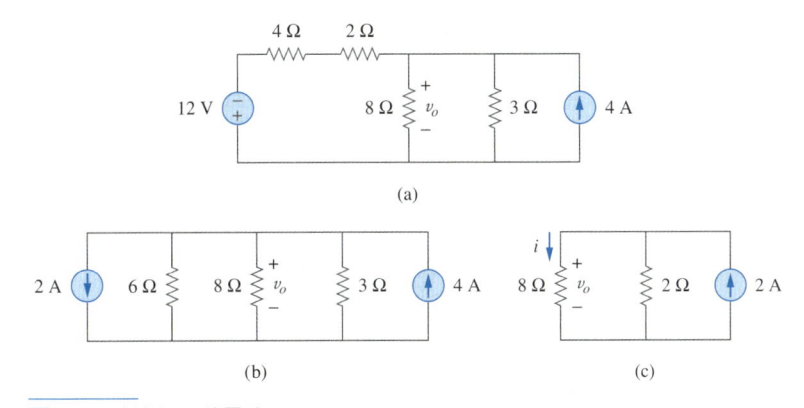

圖 4.18 範例 4.6 的電路

對圖 4.18(c) 應用分流定理得

$$i = \frac{2}{2+8}(2) = 0.4 \text{ A}$$

與

$$v_o = 8i = 8(0.4) = 3.2 \text{ V}$$

另外，在圖 4.18(c) 電路中，8 Ω 與 2 Ω 電阻器是並聯，它們二端的電壓應該相同。因此

$$v_o = (8 \parallel 2)(2 \text{ A}) = \frac{8 \times 2}{10}(2) = 3.2 \text{ V}$$

練習題 4.6 試使用電源變換求圖 4.19 電路的 i_o。

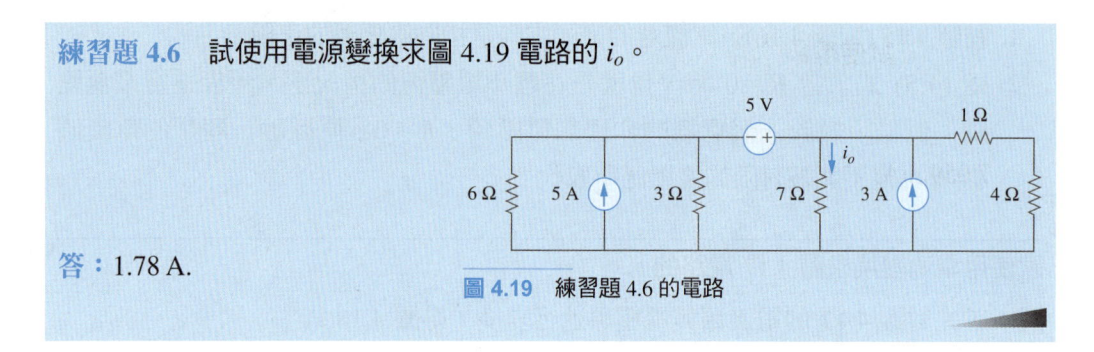

答：1.78 A。

圖 4.19　練習題 4.6 的電路

範例 4.7 試使用電源變換求圖 4.20 電路的 v_x。

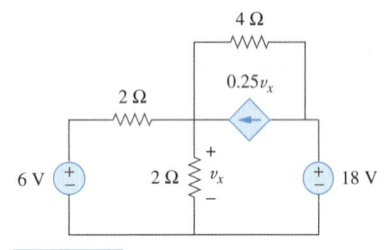

圖 4.20　範例 4.7 的電路

解： 在圖 4.20 的電路包含了相依的電壓控制電流源。對該相依電流源與 6 V 獨立電壓源進行變換得圖 4.21(a) 的電路。不變換 18 V 電壓源，因為它並未串聯任何電阻。合併二個 2 Ω 電阻器得 1 Ω 電阻，且此 1 Ω 電阻器與 3 A 電流源並聯。所以變換此電流源為電壓源如圖 4.21(b) 所示。注意：v_x 二端仍保持不變。對圖 4.21(b) 電路應用 KVL 得

$$-3 + 5i + v_x + 18 = 0 \tag{4.7.1}$$

應用 KVL 到包含 3 V 電壓源、1 Ω 電阻器和 v_x 的迴路得

$$-3 + 1i + v_x = 0 \quad \Rightarrow \quad v_x = 3 - i \tag{4.7.2}$$

將 (4.7.2) 式代入 (4.7.1) 式得

$$15 + 5i + 3 - i = 0 \quad \Rightarrow \quad i = -4.5 \text{ A}$$

另外，應用 KVL 到圖 4.21(b) 的 v_x、4 Ω 電阻器、相依電壓控制電壓源和 18 V 電壓源，可得

$$-v_x + 4i + v_x + 18 = 0 \quad \Rightarrow \quad i = -4.5 \text{ A}$$

因此，$v_x = 3 - i = 7.5$ V。

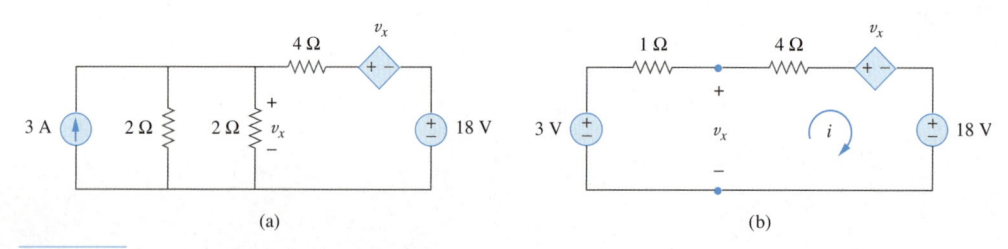

圖 4.21　對圖 4.20 應用電源變換所得的電路

練習題 4.7 試使用電源變換求圖 4.22 電路的 i_x。

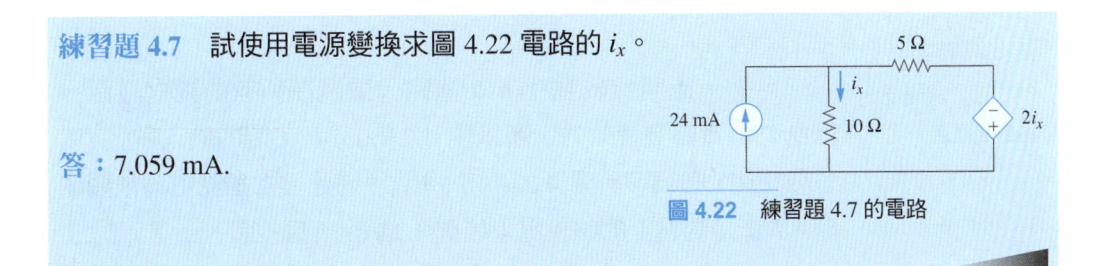

答：7.059 mA.

圖 4.22 練習題 4.7 的電路

4.5 戴維寧定理

在實際電路經常會發生，電路中一個特殊的元件是可變的 [通常稱為**負載** (load)]，而其他元件為固定不變的。例如一個典型範例，在家中的電源插座可能連接不同的家用電器所組成的負載。每當這個可變元件被改變，則整個電路必須重新分析。為了避免這個問題，戴維寧定理提供一個利用等效電路取代電路中固定部分的技術。

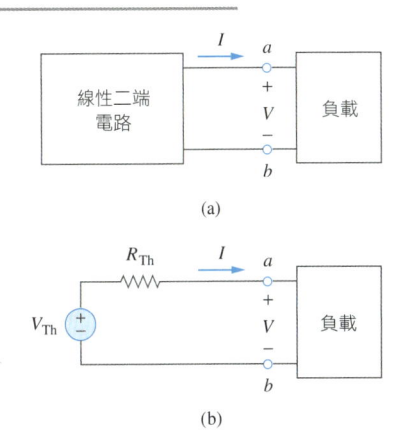

根據戴維寧定理，圖 4.23(a) 的線性電路可被圖 4.23(b) 的電路所取代。(圖 4.23 的負載可能是單一電阻或其他電路。) 在圖 4.23(b) a-b 二端左邊的電路稱為**戴維寧等效電路** (Thevenin equivalent circuit)；它是由法國電報工程師李昂・戴維寧 (M. Leon Thevenin, 1857-1926) 在 1883 年提出的。

圖 4.23 以戴維寧等效取代線性二端電路：(a) 原始電路，(b) 戴維寧等效電路

戴維寧定理指出線性二端電路可被由電壓源 V_{Th} 與電阻器 R_{Th} 串聯而成的戴維寧等效電路所取代，其中 V_{Th} 是二端的開路電壓，R_{Th} 是當獨立電源關閉時端點上的輸入或等效電阻。

稍後在 4.7 節將證明此定理。現在要關心的是求戴維寧等效電壓 V_{Th} 和電阻 R_{Th}。假設圖 4.23 的二個電路是等效的。如果二個電路在端點上有相同的電壓-電流關係則稱為**等效**。先找出使得圖 4.23 的二個電路等效的條件。如果令 a-b 二端點為開路 (移除負載)，沒有電流流過。因為圖 4.23(a) 二個電路為等效，所以 a-b 二端點的開路電壓必須等於圖 4.23(b) 的電壓源 V_{Th}。因此，V_{Th} 是跨接於圖 4.24(a) 二端點的開路電壓；所以，

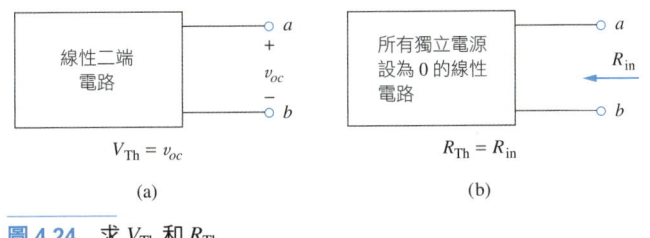

$$V_{Th} = v_{oc}$$

$$R_{Th} = R_{in}$$

圖 4.24 求 V_{Th} 和 R_{Th}

$$V_{\text{Th}} = v_{oc} \tag{4.6}$$

另外，斷開負載且令 a-b 開路，並關閉所有的獨立電源。因為二個電路是等效的，所以圖 4.23(a) a-b 二端的輸入電阻 (或等效電阻) 必須等於圖 4.23(b) 的 R_{Th}。因此，當獨立電源被關閉時，R_{Th} 是端點上的輸入電阻如圖 4.24(b) 所示；即

$$R_{\text{Th}} = R_{\text{in}} \tag{4.7}$$

應用這個構想求戴維寧電阻 R_{Th}，必須考慮以下二種情況。

◆**情況一：**如果網路沒有相依電源，關閉所有獨立電源。則 R_{Th} 是由 a-b 二端向網路看進去的輸入電阻，如圖 4.24(b) 所示。

◆**情況二：**如果網路包含相依電源，關閉所有獨立電源。根據重疊定理，相依電源受電路變數控制，所以不能關閉。在 a 與 b 二端使用電壓源 v_o，並計算電流 i_o。則 $R_{\text{Th}} = v_o/i_o$，如圖 4.25(a) 所示；或者插入電流源 i_o 到 a-b 二端，如圖 4.25(b) 所示，並求得端電壓 v_o，也可得 $R_{\text{Th}} = v_o/i_o$。使用上述二種方法皆可得到相同的結果，任何一種方法皆可以假設 v_o 與 i_o 為任意值。例如，假設 $v_o = 1$ V 或 $i_o = 1$ A，或甚至不指定 v_o 或 i_o 的值。

經常會發生 R_{Th} 取負值的情況，負電阻 ($v = -iR$) 表示該電路是供應功率。這可能發生在相依電源電路；範例 4.10 將有詳細說明。

在電路分析中，戴維寧定理是非常重要的，它可簡化電路。一個大型電路可能被一個獨立電壓源和一個電阻器所取代。在電路設計中，這種取代技術是非常強而有用的工具。

如前所述，具有可變負載的線性電路可以用戴維寧等效取代負載以外的電路。這個等效網路外部的行為與原電路一樣。考慮如圖 4.26(a) 所示終端具有負載 R_L 的線性電路。一旦得到負載二端的戴維寧等效電路如圖 4.26(b) 所示，則可以很容易確定流過負載的電流為 I_L 和負載二端的電壓為 V_L。

$$I_L = \frac{V_{\text{Th}}}{R_{\text{Th}} + R_L} \tag{4.8a}$$

$$V_L = R_L I_L = \frac{R_L}{R_{\text{Th}} + R_L} V_{\text{Th}} \tag{4.8b}$$

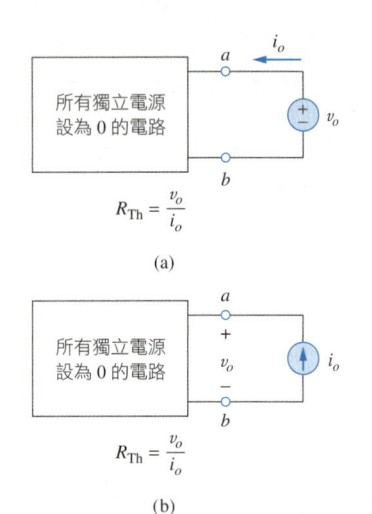

圖 4.25 包含相依電源電路，求 R_{Th} 的方法

稍後將會看到求 R_{Th} 的另一種方法：$R_{\text{Th}} = v_{oc}/i_{sc}$。

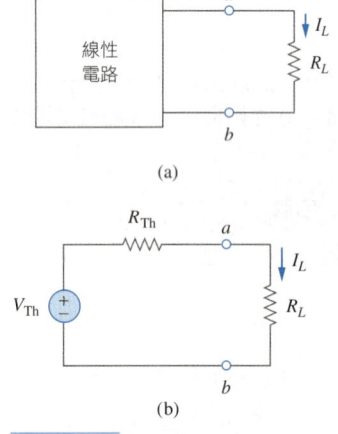

圖 4.26 包含負載的電路：(a) 原電路，(b) 戴維寧等效電路

從圖 4.26(b) 可看出，戴維寧等效電路是一個簡單的分壓器，利用視察法可得 V_L。

範例 4.8 試求圖 4.27 電路中，a-b 二端左邊電路的戴維寧等效電路。然後求流過 $R_L = 6$、16 和 36 Ω 的電流。

解： 求 R_{Th} 時，關閉 32 V 電壓源 (以短路取代) 和關閉 2 A 電流源 (以開路取代)，如圖 4.28(a) 所示。因此

$$R_{Th} = 4 \parallel 12 + 1 = \frac{4 \times 12}{16} + 1 = 4\ \Omega$$

圖 4.27 範例 4.8 的電路

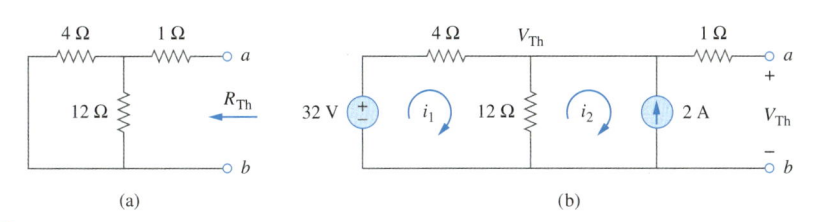

圖 4.28 範例 4.8：(a) 求 R_{Th}，(b) 求 V_{Th}

求 V_{Th} 時，在圖 4.28(b) 電路中的二個迴路應用網目分析法可得

$$-32 + 4i_1 + 12(i_1 - i_2) = 0, \qquad i_2 = -2\text{ A}$$

解 i_1，得 $i_1 = 0.5$ A。因此，

$$V_{Th} = 12(i_1 - i_2) = 12(0.5 + 2.0) = 30\text{ V}$$

另外，使用節點分析法更簡單。先忽略 1 Ω 電阻器，因為沒有電流流過。然後再對頂端節點應用 KCL，可得

$$\frac{32 - V_{Th}}{4} + 2 = \frac{V_{Th}}{12}$$

或

$$96 - 3V_{Th} + 24 = V_{Th} \quad \Rightarrow \quad V_{Th} = 30\text{ V}$$

與前面所得結果相同。也可以使用電源變換法求 V_{Th}。

戴維寧等效電路如圖 4.29 所示，則流過 R_L 的電流是

$$I_L = \frac{V_{Th}}{R_{Th} + R_L} = \frac{30}{4 + R_L}$$

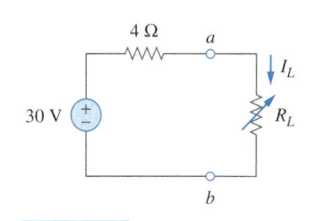

圖 4.29 範例 4.8 的戴維寧等效電路

當 $R_L = 6$ 時，

$$I_L = \frac{30}{10} = 3\text{ A}$$

當 $R_L = 16$ 時，

$$I_L = \frac{30}{20} = 1.5 \text{ A}$$

當 $R_L = 36$ 時，

$$I_L = \frac{30}{40} = 0.75 \text{ A}$$

> **練習題 4.8** 試求圖 4.30 電路中，使用戴維寧定理求 a-b 二端左邊電路的戴維寧等效電路，然後求 I。
>
> **答**：$V_{Th} = 6 \text{ V}, R_{Th} = 3 \text{ Ω}, I = 1.5 \text{ A}$。
>
> **圖 4.30** 練習題 4.8 的電路

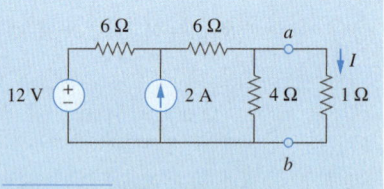

範例 4.9 試求圖 4.31 電路 a-b 二端的戴維寧等效電路。

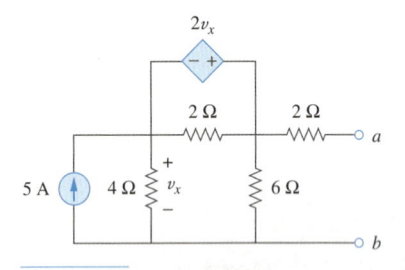

解：與前面範例不同，這個電路包含相依電源。求 R_{Th} 時，令獨立電源等於 0，而保留相依電源不變。因為有相依電源存在，需在 a-b 二端連接一個電壓源 v_o 來激勵電路，如圖 4.32(a) 所示。因為是線性電路，且為了容易計算，可以令 $v_o = 1 \text{ V}$。目的是求流過端點的電流 i_o，然後可得 $R_{Th} = 1/i_o$。（另外，可以加入 1 A 電流源，求對應的電壓 v_o，得到 $R_{Th} = v_o/1$。）

圖 4.31 範例 4.9 的電路

對圖 4.32(a) 電路的迴路 1 應用網目分析法得

$$-2v_x + 2(i_1 - i_2) = 0 \quad \text{或} \quad v_x = i_1 - i_2$$

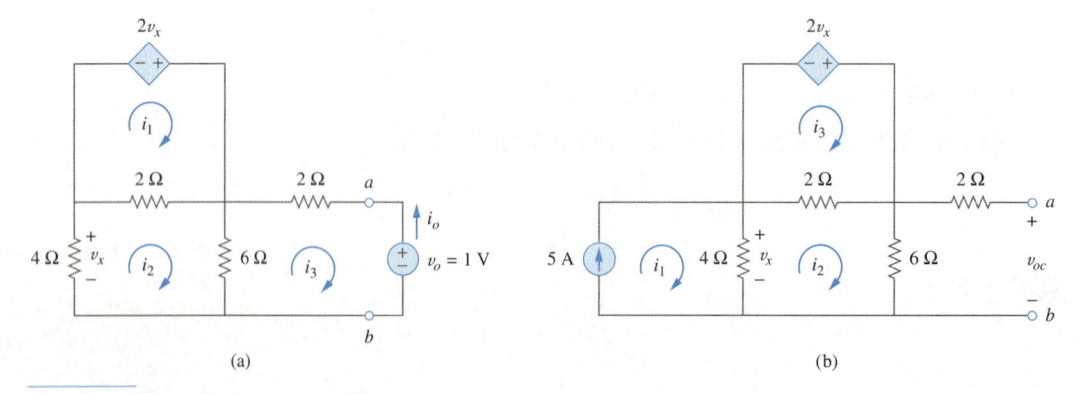

圖 4.32 範例 4.9 求 R_{Th} 和 V_{Th} 的電路

但 $-4i_2 = v_x = i_1 - i_2$；因此，

$$i_1 = -3i_2 \tag{4.9.1}$$

對迴路 2 與 3 應用 KVL 得

$$4i_2 + 2(i_2 - i_1) + 6(i_2 - i_3) = 0 \tag{4.9.2}$$

$$6(i_3 - i_2) + 2i_3 + 1 = 0 \tag{4.9.3}$$

解上述方程式可得

$$i_3 = -\frac{1}{6} \text{ A}$$

但是 $i_o = -i_3 = 1/6$ A，因此，

$$R_{\text{Th}} = \frac{1 \text{ V}}{i_o} = 6 \text{ Ω}$$

要獲得 V_{Th}，先求圖 4.32(b) 電路的 v_{oc}，然後應用網目分析則得

$$i_1 = 5 \tag{4.9.4}$$

$$-2v_x + 2(i_3 - i_2) = 0 \quad \Rightarrow \quad v_x = i_3 - i_2 \tag{4.9.5}$$

$$4(i_2 - i_1) + 2(i_2 - i_3) + 6i_2 = 0$$

或

$$12i_2 - 4i_1 - 2i_3 = 0 \tag{4.9.6}$$

但 $4(i_1 - i_2) = v_x$。解這些方程式得 $i_2 = 10/3$，因此，

$$V_{\text{Th}} = v_{oc} = 6i_2 = 20 \text{ V}$$

則戴維寧等效電路如圖 4.33 所示。

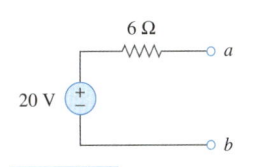

圖 4.33 圖 4.31 的戴維寧等效電路

練習題 4.9 試求圖 4.34 電路中 $a\text{-}b$ 二端左邊電路的戴維寧等效電路。

答：$V_{\text{Th}} = 5.333$ V, $R_{\text{Th}} = 444.4$ mΩ.

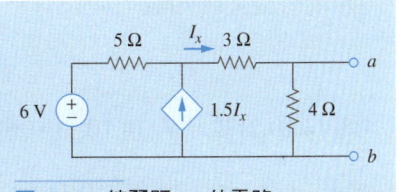

圖 4.34 練習題 4.9 的電路

範例 4.10 試求圖 4.35(a) 電路 a-b 二端的戴維寧等效電路。

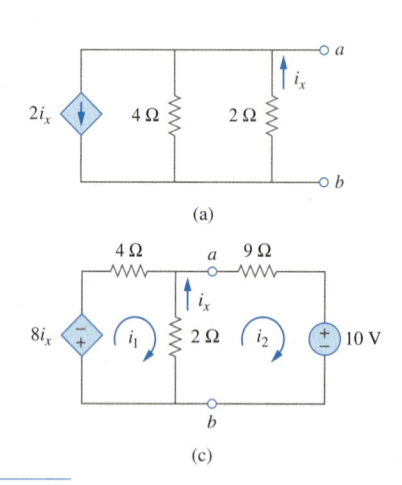

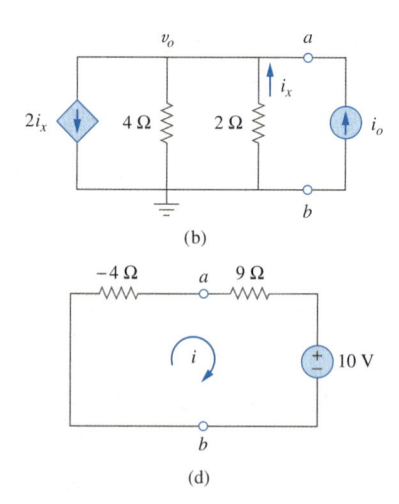

圖 4.35 範例 4.10 的電路

解：

1. **定義**：本問題已被清楚定義；也就是求圖 4.35(a) 的戴維寧等效電路。
2. **表達**：本電路包含並聯的 2 Ω 電阻器與 4 Ω 電阻器，這二個電阻器又並聯於相依電源。非常重要的一點是本範例不包含獨立電源。
3. **選擇**：首先要考慮，因為本電路沒有獨立電源，必須用外部電路來激勵它。另外，沒有獨立電源就沒有 V_{Th} 值；只能求 R_{Th}。

    最簡單激勵本電路的方法是用 1 V 電壓源或 1 A 電流源。因為要求出等效電阻 (正電阻或負電阻)，所以最好使用電流源和節點分析法，這樣可以再輸出端得到等於電阻值的電壓 (因流過 1 A 電流，v_o 等於 1 乘等效電阻)。

    另一方法是使用 1 V 電壓源激勵本電路和使用網目分析法求出等效電阻。
4. **嘗試**：先寫出圖 4.35(b) 端點 a 的方程式，假設 $i_o = 1$ A。

$$2i_x + (v_o - 0)/4 + (v_o - 0)/2 + (-1) = 0 \qquad (4.10.1)$$

因為有二個未知數，而只有一個方程式，所以需要一個限制方程式。

$$i_x = (0 - v_o)/2 = -v_o/2 \qquad (4.10.2)$$

將 (4.10.2) 式代入 (4.10.1) 式得

$$2(-v_o/2) + (v_o - 0)/4 + (v_o - 0)/2 + (-1) = 0$$
$$= (-1 + \tfrac{1}{4} + \tfrac{1}{2})v_o - 1 \quad 或 \quad v_o = -4 \text{ V}$$

因為 $v_o = 1 \times R_{Th}$，則 $R_{Th} = v_o/1 = \mathbf{-4\ \Omega}$。

根據被動符號規則，電阻值為負值，表示圖 4.35(a) 的電路是提供功率。當然圖 4.35(a) 的電阻器不能提供功率 (它們吸收功率)；所以是相依電源提供功率。本範例說明如何利用相依電源與電阻器來模擬負電阻。

5. **驗證**：首先，注意本題求出答案是負值。這不可能出現在被動元件上，但本範例的電路中有主動元件 (相依電流源)。因此，等效電路實際上是可以提供功率的主動元件。

現在必須評估答案，最好的方法是使用不同的方法驗證結果，看看是否能得到相同的答案。在原電路輸出端跨接一個 9 Ω 電阻器與一個 10 V 電壓源串聯組合，然後在戴維寧等效電路輸出端也跨接一個相同的組合。為了讓這電路求解容易，使用電源變換，將電流源與 4 Ω 電阻器並聯改變為電壓源和 4 Ω 電阻器串聯。改變後的新電路如圖 4.35(c) 所示。

現在可以寫出二個網目方程式：

$$8i_x + 4i_1 + 2(i_1 - i_2) = 0$$
$$2(i_2 - i_1) + 9i_2 + 10 = 0$$

注意：只有二個方程式，但是有三個未知數，所以需要一個限制方程式，即

$$i_x = i_2 - i_1$$

這樣可導出迴路 1 的新方程式。化簡後得

$$(4 + 2 - 8)i_1 + (-2 + 8)i_2 = 0$$

或

$$-2i_1 + 6i_2 = 0 \quad 或 \quad i_1 = 3i_2$$
$$-2i_1 + 11i_2 = -10$$

將第一式代入第二式得

$$-6i_2 + 11i_2 = -10 \quad 或 \quad i_2 = -10/5 = \mathbf{-2\ A}$$

使用戴維寧等效電路十分簡單，因為只有一個迴路，如圖 4.35(d) 所示：

$$-4i + 9i + 10 = 0 \quad 或 \quad i = -10/5 = \mathbf{-2\ A}$$

6. **滿意**？顯然已經求出本範例所要求的等效電路，且驗證過答案 (比較過使用等效電路所得的答案與使用原電路加負載所得的答案)。因此可以展示所有的過程為本題的答案。

練習題 4.10　試求圖 4.36 電路的戴維寧等效電路。

答：$V_{Th} = 0$ V, $R_{Th} = -7.5\ \Omega$.

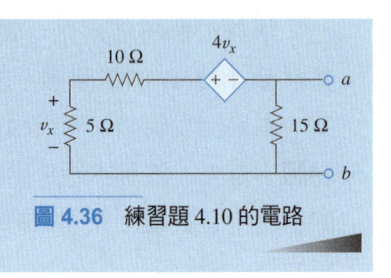

圖 4.36　練習題 4.10 的電路

4.6　諾頓定理

在 1926 年，大約於戴維寧發表定理 43 年後，一個美國貝爾電話實驗室 (Bell Telephone Laboratories) 的工程師諾頓 (E. L. Norton) 提出類似的定理。

> 諾頓定理指出由電流源 I_N 並聯一個電阻器 R_N 組成的電路可以取代線性二端電路。其中 I_N 是流過這個端點的短路電流，而 R_N 是當獨立電源關閉時這個端點的輸入或等效電阻。

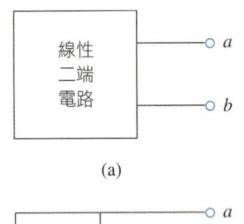

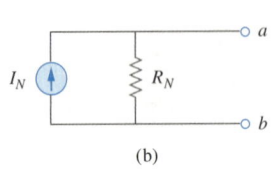

因此，圖 4.37(a) 的電路可以被圖 4.37(b) 的電路所取代。

下一節將會證明諾頓定理。本節主要目的是求 R_N 與 I_N。求 R_N 的方法與求 R_{Th} 的方法相同。事實上，從電源變換定理得知，戴維寧等效電阻與諾頓等效電阻是相等的；因此，

$$R_N = R_{Th} \tag{4.9}$$

圖 4.37　(a) 原電路，(b) 諾頓等效電路

求諾頓等效電流 I_N，就是計算圖 4.37 二個電路從 a 流到 b 的短路電流，很明顯圖 4.37(b) 的短路電流是 I_N。這必須相等於圖 4.37(a) 從 a 流到 b 的短路電流，因為這二個電路是等效的，因此如圖 4.38 所示

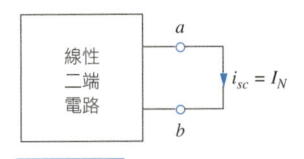

$$I_N = i_{sc} \tag{4.10}$$

圖 4.38　求諾頓電流 I_N

在戴維寧定理中，對待相依電源與獨立電源的方法相同。

顯然地，諾頓與戴維寧定理之間的關係為：$R_N = R_{Th}$，如 (4.9) 式所示，且

$$I_N = \frac{V_{Th}}{R_{Th}} \tag{4.11}$$

戴維寧和諾頓等效電路與電源變換有關。

這實際就是電源變換。因為這個原因，電源變換通常也稱為戴維寧-諾頓變換。

根據 (4.11) 式，V_{Th}、I_N 和 R_{Th} 是有關的。計算戴維寧等效電路或諾頓等效電路，須先求：

- 跨接於 a 和 b 二端的開路電壓 v_{oc}。
- a 和 b 二端的短路電流 i_{sc}。
- 當關閉所有獨立電源時，a 和 b 二端的等效或輸入電阻 R_{in}。

可以使用最簡單的方法計算三個變數中的任意二個，然後利用它們和歐姆定律求得第三個變數。範例 4.11 將舉例說明這個。另外，因為

$$V_{Th} = v_{oc} \tag{4.12a}$$

$$I_N = i_{sc} \tag{4.12b}$$

$$R_{Th} = \frac{v_{oc}}{i_{sc}} = R_N \tag{4.12c}$$

開路和短路測試就足夠求出任何包含一個獨立電源電路的戴維寧或諾頓等效電路。

範例 4.11

試求圖 4.39 電路中 a-b 二端的諾頓等效電路。

解： 使用求戴維寧等效電路 R_{Th} 的方法來求 R_N。令獨立電源等於 0，從求出的 R_N 導出圖 4.40(a) 的電路。因此，

$$R_N = 5 \parallel (8 + 4 + 8) = 5 \parallel 20 = \frac{20 \times 5}{25} = 4 \; \Omega$$

求 I_N 時，將 a 和 b 二端短路，如圖 4.40(b) 所示。忽略 $5 \; \Omega$ 電阻器，因為它已被短路。應用網目分析則得

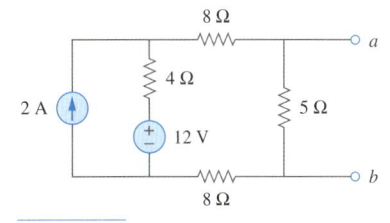

$$i_1 = 2 \text{ A}, \quad 20i_2 - 4i_1 - 12 = 0$$

圖 4.39 範例 4.11 的電路

從上述方程式可得

$$i_2 = 1 \text{ A} = i_{sc} = I_N$$

另外，從 V_{Th}/R_{Th} 可以計算出 I_N。其中 V_{Th} 為圖 4.40(c) 跨接於 a 和 b 二端的開路電壓。利用網目分析法可得

$$i_3 = 2 \text{ A}$$
$$25i_4 - 4i_3 - 12 = 0 \quad \Rightarrow \quad i_4 = 0.8 \text{ A}$$

以及

$$v_{oc} = V_{Th} = 5i_4 = 4 \text{ V}$$

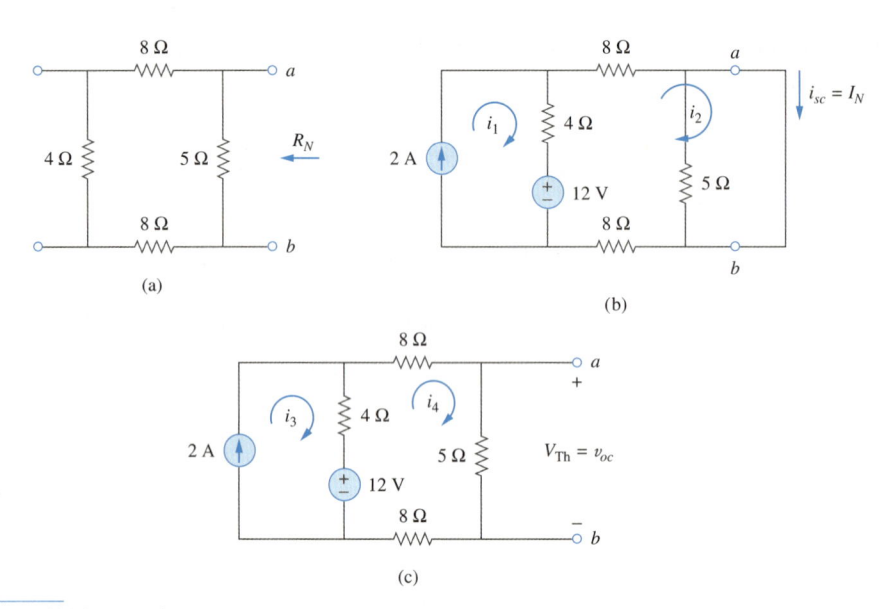

圖 4.40 範例 4.11，求：(a) R_N，(b) $I_N = i_{sc}$，(c) $V_{Th} = v_{oc}$

因此

$$I_N = \frac{V_{Th}}{R_{Th}} = \frac{4}{4} = 1 \text{ A}$$

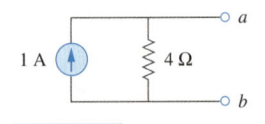

圖 4.41 圖 4.39 電路的諾頓等效電路

與前面結果一樣。這也可以用來確認 (4.12c) 式，$R_{Th} = v_{oc}/i_{sc} = 4/1 = 4\,\Omega$。因此，諾頓等效電路如圖 4.41 所示。

練習題 4.11 試求圖 4.42 電路中 a-b 二端的諾頓等效電路。

答：$R_N = 3\,\Omega$, $I_N = 4.5$ A.

圖 4.42 練習題 4.11 的電路

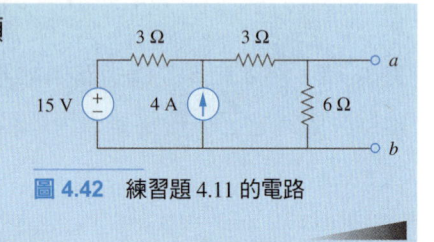

範例 4.12 利用諾頓定理，試求圖 4.43 電路中 a-b 二端的 R_N 與 I_N。

解：求 R_N 時，令獨立電壓源等於 0，而且 a-b 二端連接一個 $v_o = 1$ V 的電壓源 (或任何未指定的電壓 v_o)，得到圖 4.44(a) 的電路。忽略 4 Ω 電阻器，因為它被短路。也因為短路，則 5 Ω 電阻器、電壓源和相依電流源都是並聯。因此，$i_x = 0$。在節點 a，$i_o = \frac{1v}{5\Omega} = 0.2$ A，且

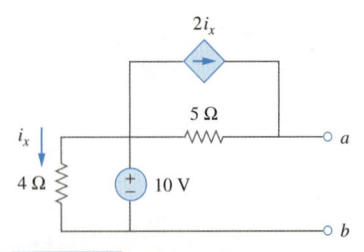

圖 4.43 範例 4.12 的電路

$$R_N = \frac{v_o}{i_o} = \frac{1}{0.2} = 5\ \Omega$$

求 I_N 時，將 a 和 b 二端短路，並求圖 4.44(b) 電路的電流 i_{sc}。從圖中可看出，4 Ω 電阻器、10 V 電壓源、5 Ω 電阻器和相依電流源為並聯。因此，

$$i_x = \frac{10}{4} = 2.5\ \text{A}$$

在節點 a 應用 KCL 得

$$i_{sc} = \frac{10}{5} + 2i_x = 2 + 2(2.5) = 7\ \text{A}$$

因此

$$I_N = 7\ \text{A}$$

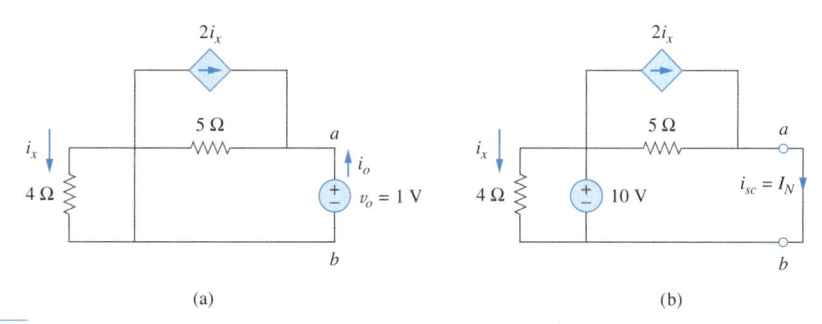

圖 4.44 範例 4.12，求：(a) R_N，(b) I_N

練習題 4.12 試求圖 4.45 電路中 a-b 二端的諾頓等效電路。

答：$R_N = 1\ \Omega$, $I_N = 10\ \text{A}$.

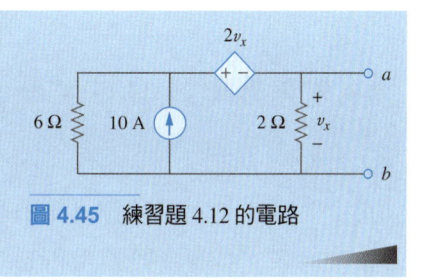

圖 4.45 練習題 4.12 的電路

4.7 †戴維寧定理和諾頓定理的推導

本節將使用重疊定理證明戴維寧定理與諾頓定理。

從圖 4.46(a) 的線性電路，假設電路包含電阻器、相依電源和獨立電源。外部電源供應的電流經過 a 和 b 端點流進電路。目的是要確保在 a 和 b 端點上的電壓-電流關係與圖 4.46(b) 的戴維寧等效電路一致。為了簡單起見，假設圖 4.46(a) 的線性電路包含二個獨立電壓源 v_{s1} 與 v_{s2} 和二個獨立電流源 i_{s1} 和 i_{s2}。利用重疊定理可

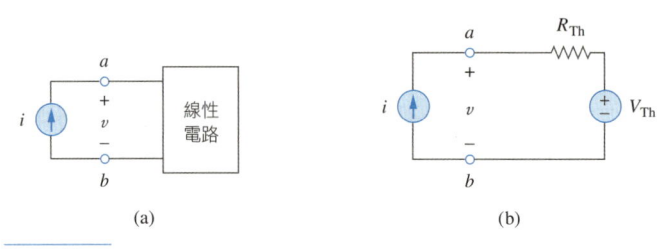

圖 4.46 戴維寧等效電路的推導：(a) 分流電路，(b) 它的戴維寧等效電路

以得到任何的電路變數，例如端電壓 v。也就是說，要考慮包括外部電源 i 在內的每個獨立電源的貢獻。根據重疊定理，端電壓 v 為

$$v = A_0 i + A_1 v_{s1} + A_2 v_{s2} + A_3 i_{s1} + A_4 i_{s2} \tag{4.13}$$

其中 A_0、A_1、A_2、A_3 與 A_4 是常數。(4.13) 式右邊的每一項是相關獨立電源的貢獻；$A_0 i$ 是外部電流源 i 對 v 的貢獻，$A_1 v_{s1}$ 是電壓源 v_{s1} 的貢獻，依此類推。將內部獨立電源項合併為 B_0，因此 (4.13) 式變為

$$v = A_0 i + B_0 \tag{4.14}$$

其中 $B_0 = A_1 v_{s1} + A_2 v_{s2} + A_3 i_{s1} + A_4 i_{s2}$。接下來計算常數 A_0 和 B_0 的值。當 a 和 b 二端是開路時，$i = 0$ 且 $v = B_0$。因此，B_0 是開路電壓 v_{oc}，與 V_{Th} 相同，所以

$$B_0 = V_{Th} \tag{4.15}$$

當所有的內部電源被關閉時，$B_0 = 0$。則此電路可被等效電阻 R_{eq} 取代，R_{eq} 等於 R_{Th} 且 (4.14) 式改為

$$v = A_0 i = R_{Th} i \quad \Rightarrow \quad A_0 = R_{Th} \tag{4.16}$$

將 A_0 與 B_0 的值代入 (4.14) 式得

$$v = R_{Th} i + V_{Th} \tag{4.17}$$

上式表示圖 4.46(b) 電路中 a 與 b 點的電壓-電流關係。因此，圖 4.46(a) 與圖 4.46(b) 二電路是等效的。

如圖 4.47(a) 所示，當電壓源 v 驅動相同的線性電路時，則利用重疊定理可以得到流入電路的電流

$$i = C_0 v + D_0 \tag{4.18}$$

其中 $C_0 v$ 是外部電壓源 v 對電流 i 的貢獻，D_0 是所有內部獨立電源對 i 的貢獻。當 a-b 二端短路時，$v = 0$，所以 $i = D_0 = -i_{sc}$，其中 i_{sc} 是從 a 點流出的短路電流，它與諾頓電流 I_N 相同，即

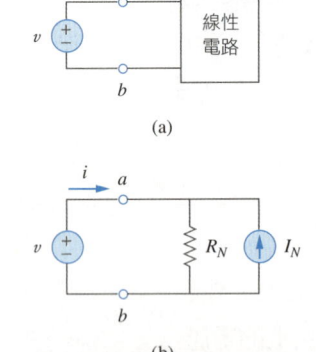

圖 4.47 諾頓等效電路的推導：(a) 分壓電路，(b) 它的諾頓等效電路

$$D_0 = -I_N \tag{4.19}$$

當關閉所有內部獨立電源時，$D_0 = 0$ 且這個電路可被一個等效電阻 R_{eq} 取代 (或一個等效電導 $G_{eq} = 1/R_{eq}$)，R_{eq} 等於 R_{Th} 或 R_N。因此 (4.19) 式可改為

$$i = \frac{v}{R_{Th}} - I_N \tag{4.20}$$

上式表示圖 4.47(b) 電路中 a 與 b 點的電壓-電流關係，證明了圖 4.47(a) 與圖 4.47(b) 二電路是等效的。

4.8 最大功率轉移

在許多實際情況下，設計電路是為了提供功率給負載。有些應用領域如通訊，則希望轉移最大功率給負載。本節將討論在已知系統與內部損耗的情況下，轉移最大功率給負載的問題。應該注意：這將導致巨大的內部損耗大於或等於轉移給負載的功率。

在求線性電路轉移最大功率給負載時，戴維寧等效電路是很有用的。假設負載電阻值 R_L 為可調。如果戴維寧等效電路可取代除了負載以外的全部電路，如圖 4.48 所示，則轉移到負載的功率為

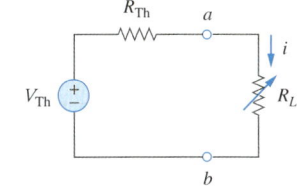

圖 4.48 轉移最大功率的電路

$$p = i^2 R_L = \left(\frac{V_{Th}}{R_{Th} + R_L}\right)^2 R_L \tag{4.21}$$

對於已知的電路，V_{Th} 和 R_{Th} 為固定值。改變負載電阻值 R_L，則轉移到負載的功率變化如圖 4.49 所示。從圖 4.49 可看出，當 R_L 很小或很大時轉移給負載的功率都很小，但轉移功率的最大值出現在 R_L 介於 0 和 ∞ 之間。當 R_L 等於 R_{Th} 時有最大轉移功率，這就是**最大功率定理** (maximum power theorem)。

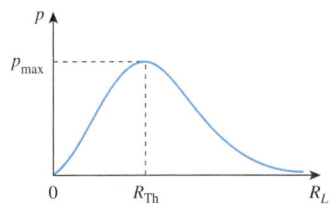

圖 4.49 功率轉移到負載的 R_L 函數

> 最大功率是當負載電阻等於從負載看進去的戴維寧電阻時
> ($R_L = R_{Th}$) 轉移給負載的功率。

為了證明最大功率轉移定理，在 (4.21) 式中 p 對 R_L 微分，且設定微分後的值為 0，得

$$\frac{dp}{dR_L} = V_{Th}^2 \left[\frac{(R_{Th} + R_L)^2 - 2R_L(R_{Th} + R_L)}{(R_{Th} + R_L)^4}\right]$$
$$= V_{Th}^2 \left[\frac{(R_{Th} + R_L - 2R_L)}{(R_{Th} + R_L)^3}\right] = 0$$

也就是

$$0 = (R_{Th} + R_L - 2R_L) = (R_{Th} - R_L) \tag{4.22}$$

最後得到

$$\boxed{R_L = R_{Th}} \tag{4.23}$$

當 $R_L = R_{Th}$ 時，則稱電源和負載相匹配。

(4.23) 式顯示最大功率轉移發生在負載電阻等於戴維寧電阻時。透過 $d^2p/dR_L^2 < 0$，則可以確認 (4.23) 式為滿足最大功率轉移的條件。

將 (4.23) 式代入 (4.21) 式得最大功率轉移為

$$\boxed{p_{\max} = \frac{V_{Th}^2}{4R_{Th}}} \tag{4.24}$$

只有當 $R_L = R_{Th}$ 時，(4.24) 式才適用。當 $R_L \neq R_{Th}$ 時，則使用 (4.21) 式計算最大功率轉移。

範例 4.13 試求圖 4.50 電路中最大功率轉移時的 R_L 值和最大功率。

解： 先求戴維寧電阻 R_{Th} 和跨接於 a-b 二端的戴維寧電壓 V_{Th}。使用圖 4.51(a) 的電路求 R_{Th} 得

$$R_{Th} = 2 + 3 + 6 \parallel 12 = 5 + \frac{6 \times 12}{18} = 9\,\Omega$$

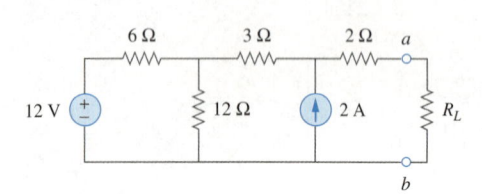

圖 4.50　範例 4.13 的電路

使用圖 4.51(b) 的電路求 V_{Th}，應用網目分析得

$$-12 + 18i_1 - 12i_2 = 0, \quad i_2 = -2\,A$$

解之得 $i_1 = -2/3$。應用 KVL 繞外迴路，可得跨接於 a-b 二端的 V_{Th}：

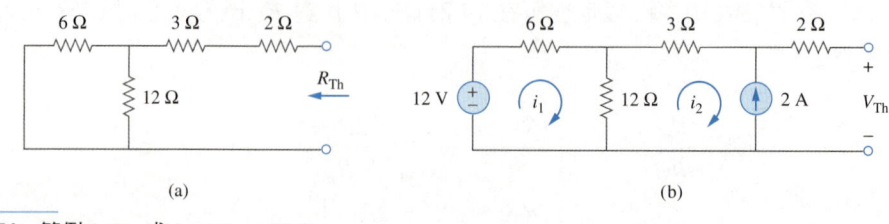

圖 4.51　範例 4.13，求：(a) R_{Th}，(b) V_{Th}

$$-12 + 6i_1 + 3i_2 + 2(0) + V_{Th} = 0 \quad \Rightarrow \quad V_{Th} = 22 \text{ V}$$

對於最大功率轉移，

$$R_L = R_{Th} = 9 \text{ }\Omega$$

且最大功率為

$$p_{max} = \frac{V_{Th}^2}{4R_L} = \frac{22^2}{4 \times 9} = 13.44 \text{ W}$$

> **練習題 4.13** 試計算圖 4.52 電路中輸出最大功率時的 R_L 值，並計算最大功率。
>
> 答：$4.222 \text{ }\Omega$, 2.901 W.
>
> 圖 4.52 練習題 4.13 的電路

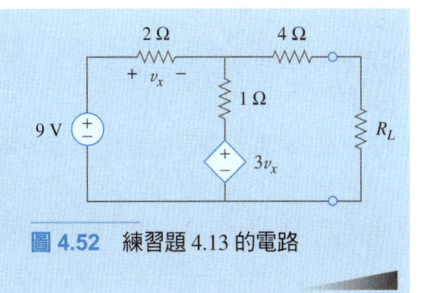

4.9 總結

1. 線性網路是由線性元件、線性相依電源和線性獨立電源所組成。
2. 電路定理是將複雜電路簡化為簡單電路，讓電路分析更簡單。
3. 重疊定理說明了一個電路有許多獨立電源，而元件上的電壓 (或電流) 等於單一電壓源 (或單一電流源) 對該元件作用的總和，因為每個獨立電源都對該元件作用一次。
4. 電源變換是將電壓源與電阻器串聯轉換成電流源與電阻器並聯的過程，反之亦然。
5. 戴維寧定理與諾頓定理是將網路中的一部分電路隔絕，其餘的部分則以等效電路取代。戴維寧等效電路是由一個電壓源 V_{Th} 串聯一個電阻器 R_{Th} 組成。諾頓等效電路是由一個電流源 I_N 並聯一個電阻器 R_N 組成。這二個定理的關係與電源變換是相關的。

$$R_N = R_{Th}, \quad I_N = \frac{V_{Th}}{R_{Th}}$$

6. 一個已知的戴維寧等效電路，最大功率轉移發生在 $R_L = R_{Th}$；也就是最大功率轉移發生在負載電阻等於戴維寧等效電阻時。
7. 最大功率轉移定理說明當負載電阻 R_L 等於負載二端的戴維寧等效電阻 R_{Th} 時，從電源轉移到負載電阻 R_L 的功率最大。

複習題

4.1 當輸入電壓源為 10 V 時，流經線性網路分支的電流為 2 A。若電壓減少 1 V 且極性相反，則流經此分支的電流為：
(a) -2 A   (b) -0.2 A   (c) 0.2 A   (d) 2 A
(e) 20 A

4.2 對於重疊定理，不需要每次只考慮一個獨立電源，可以同時考慮任何數量的獨立電源。
(a) 對   (b) 錯

4.3 重疊定理用於功率計算。
(a) 對   (b) 錯

4.4 參考圖 4.53，在 a 和 b 二端的戴維寧等效電阻為：
(a) 25 Ω   (b) 20 Ω   (c) 5 Ω   (d) 4 Ω

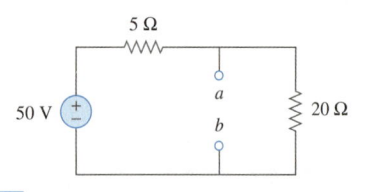

圖 4.53 複習題 4.4 到 4.6 的電路

4.5 在圖 4.53 電路中，a 和 b 二端的戴維寧等效電壓為：
(a) 50 V   (b) 40 V   (c) 20 V   (d) 10 V

4.6 在圖 4.53 電路中，a 和 b 二端的諾頓等效電流為：
(a) 10 A   (b) 2.5 A   (c) 2 A   (d) 0 A

4.7 諾頓等效電阻 R_N 等於戴維寧等效電阻 R_{Th}。
(a) 對   (b) 錯

4.8 在圖 4.54 電路中，哪二個電路是等效的？
(a) a 和 b   (b) b 和 d   (c) a 和 c   (d) c 和 d

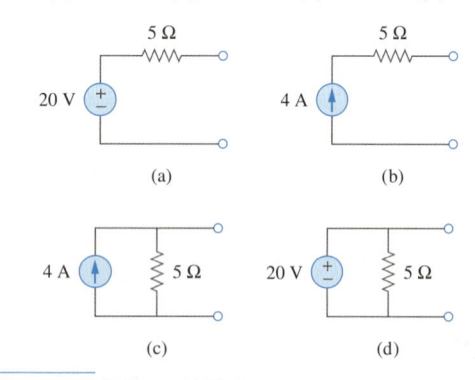

圖 4.54 複習題 4.8 的電路

4.9 連接一個負載的網路，在連接負載的端點上，$R_{Th} = 10$ Ω 且 $V_{Th} = 40$ V，則供應負載的最大可能功率為：
(a) 160 W   (b) 80 W   (c) 40 W   (d) 1 W

4.10 當負載電阻等於電源電阻時，電源供應最大功率給負載。
(a) 對   (b) 錯

答：4.1 b， 4.2 a， 4.3 b， 4.4 d， 4.5 b， 4.6 a，
4.7 a， 4.8 c， 4.9 c， 4.10 a

習題

4.2 節　線性性質

4.1 試計算圖 4.55 電路中的電流 i_o，當 i_o 等於 5 安培時的輸入電壓是多少？

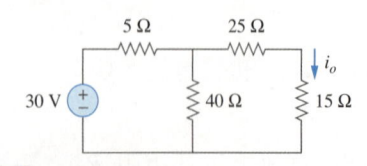

圖 4.55 習題 4.1 的電路

4.2 使用圖 4.56，試設計一個問題幫助其他學生更瞭解線性定理。

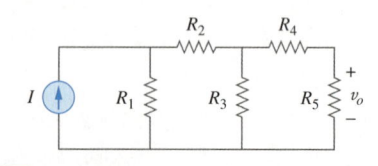

圖 4.56 習題 4.2 的電路

4.3 (a) 在圖 4.57 電路中，當 $v_s = 1$ V 時，試計算 v_o 與 i_o。

(b) 當 $v_s = 10$ V 時，試求 v_o 與 i_o。

(c) 以 10 Ω 電阻器取代每一個 1 Ω 的電阻器，且 $v_s = 10$ V，試求 v_o 和 i_o。

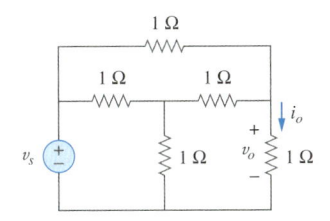

圖 4.57 習題 4.3 的電路

4.4 使用線性定理來計算圖 4.58 電路的 i_o。

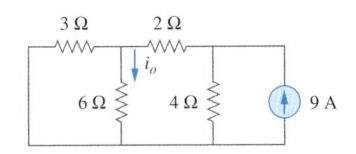

圖 4.58 習題 4.4 的電路

4.5 對圖 4.59 的電路，假設 $v_o = 1$ V，且使用線性定理求 v_o 的實際值。

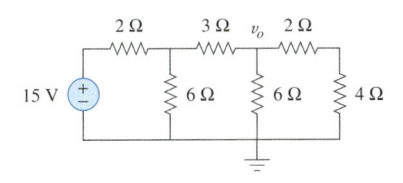

圖 4.59 習題 4.5 的電路

4.6 如圖 4.60 的線性電路，使用線性定理完成下表。

實驗	V_s	V_o
1	12 V	4 V
2		16 V
3	1 V	
4		−2 V

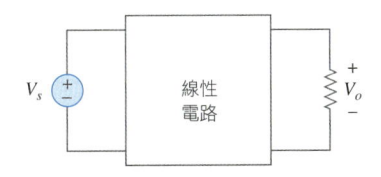

圖 4.60 習題 4.6 的電路

4.7 使用線性定理和假設 $V_o = 1$ V，試求圖 4.61 中 v_o 的實際值。

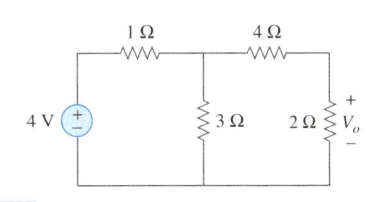

圖 4.61 習題 4.7 的電路

4.3 節　重疊

4.8 使用重疊定理，試求圖 4.62 電路的 V_o，使用 PSpice 或 MultiSim 檢查。

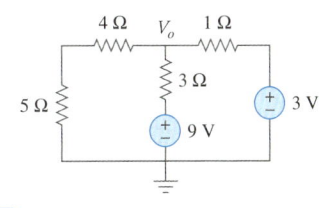

圖 4.62 習題 4.8 的電路

4.9 當 $V_s = 40$ 伏特和 $I_s = 4$ 安培時，$I = 4$ 安培；當 $V_s = 20$ 伏特和 $I_s = 0$ 安培時，$I = 1$ 安培。使用重疊定理和線性定理，試計算當 $V_s = 60$ 伏特和 $I_s = -2$ 安培時的 I 值。

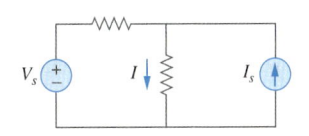

圖 4.63 習題 4.9 的電路

4.10 使用圖 4.64，試設計一個問題幫助其他學生更瞭解重疊定理。注意：k 是增益，可以指定一個比較容易求解的值，但不能為零。

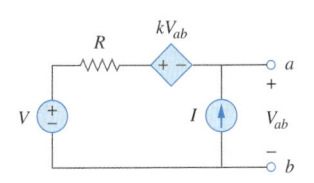

圖 4.64 習題 4.10 的電路

4.11 利用重疊定理，試求圖 4.65 電路的 i_o 和 v_o。

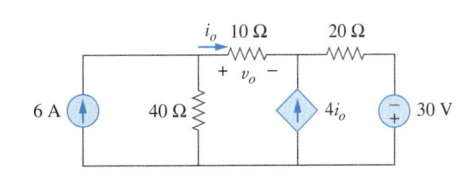

圖 4.65 習題 4.11 的電路

4.12 利用重疊定理，試計算圖 4.66 電路的 v_o。

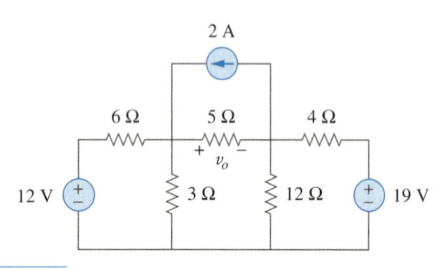

圖 4.66 習題 4.12 的電路

4.13 利用重疊定理，試求圖 4.67 電路的 v_o。

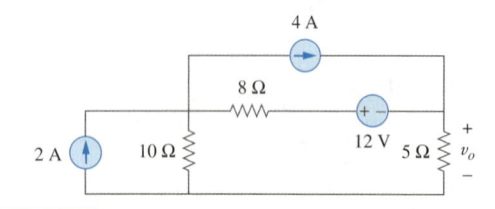

圖 4.67 習題 4.13 的電路

4.14 利用重疊定理，試求圖 4.68 電路的 v_o。

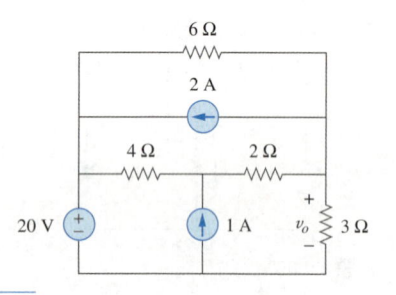

圖 4.68 習題 4.14 的電路

4.15 利用重疊定理，試求圖 4.69 電路的 i，並計算轉移到 3 Ω 電阻器的功率。

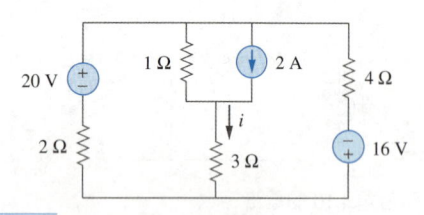

圖 4.69 習題 4.15 和 4.56 的電路

4.16 使用重疊定理，試求圖 4.70 電路的 i_o。

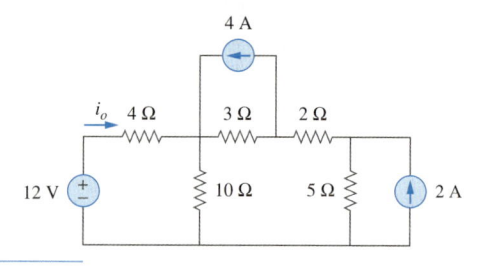

圖 4.70 習題 4.16 的電路

4.17 使用重疊定理，求圖 4.71 電路的 v_x，並使用 PSpice 或 MultiSim 驗證結果。

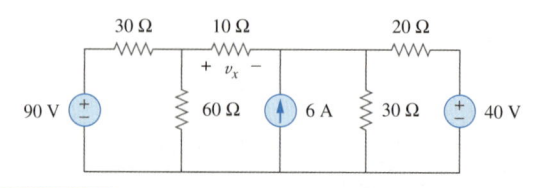

圖 4.71 習題 4.17 的電路

4.18 使用重疊定理，試求圖 4.72 電路的 v_o。

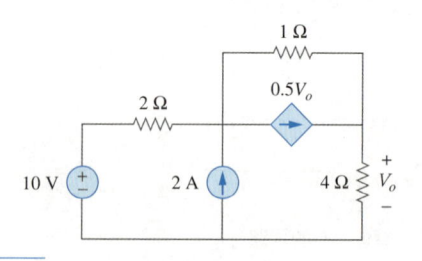

圖 4.72 習題 4.18 的電路

4.19 使用重疊定理，試求圖 4.73 電路的 v_x。

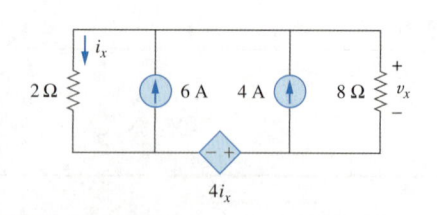

圖 4.73 習題 4.19 的電路

4.4 節 電源變換

4.20 利用電源變換法，試將圖 4.74 電路簡化成單一電壓源與單一電阻器串聯的電路。

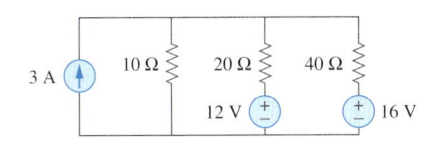

圖 4.74 習題 4.20 的電路

4.21 利用圖 4.75 電路，試設計一個問題幫助其他學生更瞭解電源變換法。

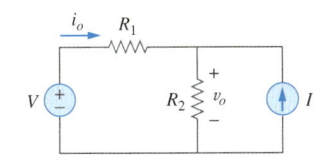

圖 4.75 習題 4.21 的電路

4.22 利用電源變換法，試求圖 4.76 電路的 i。

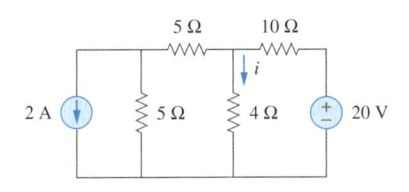

圖 4.76 習題 4.22 的電路

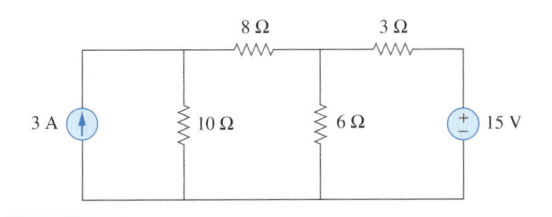

4.23 參考圖 4.77 電路，利用電源變換法，試計算 8 Ω 電阻器的電流與消耗功率。

圖 4.77 習題 4.23 的電路

4.24 利用電源變換法，試求圖 4.78 電路的 v_x。

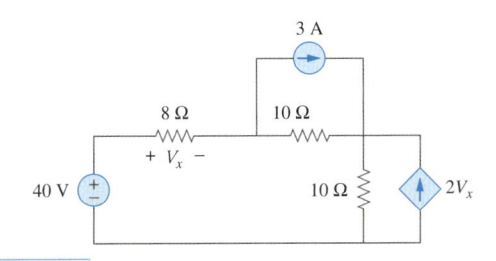

圖 4.78 習題 4.24 的電路

4.25 使用電源變換法，試求圖 4.79 電路的 v_o，並使用 PSpice 或 MultiSim 驗證結果。

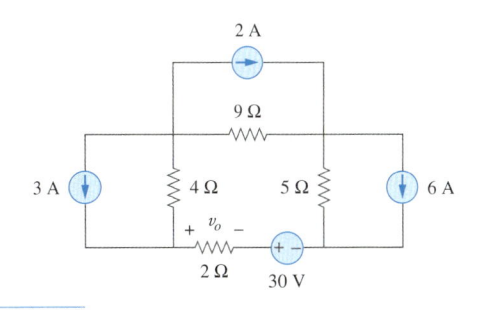

圖 4.79 習題 4.25 的電路

4.26 利用電源變換法，試求圖 4.80 電路的 i_o。

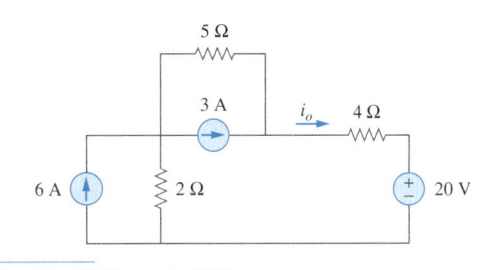

圖 4.80 習題 4.26 的電路

4.27 應用電源變換法，試求圖 4.81 電路的 v_x。

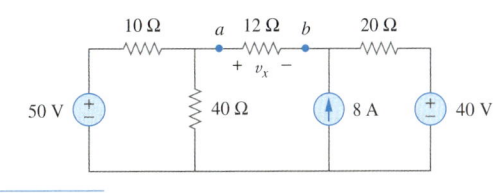

圖 4.81 習題 4.27 的電路

4.28 使用電源變換法，試求圖 4.82 電路的 I_o。

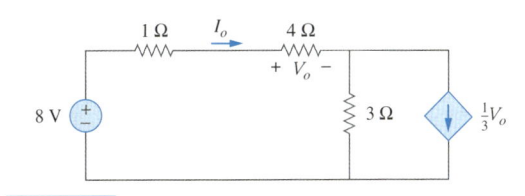

圖 4.82 習題 4.28 的電路

4.29 使用電源變換法，試求圖 4.83 電路的 v_o。

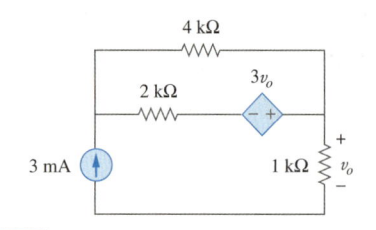

圖 4.83 習題 4.29 的電路

4.30 使用電源變換法，試求圖 4.84 電路的 i_x。

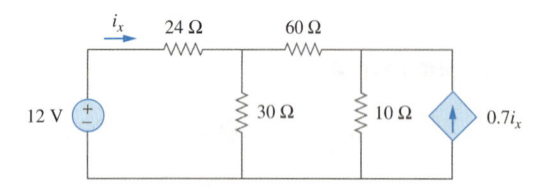

圖 4.84 習題 4.30 的電路

4.31 使用電源變換法，試求圖 4.85 電路的 v_x。

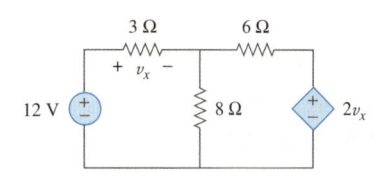

圖 4.85 習題 4.31 的電路

4.32 使用電源變換法，試求圖 4.86 電路的 i_x。

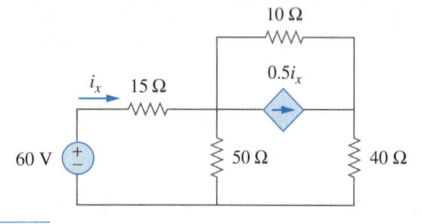

圖 4.86 習題 4.32 的電路

4.5 節和 4.6 節　戴維寧定理和諾頓定理

4.33 試求圖 4.87 從 5 Ω 電阻器看進去的戴維寧等效電路，然後計算流過 5 Ω 電阻器的電流。

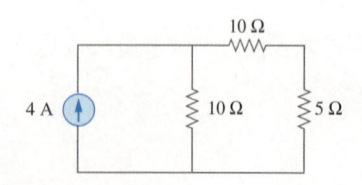

圖 4.87 習題 4.33 的電路

4.34 使用圖 4.88 電路，試設計一個問題幫助其他學生更瞭解戴維寧等效電路。

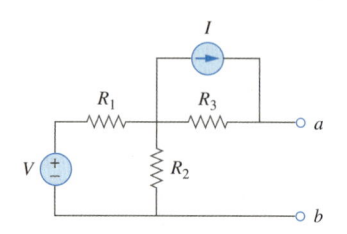

圖 4.88 習題 4.34 和 4.49 的電路

4.35 使用戴維寧等效定理，試求習題 4.12 的 v_o。

4.36 使用戴維寧等效定理，試求解圖 4.89 電路的 i。（提示：先求出從 12 Ω 電阻看進去的戴維寧等效電路。）

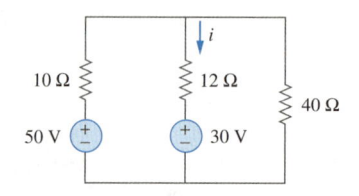

圖 4.89 習題 4.36 的電路

4.37 試求圖 4.90 電路中 a-b 二端的諾頓等效電路。

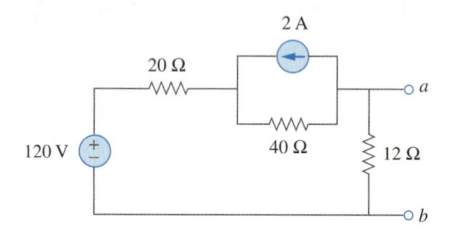

圖 4.90 習題 4.37 的電路

4.38 使用戴維寧等效定理，試求解圖 4.91 電路的 v_o。

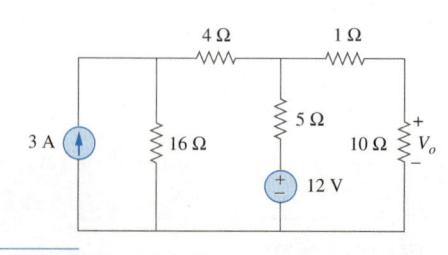

圖 4.91 習題 4.38 的電路

4.39 試求圖 4.92 電路中 a-b 二端的戴維寧等效電路。

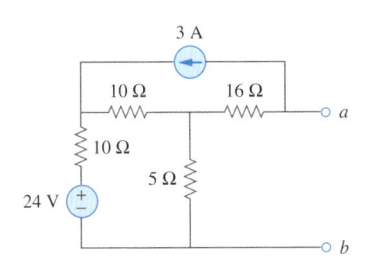

圖 4.92　習題 4.39 的電路

4.40 試求圖 4.93 電路中 a-b 二端的戴維寧等效電路。

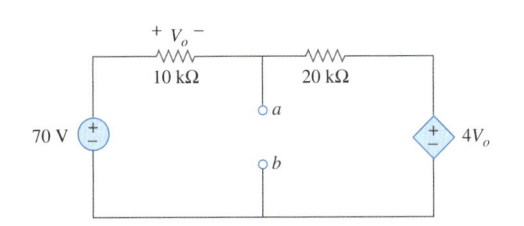

圖 4.93　習題 4.40 的電路

4.41 試求圖 4.94 電路中 a-b 二端的戴維寧等效電路和諾頓等效電路。

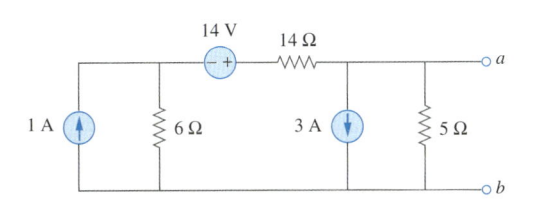

圖 4.94　習題 4.41 的電路

*__**4.42**__ 試求圖 4.95 電路中 a-b 二端的戴維寧等效電路。

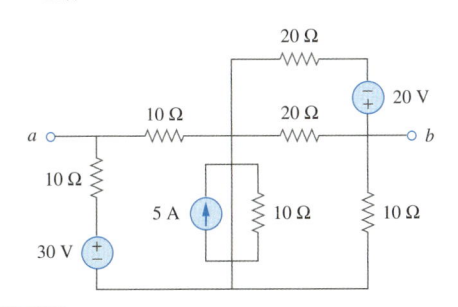

圖 4.95　習題 4.42 的電路

---
*星號表示該習題具有挑戰性。

4.43 試求圖 4.96 電路中 a-b 二端看進去的戴維寧等效電路，並求解 i_x。

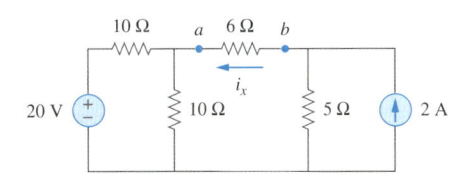

圖 4.96　習題 4.43 的電路

4.44 試求圖 4.97 電路中下列端點看進去的戴維寧等效電路。

(a) a-b　(b) b-c

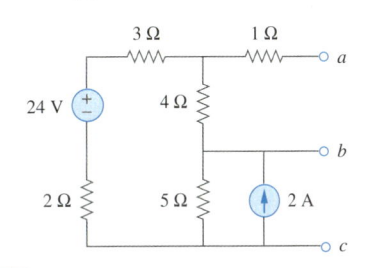

圖 4.97　習題 4.44 的電路

4.45 試求圖 4.98 電路中 a-b 二端看進去的戴維寧等效電路。

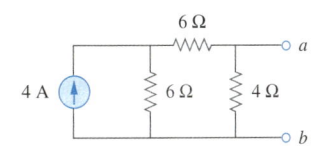

圖 4.98　習題 4.45 的電路

4.46 利用圖 4.99 電路，試設計一個問題幫助其他學生更瞭解諾頓等效電路。

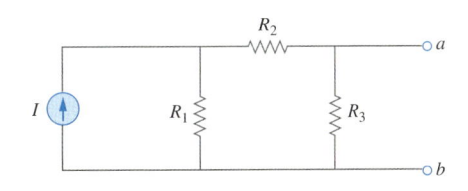

圖 4.99　習題 4.46 的電路

4.47 試求圖 4.100 電路中 a-b 二端的戴維寧等效電路與諾頓等效電路。

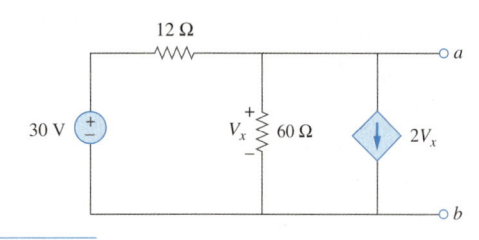

圖 4.100　習題 4.47 的電路

4.48 試求圖 4.101 電路中 $a\text{-}b$ 二端的諾頓等效電路。

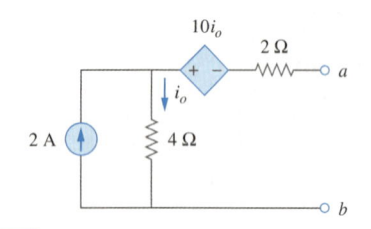

圖 4.101　習題 4.48 的電路

4.49 試求圖 4.88 電路 $a\text{-}b$ 二端看進去的諾頓等效電路。令 $V = 40$ V，$I = 3$ A，$R_1 = 10\ \Omega$，$R_2 = 40\ \Omega$ 和 $R_3 = 20\ \Omega$。

4.50 試求圖 4.102 電路中 $a\text{-}b$ 二端左邊的諾頓等效電路，並以此結果求電流 i。

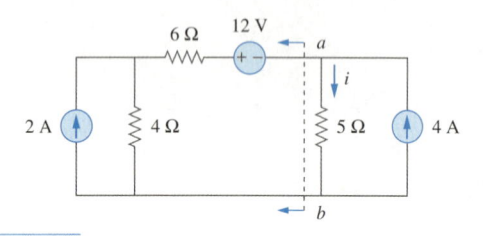

圖 4.102　習題 4.50 的電路

4.51 試求圖 4.103 電路中下列端點的諾頓等效電路。
(a) $a\text{-}b$　(b) $c\text{-}d$

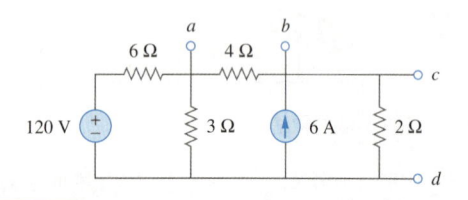

圖 4.103　習題 4.51 的電路

4.52 試求圖 4.104 電晶體模型中 $a\text{-}b$ 二端的戴維寧等效電路。

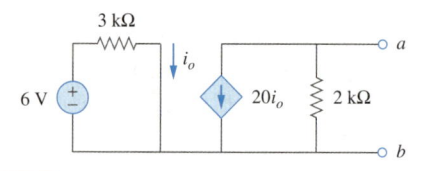

圖 4.104　習題 4.52 的電路

4.53 試求圖 4.105 電路中 $a\text{-}b$ 二端的諾頓等效電路。

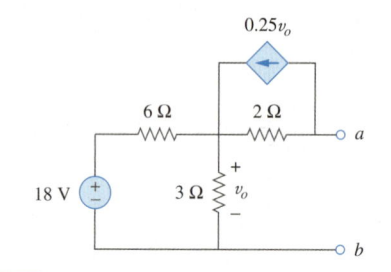

圖 4.105　習題 4.53 的電路

4.54 試求圖 4.106 電路中 $a\text{-}b$ 二端的戴維寧等效電路。

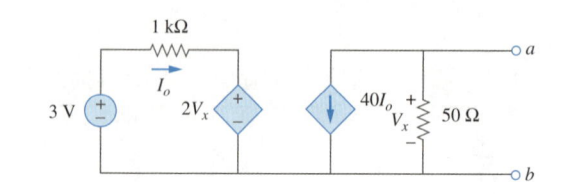

圖 4.106　習題 4.54 的電路

*4.55 試求圖 4.107 電路中 $a\text{-}b$ 二端的諾頓等效電路。

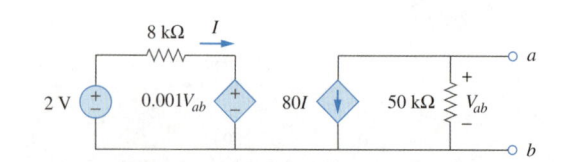

圖 4.107　習題 4.55 的電路

4.56 利用諾頓等效定理，試求圖 4.108 電路的 V_o。

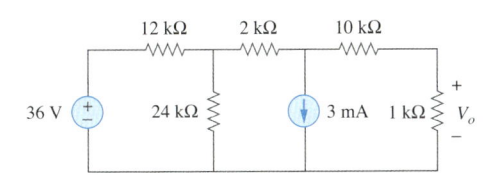

圖 4.108 習題 4.56 的電路

4.57 試求圖 4.109 電路中 a-b 二端的戴維寧等效電路與諾頓等效電路。

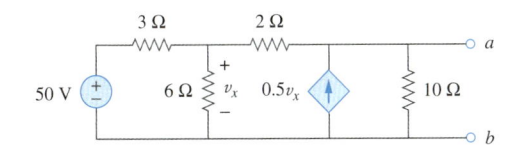

圖 4.109 習題 4.57 的電路

4.58 圖 4.110 網路是一個共射極雙極性電晶體放大器連接一個負載的電路模型，試求從負載看進去的戴維寧等效電阻。

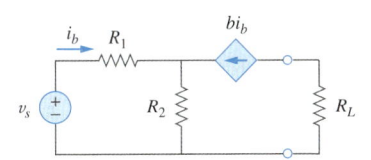

圖 4.110 習題 4.58 的電路

4.59 試求圖 4.111 電路中 a-b 二端的戴維寧等效電路與諾頓等效電路。

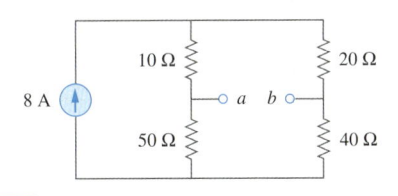

圖 4.111 習題 4.59 的電路

*4.60 試求圖 4.112 電路中 a-b 二端的戴維寧等效電路與諾頓等效電路。

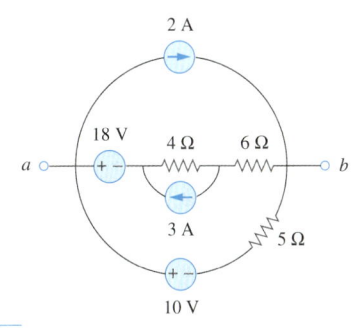

圖 4.112 習題 4.60 的電路

*4.61 試求圖 4.113 電路中 a-b 二端的戴維寧等效電路與諾頓等效電路。

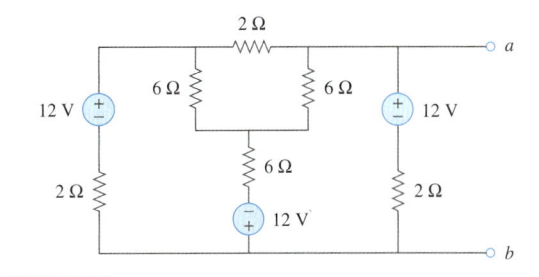

圖 4.113 習題 4.61 的電路

*4.62 試求圖 4.114 電路的戴維寧等效電路。

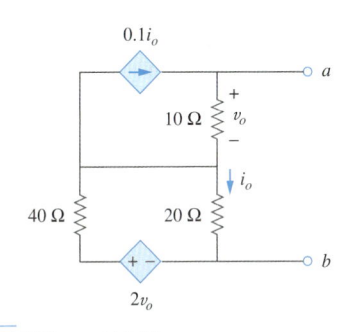

圖 4.114 習題 4.62 的電路

4.63 試求圖 4.115 電路的諾頓等效電路。

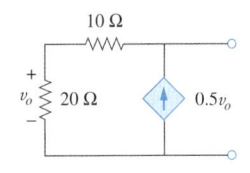

圖 4.115 習題 4.63 的電路

4.64 試求圖 4.116 電路中從 a-b 二端看進去的戴維寧等效電路。

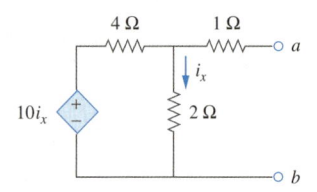

圖 4.116　習題 4.64 的電路

4.65 如圖 4.117 所示的電路，試求 V_o 與 I_o 的關係。

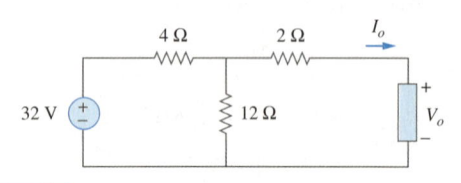

圖 4.117　習題 4.65 的電路

4.8 節　最大功率轉移

4.66 如圖 4.118 所示的電路，試求轉移到電阻器 R 的最大功率。

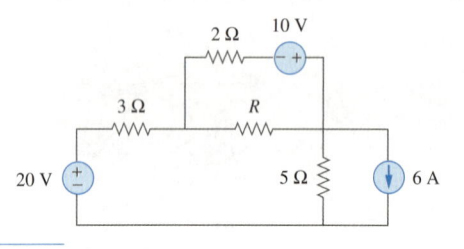

圖 4.118　習題 4.66 的電路

4.67 調整圖 4.119 電路中的可變電阻器 R，直到電阻器 R 從電路中吸收最大功率為止。
(a) 試計算最大功率時的 R 值。
(b) 試求 R 所吸收的最大功率。

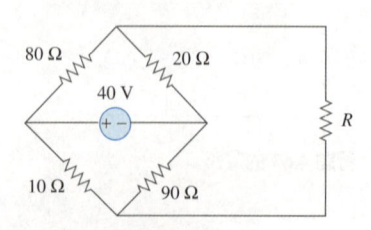

圖 4.119　習題 4.67 的電路

*4.68 如圖 4.120 所示的電路，試計算最大功率轉移到 10 Ω 電阻器時的 R 值，並求最大功率。

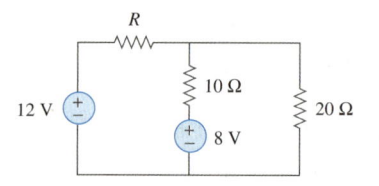

圖 4.120　習題 4.68 的電路

4.69 在圖 4.121 電路中，試求轉移到電阻器 R 的最大功率。

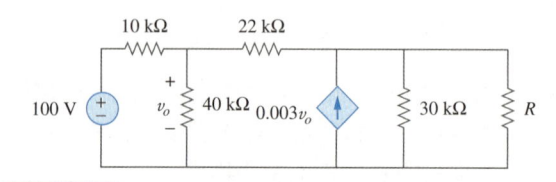

圖 4.121　習題 4.69 的電路

4.70 在圖 4.122 電路中，試求轉移到可變電阻器 R 的最大功率。

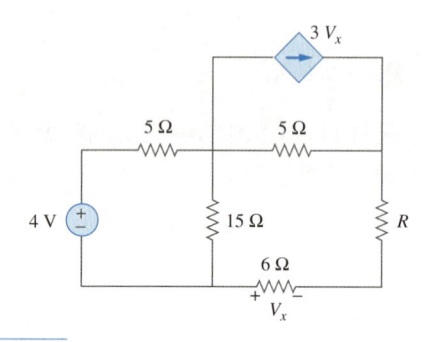

圖 4.122　習題 4.70 的電路

4.71 在圖 4.123 電路中，多大的電阻器連接到 a-b 二端將會從電路中吸收最大功率？該最大功率為多少？

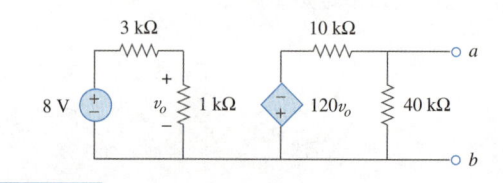

圖 4.123　習題 4.71 的電路

4.72 (a) 對圖 4.124 的電路，試求 a-b 二端的戴維寧等效電路。
(b) 試計算 $R_L = 8\ \Omega$ 上的電流。
(c) 試求轉移到 R_L 最大功率時的 R_L 值。
(d) 試計算該最大功率。

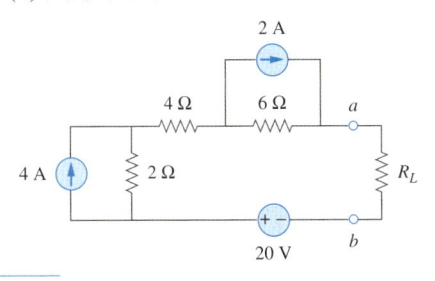

圖 **4.124** 習題 4.72 的電路

4.73 在圖 4.125 電路中，試計算轉移到電阻器 R 的最大功率。

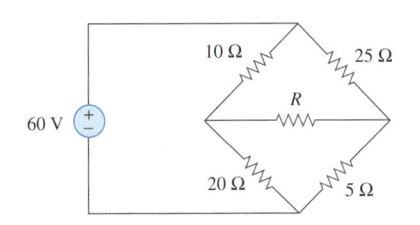

圖 **4.125** 習題 4.73 的電路

4.74 在圖 4.126 所顯示的橋氏電路中，試求最大功率轉移的負載 R_L，和負載所吸收的最大功率。

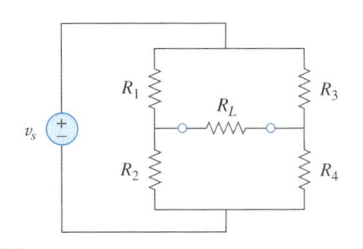

圖 **4.126** 習題 4.74 的電路

*4.75 對於圖 4.127 的電路，試求轉移給負載 R_L 的最大功率為 3 mW 時的電阻 R 值。

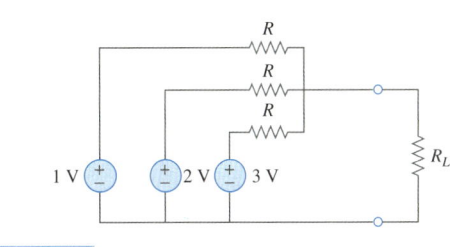

圖 **4.127** 習題 4.75 的電路

綜合題

4.76 圖 4.128 的電路是一個共射極電晶體放大器模型，試使用電源變換求 i_x。

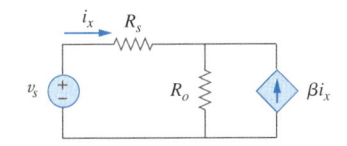

圖 **4.128** 綜合題 4.76 的電路

4.77 衰減器是作為降低電壓位準 (voltage level) 但不改變輸出電阻的介面電路。
(a) 指定圖 4.129 介面電路的 R_s 與 R_p，試設計一個滿足下列需求的衰減器：

$$\frac{V_o}{V_g} = 0.125, \quad R_{eq} = R_{Th} = R_g = 100\ \Omega$$

(b) 使用 (a) 所設計的介面，如果 $V_g = 12\ V$，試計算流過 $R_L = 50\ \Omega$ 負載的電流。

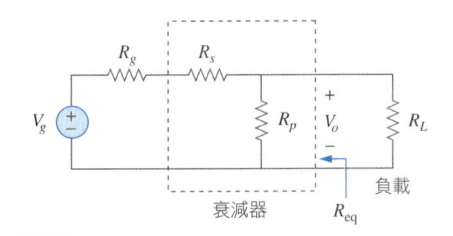

圖 **4.129** 綜合題 4.77 的電路

*4.78 一個靈敏度為 20 kΩ/V 的直流伏特計,用來量測線性網路的戴維寧等效電路。其中二次量測的讀數如下:
(a) 0 至 10 V 量測值:4 V
(b) 0 至 50 V 量測值:5 V
試求該網路的戴維寧等效電壓與戴維寧等效電阻。

*4.79 一個電阻陣列被連接到一個負載電阻器 R 與一個 9 V 電池,如圖 4.130 所示。
(a) 試求當 $V_o = 1.8$ V 時的電阻 R 值。
(b) 試計算吸取最大電流時的電阻 R 值,且該最大電流為多少?

4.80 圖 4.131 顯示一個共射極放大器電路,試求 B 和 E 點左邊的戴維寧等效電路。

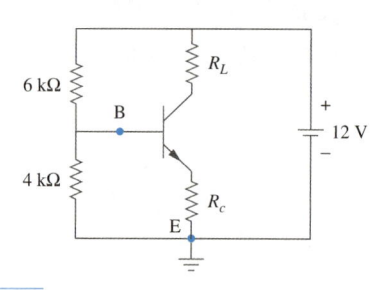

圖 4.131 綜合題 4.80 的電路

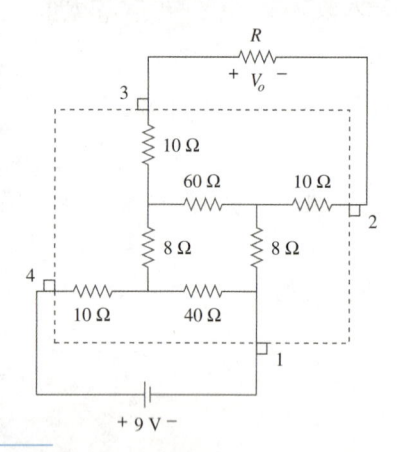

圖 4.130 綜合題 4.79 的電路

Chapter 5 運算放大器

什麼也不會的原因，是因為偏執；什麼也不能，是因為傻；什麼也不敢，是因為奴役。

—— 拜倫勳爵

加強你的技能與職能

電子儀表的職能

工程學是利用物理原理設計各種不同的設備造福人類。但是，未透過測量就不能很好地理解物理原理。物理學家說，物理實際上是度量現實世界的一種科學。正如度量是瞭解客觀物理世界的工具，儀表是度量的工具。本章介紹的運算放大器是現代電子儀表的重要組成模組。因此，對運算放大器基本原理的瞭解，是電子電路應用的重要工作。

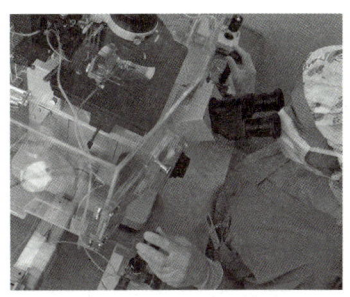

在醫學研究中使用的電子儀表。
© Royalty-Free/Corbis

在科學與工程技術的各個領域中都會用到電子儀表。電子儀表的應用在科學技術領域迅速增多，且已達到相當高的程度。在理工科技或技術的教育中，不接觸電子儀表簡直是不可能的。如：物理學家、生理學家、化學家和生物學家都必須學會使用電子儀表。特別是作為電機工程專業的學生，對於數位與類比電子儀表的操作技能是很重要的，這類儀表包括安培表、伏特表、歐姆表、示波器、頻譜分析儀和信號產生器等等。

除了不斷提升操作儀表的技能以外，電機工程師還要專門學習電子儀表的設計與製造，他們可以從儀器設計中獲得滿足感，許多人都有所發明並申請專利。醫學院、醫院、研究單位、航空工業及許多日常中使用電子儀表的工業中，都能找到專業的電子儀表人員。

5.1 簡介

前面章節已學習了電路分析的基本定律和理論，本章學習一種重要的主動電路元件：運算放大器 (operational amplifier, op amp)。運算放大器是一個通用的電路構造模組。

> 運算放大器是在 1947 年，由 John Ragazzini 及其同事在第二次世界大戰後為美國國防研究委員會 (National Defense Research Council) 研製類比電腦的過程中提出的。第一個運算放大器是使用真空管而不是電晶體。

> **運算放大器是一個類似於電壓控制電壓相依電源的電子元件。**

運算放大器也可用於構成電壓控制或電流控制的相依電流源，它還可以對信號進行相加、放大、積分和微分等運算。正因具有這些數學運算的能力，故稱為運算放大器，也因此被廣泛用於類比電路的設計中。運算放大器是一種用途廣、價格低、易使用且好玩的電子元件。因此，在電路的設計中很普遍地用到它。

> 一個運算放大器亦可視為具很高增益的電壓放大器。

本章首先討論理想運算放大器，之後介紹非理想運算放大器。對於理想運算放大器電路，利用節點電壓法分析，例如反相器、電壓隨耦器、加法器和減法器等放大器。

5.2 運算放大器

將電阻器、電容器等外部元件連接到運算放大器的接腳上，運算放大器就能夠執行某些數學的運算。因此，

> **運算放大器是一個用於執行加、減、乘、除、微分與積分等數學運算的主動電路元件。**

運算放大器是一種由電阻器、電晶體、電容器和二極體等所構成的電子元件。有關其內部電路的全面討論，已經超出本書的範圍，本書將運算放大器看作是一個電路模組，並學習其使用接腳的電性。

圖 5.1 典型的運算放大器 (美國科技提供)

> 圖 5.2(a) 是 741 通用型運算放大器的腳位圖，是 Fairchild 半導體公司所生產。

商用的運算放大器積體電路具有多種封裝形式，圖 5.1 所示為一種典型的運算放大器封裝。典型的八支接腳雙列直插封裝 (即 DIP) 如圖 5.2(a) 所示，接腳 8 是不用的，接腳 1 與 5 一般不外接元件。五個重要的接腳分別如下：

1. 反相輸入端，接腳 2。
2. 非反相輸入端，接腳 3。
3. 輸出端，接腳 6。
4. 正電源端 V^+，接腳 7。

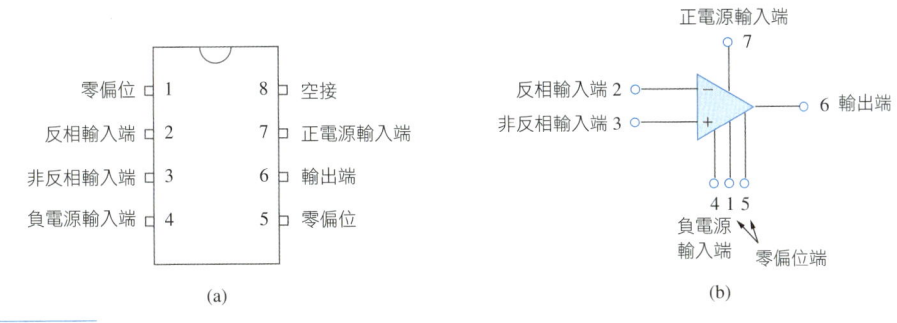

圖 5.2 典型運算放大器：(a) 接腳圖，(b) 電路符號

5. 負電源端 V^-，接腳 4。

運算放大器的電路符號是如圖 5.2(b) 所示的三角形，有二個輸入和一個輸出，二個輸入以負（−）和正（+）標記，分別指的是**反相輸入** (inverting input) 和**非反相輸入** (noninverting input)。若輸入加到非反相端，則會輸出與其相同極性的信號；若加到反相端，則輸出與輸入極性會相反。

作為一個主動的元件，運算放大器必須外加電壓源，如圖 5.3 所示。在電路圖中，為求簡單起見，常不表示出外加的電源，不過電源的電流不該被忽視。根據 KCL，

$$i_o = i_1 + i_2 + i_+ + i_- \tag{5.1}$$

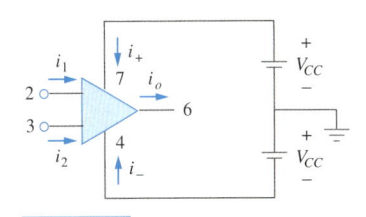

圖 5.3 運算放大器的電源

非理想運算放大器的等效電路如圖 5.4 所示，其輸出由一個受控的相依電壓源串聯輸出電阻 R_o 組成。顯然地，由圖 5.4 可見，輸入電阻 R_i 是從輸入端看進去的戴維寧等效電阻，而輸出電阻 R_o 是由輸出端看進去的戴維寧等效電阻。輸入電壓 v_d 可表示為

$$v_d = v_2 - v_1 \tag{5.2}$$

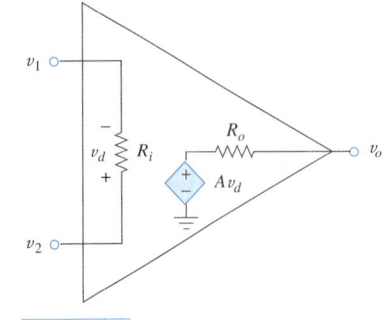

圖 5.4 非理想運算放大器等效電路

其中 v_1 為反相輸入端與地之間的電壓，v_2 為非反相輸入端與地之間的電壓。運算放大器輸出電壓為二輸入端之間的輸入電壓差，乘以增益 A 後，所將得到的電壓。因此，輸出電壓 v_o 為

$$\boxed{v_o = Av_d = A(v_2 - v_1)} \tag{5.3}$$

A 稱為**開迴路電壓增益** (open-loop voltage gain)，因為該增益是沒有任何從輸出到輸入的外部回授時，運算放大器的增益。表 5.1 給出了電壓增益 A、輸入電阻 R_i、輸出電阻 R_o 及電壓源 V_{CC} 的一些典型值。

電壓增益有時以分貝 (dB) 為單位表示。
$A\ \mathrm{dB} = 20 \log_{10} A$

表 5.1　運算放大器參數的典型取值範圍

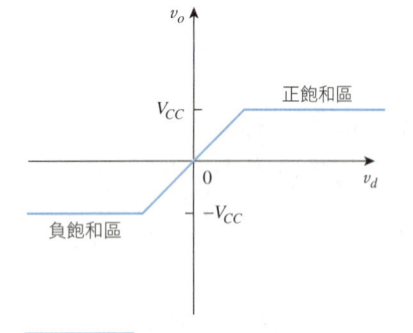

參數	範圍	理想值
開迴路增益 A	10^5 至 10^8	∞
輸入電阻 R_i	10^5 至 $10^{13}\,\Omega$	$\infty\,\Omega$
輸出電阻 R_o	10 至 $100\,\Omega$	$0\,\Omega$
外加電壓源 V_{CC}	5 至 24 V	

圖 5.5　運算放大器輸出電壓 v_o 與輸入電壓差 v_d 的函數關係

回授對於瞭解運算放大器電路是很重要的。當輸出回授至運算放大器的反相輸入端時，即構成負回授，如範例 5.1 所示，如果存在由輸出到輸入的回授，那麼輸出電壓與輸入電壓之比則稱為**閉迴路增益** (closed-loop gain)。對於負回授電路而言，可以證實閉迴路增益與運算放大器的開迴路增益 A 無關。因此，運算放大器總是用於具回授的電路中。

運算放大器的輸出電壓不能超過 $|V_{CC}|$，即運算放大器的輸出電壓取決且受限於外加的電壓源。圖 5.5 說明，根據輸入電壓差 v_d 的不同，運算放大器可以工作在如下三種模式：

1. 正飽和區，$v_o = V_{CC}$。
2. 線性區，$-V_{CC} \leq v_o = Av_d \leq V_{CC}$。
3. 負飽和區，$v_o = -V_{CC}$。

如果 v_d 超出線性工作範圍，運算放大器進入飽和區，其輸出 $v_o = V_{CC}$ 或 $v_o = -V_{CC}$。本書假定運算放大器工作在線性模式下，及其輸出電壓被限制在如下範圍內：

$$-V_{CC} \leq v_o \leq V_{CC} \tag{5.4}$$

> 本書假定運算放大器工作在線性區，此模式下，須注意運算放大器的電壓限制。

雖然我們總是在線性區應用運算放大器，但在設計運算放大器電路時，仍然要注意其可能進入飽和區的狀態，以避免所設計的運算電路在實驗中不能正常工作。

範例 5.1　某 741 運算放大器的開迴路電壓增益為 2×10^5，輸入電阻為 2 MΩ，輸出電阻為 50 Ω。將該運算放大器使用於圖 5.6(a) 所示的電路，試求其閉迴路增益 v_o/v_s，並求出當 $v_s = 2\,\text{V}$ 時的電流 i。

解：利用圖 5.4 所示的運算放大器模型，可以得到圖 5.6(a) 所示電路的等效電路，如圖 5.6(b) 所示。下面利用節點分析法求解圖 5.6(b) 所示的電路。在節點 1 處，應用 KCL 可得

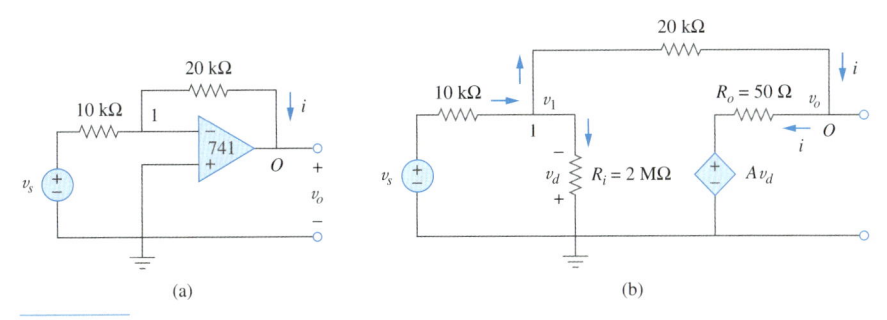

圖 5.6 範例 5.1：(a) 電路圖，(b) 等效電路

$$\frac{v_s - v_1}{10 \times 10^3} = \frac{v_1}{2000 \times 10^3} + \frac{v_1 - v_o}{20 \times 10^3}$$

二邊同乘以 $2,000 \times 10^3$，得到

$$200v_s = 301v_1 - 100v_o$$

或

$$2v_s \simeq 3v_1 - v_o \quad \Rightarrow \quad v_1 = \frac{2v_s + v_o}{3} \tag{5.1.1}$$

在節點 O 處，

$$\frac{v_1 - v_o}{20 \times 10^3} = \frac{v_o - Av_d}{50}$$

但是 $v_d = -v_1$ 且 $A = 200,000$，於是有

$$v_1 - v_o = 400(v_o + 200,000v_1) \tag{5.1.2}$$

將 (5.1.1) 式中的 v_1 代入 (5.1.2) 式，得到

$$0 \simeq 26,667,067v_o + 53,333,333v_s \quad \Rightarrow \quad \frac{v_o}{v_s} = -1.9999699$$

這就是閉迴路增益，因為 20 kΩ 的回授電阻器將輸出端與輸入端之間連接起來。當 $v_s = 2$ V 時，$v_o = -3.9999398$ V，由 (5.1.1) 式得到 $v_1 = 20.066667\ \mu$V，因此，

$$i = \frac{v_1 - v_o}{20 \times 10^3} = 0.19999 \text{ mA}$$

顯然地，計算非理想運算放大器是非常繁瑣的，因此計算過程中需要處理很大的數。

練習題 5.1 如果將範例 5.1 中同樣的 741 運算放大器用於圖 5.7 所示的電路中，試計算其閉迴路增益 v_o/v_s，並試求出當 $v_s = 1$ V 時的 i_o。

答：9.00041, 657 μA。

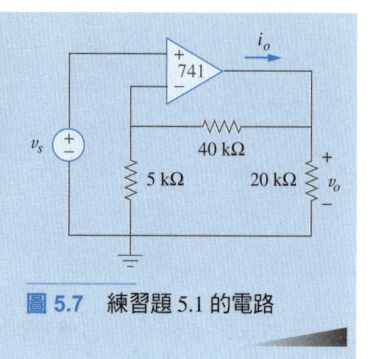

圖 5.7　練習題 5.1 的電路

5.3　理想運算放大器

為了理解運算放大器電路，假定所討論的運算放大器均為理想的。通常具有以下特性的運算放大器，稱為理想運算放大器：

1. 開迴路增益無窮大，$A \simeq \infty$。
2. 輸入電阻無窮大，$R_i \simeq \infty$。
3. 輸出電阻為零，$R_o \simeq 0$。

> 理想運算放大器是指開迴路增益為無窮大、輸入電阻無窮大、輸出電阻為零的運算放大器。

雖然由理想運算放大器的假定只會得到電路的近似分析，但目前絕大多數運算放大器都具有相當大的增益和輸入電阻，因此這種近似分析是符合實際的。除了特別說明以外，本書後續的章節均假定運算放大器是理想的。

理想運算放大器的電路分析模型如圖 5.8 所示，它是由圖 5.4 所示的非理想運算放大器推導出來的。理想運算放大器具有二個重要特性：

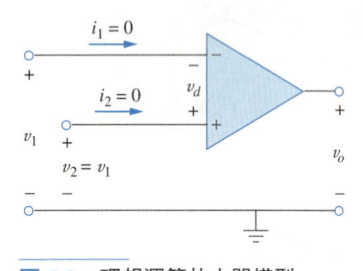

圖 5.8　理想運算放大器模型

1. 流入二個輸入端的電流均為零：

$$i_1 = 0, \quad i_2 = 0 \tag{5.5}$$

這是因為其輸入電阻為無窮大，這也意味著輸入端之間是開路的，沒有電流流入運算放大器。但是，由 (5.1) 式可知，運算放大器的輸出電流未必為零。

2. 二個輸入端之間的電壓差等於零，即

$$v_d = v_2 - v_1 = 0 \tag{5.6}$$

Chapter 5 運算放大器　147

或

$$v_1 = v_2 \tag{5.7}$$

因此，沒有電流流入理想運算放大器的二個輸入端，並且二個輸入端之間的電壓差為零。(5.5) 式與 (5.7) 式所描述的特性極為重要，應該說是分析運算放大器電路的關鍵。

> 這二項特性可以利用如下：計算電壓時，輸入端表現為短路；而計算電流時，輸入端表現為開路。

範例 5.2

試利用理想運算放大器模型，重新計算練習題 5.1。

解：與範例 5.1 一樣，可以將圖 5.7 中的運算放大器替換為圖 5.9 所示的等效模型，但實際並不需要這樣做，僅需在分析圖 5.7 所示電路時，記住 (5.5) 式與 (5.7) 式，於是圖 5.7 所示電路可表示為圖 5.9。我們注意到：

$$v_2 = v_s \tag{5.2.1}$$

因為 $i_1 = 0$，$40\ \text{k}\Omega$ 電阻器與 $5\ \text{k}\Omega$ 電阻器相串聯，所以流過二電阻器的電流相同。v_1 為 $5\ \text{k}\Omega$ 電阻二端的電壓，於是由分壓定理可以得到

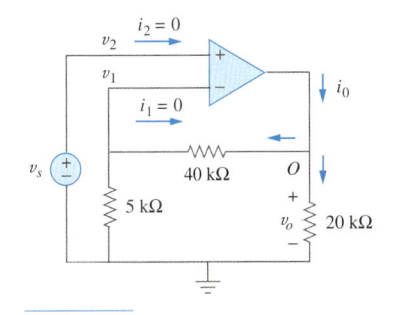

圖 5.9　範例 5.2 的電路

$$v_1 = \frac{5}{5+40} v_o = \frac{v_o}{9} \tag{5.2.2}$$

根據 (5.7) 式可知，

$$v_2 = v_1 \tag{5.2.3}$$

將 (5.2.1) 式與 (5.2.2) 式代入 (5.2.3) 式，得到閉迴路增益為

$$v_s = \frac{v_o}{9} \quad \Rightarrow \quad \frac{v_o}{v_s} = 9 \tag{5.2.4}$$

與練習題 5.1 中採用非理想模型計算得到的閉迴路增益 9.00041 非常接近。這表明由理想運算放大器的假設所帶來的誤差是可以忽略不計的。

在節點 O 處，

$$i_o = \frac{v_o}{40+5} + \frac{v_o}{20}\ \text{mA} \tag{5.2.5}$$

由 (5.2.4) 式可知，當 $v_s = 1\ \text{V}$ 時，$v_o = 9\ \text{V}$，將 $v_o = 9\ \text{V}$ 代入 (5.2.5) 式，得到

$$i_o = 0.2 + 0.45 = 0.65\ \text{mA}$$

這與練習題 5.1 中採用非理想模型計算得到的輸出電流 0.657 mA 也是非常接近的。

> **練習題 5.2** 試利用理想運算放大器模型，重新計算範例 5.1。
>
> 答：$-2,200\,\mu A$.

5.4 反相放大器

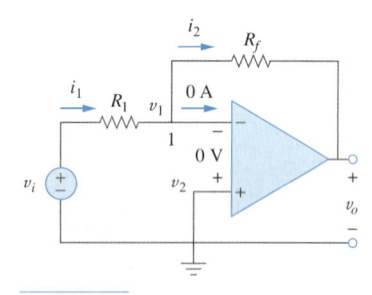

本節和以下幾節討論一些實用的運算放大器電路，這些電路通常是設計複雜電路時需要採用的功能模組。其中一種運算放大器電路即圖 5.10 所示的反相放大器。在該電路中，非反相端接地，v_1 通過電阻 R_1 接至反相輸入端，回授電阻 R_f 接在反相輸入端與輸出端之間。我們的目標是要找出輸入電壓 v_i 與輸出電壓 v_o 之間的關係。對節點 1 應用 KCL 可以得到

圖 5.10 反相放大器

反相放大器的關鍵是輸入信號為回授信號都作用在運算放大器的反相輸入端上。

$$i_1 = i_2 \Rightarrow \frac{v_i - v_1}{R_1} = \frac{v_1 - v_o}{R_f} \tag{5.8}$$

但是，對於理想運算放大器而言，由於其非反相端接地，所以 $v_1 = v_2 = 0$，因此，

$$\frac{v_i}{R_1} = -\frac{v_o}{R_f}$$

或

注意：運算放大器有二種類型的增益：其中一種就是這裡所說的運算放大器電路的閉迴路電壓增益 A_v；而另一種則是運算放大器本身的開迴路電壓增益 A。

$$\boxed{v_o = -\frac{R_f}{R_1} v_i} \tag{5.9}$$

於是，電壓增益為 $A_v = v_o/v_i = -R_f/R_1$。圖 5.10 所示電路之所以被命名為**反相器** (inverter)，就是因為增益這個負號。因此，

反相放大器在對輸入信號進行放大的同時又反轉其極性。

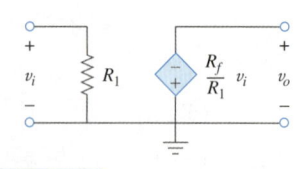

注意：這裡閉迴路增益的大小及回授電阻除以輸入電阻，表明該增益僅取決於與運算放大器相連的外部電路元件。由 (5.9) 式可知，反相放大器的等效電路如圖 5.11 所示。反相放大器可用在電流-電壓轉換器的電路中。

圖 5.11 圖 5.10 所示反相器的等效電路

在如圖 5.12 所示的運算放大器中，如果 $v_i = 0.5$ V，試計算：(a) 輸出電壓 v_o，(b) 10 kΩ 電阻器中的電流。

範例 5.3

解： (a) 利用 (5.9) 式可得

$$\frac{v_o}{v_i} = -\frac{R_f}{R_1} = -\frac{25}{10} = -2.5$$

$$v_o = -2.5 v_i = -2.5(0.5) = -1.25 \text{ V}$$

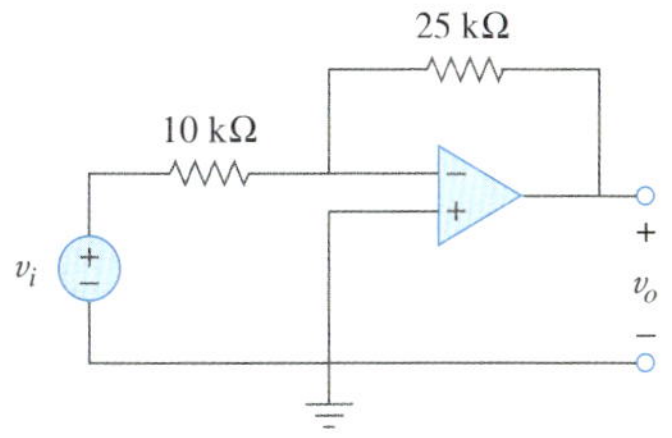

(b) 流過 10 kΩ 電阻器的電流為

$$i = \frac{v_i - 0}{R_1} = \frac{0.5 - 0}{10 \times 10^3} = 50 \text{ μA}$$

圖 5.12 範例 5.3 的電路

練習題 5.3 試求圖 5.13 所示運算放大器電路的輸出，並計算通過回授電阻器的電流。

答： -3.15 V, 26.25 μA.

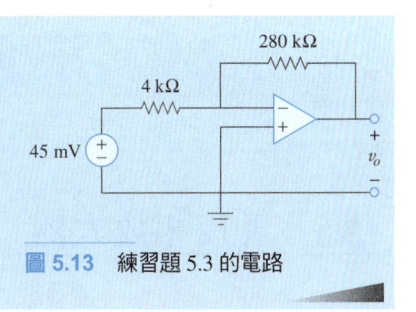

圖 5.13 練習題 5.3 的電路

試求圖 5.14 所示運算放大器電路中的 v_o。

範例 5.4

解： 對節點 a 應用 KCL 可得

$$\frac{v_a - v_o}{40 \text{ k}\Omega} = \frac{6 - v_a}{20 \text{ k}\Omega}$$

$$v_a - v_o = 12 - 2 v_a \quad \Rightarrow \quad v_o = 3 v_a - 12$$

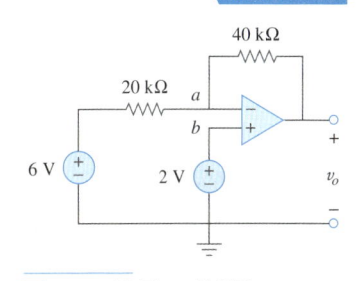

但是由於理想運算放大器二輸入端之間的壓降為零，所以 $v_a = v_b = 2$ V，於是，

$$v_o = 6 - 12 = -6 \text{ V}$$

圖 5.14 範例 5.4 的電路

可以看出，如果 $v_b = 0 = v_a$，則 $v_o = -12$ V，與由 (5.9) 式得到的結果相同。

練習題 5.4 如圖 5.15 所示為二類電流-電壓轉換器 [也稱為**互阻放大器** (transresistance amplifier)]。

(a) 試證明對於圖 5.15(a) 所示轉換器：

$$\frac{v_o}{i_s} = -R$$

(b) 試證明對於圖 5.15(b) 所示轉換器，

$$\frac{v_o}{i_s} = -R_1\left(1 + \frac{R_3}{R_1} + \frac{R_3}{R_2}\right)$$

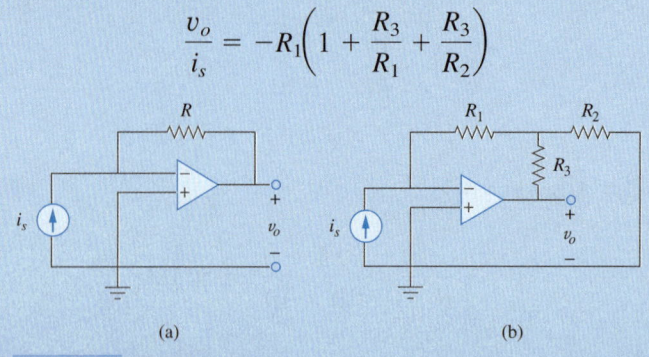

圖 5.15 練習題 5.4 的電路

答：請自行證明。

5.5 非反相放大器

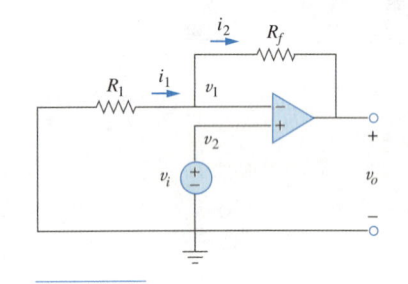

圖 5.16 非反相放大器

運算放大器的另一個重要應用，即如圖 5.16 所示的非反相放大器。在這種情況下，輸入電壓 v_i 直接接至非反相輸入端，電阻 R_1 接在反相輸入端與地之間，下面計算其輸出電壓和電壓增益。在反相輸入端應用 KCL 可得

$$i_1 = i_2 \implies \frac{0 - v_1}{R_1} = \frac{v_1 - v_o}{R_f} \tag{5.10}$$

但 $v_1 = v_2 = v_i$，於是 (5.10) 式變成

$$\frac{-v_i}{R_1} = \frac{v_i - v_o}{R_f}$$

或

$$\boxed{v_o = \left(1 + \frac{R_f}{R_1}\right)v_i} \tag{5.11}$$

電壓增益為 $A_v = v_o/v_i = 1 + R_f/R_1$，沒有負號。因此，輸出與輸入具有相同的極性。

> 非反相放大器是提供正電壓增益的運算放大器電路。

這裡又一次看到，運算放大器的電壓增益僅依賴於外部電阻。

注意：如果回授電阻 $R_f = 0$ (短路) 或 $R_1 = \infty$ (開路) 或者同時滿足 $R_f = 0$ 且 $R_1 = \infty$，則增益變為 1。在這些條件 ($R_f = 0$ 且 $R_1 = \infty$) 下，圖 5.16 所示的電路就變成如圖 5.17 所示的電路，因為其輸出與輸入一樣，故稱該電路為**電壓隨耦器** (voltage follower) [或**單位增益放大器** (unity gain amplifier)]。於是，對於電壓隨耦器：

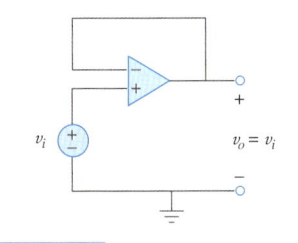

$$v_o = v_i \tag{5.12}$$

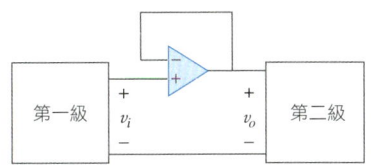

圖 5.17 電壓隨耦器

電壓隨耦器具有非常高的輸入阻抗，因此可以用作中間級的放大器 (即緩衝放大器)，將一個電路與另一個電路隔離開，如圖 5.18 所示。電壓隨耦器使二級之間的相互影響最小，同時消除了間級負載。

圖 5.18 電壓隨耦器用於隔離二個串級電路

範例 5.5

圖 5.19 所示之運算放大器電路，試計算其輸出電壓 v_o。

解：可以採用如下二種方法計算，即重疊定理和節點分析。

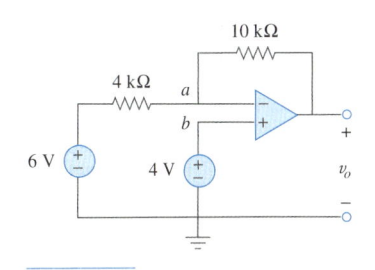

◆**方法一**：採用重疊定理，令

$$v_o = v_{o1} + v_{o2}$$

其中 v_{o1} 為由 6 V 電壓源產生的輸出，v_{o2} 為由 4 V 電壓源產生的輸出。為了求出 v_{o1}，需將 4 V 電壓源設為零，此時電路成為一個反相器，於是由 (5.9) 式可得

圖 5.19 範例 5.5 的電路

$$v_{o1} = -\frac{10}{4}(6) = -15 \text{ V}$$

為了求出 v_{o2}，需將 6 V 電壓源設為零，此時電路成為非反相放大器，於是由 (5.11) 式可得

$$v_{o2} = \left(1 + \frac{10}{4}\right)4 = 14 \text{ V}$$

因此，

$$v_o = v_{o1} + v_{o2} = -15 + 14 = -1 \text{ V}$$

◆ **方法二**：在節點 a 處，應用 KCL 可得

$$\frac{6 - v_a}{4} = \frac{v_a - v_o}{10}$$

而 $v_a = v_b = 4$，所以，

$$\frac{6 - 4}{4} = \frac{4 - v_o}{10} \quad \Rightarrow \quad 5 = 4 - v_o$$

即 $v_o = -1\,\text{V}$，與方法一的計算結果相同。

> **練習題 5.5** 試計算圖 5.20 所示電路中的 v_o。
>
> **答**：7 V.

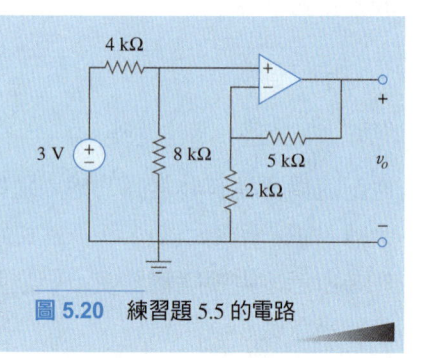

圖 5.20 練習題 5.5 的電路

5.6 加法放大器

除了放大功能外，運算放大器還可以執行加和減的運算。加法運算可以由本節介紹的加法放大器實現，減法運算則可以由下一節介紹的差分放大器實現。

> 加法放大器是將多個輸入結合，
> 而在輸出端產生這些輸入的加權總和的運算放大器電路。

圖 5.21 所示的加法放大器是反相放大器的一種變形，此電路的優點是利用反相放大器能夠同時處理多個輸入信號。由 KCL 定律，在圖中節點 a，流入運算放大器各個輸入端的電流均為零，可得

$$i = i_1 + i_2 + i_3 \tag{5.13}$$

且

$$i_1 = \frac{v_1 - v_a}{R_1}, \quad i_2 = \frac{v_2 - v_a}{R_2}$$

$$i_3 = \frac{v_3 - v_a}{R_3}, \quad i = \frac{v_a - v_o}{R_f} \tag{5.14}$$

圖 5.21 加法放大器

又 $v_a = 0$，將 (5.14) 式代入 (5.13) 式，得到

$$v_o = -\left(\frac{R_f}{R_1}v_1 + \frac{R_f}{R_2}v_2 + \frac{R_f}{R_3}v_3\right) \quad (5.15)$$

由上式指出輸出電壓為各個輸入電壓的加權總和，因此將圖 5.21 所示電路稱為**加法器** (summer)。當然，加法器可以有超過三個以上的輸入。

範例 5.6 試計算圖 5.22 所示運算放大器電路中的 v_o 與 i_o。

解： 該加法器具有二個輸入端，由 (5.15) 式可得

$$v_o = -\left[\frac{10}{5}(2) + \frac{10}{2.5}(1)\right] = -(4+4) = -8 \text{ V}$$

電流 i_o 是經流 10 kΩ 和 2 kΩ 電阻器的電流之和，又 $v_a = v_b = 0$，因此這二個電阻器二端的電壓均為 $v_o = -8$ V。所以，

$$i_o = \frac{v_o - 0}{10} + \frac{v_o - 0}{2} \text{mA} = -0.8 - 4 = -4.8 \text{ mA}$$

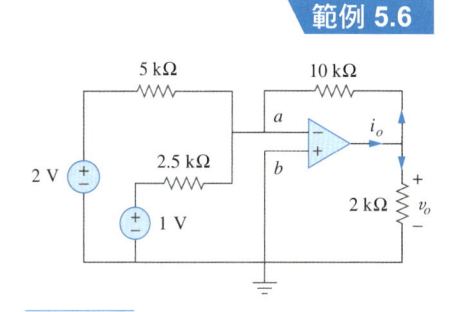

圖 5.22 範例 5.6 的電路

練習題 5.6 試求圖 5.23 所示運算放大器電路中的 v_o 與 i_o。

答： -3.8 V，-1.425 mA。

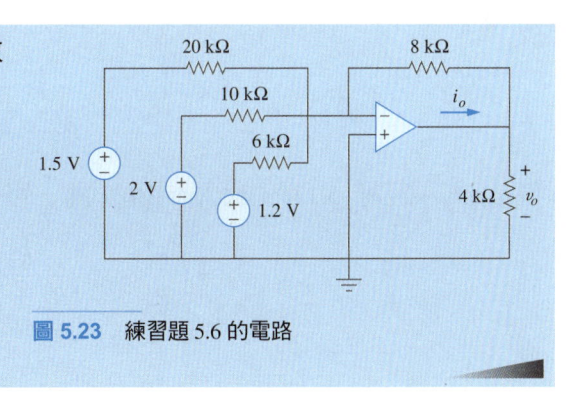

圖 5.23 練習題 5.6 的電路

5.7 差動放大器

差動放大器被廣泛應用於需要放大二個輸入信號之差的場合。差動放大器與應用最為普遍的**儀表放大器** (instrumentation amplifier) 屬於同一類放大器，後者將在 5.10 節中討論。

差動放大器亦稱為減法器，原因稍後再述。

差動放大器是一個將放大二個輸入信號之差而抑制二個輸入的共模信號的元件。

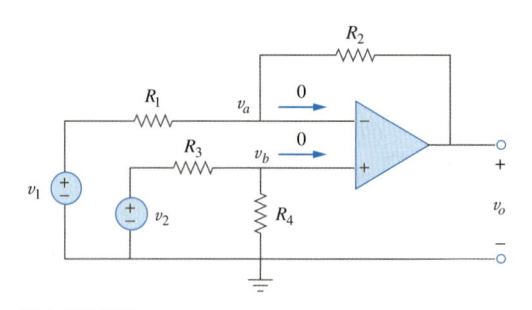

圖 5.24 差動放大器

考慮如圖 5.24 所示的運算放大器電路。記住：流入運算放大器輸入端的電流為零。節點 a，由 KCL 可得

$$\frac{v_1 - v_a}{R_1} = \frac{v_a - v_o}{R_2}$$

或

$$v_o = \left(\frac{R_2}{R_1} + 1\right)v_a - \frac{R_2}{R_1}v_1 \tag{5.16}$$

節點 b，由 KCL 可得

$$\frac{v_2 - v_b}{R_3} = \frac{v_b - 0}{R_4}$$

或

$$v_b = \frac{R_4}{R_3 + R_4}v_2 \tag{5.17}$$

但 $v_a = v_b$，可將 (5.17) 式代入 (5.16) 式中，可得

$$v_o = \left(\frac{R_2}{R_1} + 1\right)\frac{R_4}{R_3 + R_4}v_2 - \frac{R_2}{R_1}v_1$$

或

$$\boxed{v_o = \frac{R_2(1 + R_1/R_2)}{R_1(1 + R_3/R_4)}v_2 - \frac{R_2}{R_1}v_1} \tag{5.18}$$

由於差動放大器必須抑制二個輸入的共模信號，所以當 $v_1 = v_2$ 時，放大器的輸出必為 $v_o = 0$。當滿足以下條件時，該性質成立：

$$\frac{R_1}{R_2} = \frac{R_3}{R_4} \tag{5.19}$$

因此,當圖 5.24 所示運算放大器電路為差動放大器時,(5.18) 式變為

$$v_o = \frac{R_2}{R_1}(v_2 - v_1) \tag{5.20}$$

若 $R_2 = R_1$ 且 $R_3 = R_4$,則差動放大器即為一個**減法器** (subtractor),其輸出為

$$v_o = v_2 - v_1 \tag{5.21}$$

範例 5.7

試設計一個輸入為 v_1、v_2 的運算放大器電路,使其輸出 $v_o = -5v_1 + 3v_2$。

解:電路需滿足:

$$v_o = 3v_2 - 5v_1 \tag{5.7.1}$$

電路可以採用以下二種設計方法實現。

◆**方法一**:若採用一個運算放大器,則可以利用如圖 5.24 所示的運算放大器電路。比較 (5.7.1) 式與 (5.18) 式可以看出:

$$\frac{R_2}{R_1} = 5 \quad \Rightarrow \quad R_2 = 5R_1 \tag{5.7.2}$$

且

$$5\frac{(1 + R_1/R_2)}{(1 + R_3/R_4)} = 3 \quad \Rightarrow \quad \frac{\frac{6}{5}}{1 + R_3/R_4} = \frac{3}{5}$$

或

$$2 = 1 + \frac{R_3}{R_4} \quad \Rightarrow \quad R_3 = R_4 \tag{5.7.3}$$

若 $R_1 = 10 \text{ k}\Omega$ 且 $R_3 = 20 \text{ k}\Omega$,則 $R_2 = 50 \text{ k}\Omega$ 且 $R_4 = 20 \text{ k}\Omega$。

◆**方法二**:若採一個以上的運算放大器,則可以將一個反相放大器與一個二輸入反相加法器串接,可得如圖 5.25 所示電路。對加法器而言,

$$v_o = -v_a - 5v_1 \tag{5.7.4}$$

對反相器,

$$v_a = -3v_2 \tag{5.7.5}$$

將 (5.7.4) 式與 (5.7.5) 式合併,可得

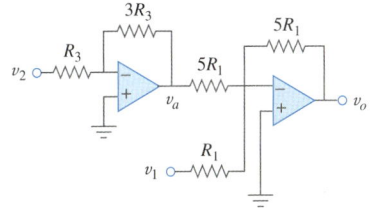

圖 5.25 範例 5.7 的電路

$$v_o = 3v_2 - 5v_1$$

即為所求。在圖 5.25 所示電路中，可取 $R_1 = 10 \text{ k}\Omega$ 且 $R_3 = 20 \text{ k}\Omega$，或者取 $R_1 = R_3 = 10 \text{ k}\Omega$。

> **練習題 5.7** 試設計一個增益為 7.5 的差動放大器。
>
> **答：** 典型值：$R_1 = R_3 = 20 \text{ k}\Omega$，$R_2 = R_4 = 150 \text{ k}\Omega$。

範例 5.8 儀表放大器如圖 5.26 所示，用在控制或量測應用中對微弱信號進行放大，並具單片封裝的產品。試證明：

$$v_o = \frac{R_2}{R_1}\left(1 + \frac{2R_3}{R_4}\right)(v_2 - v_1)$$

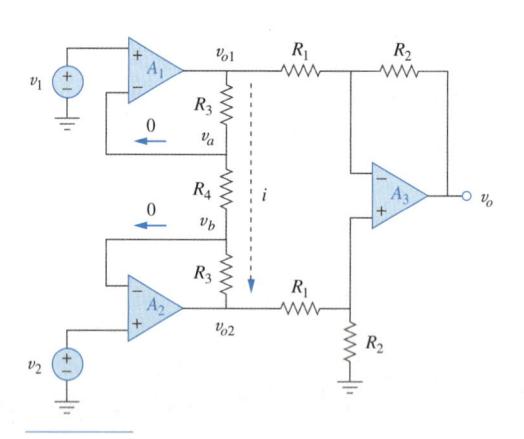

圖 5.26 範例 5.8 的電路；儀表放大器

解： 由圖 5.26 可知，A_3 是一個差動放大器，於是由 (5.20) 式可得

$$v_o = \frac{R_2}{R_1}(v_{o2} - v_{o1}) \tag{5.8.1}$$

因流入運算放大器 A_1 與 A_2 電流為零，所以電流 i 流經三個電阻器，如同三者串聯一樣，因此，

$$v_{o1} - v_{o2} = i(R_3 + R_4 + R_3) = i(2R_3 + R_4) \tag{5.8.2}$$

但是，

$$i = \frac{v_a - v_b}{R_4}$$

且 $v_a = v_1$，$v_b = v_2$，所以，

$$i = \frac{v_1 - v_2}{R_4} \tag{5.8.3}$$

將 (5.8.2) 式與 (5.8.3) 式代入 (5.8.1) 式，可以得到

$$v_o = \frac{R_2}{R_1}\left(1 + \frac{2R_3}{R_4}\right)(v_2 - v_1)$$

即為所求。在 5.10 節將對儀表放大器進行詳細的討論。

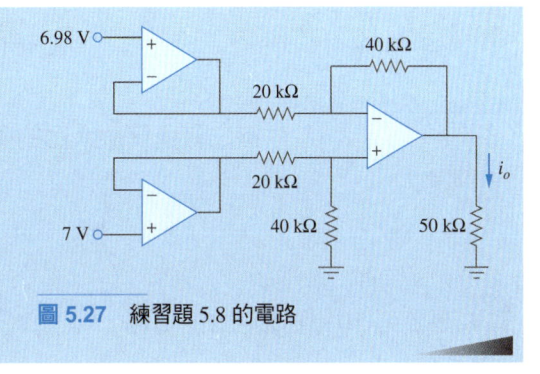

> **練習題 5.8** 試求儀表放大器電路中的 i_o，如圖 5.27 所示。
>
> 答：$-800\,\mu A$.
>
> **圖 5.27** 練習題 5.8 的電路

5.8 串級運算放大器電路

眾所周知，運算放大器是設計複雜電路的功能模組，於實際應用中，通常將運算放大器串聯 (即頭尾相接) 起來以獲得較大的總增益。一般而言，二個電路首尾順序連接，稱為串級。

串級是指二個以上的運算放大器電路頭尾相接，其前一級的輸出為下一級的輸入。

多個運算放大器電路相互串級時，其中每一個電路都稱為一**級** (stage)，原輸入信號經各級運算放大器放大。運算放大器的優點在於它們的串級並不會改變各自的輸入-輸出關係，這是因為每一個 (理想) 運算放大器電路的輸入電阻為無窮大，輸出電阻為零。圖 5.28 顯示三個運算放大器電路串級的方塊圖表示，前一級的輸出是下一級的輸入，所以串級運算放大器電路的總增益為每個運算放大器增益的乘積，即

$$A = A_1 A_2 A_3 \tag{5.22}$$

雖然運算放大器的串級並不影響其輸入-輸出的關係，但在實際設計運算放大器電路時，須確保串級電路中下一級產生的負載，不會使運算放大器的總輸出飽和。

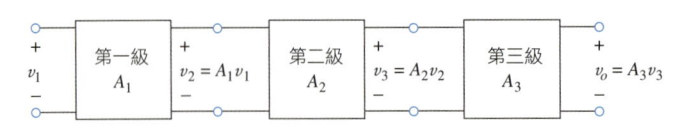

圖 5.28　三個串級連接

範例 5.9　試求如圖 5.29 所示電路中的 v_o 與 i_o。

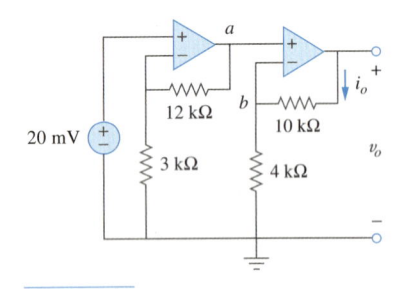

解：該電路由二個同相放大器的串級組成。在第一級運算放大器的輸出端為

$$v_a = \left(1 + \frac{12}{3}\right)(20) = 100 \text{ mV}$$

第二級運算放大器的輸出端為

$$v_o = \left(1 + \frac{10}{4}\right)v_a = (1 + 2.5)100 = 350 \text{ mV}$$

則 i_o 是流經 10 kΩ 電阻器的電流，

$$i_o = \frac{v_o - v_b}{10} \text{ mA}$$

且 $v_b = v_a = 100$ mV，因此，

$$i_o = \frac{(350 - 100) \times 10^{-3}}{10 \times 10^3} = 25 \text{ μA}$$

圖 5.29　範例 5.9 的電路

練習題 5.9　試求如圖 5.30 所示運算放大器電路中的 v_o 與 i_o。

答：6 V, 24 μA.

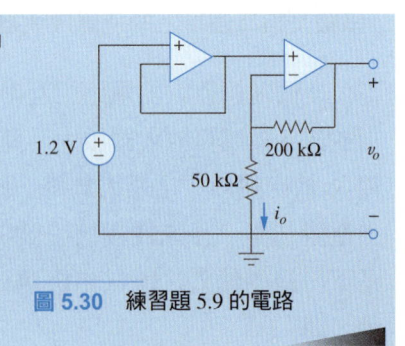

圖 5.30　練習題 5.9 的電路

如圖 5.31 所示的運算放大器電路中，若 $v_1 = 1$ V 且 $v_2 = 2$ V，試求 v_o。 **範例 5.10**

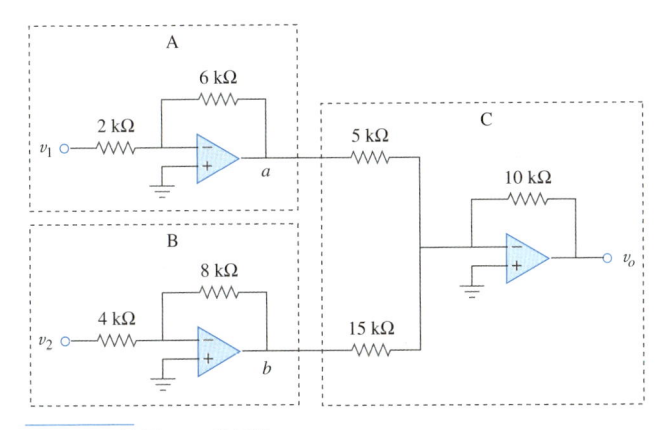

圖 5.31 範例 5.10 的電路

解：

1. **定義**：問題定義清楚明確。
2. **表達**：當輸入 v_1 為 1 V，v_2 為 2 V 時，決定如圖 5.31 所示電路的輸出電壓，該運算放大器電路實際上由三個電路組成：第一個電路是輸入為 v_1，增益為 -3（-6 kΩ/2 kΩ）的放大器；第二個電路是輸入為 v_2，增益為 -2（-8 kΩ/4 kΩ）的放大器；最後一個電路是對前二個電路的輸出以不同增益放大後進行總和的加法器。
3. **選擇**：可以採用不同的方法求解電路，因理想運算放大器，所以數學的解將十分容易。第二種解法是利用 PSpice 軟體，驗證用數學解所得到的結果。
4. **嘗試**：令第一個運算放大器的輸出為 v_{11}，第二個運算放大器的輸出為 v_{22}，因此可得

$$v_{11} = -3v_1 = -3 \times 1 = -3 \text{ V},$$
$$v_{22} = -2v_2 = -2 \times 2 = -4 \text{ V}$$

第三個運算放大器的輸出即為

$$v_o = -(10 \text{ k}\Omega/5 \text{ k}\Omega)v_{11} + [-(10 \text{ k}\Omega/15 \text{ k}\Omega)v_{22}]$$
$$= -2(-3) - (2/3)(-4)$$
$$= 6 + 2.667 = \textbf{8.667 V}$$

5. **驗證**：為了正確驗證所得到的結果，需合理的檢驗方法，採用 PSpice 可容易地完成驗證。

利用 PSpice 進行電路模擬，結果得到如圖 5.32 所示。

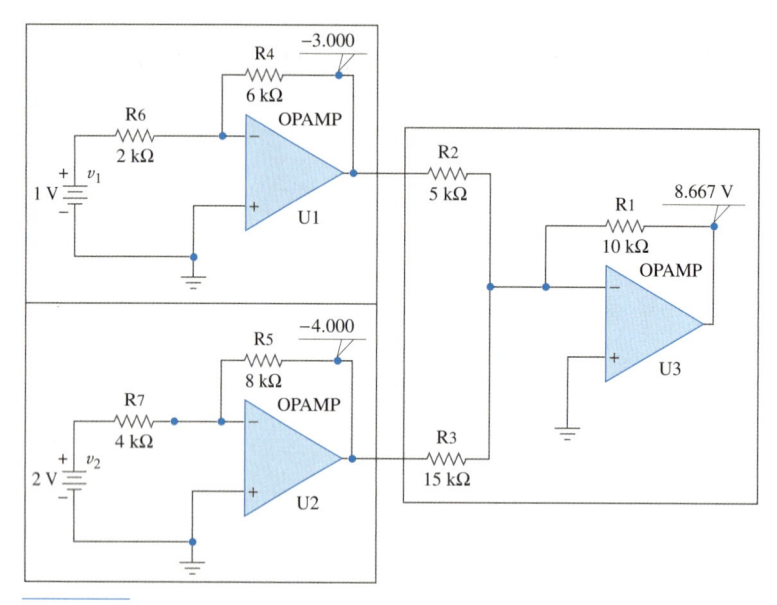

圖 5.32 範例 5.10 的電路

可見採用二種不同的方式可獲得相同的結果 (第一種方法是將運算放大器電路看成是增益及加法器處理，第二種方法是採用 PSpice 進行電路分析)，這是驗證答案正確性的一種好方法。

6. **滿意？** 對所得到的結果滿意，可將上述求解的過程當成該問題的解。

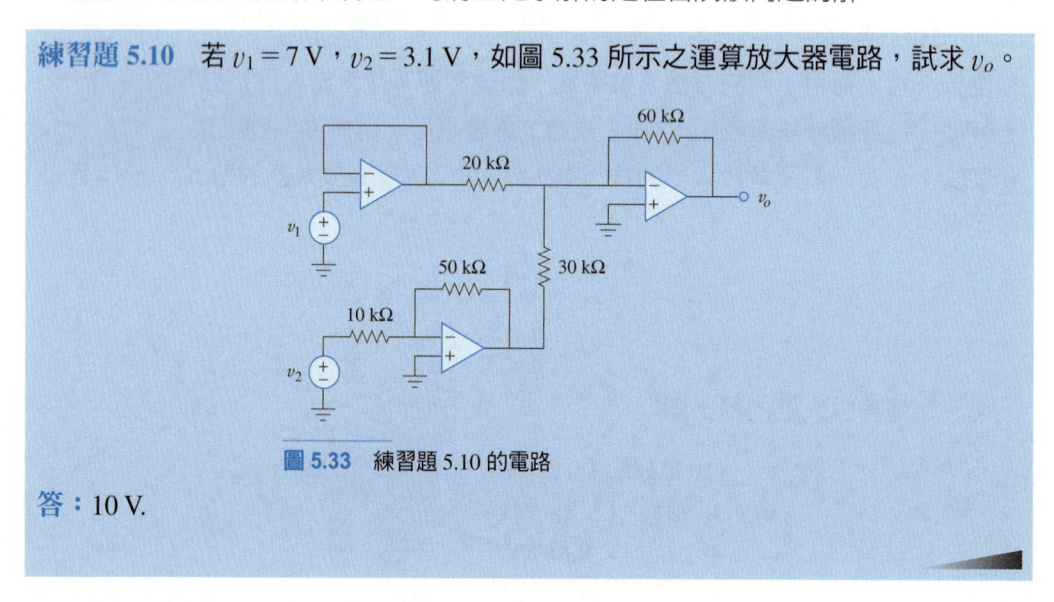

練習題 5.10 若 $v_1 = 7\text{ V}$，$v_2 = 3.1\text{ V}$，如圖 5.33 所示之運算放大器電路，試求 v_o。

圖 5.33 練習題 5.10 的電路

答： 10 V.

5.9 總結

1. 運算放大器是一種高輸入電阻、低輸出電阻且具高增益的放大器。
2. 表 5.2 總結了本章介紹的運算放大器電路。一般來說，無論其輸入是直流、交

表 5.2　基本運算放大器總結

運算放大器電路	名稱/輸出-輸入關係
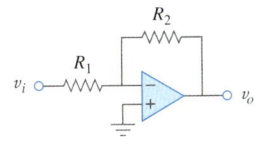 (反相放大器電路圖)	反相放大器 $v_o = -\dfrac{R_2}{R_1} v_i$
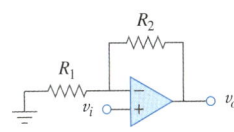 (非反相放大器電路圖)	非反相放大器 $v_o = \left(1 + \dfrac{R_2}{R_1}\right) v_i$
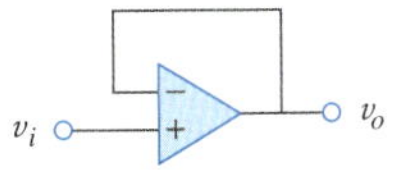 (電壓隨耦器電路圖)	電壓隨耦器 $v_o = v_i$
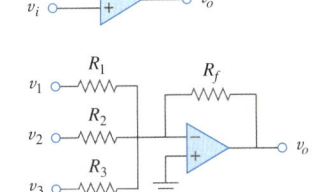 (加法器電路圖)	加法器 $v_o = -\left(\dfrac{R_f}{R_1} v_1 + \dfrac{R_f}{R_2} v_2 + \dfrac{R_f}{R_3} v_3\right)$
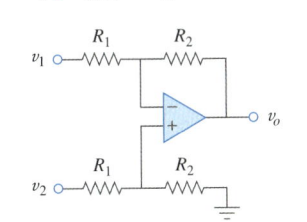 (差動放大器電路圖)	差動放大器 $v_o = \dfrac{R_2}{R_1} (v_2 - v_1)$

　　流還是時變信號，表中所列各放大器的輸出增益式都是成立的。

3. 理想運算放大器輸入電阻無窮大、輸出電阻為零，以及增益無窮大。
4. 對於理想運算放大器，流入其二個輸入端的電流均為零，且二個輸入端之間的電壓差非常小，可以忽略不計。
5. 在反相放大器中，輸出電壓是負倍數的輸入電壓關係。
6. 在非反相放大器中，輸出電壓是正倍數的輸入電壓關係。
7. 電壓隨耦器的輸出電壓跟隨輸入電壓。
8. 加法放大器的輸出信號為輸入信號的加權和。
9. 差動放大器的輸出信號正比於二個輸入信號之差。
10. 運算放大器電路可以串級連接，且不會改變各自的輸入-輸出關係。

複習題

5.1 運算放大器二個輸入端的標示為：
(a) 高與低
(b) 正與負
(c) 反相端與非反相端
(d) 差分端與非差分端

5.2 一理想運算放大器，下列敘述何者錯誤？
(a) 輸入端之間的電壓差為零
(b) 流入輸入端的電流為零
(c) 輸出端的電流為零
(d) 輸入電阻為零
(e) 輸出電阻為零

5.3 如圖 5.34 所示電路中，電壓 v_o 是：
(a) -6 V   (b) -5 V
(c) -1.2 V (d) -0.2 V

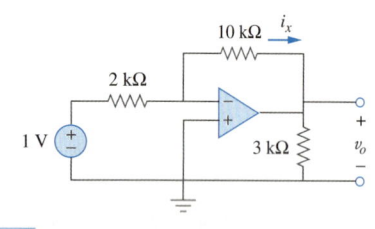

圖 **5.34** 複習題 5.3 與 5.4 的電路

5.4 如圖 5.34 所示電路中，電流 i_x 是：
(a) 0.6 mA   (b) 0.5 mA
(c) 0.2 mA   (d) 1/12 mA

5.5 如圖 5.35 所示電路中，若 $v_s = 0$，則電流 i_o 為：
(a) -10 mA   (b) -2.5 mA
(c) 10/12 mA   (d) 10/14 mA

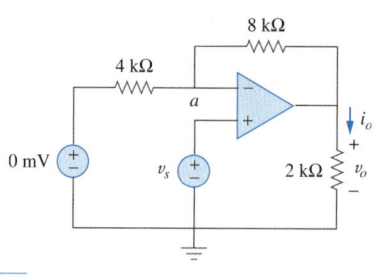

圖 **5.35** 複習題 5.5、5.6 與 5.7 的電路

5.6 如圖 5.35 所示電路中，若 $v_s = 8$ mV，則輸出電壓為：
(a) -44 mV   (b) -8 mV
(c) 4 mV   (d) 7 mV

5.7 如圖 5.35 所示電路中，若 $v_s = 8$ mV，則電壓 v_a 等於：
(a) -8 mV   (b) 0 mV
(c) 10/3 mV   (d) 8 mV

5.8 如圖 5.36 所示電路中，4 kΩ 電阻吸收之功率為：
(a) 9 mW   (b) 4 mW
(c) 2 mW   (d) 1 mW

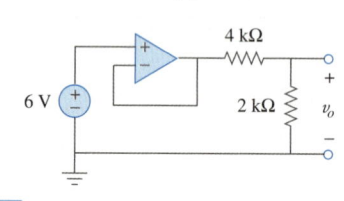

圖 **5.36** 複習題 5.8 的電路

答：5.1 c， 5.2 c, d， 5.3 b， 5.4 b， 5.5 a， 5.6 c，
5.7 d， 5.8 b

習題

5.2 節　運算放大器

5.1 某運算放大器的等效模型如圖 5.37 電路所示，試決定：
(a) 輸入電阻
(b) 輸出電阻
(c) 單位為 dB 的電壓增益

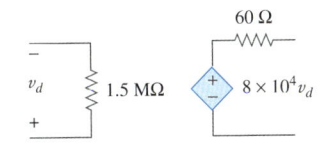

圖 5.37　習題 5.1 的電路

5.2 某運算放大器的開迴路增益為 100,000，試求出反相輸入端外加 $+10\ \mu V$ 電壓，非反相輸入端外加 $+20\ \mu V$ 電壓時之輸出電壓。

5.3 若某運算放大器的開迴路增益為 200,000，試計算反相輸入端外加 $-20\ \mu V$ 電壓，且非反相輸入端外加 $+30\ \mu V$ 電壓時之輸出電壓。

5.4 當非反相端輸入電壓為 1 mV 時，運算放大器的輸出電壓為 -4 V，若此運算放大器的開迴路增益為 2×10^6，則其反相端的輸入為多少？

5.5 對於如圖 5.38 所示電路中，此運算放大器電路之開迴路增益為 100,000，輸入電阻為 10 kΩ，輸出電阻為 100 Ω，試利用運算放大器的非理想模型來求其電壓增益 v_o/v_i。

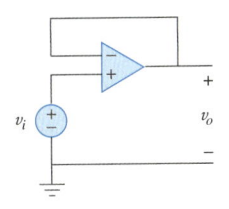

圖 5.38　習題 5.5 的電路

5.6 使用如範例 5.1 中給定之 741 運算放大器的參數，求出如圖 5.39 所示運算放大器電路中的 v_o。

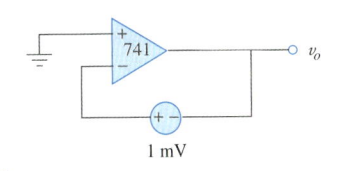

圖 5.39　習題 5.6 的電路

5.7 如圖 5.40 所示運算放大器電路中，$R_i = 100$ kΩ，$R_o = 100$ Ω，$A = 100,000$，試求其輸入差電壓 v_d 與輸出電壓 v_o。

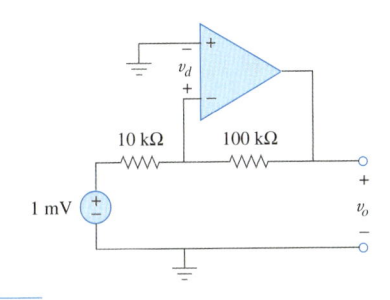

圖 5.40　習題 5.7 的電路

5.3 節　理想運算放大器

5.8 試求如圖 5.41 所示運算放大器電路中之 v_o。

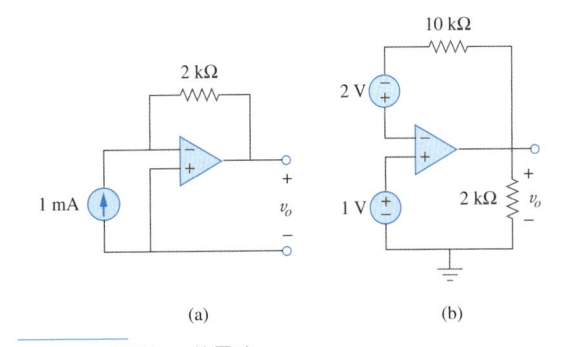

圖 5.41　習題 5.8 的電路

5.9 試決定如圖 5.42 所示各運算放大器電路中之 v_o。

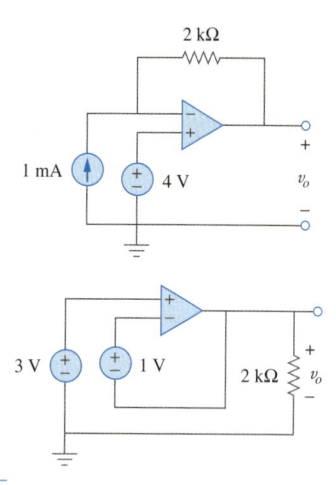

圖 5.42 習題 5.9 的電路

5.10 試求如圖 5.43 所示電路中之增益 v_o/v_s。

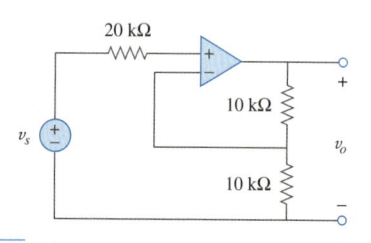

圖 5.43 習題 5.10 的電路

5.11 利用如圖 5.44 所示之電路，試設計一個問題幫助其他學生更瞭解運算放大器工作。

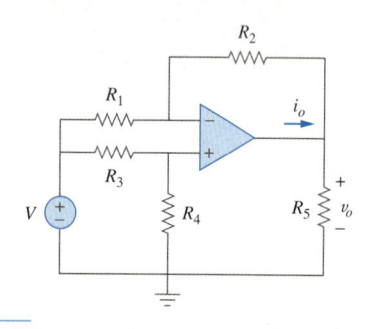

圖 5.44 習題 5.11 的電路

5.12 試計算如圖 5.45 所示運算放大器電路中之電壓比 v_o/v_s，假設該運算放大器為理想的運算放大器。

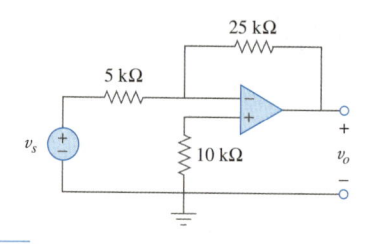

圖 5.45 習題 5.12 的電路

5.13 試求如圖 5.46 所示電路中的 v_o 與 i_o。

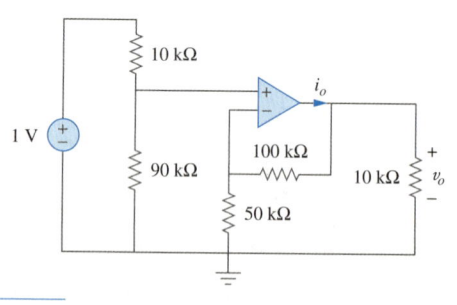

圖 5.46 習題 5.13 的電路

5.14 試求如圖 5.47 所示電路中的輸出電壓 v_o。

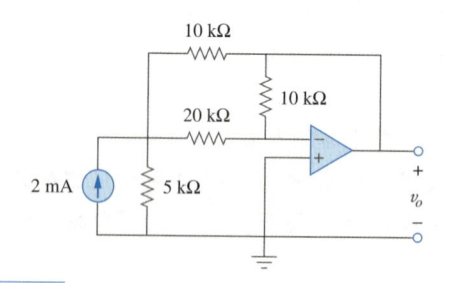

圖 5.47 習題 5.14 的電路

5.4 節　反相放大器

5.15 (a) 試決定如圖 5.48 所示運算放大器電路中 v_o/i_s 的比值。

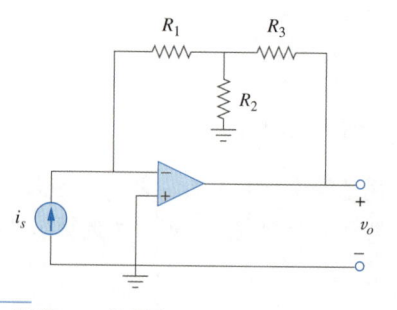

(b) 試計算當 $R_1 = 20$ kΩ，$R_2 = 25$ kΩ，$R_3 = 40$ kΩ 時的比值。

圖 5.48 習題 5.15 的電路

5.16 利用如圖 5.49 所示運算放大器電路，試設計一個問題輔助其他學生更瞭解反相放大器。

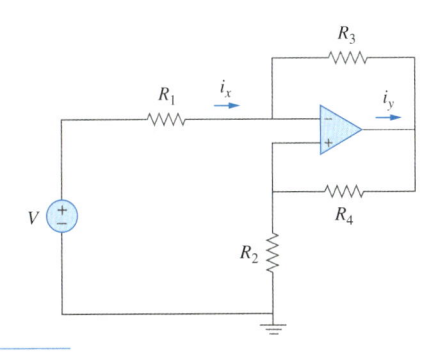

圖 5.49 習題 5.16 的電路

5.17 試計算如圖 5.50 所示之電路，當開關位於如下位置時的增益 v_o/v_i：
(a) 位置 1　(b) 位置 2　(c) 位置 3

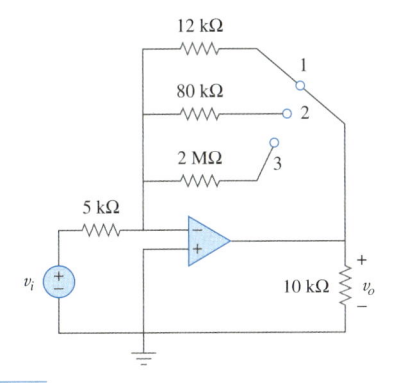

圖 5.50 習題 5.17 的電路

*5.18 對於如圖 5.51 所示之電路，試求從 A 和 B 端看進去的戴維寧等效電路。

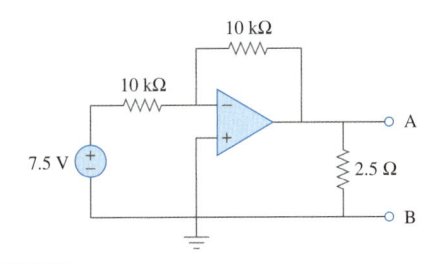

圖 5.51 習題 5.18 的電路

＊星號表示該習題具有挑戰性。

5.19 試決定如圖 5.52 所示電路中之 i_o。

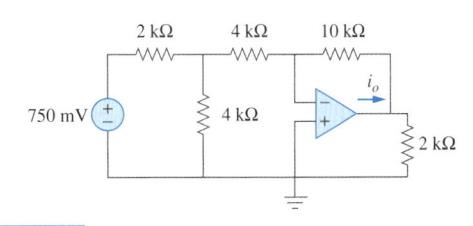

圖 5.52 習題 5.19 的電路

5.20 於如圖 5.53 所示之電路中，試計算 $v_s = 2\,\text{V}$ 時的 v_o。

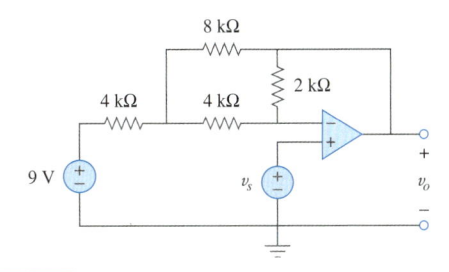

圖 5.53 習題 5.20 的電路

5.21 試計算如圖 5.54 所示運算放大器電路中之 v_o。

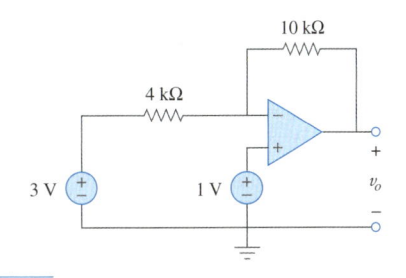

圖 5.54 習題 5.21 的電路

5.22 試設計一具有增益為 -15 的反相放大器。

5.23 如圖 5.55 所示的運算放大器電路中，試求電壓增益 v_o/v_s。

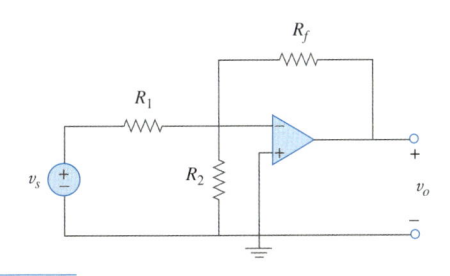

圖 5.55 習題 5.23 的電路

5.24 如圖 5.56 所示電路中，試求電壓轉移函數 $v_o = kv_s$ 中的 k 值。

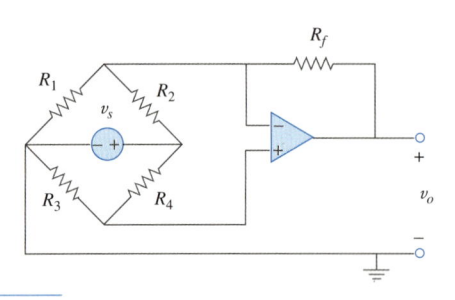

圖 5.56　習題 5.24 的電路

5.5 節　非反相放大器

5.25 試計算如圖 5.57 所示運算放大器電路中的 v_o。

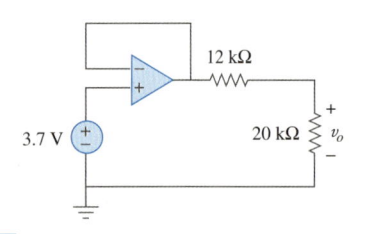

圖 5.57　習題 5.25 的電路

5.26 利用如圖 5.58 所示之電路，試設計一個問題幫助其他學生更瞭解非反相運算放大器。

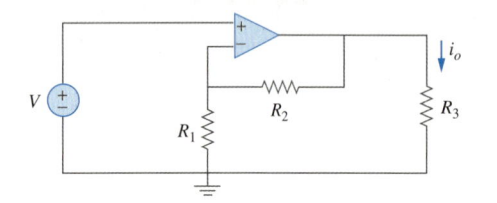

圖 5.58　習題 5.26 的電路

5.27 試求如圖 5.59 所示運算放大器電路中之 v_o。

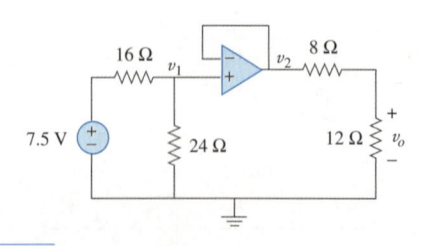

圖 5.59　習題 5.27 的電路

5.28 試求如圖 5.60 所示運算放大器電路中之 i_o。

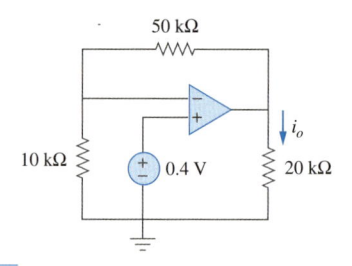

圖 5.60　習題 5.28 的電路

5.29 試決定如圖 5.61 所示運算放大器電路中的電壓增益 v_o/v_i。

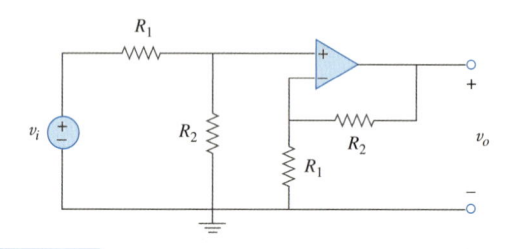

圖 5.61　習題 5.29 的電路

5.30 試求如圖 5.62 所示電路中之 i_x 與 20 kΩ 電阻器所吸收的功率。

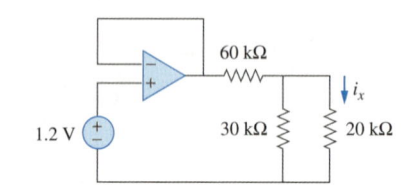

圖 5.62　習題 5.30 的電路

5.31 如圖 5.63 所示電路中，試求 i_x。

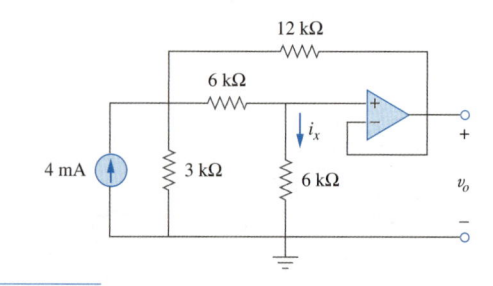

圖 5.63　習題 5.31 的電路

5.32 試計算如圖 5.64 所示的電路中的 i_x 與 v_o，以及求出 60 kΩ 電阻器所消耗的功率。

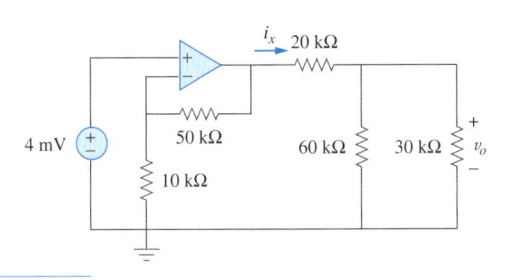

圖 5.64　習題 5.32 的電路

5.33 參考如圖 5.65 所示的運算放大器電路，試計算 i_x 及 3 kΩ 電阻器所消耗的功率。

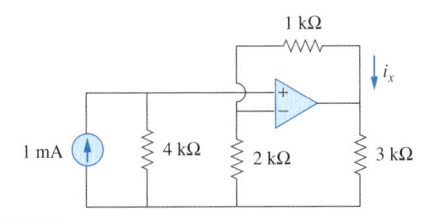

圖 5.65　習題 5.33 的電路

5.34 已知運算放大器電路如圖 5.66 所示，試用 v_1 與 v_2 來表示 v_o。

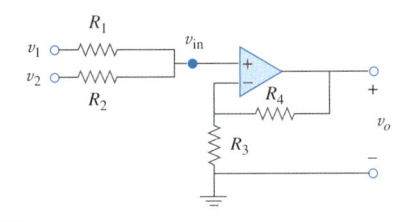

圖 5.66　習題 5.34 的電路

5.35 試設計一個具有增益為 7.5 的非反相放大器。

5.36 對於如圖 5.67 所示之電路，試求由 a-b 端看進去之戴維寧等效電路。(提示：求 R_{Th} 可外加電流源 i_o 並計算 v_o。)

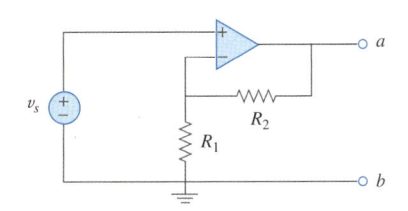

圖 5.67　習題 5.36 的電路

5.6 節　加法放大器

5.37 試決定如圖 5.68 所示電路，加法放大器之輸出。

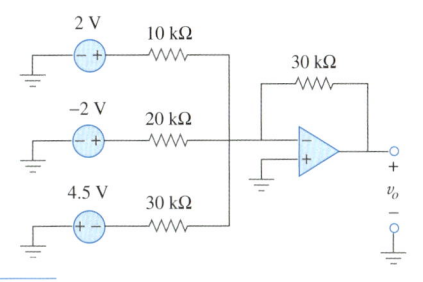

圖 5.68　習題 5.37 的電路

5.38 利用如圖 5.69 所示電路，試設計一個問題幫助其他學生更瞭解加總放大器。

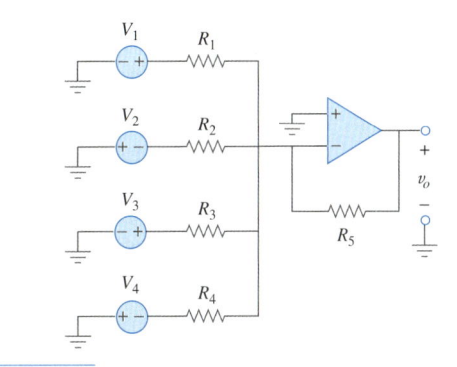

圖 5.69　習題 5.38 的電路

5.39 對於如圖 5.70 所示之運算放大器電路，試決定使 $v_o = -16.5 \text{ V}$ 之 v_2 的值。

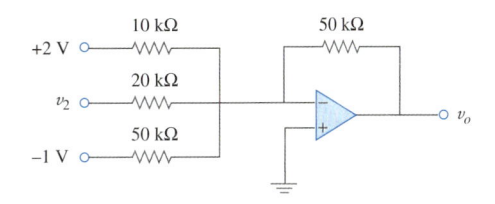

圖 5.70　習題 5.39 的電路

5.40 參考如圖 5.71 所示之電路中，試用 V_1 與 V_2 來表示 V_o 之式子。

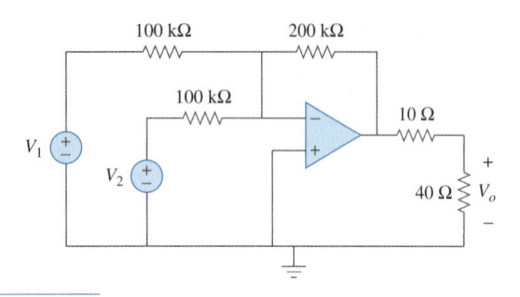

圖 5.71 習題 5.40 的電路

5.41 均值放大器 (averaging amplifier) 是一具有輸出等於輸入平均的加法器。使用適當的輸入電阻和回授電阻，可以得到：

$$-v_{\text{out}} = \tfrac{1}{4}(v_1 + v_2 + v_3 + v_4)$$

若使用 10 kΩ 的回授電阻，設計一個具四輸入的均值放大器。

5.42 一具有三輸入的加法放大器有輸入電阻為 $R_1 = R_2 = R_3 = 75$ kΩ，為使其實現均值放大器的功能，則所需之回授電阻應為多大？

5.43 一具有四輸入的加法放大器有輸入電阻為 $R_1 = R_2 = R_3 = R_4 = 80$ kΩ，為使其實現均值放大器的功能，則所需之回授電阻應為多大？

5.44 試證明如圖 5.72 所示電路中，輸出電壓 v_o 為：

$$v_o = \frac{(R_3 + R_4)}{R_3(R_1 + R_2)}(R_2 v_1 + R_1 v_2)$$

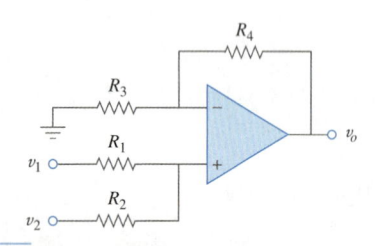

圖 5.72 習題 5.44 的電路

5.45 試設計一個運算放大器電路，能執行下述運算：

$$v_o = 3v_1 - 2v_2$$

電路中之所有電阻必須小於等於 100 kΩ。

5.46 利用二個運算放大器，設計一個可執行下述運算解的電路：

$$-v_{\text{out}} = \frac{v_1 - v_2}{3} + \frac{v_3}{2}$$

5.7 節　差動放大器

5.47 如圖 5.73 所示電路為一個差動放大器，已知 $v_1 = 1$ V 且 $v_2 = 2$ V，試求 v_o。

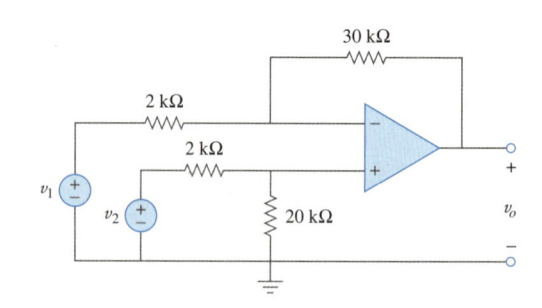

圖 5.73 習題 5.47 的電路

5.48 如圖 5.74 所示，電路是一個由電橋驅動的差動放大器，試求 v_o。

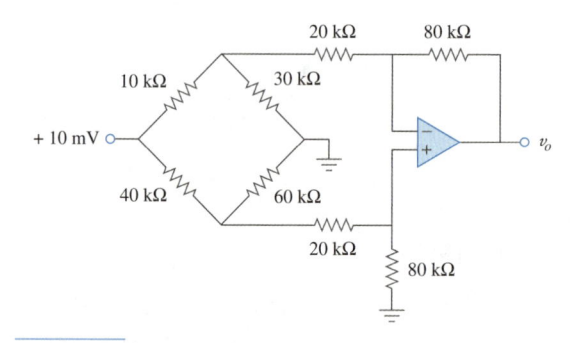

圖 5.74 習題 5.48 的電路

5.49 試設計一個具有增益為 4，每個輸入端的共模輸入電阻為 20 kΩ 的差動放大器。

5.50 試設計一個具有將二輸入信號之差放大 2.5 倍的電路：
(a) 只採用一個運算放大器。
(b) 使用二個運算放大器。

5.51 試使用二個運算放大器，設計一個減法器。

*5.52 試設計一個運算放大器電路，使得：

$$v_o = 4v_1 + 6v_2 - 3v_3 - 5v_4$$

令所有電阻值之範圍在 20 kΩ 至 200 kΩ 之間。

*5.53 一增益固定之一般的差動放大器如圖 5.75(a) 所示之電路,該放大器具有簡單且可靠性,除非增益要變為可以調整。一種可使該差動放大器增益可調整且又不失其簡單與精確性的方式是採用如圖 5.75(b) 所示之電路,另一種方式是採用如圖 5.75(c) 所示之電路,試證明:

(a) 對於如圖 5.75(a) 所示之電路,具有:

$$\frac{v_o}{v_i} = \frac{R_2}{R_1}$$

(b) 對於如圖 5.75(b) 所示之電路,具有:

$$\frac{v_o}{v_i} = \frac{R_2}{R_1} \frac{1}{1 + \frac{R_1}{2R_G}}$$

(c) 對於如圖 5.75(c) 所示之電路,具有:

$$\frac{v_o}{v_i} = \frac{R_2}{R_1}\left(1 + \frac{R_2}{2R_G}\right)$$

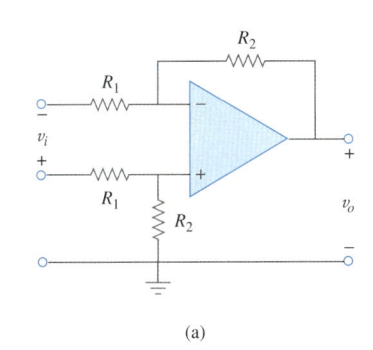

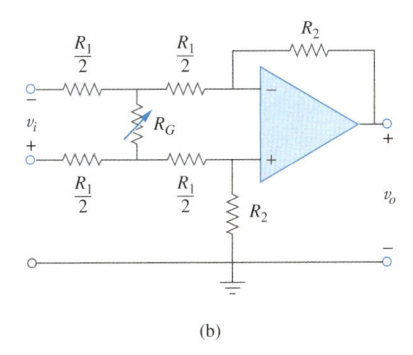

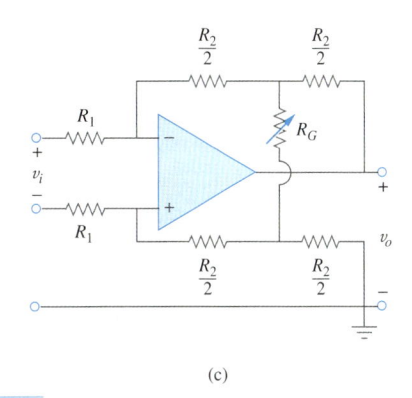

圖 5.75　習題 5.53 的電路

5.8 節　串級運算放大器電路

5.54 試決定如圖 5.76 所示運算放大器電路之電壓轉移比 v_o/v_s,其中 $R = 10\ \text{k}\Omega$。

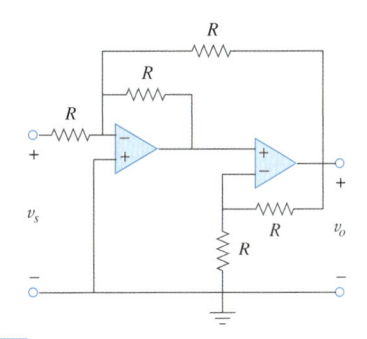

圖 5.76　習題 5.54 的電路

5.55 某電子設備中,需要一個具有總增益為 42 dB 的三級放大器。其中前二級的電壓增益彼此相等,而第三級的增益是前一級增益的四分之一。試求出每一級之電壓增益。

5.56 使用如圖 5.77 所示之電路,試設計一個問題幫助其他學生更瞭解串級運算放大器。

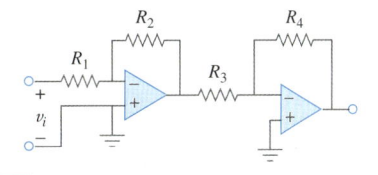

圖 5.77　習題 5.56 的電路

5.57 試求如圖 5.78 所示運算放大器電路中之 v_o。

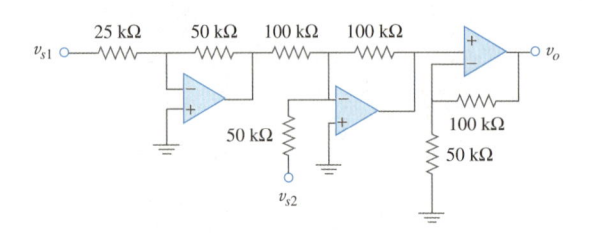

圖 5.78 習題 5.57 的電路

5.58 試計算如圖 5.79 所示運算放大器電路中之 i_o。

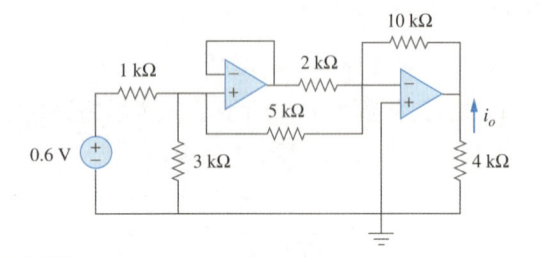

圖 5.79 習題 5.58 的電路

5.59 如圖 5.80 所示運算放大器之電路中，試決定電壓增益 v_o/v_s。其中取 $R = 10\ \mathrm{k\Omega}$。

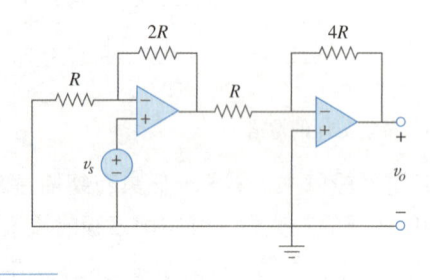

圖 5.80 習題 5.59 的電路

5.60 試計算如圖 5.81 所示運算放大器電路之 v_o/v_i。

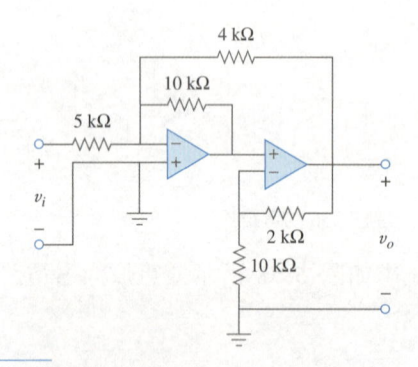

圖 5.81 習題 5.60 的電路

5.61 試計算如圖 5.82 所示電路中之 v_o。

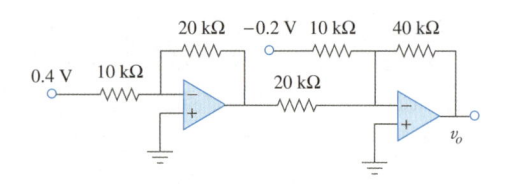

圖 5.82 習題 5.61 的電路

5.62 試計算如圖 5.83 所示電路之閉迴路電壓增益 v_o/v_i。

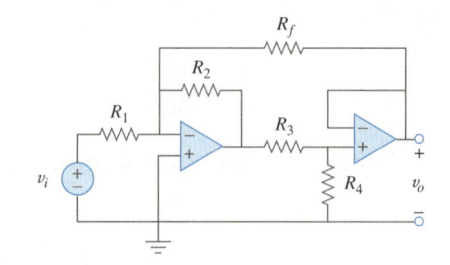

圖 5.83 習題 5.62 的電路

5.63 試計算如圖 5.84 所示電路之增益 v_o/v_i。

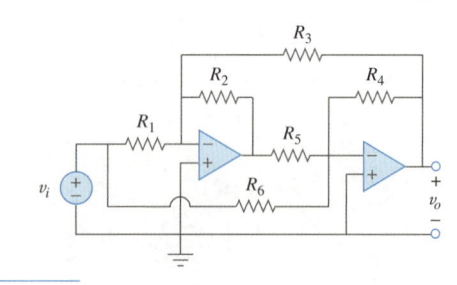

圖 5.84 習題 5.63 的電路

5.64 如圖 5.85 所示之運算放大器電路，試求 v_o/v_s。

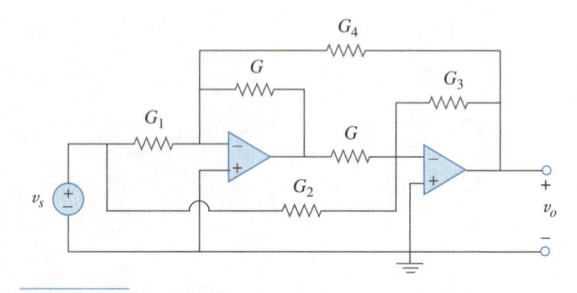

圖 5.85 習題 5.64 的電路

5.65 試求如圖 5.86 所示運算放大器電路中之 v_o。

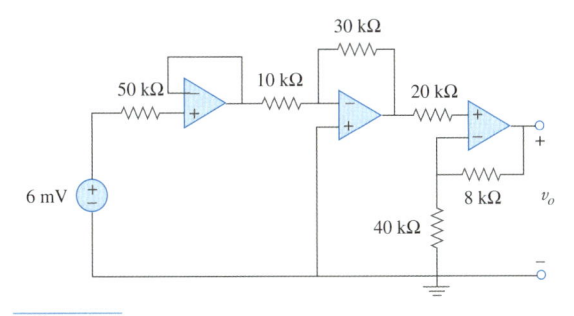

圖 5.86 習題 5.65 的電路

5.66 對於如圖 5.87 所示的電路，試求 v_o。

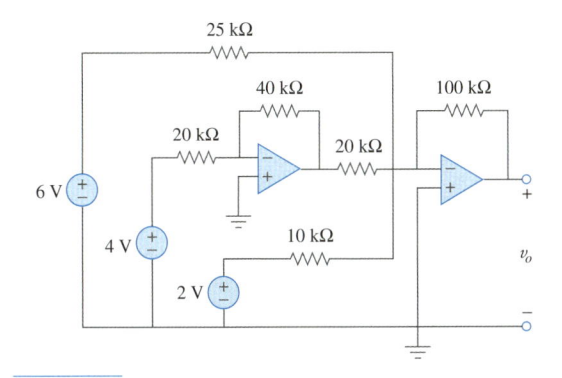

圖 5.87 習題 5.66 的電路

5.67 試求如圖 5.88 所示電路的輸出 v_o。

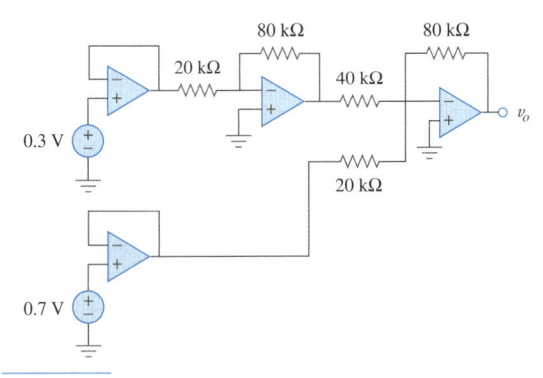

圖 5.88 習題 5.67 的電路

5.68 試求如圖 5.89 所示電路中之 v_o，假設 $R_f = \infty$（開路）。

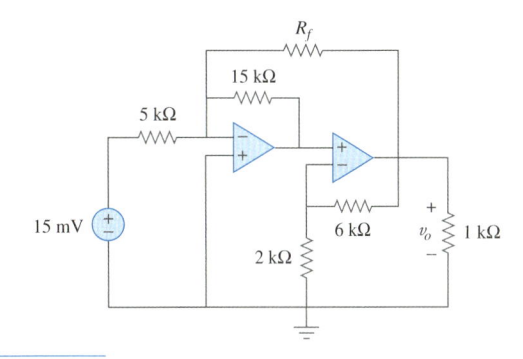

圖 5.89 習題 5.68 與 5.69 的電路

5.69 若 $R_f = 10$ kΩ，重做上一題。

5.70 試計算圖 5.90 所示運算放大器電路中之 v_o。

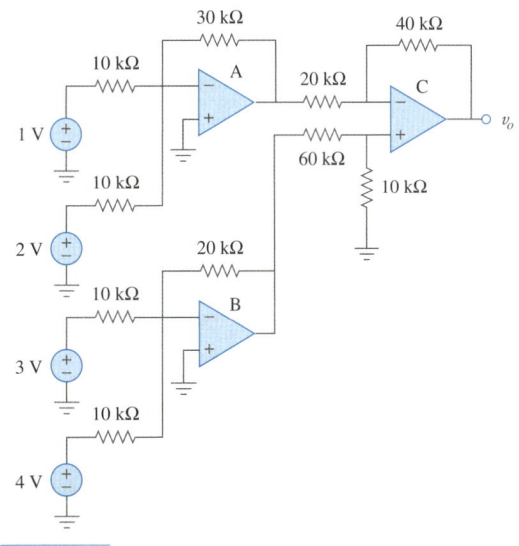

圖 5.90 習題 5.70 的電路

5.71 試計算如圖 5.91 所示運算放大器電路中之 v_o。

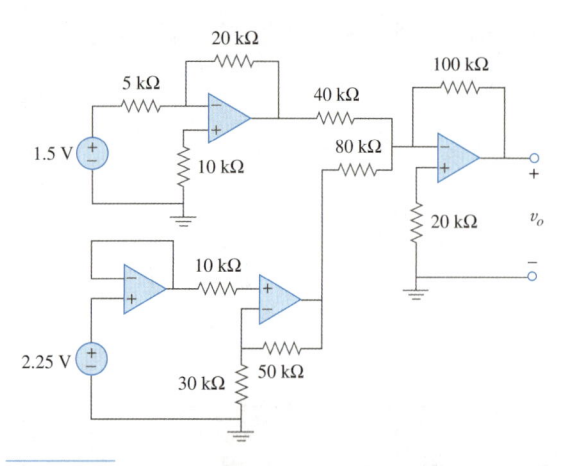

圖 5.91　習題 5.71 的電路

5.72 試求如圖 5.92 所示電路中，負載電壓 v_L。

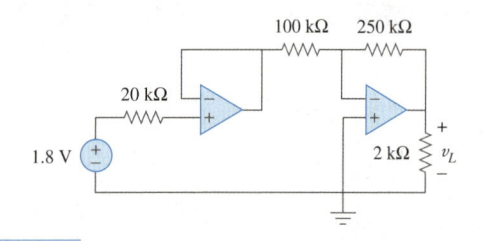

圖 5.92　習題 5.72 的電路

5.73 試計算如圖 5.93 所示電路中之負載電壓 v_L。

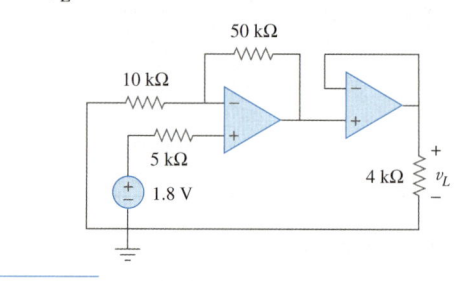

圖 5.93　習題 5.73 的電路

5.74 試計算如圖 5.94 所示電路中之電流 i_o。

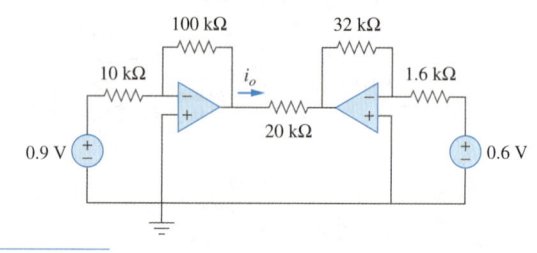

圖 5.94　習題 5.74 的電路

綜合題

5.75 試設計一個輸出電壓 v_o 與輸入電壓 v_s 之間的關係為 $v_o = 12v_s - 10$ 的電路，可用元件包括二個運算放大器、一個 6 V 電池和若干電阻器。

5.76 如圖 5.95 所示的運算放大器電路，是一個**電流放大器** (current amplifier)，試求出此放大器的電流增益 i_o/i_s。

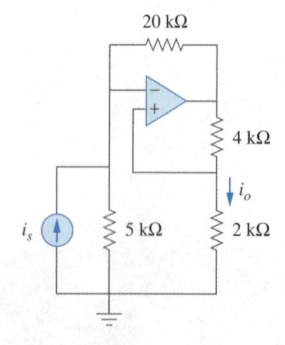

5.77 某一非反相電流放大器描述如圖 5.96 所示之電路，試計算增益 i_o/i_s。若取 $R_1 = 8\ \text{k}\Omega$，$R_2 = 1\ \text{k}\Omega$。

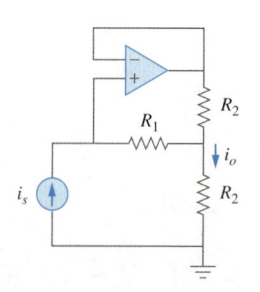

圖 5.96　綜合題 5.77 的電路

5.78 試計算如圖 5.97 所示之**橋式放大器** (bridge amplifier) 電路之電壓增益 v_o/v_i。

圖 5.95　綜合題 5.76 的電路

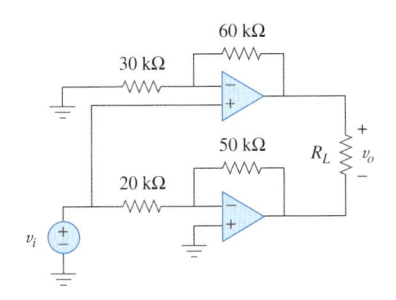

圖 5.97 綜合題 5.78 的電路

*5.79 某一電壓-電流轉換器如圖 5.98 所示之電路，若 $R_1R_2 = R_3R_4$，會使得 $i_L = Av_i$，試求常數 A。

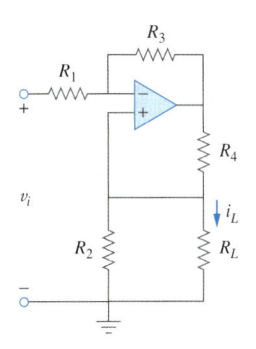

圖 5.98 綜合題 5.79 的電路

Chapter 6 一階電路

在科學上，功勞是歸於誰給全世界信服的人，不是給最先有想法的人。

—— 弗朗西斯・達爾文

加強你的技能與職能

ABET EC 2000 標準 (3.C)，"設計一個滿足要求的系統、元件或程序的能力。"

"設計滿足要求的系統、元件或程序的能力"是工程師被雇用的原因，也是成為工程師最重要的技術能力。有趣的是，工程師的成功與社交能力成正比，但其被雇用的首要原因是設計的能力。

當你面臨尋找的最終方案，是一個開放的問題時，設計就開始了。本書僅研究某些設計要素，依照我們介紹的解決問題步驟的方法，可教你學到設計過程中最重要的一些要素。

Photo by Charles Alexander

或許，設計中最重要的部分就是系統、元件、程序或問題的明確定義。但工程師幾乎不會被給予相當明確的任務。因此，身為學生，問題的設計可以透過問自己、問同學，或向教授提問，以培養提高明瞭問題定義的能力。

研究問題的不同解，是另一個設計過程的重要部分，再者，身為學生，可以練習所有問題的求解，來實踐這一設計過程。

所求解的驗證，對於工程任務上，是很重要的。同樣地，學生可以透過每個問題的求解，驗證其所得的解，來培養這方面的能力。

資訊工程職業

電機工程教育在近幾十年產生了劇變，大多數的電機工程系已改稱為電機與資訊工程系，以強調電腦所帶來的迅速改變。電腦占據了現代社會與教育的顯著地位。電腦已是隨處可見，而且正改變著研究、開發、生產、商業和娛樂的面貌。科學家、工程師、醫生、律師、教師、飛行員和商業人士——幾乎都因為電腦儲存大量資訊和處理資訊迅速的能力

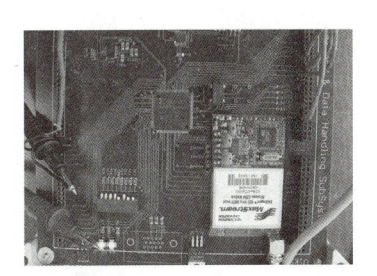

超大型積體 (VLSI) 電路的電腦設計。取材自克里夫蘭州立大學

175

而受益。網際網路，即電腦通訊網路，已成為商業、教育和圖書館科學的必備工具。電腦的應用將持續增長。

計算機工程教育應該廣泛提供軟體設計、硬體設計和基礎建模技術，而且應該包括資料結構、數位系統、計算機組織與結構、微處理器、計算機介面、軟體工程和作業系統等課程。

計算機工程專業的電機工程師可以在計算機行業和使用電腦的部門中找工作。軟體設計公司的數量和規模迅速增長，並為程式設計熟練者提供就業機會。加強電腦技能的絕佳方式是加入贊助雜誌、期刊和會議的 IEEE 計算機協會。

6.1 電容器與電感器簡介

至目前為止，學習的內容均限定在電阻性電路。本章將介紹二個新的、重要的被動線性電路元件：電容器與電感器。不像消耗能量的電阻器，電容器與電感器不消耗能量，且能儲存能量，供以後使用。因此，電容器與電感器被稱為**儲能元件** (storage element)。

> 不同於耗能不可逆的電阻，電感或電容能儲存或釋放能量 (即記憶功能)。

電阻性電路的應用有限，本章介紹電容器和電感器後，我們就可以分析更重要、更實用的電路了。第 3 章與第 4 章的電路分析方法，同樣適用於包括電容器和電感器的電路上。

本章首先介紹電容器以及探討如何以串聯或並聯方式混合。之後，以同樣方式介紹電感器。

6.2 電容器

電容器 (capacitors) 是將能量儲存在電場中的被動元件。除了電阻外，電容器也是很常用的電子元件。電容器被廣泛用於電子、通信、電腦及電力系統上。例如，收音機中接收器調節電路、計算機中的動態記憶體元件都會用到電容器。

電容器的典型結構，如圖 6.1 所示。

> **電容器可由二片導電板隔著絕緣體 (電介質) 構成。**

在實際應用中，導電板可以是鋁箔，而電介質可以是空氣、陶瓷、紙或雲母。

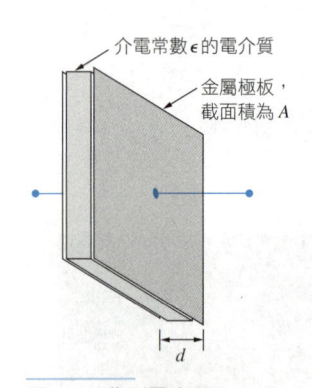

圖 6.1 典型電容器

～歷史人物～

麥克・法拉第 (Michael Faraday, 1791-1867),英國化學與物理學家,是當時最偉大的實驗科學家。

法拉第出生在倫敦附近,在英國皇家研究院與偉大的化學家漢弗萊・戴維 (Humphry Davy) 爵士一起工作了 54 年,實現他年少時的夢想。他在物理科學的各領域上都有貢獻,建立電解、陽極及陰極等術語。他在 1831 年發現電磁感應現象,提供一種發電原理,是工程上的一大突破。電動機及發電機的運作就是建立在此理論上。用其名字——法拉,命名為電容的單位來紀念他。

The Burndy Library Collection at The Huntington Library, San Marino, California.

當電壓源 v 接上電容器時,如圖 6.2 所示,電源會將正電荷 q 儲存在一個導電板上,而將負電荷 $-q$ 儲存在另一個板上,此時稱該電容器儲存電荷。所儲存的電荷量用 q 表示,與外加電容器的電壓 v 成正比,即

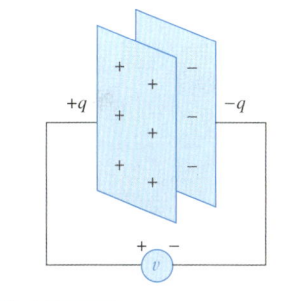

$$q = Cv \tag{6.1}$$

其中 C 為比例常數,稱為電容器的**電容** (capacitance)。電容的單位是法拉 (farad, F),是為紀念英國物理學家麥克・法拉第 (Michael Faraday, 1791-1867) 而命名的。由 (6.1) 式,可以推導出如下的電容定義:

圖 6.2 外加電壓源 v 的電容器

> 電容是指一電容器極板上之電荷量與極板間之電位差之比,
> 計量單位為法拉 (F)。

由 (6.1) 式可知,1 法拉 = 1 庫倫/伏特。

電容器的電容 C 等於每個導電極板上的電荷 q 與所外加電壓 v 的比,但電容並非由 q 或 v 決定,而是由電容器的物理特性來決定。例如,在圖 6.1 所示平行極板電容器中,其電容為

$$C = \frac{\epsilon A}{d} \tag{6.2}$$

> 由 (6.1) 式與 (6.2) 式的關係可知,電容器電壓的額定值通常與電容成反比。當 d 小,V 大時,可能出現電弧。

其中 A 為導電極板的截面積,d 為二極板的間距,ϵ 為二極板間電介質材料之介電常數。(6.2) 式只適用於平行極板電容器,由此可推,通常電容由三個因素決定:

1. 極板的截面積：面積越大，電容越大。
2. 極板的間隔：間隔越小，電容越大。
3. 介質材料的介電常數：介電常數越大，電容越大。

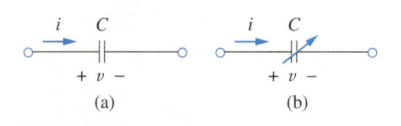

圖 6.3　電容器符號：(a) 固定電容器，(b) 可變電容器

商用電容器有不同容量值及形式。典型電容器的容量，通常在微微法拉 (pF) 到微法拉 (μF) 之範圍。可用固定或是可變的電介質材料來表示電容器的形式。圖 6.3 顯示固定電容器與可變電容器的電路元件符號。依被動符號規則，當 $v>0$ 且 $i>0$ 或者 $v<0$ 且 $i<0$ 時，電容器被充電；而當 $v \cdot i<0$ 時，則電容器進行放電。

圖 6.4 是固定電容器的幾種常用類型，聚酯電容器重量輕、穩定及溫度改變是可預測的。除了採用聚酯纖維為介電質材料外，還可以採用雲母、聚苯乙烯等介電質。薄膜電容器是製成捲狀，包在金屬或塑料薄膜中。電解電容器的容量非常大。圖 6.5 是二種最常見的可變電容器。微調電容器常與另一個電容器並聯連接，以微調等效電容值。可變空氣電容器 (網板) 的電容量可透過轉動軸來調整。可變電容器在收音機中用於調整接收不同的頻道。另外，電容器還可以用於阻隔直流、通過交流、移相、儲存能量、啟動馬達和抑制雜訊等。

為了得到電容的電流-電壓關係，需由 (6.1) 式推導。由

$$i = \frac{dq}{dt} \tag{6.3}$$

於是，(6.1) 式二邊取微分，可得

$$i = C\frac{dv}{dt} \tag{6.4}$$

此即被動符號規則下，電容器之電流-電壓關係式。該關係如圖 6.6 所示，圖中電容器的容量與電壓無關。滿

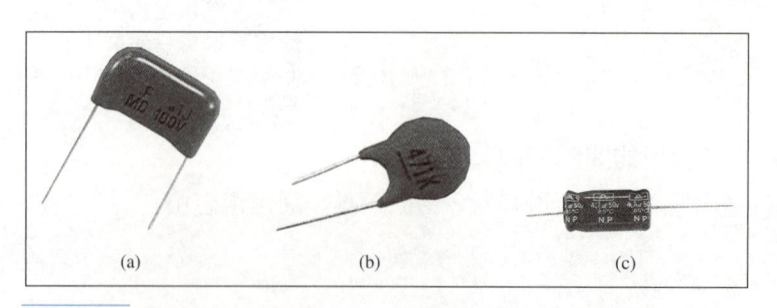

圖 6.4　固定電容器：(a) 聚酯電容器，(b) 陶瓷電容器，(c) 電解電容器

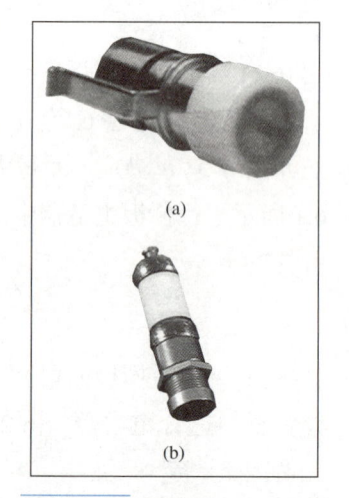

圖 6.5　可變電容器：(a) 微調電容器，(b) 薄膜微調電容器

足 (6.4) 式的電容器稱為**線性電容器** (linear capacitor)。對**非線性電容器** (nonlinear capacitor) 而言，其電流-電壓關係曲線是非直線。有些電容器是非線性的，但大多數的電容器都是線性的，本書只討論線性電容器。

由 (6.4) 式，要使電容器承載電流，其電壓必須隨時間改變。因此，對於固定常數的電壓值，電流 $i = 0$。

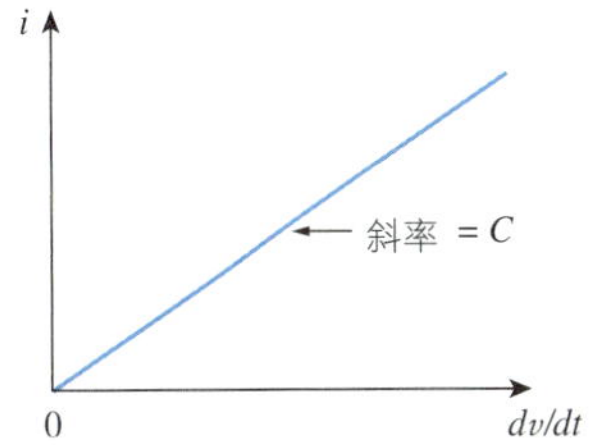

對 (6.4) 式，二邊取積分可以得到電容器的電壓-電流關係：

$$v(t) = \frac{1}{C}\int_{-\infty}^{t} i(\tau)d\tau \tag{6.5}$$

或

$$\boxed{v(t) = \frac{1}{C}\int_{t_0}^{t} i(\tau)d\tau + v(t_0)} \tag{6.6}$$

圖 6.6 電容器之電流-電壓關係圖

其中 $v(t_0) = q(t_0)/C$ 為在時間 t_0 時，電容器二端的電壓。(6.6) 式表示，電容器的電壓與流經電容器之電流有關。因此，電容器具記憶性——這是一常用的性質。

電容器的瞬時功率為

$$p = vi = Cv\frac{dv}{dt} \tag{6.7}$$

因此，電容器儲存的能量為

$$w = \int_{-\infty}^{t} p(\tau)d\tau = C\int_{-\infty}^{t} v\frac{dv}{d\tau}d\tau = C\int_{v(-\infty)}^{v(t)} v\, dv = \frac{1}{2}Cv^2\Big|_{v(-\infty)}^{v(t)} \tag{6.8}$$

在 $t = -\infty$ 時，因電容器未充電，則 $v(-\infty) = 0$，於是

$$\boxed{w = \frac{1}{2}Cv^2} \tag{6.9}$$

由 (6.1) 式，可將 (6.9) 式整理為

$$w = \frac{q^2}{2C} \tag{6.10}$$

(6.9) 式或 (6.10) 式表示電容器二極板間電場所儲存之能量。對於理想電容器是不消耗能量的，因此該能量可以再使用。實際上，電容器這一術語推演的由來，是該元件具在電場中儲存能量之能力。

電容器有如下重要性質：

1. 由 (6.4) 式，當電容器二端的電壓不隨時間改變 (即直流電壓) 時，流經電容器的電流為零。因此，

> 電容器在直流工作下，是開路。

但是，如果將電池 (直流電壓) 連接到電容器二端，電容器將會充電。

2. 電容器上的電壓必須是連續的。

> 電容器上的電壓不能突然改變。

電容器會反抗電壓的突然改變。由 (6.4) 式，不連續變化的電壓需要無限大的電流供應，物理上是不可能的。例如，電容器二端的電壓可以具有圖 6.7(a) 的形式，但圖 6.7(b) 的形式在物理上是不可能的，因其有突然的改變。相反地，流過電容器的電流可以瞬間變化。

3. 理想電容器不消耗能量。電容由電路取得功率後，儲存能量在其電場中，當有需要時，會傳遞儲存的能量給電路。

4. 實際的非理想電容器會並聯一個漏電阻，如圖 6.8 所示。漏電阻可高達 100 MΩ，在大多數的應用是可忽略不計的，因此本書假定電容器均為理想的。

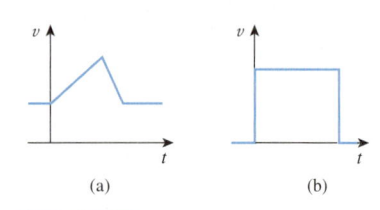

圖 6.7 電容器二端的電壓：(a) 允許，(b) 不允許；因電容器電壓不能突然改變

理解這一問題的另一種方法是利用 (6.9) 式，該式表示能量與電壓的平方成正比，而注入或提取能量只能等待一段有限的時間才能完成，因此電容器二端的電壓不能有突變。

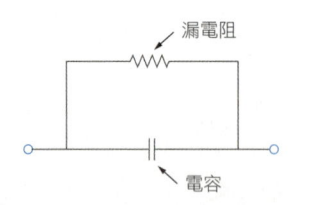

圖 6.8 非理想電容器電路模型

範例 6.1 (a) 試求 3 pF 電容器二端跨接 20 V 電壓時，其儲存的電荷量。
(b) 試求電容器儲存的能量。

解：(a) 由 $q = Cv$ 可得

$$q = 3 \times 10^{-12} \times 20 = 60 \text{ pC}$$

(b) 該電容器存儲的能量為

$$w = \frac{1}{2}Cv^2 = \frac{1}{2} \times 3 \times 10^{-12} \times 400 = 600 \text{ pJ}$$

練習題 6.1 對於 4.5 μF 的電容器，一個導電極板上儲存電荷為 0.12 mC，試求該電容器二端的電壓為多少？儲存能量為多少？

答：26.67 V, 1.6 mJ。

範例 6.2

若 5 μF 電容器二端的外加電壓為

$$v(t) = 10 \cos 6000t \text{ V}$$

試求流過的電流。

解：由定義，流過電容器的電流為

$$i(t) = C\frac{dv}{dt} = 5 \times 10^{-6} \frac{d}{dt}(10 \cos 6000t)$$
$$= -5 \times 10^{-6} \times 6000 \times 10 \sin 6000t = -0.3 \sin 6000t \text{ A}$$

練習題 6.2 若 10 μF 電容器二端的外加電壓為

$$v(t) = 75 \sin 2000t \text{ V}$$

試求其流過的電流。

答：$1.5 \cos 2000t$ A.

範例 6.3

若流經一 2 μF 電容器的電流為

$$i(t) = 6e^{-3000t} \text{ mA}$$

試求其電容器二端的電壓。假若該電容器二端的初始電壓為零。

解：由於 $v = \frac{1}{C}\int_0^t i\,dt + v(0)$ 且 $v(0) = 0$，

$$v = \frac{1}{2 \times 10^{-6}} \int_0^t 6e^{-3000t}\,dt \cdot 10^{-3}$$
$$= \frac{3 \times 10^3}{-3000} e^{-3000t}\bigg|_0^t = (1 - e^{-3000t}) \text{ V}$$

練習題 6.3 流經一 100 μF 電容器的電流為 $i(t) = 50 \sin 120\pi t$ mA，試求 $t = 1$ ms 與 $t = 5$ ms 時該電容器的電壓，其中 $v(0) = 0$。

答：93.14 mV, -1.736 V.

範例 6.4 一 200 μF 電容器二端的電壓如圖 6.9 所示，試決定流過該電容器的電流。

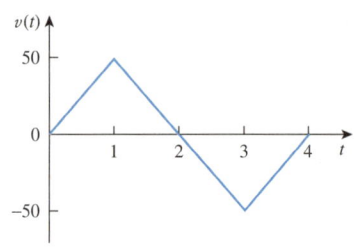

解： 電容器二端的電壓波形的數學表示式為

$$v(t) = \begin{cases} 50t \text{ V} & 0 < t < 1 \\ 100 - 50t \text{ V} & 1 < t < 3 \\ -200 + 50t \text{ V} & 3 < t < 4 \\ 0 & \text{其他} \end{cases}$$

圖 6.9 範例 6.4 的波形

因為 $i = C\, dv/dt$，且 $C = 200\, \mu F$，對 v 求微分可得

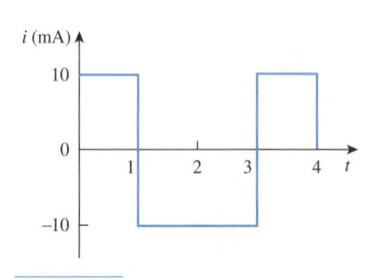

$$i(t) = 200 \times 10^{-6} \times \begin{cases} 50 & 0 < t < 1 \\ -50 & 1 < t < 3 \\ 50 & 3 < t < 4 \\ 0 & \text{其他} \end{cases}$$

$$= \begin{cases} 10 \text{ mA} & 0 < t < 1 \\ -10 \text{ mA} & 1 < t < 3 \\ 10 \text{ mA} & 3 < t < 4 \\ 0 & \text{其他} \end{cases}$$

圖 6.10 範例 6.4 的波形

故流經電容器的電流波形如圖 6.10 所示。

練習題 6.4 流經一初始未充電 1 mF 電容器之電流，如圖 6.11 所示，試求 $t = 2$ ms 與 $t = 5$ ms 時，該電容器二端的電壓。

答： 100 mV, 400 mV。

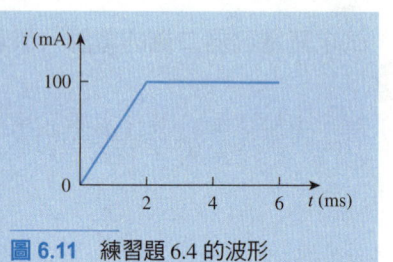

圖 6.11 練習題 6.4 的波形

範例 6.5 試求如圖 6.12(a) 所示，直流時各電容器所儲存的能量。

(a)

(b)

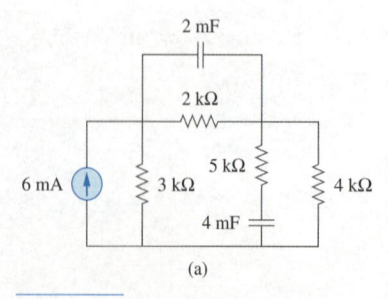

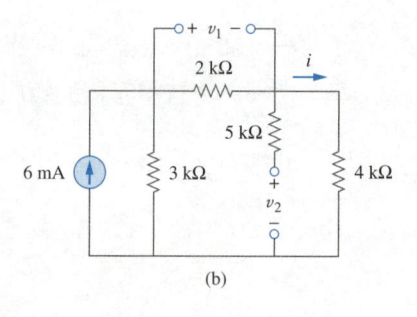

圖 6.12 範例 6.5 的電路

解：直流時，電容器為開路，可得如圖 6.12(b) 所示之直流等效電路。依電流分流，其流經 2 kΩ 與 4 kΩ 串聯支路的電流為

$$i = \frac{3}{3+2+4}(6 \text{ mA}) = 2 \text{ mA}$$

因此，電容器二端的壓降 v_1、v_2 分別為

$$v_1 = 2000i = 4 \text{ V} \qquad v_2 = 4000i = 8 \text{ V}$$

電容器所儲存的能量分別為

$$w_1 = \frac{1}{2}C_1 v_1^2 = \frac{1}{2}(2 \times 10^{-3})(4)^2 = 16 \text{ mJ}$$

$$w_2 = \frac{1}{2}C_2 v_2^2 = \frac{1}{2}(4 \times 10^{-3})(8)^2 = 128 \text{ mJ}$$

> **練習題 6.5** 直流條件下，如圖 6.13 所示，試求各電容器儲存的能量。
>
> **答**：20.25 mJ, 3.375 mJ.
>
> 圖 6.13 練習題 6.5 的電路

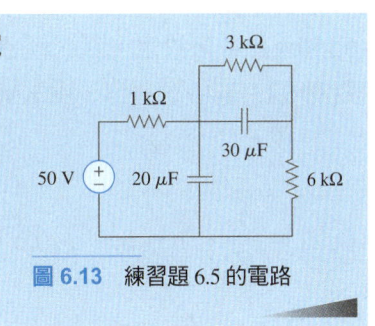

6.3 電容器的串聯與並聯

電阻串-並聯的合併是一個有力的簡化電路之工具。串-並聯合併的方法可擴展到電容器的串-並聯的合併上，亦可用一個等效電容 C_{eq} 來取代之。

為了求 N 個並聯電容的等效電容 C_{eq}，考慮如圖 6.14(a) 所示的電路，其等效電路如圖 6.14(b) 所示。注意：其各電容器二端具有相同的電壓 v，對圖 6.14(a) 所示電路，由 KCL 得到

$$i = i_1 + i_2 + i_3 + \cdots + i_N \tag{6.11}$$

且 $i_k = C_k \, dv/dt$，因此，

$$\begin{aligned} i &= C_1 \frac{dv}{dt} + C_2 \frac{dv}{dt} + C_3 \frac{dv}{dt} + \cdots + C_N \frac{dv}{dt} \\ &= \left(\sum_{k=1}^{N} C_k\right) \frac{dv}{dt} = C_{eq} \frac{dv}{dt} \end{aligned} \tag{6.12}$$

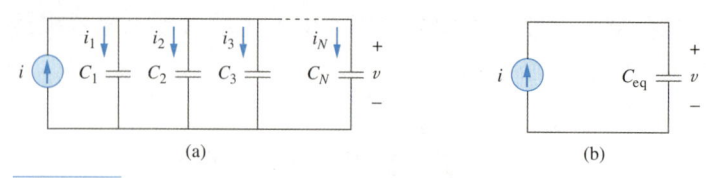

圖 6.14 (a) N 個電容器並聯，(b) 並聯等效電路

其中

$$C_{eq} = C_1 + C_2 + C_3 + \cdots + C_N \tag{6.13}$$

N 個並聯連接的電容器其等效電容等於該 N 個電容器電容之總和。

由此可知，並聯電容的合併方式與電阻串聯的合併方式相同。

為了求 N 個串聯電容器的等效電容 C_{eq}，由圖 6.15(a) 之電路與其等效電路圖 6.15(b) 比較來決定。因流經各電容器的電流 i 是相同的 (因而儲存有相同的電荷)，對圖 6.15(a) 中的迴路，由 KVL 可得

$$v = v_1 + v_2 + v_3 + \cdots + v_N \tag{6.14}$$

但 $v_k = \dfrac{1}{C_k} \displaystyle\int_{t_0}^{t} i(\tau)d\tau + v_k(t_0)$，因此，

$$\begin{aligned}
v &= \frac{1}{C_1}\int_{t_0}^{t} i(\tau)d\tau + v_1(t_0) + \frac{1}{C_2}\int_{t_0}^{t} i(\tau)d\tau + v_2(t_0) \\
&\quad + \cdots + \frac{1}{C_N}\int_{t_0}^{t} i(\tau)d\tau + v_N(t_0) \\
&= \left(\frac{1}{C_1} + \frac{1}{C_2} + \cdots + \frac{1}{C_N}\right)\int_{t_0}^{t} i(\tau)d\tau + v_1(t_0) + v_2(t_0) \\
&\quad + \cdots + v_N(t_0) \\
&= \frac{1}{C_{eq}}\int_{t_0}^{t} i(\tau)d\tau + v(t_0)
\end{aligned} \tag{6.15}$$

圖 6.15 (a) N 個電容器串聯，(b) 串聯等效電路

其中

$$\frac{1}{C_{eq}} = \frac{1}{C_1} + \frac{1}{C_2} + \frac{1}{C_3} + \cdots + \frac{1}{C_N} \tag{6.16}$$

由 KVL，C_{eq} 二端的初始電壓 $v(t_0)$ 等於 t_0 時各電容二端的電壓之和，或者由 (6.15) 式，

$$v(t_0) = v_1(t_0) + v_2(t_0) + \cdots + v_N(t_0)$$

因此，依據 (6.16) 式：

> 串聯電容器的等效電容的倒數等於各個電容器電容之倒數和。

由此可知，串聯電容器的合併方式與電阻並聯的合併方式相同。當 $N = 2$ (即二個電容器串聯) 時，(6.16) 式變為

$$\frac{1}{C_{eq}} = \frac{1}{C_1} + \frac{1}{C_2}$$

或

$$C_{eq} = \frac{C_1 C_2}{C_1 + C_2} \tag{6.17}$$

範例 6.6

試求如圖 6.16 所示電路中，由 a、b 二端看進去的等效電容。

解：20 μF 電容器與 5 μF 電容器串聯，其等效電容器為

$$\frac{20 \times 5}{20 + 5} = 4 \ \mu F$$

此 4 μF 電容器與 6 μF 電容器和 20 μF 電容器並聯；合併的等效電容為

$$4 + 6 + 20 = 30 \ \mu F$$

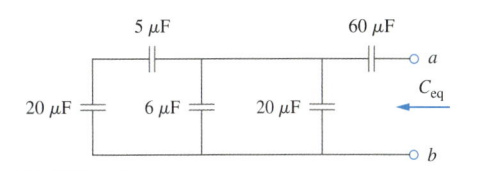

圖 6.16　範例 6.6 的電路

此 30 μF 電容器與 60 μF 電容器串聯。因此，整個電路的等效電容為

$$C_{eq} = \frac{30 \times 60}{30 + 60} = 20 \ \mu F$$

練習題 6.6 試求如圖 6.17 所示電路中，由端口看進去的等效電容。

答：$40\ \mu\text{F}$.

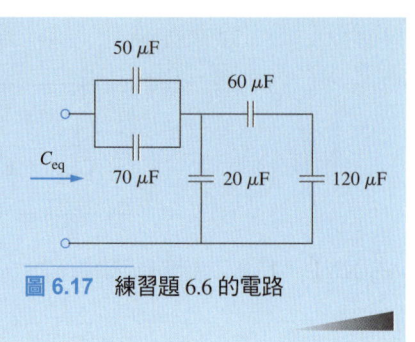

圖 6.17 練習題 6.6 的電路

範例 6.7 試求如圖 6.18 所示電路，各電容器二端的電壓。

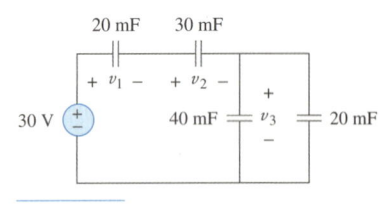

圖 6.18 範例 6.7 的電路

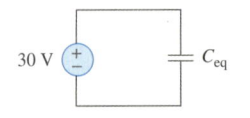

圖 6.19 圖 6.18 的等效電路

解：首先求出如圖 6.19 所示的等效電容 C_{eq}。圖 6.18 中二個並聯的電容器可以合併為 $40 + 20 = 60$ mF，該 60 mF 電容器又與 20 mF 電容器和 30 mF 電容器串聯，因此，

$$C_{eq} = \frac{1}{\frac{1}{60} + \frac{1}{30} + \frac{1}{20}}\ \text{mF} = 10\ \text{mF}$$

總電荷量為

$$q = C_{eq}v = 10 \times 10^{-3} \times 30 = 0.3\ \text{C}$$

這是 20 mF 與 30 mF 電容器上的電荷，因為二者與 30 V 電源是串聯的。(粗略地將電荷比作電流，因為 $i = dq/dt$。) 因此，

$$v_1 = \frac{q}{C_1} = \frac{0.3}{20 \times 10^{-3}} = 15\ \text{V} \qquad v_2 = \frac{q}{C_2} = \frac{0.3}{30 \times 10^{-3}} = 10\ \text{V}$$

決定 v_1 與 v_2 後，再由 KVL 即可以確定 v_3 為

$$v_3 = 30 - v_1 - v_2 = 5\ \text{V}$$

另外，由於 40 mF 與 20 mF 二個電容器並聯，所以它們二端的電壓相同，均為 v_3。則合併後之電容為 $40 + 20 = 60$ mF。此合併後的電容，又與 20 mF 和 30 mF 電容器串聯，因而具有相同的電荷，所以，

$$v_3 = \frac{q}{60\ \text{mF}} = \frac{0.3}{60 \times 10^{-3}} = 5\ \text{V}$$

練習題 6.7 試求如圖 6.20 所示電路中，各電容器二端的電壓。

答： $v_1 = 45$ V, $v_2 = 45$ V, $v_3 = 15$ V, $v_4 = 30$ V.

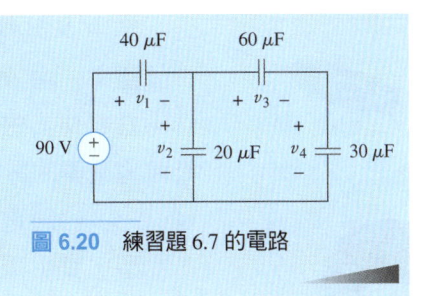

圖 6.20 練習題 6.7 的電路

6.4 電感器

電感器 (inductors) 是一種將能量儲存於其磁場中的被動元件。電感器在電子與電力系統中有許多應用，運用於電源供應器、變壓器、收音機、電視機、雷達及電動機方面。

任何電流導體都具有電磁感應的特性，可視為一個電感器。但為了強化其電磁效應，實際的電感器通常會由許多導線纏繞成圓柱線圈所組成，如圖 6.21 所示。

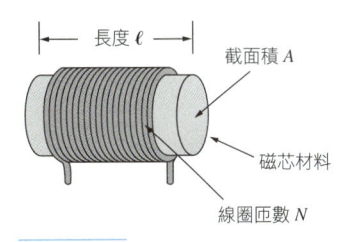

圖 6.21 典型的電感器

> 電感器由導線線圈所組成。

如果有電流通過電感器，則電感器二端的感應電壓會與電流隨時間的變化率成正比。根據被動符號規則，有

$$v = L \frac{di}{dt} \tag{6.18}$$

其中 L 為比例常數，稱為電感器的**電感** (inductance)。電感的單位是亨利 (henry, H)，是為了紀念美國發明家約瑟夫・亨利 (Joseph Henry, 1797-1878)，而以他的名字命名。由 (6.18) 式可知，1 亨利等於 1 伏特-秒/安培。

> 由 (6.18) 式可以看出，電感器二端要有電壓，其電流需隨時間而改變。因此，通過電感器的電流恆定 (即直流) 時，其感應的電壓 $v = 0$。

> 電感是反映一電感器反抗流經其電流變化的特性，單位為亨利 (H)。

電感器的電感大小是由其物理尺寸與結構所決定。由電磁理論可以推出不同形狀電感器之電感的公式，也可由標準電機工程手冊中查到。例如，如圖 6.21 所示的電感器 (螺旋管)，其電感為

$$L = \frac{N^2 \mu A}{\ell} \tag{6.19}$$

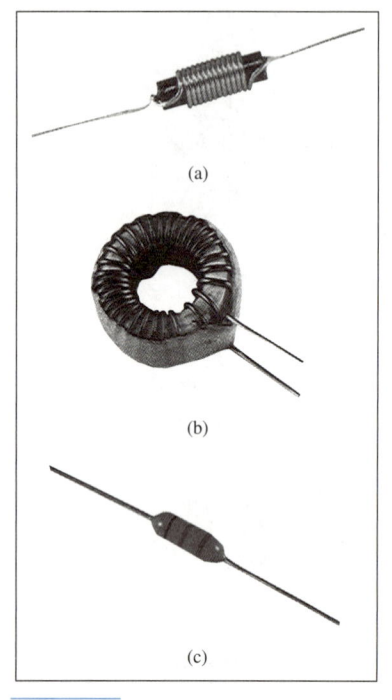

其中 N 為線圈匝數，ℓ 為長度，A 為截面積，μ 為磁芯的導磁率。由 (6.19) 式可知，增加線圈匝數、選用較高導磁率的材料作為磁芯、加大螺旋管截面積或減少線圈長度皆可增加電感器的電感值。

如同電容器，商用電感器也分不同的電感和不同的類型。實用電感器的典型電感通常從微亨利 (μH) 到數十亨利 (H)，前者應用於通信系統中，後者則應用於電力系統。電感器也分有固定電感器及可變電感器，其磁芯材料有鐵、鋼、塑膠或空氣。電感器也可使用**線圈電感** (coil) 及**繞線電感** (choke) 的名稱。一般的電感器，如圖 6.22 所示，符合被動符號規則之電感器的電路符號，如圖 6.23 所示。

(6.18) 式為電感器的電壓-電流關係式，如圖 6.24 所示，表示電感器與電流無關之電壓-電流關係圖。如此之電感器，稱為**線性電感器** (linear inductor)。而**非線性電感器** (nonlinear inductor)，因電感會隨著電流之改變，所以 (6.18) 式之曲線並非一直線。除非特別說明，本書討論之電感器均為線性電感器。

由 (6.18) 式，可得電感器之電流-電壓關係為

$$di = \frac{1}{L} v \, dt$$

二邊積分可得

$$i = \frac{1}{L} \int_{-\infty}^{t} v(\tau) \, d\tau \tag{6.20}$$

或

$$\boxed{i = \frac{1}{L} \int_{t_0}^{t} v(\tau) \, d\tau + i(t_0)} \tag{6.21}$$

其中 $i(t_0)$ 為 $-\infty < t < t_0$ 且 $i(-\infty) = 0$ 的總電流。因電感器之前沒有電流通過，因此 $i(-\infty) = 0$ 是實際及合理的。

電感器是將能量儲存於磁場的被動元件，由 (6.18) 式，可得電感器儲存之能量。傳遞給電感的功率為

$$p = vi = \left(L \frac{di}{dt} \right) i \tag{6.22}$$

圖 6.22 不同形式的電感器：(a) 螺線管電感器，(b) 環形電感器，(c) 晶片電感器 (美國科技提供)

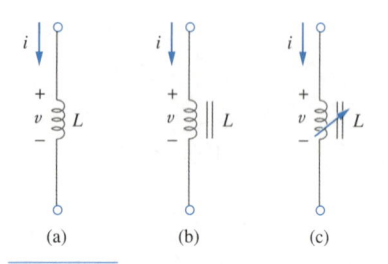

圖 6.23 電感器電路符號：(a) 空心電感器，(b) 鐵芯電感器，(c) 可變鐵芯電感器

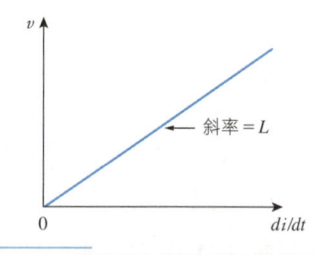

圖 6.24 電感器之電壓-電流關係圖

～歷史人物～

約瑟夫‧亨利 (Joseph Henry, 1797-1878),美國物理學家,發現了電感並研製出電動機。

亨利生於紐約州的奧爾巴尼 (Albany)。他畢業於奧爾巴尼研究院 (Albany Academy),於 1832 年至 1846 年在普林斯頓大學 (Princeton University) 任教,講授哲學,並且是史密森學會 (Smithsonian Institution) 的第一任會長。他在電磁學方面做了很多實驗,研製出具有強大電磁力而能夠舉起數千磅重物的電磁體。有趣的是,亨利在法拉第之前就發現了電磁感應現象,但卻沒有發表他的成果。電感的單位——亨利就是以他的名字命名的。

NOAA's People Collection

則儲存之能量為

$$w = \int_{-\infty}^{t} p(\tau)\,d\tau = L\int_{-\infty}^{t} \frac{di}{d\tau}\,i\,d\tau \\ = L\int_{-\infty}^{t} i\,di = \frac{1}{2}Li^2(t) - \frac{1}{2}Li^2(-\infty)$$
(6.23)

因 $i(-\infty) = 0$,

$$\boxed{w = \frac{1}{2}Li^2}$$
(6.24)

電感器之重要性質如下:

1. 由 (6.18) 式可知,當流經電感器的電流為常數時,則電感器二端的電壓為零,因此

在直流中,電感器如同短路。

2. 電感器的一個重要特性是反抗其流過電流的變化。

流經電感器的電流無法瞬間改變。

由 (6.18) 式,不連續的電流流經電感器會感應無窮大的電壓,這在物理上是不可能的。因此,電感器會反抗流經它的電流發生瞬間的變化。例如,流經電感器的電流可以如圖 6.25(a) 所示的形式,但不能具有如圖 6.25(b) 所示之不連續的形式。然而,電感器二端的電壓可以突然改變。

3. 如同理想電容器,理想電感器也不消耗能量。電感器的儲能可供之後提取使用。當電感器由電路中提取功率,並儲存能量。

> 由於電感器通常由良導體製成,所以其電阻值非常小。

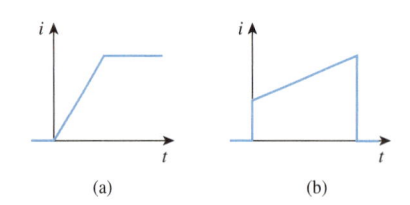

圖 6.25　流過電感器的電流：(a) 允許，(b) 不允許；突然改變的電流是不可能的

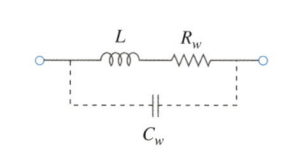

圖 6.26　實際電感器的電路模型

電感器釋放之前的儲量，可傳遞功率給電路使用。

4. 實際上，非理想電感器有一個重要的電阻值，如圖 6.26 所示。此乃因電感器一般是由銅等良導電線材料製成，而導電材料會有電阻值。此電阻值稱為**繞線電阻** (winding resistance) R_w，其與電感器串聯。R_w 使得電感器為一個儲能元件及一個耗能元件。此 R_w 通常很小，一般可以忽略。由於線圈間的電容性耦合，在非理想電感器，也存在一**繞線電容** (winding capacitance) C_w。而此 C_w 通常亦很小，除非在高頻下，否則亦可忽略不計。本書假定為理想電感器。

範例 6.8　若流經一 0.1 H 電感器的電流為 $i(t) = 10te^{-5t}$ A，試求該電感器之端電壓及其儲存的能量。

解： 由於 $v = L\, di/dt$ 並且 $L = 0.1$ H，所以

$$v = 0.1\frac{d}{dt}(10te^{-5t}) = e^{-5t} + t(-5)e^{-5t} = e^{-5t}(1 - 5t) \text{ V}$$

則電感器儲存的能量為

$$w = \frac{1}{2}Li^2 = \frac{1}{2}(0.1)100t^2 e^{-10t} = 5t^2 e^{-10t} \text{ J}$$

練習題 6.8　若流經一 1 mH 電感器的電流為 $i(t) = 60 \cos 100t$ mA，試求該電感器二端之電壓及所儲存的能量。

答： $-6 \sin 100t$ mV, $1.8 \cos^2(100t)$ μJ。

範例 6.9　若一 5 H 電感器二端的電壓為

$$v(t) = \begin{cases} 30t^2, & t > 0 \\ 0, & t < 0 \end{cases}$$

試求流過的電流,以及在時間 $t = 5$ s 時所儲存的能量。假設 $i(v) > 0$。

解:由於 $i = \dfrac{1}{L}\displaystyle\int_{t_0}^{t} v(t)\, dt + i(t_0)$ 且 $L = 5$ H,所以

$$i = \frac{1}{5}\int_{0}^{t} 30t^2\, dt + 0 = 6 \times \frac{t^3}{3} = 2t^3 \text{ A}$$

功率 $p = vi = 60t^5$,因此其儲能為

$$w = \int p\, dt = \int_{0}^{5} 60t^5\, dt = 60\left.\frac{t^6}{6}\right|_{0}^{5} = 156.25 \text{ kJ}$$

另外,亦可由 (6.24) 式,確定電感器的儲能,即

$$w\Big|_{0}^{5} = \frac{1}{2}Li^2(5) - \frac{1}{2}Li(0) = \frac{1}{2}(5)(2 \times 5^3)^2 - 0 = 156.25 \text{ kJ}$$

同上述結果。

> **練習題 6.9** 一 2 H 電感器的端電壓為 $v = 10(1 - t)$ V,試求在時間 $t = 4$ s 時,流過的電流,以及在 $t = 4$ s 時所儲存的能量,假設 $i(0) = 2$ A。
>
> **答**:-18 A, 320 J.

考慮如圖 6.27(a) 所示之電路,在直流情況下,試求:(a) i、v_C 與 i_L,(b) 電容器及電感器中所儲存的能量。 **範例 6.10**

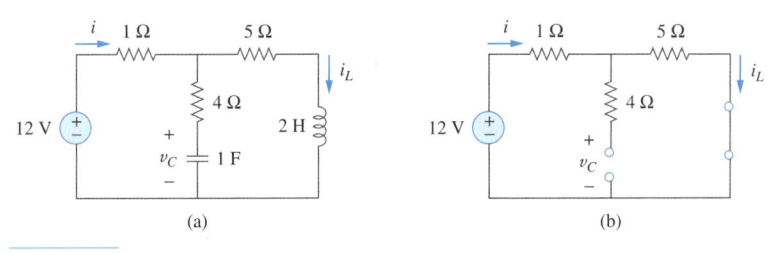

圖 6.27 範例 6.10 的電路

解:(a) 直流下,電容器用開路取代,電感器用短路取代,可得到如圖 6.27(b) 所示的直流等效電路。由圖 6.27(b) 可得

$$i = i_L = \frac{12}{1 + 5} = 2 \text{ A}$$

電壓 v_C 與 5 Ω 電阻的端壓相同，因此

$$v_C = 5i = 10 \text{ V}$$

(b) 電容器儲能為

$$w_C = \frac{1}{2}Cv_C^2 = \frac{1}{2}(1)(10^2) = 50 \text{ J}$$

及電感器的儲能為

$$w_L = \frac{1}{2}Li_L^2 = \frac{1}{2}(2)(2^2) = 4 \text{ J}$$

> **練習題 6.10** 試計算如圖 6.28 所示電路，直流下 v_C、i_L 以及電容器和電感器中所儲存的能量。
>
> **答**：15 V, 7.5 A, 450 J, 168.75 J.
>
> **圖 6.28** 練習題 6.10 的電路

6.5 電感器的串聯與並聯

既然將電感器加入被動元件的行列，需將串-並聯合併有用的工具延伸到此被動元件上。我們要瞭解如何在實際電路中，找出串聯或並聯時的等效電感。

考慮 N 個電感器串聯的情況，如圖 6.29(a) 所示，其等效電路如圖 6.29(b) 所示。流經串聯電感的電流相同，在迴路，利用 KVL 可得

$$v = v_1 + v_2 + v_3 + \cdots + v_N \tag{6.25}$$

將 $v = L_k \, di/dt$ 代入，可得

$$\begin{aligned} v &= L_1\frac{di}{dt} + L_2\frac{di}{dt} + L_3\frac{di}{dt} + \cdots + L_N\frac{di}{dt} \\ &= (L_1 + L_2 + L_3 + \cdots + L_N)\frac{di}{dt} \\ &= \left(\sum_{k=1}^{N} L_k\right)\frac{di}{dt} = L_{eq}\frac{di}{dt} \end{aligned} \tag{6.26}$$

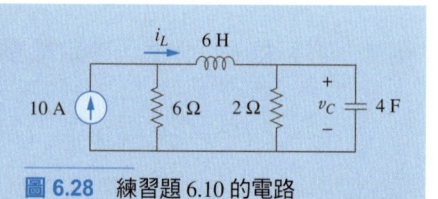

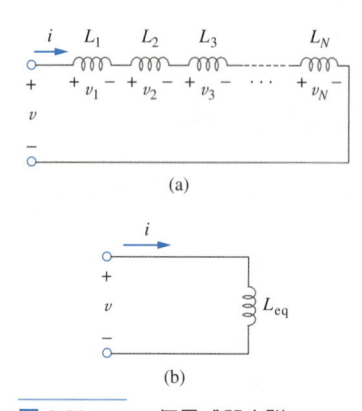

圖 6.29 (a) N 個電感器串聯，(b) 串聯等效電路

其中

$$L_{eq} = L_1 + L_2 + L_3 + \cdots + L_N \tag{6.27}$$

因此,

串聯電感器的等效電感等於各個電感之和。

電感器串聯的合併方式與電阻器串聯的合併方式完全相同。

考慮 N 個電感器並聯的情況,如圖 6.30(a) 所示,其等效電路如圖 6.30(b) 所示。並聯電感器二端具有相同的端電壓,由 KCL 可得

$$i = i_1 + i_2 + i_3 + \cdots + i_N \tag{6.28}$$

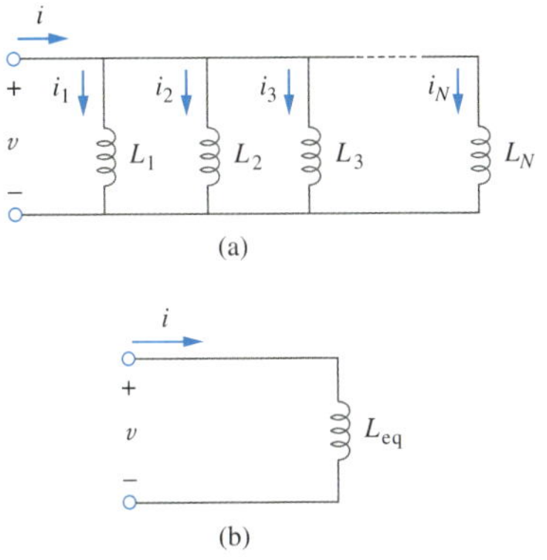

但 $i_k = \dfrac{1}{L_k} \displaystyle\int_{t_0}^{t} v \, dt + i_k(t_0)$;因此,

$$\begin{aligned}
i &= \frac{1}{L_1}\int_{t_0}^{t} v \, dt + i_1(t_0) + \frac{1}{L_2}\int_{t_0}^{t} v \, dt + i_2(t_0) \\
&\quad + \cdots + \frac{1}{L_N}\int_{t_0}^{t} v \, dt + i_N(t_0) \\
&= \left(\frac{1}{L_1} + \frac{1}{L_2} + \cdots + \frac{1}{L_N}\right)\int_{t_0}^{t} v \, dt + i_1(t_0) + i_2(t_0) \\
&\quad + \cdots + i_N(t_0) \\
&= \left(\sum_{k=1}^{N}\frac{1}{L_k}\right)\int_{t_0}^{t} v \, dt + \sum_{k=1}^{N} i_k(t_0) = \frac{1}{L_{eq}}\int_{t_0}^{t} v \, dt + i(t_0)
\end{aligned} \tag{6.29}$$

圖 6.30 (a) N 個電感器並聯,(b) 並聯等效電路

其中

$$\frac{1}{L_{eq}} = \frac{1}{L_1} + \frac{1}{L_2} + \frac{1}{L_3} + \cdots + \frac{1}{L_N} \tag{6.30}$$

由 KCL,初始電流 $i(t_0)$ 是在 $t = t_0$ 時,流經 L_{eq} 的電流,等於在 t_0 時流經各電感器的電流的總和,因此由 (6.29) 式,

$$i(t_0) = i_1(t_0) + i_2(t_0) + \cdots + i_N(t_0)$$

根據 (6.30) 式,

並聯電感器的等效電感的倒數等於各個電感倒數和。

表 6.1　三個基本元件的重要特性†

關係	電阻器 (**R**)	電容器 (**C**)	電感器 (**L**)
v-i：	$v = iR$	$v = \dfrac{1}{C}\displaystyle\int_{t_0}^{t} i(\tau)d\tau + v(t_0)$	$v = L\dfrac{di}{dt}$
i-v：	$i = v/R$	$i = C\dfrac{dv}{dt}$	$i = \dfrac{1}{L}\displaystyle\int_{t_0}^{t} v(\tau)d\tau + i(t_0)$
p 或 w：	$p = i^2R = \dfrac{v^2}{R}$	$w = \dfrac{1}{2}Cv^2$	$w = \dfrac{1}{2}Li^2$
串聯：	$R_{eq} = R_1 + R_2$	$C_{eq} = \dfrac{C_1 C_2}{C_1 + C_2}$	$L_{eq} = L_1 + L_2$
並聯：	$R_{eq} = \dfrac{R_1 R_2}{R_1 + R_2}$	$C_{eq} = C_1 + C_2$	$L_{eq} = \dfrac{L_1 L_2}{L_1 + L_2}$
直流下：	相同	開路	短路
電路變量不能瞬間突變：	不適用	v	i

† 假設為被動符號規則。

由此可知，電感器並聯的合併與電阻器並聯的合併方式相同。

對於二並聯的電感器 ($N = 2$) 而言，(6.30) 式為

$$\frac{1}{L_{eq}} = \frac{1}{L_1} + \frac{1}{L_2} \qquad \text{或} \qquad L_{eq} = \frac{L_1 L_2}{L_1 + L_2} \tag{6.31}$$

只要所有元件有相同類型，2.7 節討論之電阻的 Δ-Y 轉換可以擴展至電容和電感。

將學過的三個基本電路元件最重要的特性，整理在表 6.1 中。

2.7 節的電阻 Y-Δ 轉換，亦可擴展到電容及電感。

範例 6.11　試求圖 6.31 所示電路的等效電感。

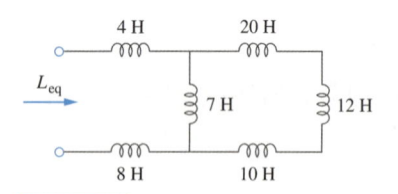

解： 10 H、12 H 和 20 H 三個電感器串聯，因此可合併成一 42 H 的電感器。該 42 H 電感器與 7 H 電感器並聯，合併後的電感器為

$$\frac{7 \times 42}{7 + 42} = 6 \text{ H}$$

此 6 H 電感器又與 4 H 和 8 H 電感器串聯，所以

$$L_{eq} = 4 + 6 + 8 = 18 \text{ H}$$

圖 6.31　範例 6.11 的電路

練習題 6.11 試計算圖 6.32 所示電感梯形網路的等效電感。

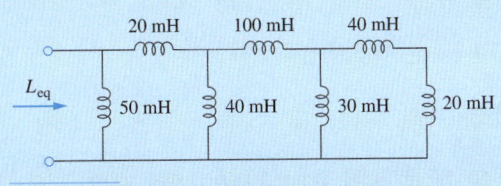

圖 6.32 練習題 6.11 的電路

答：25 mH.

範例 6.12

如圖 6.33 所示電路中，$i(t) = 4(2 - e^{-10t})$，若 $i_2(0) = -1$ mA，試求：(a) $i_1(0)$，(b) $v(t)$、$v_1(t)$ 及 $v_2(t)$，(c) $i_1(t)$ 及 $i_2(t)$。

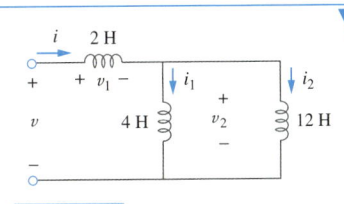

圖 6.33 範例 6.12 的電路

解：(a) 由 $i(t) = 4(2 - e^{-10t})$ mA，可得 $i(0) = 4(2-1) = 4$ mA。由於 $i = i_1 + i_2$，

$$i_1(0) = i(0) - i_2(0) = 4 - (-1) = 5 \text{ mA}$$

(b) 等效電感

$$L_{\text{eq}} = 2 + 4 \parallel 12 = 2 + 3 = 5 \text{ H}$$

因此，

$$v(t) = L_{\text{eq}} \frac{di}{dt} = 5(4)(-1)(-10)e^{-10t} \text{ mV} = 200 e^{-10t} \text{ mV}$$

及

$$v_1(t) = 2 \frac{di}{dt} = 2(-4)(-10)e^{-10t} \text{ mV} = 80 e^{-10t} \text{ mV}$$

又因 $v = v_1 + v_2$，則

$$v_2(t) = v(t) - v_1(t) = 120 e^{-10t} \text{ mV}$$

(c) 電流 i_1 為

$$i_1(t) = \frac{1}{4} \int_0^t v_2 \, dt + i_1(0) = \frac{120}{4} \int_0^t e^{-10t} \, dt + 5 \text{ mA}$$
$$= -3 e^{-10t} \Big|_0^t + 5 \text{ mA} = -3 e^{-10t} + 3 + 5 = 8 - 3 e^{-10t} \text{ mA}$$

同理，

$$i_2(t) = \frac{1}{12}\int_0^t v_2\, dt + i_2(0) = \frac{120}{12}\int_0^t e^{-10t}\, dt - 1 \text{ mA}$$
$$= -e^{-10t}\Big|_0^t - 1 \text{ mA} = -e^{-10t} + 1 - 1 = -e^{-10t} \text{ mA}$$

由此可知，$i_1(t) + i_2(t) = i(t)$。

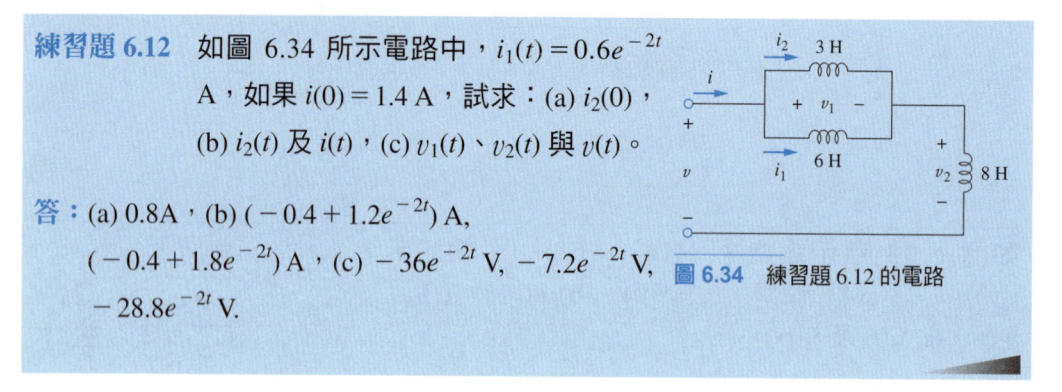

> **練習題 6.12** 如圖 6.34 所示電路中，$i_1(t) = 0.6e^{-2t}$ A，如果 $i(0) = 1.4$ A，試求：(a) $i_2(0)$，(b) $i_2(t)$ 及 $i(t)$，(c) $v_1(t)$、$v_2(t)$ 與 $v(t)$。
>
> **答**：(a) 0.8A，(b) $(-0.4 + 1.2e^{-2t})$ A，$(-0.4 + 1.8e^{-2t})$ A，(c) $-36e^{-2t}$ V，$-7.2e^{-2t}$ V，$-28.8e^{-2t}$ V。
>
> **圖 6.34** 練習題 6.12 的電路

6.6　一階電路簡介

　　到目前我們已經分別介紹了三種被動元件 (電阻器、電容器和電感器) 與一種主動元件 (運算放大器)，為介紹包含混合二種或三種被動元件的電路做準備。本章將介紹二種簡單電路：一種是由電阻和電容組成的電路；另一種則是由電阻和電感組成的電路，分別稱為 RC 電路和 RL 電路。我們將看到這些簡單的電路不斷地被應用在電子、通訊和控制系統之中。

　　與分析電阻電路一樣，可以利用克希荷夫定律來分析 RC 電路和 RL 電路。唯一的差別是，應用克希荷夫定律在純電阻電路是得到代數方程式，而應用於 RC 或 RL 電路時則得到微分方程式，且微分方程式比代數方程式更難求解。應用克希荷夫定律分析 RC 或 RL 電路所得的是一階微分方程式。因此，這些電路被統稱為**一階電路** (first-order circuits)。

> 一階電路的特徵可由一階微分方程式來表示。

　　一階電路有二種 (RC 和 RL)，激發電路的方式也有二種。第一種方式是由電路中儲能元件的初始條件來激發，稱為**無源電路** (source-free circuits)，假設初始能量是儲存在電容器或電感器中，這能量產生了流入電路的電流，且此能量逐漸消耗於電阻器中。雖然無源電路沒有獨立電源，但可能存在相依電源。第二種方式是由獨立電源來激發一階電路。本章的獨立電源將使用直流電源 (後續章節將介紹正弦電源和指數電源)。二種類型的一階電路加上二種激發它們的方法，則有四種組合狀況，本章將研究這四種可能的組合狀況。

6.7 無源 *RC* 電路

無源 *RC* 電路的情況是發生在突然斷開電路的直流電源,而已經儲存在電容器的能量將被釋放到電阻器上。

如圖 6.35 所示,考慮一個電阻器和一個已經充電電容器的串聯組合。(其中電阻器可能是多個電阻組成的等效電阻,且電容器可能是多個電容組成的等效電容。) 我們的目的在求電路的響應,為了方便說明,假設電壓 $v(t)$ 跨接於電容器二端,因為電容器初始狀態為已充電,因此可假設在 $t = 0$ 時,電容電壓為

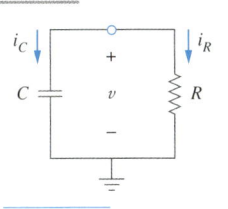

$$v(0) = V_0 \tag{6.32}$$

圖 6.35 無源 *RC* 電路

電路響應是電路對激發方法的反應。

對應的儲存能量為

$$w(0) = \frac{1}{2}CV_0^2 \tag{6.33}$$

在圖 6.35 電路的頂端節點應用 KCL,得

$$i_C + i_R = 0 \tag{6.34}$$

根據定義,$i_C = C\, dv/dt$,$i_R = v/R$。因此,

$$C\frac{dv}{dt} + \frac{v}{R} = 0 \tag{6.35a}$$

或

$$\frac{dv}{dt} + \frac{v}{RC} = 0 \tag{6.35b}$$

上式只包含 v 的一次微分,所以稱為**一階微分方程式** (first-order differential equation)。求解時,必須重新整理如下:

$$\frac{dv}{v} = -\frac{1}{RC}dt \tag{6.36}$$

對等號二邊積分得

$$\ln v = -\frac{t}{RC} + \ln A$$

其中 $\ln A$ 是積分常數。因此,

$$\ln\frac{v}{A} = -\frac{t}{RC} \tag{6.37}$$

二邊取 e 的指數得

$$v(t) = Ae^{-t/RC}$$

但是從初始條件 $v(0) = A = V_0$。因此，

$$v(t) = V_0 e^{-t/RC} \tag{6.38}$$

這顯示 RC 電路的電壓響應是初始電壓的指數衰減形式。因為該響應是由初始能量儲存和電路的物理特性來決定，而不是取決於外部的電壓源或電流源，所以稱為電路的**自然響應** (natural response)。

> 電路的自然響應指的是沒有外部電源激發情況下電路本身的行為 (電壓或電流)。

> 自然響應是沒有外部的電源情況下電路本身的性質。實際上，該電路的響應是因為電容中儲存著初始能量。

自然響應的圖解說明如圖 6.36 所示。需要注意的是在 $t = 0$ 時，其初始條件如 (6.32) 式所示。當 t 增加時，電壓逐漸下降到趨近零。電壓下降的速度是由**時間常數** (time constant) 決定，其中時間常數使用小寫希臘字母 τ 來表示。

> 電路的時間常數是指電路響應衰減到初值的 $1/e$ 或 36.8% 時所需的時間。[1]

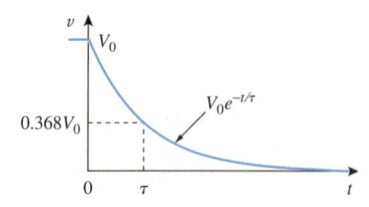

圖 6.36 RC 電路的電壓響應

這指出在 $t = \tau$ 時，(6.38) 式改為

$$V_0 e^{-\tau/RC} = V_0 e^{-1} = 0.368 V_0$$

或

$$\boxed{\tau = RC} \tag{6.39}$$

(6.38) 式可改以時間常數來表示如下：

$$\boxed{v(t) = V_0 e^{-t/\tau}} \tag{6.40}$$

---

[1] 可以從另一個角度來觀察時間常數，在 $t = 0$ 時計算 (6.38) 式中 $v(t)$ 的微分方程式，得

$$\left.\frac{d}{dt}\left(\frac{v}{V_0}\right)\right|_{t=0} = \left.-\frac{1}{\tau}e^{-t/\tau}\right|_{t=0} = -\frac{1}{\tau}$$

因此時間常數就是衰減的初始速率，或假設衰減速率常數為 v/V_0 從 1 衰減到 0 所需的時間。以初始斜率解釋時間常數常被用於實驗室中求解 τ，並以圖形方式將響應曲線顯示在示波器上。使用響應曲線求解 τ 時，需畫出 $t = 0$ 時的切線如圖 6.37 所示。此切線在 $t = \tau$ 時與時間軸相交。

使用計算機可以很容易證明 $v(t)/V_0$ 的值如表 6.2 所示。從表 6.2 可看出，在 5τ (5 個時間常數) 之後，電壓 $v(t)$ 小於 V_0 的 1%。因此，習慣上假設經過 5 個時間常數後電容完全放電 (或完全充電)。換句話說，當電路不隨時間變化時，達到最後狀態或穩定狀態的時間為 5τ。注意：無論在任何 t 值，對於每個時間間隔 τ，電壓降為前一狀態的 36.8%，即 $v(t + \tau) = v(t)/e = 0.368v(t)$。

觀察 (6.39) 式可知，時間常數越小則電壓衰減越快，即響應越快，如圖 6.38 所示。時間常數小的電路，因為快速消耗所儲存的能量，而快速達到穩定狀態 (或最終狀態)，因此可以得到快速的響應。反之，時間常數大的電路，因為花較多的時間達到穩定狀態，所以得到較慢的響應。在任何情況下，無論時間常數是小或大，電路將在 5 個時間常數內達到穩定狀態。

表 6.2　$v(t)/V_0 = e^{-t/\tau}$ 的值

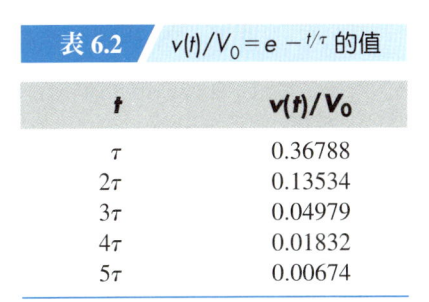

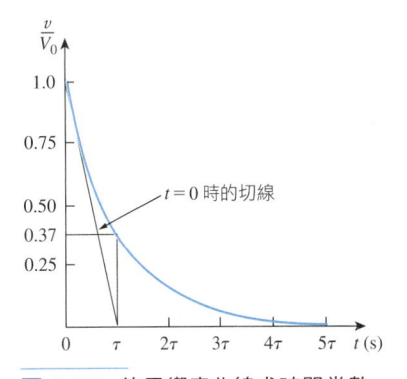

t	$v(t)/V_0$
τ	0.36788
2τ	0.13534
3τ	0.04979
4τ	0.01832
5τ	0.00674

圖 6.37　使用響應曲線求時間常數 τ 的圖解法

利用 (6.40) 式中的電壓 $v(t)$，可求電流 $i_R(t)$：

$$i_R(t) = \frac{v(t)}{R} = \frac{V_0}{R} e^{-t/\tau} \qquad (6.41)$$

電阻器的功率消耗為

$$p(t) = vi_R = \frac{V_0^2}{R} e^{-2t/\tau} \qquad (6.42)$$

電阻器在時間 t 所吸收的能量為

$$\begin{aligned} w_R(t) &= \int_0^t p(\lambda)d\lambda = \int_0^t \frac{V_0^2}{R} e^{-2\lambda/\tau} d\lambda \\ &= -\frac{\tau V_0^2}{2R} e^{-2\lambda/\tau} \Big|_0^t = \frac{1}{2}CV_0^2(1 - e^{-2t/\tau}), \qquad \tau = RC \end{aligned} \qquad (6.43)$$

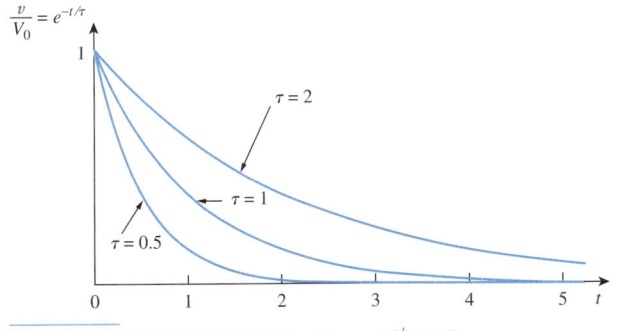

圖 6.38　在不同時間常數下的 $v/V_0 = e^{-t/\tau}$ 曲線

注意：當 $t \to \infty$，$w_R(\infty) \to \frac{1}{2}CV_0^2$ 與電容器最初的儲存能量 $w_C(0)$ 相同。最初儲存在電容器的能量最終被電阻器所消耗。

總結：

> 無論電路的輸出是什麼變數，其時間常數是相同的。

> 當電路包含單一電容器、許多電阻器和許多相依電源時，可先求電容器二端的戴維寧等效電阻，形成簡單的 RC 電路。也可使用戴維寧等效定理將多個電容器合併成單一個等效電容。

計算無源 RC 電路的關鍵在於：

1. 電容器二端上的初始電壓 $v(0) = V_0$。

2. 時間常數 τ。

有了以上二項資料，則可求得電容器上的響應為 $v_C(t) = v(t) = v(0)e^{-t/\tau}$。若先求得電容器電壓，則其他變數 (電容電流 i_C、電阻器電壓 v_R 和電阻器電流 i_R) 也可求得。在求時間常數 $\tau = RC$ 時，R 通常是電容器二端看進去的戴維寧等效電阻；即拿掉電容 C，然後求端點上的 $R = R_{Th}$。

範例 6.13 在圖 6.39 中，令 $v_C(0) = 15$ V，試求 $t > 0$ 時的 v_C、v_x 和 i_x。

解： 首先須使圖 6.39 的電路符合圖 6.35 的標準 RC 電路，求電容二端的等效電阻即戴維寧電阻，目的是先求電容二端的電壓 v_C，再求 v_x 和 i_x。

合併 8 Ω 與 12 Ω 串聯電阻器得 20 Ω 電阻，合併這 20 Ω 與 5 Ω 並聯電阻器得等效電阻為

$$R_{eq} = \frac{20 \times 5}{20 + 5} = 4 \text{ Ω}$$

因此，等效電路如圖 6.40 所示，這類似於圖 6.35。時間常數為

$$\tau = R_{eq}C = 4(0.1) = 0.4 \text{ s}$$

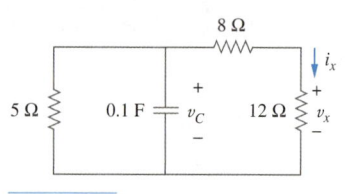

圖 6.39 範例 6.13 的電路

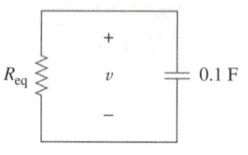

圖 6.40 圖 6.39 的等效電路

因此，

$$v = v(0)e^{-t/\tau} = 15e^{-t/0.4} \text{ V}, \quad v_C = v = 15e^{-2.5t} \text{ V}$$

從圖 6.39，使用分壓定理得 v_x 如下：

$$v_x = \frac{12}{12 + 8}v = 0.6(15e^{-2.5t}) = 9e^{-2.5t} \text{ V}$$

最後，

$$i_x = \frac{v_x}{12} = 0.75e^{-2.5t} \text{ A}$$

練習題 6.13 參考圖 6.41 電路，令 $v_C(0) = 60$ V，試求 $t \geq 0$ 時的 v_C、v_x 和 i_o。

答：$60e^{-0.25t}$ V, $20e^{-0.25t}$ V, $-5e^{-0.25t}$ A.

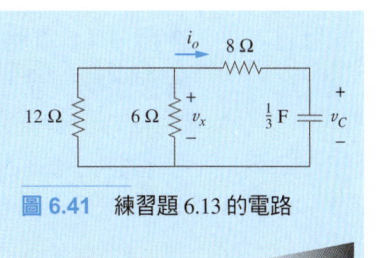

圖 6.41 練習題 6.13 的電路

範例 6.14

在圖 6.42 電路中的開關，已經閉合很長一段時間，然後在 $t = 0$ 時被斷開，試求 $t \geq 0$ 時的 $v(t)$，並計算電容器上的初始儲存能量。

解：在 $t < 0$ 時，開關是閉合的；在直流情況下電容器為開路，如圖 6.43(a) 所示。利用分壓定理得

$$v_C(t) = \frac{9}{9+3}(20) = 15 \text{ V}, \quad t < 0$$

圖 6.42 範例 6.14 的電路

因為電容器上的電壓不能瞬間改變，所以在 $t = 0^-$ 和在 $t = 0$ 時電容器的電壓是相同的，即

$$v_C(0) = V_0 = 15 \text{ V}$$

在 $t > 0$ 時，開關被斷開，而且得 RC 電路如圖 6.43(b) 所示。[注意：圖 6.43(b) 的 RC 電路是無源電路；圖 6.42 中的相依電源須供應 V_0 或電容器的初始能量。] 1 Ω 和 9 Ω 電阻器串聯得

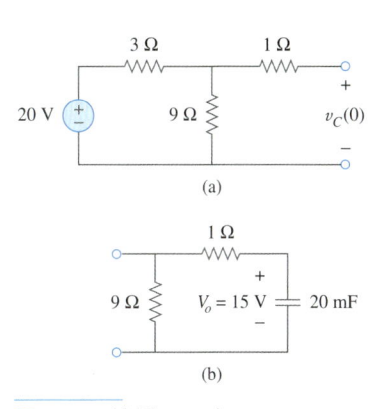

$$R_{eq} = 1 + 9 = 10 \text{ Ω}$$

圖 6.43 範例 6.14 在：(a) $t < 0$，(b) $t > 0$ 的電路

時間常數為

$$\tau = R_{eq}C = 10 \times 20 \times 10^{-3} = 0.2 \text{ s}$$

因此，在 $t \geq 0$ 時，電容器上的電壓為

$$v(t) = v_C(0)e^{-t/\tau} = 15e^{-t/0.2} \text{ V}$$

或

$$v(t) = 15e^{-5t} \text{ V}$$

電容器上的初始儲存能量為

$$w_C(0) = \frac{1}{2}Cv_C^2(0) = \frac{1}{2} \times 20 \times 10^{-3} \times 15^2 = 2.25 \text{ J}$$

> **練習題 6.14** 在圖 6.44 電路中的開關，在 $t=0$ 時被斷開，試求 $t \geq 0$ 時的 $v(t)$ 及 $w_C(0)$。
>
> 答：$8e^{-2t}$ V, 5.333 J。

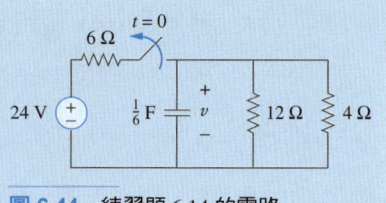

圖 6.44 練習題 6.14 的電路

6.8 無源 RL 電路

考慮一個電阻器與一個電感器串聯連接，如圖 6.45 所示。目的是計算電路響應，假設電流 $i(t)$ 流經電感。因為電感器電流不能瞬間改變，所以選擇電感器電流為響應。在 $t=0$ 時，假設電感器電流為 I_0，即

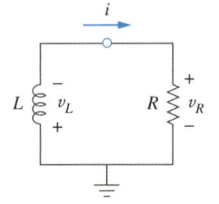

$$i(0) = I_0 \tag{6.44}$$

電感上對應的儲存能量為

$$w(0) = \frac{1}{2}L I_0^2 \tag{6.45}$$

圖 6.45 無源 RL 電路

在圖 6.45 中，應用 KVL 繞行迴路，得

$$v_L + v_R = 0 \tag{6.46}$$

其中 $v_L = L\, di/dt$ 和 $v_R = iR$。因此，

$$L\frac{di}{dt} + Ri = 0$$

或

$$\frac{di}{dt} + \frac{R}{L}i = 0 \tag{6.47}$$

重新整理和積分得

$$\int_{I_0}^{i(t)} \frac{di}{i} = -\int_0^t \frac{R}{L} dt$$

$$\ln i \Big|_{I_0}^{i(t)} = -\frac{Rt}{L}\Big|_0^t \quad \Rightarrow \quad \ln i(t) - \ln I_0 = -\frac{Rt}{L} + 0$$

或

$$\ln \frac{i(t)}{I_0} = -\frac{Rt}{L} \tag{6.48}$$

二邊取指數 e 得

$$i(t) = I_0 e^{-Rt/L} \tag{6.49}$$

這顯示 RL 電路的自然響應是初始電流的指數衰減形式，電流響應如圖 6.46 所示。從 (6.49) 式可看出 RL 電路的時間常數為

$$\boxed{\tau = \frac{L}{R}} \tag{6.50}$$

其中 τ 的單位仍為秒，因此 (6.49) 式可寫為

$$\boxed{i(t) = I_0 e^{-t/\tau}} \tag{6.51}$$

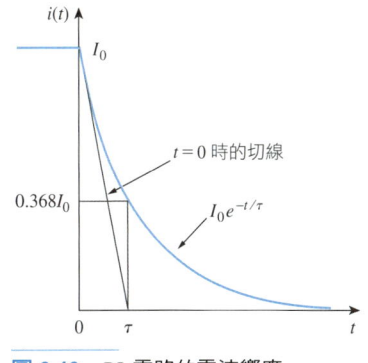

圖 6.46 RL 電路的電流響應

利用 (6.51) 式中的電流，可求出跨接於電阻器上的電壓為

$$v_R(t) = iR = I_0 R e^{-t/\tau} \tag{6.52}$$

電阻器的功率消耗為

$$p = v_R i = I_0^2 R e^{-2t/\tau} \tag{6.53}$$

電阻器吸收的能量為

> 電路時間常數 τ 越小，則響應衰減的速率越快；時間常數越大，則響應衰減的速率越慢。在任何速率下，5τ 之後響應衰減到初值的 1%（也就是達到穩定狀態）。

$$w_R(t) = \int_0^t p(\lambda)d\lambda = \int_0^t I_0^2 e^{-2\lambda/\tau} d\lambda = -\frac{\tau}{2} I_0^2 R e^{-2\lambda/\tau}\bigg|_0^t, \quad \tau = \frac{L}{R}$$

或

$$w_R(t) = \frac{1}{2} L I_0^2 (1 - e^{-2t/\tau}) \tag{6.54}$$

注意：當 $t \to \infty$，$w_R(\infty) \to \frac{1}{2} L I_0^2$ 與電感器最初的儲存能量 $w_L(0)$ 相同。最初儲存在電感器的能量如 (6.45) 式所示。同理，最初儲存在電感器的能量最終被電阻器所消耗。

> 圖 6.46 顯示可由初始斜率求得 τ。

總結：

當電路包含單一電感器、許多電阻器和許多相依電源時，可先求電感器二端的戴維寧等效電阻，形成簡單的 RL 電路。也可使用戴維寧等效定理將多個電感器合併成單一個等效電感。

計算無源 RL 電路的關鍵在於：

1. 流經電感器的初始電流 $i(0) = I_0$。
2. 時間常數 τ。

有了這二項資料，則可求得電感器的電流響應 $i_L(t) = i(t) = i(0)e^{-t/\tau}$。當求得電感器電流後，則其他變數 (電感器電壓 v_L、電阻器電壓 v_R 和電阻器電流 i_R) 也可求得。注意：(6.50) 式的 R 是電感二端看進去的戴維寧等效電阻。

範例 6.15 假設 $i(0) = 10$ A，試求圖 6.47 中的 $i(t)$ 和 $i_x(t)$。

解： 有二種方法可以解此問題：一種方法是先求電感器二端的等效電阻，然後使用 (6.51) 式求解；另一種方法是利用克希荷夫電壓定律求解。無論使用哪一種方法，最好先求流經電感器的電流。

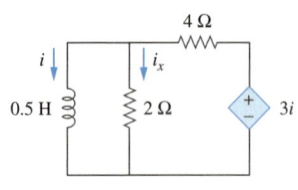

圖 6.47 範例 6.15 的電路

◆**方法一：** 等效電阻與電感器二端的戴維寧等效電阻相同。因為有相依電源，所以在電感 a-b 二端插入一個 $v_o = 1$ V 電壓源，如圖 6.48(a) 所示。(也可以在 a-b 二端插入 1 A 的電流源。) 應用 KVL 到這二個迴路得

$$2(i_1 - i_2) + 1 = 0 \quad \Rightarrow \quad i_1 - i_2 = -\frac{1}{2} \tag{6.34.1}$$

$$6i_2 - 2i_1 - 3i_1 = 0 \quad \Rightarrow \quad i_2 = \frac{5}{6}i_1 \tag{6.34.2}$$

將 (6.34.2) 式代入 (6.34.1) 式得

$$i_1 = -3 \text{ A}, \quad i_o = -i_1 = 3 \text{ A}$$

因此，

$$R_{eq} = R_{Th} = \frac{v_o}{i_o} = \frac{1}{3} \Omega$$

(a)

(b)

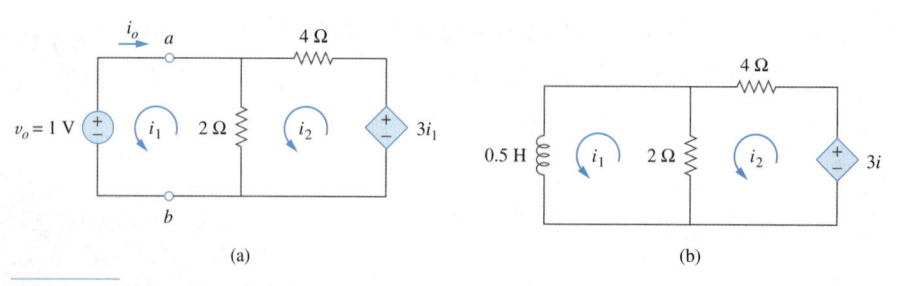

圖 6.48 求解圖 6.47 的等效電路

時間常數為

$$\tau = \frac{L}{R_{\text{eq}}} = \frac{\frac{1}{2}}{\frac{1}{3}} = \frac{3}{2}\,\text{s}$$

因此，流經電感器的電流為

$$i(t) = i(0)e^{-t/\tau} = 10e^{-(2/3)t}\,\text{A}, \qquad t > 0$$

◆**方法二**：可直接應用 KVL 到圖 6.48(b) 的電路。對於迴路 1，

$$\frac{1}{2}\frac{di_1}{dt} + 2(i_1 - i_2) = 0$$

或

$$\frac{di_1}{dt} + 4i_1 - 4i_2 = 0 \tag{6.34.3}$$

對於迴路 2，

$$6i_2 - 2i_1 - 3i_1 = 0 \quad \Rightarrow \quad i_2 = \frac{5}{6}i_1 \tag{6.34.4}$$

將 (6.34.4) 式代入 (6.34.3) 式得

$$\frac{di_1}{dt} + \frac{2}{3}i_1 = 0$$

重新整理得

$$\frac{di_1}{i_1} = -\frac{2}{3}dt$$

因為 $i_1 = i$，所以可以將 i_1 代入 i 後積分得

$$\ln i \bigg|_{i(0)}^{i(t)} = -\frac{2}{3}t \bigg|_0^t$$

或

$$\ln \frac{i(t)}{i(0)} = -\frac{2}{3}t$$

二邊取 e 的指數，最後得

$$i(t) = i(0)e^{-(2/3)t} = 10e^{-(2/3)t}\,\text{A}, \qquad t > 0$$

與方法一的結果相同。

跨接於電感器上的電壓為

$$v = L\frac{di}{dt} = 0.5(10)\left(-\frac{2}{3}\right)e^{-(2/3)t} = -\frac{10}{3}e^{-(2/3)t} \text{ V}$$

因為電感器與 2 Ω 電阻器並聯，所以，

$$i_x(t) = \frac{v}{2} = -1.6667e^{-(2/3)t} \text{ A}, \quad t > 0$$

練習題 6.15 令 $i(0) = 12$ A，試求圖 6.49 電路的 i 和 v_x。

答：$12e^{-2t}$ A, $-12e^{-2t}$ V, $t > 0$。

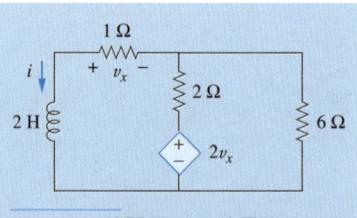

圖 6.49 練習題 6.15 的電路

範例 6.16 在圖 6.50 電路中的開關，已經閉合很長一段時間，然後在 $t = 0$ 時被斷開，試求 $t > 0$ 時的 $i(t)$。

解：在 $t < 0$ 時，開關是閉合的。對直流而言，電感為短路，16 Ω 電阻器也被短路，結果如圖 6.51(a) 所示。要得到圖 6.51(a) 的 i_1，首先合併 4 Ω 和 12 Ω 並聯電阻得

$$\frac{4 \times 12}{4 + 12} = 3 \text{ Ω}$$

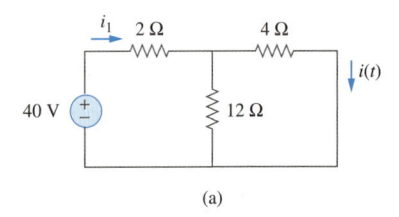

因此，

$$i_1 = \frac{40}{2 + 3} = 8 \text{ A}$$

利用分流定理從圖 6.51(a) 的 i_1 求得 $i(t)$ 如下：

$$i(t) = \frac{12}{12 + 4}i_1 = 6 \text{ A}, \quad t < 0$$

因為流經電感器的電流不能瞬間改變，所以

$$i(0) = i(0^-) = 6 \text{ A}$$

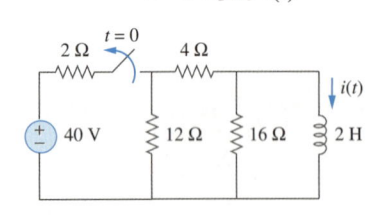

圖 6.50 範例 6.16 的電路

圖 6.51 求解圖 6.50 在：(a) $t < 0$，(b) $t > 0$ 時的電路

在 $t > 0$ 時，開關被斷開，而且電壓源被斷開，所以變成圖 6.51(b) 的 RL 無源電路。合併所有的電阻得

$$R_{eq} = (12+4) \| 16 = 8\ \Omega$$

時間常數為

$$\tau = \frac{L}{R_{eq}} = \frac{2}{8} = \frac{1}{4}\ \text{s}$$

因此

$$i(t) = i(0)e^{-t/\tau} = 6e^{-4t}\ \text{A}$$

練習題 6.16 對於圖 6.52 電路，試求 $t>0$ 時的 $i(t)$。

答：$5e^{-2t}$ A, $t>0$.

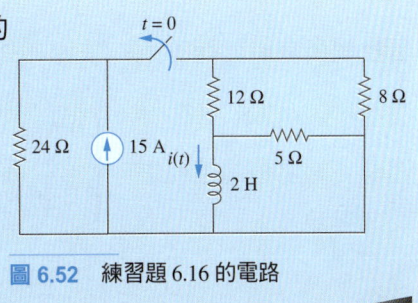

圖 6.52 練習題 6.16 的電路

在圖 6.53 電路中，試求對於所有時間的 i_o、v_o 和 i，假設開關被斷開很長一段時間。 **範例 6.17**

解：最好先求電感器電流 i，然後再求其他值。

在 $t<0$ 時，開關是斷開的。因為在直流情況下電感器扮演短路的角色，同時 6 Ω 電阻器也被短路，所以得到如圖 6.54(a) 的電路。因此，$i_o = 0$ 且

$$i(t) = \frac{10}{2+3} = 2\ \text{A}, \quad t<0$$
$$v_o(t) = 3i(t) = 6\ \text{V}, \quad t<0$$

因此，$i(0) = 2$。

在 $t>0$ 時，開關被閉合，所以電壓源為短路而且得無源 RL 電路如圖 6.54(b) 所示。從電感器的二端得戴維寧等效電阻如下：

$$R_{Th} = 3 \| 6 = 2\ \Omega$$

所以時間常數為

$$\tau = \frac{L}{R_{Th}} = 1\ \text{s}$$

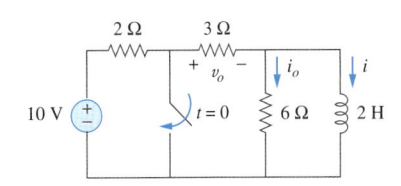

圖 6.53 範例 6.17 的電路

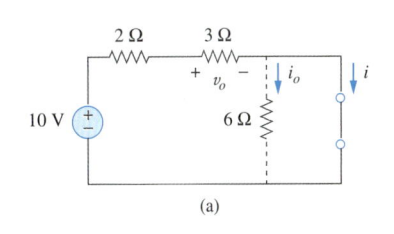

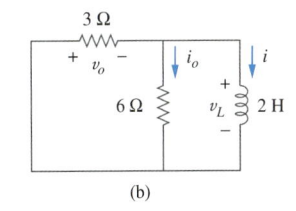

圖 6.54 求解圖 6.53 在：(a) $t<0$，(b) $t>0$ 時的電路

因此，
$$i(t) = i(0)e^{-t/\tau} = 2e^{-t} \text{ A}, \quad t > 0$$

因為電感與 6 Ω 和 3 Ω 電阻器並聯，所以，
$$v_o(t) = -v_L = -L\frac{di}{dt} = -2(-2e^{-t}) = 4e^{-t} \text{ V}, \quad t > 0$$

且
$$i_o(t) = \frac{v_L}{6} = -\frac{2}{3}e^{-t} \text{ A}, \quad t > 0$$

因此對所有時間而言，
$$i_o(t) = \begin{cases} 0 \text{ A}, & t < 0 \\ -\frac{2}{3}e^{-t} \text{ A}, & t > 0 \end{cases}, \quad v_o(t) = \begin{cases} 6 \text{ V}, & t < 0 \\ 4e^{-t} \text{ V}, & t > 0 \end{cases}$$

$$i(t) = \begin{cases} 2 \text{ A}, & t < 0 \\ 2e^{-t} \text{ A}, & t \geq 0 \end{cases}$$

注意：在 $t = 0$ 時，電感器的電流是連續的，而流經 6 Ω 電阻器的電流從 0 降到 $-2/3$，且流經 3 Ω 電阻器的電流從 6 降到 4。還需注意：無論輸出為何，時間常數保持不變。圖 6.55 畫出 i 和 i_o 的曲線。

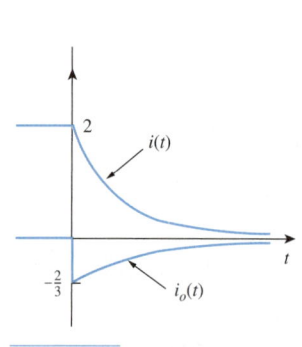

圖 6.55 i 和 i_o 曲線

練習題 6.17 對於所有的時間 t，試求圖 6.56 電路中的 i、i_o 和 v_o，假設開關閉合很長一段時間。應該要注意：斷開與理想電流源串聯的開關，在電流源二端將產生無窮大的電壓，這很明顯是不可能的。為了求解此問題的目的，可以設置一個與電流源並聯的分流電阻 (這相當於電壓源與電阻器串聯)。在許多的實際電路中，扮演電流源角色的元件是電子電路。這些電路在工作範圍內允許電源扮演理想的電流源，但當電阻變得非常大時 (如開路電路)，電壓將受到限制。

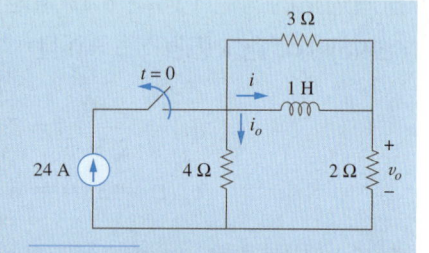

圖 6.56 練習題 6.17 的電路

答：$i = \begin{cases} 16 \text{ A}, & t < 0 \\ 16e^{-2t} \text{ A}, & t \geq 0 \end{cases}$, $i_o = \begin{cases} 8 \text{ A}, & t < 0 \\ -5.333e^{-2t} \text{ A}, & t > 0 \end{cases}$,

$v_o = \begin{cases} 32 \text{ V}, & t < 0 \\ 10.667e^{-2t} \text{ V}, & t > 0 \end{cases}$

6.9 奇異函數

介紹本章後半部分的內容之前，必須先介紹一些幫助瞭解暫態分析的數學概念。奇異函數的基本性質可幫助理解直流獨立電壓源或獨立電流源突然加到一階電路的響應。

奇異函數也稱為**切換函數** (switching function)，在電路分析中非常有用。它們在開關電路的操作中近似於良好的開關信號，可簡單扼要的描述一些電路現象，特別是用於描述後續章節所討論的 RC 或 RL 電路步級響應。根據定義，

> 奇異函數是不連續函數或其微分為不連續函數。

電路分析中最廣泛使用的三種奇異函數為**單位步級** (unit step)、**單位脈衝** (unit impulse) 和**單位斜波** (unit ramp) 函數。

單位步級函數 $u(t)$：在 $t < 0$ 時，$u(t)$ 為 0；在 $t > 0$ 時，$u(t)$ 為 1。

其數學表示如下：

$$u(t) = \begin{cases} 0, & t < 0 \\ 1, & t > 0 \end{cases} \tag{6.55}$$

在 $t = 0$ 時，**單位步級函數** (unit step function) 突然從 0 變為 1，所以為未定義。像正弦函數和餘弦函數一樣，$u(t)$ 是沒有數量單位的。圖 6.57 描繪了單位步級函數。如果突然從 0 變為 1 發生在 $t = t_0$，而不是 $t = 0$，則單位步級函數改寫如下：

$$u(t - t_0) = \begin{cases} 0, & t < t_0 \\ 1, & t > t_0 \end{cases} \tag{6.56}$$

這相當於 $u(t)$ 延遲 t_0 秒，如圖 6.58(a) 所示。以 $t - t_0$ 取代 (6.55) 式的 t，則可得 (6.56) 式。如果 $t = -t_0$，則單位步級函數改寫為

$$u(t + t_0) = \begin{cases} 0, & t < -t_0 \\ 1, & t > -t_0 \end{cases} \tag{6.57}$$

即比 $u(t)$ 超前 t_0 秒，如圖 6.58(b) 所示。

我們以單位步級函數來代表瞬間變化的電壓和電流，如發生在控制系統和數位計算機電路中的變化。例如，電壓為

$$v(t) = \begin{cases} 0, & t < t_0 \\ V_0, & t > t_0 \end{cases} \tag{6.58}$$

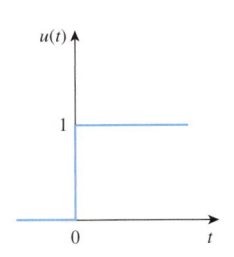

圖 6.57 單位步級函數

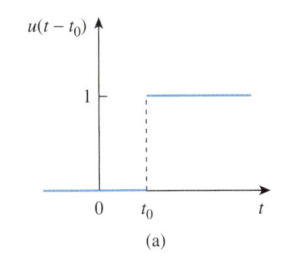

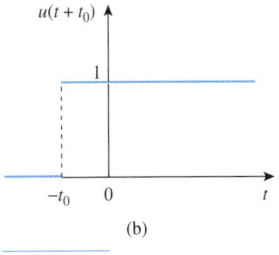

圖 6.58 (a) 延遲 t_0 的單位步級函數，(b) 超前 t_0 的單位步級函數

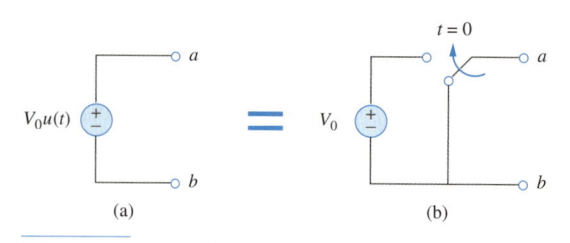

圖 6.59 (a) $V_0 u(t)$ 電壓源，(b) 等效電路

可以表示成步級函數如下：

$$v(t) = V_0 u(t - t_0) \tag{6.59}$$

> 另外，將 (6.55) 式寫成在 $f(t) > 0$ 時 $u[f(t)] = 1$，其中 $f(t)$ 可以是 $t - t_0$ 或 $t + t_0$，則可推導出 (6.56) 式與 (6.57) 式。

如果令 $t_0 = 0$，則 $v(t)$ 可簡化成步級函數 $V_0 u(t)$。$V_0 u(t)$ 電壓源如圖 6.59(a) 所示；等效電路如圖 6.59(b) 所示。從圖 6.59(b) 可看出，在 $t < 0$ 時 a-b 二端是短路 ($v = 0$)，而 $t > 0$ 時端點電壓 $v = V_0$。同理，$I_0 u(t)$ 電流源如圖 6.60(a) 所示；等效電路如圖 6.60(b) 所示。注意：在 $t < 0$ 時 a-b 二端是開路 ($i = 0$)，而 $t > 0$ 時 $i = I_0$。

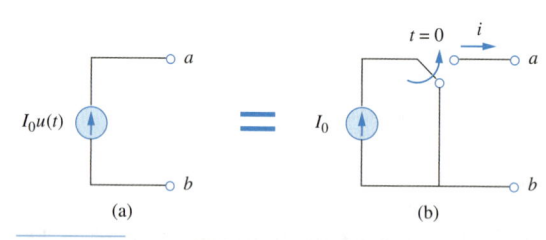

圖 6.60 (a) $I_0 u(t)$ 電壓源，(b) 等效電路

單位步級函數 $u(t)$ 的微分是**單位脈衝函數** (unit impulse function) $\delta(t)$，如下：

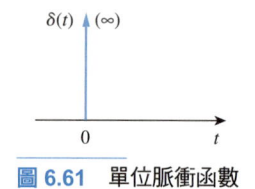

圖 6.61 單位脈衝函數

$$\delta(t) = \frac{d}{dt} u(t) = \begin{cases} 0, & t < 0 \\ 未定義, & t = 0 \\ 0, & t > 0 \end{cases} \tag{6.60}$$

單位脈衝函數也稱為 delta 函數，如圖 6.61 所示。

> 單位脈衝函數 $\delta(t)$ 除了在 $t = 0$ 時為未定義，其餘的時間皆為 0。

脈衝電流或電壓發生在電路開關切換結果或使用脈衝電源。雖然單位脈衝函數在實際上不能實現 (就像理想電源、理想電阻等)，但它是一個非常有用的數學工具。

單位脈衝可被視為是一個瞬間的作用或結果，也就是在單位面積內持續很短時間的脈衝。其數學表示式為

$$\int_{0^-}^{0^+} \delta(t)\,dt = 1 \tag{6.61}$$

其中 $t=0^-$ 表示 $t=0$ 之前的瞬間，$t=0^+$ 表示 $t=0$ 之後的瞬間。因此，通常使用箭頭表示單位脈衝函數的符號，並在旁邊寫上 1 (表示單位面積)，如圖 6.61 所示。這單位面積被稱為脈衝函數的**強度** (strength)。當脈衝函數強度不是單位 1 時，則脈衝的面積等於它的強度。例如，$10\delta(t)$ 的脈衝函數強度為 10。圖 6.62 顯示 $5\delta(t+2)$、$10\delta(t)$ 和 $-4\delta(t-3)$ 的脈衝函數。

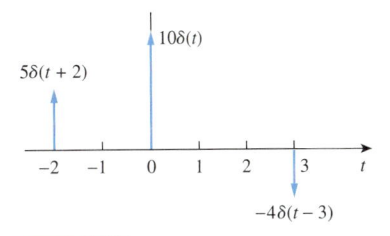

圖 6.62 三個脈衝函數

為了說明脈衝函數如何影響其他函數，首先計算下面積分：

$$\int_a^b f(t)\delta(t-t_0)\,dt \tag{6.62}$$

其中 $a<t_0<b$。由於 $t\neq t_0$ 時，$\delta(t-t_0)=0$，所以上述積分在 $t\neq t_0$ 時均為 0。因此，

$$\int_a^b f(t)\delta(t-t_0)\,dt = \int_a^b f(t_0)\delta(t-t_0)\,dt$$
$$= f(t_0)\int_a^b \delta(t-t_0)\,dt = f(t_0)$$

或

$$\boxed{\int_a^b f(t)\delta(t-t_0)\,dt = f(t_0)} \tag{6.63}$$

當對脈衝函數積分時，將得到函數在發生脈衝點的值。這是脈衝函數非常有用的性質，被稱為**取樣性質** (sampling property) 或**篩選性質** (sifting property)。(6.62) 式的特殊情況是 $t_0=0$，此時 (6.63) 式改寫如下：

$$\int_{0^-}^{0^+} f(t)\delta(t)\,dt = f(0) \tag{6.64}$$

單位步級函數積分的結果為**單位斜波函數** (unit ramp function) $r(t)$，如下：

$$r(t) = \int_{-\infty}^{t} u(\lambda)\,d\lambda = tu(t) \tag{6.65}$$

或

$$r(t) = \begin{cases} 0, & t \leq 0 \\ t, & t \geq 0 \end{cases} \qquad (6.66)$$

> 單位斜波函數在 $t<0$ 時為 0，而在 $t>0$ 時為斜率為 1。

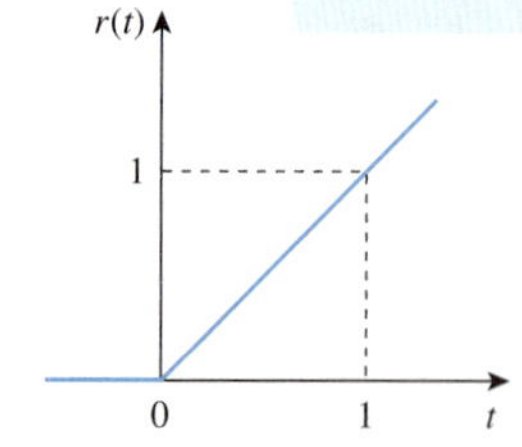

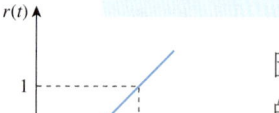

圖 6.63 顯示單位斜波函數。一般而言，斜波函數就是恆定速率變化的函數。

斜波函數可能延遲或超前，如圖 6.64 所示。延遲的單位斜波函數表示如下：

$$r(t - t_0) = \begin{cases} 0, & t \leq t_0 \\ t - t_0, & t \geq t_0 \end{cases} \qquad (6.67)$$

而超前的單位斜波函數表示如下：

$$r(t + t_0) = \begin{cases} 0, & t \leq -t_0 \\ t + t_0, & t \geq -t_0 \end{cases} \qquad (6.68)$$

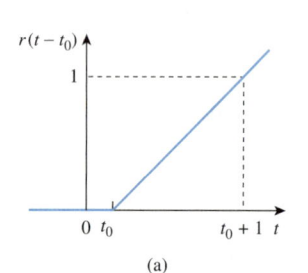

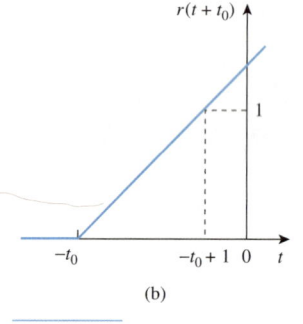

應該牢記這三種奇異函數 (脈衝、步級和斜波) 的微分關係如下：

$$\delta(t) = \frac{du(t)}{dt}, \qquad u(t) = \frac{dr(t)}{dt} \qquad (6.69)$$

或積分關係如下：

$$u(t) = \int_{-\infty}^{t} \delta(\lambda)d\lambda, \qquad r(t) = \int_{-\infty}^{t} u(\lambda)d\lambda \qquad (6.70)$$

雖然還有許多奇異函數，但這裡只介紹這三種 (脈衝函數、單位步級函數和斜波函數)。

圖 6.63 單位斜波函數

圖 6.64 單位斜波函數 (a) 延遲 t_0，(b) 超前 t_0

範例 6.18
試以單位步級函數來表示圖 6.65 的電壓脈衝，並計算其微分與畫出微分波形。

解：圖 6.65 的脈衝波形被稱為**閘極函數** (gate function)。它可視為步級函數，在某一個 t 值開啟，而在另一個 t 值關閉。圖 6.65 所示的閘極函數，在 $t = 2$ s 時開啟，而在 $t = 5$ s 時關閉。所以它由二個單位步級函數所組成，如圖 6.66(a) 所示。從圖中看出

$$v(t) = 10u(t - 2) - 10u(t - 5) = 10[u(t - 2) - u(t - 5)]$$

> 閘極函數被用來當作開關，決定通過或阻擋任何信號。

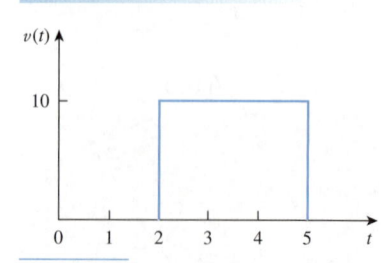

圖 6.65 範例 6.18 的波形

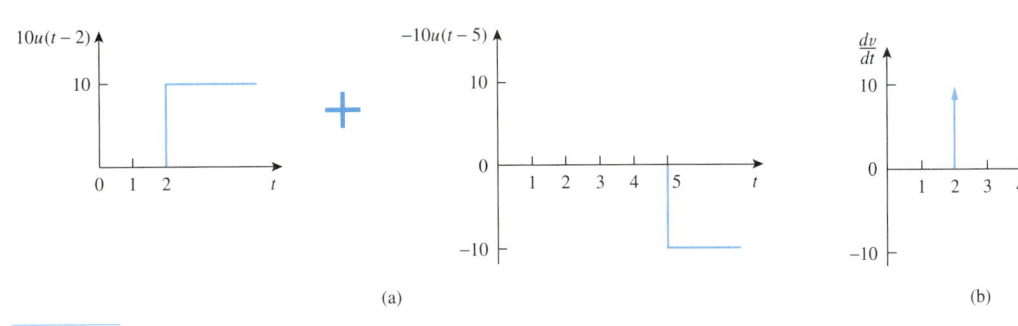

圖 6.66　(a) 圖 6.65 脈衝波形的分解圖，(b) 圖 6.65 脈衝波形的微分

對等號二邊微分得

$$\frac{dv}{dt} = 10[\delta(t-2) - \delta(t-5)]$$

微分後的波形如圖 6.66(b) 所示。可以簡單的觀察圖 6.65 得到圖 6.66(b)，在 $t = 2$ s 時突然上升 10 V 得到 $10\delta(t-2)$ 脈衝；在 $t = 5$ s 時突然下降 10 V 得到 -10 V $\delta(t-5)$ 脈衝。

練習題 6.18　試以單位步級函數來表示圖 6.67 的電流脈衝，並計算其積分與畫出積分波形。

答：$10[u(t) - 2u(t-2) + u(t-4)]$，$10[r(t) - 2r(t-2) + r(t-4)]$。
　　參考圖 6.68。

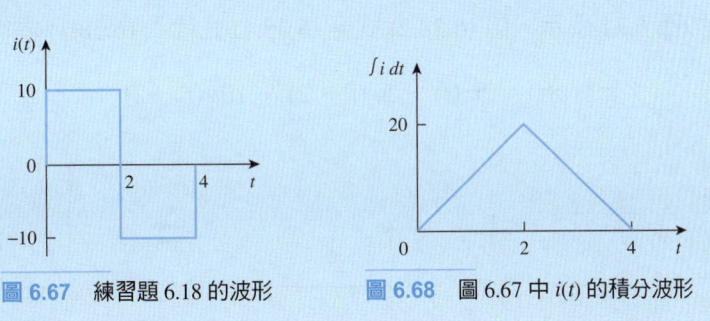

圖 6.67　練習題 6.18 的波形

圖 6.68　圖 6.67 中 $i(t)$ 的積分波形

試以奇異函數來表示圖 6.69 所示的鋸齒波函數。　　**範例 6.19**

解：有三種方法可以解此問題。第一種方法是僅透過觀察已知的函數，其他的方法則涉及一些函數圖形的運算。

◆**方法一**：觀察圖 6.69 中 $v(t)$ 的波形，不難看出已知函數 $v(t)$ 是多個奇異函數的組合。所以，令

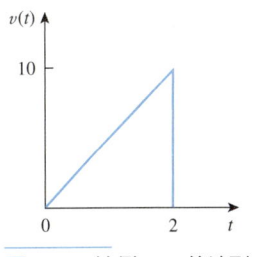

圖 6.69　範例 6.19 的波形

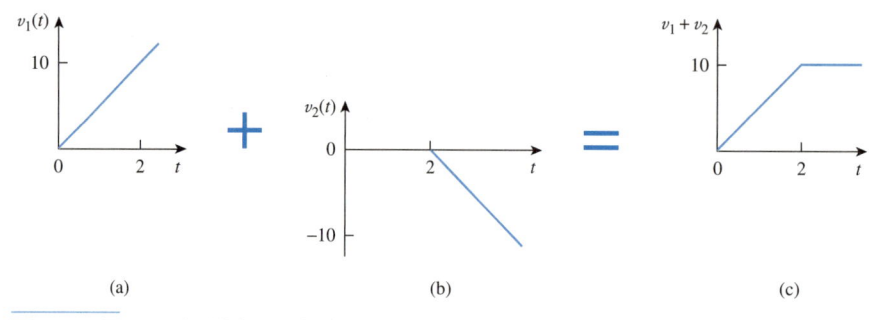

圖 6.70 圖 6.69 波形的部分分解圖

$$v(t) = v_1(t) + v_2(t) + \cdots \tag{6.38.1}$$

$v_1(t)$ 函數是斜率為 5 的斜波函數，如圖 6.70(a) 所示。因此，

$$v_1(t) = 5r(t) \tag{6.38.2}$$

因為 $v_1(t)$ 無限延伸，所以在 $t = 2$ s 時需要結合 $v_2(t)$ 而得 $v(t)$。$v_2(t)$ 函數是斜率為 -5 的斜波函數，如圖 6.70(b) 所示；因此，

$$v_2(t) = -5r(t-2) \tag{6.38.3}$$

將 v_1 與 v_2 相加得圖 6.70(c) 的信號。顯然地，這與圖 6.69 的 $v(t)$ 不同。但其差異很單純，只在 $t > 2$ s 後保持 10 單位的信號。因此，再加上第三個信號 v_3 如下：

$$v_3 = -10u(t-2) \tag{6.19.4}$$

最後得 $v(t)$ 如圖 6.71 所示。將 (6.38.2) 式至 (6.38.4) 式代入 (6.38.1) 式得

$$v(t) = 5r(t) - 5r(t-2) - 10u(t-2)$$

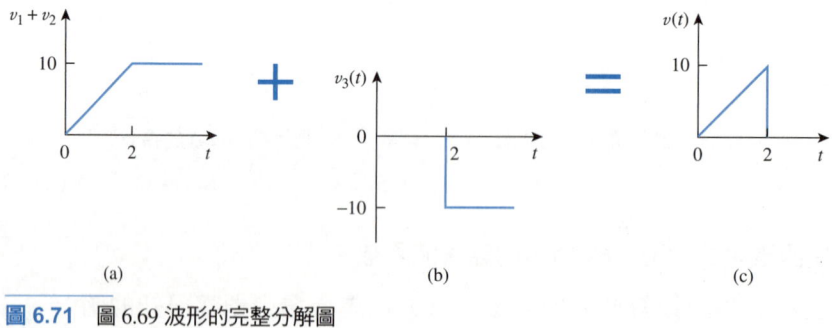

圖 6.71 圖 6.69 波形的完整分解圖

◆**方法二**：仔細觀察圖 6.69 發現 $v(t)$ 是斜波函數和閘極函數的乘積。因此，

$$v(t) = 5t[u(t) - u(t-2)]$$
$$= 5tu(t) - 5tu(t-2)$$
$$= 5r(t) - 5(t-2+2)u(t-2)$$
$$= 5r(t) - 5(t-2)u(t-2) - 10u(t-2)$$
$$= 5r(t) - 5r(t-2) - 10u(t-2)$$

◆ **方法三**：近似於方法二。觀察圖 6.69 得 $v(t)$ 為斜波函數和單位步級函數的乘積，如圖 6.72 所示。因此，

$$v(t) = 5r(t)u(-t+2)$$

如果以 $1-u(t)$ 取代 $u(-t)$，則可以用 $1-u(t-2)$ 取代 $u(-t+2)$。因此，

$$v(t) = 5r(t)[1 - u(t-2)]$$

然後化簡得到與方法二相同的結果。

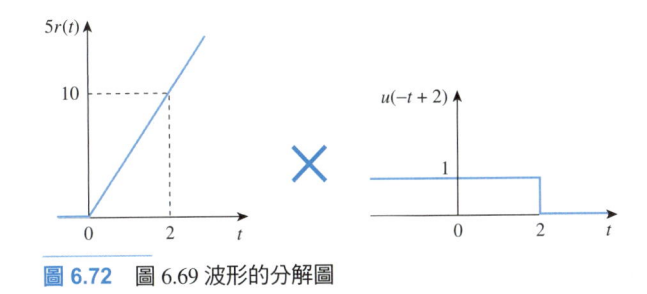

圖 6.72 圖 6.69 波形的分解圖

練習題 6.19 參考圖 6.73，並試以奇異函數來表示 $i(t)$。

答：$2u(t) - 2r(t) + 4r(t-2) - 2r(t-3)$ A.

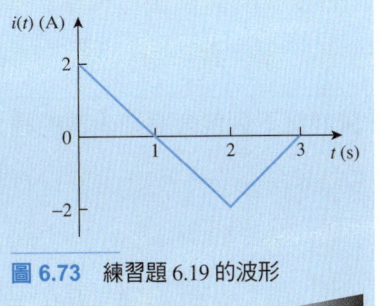

圖 6.73 練習題 6.19 的波形

範例 6.20

已知信號如下：

$$g(t) = \begin{cases} 3, & t < 0 \\ -2, & 0 < t < 1 \\ 2t - 4, & t > 1 \end{cases}$$

試以斜波函數和步級函數來表示 $g(t)$。

解：信號 $g(t)$ 可視為定義於 $t<0$、$0<t<1$、$t>1$ 三個區間的三個函數的總和。

在 $t<0$ 時，$g(t)$ 可視為 3 乘以 $u(-t)$，其中在 $t<0$ 時 $u(-t)=1$；在 $t>0$ 時 $u(-t)=0$。在 $0<t<1$ 之間，$g(t)$ 為 -2 乘以閘極函數 $[u(t)-u(t-1)]$；在 $t>1$ 時，$g(t)$ 可視為 $2t-4$ 乘以單位步級函數 $u(t-1)$。因此，

$$\begin{aligned}g(t) &= 3u(-t) - 2[u(t) - u(t-1)] + (2t-4)u(t-1)\\ &= 3u(-t) - 2u(t) + (2t-4+2)u(t-1)\\ &= 3u(-t) - 2u(t) + 2(t-1)u(t-1)\\ &= 3u(-t) - 2u(t) + 2r(t-1)\end{aligned}$$

為了避免麻煩，可以使用 $1-u(t)$ 取代 $u(-t)$，則

$$g(t) = 3[1-u(t)] - 2u(t) + 2r(t-1) = 3 - 5u(t) + 2r(t-1)$$

另外，還可以使用範例 6.19 的方法一畫出 $g(t)$ 的波形。

> **練習題 6.20** 如果
>
> $$h(t) = \begin{cases} 0, & t<0 \\ -4, & 0<t<2 \\ 3t-8, & 2<t<6 \\ 0, & t>6 \end{cases}$$
>
> 試以奇異函數來表示 $h(t)$。
>
> **答**：$-4u(t) + 2u(t-2) + 3r(t-2) - 10u(t-6) - 3r(t-6)$.

範例 6.21 試計算下列包含脈衝函數的積分：

$$\int_0^{10}(t^2+4t-2)\delta(t-2)dt$$

$$\int_{-\infty}^{\infty}[\delta(t-1)e^{-t}\cos t + \delta(t+1)e^{-t}\sin t]dt$$

解：對於第一式的積分，使用 (6.63) 式的篩選性質得

$$\int_0^{10}(t^2+4t-2)\delta(t-2)dt = (t^2+4t-2)|_{t=2} = 4+8-2 = 10$$

使用相同方法，對第二式積分得

$$\int_{-\infty}^{\infty} [\delta(t-1)e^{-t}\cos t + \delta(t+1)e^{-t}\sin t]\,dt$$
$$= e^{-t}\cos t|_{t=1} + e^{-t}\sin t|_{t=-1}$$
$$= e^{-1}\cos 1 + e^{1}\sin(-1) = 0.1988 - 2.2873 = -2.0885$$

> **練習題 6.21** 試計算下列積分：
> $$\int_{-\infty}^{\infty} (t^3 + 5t^2 + 10)\delta(t+3)\,dt, \quad \int_{0}^{10} \delta(t-\pi)\cos 3t\,dt$$
>
> 答：28，−1。

6.10 RC 電路的步級響應

當直流電源突然應用到 RC 電路上，則此電壓源或電流源可以被建模成步級函數，而其響應稱為**步級響應** (step response)。

> 電路的步級響應是步級電壓源函數或步級電流源函數所激發的行為。

步級響應是對電路突然加上直流電壓源或電流源的電路響應。

圖 6.74(a) 的 RC 電路可以被圖 6.74(b) 的電路所取代，其中 V_s 是恆定直流電壓源。再次選擇電容器電壓為待求的電路響應。假設電容器的初始電壓為 V_0，雖然對於步級響應是不需要的，因為電容器電壓不能被瞬間改變，

$$v(0^-) = v(0^+) = V_0 \tag{6.71}$$

其中 $v(0^-)$ 是接上開關之前瞬間的電容器電壓，$v(0^+)$ 是接上開關之後瞬間的電容器電壓。應用 KCL 得

$$C\frac{dv}{dt} + \frac{v - V_s u(t)}{R} = 0$$

或

$$\frac{dv}{dt} + \frac{v}{RC} = \frac{V_s}{RC}u(t) \tag{6.72}$$

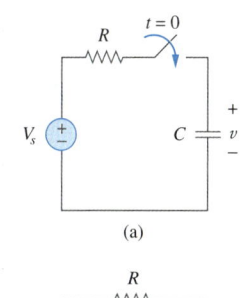

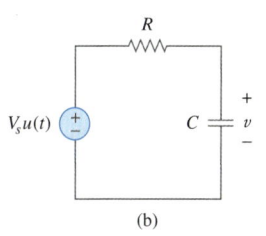

圖 6.74 具有步級輸入電壓的 RC 電路

其中 v 是跨接於電容器上的電壓。在 $t>0$ 時，(6.72) 式改為

$$\frac{dv}{dt} + \frac{v}{RC} = \frac{V_s}{RC} \tag{6.73}$$

重新整理後得

$$\frac{dv}{dt} = -\frac{v - V_s}{RC}$$

或

$$\frac{dv}{v - V_s} = -\frac{dt}{RC} \tag{6.74}$$

對二邊積分，並代入初始條件得

$$\ln(v - V_s)\Big|_{V_0}^{v(t)} = -\frac{t}{RC}\Big|_0^t$$

$$\ln(v(t) - V_s) - \ln(V_0 - V_s) = -\frac{t}{RC} + 0$$

或

$$\ln\frac{v - V_s}{V_0 - V_s} = -\frac{t}{RC} \tag{6.75}$$

二邊取 e 的指數得

$$\frac{v - V_s}{V_0 - V_s} = e^{-t/\tau}, \qquad \tau = RC$$

$$v - V_s = (V_0 - V_s)e^{-t/\tau}$$

或

$$v(t) = V_s + (V_0 - V_s)e^{-t/\tau}, \qquad t > 0 \tag{6.76}$$

因此，

$$\boxed{v(t) = \begin{cases} V_0, & t < 0 \\ V_s + (V_0 - V_s)e^{-t/\tau}, & t > 0 \end{cases}} \tag{6.77}$$

這就是突然加入直流電源的 RC 電路**完全響應** (complete response 或 total response)，假設電容器的初始條件為已充電，稍後將說明"完全"一詞。假設 $V_s > V_0$，則 $v(t)$ 的曲線如圖 6.75 所示。

如果假設電容器的初始條件為未充電，令 (6.77) 式的 $V_0 = 0$，則

$$v(t) = \begin{cases} 0, & t < 0 \\ V_s(1 - e^{-t/\tau}), & t > 0 \end{cases} \tag{6.78}$$

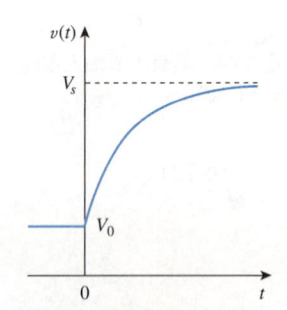

圖 6.75 具有初始充電電容器的 RC 電路響應

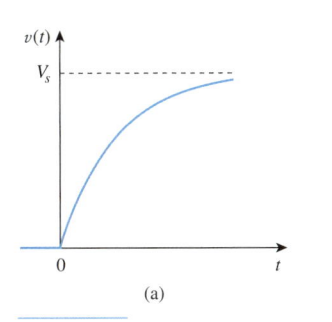

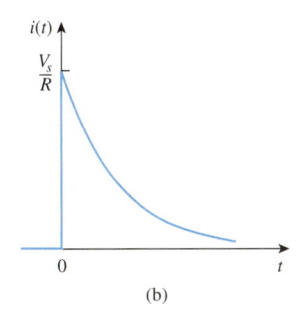

圖 6.76 具有初始未充電電容器的 RC 電路步級響應：(a) 電壓響應，(b) 電流響應

也可以改寫如下：

$$v(t) = V_s(1 - e^{-t/\tau})u(t) \tag{6.79}$$

這就是當電容器初始為未充電的 RC 電路完全步級響應。根據 (6.78) 式，利用 $i(t) = C\,dv/dt$ 求得經過電容器的電流為

$$i(t) = C\frac{dv}{dt} = \frac{C}{\tau}V_s e^{-t/\tau}, \qquad \tau = RC, \qquad t > 0$$

或

$$i(t) = \frac{V_s}{R}e^{-t/\tau}u(t) \tag{6.80}$$

圖 6.76 顯示電容器電壓 $v(t)$ 和電容器電流 $i(t)$ 的曲線。

還有一種快捷的系統求解 RC 或 RL 電路步級響應的方法，而不是透過上面的推導方法。重新檢視 (6.76) 式，它比 (6.79) 式更普遍。顯然地，$v(t)$ 有二個成分。通常有二種方法可將其分解成二個成分：第一種方法是將它分解成自然響應和強迫響應；而第二種方法則是將它分解成暫態響應和穩態響應。先從自然響應和強迫響應開始，將完全響應撰寫如下：

$$\boxed{\text{完全響應} = \underset{\text{儲存能量}}{\text{自然響應}} + \underset{\text{獨立電源}}{\text{強迫響應}}}$$

或

$$v = v_n + v_f \tag{6.81}$$

其中

$$v_n = V_o e^{-t/\tau}$$

且
$$v_f = V_s(1 - e^{-t/\tau})$$

v_n 就是 6.7 節介紹過電路的自然響應，而 v_f 則是電路的**強迫響應** (forced response)，因為它是由外在"強迫"(如本例中的電壓源) 加入到電路而產生的。它代表電路被輸入激發所強迫的行為。自然響應最終會因為強迫響應的暫態成分而消失，僅留下強迫響應的穩態成分。

另一個方法是將完全響應分解成二個成分——其中一個是暫時的；另一個則是永久的。

$$\boxed{\text{完全響應} = \underset{\text{暫時的}}{\text{暫態響應}} + \underset{\text{永久的}}{\text{穩態響應}}}$$

或
$$v = v_t + v_{ss} \tag{6.82}$$

其中
$$v_t = (V_o - V_s)e^{-t/\tau} \tag{6.83a}$$

且
$$v_{ss} = V_s \tag{6.83b}$$

暫態響應 (transient response) v_t 是暫時的；它是當時間趨近於無限大時，完全響應衰減到零的部分。因此，

> 暫態響應是電路隨時間消失的暫時響應。

穩態響應 (steady-state response) v_{ss} 是完全響應在暫態響應消失後保留的部分。因此，

> 穩態響應是加入外部激發後電路長時間的特性。

完全響應的第一種分解方法是根據響應的來源性質，而第二種分解方法則是根據響應的永久性質。在實際條件下，自然響應和暫態響應是相同的，且強迫響應和穩態響應也是相同的。

不論何種方法，(6.76) 式的完全響應可以寫成：

> 這相當於說完全響應是暫態響應與穩態響應之和。

$$\boxed{v(t) = v(\infty) + [v(0) - v(\infty)]e^{-t/\tau}} \tag{6.84}$$

其中 $v(0)$ 是 $t=0^+$ 時的初始電壓,而 $v(\infty)$ 則是最終值或穩態值。因此,求 RC 電路的步級響應需要下列三個值:

1. 電容器的初始電壓 $v(0)$。
2. 電容器的最終電壓 $v(\infty)$。
3. 時間常數 τ。

在 $t<0$ 時,從已知電路可求得上述的第一項,而在 $t>0$ 時,從電路可求得第二項和第三項。一旦求得這些項,則可利用 (6.84) 式求得響應。這方法也適用於下一節討論的 RL 電路。

> 一旦得到 $v(0)$、$v(\infty)$ 和 τ 值,則本章所有電路問題幾乎皆可利用下列公式求得:
> $x(t) =$
> $x(\infty) + [x(0) - x(\infty)]e^{-t/\tau}$

如果開關在 $t=t_0$ 時改變位置而不是在 $t=0$ 時改變,則響應將有時間延遲。所以 (6.84) 式將改寫為

$$v(t) = v(\infty) + [v(t_0) - v(\infty)]e^{-(t-t_0)/\tau} \tag{6.85}$$

其中 $v(t_0)$ 是 $t=t_0^+$ 時的初值。請記住:(6.84) 式或 (6.85) 式只適用於步級響應;也就是,輸入激發是恆定的。

範例 6.22

圖 6.77 電路的開關長時間在位置 A,當 $t=0$ 時開關被切換到位置 B。試求 $t>0$ 時的 $v(t)$,並計算當 $t=1$ s 和 4 s 時的 $v(t)$ 值。

解: 當 $t<0$ 時,開關在位置 A,對直流而言,電容器相當於開路,但電容器電壓 v 與 5 Ω 電阻器上的電壓相同。因此,在 $t=0$ 之前,可利用分壓定理求得電容器的電壓如下:

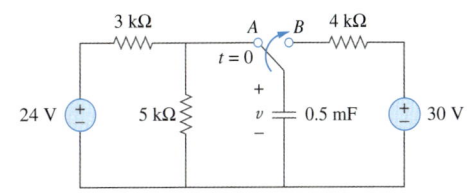

圖 6.77 範例 6.22 的電路

$$v(0^-) = \frac{5}{5+3}(24) = 15 \text{ V}$$

利用不能瞬間改變電容器電壓的事實,

$$v(0) = v(0^-) = v(0^+) = 15 \text{ V}$$

對於 $t>0$,開關移到位置 B,連接到電容器的戴維寧等效電阻 $R_{\text{Th}} = 4$ kΩ,則時間常數 τ 為

$$\tau = R_{\text{Th}}C = 4 \times 10^3 \times 0.5 \times 10^{-3} = 2 \text{ s}$$

因為在直流穩態下電容器相當於開路,$v(\infty) = 30$ V。因此,

$$v(t) = v(\infty) + [v(0) - v(\infty)]e^{-t/\tau}$$
$$= 30 + (15 - 30)e^{-t/2} = (30 - 15e^{-0.5t}) \text{ V}$$

在 $t = 1$ 時，
$$v(1) = 30 - 15e^{-0.5} = 20.9 \text{ V}$$

在 $t = 4$ 時，
$$v(4) = 30 - 15e^{-2} = 27.97 \text{ V}$$

練習題 6.22 試求圖 6.78 電路在 $t > 0$ 時的 $v(t)$，假設開關長時間斷開，而在 $t = 0$ 時閉合，計算 $t = 0.5$ 時的 $v(t)$。

答： $(9.375 + 5.625e^{-2t})$ V 在 $t > 0$ 時，7.63 V。

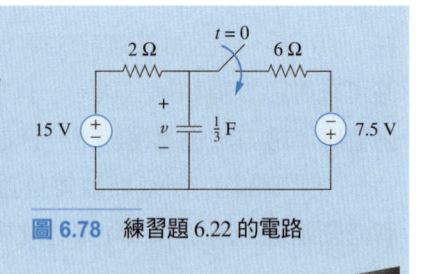

圖 6.78 練習題 6.22 的電路

範例 6.23 圖 6.79 電路的開關長時間閉合，而在 $t = 0$ 時被斷開。試求所有時間的 i 和 v。

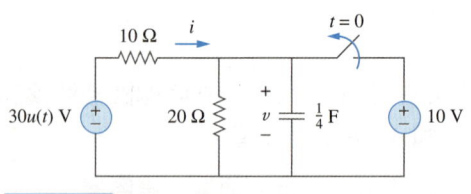

圖 6.79 範例 6.23 的電路

解： 在 $t = 0$ 時，電阻器上的電流 i 是不連續的，而電容器上的電壓 v 則不是。因此，最好是先求 v，再利用 v 來求 i。

根據單位步級函數的定義：
$$30u(t) = \begin{cases} 0, & t < 0 \\ 30, & t > 0 \end{cases}$$

在 $t < 0$ 時，開關閉合且 $30u(t) = 0$，所以 $30u(t)$ 電壓源可用短路取代，且對 v 沒有任何貢獻。又因為開關長時間閉合，所以電容器電壓達到穩定狀態，且電容器相當於開路。因此，對於 $t < 0$ 時的電路如圖 6.80(a) 所示。從這個電路得

$$v = 10 \text{ V}, \qquad i = -\frac{v}{10} = -1 \text{ A}$$

因為不能瞬間改變電容器電壓，所以
$$v(0) = v(0^-) = 10 \text{ V}$$

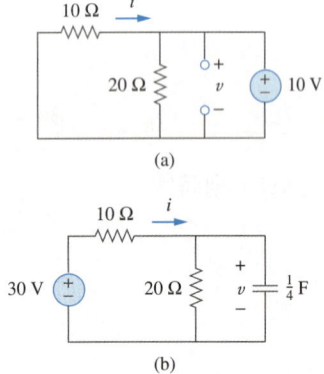

圖 6.80 範例 6.23 的解答：
(a) $t < 0$，(b) $t > 0$

在 $t>0$ 時,開關被斷開,則 10 V 電壓源斷開與電路的連接,所以 $30u(t)$ 電壓源開始工作,電路變成如圖 6.80(b) 所示。經過一段時間之後,電路趨於穩定狀態,且電容器再次變成開路。使用分壓定理求 $v(\infty)$ 如下:

$$v(\infty) = \frac{20}{20+10}(30) = 20 \text{ V}$$

在電容器二端的戴維寧等效電阻為

$$R_{\text{Th}} = 10 \parallel 20 = \frac{10 \times 20}{30} = \frac{20}{3} \Omega$$

且時間常數為

$$\tau = R_{\text{Th}}C = \frac{20}{3} \cdot \frac{1}{4} = \frac{5}{3} \text{ s}$$

因此,

$$v(t) = v(\infty) + [v(0) - v(\infty)]e^{-t/\tau}$$
$$= 20 + (10 - 20)e^{-(3/5)t} = (20 - 10e^{-0.6t}) \text{ V}$$

接下來求 i。注意:從圖 6.80(b) 看出 i 是 20 Ω 電阻器電流和電容器電流的總和;所以,

$$i = \frac{v}{20} + C\frac{dv}{dt}$$
$$= 1 - 0.5e^{-0.6t} + 0.25(-0.6)(-10)e^{-0.6t} = (1 + e^{-0.6t}) \text{ A}$$

當 t 趨近於 ∞ 時,i 趨近於 1。從圖 6.80(b) 得 $v + 10i = 30$,正好滿足期望值。因此,

$$v = \begin{cases} 10 \text{ V}, & t < 0 \\ (20 - 10e^{-0.6t}) \text{ V}, & t \geq 0 \end{cases}$$

$$i = \begin{cases} -1 \text{ A}, & t < 0 \\ (1 + e^{-0.6t}) \text{ A}, & t > 0 \end{cases}$$

注意:電容器電壓是連續的,而電阻器電流則不是。

> **練習題 6.23** 圖 6.81 電路的開關在 $t=0$ 時是閉合的。試求所有時間的 $i(t)$ 和 $v(t)$。在 $t<0$ 時 $u(-t)=1$,而 $t>0$ 時 $u(-t)=0$,且 $u(-t)=1-u(t)$。

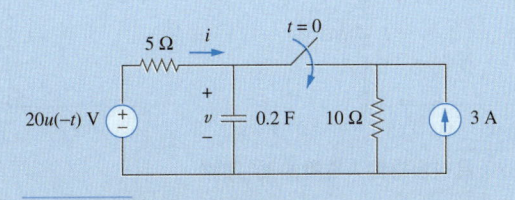

圖 6.81 練習題 6.23 的電路

答：$i(t) = \begin{cases} 0, & t < 0 \\ -2(1 + e^{-1.5t}) \text{ A}, & t > 0, \end{cases}$ $v = \begin{cases} 20 \text{ V}, & t < 0 \\ 10(1 + e^{-1.5t}) \text{ V}, & t > 0. \end{cases}$

6.11　*RL* 電路的步級響應

圖 6.82(a) 的 *RL* 電路可以用圖 6.82(b) 的電路取代。我們的目的是求電感器電流 *i* 作為電路的響應。以下將使用 (6.81) 式至 (6.84) 式的簡單方法，而不用克希荷夫定律。令響應為暫態響應和穩態響應之和，

$$i = i_t + i_{ss} \tag{6.86}$$

暫態響應是呈 *e* 的指數形式衰減，因此，

$$i_t = Ae^{-t/\tau}, \quad \tau = \frac{L}{R} \tag{6.87}$$

其中 *A* 為待確定的常數。

穩態響應是圖 6.82(a) 的開關長時間處於閉合狀態的電流值。暫態響應實際上將於五個時間常數後消失。此時，電感器變成短路，且電壓為 0。電壓源 V_s 全部落在電阻器上。因此，穩態響應為

$$i_{ss} = \frac{V_s}{R} \tag{6.88}$$

將 (6.87) 式和 (6.88) 式代入 (6.86) 式得

$$i = Ae^{-t/\tau} + \frac{V_s}{R} \tag{6.89}$$

現在從初始的 *i* 值來計算常數 *A*，令 I_0 為流過電感器的初始電流，該電流來自於 V_s 以外的電源。因為流經電感器的電流不能被瞬間改變，所以，

$$i(0^+) = i(0^-) = I_0 \tag{6.90}$$

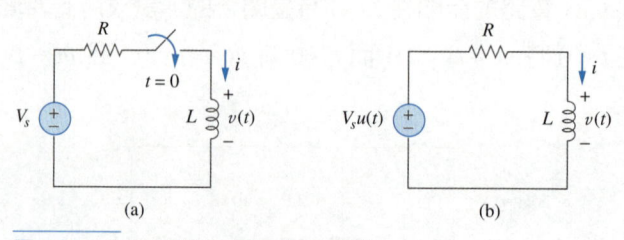

圖 6.82　具有步級輸入電壓的 *RL* 電路

因此，在 $t = 0$ 時，(6.89) 式改為

$$I_0 = A + \frac{V_s}{R}$$

從上式求得 A，

$$A = I_0 - \frac{V_s}{R}$$

將 A 代入 (6.89) 式得

$$i(t) = \frac{V_s}{R} + \left(I_0 - \frac{V_s}{R}\right)e^{-t/\tau} \qquad (6.91)$$

這就是 RL 電路的完全響應，如圖 6.83 所示。(6.91) 式的響應可改寫成

$$\boxed{i(t) = i(\infty) + [i(0) - i(\infty)]e^{-t/\tau}} \qquad (6.92)$$

其中 $i(0)$ 和 $i(\infty)$ 依次為 i 的初值和終值。因此，求 RL 電路的步級響應需要下列三個值：

1. $t = 0$ 時，電感器的初始電流 $i(0)$。
2. 電感器的最終電流 $i(\infty)$。
3. 時間常數 τ。

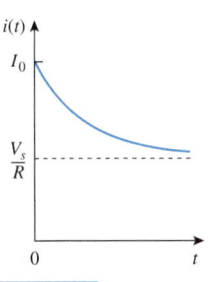

圖 6.83 具有初始電流 I_o 的 RL 電路

在 $t < 0$ 時，從已知電路可求得上述的第一項，而在 $t > 0$ 時，從電路可求得第二項和第三項。一旦求得這些項，則可利用 (6.92) 式求得響應。請牢記這個方法只適用步級響應。

另外，如果開關在 $t = t_0$ 時改變位置而不是在 $t = 0$ 時改變，則 (6.92) 式將改寫為

$$i(t) = i(\infty) + [i(t_0) - i(\infty)]e^{-(t-t_0)/\tau} \qquad (6.93)$$

如果 $I_0 = 0$，則

$$i(t) = \begin{cases} 0, & t < 0 \\ \dfrac{V_s}{R}(1 - e^{-t/\tau}), & t > 0 \end{cases} \qquad (6.94a)$$

或

$$i(t) = \frac{V_s}{R}(1 - e^{-t/\tau})u(t) \qquad (6.94b)$$

這是沒有初始電感器電流的 RL 電路步級響應，而電感器的跨壓可從 (6.94) 式並使用 $v = L\,di/dt$ 求得

$$v(t) = L\frac{di}{dt} = V_s\frac{L}{\tau R}e^{-t/\tau}, \qquad \tau = \frac{L}{R}, \qquad t > 0$$

或

$$v(t) = V_s e^{-t/\tau}u(t) \tag{6.95}$$

圖 6.84 顯示 (6.94) 式和 (6.95) 式的步級響應。

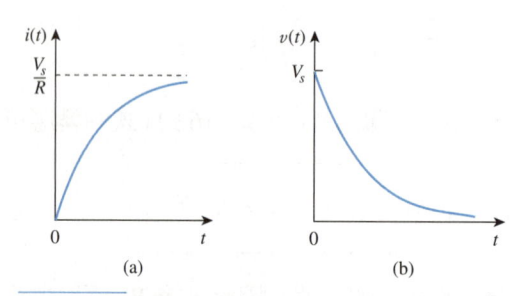

圖 6.84 沒有初始電感器電流的 RL 電路步級響應：(a) 電流響應，(b) 電壓響應

範例 6.24 試求 $t > 0$ 時圖 6.85 電路的 $i(t)$，假設開關長時間閉合。

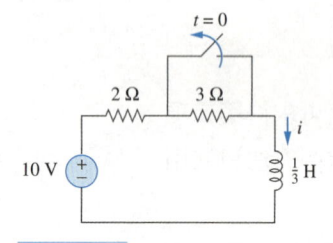

圖 6.85 範例 6.24 的電路

解：當 $t < 0$ 時，3 Ω 電阻器是短路的，且電感器也相當於短路。因此，在 $t = 0^-$ 時流過電感器的電流 ($t = 0$ 之前瞬間) 為

$$i(0^-) = \frac{10}{2} = 5\text{ A}$$

因為電感器電流不能瞬間改變，

$$i(0) = i(0^+) = i(0^-) = 5\text{ A}$$

對於 $t > 0$，開關被斷開，2 Ω 和 3 Ω 電阻器為串聯，所以，

$$i(\infty) = \frac{10}{2+3} = 2\text{ A}$$

跨接於電感器二端的戴維寧等效電阻為

$$R_{\text{Th}} = 2 + 3 = 5\text{ Ω}$$

時間常數為

$$\tau = \frac{L}{R_{\text{Th}}} = \frac{\frac{1}{3}}{5} = \frac{1}{15}\text{ s}$$

因此，

$$i(t) = i(\infty) + [i(0) - i(\infty)]e^{-t/\tau}$$
$$= 2 + (5-2)e^{-15t} = 2 + 3e^{-15t}\text{ A}, \quad t > 0$$

驗證：在圖 6.85 中，於 $t > 0$ 時必須滿足 KVL；因此，

$$10 = 5i + L\frac{di}{dt}$$

$$5i + L\frac{di}{dt} = [10 + 15e^{-15t}] + \left[\frac{1}{3}(3)(-15)e^{-15t}\right] = 10$$

則結果正確。

練習題 6.24 在圖 6.86 的開關長時間被閉合，而於 $t = 0$ 時被斷開，試求 $t > 0$ 時的 $i(t)$。

答：在 $t > 0$ 時，$(4 + 2e^{-10t})$ A。

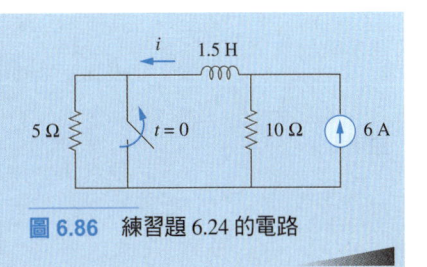

圖 6.86 練習題 6.24 的電路

範例 6.25 電路的開關 1 在 $t = 0$ 時閉合，且開關 2 在 4 s 後閉合。試求 $t > 0$ 時的 $i(t)$，並計算 $t = 2$ s 和 $t = 5$ s 時的 i 值。

解：必須分別考慮 $t \leq 0$、$0 \leq t \leq 4$ 和 $t \geq 4$ 三個時間區間。在 $t < 0$ 時，S_1 和 S_2 是斷開的，所以 $i = 0$。因為電感電流不能瞬間被改變，所以，

$$i(0^-) = i(0) = i(0^+) = 0$$

在 $0 \leq t \leq 4$ 時，S_1 閉合，所以 4 Ω 和 6 Ω 電阻器為串聯。(記住：此時 S_2 仍然是斷開的。) 因此，假設目前的 S_1 是永久閉合的，

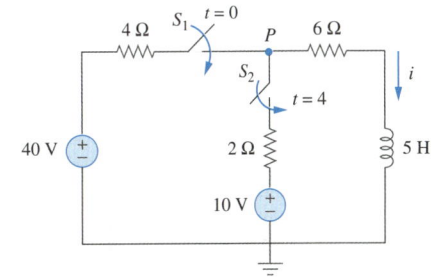

圖 6.87 範例 6.25 的電路

$$i(\infty) = \frac{40}{4+6} = 4\text{ A}, \quad R_{\text{Th}} = 4 + 6 = 10\text{ Ω}$$

$$\tau = \frac{L}{R_{\text{Th}}} = \frac{5}{10} = \frac{1}{2}\text{ s}$$

所以，

$$i(t) = i(\infty) + [i(0) - i(\infty)]e^{-t/\tau}$$
$$= 4 + (0 - 4)e^{-2t} = 4(1 - e^{-2t}) \text{ A}, \qquad 0 \leq t \leq 4$$

在 $t \geq 4$ 時，S_2 也閉合；10 V 電壓源被接上，且電路被改變。這種突然的改變不會影響電感器電流，因為電感器電流不能瞬間改變。因此，初始電流為

$$i(4) = i(4^-) = 4(1 - e^{-8}) \simeq 4 \text{ A}$$

要求出 $i(\infty)$，令 v 為圖 6.87 的 P 節點電壓，使用 KCL 得

$$\frac{40 - v}{4} + \frac{10 - v}{2} = \frac{v}{6} \quad \Rightarrow \quad v = \frac{180}{11} \text{ V}$$

$$i(\infty) = \frac{v}{6} = \frac{30}{11} = 2.727 \text{ A}$$

在電感器二端的戴維寧等效電阻為

$$R_{\text{Th}} = 4 \parallel 2 + 6 = \frac{4 \times 2}{6} + 6 = \frac{22}{3} \, \Omega$$

且

$$\tau = \frac{L}{R_{\text{Th}}} = \frac{5}{\frac{22}{3}} = \frac{15}{22} \text{ s}$$

因此，

$$i(t) = i(\infty) + [i(4) - i(\infty)]e^{-(t-4)/\tau}, \qquad t \geq 4$$

因為有時間延遲，所以指數使用 $(t-4)$。因此，

$$i(t) = 2.727 + (4 - 2.727)e^{-(t-4)/\tau}, \qquad \tau = \frac{15}{22}$$
$$= 2.727 + 1.273e^{-1.4667(t-4)}, \qquad t \geq 4$$

將上述計算結果擺在一起得

$$i(t) = \begin{cases} 0, & t \leq 0 \\ 4(1 - e^{-2t}), & 0 \leq t \leq 4 \\ 2.727 + 1.273e^{-1.4667(t-4)}, & t \geq 4 \end{cases}$$

在 $t = 2$ 時，

$$i(2) = 4(1 - e^{-4}) = 3.93 \text{ A}$$

在 $t = 5$ 時，

$$i(5) = 2.727 + 1.273e^{-1.4667} = 3.02 \text{ A}$$

練習題 6.25 圖 6.88 電路的開關 1 在 $t=0$ 時閉合，且開關 2 在 $t=2$ 時閉合。試求所有時間的 $i(t)$，並計算 $i(1)$ 和 $i(3)$。

答：
$$i(t) = \begin{cases} 0, & t < 0 \\ 2(1 - e^{-9t}), & 0 < t < 2 \\ 3.6 - 1.6e^{-5(t-2)}, & t > 2 \end{cases}$$

$i(1) = 1.9997$ A, $i(3) = 3.589$ A.

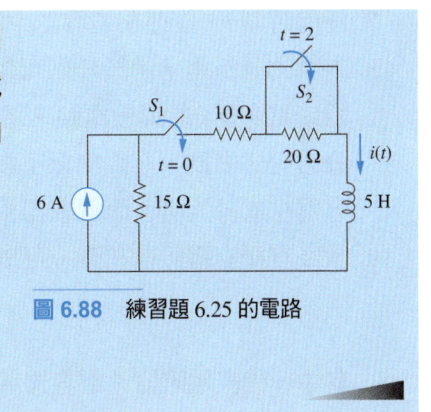

圖 6.88 練習題 6.25 的電路

6.12 總結

1. 流過電容器的電流與其二端電壓隨時間的變化率成正比。

$$i = C\frac{dv}{dt}$$

除非電壓隨時間而改變，否則流過電容器的電流為零。因此，電容器對於直流電源會呈現開路。

2. 電容器二端的電壓與流過的電流對時間的積分成正比。

$$v = \frac{1}{C}\int_{-\infty}^{t} i\, dt = \frac{1}{C}\int_{t_0}^{t} i\, dt + v(t_0)$$

電容器的端電壓無法瞬間改變。

3. 電容器的串聯與並聯合併方式和電導的串聯與並聯合併方式相同。

4. 電感器二端的電壓與流過的電流隨時間的變化率成正比。

$$v = L\frac{di}{dt}$$

除非電流隨時間而改變，否則電感器二端的感應電壓為零。因此，電感器對於直流電源而言，呈現短路。

5. 流過電感器的電流與其二端電壓對時間的積分成正比。

$$i = \frac{1}{L}\int_{-\infty}^{t} v\, dt = \frac{1}{L}\int_{t_0}^{t} v\, dt + i(t_0)$$

流過電感器的電流無法瞬間改變。

6. 電感器的串聯與並聯合併方式和電阻器的串聯與並聯合併方式相同。

7. 任何時刻 t，儲存在電容器中的能量為 $\frac{1}{2}Cv^2$，儲存在電感器中的能量為 $\frac{1}{2}Li^2$。

8. 本章的分析也適用於任何可以將電路化簡為一個電阻器和一個儲能元件 (電感器或電容器) 的等效電路。這樣的電路是一階電路，因為它的行為是由一階微分方程式描述。必須牢記：當分析 RC 和 RL 電路時，在直流穩態條件下，電容器相當於開路，而電感器相當於短路。

9. 當沒有獨立電源存在時，可以得到電路的自然響應，其一般形式為

$$x(t) = x(0)e^{-t/\tau}$$

其中 x 代表電阻器、電容器或電感器的電流 (或電壓)，且 $x(0)$ 是 x 的初值。因為大多數實際的電阻器、電容器或電感器都有損耗，所以自然響應是暫態響應，即自然響應將隨時間消失。

10. 時間常數 τ 是響應衰減到初值的 $1/e$ 所需的時間。RC 電路的 $\tau = RC$，RL 電路的 $\tau = L/R$。

11. 奇異函數包括單位步級函數、單位斜波函數和單位脈衝函數。其中單位步級函數 $u(t)$ 為

$$u(t) = \begin{cases} 0, & t < 0 \\ 1, & t > 0 \end{cases}$$

單位斜波函數為

$$\delta(t) = \begin{cases} 0, & t < 0 \\ 未定義, & t = 0 \\ 0, & t > 0 \end{cases}$$

單位脈衝函數為

$$r(t) = \begin{cases} 0, & t \leq 0 \\ t, & t \geq 0 \end{cases}$$

12. 穩態響應是獨立電源作用到電路很長一段時間之後的行為，暫態響應則是完全響應中隨時間消失的成分。

13. 完全響應是由穩態響應和暫態響應組成。

14. 步級響應是直流電流或電壓突然作用到電路所產生的響應。求一階電路的步級響應需要初值 $x(0^+)$、終值 $x(\infty)$ 和時間常數 τ。有了這三個值，即可求步級響應如下：

$$x(t) = x(\infty) + [x(0^+) - x(\infty)]e^{-t/\tau}$$

上面方程式的一般形式為

$$x(t) = x(\infty) + [x(t_0^+) - x(\infty)]e^{-(t-t_0)/\tau}$$

或者可以寫成

$$瞬間值 = 終值 + [初值 + 終值]\, e^{-(t-t_0)/\tau}$$

複習題

6.1 某一 5 F 電容器，當二端連接上 120 V 電源時，其電荷為若干？
(a) 600 C (b) 300 C (c) 24 C (d) 12 C

6.2 電容的度量單位是：
(a) 庫倫 (b) 焦耳 (c) 亨利 (d) 法拉

6.3 當電容器內之總電荷量加倍時，其儲存的能量：
(a) 維持不變 (b) 為原來的一半
(c) 加倍 (d) 為原來的 4 倍

6.4 如圖 6.89 所示之電壓波形，實際上是電容器的波形嗎？
(a) 是 (b) 否

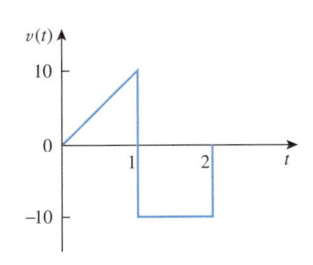

圖 6.89 複習題 6.4 的波形

6.5 二個電容為 40 mF 串聯的電容器與一個 4 mF 電容器並聯後的總電容是：
(a) 3.8 mF (b) 5 mF (c) 24 mF
(d) 44 mF (e) 84 mF

6.6 如圖 6.90 所示電路中，若 $i = \cos 4t$ 且 $v = \sin 4t$，則該元件是一個：
(a) 電阻器 (b) 電容器 (c) 電感器

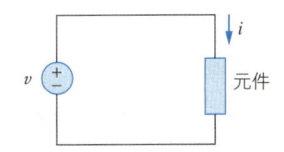

圖 6.90 複習題 6.6 的電路

6.7 一 5 H 的電感器，在 0.2 s 時間內的電流變化量為 3 A，則在該電感器二端所產生的電壓是：
(a) 75 V (b) 8.888 V
(c) 3 V (d) 1.2 V

6.8 如果流經一 10 mH 電感器的電流從 0 變化到 2 A，請問該電感器中儲存多少的能量？
(a) 40 mJ (b) 20 mJ
(c) 10 mJ (d) 5 mJ

6.9 電感器並聯的合併方式與電阻器並聯的合併方式相同。
(a) 正確 (b) 錯誤

6.10 對於如圖 6.91 所示之電路，其分壓的公式為：
(a) $v_1 = \dfrac{L_1 + L_2}{L_1} v_s$ (b) $v_1 = \dfrac{L_1 + L_2}{L_2} v_s$
(c) $v_1 = \dfrac{L_2}{L_1 + L_2} v_s$ (d) $v_1 = \dfrac{L_1}{L_1 + L_2} v_s$

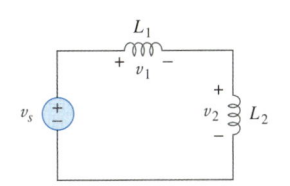

圖 6.91 複習題 6.10 的電路

6.11 一個 RC 電路的 $R = 2\,\Omega$、$C = 4$ F，則其時間常數為：
(a) 0.5 s (b) 2 s (c) 4 s (d) 8 s (e) 15 s

6.12 一個 RL 電路的 $R = 2\,\Omega$、$L = 4$ H，則其時間常數為：
(a) 0.5 s (b) 2 s (c) 4 s (d) 8 s (e) 15 s

6.13 一個 RC 電路的 $R=2\,\Omega$、$C=4\,F$，對電容器充電到穩態值的 63.2% 所需的時間為：
(a) 2 s (b) 4 s (c) 8 s (d) 16 s
(e) 以上皆非

6.14 一個 RL 電路的 $R=2\,\Omega$、$L=4\,H$，則電感器電流達到穩態值的 40% 所需的時間為：
(a) 0.5 s (b) 1 s (c) 2 s (d) 4 s
(e) 以上皆非

6.15 在圖 6.92 電路中，$t=0$ 之前瞬間的電容器電壓為：
(a) 10 V (b) 7 V (c) 6 V (d) 4 V (e) 0 V

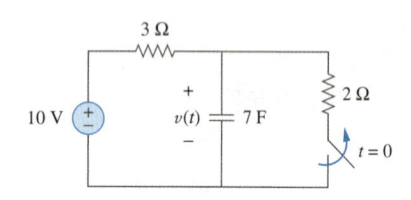

圖 6.92 複習題 6.15 和 6.16 的電路

6.16 在圖 6.92 電路中，$v(\infty)$ 為：
(a) 10 V (b) 7 V (c) 6 V (d) 4 V (e) 0 V

6.17 在圖 6.93 電路中，$t=0$ 之前瞬間的電感器電流為：
(a) 8 A (b) 6 A (c) 4 A (d) 2 A (e) 0 A

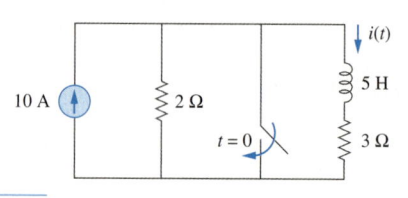

圖 6.93 複習題 6.17 和 6.18 的電路

6.18 在圖 6.93 電路中，$i(\infty)$ 為：
(a) 10 A (b) 6 A (c) 4 A (d) 2 A (e) 0 A

6.19 如果在 $t=0$ 時，v_s 從 2 V 到 4 V，則 v_s 可以表示為：
(a) $\delta(t)$ V (b) $2u(t)$ V
(c) $2u(-t)+4u(t)$ V (d) $2+2u(t)$ V
(e) $4u(t)-2$ V

6.20 圖 6.172(a) 的脈衝可以使用奇異函數表示為：
(a) $2u(t)+2u(t-1)$ V
(b) $2u(t)-2u(t-1)$ V
(c) $2u(t)-4u(t-1)$ V
(d) $2u(t)+4u(t-1)$ V

答：6.1 a，6.2 d，6.3 d，6.4 b，6.5 c，6.6 b，6.7 a，6.8 b，6.9 a，6.10 d，6.11 d，6.12 b，6.13 c，6.14 b，6.15 d，6.16 a，6.17 c，6.18 e，6.19 c, d，6.20 b

習題

6.2 節　電容器

6.1 若電壓 $2te^{-3t}$ V 跨接上一 7.5 F 的電容器，試求其電流與功率。

6.2 一 50 μF 電容器的能量為：
$$w(t)=10\cos^2 377t\ \text{J}$$
試決定流過該電容器的電流。

6.3 試設計一個問題幫助其他學生更瞭解電容器如何工作。

6.4 流過某一 5 F 電容器的電流為 $4\sin 4t$ A，試求該電容器二端的電壓 $v(t)$，若 $v(0)=1$ V。

6.5 某一 4 μF 電容器二端的電壓，如圖 6.94 所示，試求其流過電流的波形。

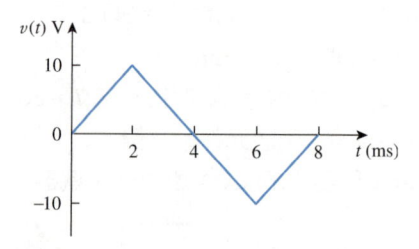

圖 6.94 習題 6.5 的波形

6.6 外加在一 55 μF 電容器二端的電壓波形如圖 6.95 所示，請畫出流過該電容器的電流波形。

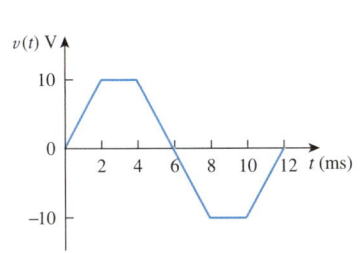

圖 6.95 習題 6.6 的波形

6.7 在 $t=0$ 時，外接在一 25 mF 電容器二端的電壓為 10 V，試問當 $t>0$ 時，流過之電流為 $5t$ mA，計算其電容器二端的電壓。

6.8 某一 4 mF 電容器具有端電壓為：

$$v = \begin{cases} 50 \text{ V}, & t \leq 0 \\ Ae^{-100t} + Be^{-600t} \text{ V}, & t \geq 0 \end{cases}$$

若該電容器的初始電流為 2 A，試求：
(a) 常數 A 與 B。
(b) 該電容器在 $t=0$ 時，所儲存的能量。
(c) $t>0$ 時，流經該電容器之電流。

6.9 流過一 0.5 F 電容器的電流為 $6(1-e^{-t})$ A，試計算在 $t=2$ s 時之電壓及功率，假設 $v(0)=0$。

6.10 一 5 mF 電容器二端之電壓，如圖 6.96 所示，試計算流過該電容器的電流。

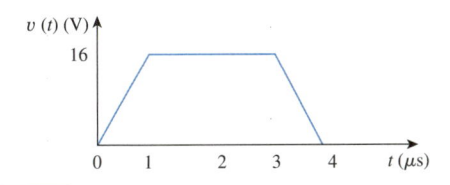

圖 6.96 習題 6.10 的波形

6.11 流經某一 4 mF 電容器的電流波形如圖 6.97 所示，假設 $v(0)=10$ V，試畫出該電容器二端之電壓波形 $v(t)$。

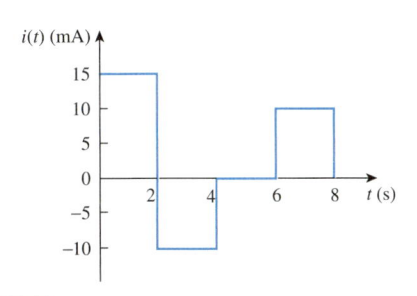

圖 6.97 習題 6.11 的波形

6.12 100 mF 電容器與 12 Ω 電阻器相互並聯，其二端的電壓為 $30e^{-2000t}$ V，試計算該並聯電路所吸收的功率。

6.13 試求如圖 6.98 所示之電路，在直流條件下電容器的二端之電壓。

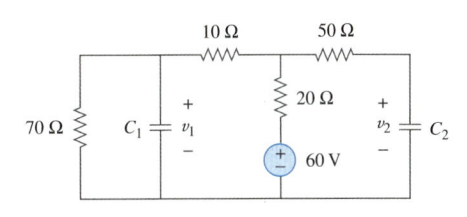

圖 6.98 習題 6.13 的電路

6.3 節　電容器的串聯與並聯

6.14 20 pF 與 60 pF 的電容器相互串聯，與相互串聯的 30 pF 與 70 pF，並聯之等效電容為何？

6.15 二個電容器 (25 μF 和 75 μF) 與連接到 100 V 的電源，試求在二電容器 (a) 並聯，(b) 串聯的二種情況下，各電容器儲存的能量為何？

6.16 由如圖 6.99 所示電路之二端 a-b 看進去的等效電容為 30 μF，試求 C 的值。

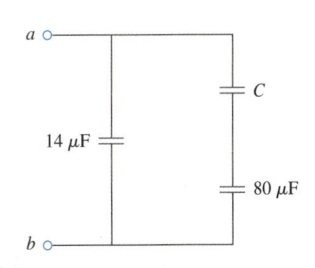

圖 6.99 習題 6.16 的電路

6.17 試計算如圖 6.100 所示，各個電路的等效電容值。

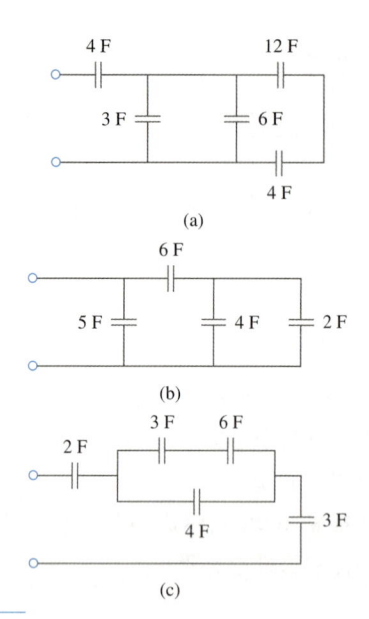

圖 6.100 習題 6.17 的電路

6.18 試求如圖 6.101 所示電路之等效電容 C_{eq}，若圖中所有電容均為 $4\,\mu F$。

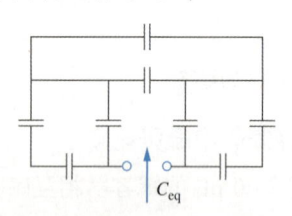

圖 6.101 習題 6.18 的電路

6.19 試求如圖 6.102 所示電路，在 a 和 b 二端的等效電容，圖中所有電容的單位均為 μF。

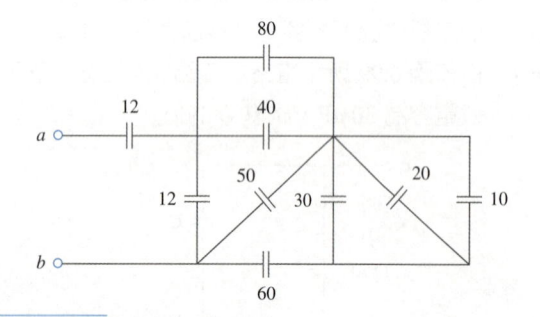

圖 6.102 習題 6.19 的電路

6.20 試求如圖 6.103 所示電路，從 a 和 b 二端看進去的等效電容值。

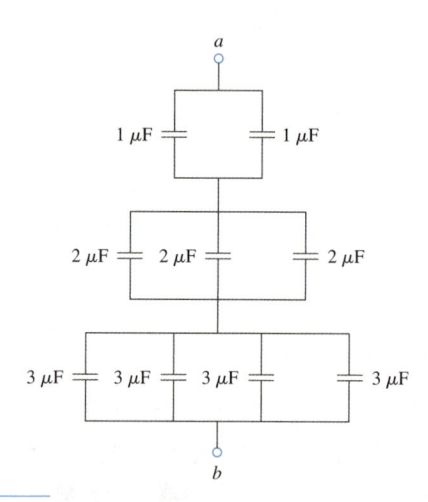

圖 6.103 習題 6.20 的電路

6.21 試求如圖 6.104 所示電路，從 a、b 二端看進去的等效電容值。

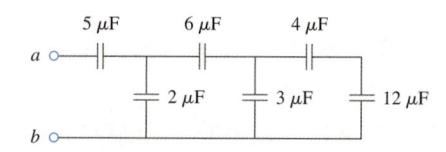

圖 6.104 習題 6.21 的電路

6.22 試求如圖 6.105 所示電路之等效電容。

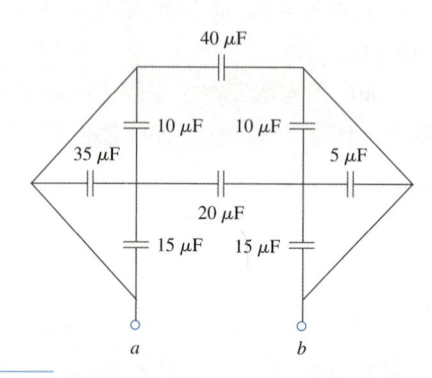

圖 6.105 習題 6.22 的電路

6.23 利用如圖 6.106 所示之電路，試設計一個問題幫助其他學生更瞭解電容被連成串聯及並聯如何工作。

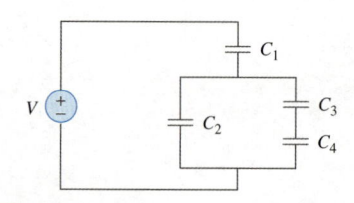

圖 6.106 習題 6.23 的電路

6.24 如圖 6.107 所示的電路，試計算：(a) 每一個電容器之端電壓，(b) 儲存在每一個電容器上的能量。

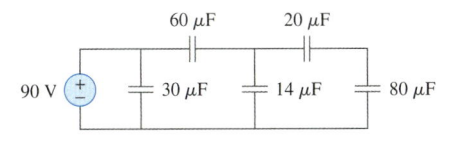

圖 6.107 習題 6.24 的電路

6.25 (a) 試證明如圖 6.108(a) 所示之二個電容器串聯的分壓式為：

$$v_1 = \frac{C_2}{C_1 + C_2} v_s, \quad v_2 = \frac{C_1}{C_1 + C_2} v_s$$

假定其初始條件為零。

(b) 試證明如圖 6.108(b) 所示的二個電容器相互並聯之分流式為：

$$i_1 = \frac{C_1}{C_1 + C_2} i_s, \quad i_2 = \frac{C_2}{C_1 + C_2} i_s$$

假定其初始條件為零。

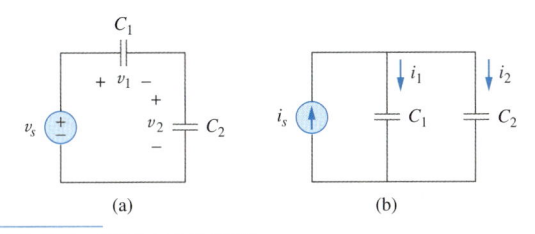

圖 6.108 習題 6.25 的電路

6.26 有三個電容器 $C_1 = 5 \ \mu F$、$C_2 = 10 \ \mu F$ 及 $C_3 = 20 \ \mu F$ 連接成並聯，且外接 150 V 的電壓源，試求：(a) 總電容，(b) 各電容器上的電荷，(c) 並聯後，所儲存的總能量。

6.27 已知四個 $4 \ \mu F$ 電容器，它們既可以串聯連接也可以並聯連接，試求其串聯或並聯合併後的最小電容與最大電容。

*6.28 試求如圖 6.109 所示電路的等效電容。

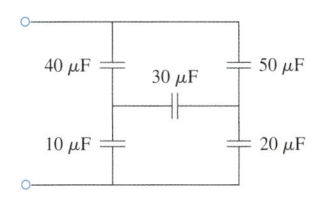

圖 6.109 習題 6.28 的電路

6.29 試計算如圖 6.110 所示，各個電路之等效電容 C_{eq}。

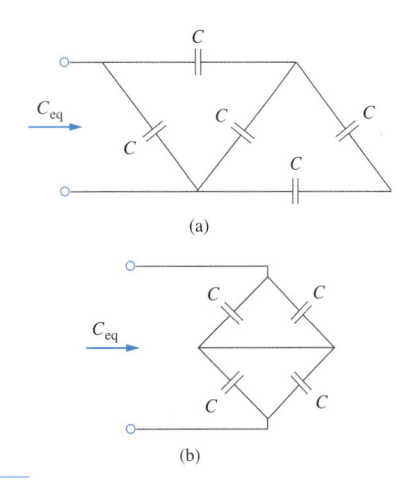

圖 6.110 練習題 6.29 的電路

6.30 假設電容器的初始狀態為未充電，試計算如圖 6.111 所示電路中的 $v_o(t)$。

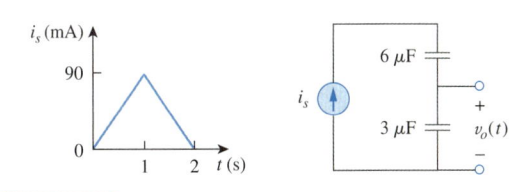

圖 6.111 習題 6.30 的電路

6.31 若 $v(0) = 0$，試計算如圖 6.112 所示之電路中的 $v(t)$、$i_1(t)$ 與 $i_2(t)$。

---

* 星號表示該習題具有挑戰性。

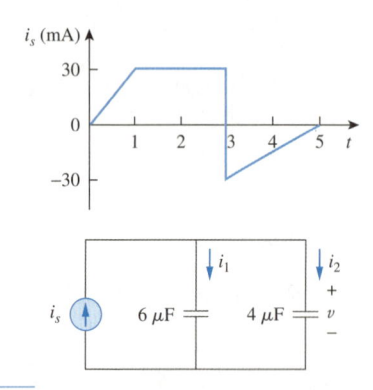

圖 6.112 習題 6.31 的電路

6.32 如圖 6.113 所示電路中，令 $i_s = 50e^{-2t}$ mA 及 $v_1(0) = 50$ V，$v_2(0) = 20$ V，試計算：(a) $v_1(t)$ 與 $v_2(t)$，(b) 在 $t = 0.5$ s 時，各個電容器上所儲存的能量。

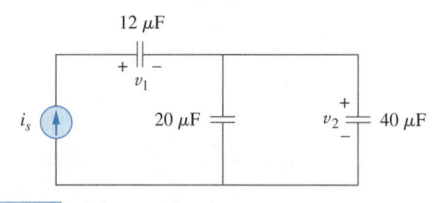

圖 6.113 習題 6.32 的電路

6.33 試求如圖 6.114 所示之電路，其在 a、b 二端之戴維寧等效電路。注意：戴維寧等效電路一般並不存在包含有電容器和電阻器的電路。但本題為一特例，其戴維寧等效電路的確存在。

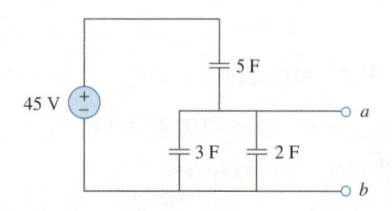

圖 6.114 習題 6.33 的電路

6.4 節　電感器

6.34 流過某一 10 mH 電感器的電流為 $10e^{-t/2}$ A，試求 $t = 3$ s 時之電壓與功率。

6.35 流經某一電感器的電流在 2 ms 內從 50 mA 線性變化到 100 mA，感應出的電壓為 160 mV。試計算該電感器的電感量。

6.36 試設計一個問題幫助其他學生更瞭解電感器的作用。

6.37 流過某一 12 mH 電感器的電流為 $4 \sin 100t$ A，試求 $0 < t < \pi/200$ s 時，該電感器二端的電壓；以及在 $t = \frac{\pi}{200}$ s 時所儲存的能量。

6.38 若流過某一 40 mH 電感器的電流為：

$$i(t) = \begin{cases} 0, & t < 0 \\ te^{-2t} \text{ A}, & t > 0 \end{cases}$$

試求該電感器之端電壓 $v(t)$。

6.39 若跨接在一 200 mH 電感器二端的電壓為：

$$v(t) = 3t^2 + 2t + 4 \text{ V} \quad \text{當 } t > 0$$

試計算流過該電感器的電流 $i(t)$，假設 $i(0) = 1$ A。

6.40 流過某一 5 mH 電感器的電流波形如圖 6.115 所示，試計算在 $t = 1$、3 及 5 ms 時，該電感器端電壓。

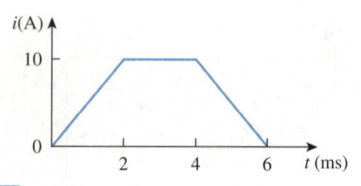

圖 6.115 習題 6.40 的波形

6.41 一 2 H 電感器之端電壓為 $20(1 - e^{-2t})$ V，且若流過該電感器的初始電流為 0.3 A，試求在 $t = 1$ s 時，流過該電感器的電流及其所儲存的能量。

6.42 若如圖 6.116 所示的電壓波形，外加到一 5 H 電感器的二端，試計算流過該電感器之電流，假設 $i(0) = -1$ A。

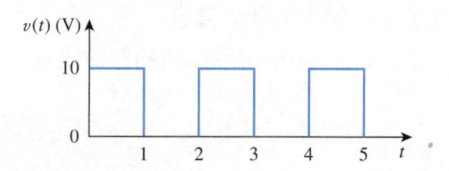

圖 6.116 習題 6.42 的波形

6.43 流過一 80 mH 電感器的電流從 0 變化到 60 mA，試問該電感器中儲存之能量為多少？

*6.44 一個 100 mH 的電感器與一個 2 kΩ 的電阻器相互並聯，且流經該電感器的電流為 $i(t) = 50e^{-400t}$ mA。(a) 試求該電感器之端電壓 v_L，(b) 試求電阻 v_R 之端電壓，(c) $v_R(t) + v_L(t) = 0$？(d) 試求在 $t = 0$ 時，儲存在該電感器中之能量。

6.45 若將如圖 6.117 所示的電壓波形，外加到在某一 10 mH 之電感器二端，試求該電感器的電流 $i(t)$，假設 $i(0) = 0$。

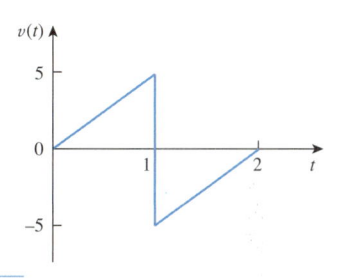

圖 6.117 習題 6.45 的波形

6.46 試求如圖 6.118 所示電路，在直流的條件下，其 v_C、i_L 以及儲存電容器與電感器之能量。

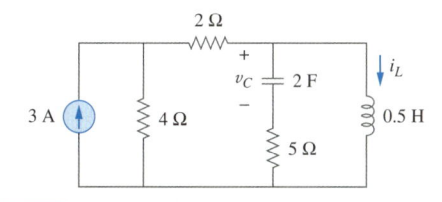

圖 6.118 習題 6.46 的電路

6.47 對於如圖 6.119 所示之電路，在直流條件下，試計算使得電容器之能量與儲存在電感器之能量相等的電阻值 R。

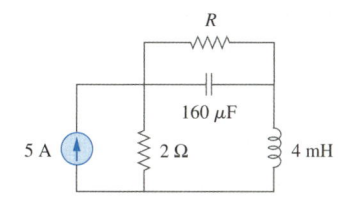

圖 6.119 習題 6.47 的電路

6.48 在直流穩態條件下，試求如圖 6.120 所示電路中之 i 與 v。

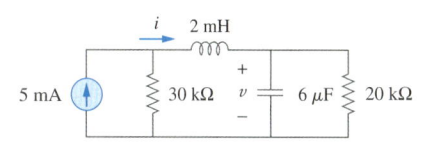

圖 6.120 習題 6.48 的電路

6.5 節　電感器的串聯與並聯

6.49 試求如圖 6.121 所示電路的等效電感，假設所有電感器均為 10 mH。

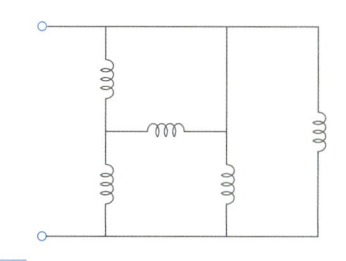

圖 6.121 習題 6.49 的電路

6.50 某一儲能的網路，是由 16 mH 和 14 mH 電感器相互串聯，及 24 mH 和 36 mH 電感器相互串聯，再行並聯所組合而成，試計算該網路的等效電感。

6.51 試計算如圖 6.122 所示電路中，其 a-b 二端的等效電感 L_{eq}。

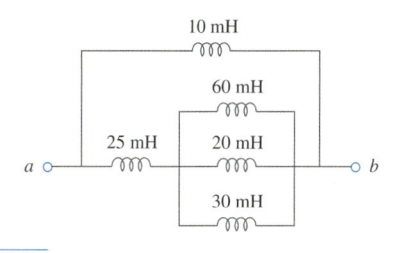

圖 6.122 習題 6.51 的電路

6.52 利用如圖 6.123，試設計一個問題幫助其他學生更瞭解電感器在串並聯時的動作。

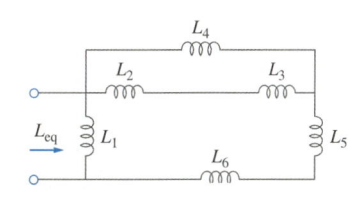

圖 6.123 習題 6.52 的電路

6.53 試求如圖 6.124 所示電路，其電路二端的等效電感 L_{eq}。

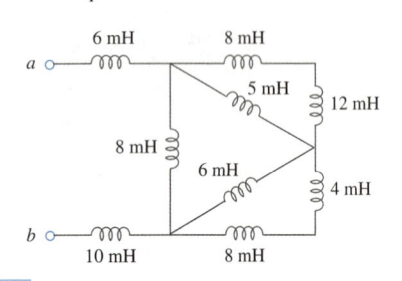

圖 6.124　習題 6.53 的電路

6.54 試求如圖 6.125 所示之電路，從 a、b 二端看進去的等效電感。

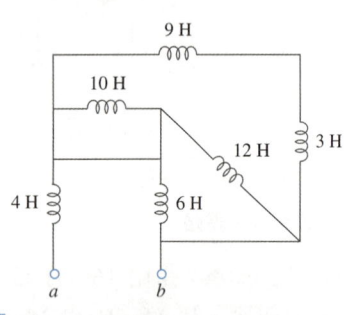

圖 6.125　習題 6.54 的電路

6.55 試求如圖 6.126 所示各個電路之等效電感 L_{eq}。

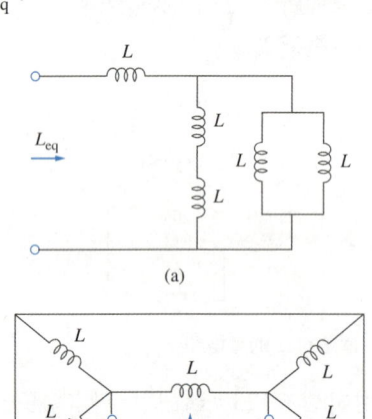

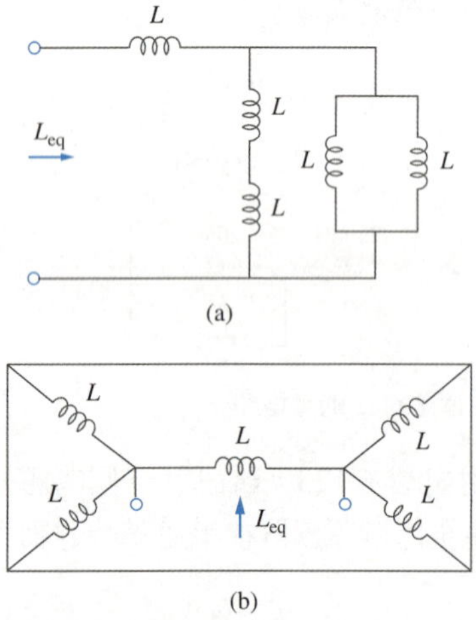

圖 6.126　習題 6.55 的電路

6.56 試求如圖 6.127 所示電路之等效電感 L_{eq}。

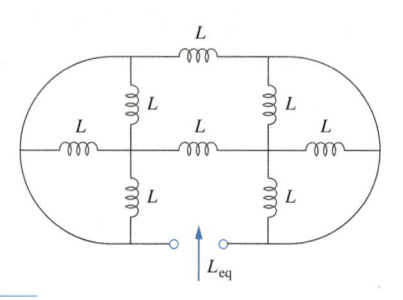

圖 6.127　習題 6.56 的電路

*6.57 試求可用於表示如圖 6.128 所示之電感性網路的 a、b 端的等效電感 L_{eq}。

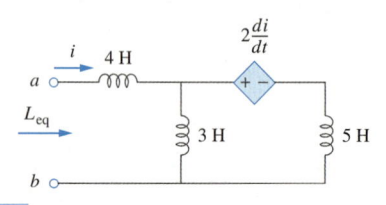

圖 6.128　習題 6.57 的電路

6.58 流過某一 3 H 電感器之電流波形如圖 6.129 所示。試畫出 $0 < t < 6$ s 時，該電感器二端的電壓波形。

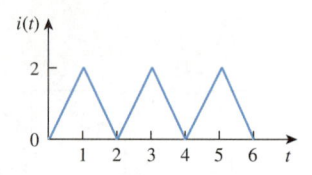

圖 6.129　習題 6.58 的波形

6.59 (a) 二個電感器串聯，如圖 6.130(a) 所示，試證明其分壓式為：

$$v_1 = \frac{L_1}{L_1 + L_2}v_s, \quad v_2 = \frac{L_2}{L_1 + L_2}v_s$$

假設初始條件均為零。

(b) 二個電感器並聯，如圖 6.130(b) 所示：試證明分流式為

$$i_1 = \frac{L_2}{L_1 + L_2}i_s, \quad i_2 = \frac{L_1}{L_1 + L_2}i_s$$

假設所有初始條件均為零。

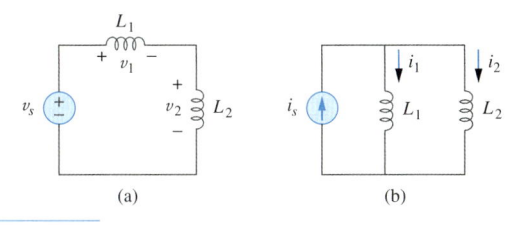

圖 6.130 習題 6.59 的電路

6.60 如圖 6.131 所示電路中，若 $i_o(0) = 2$ A，試計算 $t > 0$ 時，$i_o(t)$ 與 $v_o(t)$。

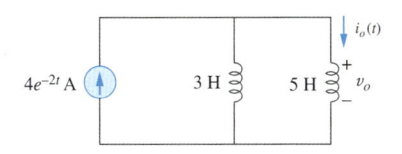

圖 6.131 習題 6.60 的電路

6.61 如圖 6.132 所示電路中，試求：(a) $i_s = 3e^{-t}$ mA 時，L_{eq}、$i_1(t)$ 及 $i_2(t)$，(b) $v_0(t)$，(c) 在 $t = 1$ s 時，儲存在 20 mH 電感器中的能量。

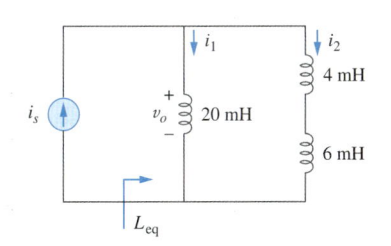

圖 6.132 習題 6.61 的電路

6.62 如圖 6.133 所示電路中，若 $t > 0$ 時 $v(t) = 12e^{-3t}$ mV 且 $i_1(0) = -10$ mA。試求：(a) $i_2(0)$，(b) $i_1(t)$ 與 $i_2(t)$。

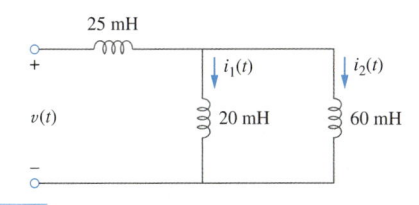

圖 6.133 習題 6.62 的電路

6.63 如圖 6.134 所示之電路，試畫出 v_o 的波形圖。

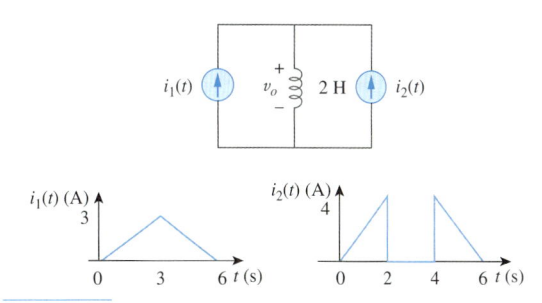

圖 6.134 習題 6.63 的電路

6.64 如圖 6.135 所示之電路中，開關長期處於位置 A。在 $t = 0$ 時，開關由位置 A 切換至位置 B。該開關為常閉型開關，因而電感器電流為不間斷。試求：
(a) $t > 0$ 時的 $i(t)$。
(b) 開關剛剛切換至 B 時的 v。
(c) 開關切換至 B 一段時間後的 $v(t)$。

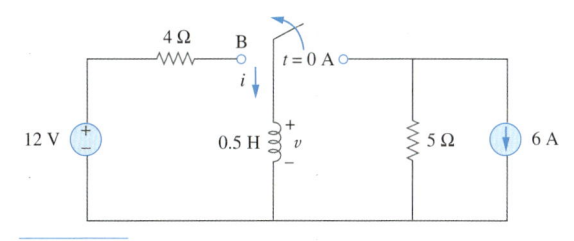

圖 6.135 習題 6.64 的電路

6.65 如圖 6.136 之電路所示，電感器經初始充電後，在 $t = 0$ 時，接上黑盒子，若 $i_1(0) = 4$ A、$i_2(0) = -2$ A 及 $v(t) = 50e^{-200t}$ mV，$t \geq 0$，試求：
(a) 各電感器中的初始儲能。
(b) 從 $t = 0$ 至 $t = \infty$ 傳遞給黑盒子的總能量。
(c) $t \geq 0$ 時，$i_1(t)$ 與 $i_2(t)$。
(d) $t \geq 0$ 時，$i(t)$。

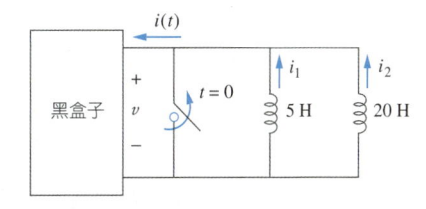

圖 6.136 習題 6.65 的電路

6.66 流過某一 20 mH 電感器的電流 $i(t)$ 在任何時刻，對於其二端的電壓都具有相等的振幅，若 $i(0) = 2$ A，試求 $i(t)$。

$$\frac{d^2 v_o}{dt^2} + 2\frac{dv_o}{dt} + v_o = 10 \sin 2t$$

其中 $v_0(0) = 2$，且 $v_0'(0) = 0$。

6.7 節　無源 RC 電路

6.67 在圖 6.137 顯示的電路中，

$$v(t) = 56e^{-200t} \text{ V}, \quad t > 0$$
$$i(t) = 8e^{-200t} \text{ mA}, \quad t > 0$$

(a) 試求 R 和 C 值。
(b) 試計算時間常數 τ。
(c) 試求 $t = 0$ 時電壓衰減到初值一半所需的時間。

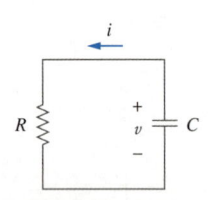

圖 6.137　習題 6.67 的電路

6.68 試求圖 6.138 中 RC 電路的時間常數。

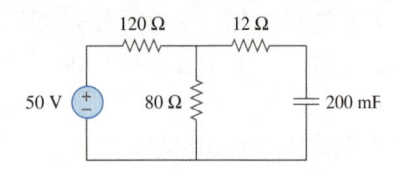

圖 6.138　習題 6.68 的電路

6.69 試求圖 6.139 電路的時間常數。

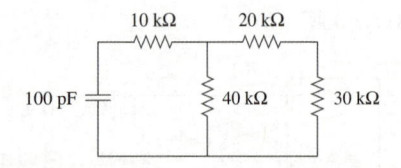

圖 6.139　習題 6.69 的電路

6.70 圖 6.140 的開關長時間在位置 A，假設 $t = 0$ 瞬間將開關從 A 切換到 B，求 $t > 0$ 時的 v。

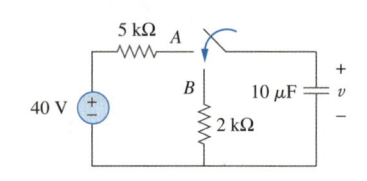

圖 6.140　習題 6.70 的電路

6.71 使用圖 6.141 的電路，試設計一個問題幫助其他學生更瞭解無源的 RC 電路。

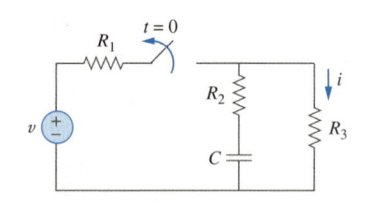

圖 6.141　習題 6.71 的電路

6.72 圖 6.142 的開關長時間閉合，而在 $t = 0$ 被斷開，試求 $t \geq 0$ 時的 $v(t)$。

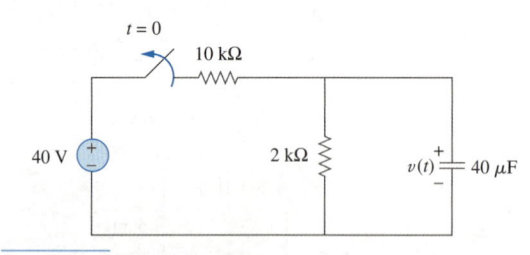

圖 6.142　習題 6.72 的電路

6.73 圖 6.143 的開關長時間在位置 A，而在 $t = 0$ 時開關從 A 切換到 B，然後在 $t = 1$ 秒時開關從 B 切換到 C，試求 $t \geq 0$ 時的 $v_C(t)$。

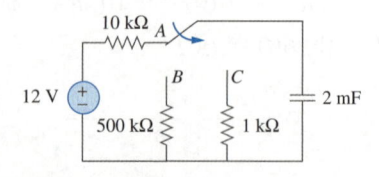

圖 6.143　習題 6.73 的電路

6.74 對於圖 6.144 的電路，如果

$$v = 10e^{-4t} \text{ V} \quad 和 \quad i = 0.2\, e^{-4t} \text{ A}, \quad t > 0$$

(a) 試求 R 和 C 值。
(b) 試計算時間常數。
(c) 試計算電容器的初始能量。

(d) 試求消耗一半的初始能量所需的時間。

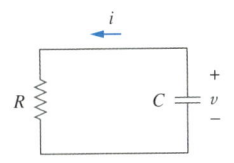

圖 6.144 習題 6.74 的電路

6.75 圖 6.145 的開關在 $t=0$ 時被斷開，試求 $t>0$ 時的 v_o。

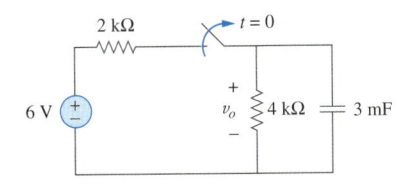

圖 6.145 習題 6.75 的電路

6.76 圖 6.146 的電路，試求 $t>0$ 時的 $v_o(t)$，並計算在 $t=0$ 時電容器電壓衰減到初值三分之一所需的時間。

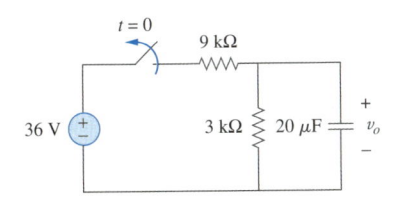

圖 6.146 習題 6.76 的電路

6.8 節　無源 *RL* 電路

6.77 對於圖 6.147 的電路，試求 $t>0$ 時的 i_o。

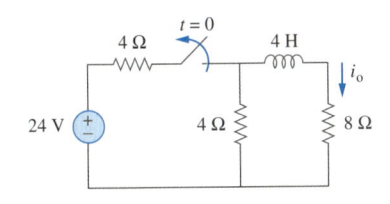

圖 6.147 習題 6.77 的電路

6.78 使用圖 6.148 的電路，試設計一個問題幫助其他學生更瞭解無源的 *RL* 電路。

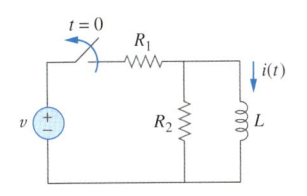

圖 6.148 習題 6.78 的電路

6.79 對於圖 6.149 的電路，如果

$$v(t) = 80e^{-10^3 t} \text{ V}, \quad t>0$$
$$i(t) = 5e^{-10^3 t} \text{ mA}, \quad t>0$$

(a) 試求 R、L 和 τ 值。
(b) 試求 $0<t<0.5$ ms 之間電阻所消耗的能量。

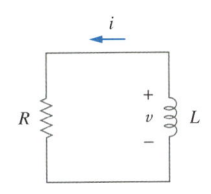

圖 6.149 習題 6.79 的電路

6.80 試計算圖 6.150 電路的時間常數。

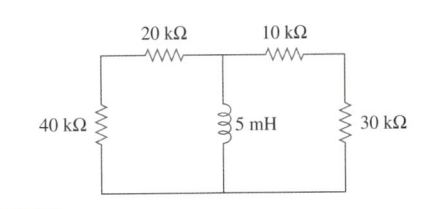

圖 6.150 習題 6.80 的電路

6.81 試求圖 6.151 中各電路的時間常數。

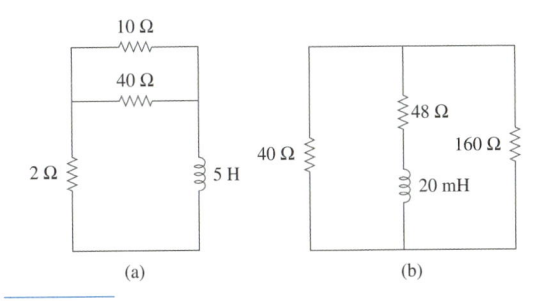

圖 6.151 習題 6.81 的電路

6.82 試計算圖 6.152 中各電路的時間常數。

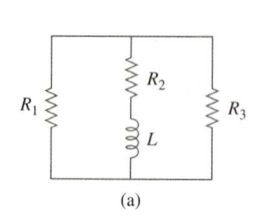

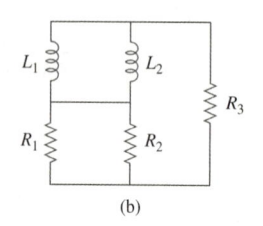

圖 6.152　習題 6.82 的電路

6.83 考慮圖 6.153 的電路，如果 $i(0) = 6$ A 和 $v(t) = 0$ V，試求 $v_o(t)$。

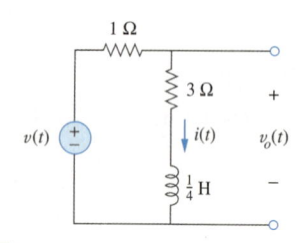

圖 6.153　習題 6.83 的電路

6.84 對於圖 6.154 的電路，如果 $i(0) = 5$ A 和 $v(t) = 0$，試求 $v_o(t)$。

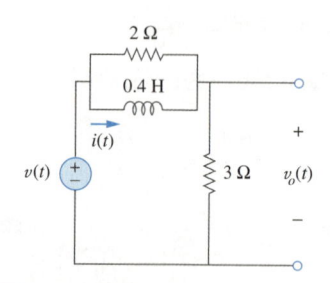

圖 6.154　習題 6.84 的電路

6.85 對於圖 6.155 的電路，如果 $i(0) = 6$ A，試求 $t > 0$ 時的 $i(t)$。

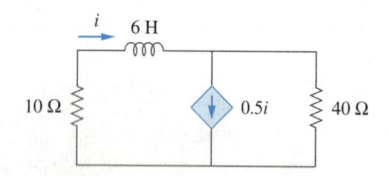

圖 6.155　習題 6.85 的電路

6.86 對於圖 6.156 的電路，如果

$$v = 90e^{-50t} \text{ V}$$

和

$$i = 30e^{-50t} \text{ A}, \quad t > 0$$

(a) 試求 L 和 R 值。
(b) 試求時間常數。
(c) 試計算電感器的初始能量。
(d) 在 10 ms 內消耗多少比例的初始能量？

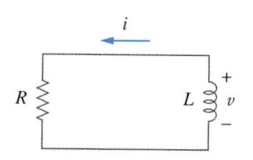

圖 6.156　習題 6.86 的電路

6.87 在圖 6.157 電路中，試求儲存在電感器的能量為 1 J 時的 R 值。

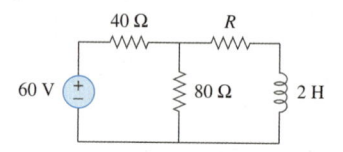

圖 6.157　習題 6.87 的電路

6.88 試求圖 6.158 電路在 $t > 0$ 時的 $i(t)$ 和 $v(t)$，如果 $i(0) = 10$ A。

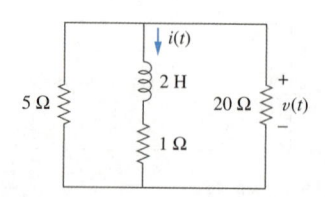

圖 6.158　習題 6.88 的電路

6.89 考慮圖 6.159 的電路，如果 $v_o(0) = 10$ V，試求 $t > 0$ 時的 v_o 和 v_x。

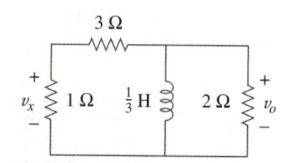

圖 6.159　習題 6.89 的電路

6.9 節　奇異函數

6.90 試以奇異函數來表示下列信號：

(a) $v(t) = \begin{cases} 0, & t < 0 \\ -5, & t > 0 \end{cases}$

(b) $i(t) = \begin{cases} 0, & t < 1 \\ -10, & 1 < t < 3 \\ 10, & 3 < t < 5 \\ 0, & t > 5 \end{cases}$

(c) $x(t) = \begin{cases} t-1, & 1 < t < 2 \\ 1, & 2 < t < 3 \\ 4-t, & 3 < t < 4 \\ 0, & 其他 \end{cases}$

(d) $y(t) = \begin{cases} 2, & t < 0 \\ -5, & 0 < t < 1 \\ 0, & t > 1 \end{cases}$

6.91 試設計一個問題幫助其他學生更瞭解奇異函數。

6.92 試以奇異函數來表示圖 6.160 的信號。

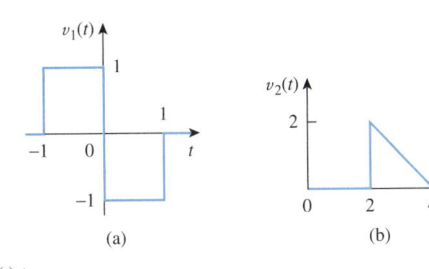

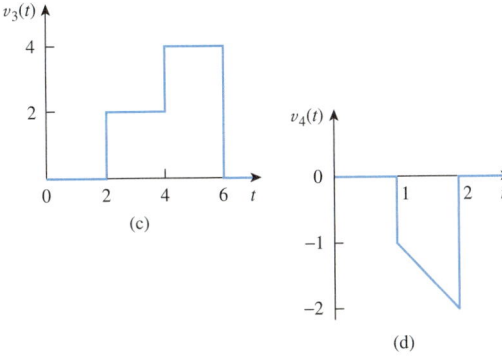

圖 6.160 習題 6.92 的電路

6.93 以步級函數來表示圖 6.161 的 $v(t)$。

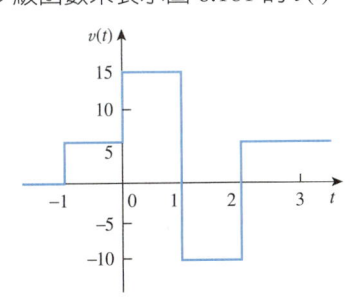

圖 6.161 習題 6.93 的電路

6.94 試畫出下面函數的波形：
$$i(t) = r(t) - r(t-1) - u(t-2) - r(t-2) + r(t-3) + u(t-4)$$

6.95 試畫出下列函數的波形：
(a) $x(t) = 10e^{-t}u(t-1)$
(b) $y(t) = 10e^{-(t-1)}u(t)$
(c) $z(t) = \cos 4t\, \delta(t-1)$

6.96 試計算下列包含脈衝函數的積分：

(a) $\int_{-\infty}^{\infty} 4t^2 \delta(t-1)\, dt$

(b) $\int_{-\infty}^{\infty} 4t^2 \cos 2\pi t\, \delta(t-0.5)\, dt$

6.97 試計算下列積分：

(a) $\int_{-\infty}^{\infty} e^{-4t^2} \delta(t-2)\, dt$

(b) $\int_{-\infty}^{\infty} [5\delta(t) + e^{-t}\delta(t) + \cos 2\pi t\, \delta(t)]\, dt$

6.98 試計算下列積分：

(a) $\int_{1}^{t} u(\lambda)\, d\lambda$

(b) $\int_{0}^{4} r(t-1)\, dt$

(c) $\int_{1}^{5} (t-6)^2 \delta(t-2)\, dt$

6.99 跨接於 10 mH 電感器上的電壓為 $15\delta(t-2)$ mV，假設電感器初始狀態為未充電，試求電感器電流。

6.100 試計算下列微分：

(a) $\dfrac{d}{dt}[u(t-1)u(t+1)]$

(b) $\dfrac{d}{dt}[r(t-6)u(t-2)]$

(c) $\dfrac{d}{dt}[\sin 4t\, u(t-3)]$

6.101 試求下列微分方程式的解：

(a) $\dfrac{dv}{dt} + 2v = 0, \qquad v(0) = -1 \text{ V}$

(b) $2\dfrac{di}{dt} - 3i = 0, \qquad i(0) = 2$

6.102 試求下列微分方程式在初始條件下的 v 值：

(a) $dv/dt + v = u(t), \qquad v(0) = 0$

(b) $2\,dv/dt - v = 3u(t), \qquad v(0) = -6$

6.103 一個電路描述如下：

$$4\dfrac{dv}{dt} + v = 10$$

(a) 電路的時間常數為多少？

(b) v 的終值 $v(\infty)$ 為多少？

(c) 如果 $v(0) = 2$，試求 $t \geq 0$ 時的 $v(t)$。

6.104 一個電路描述如下：

$$\dfrac{di}{dt} + 3i = 2u(t)$$

已知 $i(0) = 0$，試求 $t > 0$ 時的 $i(t)$。

6.10 節　RC 電路的步級響應

6.105 對圖 6.162 的各電路，試求 $t < 0$ 和 $t > 0$ 時的電容器電壓。

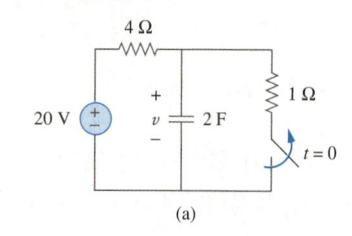

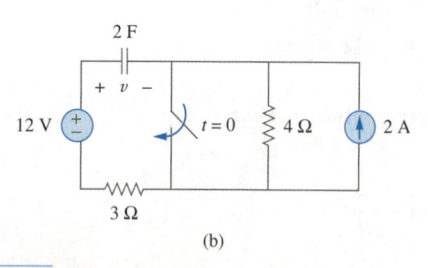

圖 6.162　習題 6.105 的電路

6.106 試求圖 6.163 的各電路在 $t < 0$ 和 $t > 0$ 時的電容電壓。

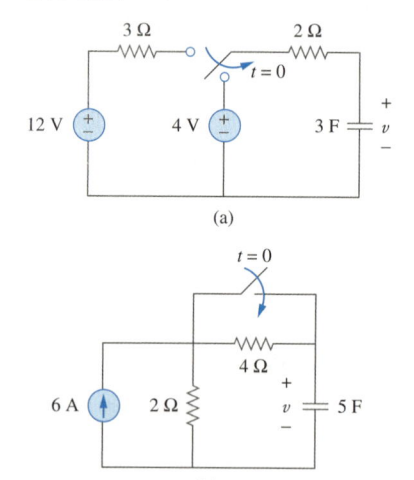

圖 6.163　習題 6.106 的電路

6.107 使用圖 6.164 的電路，試設計一個問題幫助其他學生更瞭解 RC 電路的步級響應。

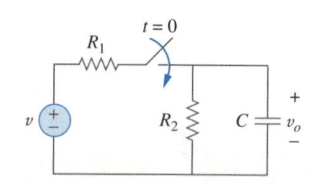

圖 6.164　習題 6.107 的電路

6.108 (a) 如果圖 6.165 的開關長時間被斷開，且在 $t = 0$ 時閉合，試求 $v_o(t)$。

(b) 如果開關長時間被閉合，且在 $t = 0$ 時被斷開，試求 $v_o(t)$。

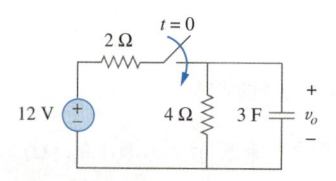

圖 6.165　習題 6.108 的電路

6.109 考慮圖 6.166 的電路，試求 $t < 0$ 和 $t > 0$ 時的 $i(t)$。

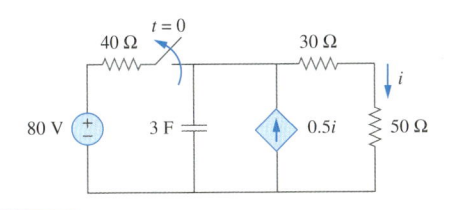

圖 6.166　習題 6.109 的電路

6.110 如果圖 6.167 的開關長時間在位置 a，在 $t=0$ 時移到位置 b，試求 $t>0$ 時的 $i(t)$。

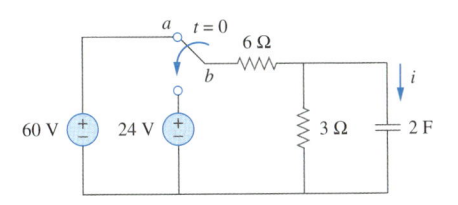

圖 6.167　習題 6.110 的電路

6.111 試求圖 6.168 電路，當 $v_s = 30u(t)$ V 時的 v_o，假設 $v_o(0) = 5$ V。

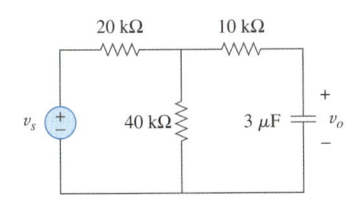

圖 6.168　習題 6.111 的電路

6.112 對於圖 6.169 的電路，$i_s(t) = 5u(t)$，試求 $v(t)$。

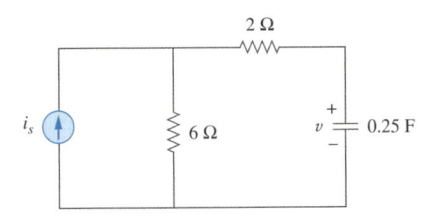

圖 6.169　習題 6.112 的電路

6.113 試求圖 6.170 電路在 $t>0$ 時的 $v(t)$，假設 $v(0)=0$。

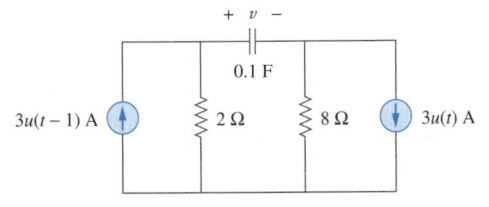

圖 6.170　習題 6.113 的電路

6.114 試求圖 6.171 電路的 $v(t)$ 和 $i(t)$。

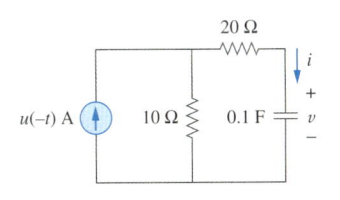

圖 6.171　習題 6.114 的電路

6.115 如果圖 6.172(a) 的波形被加到圖 6.172(b) 的電路上，並假設 $v(0) = 0$，試求 $v(t)$。

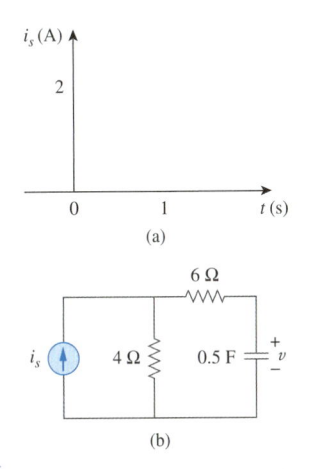

圖 6.172　習題 6.115 和複習題 6.20 的電路

*6.116 對於圖 6.173 電路，令 $R_1 = R_2 = 1$ kΩ、$R_3 = 2$ kΩ 和 $C = 0.25$ mF，試求在 $t>0$ 時的 i_x。

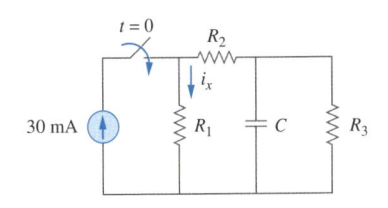

圖 6.173　習題 6.116 的電路

6.11 節　*RL* 電路的步級響應

6.117 不使用 6.11 節的快捷法，而使用 KVL 推導 (6.91) 式。

6.118 利用圖 6.174 的電路，試設計一個問題幫助其他學生更瞭解 *RL* 電路的步級響應。

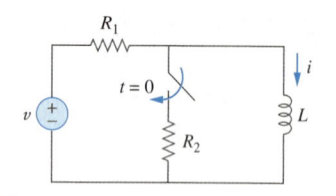

圖 6.174 習題 6.118 的電路

6.119 試求圖 6.175 的各個電路在 $t<0$ 和 $t>0$ 時的電感器電流 $i(t)$。

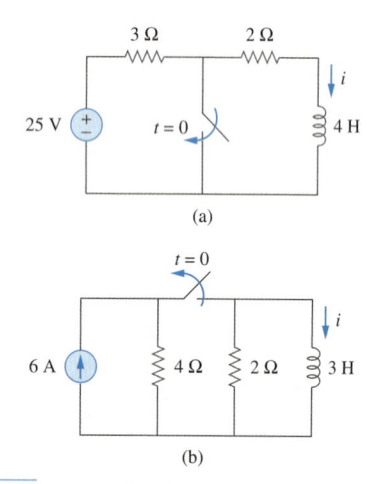

圖 6.175 習題 6.119 的電路

6.120 試求圖 6.176 的各個電路在 $t<0$ 和 $t>0$ 時的電感器電流。

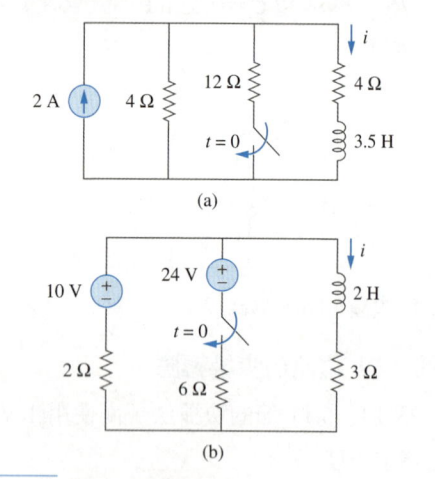

圖 6.176 習題 6.120 的電路

6.121 試求圖 6.177 的電路在 $t<0$ 和 $t>0$ 時的 $v(t)$。

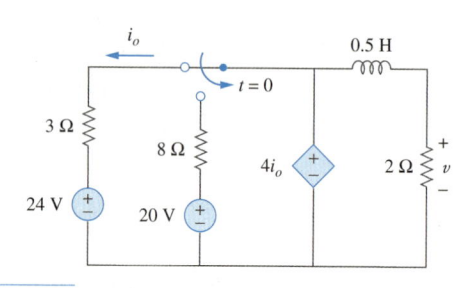

圖 6.177 習題 6.121 的電路

6.122 對於圖 6.178 網路，試求在 $t>0$ 時的 $v(t)$。

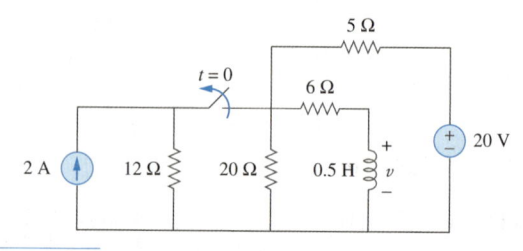

圖 6.178 習題 6.122 的電路

*6.123 試求圖 6.179 的電路在 $t>0$ 時的 $i_1(t)$ 和 $i_2(t)$。

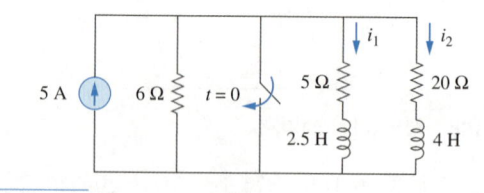

圖 6.179 習題 6.123 的電路

6.124 重做習題 6.83，假設 $i(0) = 10$ A 和 $v(t) = 20u(t)$ V。

6.125 在圖 6.180 電路中，$v_s = 18u(t)$，試求步級響應 $v_o(t)$。

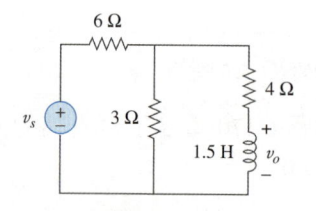

圖 6.180 習題 6.125 的電路

6.126 試求圖 6.181 電路在 $t>0$ 時的 $v(t)$，假設電感器的初始電流為零。

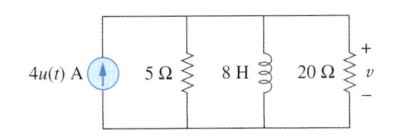

圖 6.181 習題 6.126 的電路

6.127 在圖 6.182 的電路中，在 $t=0$ 時的 i_s 從 5 A 改變為 10 A，即 $i_s = 5u(-t) + 10u(t)$，試求 v 和 i。

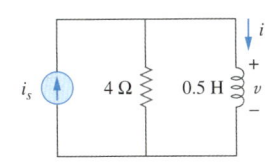

圖 6.182 習題 6.127 的電路

6.128 對於圖 6.183 電路，如果 $i(0) = 0$，試求 $i(t)$。

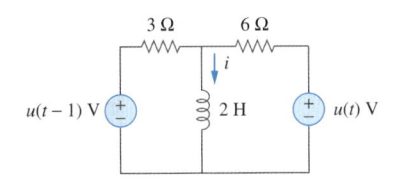

圖 6.183 習題 6.128 的電路

6.129 試求圖 6.184 電路 $v(t)$ 和 $i(t)$。

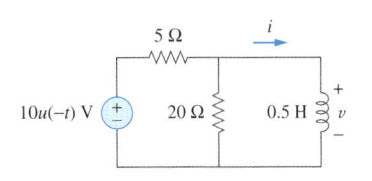

圖 6.184 習題 6.129 的電路

6.130 試計算圖 6.185 電路的 $i_L(t)$ 值，以及從 $t=0$ 秒到 $t=\infty$ 秒的總功率消耗，其中 $v_{in}(t)$ 的值等於 $[40 - 40u(t)]$ 伏特。

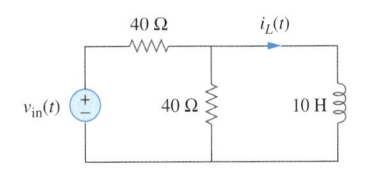

圖 6.185 習題 6.130 的電路

6.131 如果圖 6.186(a) 的輸入脈衝信號被加到圖 6.186(b) 電路上。試求 $i(t)$ 響應。

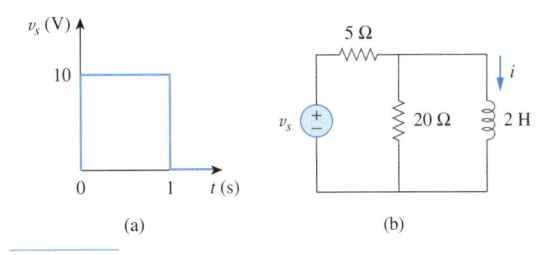

圖 6.186 習題 6.131 的電路

綜合題

6.132 若實驗室有一些 10 μF 電容器，其額定電壓為 300 V。若要設計一個額定電壓為 600 V，40 μF 的電容器組，則請問需要用多少個 10 μF 電容器，並且應該如何來連接？

6.133 利用一 8 mH 電感器做電力熔斷的實驗，如果流過電感器的電流為 $i(t) = 5 \sin^2 \pi t$ mA，$t > 0$。試求 $t = 5$ s 時，供應給該電感器的功率及其所儲存的能量。

6.134 一方波產生器產生的電壓波形，如圖 6.187(a) 所示。試問須採用哪一類的電路元件，才能將該電壓波形轉換為如圖 6.187(b) 所示的三角電流波形？計算所需元件的值，假設一開始未充電。

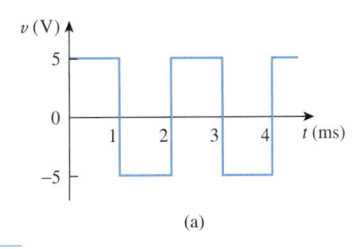

圖 6.187 綜合題 6.134 的電路

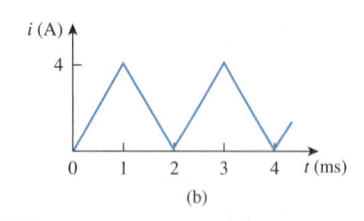

圖 6.187　綜合題 6.134 的電路 (續)

6.135 若一電動馬達可以等效模型化為一個 12 Ω 電阻器與 200 mH 電感器的串聯組合。若流過該串聯電路的電流為 $i(t) = 2te^{-10t}$ A，試求出該串聯電路之端電壓。

6.136 圖 6.188(a) 的電路可以被設計成近似微分器或是積分器的電路，這根據輸出是取自電阻器二端或電容器二端，以及電路的時間常數 $\tau = RC$ 和圖 6.188(b) 的輸入脈衝寬度 T。如果 $\tau \ll T$，例如 $\tau < 0.1T$，則為微分器；如果 $\tau \gg T$，例如 $\tau > 10T$，則為積分器。

(a) 允許出現在電容器二端的微分器輸出的最小脈衝寬度是多少？

(b) 如果電路的輸出是輸入的積分形式，則可以假設的最大脈衝寬度是多少？

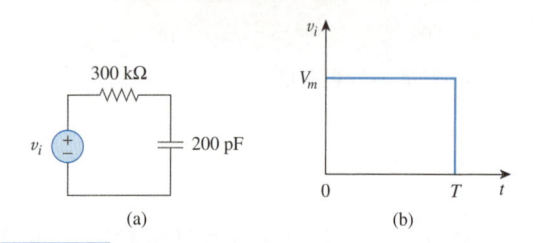

圖 6.188　綜合題 6.136 的電路

6.137 一個 RL 電路可以被當成一個微分器，如果其輸出取自於電感器的二端，且 $\tau \ll T$ (例如 $\tau < 0.1T$)，其中 T 為輸入脈衝寬度。假設 R 固定在 200 kΩ，求對 $T = 10\ \mu s$ 脈波微分所需的最大電感 L。

6.138 示波器使用的衰減探棒被設計用來減少輸入電壓 v_i 的幅度 10 倍。如圖 6.189 所示，這個示波器的內部電阻為 R_s 和內部電容為 C_s，而探棒的內部電阻為 R_p。如果 R_p 固定為 6 MΩ，試求當電路時間常數為 15 μs 時的 R_s 和 C_s。

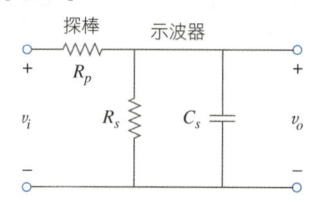

圖 6.189　綜合題 6.138 的電路

6.139 圖 6.190 的電路被用於學生的生物研究 "青蛙踢腿"。當開關閉合時青蛙只踢了一點點，但是當開關斷開時青蛙連續踢了 5 s。將青蛙當成一個電阻，試求其電阻值。假設讓青蛙猛烈踢需要 10 mA。

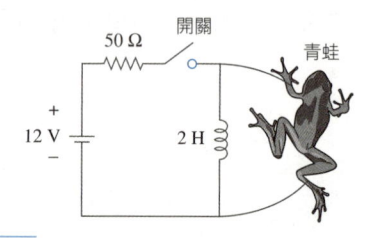

圖 6.190　綜合題 6.139 的電路

6.140 移動陰極射線管的光點到螢光幕上需要線性增加偏向板的電壓，如圖 6.191 所示。已知偏向板上的電容為 4 nF，請畫出流過偏向板的電流波形。

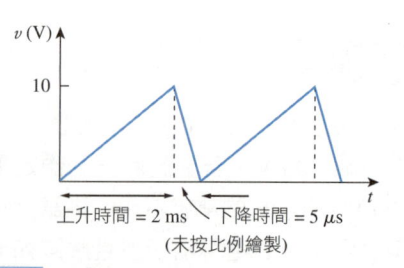

圖 6.191　綜合題 6.140 的波形

Chapter 7 二階電路

有能力獲得工學碩士者必須取得工學碩士學位,以便將工作發揮到最成功!然而,如果想要做研究,達到最先進的工程水準,任教於大學,或者自己創業,則需要獲得博士學位!

——查爾斯·亞歷山大

加強你的技能與職能

為了在畢業後提高工程職業生涯的機會,應該更廣泛的吸收工程領域裡的基本知識。如果可能的話,在取得學士學位後,就立即朝碩士學位邁進,這也許可以盡早完成上述目標。

學生所獲得的每個學位都代表不同程度的技能。大學生學習工程的語言和工程設計的基本原則;碩士生則獲得處理高階工程專案的能力,獲得進行先進的工程以及口頭和書面溝通的能力;博士學位代表深入瞭解電子工程的基本原理,以及有能力從事工程領域的尖端工作,並為自己努力的結果與他人交流。

如果你不知道畢業後應該追求何種職業生涯,則碩士學位課程將提高你探索職業選擇的能力。因為學士學位只為你提供工程的基本原理,而工程碩士課程裡會增加一些商業知識,這比專門攻讀管理碩士 (MBA) 的學生獲益更多。攻讀 MBA 的最佳時間是在做了幾年工程師之後,決定加強商業市場能力來提升職業生涯。

工程師應該不斷地透過正式或非正式教育來學習,從教育中學習各種方法,也許沒有比加入專業協會 (如 IEEE) 更好的方式來提高你的職業生涯。

提高你的職業生涯包括瞭解自己的目標,適應各種變化,預測機會,並規劃自己的利基。
© 2005 Institute of Electrical and Electronics Engineers (IEEE)

7.1 簡介

在前面的章節中，我們考慮單一儲能元件 (如電容器或電感器) 的電路，這種電路是一階，因為描述它們的微分方程式是一階微分方程。本章將考慮包含二個儲能元件的電路，因為必須使用二階微分方程式來描述它們的響應，所以稱為**二階電路** (second-order circuit)。

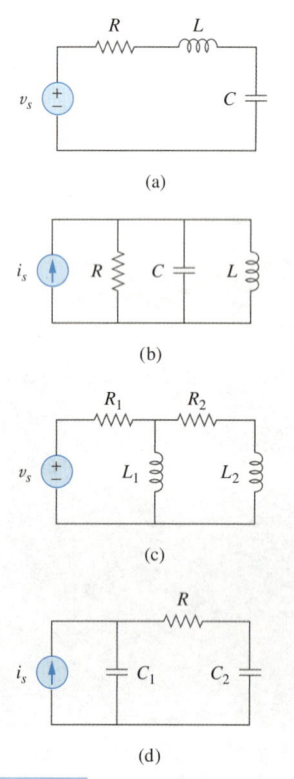

二階電路的典型範例是 *RLC* 電路，亦即電路中包含了三種被動元件，如圖 7.1(a) 和圖 7.1(b) 所示。其他二個範例是 *RL* 電路和 *RC* 電路，如圖 7.1(c) 和圖 7.1(d) 所示。由圖 7.1 可知，二階電路可以包含二個不同或二個相同的儲能元件 (其中二個相同的儲能元件不能使用一個等效元件取代)。具有二個儲能元件的運算放大器電路也是二階電路。與一階電路相同，二階電路可以包含多個電阻器、相依電源和獨立來源。

> 二階電路的特點是二階微分方程式，
> 它由電阻器和二個等效的儲能元件所組成。

對二階電路的分析與對一階電路的分析類似。首先考慮由儲能元件的初始條件激勵的電路。雖然這些電路可以包含非獨立電源，但沒有獨立電源。這些無源電路將產生預期的自然響應。稍後再考慮由獨立電源激發的電路，得到電路的暫態響應和穩態響應。本章僅考慮直流獨立來源。正弦電源和指數電源的情況將在以後的章節討論。

首先學習如何獲取電路變數及其導數的初始條件，因為這對分析二階電路非常重要。然後，考慮如圖 7.1 所示串聯和並聯 *RLC* 二種情況下激發的電路：由儲能元件的初始條件與步級輸入。

圖 7.1 二階電路的典型範例：(a) *RLC* 串聯電路，(b) *RLC* 並聯電路 (c) *RL* 電路，(d) *RC* 電路

7.2 求初值與終值

或許學生處理二階電路的最大問題是求電路變數的初始條件和結束條件。學生通常很容易得到 v 和 i 的初值和終值，但卻常常很難求出它們導數的初值：dv/dt 和 di/dt。因此，本節致力於如何求出 $v(0)$、$i(0)$、$dv(0)/dt$、$di(0)/dt$、$i(\infty)$ 與 $v(\infty)$。除非本章另有規定，否則 v 表示電容器電壓，而 i 表示電感器電流。

在求初始條件時，有二個關鍵點要牢記。

首先，如以往的電路分析，必須小心處理電容器二端電壓 $v(t)$ 的極性和通過電

感器的電流 $i(t)$ 方向。請記住：根據被動符號規則 (見圖 6.3 和圖 6.23)，v 和 i 都被嚴格規定。每個人都應該仔細觀察它們的定義和它們相關的應用。

第二，請記住：電容器電壓是連續的，所以

$$v(0^+) = v(0^-) \tag{7.1a}$$

而且電感器電流也是連續的，因此

$$i(0^+) = i(0^-) \tag{7.1b}$$

其中，假設開關動作的時間為 $t = 0$，則 $t = 0^-$ 表示一個開關事件之前的瞬間；$t = 0^+$ 表示一個開關事件之後的瞬間。

因此，在應用 (7.1a) 式求初始條件時，首先注意這些變數值 (電容器電壓和電感器電流的初值) 不能突然改變。下面範例將說明求解過程。

範例 7.1

圖 7.2 中的開關閉合 (close) 很長一段時間，在 $t = 0$ 時被斷開 (open)，試求：(a) $i(0^+)$、$v(0^+)$，(b) $di(0^+)/dt$、$dv(0^+)/dt$，(c) $i(\infty)$、$v(\infty)$。

解：(a) 如果開關在 $t = 0$ 之前關閉很長的時間，這表示在 $t = 0$ 時電路已達到直流穩態，此時電感器相當於短路，而電容器相當於開路，所以圖 7.3(a) 顯示 $t = 0^-$ 時的電路，

$$i(0^-) = \frac{12}{4+2} = 2 \text{ A}, \quad v(0^-) = 2i(0^-) = 4 \text{ V}$$

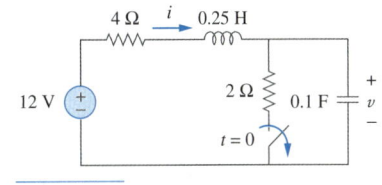

圖 7.2 範例 7.1 的電路

電感器上的電流與電容器上的電壓不能瞬間改變，所以

$$i(0^+) = i(0^-) = 2 \text{ A}, \quad v(0^+) = v(0^-) = 4 \text{ V}$$

(b) 在 $t = 0^+$ 時開關被打開，則它的等效電路如圖 7.3(b) 所示，則流過電感器與電容器的電流相同，因此

$$i_C(0^+) = i(0^+) = 2 \text{ A}$$

因為 $C \, dv/dt = i_C$，$dv/dt = i_C/C$，而且

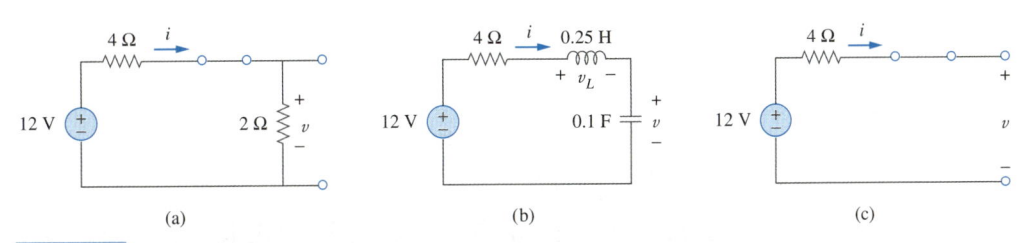

圖 7.3 圖 7.2 的等效電路：(a) $t = 0^-$，(b) $t = 0^+$，(c) $t \to \infty$

$$\frac{dv(0^+)}{dt} = \frac{i_C(0^+)}{C} = \frac{2}{0.1} = 20 \text{ V/s}$$

同理，因為 $L\, di/dt = v_L$，$di/dt = v_L/L$，則應用 KVL 到圖 7.3(b) 的迴路，得 v_L 如下：

$$-12 + 4i(0^+) + v_L(0^+) + v(0^+) = 0$$

或

$$v_L(0^+) = 12 - 8 - 4 = 0$$

因此

$$\frac{di(0^+)}{dt} = \frac{v_L(0^+)}{L} = \frac{0}{0.25} = 0 \text{ A/s}$$

(c) 在 $t>0$ 時，開關被打開，則電路經歷暫態響應。但當 $t \to \infty$ 時，電路再次達到穩態。此時，電感器相當於短路，而電容器相當於開路，所以圖 7.3(b) 的電路變成圖 7.3(c) 的電路，且得到

$$i(\infty) = 0 \text{ A}, \qquad v(\infty) = 12 \text{ V}$$

練習題 7.1 圖 7.4 中的開關斷開很長一段時間，在 $t=0$ 時被閉合，試求：(a) $i(0^+)$、$v(0^+)$，(b) $di(0^+)/dt$、$dv(0^+)/dt$，(c) $i(\infty)$、$v(\infty)$。

答：(a) 2 A, 4 V, (b) 50 A/s, 0 V/s, (c) 12 A, 24 V。

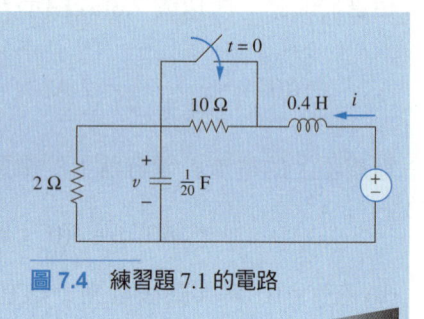

圖 7.4　練習題 7.1 的電路

範例 7.2 在圖 7.5 的電路中，試計算：(a) $i_L(0^+)$、$v_C(0^+)$、$v_R(0^+)$，(b) $di_L(0^+)/dt$、$dv_C(0^+)/dt$、$dv_R(0^+)/dt$，(c) $i_L(\infty)$、$v_C(\infty)$、$v_R(\infty)$。

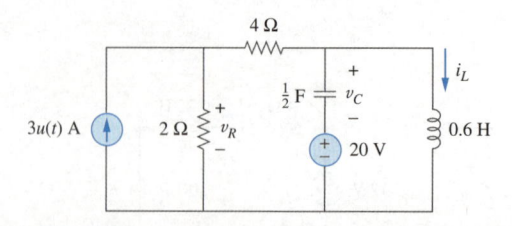

圖 7.5　範例 7.2 的電路

解：(a) 對於 $t<0$ 時，$3u(t)=0$。在 $t=0^-$ 時，因為電路達到穩態，則可用短路取代電感器，用開路取代電容器，如圖 7.6(a) 所示。由此圖可得

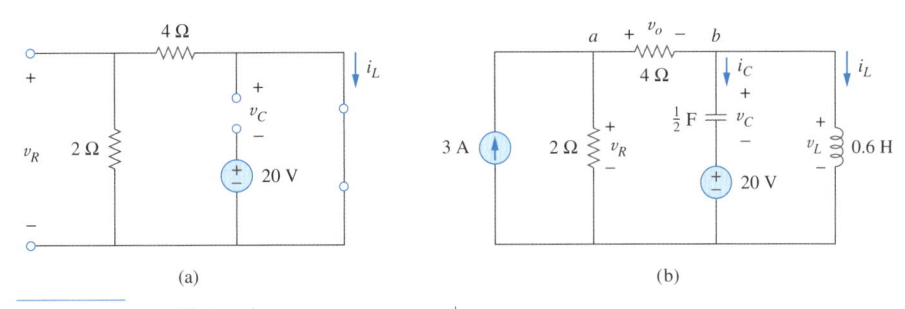

圖 7.6 圖 7.5 的電路：當 (a) $t=0^-$，(b) $t=0^+$

$$i_L(0^-) = 0, \quad v_R(0^-) = 0, \quad v_C(0^-) = -20 \text{ V} \tag{7.2.1}$$

雖然在 $t=0^-$ 時不需要求這些變數的導數值，因為該電路已經達到穩態且不會改變，所以這些變數的導數值皆為零。

對於 $t>0$ 時，$3u(t)=0$，該電路的等效電路如圖 7.6(b) 所示，但是電感器電流和電容器電壓不能瞬間改變，所以

$$i_L(0^+) = i_L(0^-) = 0, \quad v_C(0^+) = v_C(0^-) = -20 \text{ V} \tag{7.2.2}$$

雖然不需求出跨接於 $4 \, \Omega$ 電阻器的電壓值，但應用 KVL 和 KCL 時會用到該電壓，故假設 $4 \, \Omega$ 電阻器的電壓為 v_o，然後對圖 7.6(b) 的節點 a 應用 KCL，得到

$$3 = \frac{v_R(0^+)}{2} + \frac{v_o(0^+)}{4} \tag{7.2.3}$$

對圖 7.6(b) 中間網目應用 KVL，得到

$$-v_R(0^+) + v_o(0^+) + v_C(0^+) + 20 = 0 \tag{7.2.4}$$

從 (7.2.2) 式得知 $v_C(0^+) = -20 \text{ V}$，所以從 (7.2.4) 式可得

$$v_R(0^+) = v_o(0^+) \tag{7.2.5}$$

從 (7.2.3) 式和 (7.2.5) 式得

$$v_R(0^+) = v_o(0^+) = 4 \text{ V} \tag{7.2.6}$$

(b) 因為 $L \, di_L/dt = v_L$，所以

$$\frac{di_L(0^+)}{dt} = \frac{v_L(0^+)}{L}$$

但對圖 7.6(b) 右邊網目應用 KVL，得到

$$v_L(0^+) = v_C(0^+) + 20 = 0$$

因此，

$$\frac{di_L(0^+)}{dt} = 0 \tag{7.2.7}$$

同理,因為 $C\,dv_C/dt = i_C$,然後 $dv_C/dt = i_C/C$,所以應用 KCL 到圖 7.6(b) 的節點 b 得 i_C:

$$\frac{v_o(0^+)}{4} = i_C(0^+) + i_L(0^+) \tag{7.2.8}$$

因為 $v_o(0^+) = 4$,且 $i_L(0^+) = 0$,$i_C(0^+) = 4/4 = 1$ A,所以

$$\frac{dv_C(0^+)}{dt} = \frac{i_C(0^+)}{C} = \frac{1}{0.5} = 2 \text{ V/s} \tag{7.2.9}$$

為了求出 $dv_R(0^+)/dt$,應用 KCL 到節點 a,得到

$$3 = \frac{v_R}{2} + \frac{v_o}{4}$$

對上式的左右二邊取導數,且令 $t = 0^+$ 得

$$0 = 2\frac{dv_R(0^+)}{dt} + \frac{dv_o(0^+)}{dt} \tag{7.2.10}$$

對圖 7.6(b) 中間網目應用 KVL,得到

$$-v_R + v_C + 20 + v_o = 0$$

再對上式的左右二邊取導數,且令 $t = 0^+$ 得

$$-\frac{dv_R(0^+)}{dt} + \frac{dv_C(0^+)}{dt} + \frac{dv_o(0^+)}{dt} = 0$$

以 $dv_C(0^+)/dt = 2$ 代入上式得

$$\frac{dv_R(0^+)}{dt} = 2 + \frac{dv_o(0^+)}{dt} \tag{7.2.11}$$

從 (7.2.10) 式和 (7.2.11) 式得

$$\frac{dv_R(0^+)}{dt} = \frac{2}{3} \text{ V/s}$$

雖然不需求出 $di_R(0^+)/dt$ 值,但因為 $v_R = 5i_R$,所以可得

$$\frac{di_R(0^+)}{dt} = \frac{1}{5}\frac{dv_R(0^+)}{dt} = \frac{1}{5}\frac{2}{3} = \frac{2}{15} \text{ A/s}$$

(c) 當 $t \to \infty$ 時,該電路達到穩態,其等效電路如圖 7.6(a) 所示。但是 3 A 電流源目

前處於工作狀態,由分流定理得

$$i_L(\infty) = \frac{2}{2+4}3\text{ A} = 1\text{ A}$$

$$v_R(\infty) = \frac{4}{2+4}3\text{ A} \times 2 = 4\text{ V}, \qquad v_C(\infty) = -20\text{ V} \tag{7.2.12}$$

練習題 7.2 在圖 7.7 的電路中,試計算:(a) $i_L(0^+)$、$v_C(0^+)$、$v_R(0^+)$,(b) $di_L(0^+)/dt$、$dv_C(0^+)/dt$、$dv_R(0^+)/dt$,(c) $i_L(\infty)$、$v_C(\infty)$、$v_R(\infty)$。

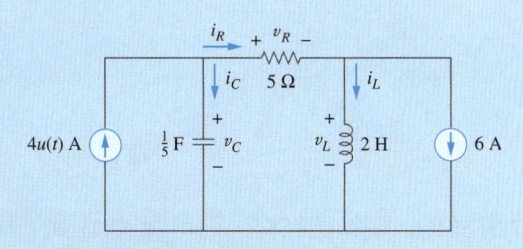

圖 7.7 練習題 7.2 的電路圖

答:(a) -6 A, 0, 0, (b) 0, 20 V/s, 0, (c) -2 A, 20 V, 20 V。

7.3 無源 RLC 串聯電路

掌握串聯 RLC 電路的自然響應是將來學習濾波器設計和通訊網路必備的基礎知識。

圖 7.8 所示的 RLC 串聯電路是由儲存在電容器和電感器的初始能量所激發,該能量可用電容器的初始電壓 V_0 和電感器的初始電流 I_0 來表示。因此,在 $t = 0$ 時

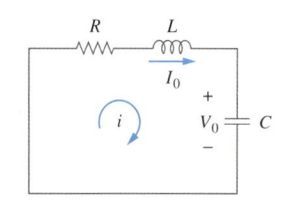

$$v(0) = \frac{1}{C}\int_{-\infty}^{0} i\, dt = V_0 \tag{7.2a}$$

圖 7.8 無源 RLC 串聯電路

$$i(0) = I_0 \tag{7.2b}$$

應用 KVL 到圖 7.8 的迴路,

$$Ri + L\frac{di}{dt} + \frac{1}{C}\int_{-\infty}^{t} i(\tau)d\tau = 0 \tag{7.3}$$

為了消除積分項,對等號二邊同時微分,整理後得

$$\frac{d^2i}{dt^2} + \frac{R}{L}\frac{di}{dt} + \frac{i}{LC} = 0 \tag{7.4}$$

這是**二階微分方程式** (second-order differential equation)，且也是本章將 *RLC* 串聯電路稱為二階電路的原因，而最後的目的是要求解 (7.4) 式。但是求解二階微分方程式，需要二個初始條件，如 i 的初值和 i 導數的初值，或 i 和 v 的初值。在 (7.2b) 式中，i 的初值為已知，而 (7.2a) 式和 (7.3) 式可求得 i 導數的初值。因此，

$$Ri(0) + L\frac{di(0)}{dt} + V_0 = 0$$

或

$$\frac{di(0)}{dt} = -\frac{1}{L}(RI_0 + V_0) \tag{7.5}$$

有 (7.2b) 式和 (7.5) 式的二個初始條件，則可解 (7.4) 式。根據前一章的經驗，一階電路的解是指數形式。所以令

$$i = Ae^{st} \tag{7.6}$$

其中 A 和 s 是待定常數，將 (7.6) 式代入 (7.4) 式，得出所需的微分方程式如下：

$$As^2 e^{st} + \frac{AR}{L}se^{st} + \frac{A}{LC}e^{st} = 0$$

或

$$Ae^{st}\left(s^2 + \frac{R}{L}s + \frac{1}{LC}\right) = 0 \tag{7.7}$$

只有當小括號內的方程式為零時，假設解 $i = Ae^{st}$ 才成立：

$$s^2 + \frac{R}{L}s + \frac{1}{LC} = 0 \tag{7.8}$$

因為 (7.8) 式的根表示 i 的特性，所以這個二階方程式稱為微分方程式 (7.4) 式的**特徵方程式** (characteristic equation)。而 (7.8) 式的二個根為

$$s_1 = -\frac{R}{2L} + \sqrt{\left(\frac{R}{2L}\right)^2 - \frac{1}{LC}} \tag{7.9a}$$

$$s_2 = -\frac{R}{2L} - \sqrt{\left(\frac{R}{2L}\right)^2 - \frac{1}{LC}} \tag{7.9b}$$

可以更簡潔的表示這二個根如下：

$$s_1 = -\alpha + \sqrt{\alpha^2 - \omega_0^2}, \qquad s_2 = -\alpha - \sqrt{\alpha^2 - \omega_0^2} \qquad (7.10)$$

其中

$$\alpha = \frac{R}{2L}, \qquad \omega_0 = \frac{1}{\sqrt{LC}} \qquad (7.11)$$

這些根 s_1 和 s_2 稱為**自然頻率** (natural frequency)，單位是奈培/秒 (Np/s)，因為它們與電路的自然響應有關；ω_0 是**振盪頻率** (resonant frequency) 或更嚴格地稱為**無阻尼自然頻率** (undamped natural frequency)，單位是弳度/秒 (rad/s)；α 是**奈培頻率** (neper frequency) 或**阻尼因子** (damping factor)，單位是奈培/秒。(7.8) 式可用 α 和 ω_0 來表示如下：

> 奈培 (neper, Np) 是蘇格蘭數學家約翰·納皮爾 (1550-1617) 命名的無因次單位。

$$s^2 + 2\alpha s + \omega_0^2 = 0 \qquad (7.8a)$$

變數 s 和 ω_0 是重要變數，將會在後續本文中討論。

> α/ω_0 的比率稱為**阻尼比率** (damping ratio) (ξ)。

(7.10) 式的二個 s 值指出 i 有二個可能的解，每個都是 (7.6) 式假設解的形式，亦即

$$i_1 = A_1 e^{s_1 t}, \qquad i_2 = A_2 e^{s_2 t} \qquad (7.12)$$

因為 (7.4) 式是線性方程式，所以二個相異解 i_1 和 i_2 的任意線性組合也是 (7.4) 式的解。(7.4) 式的完整解或完全解需要 i_1 和 i_2 的組合。因此，串聯 RLC 電路的自然響應是

$$i(t) = A_1 e^{s_1 t} + A_2 e^{s_2 t} \qquad (7.13)$$

其中常數 A_1 和 A_2 是由 (7.2b) 式和 (7.5) 式的初值 $i(0)$ 和 $di(0)/dt$ 來決定。

從 (7.10) 式推論，有三種類型的解：

1. 當 $\alpha > \omega_0$ 時，為**過阻尼** (overdamped) 情況。
2. 當 $\alpha = \omega_0$ 時，為**臨界阻尼** (critically damped) 情況。
3. 當 $\alpha < \omega_0$ 時，為**欠阻尼** (underdamped) 情況。

> 若電路特性方程式的根為二個不相等實根，則響應為過阻尼；若為二相等實根，則響應為臨界阻尼；若為共軛複數根，則響應為欠阻尼。

以下將分開討論這些情況。

過阻尼情況 ($\alpha > \omega_0$)

從 (7.9) 式和 (7.10) 式，$\alpha > \omega_0$ 隱含 $C > 4L/R^2$。當這種情況發生，則二個根 s_1 和 s_2 都是負實數。其響應為

$$i(t) = A_1 e^{s_1 t} + A_2 e^{s_2 t} \qquad (7.14)$$

當 t 增加，則 $i(t)$ 將衰減且趨近於零。圖 7.9(a) 說明一個典型的過阻尼響應。

臨界阻尼情況 ($\alpha = \omega_0$)

當 $\alpha = \omega_0$，$C = 4L/R^2$ 且

$$s_1 = s_2 = -\alpha = -\frac{R}{2L} \qquad (7.15)$$

在這種情況下，(7.13) 式成為

$$i(t) = A_1 e^{-\alpha t} + A_2 e^{-\alpha t} = A_3 e^{-\alpha t}$$

其中 $A_3 = A_1 + A_2$，這不是解，因為這二個初始條件不能滿足常數 A_3。哪裡出錯呢？對於臨界阻尼的特殊情況，假設方程式解為指數形式是不正確的。回到 (7.4) 式，當 $\alpha = \omega_0 = R/2L$，則 (7.4) 式改為

$$\frac{d^2 i}{dt^2} + 2\alpha \frac{di}{dt} + \alpha^2 i = 0$$

或

$$\frac{d}{dt}\left(\frac{di}{dt} + \alpha i\right) + \alpha \left(\frac{di}{dt} + \alpha i\right) = 0 \qquad (7.16)$$

如果令

$$f = \frac{di}{dt} + \alpha i \qquad (7.17)$$

然後 (7.16) 式改為

$$\frac{df}{dt} + \alpha f = 0$$

它是一階微分方程式且解為 $f = A_1 e^{-\alpha t}$，其中 A_1 為常數。(7.7) 式可改寫為

$$\frac{di}{dt} + \alpha i = A_1 e^{-\alpha t}$$

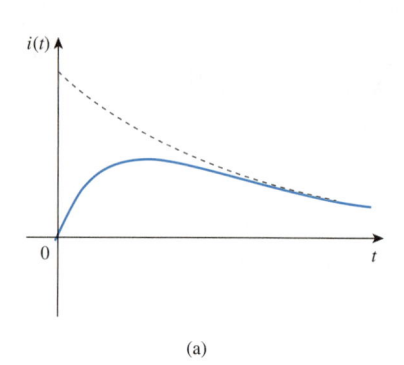

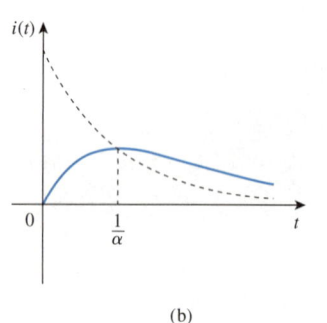

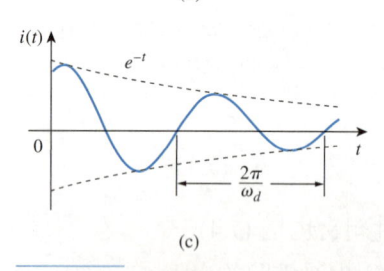

圖 7.9 (a) 過阻尼響應，(b) 臨界阻尼響應，(c) 欠阻尼響應

或

$$e^{\alpha t}\frac{di}{dt} + e^{\alpha t}\alpha i = A_1 \tag{7.18}$$

上式可改寫為

$$\frac{d}{dt}(e^{\alpha t}i) = A_1 \tag{7.19}$$

對上式二邊同時積分得

$$e^{\alpha t}i = A_1 t + A_2$$

或

$$i = (A_1 t + A_2)e^{-\alpha t} \tag{7.20}$$

其中 A_2 是另一個常數。因此，臨界阻尼電路的自然響應是二項的總和：一個負指數函數和一個負指數乘上線性項，或

$$i(t) = (A_2 + A_1 t)e^{-\alpha t} \tag{7.21}$$

典型的臨界阻尼響應如圖 7.9(b) 所示。事實上，圖 7.9(b) 是函數 $i(t) = te^{-\alpha t}$ 的波形圖，當 $t = 1/\alpha$ 時 (即 t 為時間常數)，$i(t)$ 達到最大值 e^{-1}/α，然後就逐漸衰減至零。

欠阻尼情況 ($\alpha < \omega_0$)

當 $\alpha < \omega_0$，$C < 4L/R^2$，則方程式的根可寫成

$$s_1 = -\alpha + \sqrt{-(\omega_0^2 - \alpha^2)} = -\alpha + j\omega_d \tag{7.22a}$$

$$s_2 = -\alpha - \sqrt{-(\omega_0^2 - \alpha^2)} = -\alpha - j\omega_d \tag{7.22b}$$

其中 $j = \sqrt{-1}$ 且 $\omega_d = \sqrt{\omega_0^2 - \alpha^2}$ 稱為**阻尼頻率** (damping frequency)。ω_0 和 ω_d 是自然頻率，因為它們有助於決定自然頻率。ω_0 稱為無阻尼自然頻率，ω_d 稱為**阻尼自然頻率** (damped natural frequency)。自然響應如下：

$$\begin{aligned} i(t) &= A_1 e^{-(\alpha - j\omega_d)t} + A_2 e^{-(\alpha + j\omega_d)t} \\ &= e^{-\alpha t}(A_1 e^{j\omega_d t} + A_2 e^{-j\omega_d t}) \end{aligned} \tag{7.23}$$

利用尤拉恆等式：

$$e^{j\theta} = \cos\theta + j\sin\theta, \qquad e^{-j\theta} = \cos\theta - j\sin\theta \tag{7.24}$$

得

$$i(t) = e^{-\alpha t}[A_1(\cos\omega_d t + j\sin\omega_d t) + A_2(\cos\omega_d t - j\sin\omega_d t)]$$
$$= e^{-\alpha t}[(A_1 + A_2)\cos\omega_d t + j(A_1 - A_2)\sin\omega_d t] \qquad (7.25)$$

以常數 B_1 和 B_2 取代 (A_1+A_2) 和 $j(A_1+A_2)$，則得

$$i(t) = e^{-\alpha t}(B_1\cos\omega_d t + B_2\sin\omega_d t) \qquad (7.26)$$

上式因存在正弦和餘弦函數，所以這種情況下的自然反應呈指數衰減和振盪性質。響應函數的時間常數為 $1/\alpha$ 和振盪週期為 $T=2\pi/\omega_d$。圖 7.9(c) 描述了典型的欠阻尼響應。[圖 7.9 假設每種情況下的 $i(0) = 0$。]

當求出 RLC 電路串聯電路的電感器電流 $i(t)$，則其他電路參數如各元件的電壓等也可以很容易地求出。例如，電阻器電壓為 $v_R = Ri$，和電感器電壓為 $v_L = L\,di/dt$。電感器電流 $i(t)$ 是關鍵變數，而為了應用 (7.1b) 式的優點，應該先求出此電感器電流。

本節總結 RLC 有趣且奇特的性質如下：

> $R=0$ 產生理想的弦波響應，因為 L 和 C 存在自然損耗，所以 LC 電路無法實現理想的弦波響應，如圖 6.8 和圖 6.26。一種稱為振盪器 (oscillator) 的電子元件，可以產生理想的弦波響應。

> 範例 7.5 和 7.7 顯示 R 變化的影響。

> 如圖 7.1(c) 和 (d) 所示，包含二個相同類型儲能元件的二階電路響應不能產生振盪。

> 我們要尋找的電路是盡可能接近臨界阻尼電路的過阻尼電路。

1. 可藉由阻尼衰減的概念來瞭解這類的網絡的行為。阻尼是指初始儲存的能量逐漸耗損，也就是響應幅度持續減少。阻尼效應是因為電阻 R 的存在，阻尼係數 α 決定了響應受阻的速率。如果 $R=0$、$\alpha=0$ 且 LC 電路的無阻尼自然頻率為 $1/\sqrt{LC}$，在這情況下，$\alpha<\omega_0$，因為消耗元件或阻尼元件 (R) 不存在，則響應是無阻尼且振盪的，稱為**無損耗電路** (loss-less circuit)。所以調整 R 值，則可調出無阻尼、過阻尼、臨界阻尼與欠阻尼電路。

2. 因為二種類型的儲能元件存在，所以振盪響應存在，L 和 C 都允許能量在二者間來回傳遞。欠阻尼響應表現的阻尼振盪稱為**振鈴** (ringing)，因為在儲能元件 L 和 C 之間有來回來傳遞能量的能力。

3. 從圖 7.9 可看出響應波形的差別。一般而言，從波形很難看出過阻尼響應與臨界阻尼響應之間的差別。臨界阻尼是欠阻尼和過阻尼的分界線，而且它的衰減最快。在相同的起始條件下，過阻尼情況需要最長的建立時間，因為它消耗初始儲存能量的時間最長。如果期望響應無振盪或無振鈴，且快速趨近最終值，則臨界阻尼是正確的選擇。

在圖 7.8 中，若 $R = 40\ \Omega$、$L = 4\ \text{H}$ 和 $C = 1/4\ \text{F}$，試計算電路的特徵根，且此電路的自然響應是過阻尼、欠阻尼或臨界阻尼？ **範例 7.3**

解： 首先計算

$$\alpha = \frac{R}{2L} = \frac{40}{2(4)} = 5, \qquad \omega_0 = \frac{1}{\sqrt{LC}} = \frac{1}{\sqrt{4 \times \frac{1}{4}}} = 1$$

特徵根為

$$s_{1,2} = -\alpha \pm \sqrt{\alpha^2 - \omega_0^2} = -5 \pm \sqrt{25 - 1}$$

或

$$s_1 = -0.101, \qquad s_2 = -9.899$$

當 $\alpha > \omega_0$ 時，則電路響應為過阻尼。這也可從特徵根為負實數得知。

> **練習題 7.3** 在圖 7.8 中，若 $R = 10\ \Omega$、$L = 5\ \text{H}$ 和 $C = 2\ \text{mF}$，試求 α、ω_0、s_1 和 s_2，且此電路的自然響應是什麼類型？
>
> **答：** 1，10，$-1 \pm j9.95$，欠阻尼。

試求圖 7.10 電路的 $i(t)$，假設在 $t = 0^-$ 時達到穩態。 **範例 7.4**

解： 當 $t < 0$ 時，開關是閉合的，此時電容器相當於開路，電感器相當於短路。等效電路如圖 7.11(a) 所示。因此，在 $t = 0$ 時，

$$i(0) = \frac{10}{4 + 6} = 1\ \text{A}, \qquad v(0) = 6i(0) = 6\ \text{V}$$

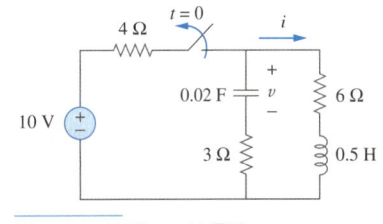

圖 7.10 範例 7.4 的電路

其中 $i(0)$ 是流經電感器的初始電流，$v(0)$ 是跨接於電容器二端的初始電壓。

當 $t > 0$ 時，開關被斷開，則電壓源被移除。等效電路如圖 7.11(b) 所示，這是無源 RLC 串聯電路。注意：在圖 7.10 中，當開關被斷開時，3 Ω 和 6 Ω 電阻器是

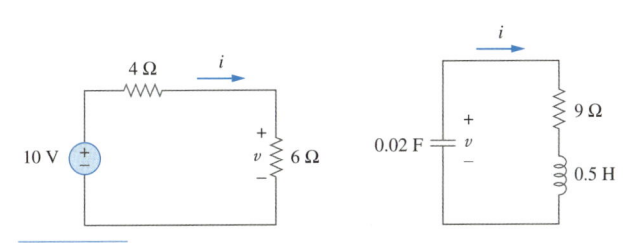

圖 7.11 圖 7.10 的電路：(a) 當 $t < 0$，(b) 當 $t > 0$

串聯的，且串聯後阻值為 9 Ω，如圖 7.11(b) 所示。特徵根計算如下：

$$\alpha = \frac{R}{2L} = \frac{9}{2(\frac{1}{2})} = 9, \qquad \omega_0 = \frac{1}{\sqrt{LC}} = \frac{1}{\sqrt{\frac{1}{2} \times \frac{1}{50}}} = 10$$

$$s_{1,2} = -\alpha \pm \sqrt{\alpha^2 - \omega_0^2} = -9 \pm \sqrt{81 - 100}$$

或

$$s_{1,2} = -9 \pm j4.359$$

因此，電路是欠阻尼 ($\alpha < \omega$) 響應；即

$$i(t) = e^{-9t}(A_1 \cos 4.359t + A_2 \sin 4.359t) \tag{7.4.1}$$

利用初始條件可求得 A_1 和 A_2，在 $t = 0$ 時，

$$i(0) = 1 = A_1 \tag{7.4.2}$$

從 (7.5) 式，

$$\left.\frac{di}{dt}\right|_{t=0} = -\frac{1}{L}[Ri(0) + v(0)] = -2[9(1) - 6] = -6 \text{ A/s} \tag{7.4.3}$$

注意：使用 $v(0) = V_0 = -6$ V，因為圖 7.11(b) 與圖 7.8 中 v 的極性是相反的。對 (7.4.1) 式中的 $i(t)$ 微分得

$$\frac{di}{dt} = -9e^{-9t}(A_1 \cos 4.359t + A_2 \sin 4.359t)$$

$$+ e^{-9t}(4.359)(-A_1 \sin 4.359t + A_2 \cos 4.359t)$$

將 (7.4.3) 式結果代入上式，在 $t = 0$ 得

$$-6 = -9(A_1 + 0) + 4.359(-0 + A_2)$$

但從 (7.4.2) 式知 $A_1 = 1$，然後

$$-6 = -9 + 4.359A_2 \quad \Rightarrow \quad A_2 = 0.6882$$

將 A_1 和 A_2 的值代入 (7.4.1) 式，得全解如下：

$$i(t) = e^{-9t}(\cos 4.359t + 0.6882 \sin 4.359t) \text{ A}$$

練習題 7.4 圖 7.12 電路在 $t = 0^-$ 時達到穩態。如果 $t = 0^-$ 時單刀雙擲開關移動到位置 b，試計算 $t > 0$ 時的 $i(t)$。

答：$e^{-2.5t}(10\cos 1.6583t - 15.076 \sin 1.6583t)$ A。

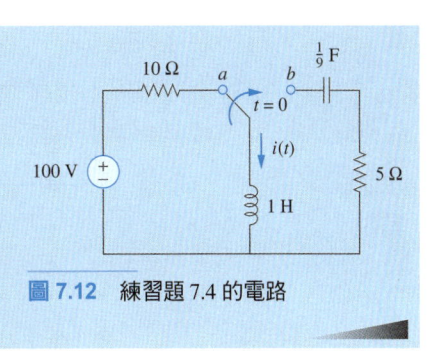

圖 7.12 練習題 7.4 的電路

7.4 無源 RLC 並聯電路

RLC 並聯電路出現在許多實際應用，特別是通訊網路和濾波器電路設計等應用。

圖 7.13 所顯示的 RLC 並聯電路，假設電感器的初始電流為 I_0 和電容器的初始電壓為 V_0。

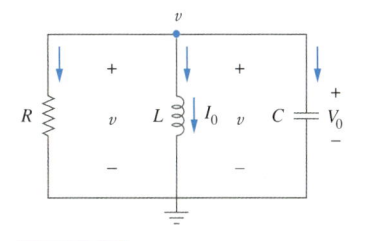

圖 7.13 無源 RLC 並聯電路

$$i(0) = I_0 = \frac{1}{L}\int_{\infty}^{0} v(t)\,dt \tag{7.27a}$$

$$v(0) = V_0 \tag{7.27b}$$

因為這三個元件為並聯，所以跨接於它們二端的電壓 v 皆相同，根據被動元件符號規則，電流的方向是流入元件的方向，也就是從元件頂端節點流入元件。因此，在頂端節點應用 KCL 得

$$\frac{v}{R} + \frac{1}{L}\int_{-\infty}^{t} v(\tau)\,d\tau + C\frac{dv}{dt} = 0 \tag{7.28}$$

上式對 t 微分，並除以 C 得

$$\frac{d^2v}{dt^2} + \frac{1}{RC}\frac{dv}{dt} + \frac{1}{LC}v = 0 \tag{7.29}$$

以 s 取代一階微分，s^2 取代二階微分，可得特徵方程式。依據建立 (7.4) 式至 (7.8) 式的原理，則得到特徵方程式如下：

$$s^2 + \frac{1}{RC}s + \frac{1}{LC} = 0 \tag{7.30}$$

特徵方程式的根為

$$s_{1,2} = -\frac{1}{2RC} \pm \sqrt{\left(\frac{1}{2RC}\right)^2 - \frac{1}{LC}}$$

或

$$s_{1,2} = -\alpha \pm \sqrt{\alpha^2 - \omega_0^2} \tag{7.31}$$

其中

$$\alpha = \frac{1}{2RC}, \quad \omega_0 = \frac{1}{\sqrt{LC}} \tag{7.32}$$

這些術語的名稱與上一節相同，因為它們解方程式的作用與上一節相同。而且，根據 $\alpha > \omega_0$、$\alpha = \omega_0$ 或 $\alpha < \omega_0$ 有三種可能的解，以下將分別討論這三種情況。

過阻尼情況 ($\alpha > \omega_0$)

從 (7.32) 式，當 $L > 4R^2C$ 時，$\alpha > \omega_0$。特徵方程式的根為負實數，且電路響應為

$$v(t) = A_1 e^{s_1 t} + A_2 e^{s_2 t} \tag{7.33}$$

臨界阻尼情況 ($\alpha = \omega_0$)

當 $L = 4R^2C$ 時，$\alpha = \omega_0$。特徵方程式的根為二個相等實數，所以電路響應為

$$v(t) = (A_1 + A_2 t)e^{-\alpha t} \tag{7.34}$$

欠阻尼情況 ($\alpha < \omega_0$)

當 $L < 4R^2C$ 時，$\alpha < \omega_0$。特徵方程式的根為共軛複數，且可以表示為

$$s_{1,2} = -\alpha \pm j\omega_d \tag{7.35}$$

其中

$$\omega_d = \sqrt{\omega_0^2 - \alpha^2} \tag{7.36}$$

則電路響應為

$$v(t) = e^{-\alpha t}(A_1 \cos \omega_d t + A_2 \sin \omega_d t) \tag{7.37}$$

以上三種情況的常數 A_1 與 A_2 是由初始條件 $v(0)$ 與 $dv(0)/dt$ 決定。由 (7.27b)

式得知 $v(0) = V_0$，而合併 (7.27) 式與 (7.28) 式可求出 $dv(0)/dt$ 如下：

$$\frac{V_0}{R} + I_0 + C\frac{dv(0)}{dt} = 0$$

或

$$\frac{dv(0)}{dt} = -\frac{(V_0 + RI_0)}{RC} \qquad (7.38)$$

與圖 7.9 所示的相似，根據電路為過阻尼、欠阻尼或臨界阻尼來決定其電壓波形。

求出 RLC 並聯電路的電容器電壓 $v(t)$ 之後，則可求得其他的電路變數，如流過各元件的電流。例如，電阻器電流是 $i_R = v/R$ 和電容器電流 $v_C = C\, dv/dt$。為了利用 (7.1a) 式的優點，所以選擇先求解電容器電壓 $v(t)$ 這個關鍵變數。注意：對 RLC 串聯電路先求出電感器電流 $i(t)$，對 RLC 並聯電路則先求出電容器電壓 $v(t)$。

範例 7.5

在圖 7.13 所示的並聯電路中，試求 $t > 0$ 時的 $v(t)$，假設 $v(0) = 5$ V、$i(0) = 0$、$L = 1$ H 且 $C = 10$ mF。考慮以下三種情況，$R = 1.923\ \Omega$、$R = 5\ \Omega$ 和 $R = 6.25\ \Omega$。

解：

◆ **情況一**：如果 $R = 1.923\ \Omega$

$$\alpha = \frac{1}{2RC} = \frac{1}{2 \times 1.923 \times 10 \times 10^{-3}} = 26$$

$$\omega_0 = \frac{1}{\sqrt{LC}} = \frac{1}{\sqrt{1 \times 10 \times 10^{-3}}} = 10$$

因為在這種情況下，$\alpha > \omega_0$，電路響應為過阻尼，且特徵方程式的根為

$$s_{1,2} = -\alpha \pm \sqrt{\alpha^2 - \omega_0^2} = -2, -50$$

對應的電路響應為

$$v(t) = A_1 e^{-2t} + A_2 e^{-50t} \qquad (7.5.1)$$

利用初始條件求得 A_1 和 A_2：

$$v(0) = 5 = A_1 + A_2 \qquad (7.5.2)$$

$$\frac{dv(0)}{dt} = -\frac{v(0) + Ri(0)}{RC} = -\frac{5 + 0}{1.923 \times 10 \times 10^{-3}} = -260$$

對 (7.5.1) 式微分，

$$\frac{dv}{dt} = -2A_1 e^{-2t} - 50A_2 e^{-50t}$$

在 $t=0$ 時，

$$-260 = -2A_1 - 50A_2 \tag{7.5.3}$$

從 (7.5.2) 式和 (7.5.3) 式，得 $A_1 = -2.083$ 和 $A_2 = 5.208$，將 A_1 和 A_2 代入 (7.5.1) 式得

$$v(t) = -0.2083e^{-2t} + 5.208e^{-50t} \tag{7.5.4}$$

◆**情況二**：如果 $R = 5\,\Omega$，

$$\alpha = \frac{1}{2RC} = \frac{1}{2 \times 5 \times 10 \times 10^{-3}} = 10$$

因為 $\omega_0 = \alpha = 10$，所以電路響應為臨界阻尼，因此 $s_1 = s_2 = -10$，且

$$v(t) = (A_1 + A_2 t)e^{-10t} \tag{7.5.5}$$

利用初始條件求得 A_1 和 A_2，

$$v(0) = 5 = A_1 \tag{7.5.6}$$

$$\frac{dv(0)}{dt} = -\frac{v(0) + Ri(0)}{RC} = -\frac{5 + 0}{5 \times 10 \times 10^{-3}} = -100$$

對 (7.5.5) 式微分，

$$\frac{dv}{dt} = (-10A_1 - 10A_2 t + A_2)e^{-10t}$$

在 $t=0$ 時，

$$-100 = -10A_1 + A_2 \tag{7.5.7}$$

從 (7.5.6) 式和 (7.5.7) 式，得 $A_1 = 5$ 和 $A_2 = -50$，因此

$$v(t) = (5 - 50t)e^{-10t}\ \text{V} \tag{7.5.8}$$

◆**情況三**：如果 $R = 6.25\,\Omega$

$$\alpha = \frac{1}{2RC} = \frac{1}{2 \times 6.25 \times 10 \times 10^{-3}} = 8$$

因為 $\omega_0 = 10$ 保持不變，但在這個情況下，$\alpha < \omega_0$，所以電路響應為欠阻尼，且特徵方程式的根為

$$s_{1,2} = -\alpha \pm \sqrt{\alpha^2 - \omega_0^2} = -8 \pm j6$$

因此，
$$v(t) = (A_1 \cos 6t + A_2 \sin 6t)e^{-8t} \tag{7.5.9}$$

利用初始條件求得 A_1 和 A_2：
$$v(0) = 5 = A_1 \tag{7.5.10}$$

$$\frac{dv(0)}{dt} = -\frac{v(0) + Ri(0)}{RC} = -\frac{5 + 0}{6.25 \times 10 \times 10^{-3}} = -80$$

對 (7.5.9) 式微分，
$$\frac{dv}{dt} = (-8A_1 \cos 6t - 8A_2 \sin 6t - 6A_1 \sin 6t + 6A_2 \cos 6t)e^{-8t}$$

在 $t=0$ 時，
$$-80 = -8A_1 + 6A_2 \tag{7.5.11}$$

從 (7.5.10) 式和 (7.5.11) 式，得 $A_1 = 5$ 和 $A_2 = -6.667$。因此，
$$v(t) = (5 \cos 6t - 6.667 \sin 6t)e^{-8t} \tag{7.5.12}$$

注意：R 值的增加，將減少阻尼的程度和得到不同的電路響應。圖 7.14 畫出這三種情況的曲線。

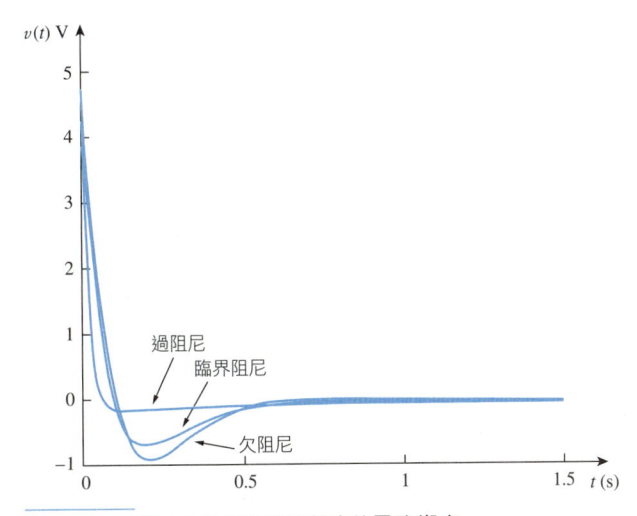

圖 7.14 範例 7.5 的三種阻尼程度的電路響應

練習題 7.5 在圖 7.13 的電路中，假設 $R = 2\,\Omega$、$L = 0.4\,H$ 且 $C = 25\,mF$、$v(0) = 0$、$i(0) = 50\,mA$。試求 $t > 0$ 時的 $v(t)$。

答： $-2te^{-10t}u(t)$ V.

範例 7.6 在圖 7.15 的 RLC 電路中，試求 $t>0$ 時的 $v(t)$。

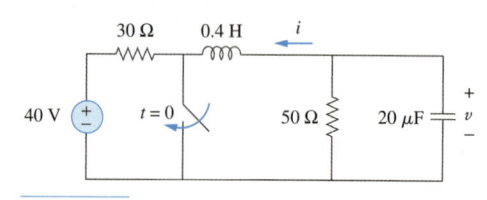

解： 當 $t<0$ 時，開關是斷開的，電感器相當於短路和電容器相當於斷路。跨接於電容二端的初始電壓等於跨接於 50 Ω 電阻器二端的電壓，即

$$v(0) = \frac{50}{30+50}(40) = \frac{5}{8} \times 40 = 25 \text{ V} \quad (7.6.1)$$

圖 7.15 範例 7.6 的電路

流過電感器的初始電流為

$$i(0) = -\frac{40}{30+50} = -0.5 \text{ A}$$

在圖 7.15 中電流 i 的方向與圖 7.13 中 I_0 的方向一致，這樣就符合電流流入電感器正極的協定 (如圖 6.23 所示)。因為要求出 v，所以必須求 dv/dt 的表示式：

$$\frac{dv(0)}{dt} = -\frac{v(0)+Ri(0)}{RC} = -\frac{25-50\times 0.5}{50\times 20\times 10^{-6}} = 0 \quad (7.6.2)$$

當 $t>0$ 時，開關是閉合的。電壓源和 30 Ω 電阻器是與電路其他部分分離的。RLC 並聯電路相當於獨立電壓源，如圖 7.16 所示。接下來計算特徵方程式的根：

$$\alpha = \frac{1}{2RC} = \frac{1}{2\times 50\times 20\times 10^{-6}} = 500$$

$$\omega_0 = \frac{1}{\sqrt{LC}} = \frac{1}{\sqrt{0.4\times 20\times 10^{-6}}} = 354$$

$$s_{1,2} = -\alpha \pm \sqrt{\alpha^2 - \omega_0^2}$$

$$= -500 \pm \sqrt{250{,}000 - 124{,}997.6} = -500 \pm 354$$

或

$$s_1 = -854, \quad s_2 = -146$$

因為 $\alpha > \omega_0$，故為過阻尼響應，

$$v(t) = A_1 e^{-854t} + A_2 e^{-146t} \quad (7.6.3)$$

在 $t=0$ 時，利用 (7.6.1) 式的條件得

$$v(0) = 25 = A_1 + A_2 \quad \Rightarrow \quad A_2 = 25 - A_1 \quad (7.6.4)$$

對 (7.6.3) 式微分，

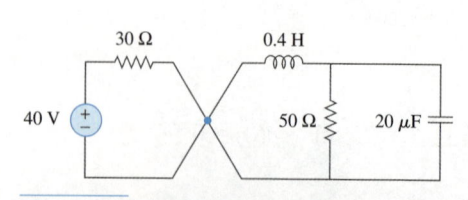

圖 7.16 $t>0$ 時，圖 7.15 的電路。右邊的 RLC 並聯電路與左邊的電路是獨立的

$$\frac{dv}{dt} = -854A_1e^{-854t} - 146A_2e^{-146t}$$

利用 (7.6.2) 式的條件得

$$\frac{dv(0)}{dt} = 0 = -854A_1 - 146A_2$$

或

$$0 = 854A_1 + 146A_2 \qquad (7.6.5)$$

解 (7.6.4) 式與 (7.6.5) 式聯立方程式得

$$A_1 = -5.156, \qquad A_2 = 30.16$$

因此，(7.6.3) 式的全解為

$$v(t) = -5.156e^{-854t} + 30.16e^{-146t} \text{ V}$$

> **練習題 7.6** 參考圖 7.17 的電路，當 $t>0$ 時，試求 $v(t)$。
>
> **答**：$150(e^{-10t} - e^{-2.5t})$ V。

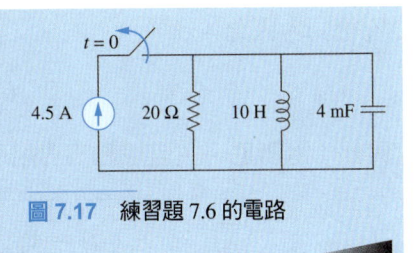

圖 7.17 練習題 7.6 的電路

7.5 RLC 串聯電路的步級響應

如前一章所學，突然對電路加上直流電源，則電路可得到一個步級響應。如圖 7.18 的 RLC 串聯電路中，在 $t>0$ 時應用 KVL 得

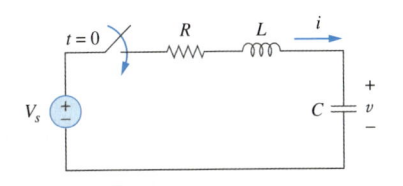

圖 7.18 步級電壓應用於 RLC 串聯電路

$$L\frac{di}{dt} + Ri + v = V_s \qquad (7.39)$$

但是

$$i = C\frac{dv}{dt}$$

將 i 代入 (7.39) 式並整理得

$$\frac{d^2v}{dt^2} + \frac{R}{L}\frac{dv}{dt} + \frac{v}{LC} = \frac{V_s}{LC} \qquad (7.40)$$

這與 (7.4) 式的形式相同。特別是係數也相同 (這對於計算頻率參數是重要的)，但二式的電路變數不同 [同理，參考 (7.47) 式]。因此，RLC 串聯電路的特徵方程式不受直流電源存在的影響。

(7.40) 式的解包含二部分：暫態響應 $v_t(t)$ 和穩態響應 $v_{ss}(t)$；即

$$v(t) = v_t(t) + v_{ss}(t) \tag{7.41}$$

暫態響應 $v_t(t)$ 是全部響應中隨時間衰減的部分，暫態響應的形式與 7.3 節無源電路之解 [(7.14) 式、(7.21) 式和 (7.26) 式] 的形式相同。因此，暫態響應 $v_t(t)$ 對過阻尼、欠阻尼和臨界阻尼的情況是

$$v_t(t) = A_1 e^{s_1 t} + A_2 e^{s_2 t} \quad (過阻尼) \tag{7.42a}$$

$$v_t(t) = (A_1 + A_2 t)e^{-\alpha t} \quad (臨界阻尼) \tag{7.42b}$$

$$v_t(t) = (A_1 \cos \omega_d t + A_2 \sin \omega_d t)e^{-\alpha t} \quad (欠阻尼) \tag{7.42c}$$

穩態響應 $v_{ss}(t)$ 是 $v_t(t)$ 的終值。在圖 7.18 的電路中，電容器電壓的終值與電源電壓 V_s 相同。因此，

$$v_{ss}(t) = v(\infty) = V_s \tag{7.43}$$

因此，過阻尼、欠阻尼和臨界阻尼情況的全解是

$$v(t) = V_s + A_1 e^{s_1 t} + A_2 e^{s_2 t} \quad (過阻尼) \tag{7.44a}$$

$$v(t) = V_s + (A_1 + A_2 t)e^{-\alpha t} \quad (臨界阻尼) \tag{7.44b}$$

$$v(t) = V_s + (A_1 \cos \omega_d t + A_2 \sin \omega_d t)e^{-\alpha t} \quad (欠阻尼) \tag{7.44c}$$

常數 A_1 和 A_2 的值是利用初始條件 $v(0)$ 和 $dv(0)/dt$ 求得。記住：v 和 i 依序為跨接於電容器的電壓和流經電感器的電流。因此，(7.44) 式僅用於求 v。但當電容器電壓 $v_C = v$ 已知，則可以計算 $i = C\,dv/dt$，因為流經電容器、電感器和電阻器的電流相同。因此，電阻器二端的電壓 $v_R = iR$，電感器電壓為 $v_L = L\,di/dt$。

換言之，可以直接求得任何變數 $x(t)$ 的完全響應，因為它有共同的形式：

$$x(t) = x_{ss}(t) + x_t(t) \tag{7.45}$$

其中 $x_{ss} = x(\infty)$ 是終值，$x_t(t)$ 是暫態響應。終值解法請參閱 7.2 節，暫態響應的形式與 (7.42) 式相同，以及相關的常數則可以根據 $x(0)$ 和 $dx(0)/dt$ 的值並利用 (7.44) 式求得。

範例 7.7 如圖 7.19 電路，試求當 $t>0$ 時的 $v(t)$ 和 $i(t)$。考慮以下情況：$R=5\,\Omega$、$R=4\,\Omega$ 和 $R=1\,\Omega$。

解：

◆ **情況一**：當 $R=5\,\Omega$ 時，對於 $t<0$，開關長時間閉合。電容器相當於開路，而電感器相當於短路。流經電感器的起始電流為

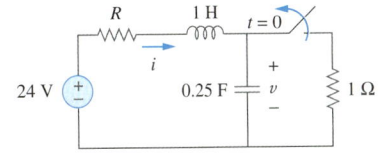

圖 7.19 範例 7.7 的電路

$$i(0) = \frac{24}{5+1} = 4\,\text{A}$$

電容器二端的電壓等於 $1\,\Omega$ 電阻器二端的電壓，即

$$v(0) = 1i(0) = 4\,\text{V}$$

對於 $t>0$，開關被斷開，所以 $1\,\Omega$ 電阻器被斷開，留下帶有電壓源的 RLC 串聯電路。其特徵根計算如下：

$$\alpha = \frac{R}{2L} = \frac{5}{2\times 1} = 2.5, \quad \omega_0 = \frac{1}{\sqrt{LC}} = \frac{1}{\sqrt{1\times 0.25}} = 2$$

$$s_{1,2} = -\alpha \pm \sqrt{\alpha^2 - \omega_0^2} = -1, -4$$

因為 $\alpha > \omega_0$，所以是過阻尼自然響應。其全響應為

$$v(t) = v_{ss} + (A_1 e^{-t} + A_2 e^{-4t})$$

其中 v_{ss} 是穩態響應，它是電容器電壓的終值。在圖 7.19 中，$v_f = 24\,\text{V}$。因此，

$$v(t) = 24 + (A_1 e^{-t} + A_2 e^{-4t}) \tag{7.7.1}$$

現在要求出 A_1 與 A_2，必須使用初始條件：

$$v(0) = 4 = 24 + A_1 + A_2$$

或

$$-20 = A_1 + A_2 \tag{7.7.2}$$

流經電感器的電流不能突然改變，而且該電流與 $t=0^+$ 時流經電容器的電流相同，因為此時電感器與電容器是串聯的。因此，

$$i(0) = C\frac{dv(0)}{dt} = 4 \quad \Rightarrow \quad \frac{dv(0)}{dt} = \frac{4}{C} = \frac{4}{0.25} = 16$$

利用上式的條件之前，必須對 (7.7.1) 式的 v 微分：

$$\frac{dv}{dt} = -A_1 e^{-t} - 4A_2 e^{-4t} \tag{7.7.3}$$

在 $t = 0$ 時，

$$\frac{dv(0)}{dt} = 16 = -A_1 - 4A_2 \tag{7.7.4}$$

從 (7.7.2) 式與 (7.7.4) 式，$A_1 = -64/3$ 和 $A_2 = 4/3$。將 A_1 和 A_2 代入 (7.7.1) 式，得

$$v(t) = 24 + \frac{4}{3}(-16e^{-t} + e^{-4t}) \text{ V} \tag{7.7.5}$$

因為 $t > 0$ 時電感器與電容器為串聯，電感器電流與電容器電流相同，因此

$$i(t) = C\frac{dv}{dt}$$

將 (7.7.3) 式乘以 $C = 0.25$，並將 A_1 與 A_2 的值代入，得

$$i(t) = \frac{4}{3}(4e^{-t} - e^{-4t}) \text{ A} \tag{7.7.6}$$

注意：正如預期，$i(0) = 4$ A。

◆**情況二**：當 $R = 4 \, \Omega$ 時，同樣地，流經電感器的起始電流為

$$i(0) = \frac{24}{4+1} = 4.8 \text{ A}$$

而且電容器二端的起始電壓為

$$v(0) = 1i(0) = 4.8 \text{ V}$$

對於特徵根則為

$$\alpha = \frac{R}{2L} = \frac{4}{2 \times 1} = 2$$

當 $\omega_0 = 2$ 保持不變，在這情況下，$s_1 = s_2 = -\alpha = -2$，所以是臨界阻尼自然響應。其全響應為

$$v(t) = v_{ss} + (A_1 + A_2 t)e^{-2t}$$

而且與前面相同，$v_{ss} = 24$ V，

$$v(t) = 24 + (A_1 + A_2 t)e^{-2t} \tag{7.7.7}$$

使用初始條件求 A_1 與 A_2：

$$v(0) = 4.8 = 24 + A_1 \quad \Rightarrow \quad A_1 = -19.2 \tag{7.7.8}$$

因為 $i(0) = C\,dv(0)/dt = 4.8$ 或

$$\frac{dv(0)}{dt} = \frac{4.8}{C} = 19.2$$

從 (7.7.7) 式得

$$\frac{dv}{dt} = (-2A_1 - 2tA_2 + A_2)e^{-2t} \tag{7.7.9}$$

在 $t = 0$ 時，

$$\frac{dv(0)}{dt} = 19.2 = -2A_1 + A_2 \tag{7.7.10}$$

從 (7.7.8) 式與 (7.7.10) 式，$A_1 = -19.2$ 和 $A_2 = -19.2$。因此，(7.7.1) 式改為

$$v(t) = 24 - 19.2(1 + t)e^{-2t} \text{ V} \tag{7.7.11}$$

電感器電流與電容器電流相同；因此，

$$i(t) = C\frac{dv}{dt}$$

將 (7.7.9) 式乘以 $C = 0.25$，並將 A_1 與 A_2 的值代入，得

$$i(t) = (4.8 + 9.6t)e^{-2t} \text{ A} \tag{7.7.12}$$

注意：正如預期，$i(0) = 4.8$ A。

◆**情況三**：當 $R = 1\,\Omega$ 時，起始電感器電流為

$$i(0) = \frac{24}{1+1} = 12 \text{ A}$$

電容器二端的起始電壓與 $1\,\Omega$ 電阻器二端的電壓相同為

$$v(0) = 1i(0) = 12 \text{ V}$$

$$\alpha = \frac{R}{2L} = \frac{1}{2 \times 1} = 0.5$$

因為 $\alpha = 0.5 < \omega_0 = 2$，所以是欠阻尼響應：

$$s_{1,2} = -\alpha \pm \sqrt{\alpha^2 - \omega_0^2} = -0.5 \pm j1.936$$

其全響應為

$$v(t) = 24 + (A_1 \cos 1.936t + A_2 \sin 1.936t)e^{-0.5t} \tag{7.7.13}$$

現在求 A_1 與 A_2：

$$v(0) = 12 = 24 + A_1 \quad \Rightarrow \quad A_1 = -12 \tag{7.7.14}$$

因為 $i(0) = C\,dv(0)/dt = 12$，

$$\frac{dv(0)}{dt} = \frac{12}{C} = 48 \tag{7.7.15}$$

但

$$\begin{aligned}\frac{dv}{dt} &= e^{-0.5t}(-1.936 A_1 \sin 1.936t + 1.936 A_2 \cos 1.936t) \\ &\quad - 0.5 e^{-0.5t}(A_1 \cos 1.936t + A_2 \sin 1.936t)\end{aligned} \tag{7.7.16}$$

在 $t = 0$ 時，

$$\frac{dv(0)}{dt} = 48 = (-0 + 1.936 A_2) - 0.5(A_1 + 0)$$

代入 $A_1 = -12$ 得 $A_2 = -21.694$，因此 (7.7.13) 式改為

$$v(t) = 24 + (21.694 \sin 1.936t - 12 \cos 1.936t)e^{-0.5t} \text{ V} \tag{7.7.17}$$

電感器電流為

$$i(t) = C\frac{dv}{dt}$$

將 (7.7.16) 式乘以 $C = 0.25$，並將 A_1 與 A_2 的值代入，得

$$i(t) = (3.1 \sin 1.936t + 12 \cos 1.936t)e^{-0.5t} \text{ A} \tag{7.7.18}$$

注意：正如預期，$i(0) = 12$ A。

圖 7.20 畫出這三種情況的響應曲線。從圖中看出臨界阻尼響應最快達到步級輸入的 24 V 電壓。

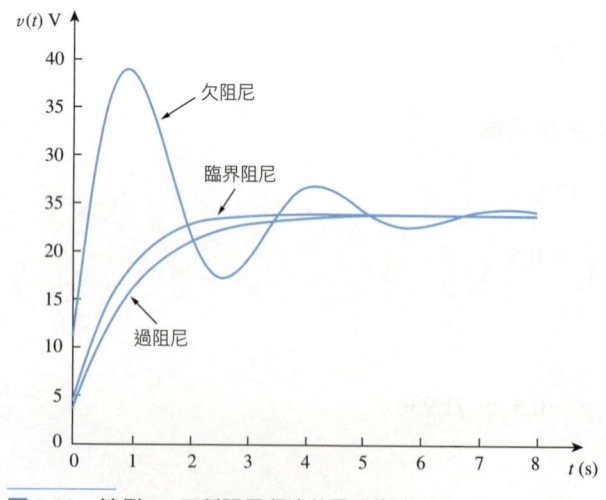

圖 7.20 範例 7.7 三種阻尼程度的電路響應

練習題 7.7 圖 7.21 電路的開關長時間在 a 位置,在 $t=0$ 時移到 b 位置。試求 $t>0$ 的 $v(t)$ 和 $v_R(t)$。

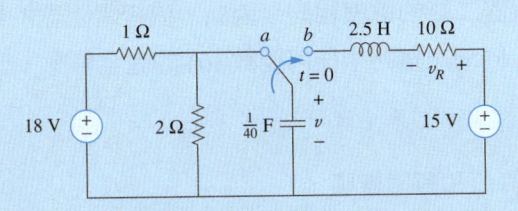

圖 7.21 練習題 7.7 的電路

答:$15-(1.7321\sin 3.464t + 3\cos 3.464t)e^{-2t}$ V, $3.464 e^{-2t}\sin 3.464t$ V.

7.6 RLC 並聯電路的步級響應

如圖 7.22 的 RLC 並聯電路中,當電流源突然加到電路上,要求電流 i 值。在 $t>0$ 時應用 KCL 到電路的頂端節點得

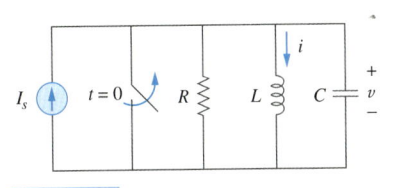

$$\frac{v}{R} + i + C\frac{dv}{dt} = I_s \tag{7.46}$$

圖 7.22 電流源應用於 RLC 並聯電路

但是

$$v = L\frac{di}{dt}$$

將 v 代入 (7.46) 式,且二邊同除 LC 得

$$\frac{d^2 i}{dt^2} + \frac{1}{RC}\frac{di}{dt} + \frac{i}{LC} = \frac{I_s}{LC} \tag{7.47}$$

這與 (7.29) 式的形式相同。

(7.40) 式的解包含二部分:暫態響應 $i_t(t)$ 和穩態響應 $i_{ss}(t)$;即

$$i(t) = i_t(t) + i_{ss}(t) \tag{7.48}$$

暫態響應的形式與 7.4 節所得到的形式相同,穩態響應 $i_{ss}(t)$ 是 $i(t)$ 的終值。在圖 7.22 中,流經電感器的電流終值與電流源 I_s 相同。因此,

$$\begin{aligned} i(t) &= I_s + A_1 e^{s_1 t} + A_2 e^{s_2 t} \text{ (過阻尼)} \\ i(t) &= I_s + (A_1 + A_2 t)e^{-\alpha t} \text{ (臨界阻尼)} \\ i(t) &= I_s + (A_1 \cos\omega_d t + A_2 \sin\omega_d t)e^{-\alpha t} \text{ (欠阻尼)} \end{aligned} \tag{7.49}$$

常數 A_1 和 A_2 的值是利用初始條件 i 和 di/dt 求得。記住：(7.49) 式僅用於求流過電感器的電流 i。但當電感器電流 $i_L = i$ 已知，則可以計算 $v = L\, di/dt$，因為跨接於電容器、電感器和電阻器二端的電壓相同。因此，流經電阻器的電流 $i_R = v/R$，電容電流為 $i_C = C\, dv/dt$。同理，電路中任何變數 $x(t)$ 的完全響應，皆可利用下式求出：

$$x(t) = x_{ss}(t) + x_t(t) \tag{7.50}$$

其中 x_{ss} 與 x_t 依序為終值和暫態響應。

範例 7.8 在圖 7.23 的電路中，試求 $t>0$ 時的 $i(t)$ 和 $i_R(t)$。

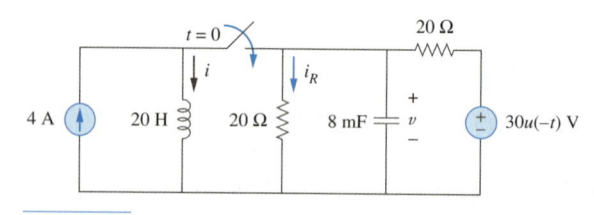

圖 7.23 範例 7.8 的電路

解：在 $t<0$ 時，開關是斷開的，而且電路被分成二個獨立的子電路。4 A 電流流經電感器，所以

$$i(0) = 4\text{ A}$$

因為當 $t<0$ 時，$30u(-t) = 30$，且當 $t>0$ 時，$30u(-t) = 0$，所以該電壓源作用在 $t<0$ 時。此時電容器相當於開路，且電容器二端的電壓與並聯的 20 Ω 電阻器二端的電壓相同。根據分壓定理，電容器的起始電壓為

$$v(0) = \frac{20}{20+20}(30) = 15\text{ V}$$

對於 $t>0$，開關被閉合，則電路為帶有電壓源的 RLC 並聯電路。電壓源為零，所以相當於短路。二個 20 Ω 電阻器為並聯，並聯後的值為 $R = 20 \| 20 = 10$ Ω。其特徵根計算如下：

$$\alpha = \frac{1}{2RC} = \frac{1}{2 \times 10 \times 8 \times 10^{-3}} = 6.25$$

$$\omega_0 = \frac{1}{\sqrt{LC}} = \frac{1}{\sqrt{20 \times 8 \times 10^{-3}}} = 2.5$$

$$s_{1,2} = -\alpha \pm \sqrt{\alpha^2 - \omega_0^2} = -6.25 \pm \sqrt{39.0625 - 6.25}$$
$$= -6.25 \pm 5.7282$$

或

$$s_1 = -11.978, \quad s_2 = -0.5218$$

因為 $\alpha > \omega_0$，所以是過阻尼自然響應。因此，

$$i(t) = I_s + A_1 e^{-11.978t} + A_2 e^{-0.5218t} \tag{7.8.1}$$

其中 $I_s = 4$ 是 $i(t)$ 的終值。在 $t = 0$ 時，使用初始條件求出 A_1 與 A_2：

$$i(0) = 4 = 4 + A_1 + A_2 \quad \Rightarrow \quad A_2 = -A_1 \tag{7.8.2}$$

對 (7.8.1) 式的 $i(t)$ 微分，

$$\frac{di}{dt} = -11.978 A_1 e^{-11.978t} - 0.5218 A_2 e^{-0.5218t}$$

所以在 $t = 0$ 時，

$$\frac{di(0)}{dt} = -11.978 A_1 - 0.5218 A_2 \tag{7.8.3}$$

但

$$L\frac{di(0)}{dt} = v(0) = 15 \quad \Rightarrow \quad \frac{di(0)}{dt} = \frac{15}{L} = \frac{15}{20} = 0.75$$

將上面結果代入 (7.8.3) 式，並與 (7.8.2) 式聯立求解，得

$$0.75 = (11.978 - 0.5218)A_2 \quad \Rightarrow \quad A_2 = 0.0655$$

因此，$A_1 = -0.0655$ 和 $A_2 = 0.0655$，然後將 A_1 和 A_2 代入 (7.8.1) 式得全解如下：

$$i(t) = 4 + 0.0655(e^{-0.5218t} - e^{-11.978t}) \text{ A}$$

從 $i(t)$ 可得 $v(t) = L\, di/dt$ 且

$$i_R(t) = \frac{v(t)}{20} = \frac{L}{20}\frac{di}{dt} = 0.785 e^{-11.978t} - 0.0342 e^{-0.5218t} \text{ A}$$

練習題 7.8 試求圖 7.24 電路中 $t > 0$ 時的 $i(t)$ 和 $v(t)$。

答：$10(1 - \cos(0.25t))$ A，$50\sin(0.25t)$ V。

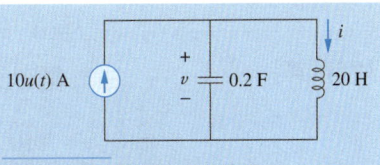

圖 7.24 練習題 7.8 的電路

7.7 一般二階電路

掌握了 RLC 串聯與並聯電路之後，本節將應用這些方法於求解包含一個或多個獨立定值電源的二階電路。雖然 RLC 串聯或並聯電路是應用最多的二階電路，其他包含運算放大器的二階電路也很有用。下面是計算二階電路步級響應 $x(t)$ (可能是電壓或電流) 的四個步驟：

> 有些電路乍看之下有點複雜，但求解暫態響應形式時，將電源關閉，且若可以合併儲能元件，則電路可能可以簡化成一階電路或 RLC 串聯/並聯電路。若可化簡成一階電路，其解將如第 6 章所討論的簡單形式。如果可化簡為 RLC 並聯或串聯電路，則可應用本章前幾節的方法。

1. 首先計算初始條件 [$x(0)$ 和 $dx(0)/dt$] 和終值 [$x(\infty)$]，如 7.2 節所討論的。
2. 關閉獨立電源，以及利用 KCL 和 KVL 求暫態響應 $x(t)$ 的形式。當求得二階微分方程後，則計算特徵根。根據特徵根決定電路響應為過阻尼、臨界阻尼或欠阻尼。然後利用前一節的方法，求得包含二個待定係數的暫態響應 $x_t(t)$。
3. 電路的穩態響應如下：

$$x_{ss}(t) = x(\infty) \tag{7.51}$$

其中 $x(\infty)$ 是步驟 1 求得的 x 終值。

4. 電路的全響應為暫態響應與穩態響應之和：

$$x(t) = x_t(t) + x_{ss}(t) \tag{7.52}$$

> 本章的問題也可利用第 10 章和第 11 章介紹的拉普拉斯轉換法求解。

最後代入步驟求得的初始條件，計算暫態響應中的待定係數。

以上是求解包括運算放大器在內二階電路步級響應的一般程序。下面將舉例說明這四個步驟。

範例 7.9 在圖 7.25 的電路中，試求 $t > 0$ 時全響應的 v 和 i。

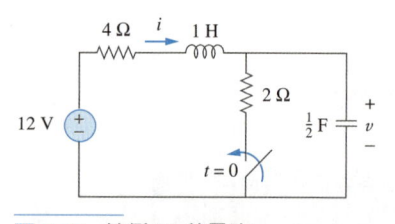

圖 7.25 範例 7.9 的電路

解： 首先求初值和終值。在 $t = 0^-$ 時，電路處於穩態，且開關是斷開的，其等效電路如圖 7.26(a) 所示。從圖中可知

$$v(0^-) = 12 \text{ V}, \qquad i(0^-) = 0$$

在 $t = 0^+$ 時，開關是閉合的，其等效電路如圖 7.26(b) 所示。由於電容器電壓和電感電流的連續性，得知

$$v(0^+) = v(0^-) = 12 \text{ V}, \qquad i(0^+) = i(0^-) = 0 \tag{7.9.1}$$

為求 $dv(0^+)/dt$，利用 $C\,dv/dt = i_C$ 或 $dv/dt = i_C/C$，以及在圖 7.26(b) 的節點 a 應用 KCL 得

$$i(0^+) = i_C(0^+) + \frac{v(0^+)}{2}$$

$$0 = i_C(0^+) + \frac{12}{2} \quad \Rightarrow \quad i_C(0^+) = -6 \text{ A}$$

因此，

$$\frac{dv(0^+)}{dt} = \frac{-6}{0.5} = -12 \text{ V/s} \tag{7.9.2}$$

在圖 7.26(b) 中，當電感器視為短路和電容器視為開路時，其終值為

$$i(\infty) = \frac{12}{4+2} = 2 \text{ A}, \quad v(\infty) = 2i(\infty) = 4 \text{ V} \tag{7.9.3}$$

其次，對 $t > 0$ 時，可得暫態響應的形式。關閉 12 V 電壓源，可得圖 7.27 的電路。然後在圖 7.27 的節點 a 應用 KCL 得

$$i = \frac{v}{2} + \frac{1}{2}\frac{dv}{dt} \tag{7.9.4}$$

在左邊網目應用 KVL 得

$$4i + 1\frac{di}{dt} + v = 0 \tag{7.9.5}$$

現在要求 v，將 (7.9.4) 式的 i 代入 (7.9.5) 式，得

$$2v + 2\frac{dv}{dt} + \frac{1}{2}\frac{dv}{dt} + \frac{1}{2}\frac{d^2v}{dt^2} + v = 0$$

或

$$\frac{d^2v}{dt^2} + 5\frac{dv}{dt} + 6v = 0$$

從上式可得特徵方程式如下：

$$s^2 + 5s + 6 = 0$$

特徵方程式的根為 $s = -2$ 和 $s = -3$，因此自然響應為

$$v_n(t) = Ae^{-2t} + Be^{-3t} \tag{7.9.6}$$

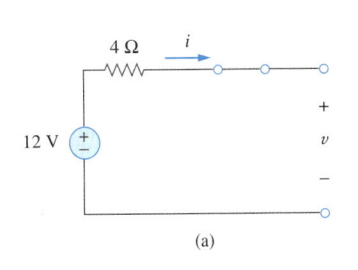

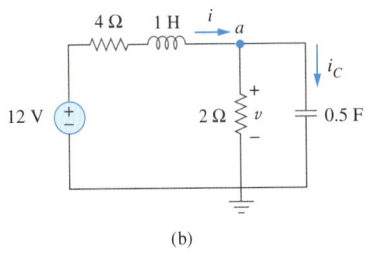

圖 7.26 圖 7.25 的等效電路：(a) $t < 0$，(b) $t > 0$

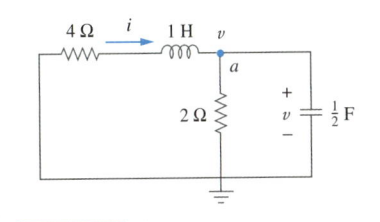

圖 7.27 範例 7.9 暫態響應的形式

其中 A 與 B 為稍後要求的未知常數，而穩態響應為

$$v_{ss}(t) = v(\infty) = 4 \tag{7.9.7}$$

全響應為

$$v(t) = v_t + v_{ss} = 4 + Ae^{-2t} + Be^{-3t} \tag{7.9.8}$$

現在計算 A 與 B 的初值。從 (7.9.1) 式得 $v(0) = 12$。在 $t = 0$ 時將它代入 (7.9.8) 式，得

$$12 = 4 + A + B \quad \Rightarrow \quad A + B = 8 \tag{7.9.9}$$

對 (7.9.8) 式的 v 求導數，

$$\frac{dv}{dt} = -2Ae^{-2t} - 3Be^{-3t} \tag{7.9.10}$$

在 $t = 0$ 時將 (7.9.2) 式代入 (7.9.10) 式，得

$$-12 = -2A - 3B \quad \Rightarrow \quad 2A + 3B = 12 \tag{7.9.11}$$

解聯立 (7.9.9) 式與 (7.9.11) 式得

$$A = 12, \quad B = -4$$

所以 (7.9.8) 式變成

$$v(t) = 4 + 12e^{-2t} - 4e^{-3t} \text{ V}, \quad t > 0 \tag{7.9.12}$$

從 v 值，可進一步求出圖 7.26(b) 電路中其他感興趣的變數。例如求 i 值，

$$i = \frac{v}{2} + \frac{1}{2}\frac{dv}{dt} = 2 + 6e^{-2t} - 2e^{-3t} - 12e^{-2t} + 6e^{-3t} \tag{7.9.13}$$

注意：$i(0) = 0$，這與 (7.9.1) 式的結果一致。

練習題 7.9 在圖 7.28 的電路中，試求 $t > 0$ 時的 v 和 i (關於電流源的說明請參考練習題 6.17)。

答：$12(1 - e^{-5t})$ V, $3(1 - e^{-5t})$ A.

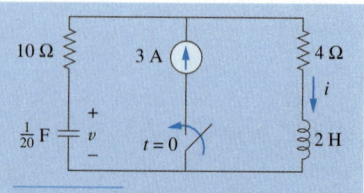

圖 7.28 練習題 7.9 的電路

範例 7.10

在圖 7.29 的電路中，試求 $t>0$ 時的 $v_o(t)$。

解： 這是包含二個電感器的二階電路範例。求網目電流 i_1 和 i_2，它們也是流過電感器的電流。必須先求出這些電流的初值與終值。

在 $t<0$ 時，$7u(t)=0$，所以 $i_1(0^-)=0=i_2(0^-)$。在 $t>0$ 時，$7u(t)=7$，所以等效電路如圖 7.30(a) 所示。因為電感器電流是連續的，

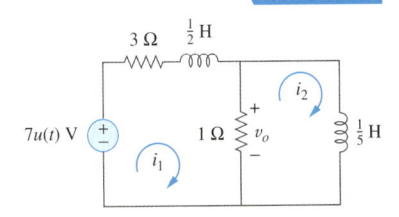

$$i_1(0^+)=i_1(0^-)=0, \quad i_2(0^+)=i_2(0^-)=0 \tag{7.10.1}$$

$$v_{L_2}(0^+)=v_o(0^+)=1[(i_1(0^+)-i_2(0^+)]=0 \tag{7.10.2}$$

圖 7.29 範例 7.10 的電路

在 $t=0^+$ 時，在圖 7.30(a) 左邊迴路應用 KVL，

$$7=3i_1(0^+)+v_{L_1}(0^+)+v_o(0^+)$$

或

$$v_{L_1}(0^+)=7\text{ V}$$

因為 $L_1\, di_1/dt=v_{L_1}$，

$$\frac{di_1(0^+)}{dt}=\frac{v_{L_1}}{L_1}=\frac{7}{\frac{1}{2}}=14\text{ V/s} \tag{7.10.3}$$

同理，因為 $L_2\, di_2/dt=v_{L_2}$，

$$\frac{di_2(0^+)}{dt}=\frac{v_{L_2}}{L_2}=0 \tag{7.10.4}$$

對 $t\to\infty$ 時，電路達到穩態，而且電感器相當於短路，如圖 7.30(b) 的電路。從圖 7.30(b) 得

$$i_1(\infty)=i_2(\infty)=\frac{7}{3}\text{ A} \tag{7.10.5}$$

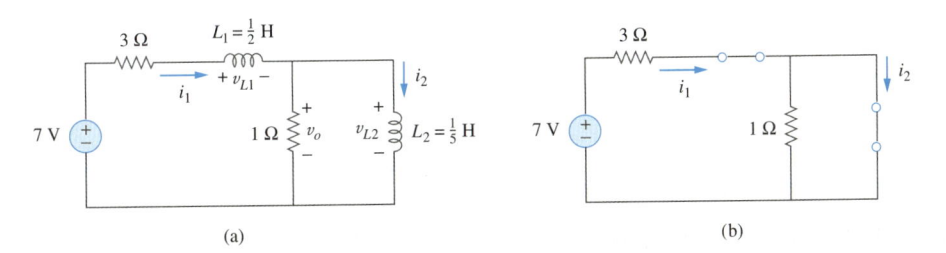

圖 7.30 圖 7.29 的等效電路：(a) $t>0$，(b) $t\to\infty$

圖 7.31 範例 7.10 暫態響應的形式

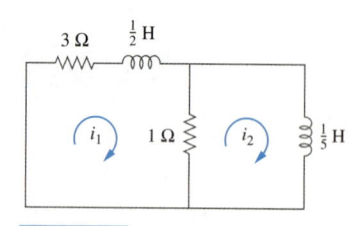

其次，移除電壓源，確定暫態響應的形式，如圖 7.31 的電路。然後在圖 7.31 的二個網目應用 KVL 得

$$4i_1 - i_2 + \frac{1}{2}\frac{di_1}{dt} = 0 \tag{7.10.6}$$

$$i_2 + \frac{1}{5}\frac{di_2}{dt} - i_1 = 0 \tag{7.10.7}$$

從 (7.10.6) 式得

$$i_2 = 4i_1 + \frac{1}{2}\frac{di_1}{dt} \tag{7.10.8}$$

將 (7.10.8) 式代入 (7.10.7) 式得

$$4i_1 + \frac{1}{2}\frac{di_1}{dt} + \frac{4}{5}\frac{di_1}{dt} + \frac{1}{10}\frac{d^2i_1}{dt^2} - i_1 = 0$$

$$\frac{d^2i_1}{dt^2} + 13\frac{di_1}{dt} + 30i_1 = 0$$

從上式可得特徵方程式如下：

$$s^2 + 13s + 30 = 0$$

特徵方程式的根為 $s = -3$ 和 $s = -10$，因此自然響應為

$$i_{1n} = Ae^{-3t} + Be^{-10t} \tag{7.10.9}$$

其中 A 與 B 為常數，而穩態響應為

$$i_{1ss} = i_1(\infty) = \frac{7}{3} \text{ A} \tag{7.10.10}$$

從 (7.10.9) 式和 (7.10.10) 式得全響應為

$$i_1(t) = \frac{7}{3} + Ae^{-3t} + Be^{-10t} \tag{7.10.11}$$

最後從 (7.10.1) 式和 (7.10.2) 式的初值求得 A 與 B：

$$0 = \frac{7}{3} + A + B \tag{7.10.12}$$

對 (7.10.11) 式微分，令微分方程式的 $t = 0$，並以 (7.10.3) 式代入得

$$14 = -3A - 10B \tag{7.10.13}$$

解聯立 (7.10.12) 式與 (7.10.13) 式得 $A = -4/3$ 和 $B = -1$，因此

$$i_1(t) = \frac{7}{3} - \frac{4}{3}e^{-3t} - e^{-10t} \tag{7.10.14}$$

在圖 7.30(a) 左邊迴路應用 KVL，並代入 i_1 得 i_2：

$$7 = 4i_1 - i_2 + \frac{1}{2}\frac{di_1}{dt} \quad \Rightarrow \quad i_2 = -7 + 4i_1 + \frac{1}{2}\frac{di_1}{dt}$$

將 (7.10.14) 式的 i_1 值代入上式得

$$\begin{aligned} i_2(t) &= -7 + \frac{28}{3} - \frac{16}{3}e^{-3t} - 4e^{-10t} + 2e^{-3t} + 5e^{-10t} \\ &= \frac{7}{3} - \frac{10}{3}e^{-3t} + e^{-10t} \end{aligned} \tag{7.10.15}$$

從圖 7.29 得

$$v_o(t) = 1[i_1(t) - i_2(t)] \tag{7.10.16}$$

將 (7.10.14) 式和 (7.10.15) 式代入 (7.10.16) 式得

$$v_o(t) = 2(e^{-3t} - e^{-10t}) \tag{7.10.17}$$

注意：$v_o(0) = 0$，這與 (7.10.2) 式的結果一致。

練習題 7.10 在圖 7.32 的電路中，試求 $t > 0$ 時的 $v_o(t)$。(提示：先求 v_1 和 v_2。)

答：$8(e^{-t} - e^{-6t})$ V, $t > 0$.

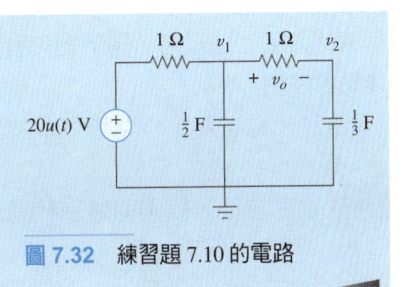

圖 7.32 練習題 7.10 的電路

7.8 總結

1. 在二階電路分析中，確定初值 $x(0)$ 與 $dx(0)/dt$ 及終值 $x(\infty)$ 是至關重要。
2. *RLC* 電路是二階電路，因為它是由一個二階微分方程式描述。其特徵方程是 $s^2 + 2\alpha s + \omega_0^2 = 0$，其中 α 是阻尼係數，ω_0 為無阻尼自然頻率。對於串聯電路，$\alpha = R/2L$；對於並聯電路，$\alpha = 1/2RC$，這二種情況的 $\omega_0 = 1/0\sqrt{LC}$。
3. 如果電路在開關切換 (或突然改變) 之後沒有獨立電源，則稱此電路為無源電路。其完全解是自然響應。

4. 根據電路特徵方程式之特徵根的不同，RLC 電路的自然響應分為過阻尼、欠阻尼和臨界阻尼三種。當特徵根相等 ($s_1 = s_2$ 或 $\alpha = \omega_0$)，則電路為臨界阻尼響應；當特徵根為二不等實數 ($s_1 \neq s_2$ 或 $\alpha > \omega_0$)，則電路為過阻尼響應；當特徵根為二共軛複數 ($s_1 = s_2^*$ 或 $\alpha < \omega_0$)，則電路為欠阻尼響應。

5. 如果電路在開關切換之後存在獨立電源，則完全響應是暫態響應與穩態響應之和。

複習題

7.1 對圖 7.33 的電路，在 $t = 0^-$ 時 (開關剛閉合之前) 的電容器電壓為：
(a) 0 V (b) 4 V (c) 8 V (d) 12 V

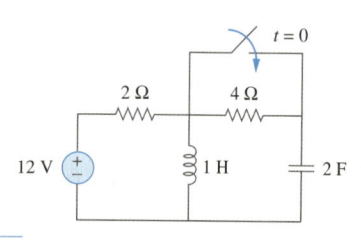

圖 7.33 複習題 7.1 和 7.2 的電路

7.2 對圖 7.33 的電路，電感器的起始電流 (在 $t = 0$ 時) 為：
(a) 0 A (b) 2 A (c) 6 A (d) 12 A

7.3 當步級信號輸入到二階電路，則下列何者可得電路變數的終值：
(a) 以閉迴路取代電容器，以開路取代電感器
(b) 以開路取代電容器，以閉迴路取代電感器
(c) 以上二者皆不可得

7.4 如果 RLC 特徵方程式的根為 -2 和 -3，則此電路的響應為
(a) $(A\cos 2t + B\sin 2t)e^{-3t}$
(b) $(A + 2Bt)e^{-3t}$
(c) $Ae^{-2t} + Bte^{-3t}$
(d) $Ae^{-2t} + Be^{-3t}$
其中 A 和 B 為常數。

7.5 在串聯的 RLC 電路中，令 $R = 0$，則響應為：

(a) 過阻尼響應
(b) 臨界阻尼響應
(c) 欠阻尼響應
(d) 無阻尼響應
(e) 以上皆非

7.6 一個並聯的 RLC 電路，$L = 2$ H 和 $C = 0.25$ F，則產生單位阻尼係數的 R 值為：
(a) $0.5\,\Omega$ (b) $1\,\Omega$ (c) $2\,\Omega$ (d) $4\,\Omega$

7.7 對於圖 7.34 的串聯 RLC 電路，將產生何種響應？
(a) 過阻尼響應
(b) 欠阻尼響應
(c) 臨界阻尼響應
(d) 以上皆非

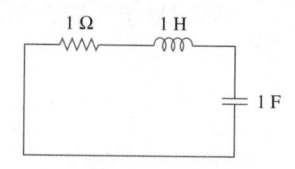

圖 7.34 複習題 7.7 的電路

7.8 在圖 7.35 的並聯 RLC 電路中，將產生何種響應？
(a) 過阻尼響應
(b) 欠阻尼響應
(c) 臨界阻尼響應
(d) 以上皆非

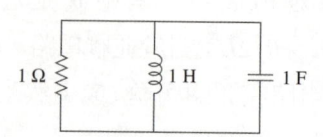

圖 7.35 複習題 7.8 的電路

7.9 圖 7.36 的各個電路，分別屬於下列何種類型：
(i) 一階電路
(ii) 二階串聯電路
(iii) 二階並聯電路
(iv) 以上皆非

7.10 在電路中，電阻器的對偶元件為：
(a) 電導　(b) 電感器　(c) 電容器　(d) 開路
(e) 短路

答：7.1 a，　7.2 c，　7.3 b，　7.4 d，　7.5 d，　7.6 c，
7.7 b，　7.8 b，　7.9 (i) c, (ii) b, e, (iii) a, (iv) d, f，
7.10 a

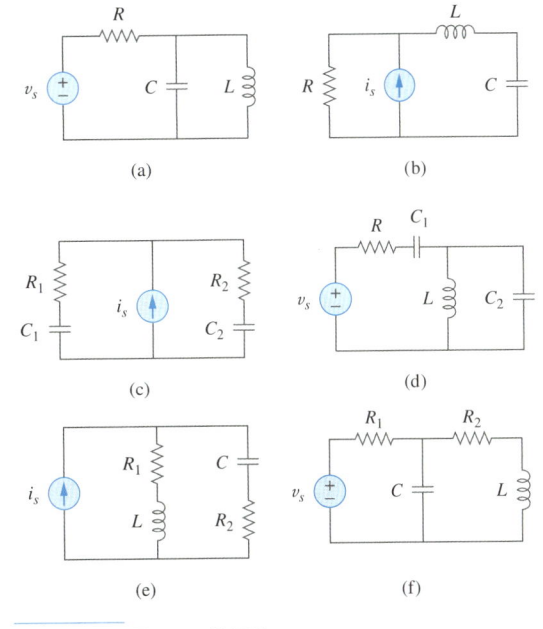

圖 7.36　複習題 7.9 的電路

習題

7.2 節　求初值與終值

7.1 對於圖 7.37 電路，試求：
(a) $i(0^+)$ 和 $v(0^+)$
(b) $di(0^+)/dt$ 和 $dv(0^+)/dt$
(c) $i(\infty)$ 和 $v(\infty)$

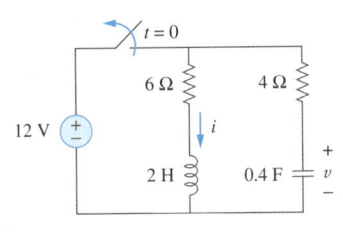

圖 7.37　習題 7.1 的電路

7.2 使用圖 7.38，試設計一個問題幫助其他學生更瞭解如何求初值與終值。

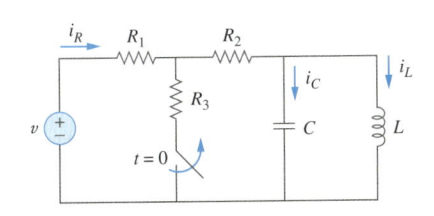

圖 7.38　習題 7.2 的電路

7.3 參考圖 7.39 所示的電路，試計算：
(a) $i_L(0^+)$、$v_C(0^+)$ 和 $v_R(0^+)$
(b) $di_L(0^+)/dt$、$dv_C(0^+)/dt$ 和 $dv_R(0^+)/dt$
(c) $i_L(\infty)$、$v_C(\infty)$ 和 $v_R(\infty)$

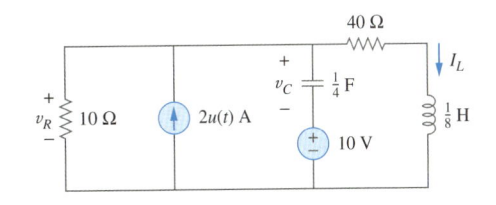

圖 7.39　習題 7.3 的電路

7.4 參考圖 7.40 所示的電路，試計算：
(a) $v(0^+)$ 和 $i(0^+)$
(b) $dv(0^+)/dt$ 和 $di(0^+)/dt$
(c) $v(\infty)$ 和 $i(\infty)$

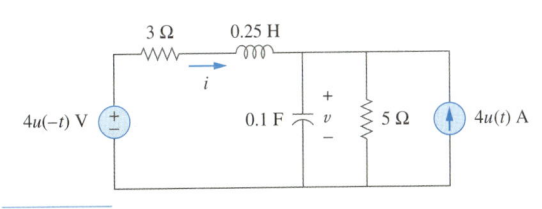

圖 7.40　習題 7.4 的電路

7.5 參考圖 7.41 的電路，試計算：
(a) $i(0^+)$ 和 $v(0^+)$
(b) $di(0^+)/dt$ 和 $dv(0^+)/dt$
(c) $i(\infty)$ 和 $v(\infty)$

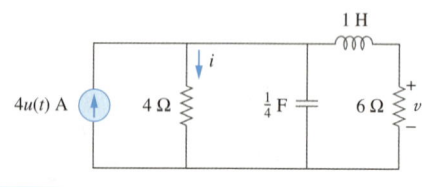

圖 7.41　習題 7.5 的電路

7.6 參考圖 7.42 的電路，試計算：
(a) $v_R(0^+)$ 和 $v_L(0^+)$
(b) $dv_R(0^+)/dt$ 和 $dv_L(0^+)/dt$
(c) $v_R(\infty)$ 和 $v_L(\infty)$

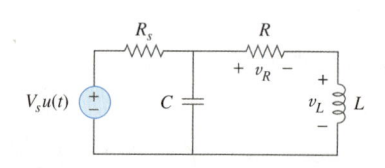

圖 7.42　習題 7.6 的電路

7.3 節　無源 RLC 串聯電路

7.7 一個串聯 RLC 電路，$R = 20\ \Omega$、$L = 0.2$ mH 和 $C = 5\ \mu F$，試問此電路為何種類型阻尼？

7.8 試設計一個問題幫助其他學生更瞭解無源 RLC 電路。

7.9 RLC 電路的電流微分方程式描述如下：

$$\frac{d^2 i}{dt^2} + 10\frac{di}{dt} + 25i = 0$$

如果 $i(0) = 10$ A 和 $di(0)/dt = 0$，試求 $t > 0$ 時的 $i(t)$。

7.10 RLC 網路的電壓微分方程式描述如下：

$$\frac{d^2 v}{dt^2} + 5\frac{dv}{dt} + 4v = 0$$

已知 $v(0) = 0$ 和 $dv(0)/dt = 10$ V/s，試求 $v(t)$。

7.11 RLC 電路的自然響應微分方程式描述如下：

$$\frac{d^2 v}{dt^2} + 2\frac{dv}{dt} + v = 0$$

其初始條件為 $v(0) = 10$ V 和 $dv(0)/dt = 0$，試求 $v(t)$。

7.12 如果 $R = 50\ \Omega$、$L = 1.5$ H，試求滿足下列條件之 RLC 串聯電路的 C 值：
(a) 過阻尼響應
(b) 臨界阻尼響應
(c) 欠阻尼響應

7.13 試求圖 7.43 電路滿足臨界阻尼響應的 R 值。

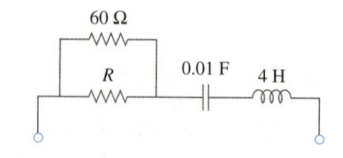

圖 7.43　習題 7.13 的電路

7.14 圖 7.44 中的開關，在 $t = 0$ 時從 A 點切換到 B 點 (注意：開關必須在與 A 點斷開之前連接到 B 點，也就是先連後斷開關)，令 $v(0) = 0$，試求 $t > 0$ 時的 $v(t)$。

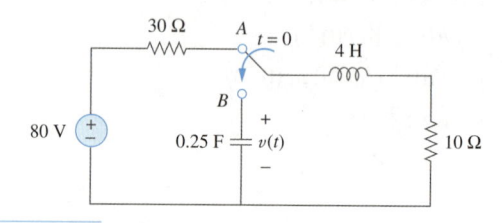

圖 7.44　習題 7.14 的電路

7.15 一個串聯 RLC 的電路響應如下：
$$v_C(t) = 30 - 10e^{-20t} + 30e^{-10t}\ V$$
$$i_L(t) = 40e^{-20t} - 60e^{-10t}\ mA$$

其中 v_C 和 i_L 依序為電容器電壓和電感器電流，試計算 R、L、C 之值。

7.16 試求圖 7.45 電路中，在 $t > 0$ 時的 $i(t)$。

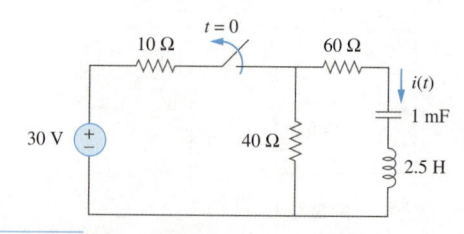

圖 7.45　習題 7.16 的電路

7.17 在圖 7.46 電路中，開關在 $t = 0$ 的瞬間從 A 點切換到 B 點。試求 $t \geq 0$ 的 $v(t)$。

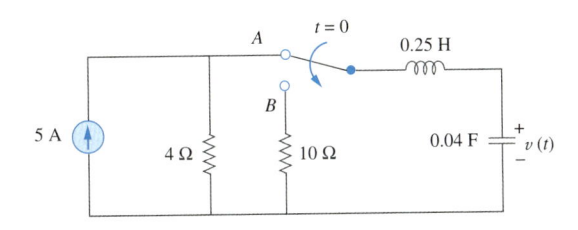

圖 7.46 習題 7.17 的電路

7.18 試求圖 7.47 電路在 $t > 0$ 時電容器二端的電壓變化函數，假設 $t = 0^-$ 時電路滿足穩態條件。

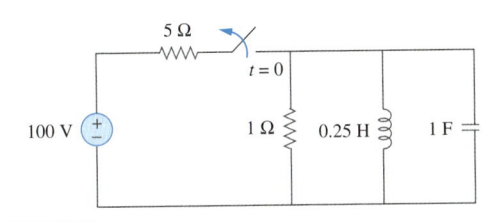

圖 7.47 習題 7.18 的電路

7.19 試求圖 7.48 電路中，在 $t > 0$ 時的 $v(t)$。

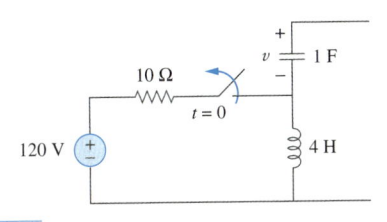

圖 7.48 習題 7.19 的電路

7.20 圖 7.49 電路的開關閉合很長一段時間，但在 $t = 0$ 時被斷開，試計算 $t > 0$ 時的 $i(t)$。

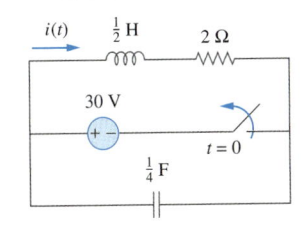

圖 7.49 習題 7.20 的電路

*7.21 試計算圖 7.50 電路中，在 $t > 0$ 時的 $v(t)$。

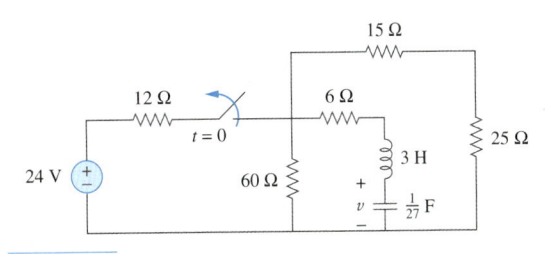

圖 7.50 習題 7.21 的電路

7.4 節　無源 RLC 並聯電路

7.22 假設 $R = 2\ k\Omega$，試設計一個滿足下列特徵方程式的並聯 RLC 電路。

7.23 對於圖 7.51 的網路，試求在欠阻尼響應下單位阻尼係數 $(\alpha = 1)$ 所需的 C 值。

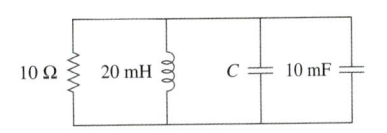

圖 7.51 習題 7.23 的電路

7.24 圖 7.52 中的開關，在 $t = 0$ 時從 A 點切換到 B 點 (注意：開關必須在與 A 點斷開之前連接到 B 點，也就是先連後斷開關)，試求 $t > 0$ 時的 $i(t)$。

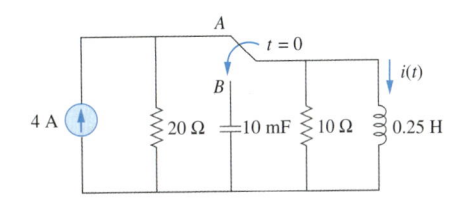

圖 7.52 習題 7.24 的電路

7.25 使用圖 7.53 的電路，試設計一個問題幫助其他學生更瞭解無源 RLC 電路。

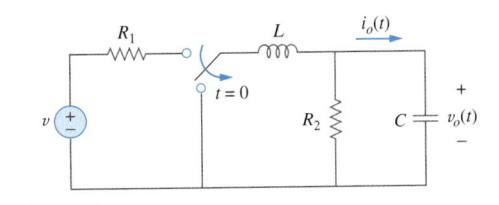

圖 7.53 習題 7.25 的電路

---

* 星號表示該習題具有挑戰性。

7.5 節　RLC 串聯電路的步級響應

7.26 已知串聯 RLC 電路步級響應的微分方程式如下：

$$\frac{d^2i}{dt^2} + 2\frac{di}{dt} + 5i = 10$$

已知 $i(0) = 2$ 和 $di(0)/dt = 4$，試求 $i(t)$。

7.27 RLC 電路的分支電壓的微分方程式描述如下：

$$\frac{d^2v}{dt^2} + 4\frac{dv}{dt} + 8v = 24$$

假設初始條件為 $v(0) = 0 = dv(0)/dt$，試求 $v(t)$。

7.28 某串聯 RLC 電路的微分方程式描述如下：

$$L\frac{d^2i}{dt^2} + R\frac{di}{dt} + \frac{i}{C} = 10$$

當 $L = 0.5$ H、$R = 4\,\Omega$ 和 $C = 0.2$ F 時，試求此電路的響應。令 $i(0) = 1$，$di(0)/dt = 0$。

7.29 試解滿足下列初始條件的微分方程式：

(a) $d^2v/dt^2 + 4v = 12$, $v(0) = 0$, $dv(0)/dt = 2$

(b) $d^2i/dt^2 + 5\,di/dt + 4i = 8$, $i(0) = -1$, $di(0)/dt = 0$

(c) $d^2v/dt^2 + 2\,dv/dt + v = 3$, $v(0) = 5$, $dv(0)/dt = 1$

(d) $d^2i/dt^2 + 2\,di/dt + 5i = 10$, $i(0) = 4$, $di(0)/dt = -2$

7.30 一個串聯 RLC 電路的步級響應如下：

$$v_C = 40 - 10e^{-2000t} - 10e^{-4000t} \text{ V}, \quad t > 0$$
$$i_L(t) = 3e^{-2000t} + 6e^{-4000t} \text{ mA}, \quad t > 0$$

(a) 試求 C。
(b) 試求此電路的阻尼類型。

7.31 試求圖 7.54 電路的 $v_L(0^+)$ 和 $v_C(0^+)$。

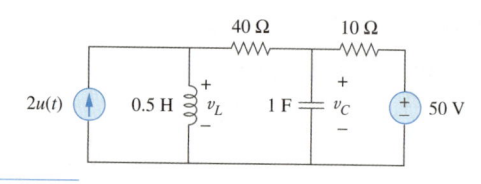

圖 7.54　習題 7.31 的電路

7.32 試求圖 7.55 電路中，在 $t > 0$ 時的 $v(t)$。

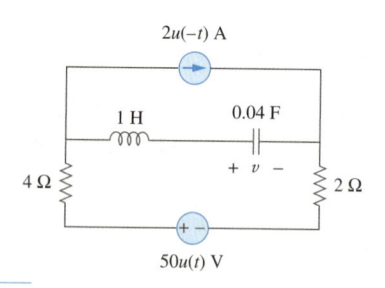

圖 7.55　習題 7.32 的電路

7.33 試求圖 7.56 電路中，在 $t > 0$ 時的 $v(t)$。

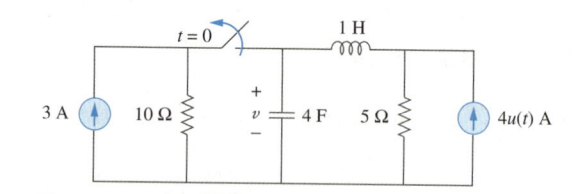

圖 7.56　習題 7.33 的電路

7.34 試計算圖 7.57 電路中，在 $t > 0$ 時的 $i(t)$。

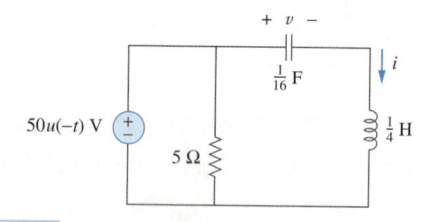

圖 7.57　習題 7.34 的電路

7.35 利用圖 7.58 的電路，試設計一個問題幫助其他學生更瞭解串聯 RLC 電路的步級響應。

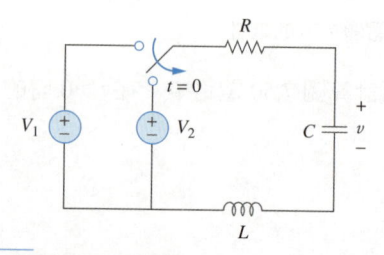

圖 7.58　習題 7.35 的電路

7.36 試求圖 7.59 電路中，在 $t>0$ 時的 $v(t)$ 和 $i(t)$。

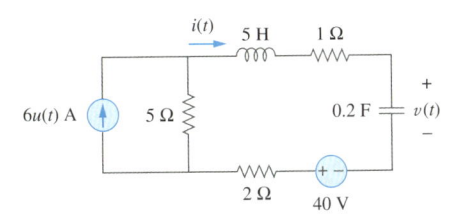

圖 7.59　習題 7.36 的電路

*7.37 試求圖 7.60 電路中，在 $t>0$ 時的 $i(t)$。

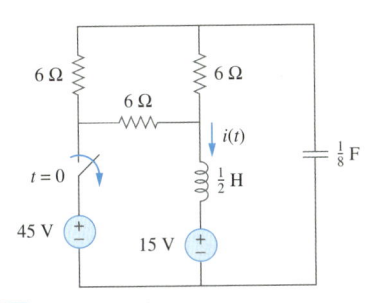

圖 7.60　習題 7.37 的電路

7.38 試求圖 7.61 電路中，在 $t>0$ 時的 $i(t)$。

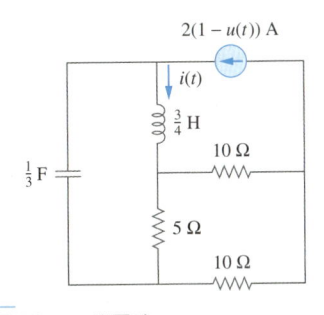

圖 7.61　習題 7.38 的電路

7.39 試求圖 7.62 電路中，在 $t>0$ 時的 $v(t)$。

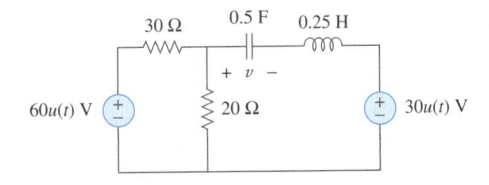

圖 7.62　習題 7.39 的電路

7.40 圖 7.63 電路中的開關在 $t=0$ 時從 a 切換到 b，試求在 $t>0$ 時的 $i(t)$。

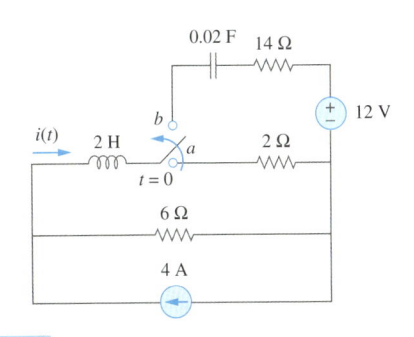

圖 7.63　習題 7.40 的電路

*7.41 試求圖 7.64 電路中，在 $t>0$ 時的 $i(t)$。

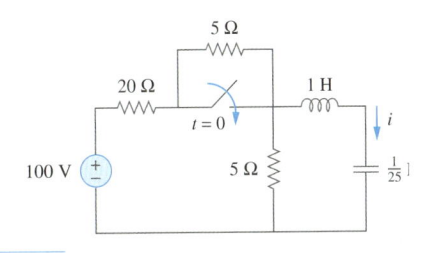

圖 7.64　習題 7.41 的電路

*7.42 試求圖 7.65 電路中，在 $t>0$ 時的 $v(t)$。

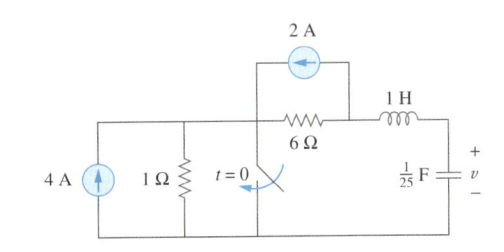

圖 7.65　習題 7.42 的電路

7.43 圖 7.66 電路達到穩態之後，開關在 $t=0$ 時被斷開，試求 $\alpha=8$ Np/s、$\omega_d=30$ rad/s 時的 R 和 C 值。

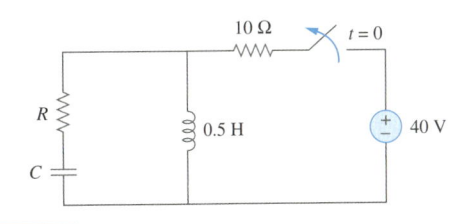

圖 7.66　習題 7.43 的電路

7.44 某串聯 RLC 電路的參數如下：$R=1$ kΩ、$L=1$ H 和 $C=10$ nF，試問此電路表現何種阻尼類型？

7.6 節　RLC 並聯電路的步級響應

7.45 在圖 7.67 所示電路中，試求在 $t>0$ 時的 $v(t)$ 和 $i(t)$。假設 $v(0)=0$ V 和 $i(0)=1$ A。

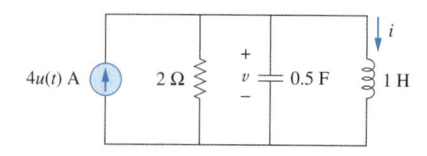

圖 7.67　習題 7.45 的電路

7.46 利用圖 7.68 電路，試設計一個問題幫助其他學生更瞭解並聯 RLC 電路的步級響應。

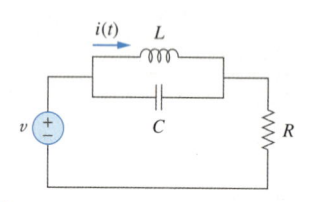

圖 7.68　習題 7.46 的電路

7.47 試求圖 7.69 電路的輸出電壓 $v_o(t)$。

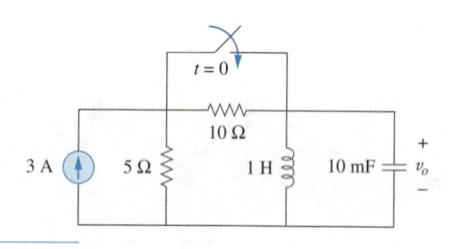

圖 7.69　習題 7.47 的電路

7.48 如圖 7.70 所示電路，試求在 $t>0$ 時的 $i(t)$ 和 $v(t)$。

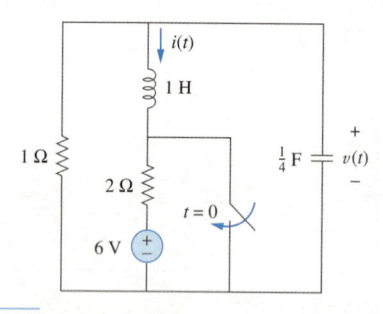

圖 7.70　習題 7.48 的電路

7.49 試求圖 7.71 電路在 $t>0$ 時的 $i(t)$。

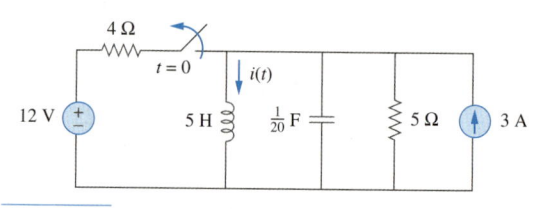

圖 7.71　習題 7.49 的電路

7.50 針對圖 7.72 的電路，試求在 $t>0$ 時的 $i(t)$。

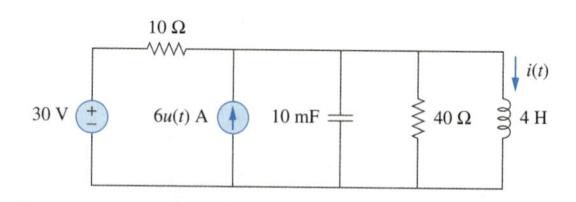

圖 7.72　習題 7.50 的電路

7.51 試求圖 7.73 電路在 $t>0$ 時的 $v(t)$。

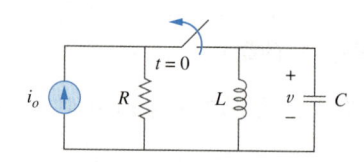

圖 7.73　習題 7.51 的電路

7.52 並聯 RLC 電路的步級響應為

$$v = 10 + 20e^{-300t}(\cos 400t - 2 \sin 400t) \text{ V}, \quad t \geq 0$$

當電感為 50 mH 時，試求 R 和 C 值。

7.7 節　一般二階電路

7.53 圖 7.74 電路中的開關斷開一天之後，在 $t=0$ 時閉合，試求 $t>0$ 的描述 $i(t)$ 的微分方程式。

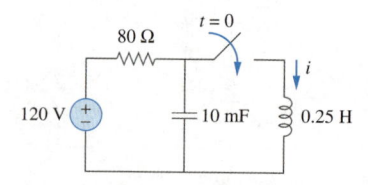

圖 7.74　習題 7.53 的電路

7.54 利用圖 7.75 的電路，試設計一個問題幫助其他學生更瞭解一般二階電路。

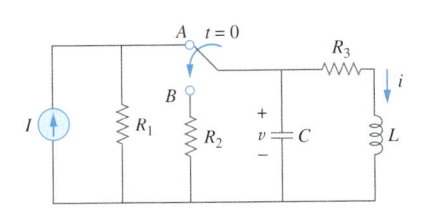

圖 7.75　習題 7.54 的電路

7.55 針對圖 7.76 的電路，假設 $v(0^+) = 4$ V、$i(0^+) = 2$ A，試求在 $t > 0$ 時的 $v(t)$。

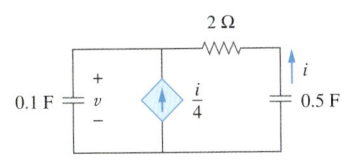

圖 7.76　習題 7.55 的電路

7.56 試求圖 7.77 電路中，在 $t > 0$ 時的 $i(t)$。

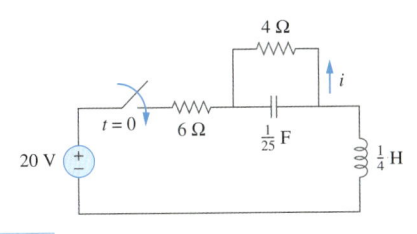

圖 7.77　習題 7.56 的電路

7.57 如果圖 7.78 電路的開關在 $t = 0$ 時之前長時間閉合，試計算：
(a) 電路的特徵方程式。
(b) 在 $t > 0$ 時的 i_x 和 v_R。

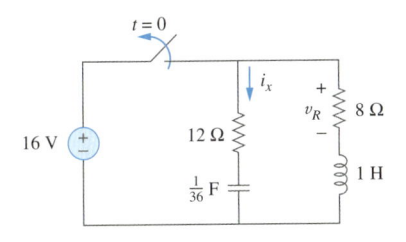

圖 7.78　習題 7.57 的電路

7.58 在圖 7.79 電路中，開關在位置 1 很長一段時間，然後在 $t = 0$ 時切換到位置 2。試求：

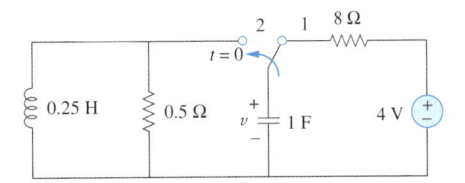

(a) $v(0^+)$、$dv(0^+)/dt$。
(b) 在 $t \geq 0$ 時的 $v(t)$。

圖 7.79　習題 7.58 的電路

7.59 在圖 7.80 的電路開關在 $t < 0$ 時位於點 1，然後在 $t = 0$ 時從點 1 切換到電容器的頂端。注意：此開關為先連後斷開關，它置於點 1 直到連接到電容器頂端後才斷開與點 1 的連接。試計算 $v(t)$。

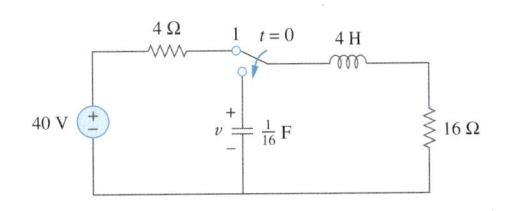

圖 7.80　習題 7.59 的電路

7.60 試求圖 7.81 電路在 $t > 0$ 時的 i_1 和 i_2。

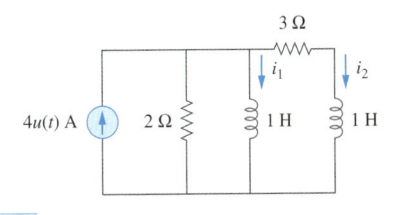

圖 7.81　習題 7.60 的電路

7.61 對於習題 7.5 的電路，試求在 $t > 0$ 時的 i 和 v。

7.62 試求在 $t > 0$ 時，圖 7.82 電路的響應 $v_R(t)$。令 $R = 3$ Ω、$L = 2$ H 和 $C = 1/18$ F。

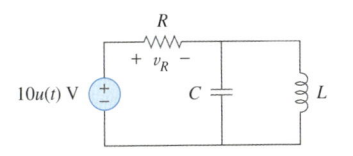

圖 7.82　習題 7.62 的電路

綜合題

7.63 某機械系統是由串聯 RLC 電路組成。若希望該電路產生 0.1 ms 和 0.5 ms 的過阻尼響應，且電阻 $R = 50$ kΩ，試求 L 和 C 值。

7.64 某波形圖可利用並聯 RLC 二階電路來完成。若希望在 200 Ω 電阻器二端產生欠阻尼電壓響應，且阻尼頻率為 4 kHz、電路的時間常數為 0.25 s，試求所需的 L 和 C 值。

7.65 圖 7.83 的電路是醫學院校研究人體功能痙攣現象的電子模擬電路，其模擬如下：

C_1 = 藥液量
C_2 = 指定區的血流量
R_1 = 藥物輸入人體血液的電阻
R_2 = 排泄機制的電阻，如腎臟的電阻
v_0 = 藥物劑量的初始濃度
$v(t)$ = 該藥物在血液中的百分比

已知 $C_1 = 0.5$ μF、$C_2 = 5$ μF、$R_1 = 5$ MΩ、$R_2 = 2.5$ MΩ 和 $v_0 = 60u(t)$ V，試求 $t > 0$ 時的 $v(t)$。

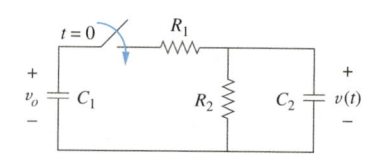

圖 7.83 綜合題 7.65 的電路

7.66 圖 7.84 顯示一個典型的隧道二極體振盪電路，該二極體由非線性電阻組成，其中 $i_D = f(v_D)$，及二極體的電流是二極體二端的非線性電壓函數。試推導出以 v 和 i_D 所表示的微分方程式。

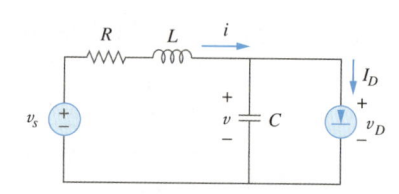

圖 7.84 綜合題 7.66 的電路

Chapter 8

弦波穩態分析

> 無知而不知者，是愚人──避開他；無知而知之者，是孩童──教育他；知之而不知者，是沉睡──叫醒他；知之而知之者，是智者──跟隨他。
> ── 波斯諺語

加強你的技能和職能

ABET EC 2000 標準 (3.d)，"多學科團隊運作的能力"

在"多學科團隊運作的能力"對於職業工程師而言是極為重要的。工程師很少獨立地從事某項工作。在團隊中工作，工程師通常是某團隊的組成份子。有一件事要提醒學生，你並不需要像團隊中的任何人一樣，你只需要在團隊中扮演成功的其中一員。

最常見的是，這些團隊中包含了許多具有不同學科專長的工程師個體，以及非工程學科專長的人士諸如行銷、金融等等。

學生可以輕鬆地透過其在每一選修課程的學習小組中工作，培養及增強在這方面的技能。顯然地，在非工程的課程學習團體中學習，與在本身專業以外的工程類課程學習小組中工作，同樣也會使學生獲得在多學科團隊中分工合作的寶貴經驗。

軟體工程職業

軟體工程是處理科學知識在電腦程式的設計、建構及驗證過程與其相關文件之開發、處理和維護方面之實際應用。它是電機工程的一個分支，隨著越來越多的學科需要使用到各類套裝軟體來執行日常工作的程序，以及可程式化微電子系統的應用也越來越廣泛，軟體工程也因此日益重要。

軟體工程師不能與電腦科學家的角色相互混淆；軟體工程師是一個實踐工作者，而不是一個理論家。軟體工程師必須具備良好電腦程式的撰寫能力，並熟悉程式語言，特別是逐漸受歡迎的 C^{++} 語言。因為軟體與硬體是密切相關的，軟體工程師必須要全面瞭解硬體設計的相關知識。最重要的是，軟體工程師還應該具備某些用軟體開發得以應用之專門領域的知識。

Photo by Charles Alexander

NASA 調速輪的 AutoCAD 模型之 3D 印刷輸出。

總而言之，軟體工程的領域對於喜歡撰寫程式與開發套裝軟體的人來說，是一個很棒的職業。優渥的報酬將提供給那些做好充分準備的人，同時大部分有趣且具有挑戰性的工作機會大多青睞那些受過研究所教育的人。

8.1　弦波與相量簡介

到目前為止，前面各章主要限定於直流電路的分析，其電路是由恆定的電源(非時變電源)所激勵。為了簡單起見，同時也是出自於教學和歷史發展的考量，限定於電路的強迫函數為直流電源。從歷史發展的角度來看，直到 1800 年代末，直流電源一直是提供電力的主要方式。在該世紀末，直流電源與交流電源的爭論開始，雙方都有支持的電力工程師，但由於交流電在長距離傳送中更具效能與經濟，最終得以勝出。因此，本書也依歷史發展的順序，先介紹直流電源的相關內容。

以下開始分析電源電壓或電源電流隨時間改變的電路。本章特別介紹弦波時變的激勵，即由**弦波信號** (sinusoid) 所激勵的電路分析。

> 弦波信號是指具有正弦或餘弦函數之形式的信號。

弦波電流通常稱為**交流電** (alternating current, ac)。此電流會以規律的時間間隔，改變正負值之相反極性。而電路由弦波電流源或電壓源所激勵的電路，即稱為**交流電路** (ac circuit)。

～歷史人物～

尼古拉・特斯拉 (Nikola Tesla, 1856-1943) 與**喬治・威斯汀豪斯** (George Westinghouse, 1846-1914) 協助建立了輸配電的重要模式交流電。

今日交流發電已明顯成為大範圍區域之電力有效率且經濟傳輸的重要電力形式。然而，在 19 世紀末期，交流電與直流電哪一種電力傳輸的形式較好一直是爭論的焦點，雙方也都有強力的支持者。倡導直流電這一方的是湯瑪斯・愛迪生，他因許多卓越的貢獻而贏得了極高的尊敬。交流發電真正開始建立是在特斯拉成功的貢獻之後。而交流發電真正的商業成功，則是來自於威斯汀豪斯及其領導的包含特斯拉在內的傑出團隊。此外，其他有影響力的人是斯科特 (C. F. Scott) 與拉曼 (B. G. Lamme)。

對於交流發電的早期成功做出重大貢獻的是，特斯拉於 1888 年獲得多相交流電動機的專利。此專利包含感應電動機和多相發電與配電系統的成功實現，使交流電註定成為主要的能源形式。

George Westinghouse.
Photo © Bettmann/Corbis

對於弦波感興趣有許多的原因。首先,許多自然現象本身是弦波的特性。例如,鐘擺的運動、琴弦的振動、海洋表面的漣波,以及欠阻尼二階系統的自然響應等等,而這些僅僅是少部分的實例。其次,弦波信號容易產生及傳輸,在世界各地供應給家庭、工廠、實驗室等的供電電壓均呈弦波交流的形式。同時,是通訊系統和電力工業系統中主要的信號傳輸形式。再者,透過傅立葉分析,任何週期的信號均可以表示為許多弦波信號的和。因此,在週期信號的分析中,弦波信號扮演著重要的角色。最後,弦波信號是容易在數學上處理的,因其微分與積分仍是弦波本身。基於以上理由,電路分析中弦波信號是極為重要的函數。

如同第 7 章所討論的步級函數,對於弦波強迫函數也會產生暫態與穩態響應。其中暫態響應會隨時間消失,最後留下穩態響應。當暫態響應與穩態響應相比較可忽略不計時,則稱電路工作在弦波穩態下。本章主要討論**弦波穩態響應** (sinusoidal steady-state response)。

首先介紹弦波與相量的基本知識,再介紹阻抗與導納的觀念,接著將直流電路中介紹過的克希荷夫和歐姆等基本電路定律引入交流電路。

8.2 弦波信號

考慮一弦波電壓:

$$v(t) = V_m \sin \omega t \tag{8.1}$$

其中,

V_m = 弦波電壓的**振幅** (amplitude)

ω = **角頻率** (angular frequency),單位為弳度/秒 (rad/s)

ωt = 弦波電壓的**幅角** (argument)

此弦波電壓 $v(t)$ 與其幅角 ωt 之間的函數關係如圖 8.1(a) 所示,$v(t)$ 與時間 t 之間的函數關係如圖 8.1(b) 所示。顯然此弦波電壓每隔 T 秒會重複一次,因此,T 稱為此弦波的**週期** (period)。由圖 8.1 所示的二個圖可知,$\omega T = 2\pi$,即

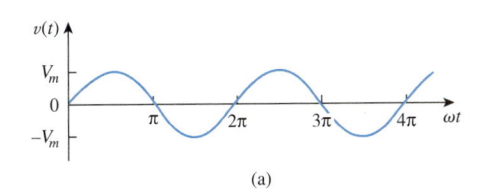

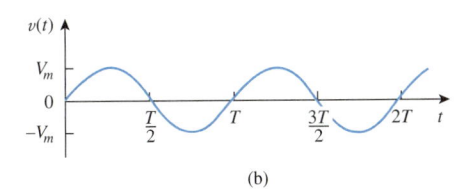

圖 8.1 $V_m \sin \omega t$ 與:(a) ωt,(b) t 的波形圖

> ～歷史人物～
>
> **海因里希・赫茲** (Heinrich Rudorf Hertz, 1857-1894)，德國實驗物理科學家，證明電磁波同樣遵循光波的基本定律。他的研究工作證實了詹姆士・克拉克・馬克士威 (James Clerk Maxwell) 於 1864 年提出的著名理論與電磁波存在的預言。
>
> 赫茲出生在德國漢堡一個富裕的家庭，他進入柏林大學求學，並跟隨著名物理科學家赫爾曼・范・赫爾姆霍茲 (Hermann von Helmholtz) 攻讀博士學位。之後在卡爾斯魯厄大學成為教授，並開始研究探索電磁波。赫茲成功地產生並偵測出電磁波，是首位證明光是電磁能量的科學家。1887 年，赫茲是首位註解分子結構中電子光電效應的人。雖然赫茲一生只活了 37 年，但他對電磁波的發現並為無線電、電視及其他通訊系統之實際的應用鋪設了道路。世人將頻率的單位——赫茲，用以紀念他的傑出貢獻。
>
> The Burndy Library Collection at The Huntington Library, San Marino, California.

$$T = \frac{2\pi}{\omega} \tag{8.2}$$

將 (8.1) 式中的 t 用 $t + T$ 取代，即可證明 $v(t)$ 每隔 T 秒重複一次，即

$$\begin{aligned} v(t + T) &= V_m \sin\omega(t + T) = V_m \sin\omega\left(t + \frac{2\pi}{\omega}\right) \\ &= V_m \sin(\omega t + 2\pi) = V_m \sin\omega t = v(t) \end{aligned} \tag{8.3}$$

因此，

$$v(t + T) = v(t) \tag{8.4}$$

也就是說，v 在 $t + T$ 和 t 是相同值，因此稱 $v(t)$ 是**週期性的** (periodic)。一般而言，

一個週期函數對所有時間 t 和所有整數 n 是滿足 $f(t) = f(t + nT)$ 的函數。

如上所述，週期函數的週期 T 是指一個完整循環的時間或者是每個循環的秒數；週期的倒數是指每秒的循環個數，稱為弦波訊號的**循環頻率** (cyclic frequency) f。因此，

$$f = \frac{1}{T} \tag{8.5}$$

明顯由 (8.2) 式與 (8.5) 式可得到

$$\omega = 2\pi f \tag{8.6}$$

其中，ω 的單位為強度每秒 (rad/s)，f 的單位為赫茲 (Hz)。

> 頻率 f 的單位是紀念德國物理學家赫茲，依其名字所命名的。

考慮弦波電壓的一般式：

$$v(t) = V_m \sin(\omega t + \phi) \tag{8.7}$$

其中，$(\omega t + \phi)$ 為幅角，ϕ 為**相位** (phase)，幅角與相位的單位均為強度或角度。

檢驗如圖 8.2 所示的二個弦波電壓信號 $v_1(t)$ 和 $v_2(t)$：

$$v_1(t) = V_m \sin \omega t \quad \text{和} \quad v_2(t) = V_m \sin(\omega t + \phi) \tag{8.8}$$

在圖 8.2 中 v_2 的起點在時間上先發生，因此，稱 v_2 **超前** (lead) v_1 相位 ϕ 或者稱 v_1 **滯後** (lag) v_2 相位 ϕ。假如 $\phi \neq 0$，則稱 v_1 與 v_2 **不同相** (out of phase)。假如 $\phi = 0$，則稱 v_1 與 v_2 **同相** (in phase)，即二者到達最小值和最大值的時間是相同的。以上 v_1 與 v_2 比較的條件是二者工作在相同的頻率，但不需要具有相同的振幅。

弦波信號可用正弦函數 (sin)，也可以用餘弦函數 (cos) 來表示。當二個弦波信號比較時，將二者表示為幅度為正的正弦或餘弦比較方便。而表示弦波信號會用到以下三角恆等式：

$$\begin{aligned} \sin(A \pm B) &= \sin A \cos B \pm \cos A \sin B \\ \cos(A \pm B) &= \cos A \cos B \mp \sin A \sin B \end{aligned} \tag{8.9}$$

利用這些恆等式，可以容易地證明出：

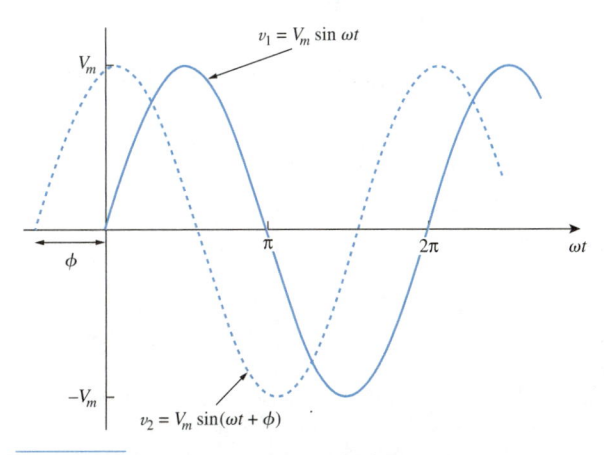

圖 8.2 具有不同相位的二個弦波電壓信號

$$\begin{aligned}\sin(\omega t \pm 180°) &= -\sin\omega t \\ \cos(\omega t \pm 180°) &= -\cos\omega t \\ \sin(\omega t \pm 90°) &= \pm\cos\omega t \\ \cos(\omega t \pm 90°) &= \mp\sin\omega t\end{aligned} \quad (8.10)$$

利用這些關係式，即可將正弦函數轉換為餘弦函數，或者反之亦然。

圖形解法對弦波信號進行關係比較，可替代使用 (8.9) 式與 (8.10) 式給出的三角恆等式。考慮如圖 8.3(a) 所示的坐標系中，水平軸表示餘弦分量的大小，而垂直軸 (箭頭向下) 代表正弦分量的大小。角度即從水平軸開始逆時針為正，如同極坐標系規定。這種圖形技巧可用二個弦波信號間之關係。例如，由圖 8.3(a) 可見，$\cos\omega t$ 的幅角減去 90° 就得到 $\sin\omega t$，即 $\cos(\omega t - 90°) = \sin\omega t$。同理，$\sin\omega t$ 的幅角加上 180°，就得到 $-\sin\omega t$，即 $\sin(\omega t + 180°) = -\sin\omega t$，如圖 8.3(b) 所示。

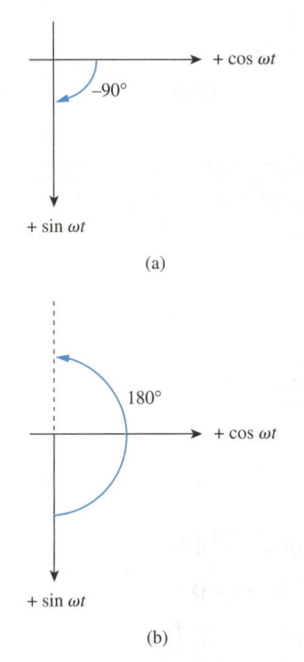

圖 8.3 正弦與餘弦圖形關係：
(a) $\cos(\omega t - 90°) = \sin\omega t$，
(b) $\sin(\omega t + 180°) = -\sin\omega t$

圖形技巧可以相加二個相同頻率的弦波信號，當一個具有正弦及另一個具有餘弦形式的信號。信號 $A\cos\omega t$ 與 $B\sin\omega t$ 相加，其中 A 為 $\cos\omega t$ 的大小，B 為 $\sin\omega t$ 的大小，如圖 8.4(a) 所示。要實現信號 $A\cos\omega t$ 與 $B\sin\omega t$ 的相加運算，其中 A 為 $\cos\omega t$ 的幅度，B 為 $\sin\omega t$ 的幅度，則相加後，弦波信號的大小和相位，用餘弦形式表示，可以很快地由三角函數關係獲得，因此

$$A\cos\omega t + B\sin\omega t = C\cos(\omega t - \theta) \quad (8.11)$$

其中，

$$C = \sqrt{A^2 + B^2}, \quad \theta = \tan^{-1}\frac{B}{A} \quad (8.12)$$

例如，$3\cos\omega t$ 與 $-4\sin\omega t$ 相加之圖形表示，如圖 8.4(b) 所示，並可得到

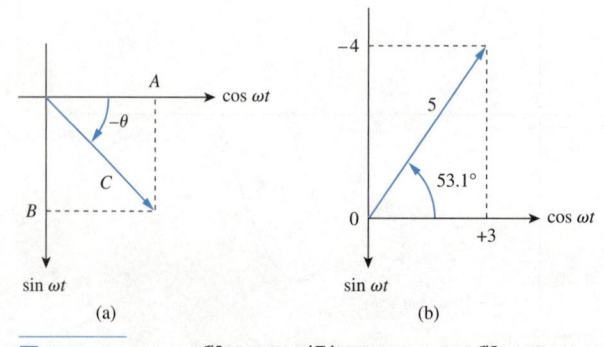

圖 8.4 (a) $A\cos\omega t$ 與 $B\sin\omega t$ 相加，(b) $3\cos\omega t$ 與 $-4\sin\omega t$ 相加

$$3\cos\omega t - 4\sin\omega t = 5\cos(\omega t + 53.1°) \tag{8.13}$$

比較 (8.9) 式、(8.10) 式的三角恆等式,上述圖形解法無須記憶。但是,不要將正弦軸和餘弦軸與在下一節要討論的複數坐標軸系混淆了。對於圖 8.3 與圖 8.4 仍要注意的是,雖然垂直軸的正方向通常是朝上的,但圖形法中正弦函數的正方向卻是向下的。

範例 8.1 試求弦波電壓信號 $v(t) = 12\cos(50t + 10°)$ 的大小、相位、週期及頻率。

解: 大小 $V_m = 12$ V,

相位 $\phi = 10°$,

角頻率 $\omega = 50$ rad/s,

週期 $T = \dfrac{2\pi}{\omega} = \dfrac{2\pi}{50} = 0.1257$ s,

頻率 $f = \dfrac{1}{T} = 7.958$ Hz。

練習題 8.1 試求弦波信號 $30\sin(4\pi t - 75°)$ 的大小、相位、角頻率、週期和頻率。

答: $30, -75°, 12.57$ rad/s, 0.5 s, 2 Hz.

範例 8.2 試求 $v_1 = -10\cos(\omega t + 50°)$ 與 $v_2 = 12\sin(\omega t - 10°)$ 之間的相位角,並描述哪一個信號超前。

解: 採用三個方法來計算,前二種方法採用三角恆等式,而第三種方法為圖解法。

◆ **方法一:** 為比較 v_1 與 v_2,須將二者用相同的形式來表達。如果用大小為正的餘弦表示,則

$$\begin{aligned} v_1 &= -10\cos(\omega t + 50°) = 10\cos(\omega t + 50° - 180°) \\ v_1 &= 10\cos(\omega t - 130°) \quad \text{或} \quad v_1 = 10\cos(\omega t + 230°) \end{aligned} \tag{8.2.1}$$

且

$$\begin{aligned} v_2 &= 12\sin(\omega t - 10°) = 12\cos(\omega t - 10° - 90°) \\ v_2 &= 12\cos(\omega t - 100°) \end{aligned} \tag{8.2.2}$$

由 (8.2.1) 式與 (8.2.2) 式可推出,v_1 與 v_2 之間的相位差為 $30°$,可將 v_2 寫為

$$v_2 = 12\cos(\omega t - 130° + 30°) \quad \text{或} \quad v_2 = 12\cos(\omega t + 260°) \tag{8.2.3}$$

比較 (8.2.1) 式與 (8.2.3) 式可明顯得知，v_2 比 v_1 超前 30°。

◆**方法二**：另一解法，將 v_1 表示為正弦函數：

$$v_1 = -10\cos(\omega t + 50°) = 10\sin(\omega t + 50° - 90°)$$
$$= 10\sin(\omega t - 40°) = 10\sin(\omega t - 10° - 30°)$$

而 $v_2 = 12\sin(\omega t - 10°)$。比較可得知 v_1 滯後 v_2 30°，也可說 v_2 超前 v_1 30°。

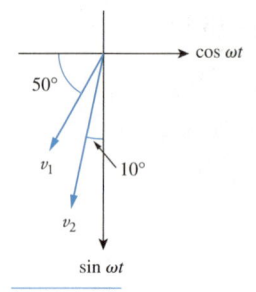

圖 8.5 範例 8.2

◆**方法三**：可簡單地 v_1 視為 $-10\cos\omega t$ 及有 $+50°$ 的相移，如圖 8.5 所示。同理，v_2 可看成 $12\sin\omega t$ 及有 $-10°$ 的相移，如圖 8.5 所示。由圖 8.5 可明顯看出，v_2 超前 v_1 的相位 90° − 50° − 10° 即為 30°。

> **練習題 8.2** 試求 $i_1 = -4\sin(377t + 55°)$ 及 $i_2 = 5\cos(377t - 65°)$ 二者之間的相位角，且 i_1 超前還是滯後 i_2？
>
> 答：210°，i_1 超前 i_2。

8.3 相量

正弦可以容易地用相量 (phasors) 來表示，相量要比正弦和餘弦函數的處理來得方便。

相量是一個表示弦波大小和相位的複數。

查理士‧普洛特斯‧斯坦梅茨是一位德裔奧地利數學家和電機工程師。

附錄 B 複數的數學知識。

相量提供了一種分析由弦波電源所激勵之線性電路的簡易方法，否則難以處理這類電路的解。使用相量求解交流電路的觀念，首先是由查理士‧斯坦梅茨在 1893 年所提出。在完整定義相量及應用在電路分析前，需完全熟悉複數的知識。

複數 z 直角坐標形式為

$$z = x + jy \tag{8.14a}$$

其中 $j = \sqrt{-1}$，x 是 z 的實部，y 是 z 的虛部。這裡的變數 x 與 y 不是表示在二維向量分析中的位置，而是複數 z 在複數平面上的實部和虛部。然而，在複數的運算與二維向量的運算間仍有些許的類似。

複數 z 亦可以用極坐標或指數形式表示：

$$z = r\underline{/\phi} = re^{j\phi} \tag{8.14b}$$

> ~歷史人物~
>
> **查理士‧普洛特斯‧斯坦梅茨** (Charles Proteus Steinmetz, 1865-1923) 是一位德裔奧地利數學家和工程師，在交流電路分析中引入相量方法 (本章介紹)，並以磁滯理論的卓越研究聞名。
>
> 斯坦梅茨出生於德國的布雷斯勞，1 歲就失去了母親。他年輕時因政治迫害而離開德國，當時他在布雷斯勞大學即將完成數學博士論文。移居瑞士，之後到了美國，1893 年受雇於奇異公司。同年，發表一篇首次將複數運用於交流電路分析的論文。在他的眾多著作中，《交流現象理論與計算》便由麥格羅‧希爾 (McGraw-Hill) 在 1897 年出版，並於 1901 年成為美國電機工程協會 (即後來的 IEEE) 的主席。
>
> © Bettmann/Corbis

其中，r 是 z 的大小，ϕ 為 z 的相位。複數 z 的三種表示形式：

$$z = x + jy \quad \text{直角坐標形式}$$
$$z = r\underline{/\phi} \quad \text{極坐標形式} \quad (8.15)$$
$$z = re^{j\phi} \quad \text{指數形式}$$

直角坐標與極坐標形式間之關係，如圖 8.6 所示，其中 x 軸表示複數 z 的實部，y 軸表示複數 z 的虛部。給定 x 與 y，即可得到 r 與 ϕ：

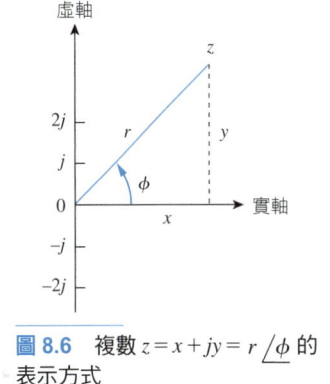

$$r = \sqrt{x^2 + y^2}, \quad \phi = \tan^{-1}\frac{y}{x} \quad (8.16\text{a})$$

圖 8.6 複數 $z = x + jy = r\underline{/\phi}$ 的表示方式

再者，若 r 與 ϕ 已知，也可以求得 x 與 y：

$$x = r\cos\phi, \quad y = r\sin\phi \quad (8.16\text{b})$$

因此，複數 z 可寫成

$$\boxed{z = x + jy = r\underline{/\phi} = r(\cos\phi + j\sin\phi)} \quad (8.17)$$

複數的加減運算利用直角坐標形式是方便的，乘除運算則利用極坐標會較好。已知複數

$$z = x + jy = r\underline{/\phi}, \quad z_1 = x_1 + jy_1 = r_1\underline{/\phi_1}$$
$$z_2 = x_2 + jy_2 = r_2\underline{/\phi_2}$$

則有如下運算公式：

加法：
$$z_1 + z_2 = (x_1 + x_2) + j(y_1 + y_2) \tag{8.18a}$$

減法：
$$z_1 - z_2 = (x_1 - x_2) + j(y_1 - y_2) \tag{8.18b}$$

乘法：
$$z_1 z_2 = r_1 r_2 \underline{/\phi_1 + \phi_2} \tag{8.18c}$$

除法：
$$\frac{z_1}{z_2} = \frac{r_1}{r_2} \underline{/\phi_1 - \phi_2} \tag{8.18d}$$

倒數：
$$\frac{1}{z} = \frac{1}{r} \underline{/-\phi} \tag{8.18e}$$

平方根：
$$\sqrt{z} = \sqrt{r} \underline{/\phi/2} \tag{8.18f}$$

共軛複數：
$$z^* = x - jy = r\underline{/-\phi} = re^{-j\phi} \tag{8.18g}$$

由 (8.18e) 式可得
$$\frac{1}{j} = -j \tag{8.18h}$$

這些均為必須瞭解的複數基本性質。其他的複數性質可參考附錄 B。

依據尤拉恆等式，通常相量可表示為

$$\boxed{e^{\pm j\phi} = \cos\phi \pm j\sin\phi} \tag{8.19}$$

上式表示，可以將 $\cos\phi$ 與 $\sin\phi$ 分別看成 $e^{j\phi}$ 的實部與虛部，即可寫成

$$\cos\phi = \mathrm{Re}(e^{j\phi}) \tag{8.20a}$$

$$\sin\phi = \mathrm{Im}(e^{j\phi}) \tag{8.20b}$$

其中，Re 與 Im 分別表示**實部運算** (real part of) 與**虛部運算** (imaginary part of)。已知一正弦信號 $v(t) = V_m \cos(\omega t + \phi)$，利用 (8.20a) 式可將 $v(t)$ 表示成

$$v(t) = V_m \cos(\omega t + \phi) = \text{Re}(V_m e^{j(\omega t + \phi)}) \tag{8.21}$$

或者

$$v(t) = \text{Re}(V_m e^{j\phi} e^{j\omega t}) \tag{8.22}$$

因此，

$$\boxed{v(t) = \text{Re}(\mathbf{V} e^{j\omega t})} \tag{8.23}$$

其中

$$\mathbf{V} = V_m e^{j\phi} = V_m \underline{/\phi} \tag{8.24}$$

如前所述，$\mathbf{V}$ 為弦波信號 $v(t)$ 的**相量表示** (phasor representation)；亦即，相量就是弦波的大小與相位之複數表示形式。不論 (8.20a) 式或 (8.20b) 式均可用做相量之推導，但通常標準形式是採用 (8.20a) 式。

> 相量可視為忽略時間下的正弦信號等效數學表示式。

瞭解 (8.23) 式與 (8.24) 式的方法之一，是在複數平面上畫出**弦波相量** (sinor) $\mathbf{V}e^{j\omega t} = V_m e^{j(\omega t + \phi)}$。如圖 8.7(a) 所示，隨著時間的增加，弦波相量在半徑為 V_m 的圓周上以角速度 ω，沿著逆時針方向運動。如圖 8.7(b) 所示，$v(t)$ 可以看作是弦波相量 $\mathbf{V}e^{j\omega t}$ 在實軸上的投影。時間 $t = 0$ 時，弦波相量的值是弦波信號 $v(t)$ 的相量 $\mathbf{V}$。弦波相量可視為旋轉相量。所以，每當將弦波信號表示為相量，$e^{j\omega t}$ 項便隱含。因此，在處理相量時，切記相量頻率 ω 是很重要的；否則，會造成嚴重的錯誤。

> 若用正弦取代餘弦表示相量，則 $v(t) = V_m \sin(\omega t + \phi) = \text{Im}(V_m e^{j(\omega t + \phi)})$，及對應的相量與 (8.24) 式具有相同的形式。

(8.23) 式描述要獲得已知相量 $\mathbf{V}$ 對應的弦波信號，該相量乘上時間因子 $e^{j\omega t}$，取實部即可。一個複數，相量可表示為直角坐標形式、極坐標形式及指數形式。相量有大小及相位（"方向"），因此與向量類似，且用粗體字母表示。例如，相量 $\mathbf{V} = V_m \underline{/\phi}$ 與 $\mathbf{I} = I_m \underline{/-\theta}$ 之圖形表示

> 通常採用小寫斜體字母如 z 來表示複數，而用粗體字母如 $\mathbf{V}$ 來表示相量，因為相量是類似於向量的量。

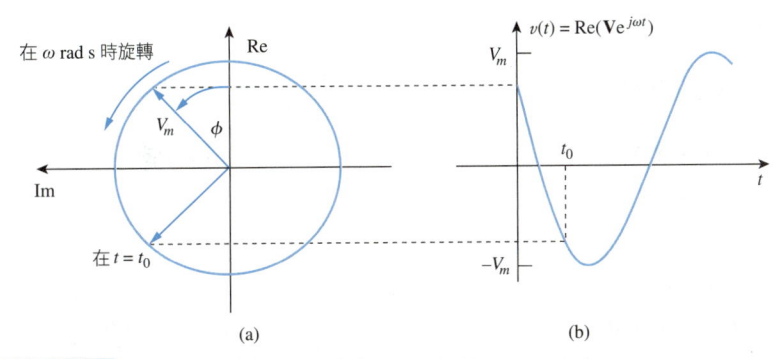

圖 8.7 $\mathbf{V}e^{j\omega t}$ 的表示：(a) 弦波相量沿著逆時針旋轉，(b) 其投影到實軸為一時間的函數

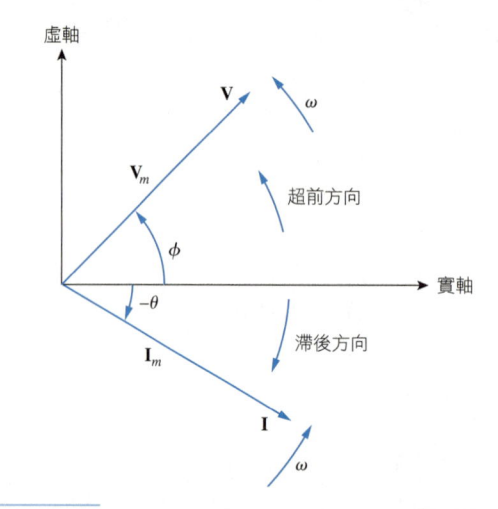

圖 8.8 相量 $\mathbf{V} = V_m \underline{/\phi}$ 與 $\mathbf{I} = I_m \underline{/-\theta}$ 之圖形表示

如圖 8.8 所示。如此的相量圖形表示法稱為**相量圖** (phasor diagram)。

由 (8.21) 式至 (8.23) 式顯示求一弦波信號對應的相量時，首先要將弦波信號表示為餘弦形式，為了將弦波信號寫成複數的實部，如此即可去掉時間因子 $e^{j\omega t}$，剩下即對應於弦波相量。時間因子去掉，可將弦波信號由時域轉換到相量域，此轉換可以結論為

$$v(t) = V_m \cos(\omega t + \phi) \quad \Leftrightarrow \quad \mathbf{V} = V_m \underline{/\phi} \quad (8.25)$$
$$\text{(時域表示)} \qquad\qquad \text{(相量域表示)}$$

已知一弦波信號 $v(t) = V_m \cos(\omega t + \phi)$，可得對應之相量為 $\mathbf{V} = V_m \underline{/\phi}$，(8.25) 式亦可如表 8.1 所示，其中給出餘弦函數對應的相量，也給了弦波函數對應的相量。由 (8.25) 式可見，取得一弦波的相量表示，需將其表示為餘弦形式並取其大小及相位即可。反之，若已知一相量，獲得時域餘弦函數的表示，該餘弦函數的大小與相量的大小相同，角度等於 ωt 加上相量的相位角。訊息以不同域的表示，在整個工程領域中是重要的基礎。

表 8.1 弦波-相量轉換

時域表示	相量域表示
$V_m \cos(\omega t + \phi)$	$V_m \underline{/\phi}$
$V_m \sin(\omega t + \phi)$	$V_m \underline{/\phi - 90°}$
$I_m \cos(\omega t + \theta)$	$I_m \underline{/\theta}$
$I_m \sin(\omega t + \theta)$	$I_m \underline{/\theta - 90°}$

注意：(8.25) 式中去掉頻率 (或時間) 因子 $e^{j\omega t}$，在相量域表示中未明確標示頻率，因為 ω 是常數。但電路響應仍取決於頻率 ω，因此，相量域亦稱為**頻域** (frequency domain)。

由 (8.23) 式及 (8.24) 式，$v(t) = \text{Re}(\mathbf{V}e^{j\omega t}) = V_m \cos(\omega t + \phi)$，因此

$$\begin{aligned}\frac{dv}{dt} &= -\omega V_m \sin(\omega t + \phi) = \omega V_m \cos(\omega t + \phi + 90°) \\ &= \text{Re}(\omega V_m e^{j\omega t} e^{j\phi} e^{j90°}) = \text{Re}(j\omega \mathbf{V} e^{j\omega t})\end{aligned} \quad (8.26)$$

這說明 $v(t)$ 的導數被轉換為相量域中的 $j\omega \mathbf{V}$，即

> 弦波信號的微分等效於其對應的相量乘上 $j\omega$。

$$\frac{dv}{dt} \quad \Leftrightarrow \quad j\omega \mathbf{V} \quad (8.27)$$
(時域)　　　　　　　**(相量域)**

同理，$v(t)$ 的積分被轉換為相量域中的 $\mathbf{V}/j\omega$，即

> 弦波信號的積分是等效於其對應的相量除以 $j\omega$。

$$\int v \, dt \quad \Leftrightarrow \quad \frac{\mathbf{V}}{j\omega} \quad (8.28)$$
(時域)　　　　　　　**(相量域)**

(8.27) 式允許信號在時域中的微分可置換為其對應於相量域中乘以 $j\omega$；而 (8.28) 式說明信號在時域中的積分可置換為其對應於相量域中除以 $j\omega$。(8.27) 式與 (8.28) 式對於求解電路穩態解是很有用的，且不需要知道電路中變量的初值，這也是相量重要的應用。

除了時域的微分與積分的應用外，相量另一個重要應用是相同頻率下弦波信號的相加，範例 8.6 是一個很好的實例來說明這種應用。

> 相同頻率下弦波信號的相加等效於所對應相量之和。

$v(t)$ 與 $\mathbf{V}$ 之間的區別可強調如下：

1. $v(t)$ 是瞬時或者是時域的表示，而 $\mathbf{V}$ 是頻率或是相量域的表示。
2. $v(t)$ 是時間相關的，而 $\mathbf{V}$ 與時間無關 (學生經常忘記此點不同)。
3. $v(t)$ 是實數而沒有複數項，然而 $\mathbf{V}$ 通常是複數。

最後，必須記住相量分析只能適用在頻率為固定的情況下；只有在相同的頻率下，才能進行二個或多個弦波信號的相量運算。

範例 8.3 試求下列複數值：

(a) $(40\underline{/50°} + 20\underline{/-30°})^{1/2}$ 　　(b) $\dfrac{10\underline{/-30°} + (3-j4)}{(2+j4)(3-j5)^*}$

解：(a) 利用極坐標轉直角坐標可得

$$40\underline{/50°} = 40(\cos 50° + j\sin 50°) = 25.71 + j30.64$$

$$20\underline{/-30°} = 20[\cos(-30°) + j\sin(-30°)] = 17.32 - j10$$

相加二者可得

$$40\underline{/50°} + 20\underline{/-30°} = 43.03 + j20.64 = 47.72\underline{/25.63°}$$

取其平方根後可得

$$(40\underline{/50°} + 20\underline{/-30°})^{1/2} = 6.91\underline{/12.81°}$$

(b) 利用極坐標與直角坐標之轉換，經過加、乘及除的運算，可得

$$\dfrac{10\underline{/-30°} + (3-j4)}{(2+j4)(3-j5)^*} = \dfrac{8.66 - j5 + (3-j4)}{(2+j4)(3+j5)}$$

$$= \dfrac{11.66 - j9}{-14 + j22} = \dfrac{14.73\underline{/-37.66°}}{26.08\underline{/122.47°}}$$

$$= 0.565\underline{/-160.13°}$$

練習題 8.3 試求下列複數值：

(a) $[(5+j2)(-1+j4) - 5\underline{/60°}]^*$

(b) $\dfrac{10 + j5 + 3\underline{/40°}}{-3 + j4} + 10\underline{/30°} + j5$

答：(a) $-15.5 - j13.67$，(b) $8.293 + j7.2$。

範例 8.4 轉換下列弦波信號為相量：

(a) $i = 6\cos(50t - 40°)$ A　　(b) $v = -4\sin(30t + 50°)$ V

解：(a) $i = 6\cos(50t - 40°)$ 的相量為

$$\mathbf{I} = 6\underline{/-40°} \text{ A}$$

(b) 因 $-\sin A = \cos(A + 90°)$，則
$$v = -4\sin(30t + 50°) = 4\cos(30t + 50° + 90°)$$
$$= 4\cos(30t + 140°) \text{ V}$$

所以 v 的相量為
$$\mathbf{V} = 4\underline{/140°} \text{ V}$$

> **練習題 8.4** 試以相量來表示下列的弦波信號：
> (a) $v = 7\cos(2t + 40°)$ V
> (b) $i = -4\sin(10t + 10°)$ A
>
> 答：(a) $\mathbf{V} = 7\underline{/40°}$ V, (b) $\mathbf{I} = 4\underline{/100°}$ A.

範例 8.5 試求下列相量所表示的弦波信號：

(a) $\mathbf{I} = -3 + j4$ A　　(b) $\mathbf{V} = j8e^{-j20°}$ V

解：(a) $\mathbf{I} = -3 + j4 = 5\underline{/126.87°}$，轉換至時域為
$$i(t) = 5\cos(\omega t + 126.87°) \text{ A}$$

(b) 因 $j = 1\underline{/90°}$，所以
$$\mathbf{V} = j8\underline{/-20°} = (1\underline{/90°})(8\underline{/-20°})$$
$$= 8\underline{/90° - 20°} = 8\underline{/70°} \text{ V}$$

轉換至時域，可得
$$v(t) = 8\cos(\omega t + 70°) \text{ V}$$

> **練習題 8.5** 試求對應於下列相量的弦波信號：
> (a) $\mathbf{V} = -25\underline{/40°}$ V
> (b) $\mathbf{I} = j(12 - j5)$ A
>
> 答：(a) $v(t) = 25\cos(\omega t - 140°)$ V，或者 $25\cos(\omega t + 220°)$ V，
> (b) $i(t) = 13\cos(\omega t + 67.38°)$ A。

範例 8.6 已知 $i_1(t) = 4\cos(\omega t + 30°)$ A 和 $i_2(t) = 5\sin(\omega t - 20°)$ A，試求二信號之和。

解：本題說明相量一個重要的應用：用於相同頻率弦波信號之相加。電流 $i_1(t)$ 為標準形式，它的相量為

$$\mathbf{I}_1 = 4\underline{/30°}$$

需將 $i_2(t)$ 表示為餘弦的標準形式，將正弦轉換為餘弦函數的是減去 $90°$，因此

$$i_2 = 5\cos(\omega t - 20° - 90°) = 5\cos(\omega t - 110°)$$

其對應的相量是

$$\mathbf{I}_2 = 5\underline{/-110°}$$

假若令 $i = i_1 + i_2$，則

$$\mathbf{I} = \mathbf{I}_1 + \mathbf{I}_2 = 4\underline{/30°} + 5\underline{/-110°}$$
$$= 3.464 + j2 - 1.71 - j4.698 = 1.754 - j2.698$$
$$= 3.218\underline{/-56.97°} \text{ A}$$

將結果轉換為時域，可得

$$i(t) = 3.218\cos(\omega t - 56.97°) \text{ A}$$

當然，也可利用 (8.9) 式去計算 $i_1 + i_2$，但這是比較困難的方式。

> **練習題 8.6** 如果 $v_1 = -10\sin(\omega t - 30°)$ V，$v_2 = 20\cos(\omega t + 45°)$ V，試求 $v = v_1 + v_2$。
>
> **答**：$v(t) = 29.77\cos(\omega t + 49.98°)$ V.

範例 8.7 利用相量方法，試求由下列積微分方程式所描述電路的電流 $i(t)$。

$$4i + 8\int i\,dt - 3\frac{di}{dt} = 50\cos(2t + 75°)$$

解：先將方程式中之每項由時域轉換為相量域。利用 (8.27) 式與 (8.28) 式即可得到其對應的相量，

$$4\mathbf{I} + \frac{8\mathbf{I}}{j\omega} - 3j\omega\mathbf{I} = 50\underline{/75°}$$

由於 $\omega = 2$，所以

$$\mathbf{I}(4 - j4 - j6) = 50\underline{/75°}$$

$$\mathbf{I} = \frac{50\underline{/75°}}{4 - j10} = \frac{50\underline{/75°}}{10.77\underline{/-68.2°}} = 4.642\underline{/143.2°} \text{ A}$$

轉換上述相量為時域

$$i(t) = 4.642 \cos(2t + 143.2°) \text{ A}$$

要記住的是，這只是電路的穩態解，並不需要知道其初始值。

> **練習題 8.7** 利用相量方法，試求下列積微分方程式所描述電路的電壓 $v(t)$。
>
> $$2\frac{dv}{dt} + 5v + 10\int v\, dt = 50\cos(5t - 30°)$$
>
> **答**：$v(t) = 5.3\cos(5t - 88°)$ V.

8.4　電路元件之相量關係

　　至此我們知道了如何在相量域或頻率域中表示電壓和電流，那麼如何將相量應用於電路中之被動元件 R、L 及 C 呢？即是需將電路中各元件的電壓-電流關係，由時域轉換至頻域。轉換時，仍須依被動符號之規定。

　　由電阻器開始，若流過一電阻器 R 的電流為 $i = I_m \cos(\omega t + \phi)$，由歐姆定律可知，其二端的電壓為

$$v = iR = RI_m \cos(\omega t + \phi) \tag{8.29}$$

其電壓的相量式為

$$\mathbf{V} = RI_m\underline{/\phi} \tag{8.30}$$

而其電流的相量式為 $\mathbf{I} = I_m\underline{/\phi}$。因此，

$$\mathbf{V} = R\mathbf{I} \tag{8.31}$$

上述說明，電阻在相量域中的電壓-電流關係仍遵守歐姆定律，如同在時域。圖 8.9 表示在相量域中電阻器之電壓-電流關係。由 (8.31) 式可知，電阻之電壓與電流是同相的，表示在如圖 8.10 的相量圖。

　　對於電感器 L，假若流過其電感的電流為 $i = I_m \cos(\omega t + \phi)$，則電感器二端的電壓為

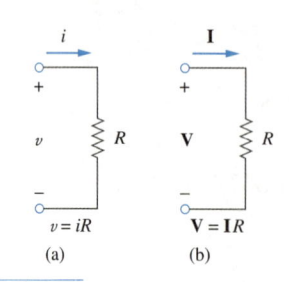

圖 8.9 電阻器之電壓-電流關係：
(a) 時域，(b) 頻域

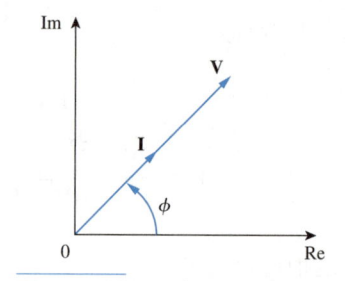

圖 8.10 電阻器之電壓-電流相量圖

$$v = L\frac{di}{dt} = -\omega L I_m \sin(\omega t + \phi) \tag{8.32}$$

由 (8.10) 式可知 $-\sin A = \cos(A + 90°)$。則電感器二端的電壓可表示為

$$v = \omega L I_m \cos(\omega t + \phi + 90°) \tag{8.33}$$

將其轉換為相量：

$$\mathbf{V} = \omega L I_m e^{j(\phi+90°)} = \omega L I_m e^{j\phi} e^{j90°} = \omega L I_m \underline{/\phi + 90°} \tag{8.34}$$

而 $I_m \underline{/\phi} = \mathbf{I}$，由 (8.19) 式可知 $e^{j90°} = j$，因此

$$\mathbf{V} = j\omega L \mathbf{I} \tag{8.35}$$

上式說明，電感器二端電壓的大小為 $\omega L I_m$，而相位角為 $\phi + 90°$。且電壓與電流的相位差為 $90°$，具體的說電流是滯後電壓 $90°$。如圖 8.11 顯示電感器之電壓-電流的關係；圖 8.12 表示其相量圖。

對於電容器 C，如果電容器二端的電壓為 $v = V_m \cos(\omega t + \phi)$，則流過電容器的電流為

$$i = C\frac{dv}{dt} \tag{8.36}$$

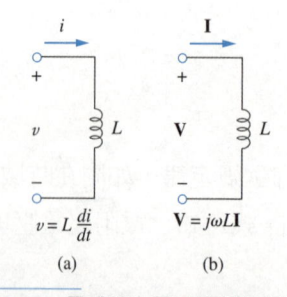

圖 8.11 電感器之電壓-電流關係：
(a) 時域，(b) 頻域

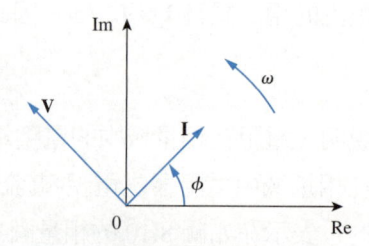

圖 8.12 電感器之電壓-電流相量圖，$\mathbf{I}$ 滯後 $\mathbf{V}$

依照電感分析的步驟，或者將 (8.27) 式用於 (8.36) 式，可得

$$\mathbf{I} = j\omega C \mathbf{V} \quad \Rightarrow \quad \mathbf{V} = \frac{\mathbf{I}}{j\omega C} \tag{8.37}$$

> 雖然可同樣正確地說電感器的電壓超前於電流 90°，但習慣上仍以電流相對於電壓的相位關係來表示。

由上式可知，電容器元件之電壓與電流的相位差為 90°，且其電流超前電壓 90°。如圖 8.13 顯示電容之電壓-電流的關係，如圖 8.14 表示出二者間的相量關係圖。如表 8.2 匯總電路被動元件之時域與相量域的表示。

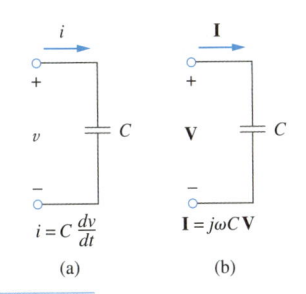

圖 8.13 電容器之電壓-電流關係：(a) 時域，(b) 頻域

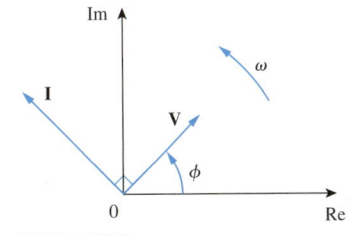

圖 8.14 電容器之電壓-電流相量圖；**I** 超前 **V**

表 8.2　電壓-電流關係匯總

元件	時域	頻域
R	$v = Ri$	$\mathbf{V} = R\mathbf{I}$
L	$v = L\dfrac{di}{dt}$	$\mathbf{V} = j\omega L \mathbf{I}$
C	$i = C\dfrac{dv}{dt}$	$\mathbf{V} = \dfrac{\mathbf{I}}{j\omega C}$

範例 8.8　電壓 $v = 12\cos(60t + 45°)$ V 作用於 0.1 H 電感器之二端，試求流過該電感之穩態電流。

解： 對於電感器，$\mathbf{V} = j\omega L \mathbf{I}$，其中 $\omega = 60$ rad/s，並且 $\mathbf{V} = 12\underline{/45°}$ V。因此，

$$\mathbf{I} = \frac{\mathbf{V}}{j\omega L} = \frac{12\underline{/45°}}{j60 \times 0.1} = \frac{12\underline{/45°}}{6\underline{/90°}} = 2\underline{/-45°} \text{ A}$$

轉換該電流至時域，

$$i(t) = 2\cos(60t - 45°) \text{ A}$$

練習題 8.8 若一電壓 $v = 10\cos(100t+30°)$ V 作用於一 $50\ \mu$F 電容器的二端，試求流經該電容器之電流。

答：$50\cos(100t+120°)$ mA。

8.5 阻抗與導納

上一節介紹了 R、L、C 三個被動元件之電壓-電流的關係為

$$\mathbf{V} = R\mathbf{I}, \qquad \mathbf{V} = j\omega L\mathbf{I}, \qquad \mathbf{V} = \frac{\mathbf{I}}{j\omega C} \tag{8.38}$$

上述方程式可利用相量電壓與相量電流之比表示為

$$\frac{\mathbf{V}}{\mathbf{I}} = R, \qquad \frac{\mathbf{V}}{\mathbf{I}} = j\omega L, \qquad \frac{\mathbf{V}}{\mathbf{I}} = \frac{1}{j\omega C} \tag{8.39}$$

由以上三個表示式，可得到歐姆定律的向量形式，對任何一種被動元件，

$$\mathbf{Z} = \frac{\mathbf{V}}{\mathbf{I}} \quad \text{或} \quad \mathbf{V} = \mathbf{Z}\mathbf{I} \tag{8.40}$$

其中，$\mathbf{Z}$ 是一個與頻率有關的量，稱之為**阻抗** (impedance)，單位為歐姆。

> 電路的阻抗 $\mathbf{Z}$ [單位為歐姆 (Ω)] 是相量電壓 $\mathbf{V}$ 與相量電流 $\mathbf{I}$ 之比。

阻抗是呈現電路對弦波電流的阻礙程度。雖然阻抗是二個相量之比值，但它不是相量，因為它並不是對應於弦波信號的變動量。

表 8.3 無源元件的阻抗與導納

元件	阻抗	導納
R	$Z = R$	$Y = \dfrac{1}{R}$
L	$Z = j\omega L$	$Y = \dfrac{1}{j\omega L}$
C	$Z = \dfrac{1}{j\omega C}$	$Y = j\omega C$

電阻器、電感器與電容器的阻抗，可由 (8.39) 式得到。表 8.3 匯總了這些元件的阻抗與導納。由表可知 $\mathbf{Z}_L = j\omega L$，$\mathbf{Z}_C = -j/\omega C$。考慮角頻率的二個極端情形，當 $\omega = 0$ 時 (亦即直流源)，$\mathbf{Z}_L = 0$ 及 $\mathbf{Z}_C \to \infty$，證實之前所學，電感器在直流情形下相當於短路，電容器在直流情形下相當於開路。當 $\omega \to \infty$ 時 (即高頻情況下)，$\mathbf{Z}_L \to \infty$ 及 $\mathbf{Z}_C = 0$，說明在高頻情況下，電感器相當於開路，電容器則相當於短路。如圖 8.15 所示說明了上述二種極端的情況。

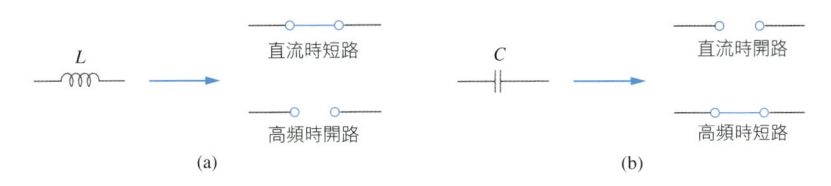

圖 8.15 直流與高頻時之等效電路：(a) 電感器，(b) 電容器

作為複數量，阻抗可以用直角坐標形式表示為

$$\mathbf{Z} = R + jX \tag{8.41}$$

其中，$R = \text{Re } \mathbf{Z}$ 為**電阻** (resistance)，而 $X = \text{Im } \mathbf{Z}$ 為**電抗** (reactance)。電抗 X 可以為正值，也可以為負值。如果 X 為正值，則稱阻抗為感抗，如果 X 為負值，則稱阻抗為容抗。因此，阻抗 $\mathbf{Z} = R + jX$ 稱為是**電感性阻抗** (inductive) 或是滯後阻抗，因為流過該阻抗的電流是滯後其電壓。而阻抗 $\mathbf{Z} = R - jX$ 則稱為是**電容性阻抗** (capacitive) 或超前阻抗，因為流過該阻抗的電流是超前於二端的電壓。阻抗、電阻、電抗的單位均為歐姆。阻抗亦可表示為極坐標形式：

$$\mathbf{Z} = |\mathbf{Z}|\underline{/\theta} \tag{8.42}$$

由比較 (8.41) 式與 (8.42) 式可推出：

$$\mathbf{Z} = R + jX = |\mathbf{Z}|\underline{/\theta} \tag{8.43}$$

其中

$$|\mathbf{Z}| = \sqrt{R^2 + X^2}, \quad \theta = \tan^{-1}\frac{X}{R} \tag{8.44}$$

且

$$R = |\mathbf{Z}|\cos\theta, \quad X = |\mathbf{Z}|\sin\theta \tag{8.45}$$

有時採用阻抗的倒數，即**導納** (admittance)，以方便運算。

> **導納 Y** [單位為西門子 (S)] 定義為阻抗的倒數。

一元件 (或電路) 的導納 **Y** 等於流過該元件的相量電流與其二端相量電壓之比，或者

$$\mathbf{Y} = \frac{1}{\mathbf{Z}} = \frac{\mathbf{I}}{\mathbf{V}} \tag{8.46}$$

由 (8.39) 式可得到電阻器、電感器與電容器的導納。已將其匯總在表 8.3 中。

一個複數導納 **Y**，可表示為

$$\mathbf{Y} = G + jB \tag{8.47}$$

其中，$G = \text{Re } \mathbf{Y}$ 稱為**電導** (conductance)，及 $B = \text{Im } \mathbf{Y}$ 稱為**電納** (susceptance)。導納、電導與電納的單位均為西門子 (或姆歐)。由 (8.41) 式與 (8.47) 式可得

$$G + jB = \frac{1}{R + jX} \tag{8.48}$$

經分母有理化，

$$G + jB = \frac{1}{R + jX} \cdot \frac{R - jX}{R - jX} = \frac{R - jX}{R^2 + X^2} \tag{8.49}$$

可得對應相等的實部、虛部分別為

$$G = \frac{R}{R^2 + X^2}, \quad B = -\frac{X}{R^2 + X^2} \tag{8.50}$$

由上可知，非電阻性電路，$G \neq 1/R$。當然，若 $X = 0$，則 $G = 1/R$。

範例 8.9 試求圖 8.16 電路的 $v(t)$ 與 $i(t)$。

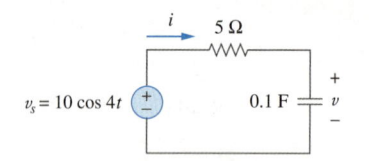

解：由電壓源 $v_s = 10 \cos 4t$，$\omega = 4$，可得

$$\mathbf{V}_s = 10 \underline{/0°} \text{ V}$$

阻抗為

$$\mathbf{Z} = 5 + \frac{1}{j\omega C} = 5 + \frac{1}{j4 \times 0.1} = 5 - j2.5 \text{ Ω}$$

因此電流為

$$\mathbf{I} = \frac{\mathbf{V}_s}{\mathbf{Z}} = \frac{10\underline{/0°}}{5 - j2.5} = \frac{10(5 + j2.5)}{5^2 + 2.5^2}$$
$$= 1.6 + j0.8 = 1.789\underline{/26.57°} \text{ A} \tag{8.9.1}$$

則電容器二端的電壓為

圖 8.16 範例 8.9 的電路

$$\mathbf{V} = \mathbf{I}\mathbf{Z}_C = \frac{\mathbf{I}}{j\omega C} = \frac{1.789\underline{/26.57°}}{j4 \times 0.1}$$

$$= \frac{1.789\underline{/26.57°}}{0.4\underline{/90°}} = 4.47\underline{/-63.43°} \text{ V} \tag{8.9.2}$$

轉換 (8.9.1) 式與 (8.9.2) 式中的 **I** 與 **V** 至時域，可得

$$i(t) = 1.789 \cos(4t + 26.57°) \text{ A}$$
$$v(t) = 4.47 \cos(4t - 63.43°) \text{ V}$$

可知，$i(t)$ 超前 $v(t)$ 90°，是與預期一致的。

> **練習題 8.9** 試求圖 8.17 電路的 $v(t)$ 與 $i(t)$。
>
> **答**：$8.944 \sin(10t + 93.43°)$ V，
> $4.472 \sin(10t + 3.43°)$ A。
>
> 圖 **8.17** 練習題 8.9 的電路
> ($v_s = 20 \sin(10t + 30°)$ V，4 Ω，0.2 H)

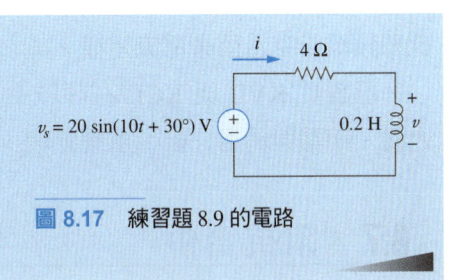

8.6 †頻域中的克希荷夫定律

在頻域中的電路分析，不能不使用克希荷夫電流和電壓定律。因此，需在頻域中去表示這二個定律。

對於 KVL，設 $v_1, v_2, \dots, v_n$ 為封閉迴路中的電壓，則

$$v_1 + v_2 + \cdots + v_n = 0 \tag{8.51}$$

在弦波穩態下，各電壓可用餘弦函數表示，(8.51) 式即成為

$$V_{m1} \cos(\omega t + \theta_1) + V_{m2} \cos(\omega t + \theta_2) + \cdots + V_{mn} \cos(\omega t + \theta_n) = 0 \tag{8.52}$$

上式亦可表示為

$$\text{Re}(V_{m1}e^{j\theta_1}e^{j\omega t}) + \text{Re}(V_{m2}e^{j\theta_2}e^{j\omega t}) + \cdots + \text{Re}(V_{mn}e^{j\theta_n}e^{j\omega t}) = 0$$

或者

$$\text{Re}[(V_{m1}e^{j\theta_1} + V_{m2}e^{j\theta_2} + \cdots + V_{mn}e^{j\theta_n})e^{j\omega t}] = 0 \tag{8.53}$$

若令 $\mathbf{V}_k = V_m e^{j\theta_k}$，則

$$\text{Re}[(\mathbf{V}_1 + \mathbf{V}_2 + \cdots + \mathbf{V}_n)e^{j\omega t}] = 0 \tag{8.54}$$

因 $e^{j\omega t} \neq 0$，

$$\mathbf{V}_1 + \mathbf{V}_2 + \cdots + \mathbf{V}_n = 0 \tag{8.55}$$

此即證實在頻域中，克希荷夫電壓定律依然成立。

依照類似上述之推導，可證實在頻域下，克希荷夫電流定律同樣是成立的。在時間 t，若令 $i_1, i_2, \ldots, i_n$ 為流入或流出網路中之一封閉面的電流，則

$$i_1 + i_2 + \cdots + i_n = 0 \tag{8.56}$$

若 $\mathbf{I}_1, \mathbf{I}_2, \ldots, \mathbf{I}_n$ 為正弦信號 $i_1, i_2, \ldots, i_n$ 的相量形式，則

$$\mathbf{I}_1 + \mathbf{I}_2 + \cdots + \mathbf{I}_n = 0 \tag{8.57}$$

此即頻域中克希荷夫電流定律。

已證實 KVL 與 KCL 在頻域中仍是成立的，即可輕易進行電路分析，如阻抗合併、節點與網目分析、重疊定理，以及電源轉換等等。

8.7 阻抗合併

考慮 N 個串聯阻抗，如圖 8.18 所示。同一電流 $\mathbf{I}$ 流過各阻抗。其流經之迴路，由 KVL 可得

$$\mathbf{V} = \mathbf{V}_1 + \mathbf{V}_2 + \cdots + \mathbf{V}_N = \mathbf{I}(\mathbf{Z}_1 + \mathbf{Z}_2 + \cdots + \mathbf{Z}_N) \tag{8.58}$$

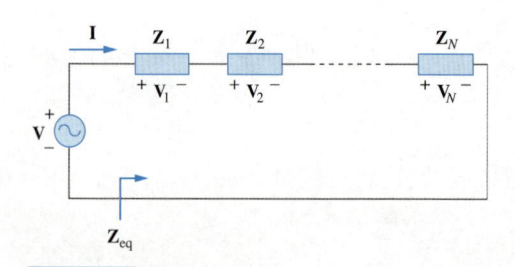

在輸入端之等效阻抗為

$$\mathbf{Z}_{eq} = \frac{\mathbf{V}}{\mathbf{I}} = \mathbf{Z}_1 + \mathbf{Z}_2 + \cdots + \mathbf{Z}_N$$

或者

$$\boxed{\mathbf{Z}_{eq} = \mathbf{Z}_1 + \mathbf{Z}_2 + \cdots + \mathbf{Z}_N} \tag{8.59}$$

圖 8.18 N 個阻抗串聯

由上式證實，串聯阻抗之總阻抗，即等效阻抗，等於個別阻抗之和。這與電阻串聯是相同的。

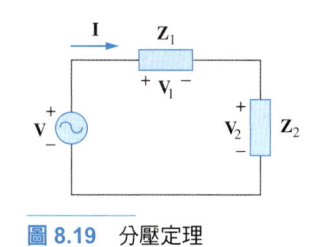

如果 $N = 2$，如圖 8.19 所示，則流過阻抗的電流為

$$\mathbf{I} = \frac{\mathbf{V}}{\mathbf{Z}_1 + \mathbf{Z}_2} \tag{8.60}$$

圖 8.19　分壓定理

由於 $\mathbf{V}_1 = \mathbf{Z}_1\mathbf{I}$ 及 $\mathbf{V}_2 = \mathbf{Z}_2\mathbf{I}$，則

$$\mathbf{V}_1 = \frac{\mathbf{Z}_1}{\mathbf{Z}_1 + \mathbf{Z}_2}\mathbf{V}, \quad \mathbf{V}_2 = \frac{\mathbf{Z}_2}{\mathbf{Z}_1 + \mathbf{Z}_2}\mathbf{V} \tag{8.61}$$

即為**分壓** (voltage-division) 關係式。

同理可證，可得到 N 個並聯阻抗的等效阻抗或等效導納，如圖 8.20 所示，各並聯阻抗二端的電壓相同。取其頂部節點，由 KCL 可得

$$\mathbf{I} = \mathbf{I}_1 + \mathbf{I}_2 + \cdots + \mathbf{I}_N = \mathbf{V}\left(\frac{1}{\mathbf{Z}_1} + \frac{1}{\mathbf{Z}_2} + \cdots + \frac{1}{\mathbf{Z}_N}\right) \tag{8.62}$$

等效阻抗為

$$\frac{1}{\mathbf{Z}_{eq}} = \frac{\mathbf{I}}{\mathbf{V}} = \frac{1}{\mathbf{Z}_1} + \frac{1}{\mathbf{Z}_2} + \cdots + \frac{1}{\mathbf{Z}_N} \tag{8.63}$$

及等效導納為

$$\mathbf{Y}_{eq} = \mathbf{Y}_1 + \mathbf{Y}_2 + \cdots + \mathbf{Y}_N \tag{8.64}$$

由上可證明，並聯導納之等效導納是等於各個導納之和。

當 $N = 2$ 時，如圖 8.21 所示，其等效阻抗為

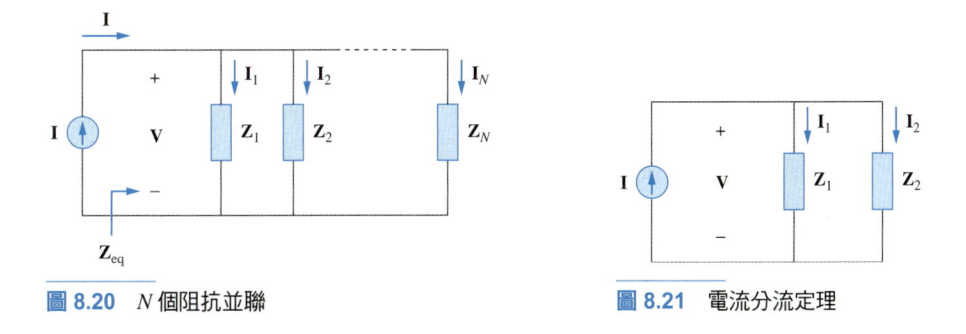

圖 8.20　N 個阻抗並聯

圖 8.21　電流分流定理

$$\mathbf{Z}_{eq} = \frac{1}{\mathbf{Y}_{eq}} = \frac{1}{\mathbf{Y}_1 + \mathbf{Y}_2} = \frac{1}{1/\mathbf{Z}_1 + 1/\mathbf{Z}_2} = \frac{\mathbf{Z}_1 \mathbf{Z}_2}{\mathbf{Z}_1 + \mathbf{Z}_2} \tag{8.65}$$

又因

$$\mathbf{V} = \mathbf{I}\mathbf{Z}_{eq} = \mathbf{I}_1 \mathbf{Z}_1 = \mathbf{I}_2 \mathbf{Z}_2$$

則流過各阻抗的電流為

$$\boxed{\mathbf{I}_1 = \frac{\mathbf{Z}_2}{\mathbf{Z}_1 + \mathbf{Z}_2} \mathbf{I}, \quad \mathbf{I}_2 = \frac{\mathbf{Z}_1}{\mathbf{Z}_1 + \mathbf{Z}_2} \mathbf{I}} \tag{8.66}$$

其為**分流** (current-division) 定理。

在電阻電路中的 Δ-Y 與 Y-Δ 轉換同理可適用於阻抗電路。如圖 8.22 所示的阻抗電路，其轉換公式如下：

Y-Δ 轉換：

$$\boxed{\begin{aligned}\mathbf{Z}_a &= \frac{\mathbf{Z}_1\mathbf{Z}_2 + \mathbf{Z}_2\mathbf{Z}_3 + \mathbf{Z}_3\mathbf{Z}_1}{\mathbf{Z}_1} \\ \mathbf{Z}_b &= \frac{\mathbf{Z}_1\mathbf{Z}_2 + \mathbf{Z}_2\mathbf{Z}_3 + \mathbf{Z}_3\mathbf{Z}_1}{\mathbf{Z}_2} \\ \mathbf{Z}_c &= \frac{\mathbf{Z}_1\mathbf{Z}_2 + \mathbf{Z}_2\mathbf{Z}_3 + \mathbf{Z}_3\mathbf{Z}_1}{\mathbf{Z}_3}\end{aligned}} \tag{8.67}$$

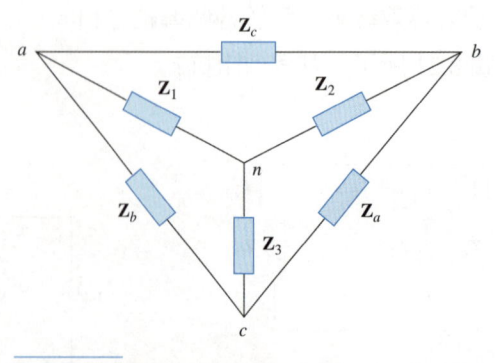

Δ-Y 轉換：

圖 8.22 重疊之 Y 與 Δ 網路

$$\begin{aligned}\mathbf{Z}_1 &= \frac{\mathbf{Z}_b \mathbf{Z}_c}{\mathbf{Z}_a + \mathbf{Z}_b + \mathbf{Z}_c} \\ \mathbf{Z}_2 &= \frac{\mathbf{Z}_c \mathbf{Z}_a}{\mathbf{Z}_a + \mathbf{Z}_b + \mathbf{Z}_c} \\ \mathbf{Z}_3 &= \frac{\mathbf{Z}_a \mathbf{Z}_b}{\mathbf{Z}_a + \mathbf{Z}_b + \mathbf{Z}_c}\end{aligned} \tag{8.68}$$

在 Δ 或 Y 電路中，若其三個支路上的阻抗均相同，則稱為平衡的 (balanced)。

當一 Δ-Y 電路是平衡時，則 (8.67) 式與 (8.68) 式即為

$$\mathbf{Z}_\Delta = 3\mathbf{Z}_Y \quad \text{或} \quad \mathbf{Z}_Y = \frac{1}{3}\mathbf{Z}_\Delta \tag{8.69}$$

其中，$\mathbf{Z}_Y = \mathbf{Z}_1 = \mathbf{Z}_2 = \mathbf{Z}_3$ 及 $\mathbf{Z}_\Delta = \mathbf{Z}_a = \mathbf{Z}_b = \mathbf{Z}_c$。

如同本節中所提及，分壓定理、分流定理、電路化簡、阻抗等效，以及 Y-Δ 轉換等等均可適用於交流電路。稍後章節將證明其他的直流電路分析技巧，如重疊原理、節點分析法、網目分析法、電源變換、戴維寧定理，以及諾頓定理等等同樣可適用於交流電路之分析上。

範例 8.10 試求圖 8.23 電路的輸入阻抗，假設電路的工作角頻率為 $\omega = 50$ rad/s。

解： 令

$\mathbf{Z}_1 = 2$ mF 電容的阻抗

$\mathbf{Z}_2 = 3$ Ω 電阻與 10 mF 電容串聯的阻抗

$\mathbf{Z}_3 = 0.2$ H 電感與 8 Ω 電阻串聯的阻抗

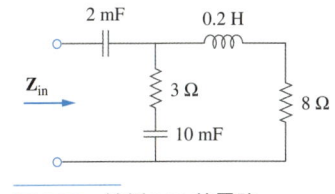

圖 8.23 範例 8.10 的電路

則

$$\mathbf{Z}_1 = \frac{1}{j\omega C} = \frac{1}{j50 \times 2 \times 10^{-3}} = -j10 \ \Omega$$

$$\mathbf{Z}_2 = 3 + \frac{1}{j\omega C} = 3 + \frac{1}{j50 \times 10 \times 10^{-3}} = (3 - j2) \ \Omega$$

$$\mathbf{Z}_3 = 8 + j\omega L = 8 + j50 \times 0.2 = (8 + j10) \ \Omega$$

其輸入阻抗為

$$\mathbf{Z}_{in} = \mathbf{Z}_1 + \mathbf{Z}_2 \| \mathbf{Z}_3 = -j10 + \frac{(3-j2)(8+j10)}{11+j8}$$

$$= -j10 + \frac{(44+j14)(11-j8)}{11^2+8^2} = -j10 + 3.22 - j1.07\ \Omega$$

因此，

$$\mathbf{Z}_{in} = 3.22 - j11.07\ \Omega$$

練習題 8.10 試求圖 8.24 電路的輸入阻抗，在 $\omega = 10$ rad/s 時。

答：$(149.52 - j195)\ \Omega$.

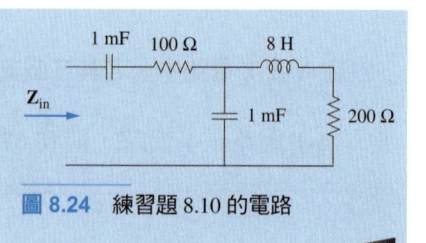

圖 8.24　練習題 8.10 的電路

範例 8.11 試求圖 8.25 電路的 $v_o(t)$。

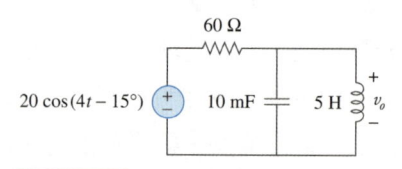

圖 8.25　範例 8.11 的電路

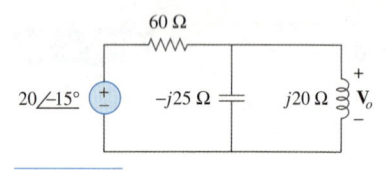

圖 8.26　如圖 8.25 的頻域等效電路

解：依頻域分析，須先將如圖 8.25 所示的時域電路，轉換為如圖 8.26 所示頻域的相量等效電路。轉換過程：

$$v_s = 20\cos(4t - 15°) \Rightarrow \mathbf{V}_s = 20\underline{/-15°}\ \text{V},\quad \omega = 4$$

$$10\ \text{mF} \Rightarrow \frac{1}{j\omega C} = \frac{1}{j4 \times 10 \times 10^{-3}} = -j25\ \Omega$$

$$5\ \text{H} \Rightarrow j\omega L = j4 \times 5 = j20\ \Omega$$

令

$\mathbf{Z}_1 = 60\ \Omega$ 電阻的阻抗

$\mathbf{Z}_2 = 10\ \text{mF}$ 電容與 5 H 電感的並聯阻抗

則 $\mathbf{Z}_1 = 60\ \Omega$，且

$$\mathbf{Z}_2 = -j25 \| j20 = \frac{-j25 \times j20}{-j25 + j20} = j100\ \Omega$$

由分壓定理，可得

$$\mathbf{V}_o = \frac{\mathbf{Z}_2}{\mathbf{Z}_1 + \mathbf{Z}_2}\mathbf{V}_s = \frac{j100}{60 + j100}(20\underline{/-15°})$$
$$= (0.8575\underline{/30.96°})(20\underline{/-15°}) = 17.15\underline{/15.96°} \text{ V}$$

再將其轉換至時域可得

$$v_o(t) = 17.15\cos(4t + 15.96°) \text{ V}$$

練習題 8.11 試求圖 8.27 電路的 v_o。

答：$v_o(t) = 35.36\cos(10t - 105°)$ V.

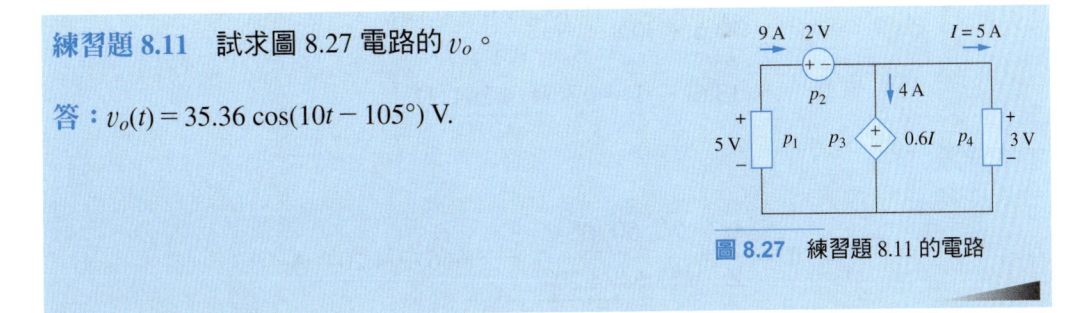

圖 8.27 練習題 8.11 的電路

試求圖 8.28 電路的電流 **I**。　　　　　　　　　　　　　　　　**範例 8.12**

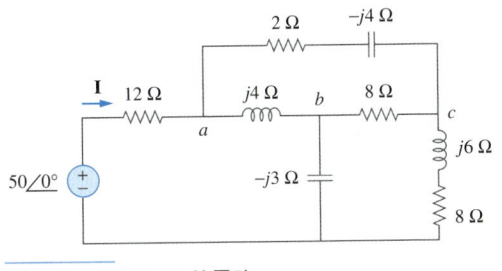

圖 8.28 範例 8.12 的電路

解：此 Δ 網路電路中之節點 a、b、c 相連接，可以轉換為如圖 8.29 所示之 Y 網路。利用 (8.68) 式可以求出該 Y 網路中之分支的阻抗為

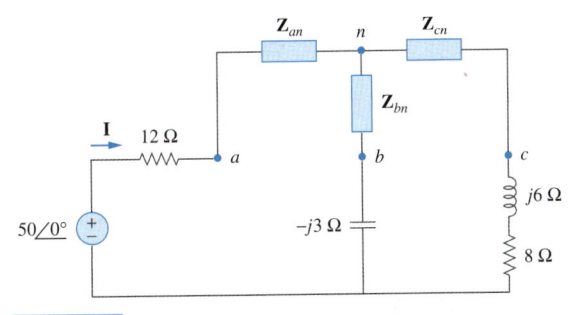

圖 8.29 如圖 8.28 所示電路之 Δ-Y 轉換後的等效電路

$$\mathbf{Z}_{an} = \frac{j4(2-j4)}{j4+2-j4+8} = \frac{4(4+j2)}{10} = (1.6+j0.8)\,\Omega$$

$$\mathbf{Z}_{bn} = \frac{j4(8)}{10} = j3.2\,\Omega, \qquad \mathbf{Z}_{cn} = \frac{8(2-j4)}{10} = (1.6-j3.2)\,\Omega$$

在電源側二端之總阻抗為

$$\begin{aligned}
\mathbf{Z} &= 12 + \mathbf{Z}_{an} + (\mathbf{Z}_{bn}-j3) \parallel (\mathbf{Z}_{cn}+j6+8) \\
&= 12 + 1.6 + j0.8 + (j0.2) \parallel (9.6+j2.8) \\
&= 13.6 + j0.8 + \frac{j0.2(9.6+j2.8)}{9.6+j3} \\
&= 13.6 + j1 = 13.64\underline{/4.204°}\,\Omega
\end{aligned}$$

則電流為

$$\mathbf{I} = \frac{\mathbf{V}}{\mathbf{Z}} = \frac{50\underline{/0°}}{13.64\underline{/4.204°}} = 3.666\underline{/-4.204°}\,\text{A}$$

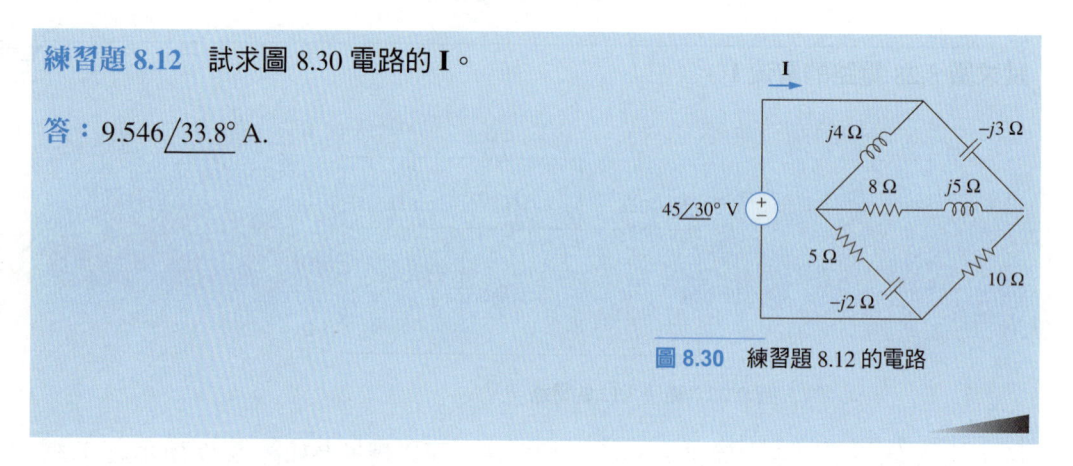

練習題 8.12 試求圖 8.30 電路的 **I**。

答：$9.546\underline{/33.8°}$ A.

圖 8.30 練習題 8.12 的電路

8.8 弦波穩態分析簡介

在前述章節，我們已經學習了電路在弦波輸入信號下的強迫或穩態響應可以使用相量法來獲得其解。同時也瞭解到歐姆定律與克希荷夫定律均適用於交流電路。以下將介紹如何利用節點分析法、網目分析法、戴維寧定理、諾頓定理、重疊定理，以及電源變換等運用到交流電路的分析。因為這些方法已經在直流電路的分析中介紹過，因此接下來的章節主要是舉實例來加以說明。

分析交流電路通常需要包含三個步驟：

1. 將電路轉換至相量域或頻域。
2. 求解運用電路分析法(節點分析法、網目分析法、重疊定理等等)。

3. 將其求得的相量域再轉回到時間領域。

在步驟 1，當所給的問題條件在頻域中是明確的，就不需要進行。步驟 2 中，同直流電路的分析方法，除外會有關係到複數的運算。學好前述章節，步驟 3 就容易處理了。

> 交流電路的頻域分析透過相量要比在時域中去電路分析來得容易。

8.9　節點分析法

節點分析法的基礎是克希荷夫電流定律 (KCL)。由於 KCL 適用於相量如 8.6 節所述，因此可以用節點分析法做交流電路分析。以下會舉一些實例來說明。

範例 8.13

利用節點分析法，試求圖 8.31 電路的 i_x。

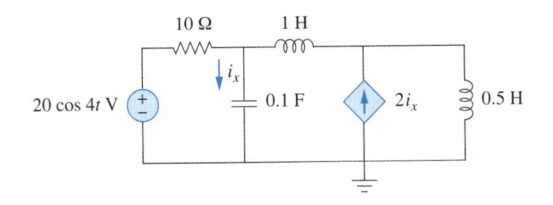

圖 8.31　範例 8.13 的電路

解： 首先將電路轉換至頻域：

$$20\cos 4t \Rightarrow 20\underline{/0°}, \quad \omega = 4 \text{ rad/s}$$
$$1\text{ H} \Rightarrow j\omega L = j4$$
$$0.5\text{ H} \Rightarrow j\omega L = j2$$
$$0.1\text{ F} \Rightarrow \frac{1}{j\omega C} = -j2.5$$

於是，可得頻域中的等效電路，如圖 8.32 所示。

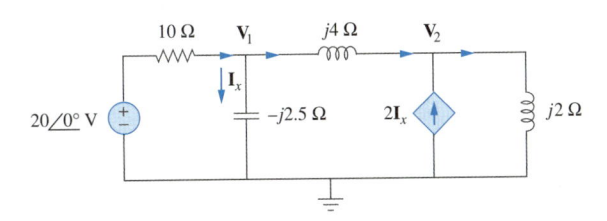

圖 8.32　如圖 8.31 所示電路之頻域等效電路

節點 1 由 KCL 可得

$$\frac{20-\mathbf{V}_1}{10} = \frac{\mathbf{V}_1}{-j2.5} + \frac{\mathbf{V}_1 - \mathbf{V}_2}{j4}$$

或

$$(1 + j1.5)\mathbf{V}_1 + j2.5\mathbf{V}_2 = 20 \tag{8.13.1}$$

節點 2，

$$2\mathbf{I}_x + \frac{\mathbf{V}_1 - \mathbf{V}_2}{j4} = \frac{\mathbf{V}_2}{j2}$$

但 $\mathbf{I}_x = \mathbf{V}_1/-j2.5$，代入上式可得

$$\frac{2\mathbf{V}_1}{-j2.5} + \frac{\mathbf{V}_1 - \mathbf{V}_2}{j4} = \frac{\mathbf{V}_2}{j2}$$

化簡可得

$$11\mathbf{V}_1 + 15\mathbf{V}_2 = 0 \tag{8.13.2}$$

(8.13.1) 式與 (8.13.2) 式可表示矩陣形式為

$$\begin{bmatrix} 1 + j1.5 & j2.5 \\ 11 & 15 \end{bmatrix} \begin{bmatrix} \mathbf{V}_1 \\ \mathbf{V}_2 \end{bmatrix} = \begin{bmatrix} 20 \\ 0 \end{bmatrix}$$

可得行列式值：

$$\Delta = \begin{vmatrix} 1 + j1.5 & j2.5 \\ 11 & 15 \end{vmatrix} = 15 - j5$$

$$\Delta_1 = \begin{vmatrix} 20 & j2.5 \\ 0 & 15 \end{vmatrix} = 300, \quad \Delta_2 = \begin{vmatrix} 1 + j1.5 & 20 \\ 11 & 0 \end{vmatrix} = -220$$

$$\mathbf{V}_1 = \frac{\Delta_1}{\Delta} = \frac{300}{15 - j5} = 18.97\underline{/18.43°} \text{ V}$$

$$\mathbf{V}_2 = \frac{\Delta_2}{\Delta} = \frac{-220}{15 - j5} = 13.91\underline{/198.3°} \text{ V}$$

電流 $\mathbf{I}_x$ 為

$$\mathbf{I}_x = \frac{\mathbf{V}_1}{-j2.5} = \frac{18.97\underline{/18.43°}}{2.5\underline{/-90°}} = 7.59\underline{/108.4°} \text{ A}$$

將結果轉換至時域為

$$i_x = 7.59 \cos(4t + 108.4°) \text{ A}$$

練習題 8.13 利用節點分析法，試求圖 8.33 電路的 v_1 與 v_2。

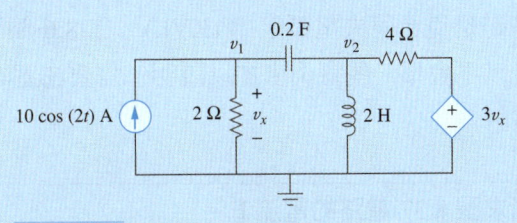

圖 8.33 練習題 8.13 的電路

答： $v_1(t) = 11.325 \cos(2t + 60.01°)$ V, $v_2(t) = 33.02 \cos(2t + 57.12°)$ V.

試求圖 8.34 電路的 $\mathbf{V}_1$ 與 $\mathbf{V}_2$。　　　　　　　　　　　　　　　　　　**範例 8.14**

解： 節點 1 與節點 2 組成一個超節點，如圖 8.35 所示。在該超節點，由 KCL 可得

$$3 = \frac{\mathbf{V}_1}{-j3} + \frac{\mathbf{V}_2}{j6} + \frac{\mathbf{V}_2}{12}$$

或者

$$36 = j4\mathbf{V}_1 + (1 - j2)\mathbf{V}_2 \tag{8.14.1}$$

連接在節點 1 與節點 2 間的電壓，於是

$$\mathbf{V}_1 = \mathbf{V}_2 + 10\underline{/45°} \tag{8.14.2}$$

將 (8.14.2) 式代入 (8.14.1) 式，可得

$$36 - 40\underline{/135°} = (1 + j2)\mathbf{V}_2 \Rightarrow \mathbf{V}_2 = 31.41\underline{/-87.18°} \text{ V}$$

由 (8.14.2) 式可得

$$\mathbf{V}_1 = \mathbf{V}_2 + 10\underline{/45°} = 25.78\underline{/-70.48°} \text{ V}$$

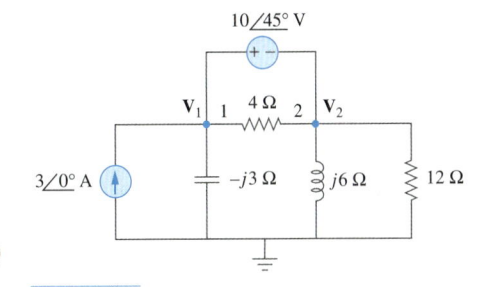

圖 8.34 範例 8.14 的電路

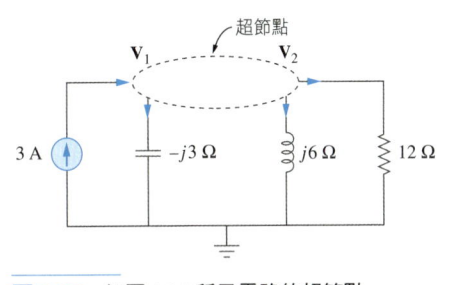

圖 8.35 如圖 8.34 所示電路的超節點

練習題 8.14 試求圖 8.36 電路的 $\mathbf{V}_1$ 與 $\mathbf{V}_2$。

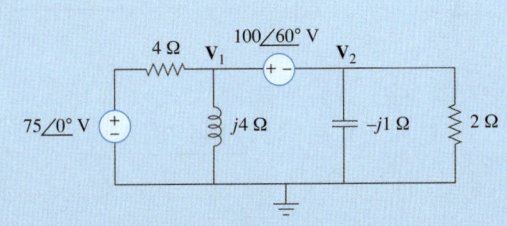

圖 8.36 練習題 8.14 的電路

答： $\mathbf{V}_1 = 96.8\underline{/69.66°}$ V, $\mathbf{V}_2 = 16.88\underline{/165.72°}$ V.

8.10 網目分析法

網目分析法的基礎是克希荷夫電壓定律 (KVL)。在 8.6 節已經證實 KVL 對於交流電路的有效性，以下會舉一些實例來加以說明。需要注意的是，網目分析法本質上適用於平面電路。

範例 8.15 利用網目分析法，試求圖 8.37 電路的電流 I_o。

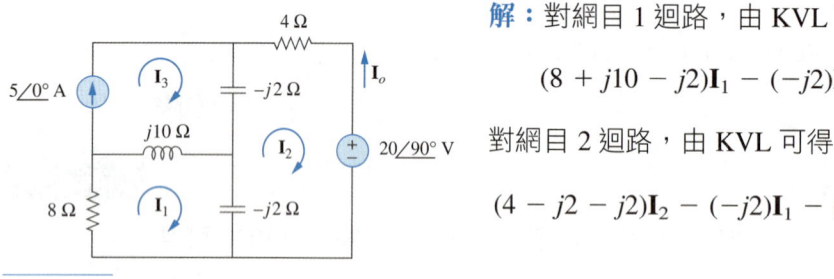

解： 對網目 1 迴路，由 KVL 可得

$$(8 + j10 - j2)\mathbf{I}_1 - (-j2)\mathbf{I}_2 - j10\mathbf{I}_3 = 0 \quad (8.15.1)$$

對網目 2 迴路，由 KVL 可得

$$(4 - j2 - j2)\mathbf{I}_2 - (-j2)\mathbf{I}_1 - (-j2)\mathbf{I}_3 + 20\underline{/90°} = 0 \quad (8.15.2)$$

對網目 3 迴路，$\mathbf{I}_3 = 5$。將其代入 (8.15.1) 式與 (8.15.2) 式，可得

$$(8 + j8)\mathbf{I}_1 + j2\mathbf{I}_2 = j50 \quad (8.15.3)$$

$$j2\mathbf{I}_1 + (4 - j4)\mathbf{I}_2 = -j20 - j10 \quad (8.15.4)$$

圖 8.37 範例 8.15 的電路

(8.15.3) 式與 (8.15.4) 式可表示成矩陣形式為

$$\begin{bmatrix} 8 + j8 & j2 \\ j2 & 4 - j4 \end{bmatrix} \begin{bmatrix} \mathbf{I}_1 \\ \mathbf{I}_2 \end{bmatrix} = \begin{bmatrix} j50 \\ -j30 \end{bmatrix}$$

其行列式值：

$$\Delta = \begin{vmatrix} 8 + j8 & j2 \\ j2 & 4 - j4 \end{vmatrix} = 32(1 + j)(1 - j) + 4 = 68$$

$$\Delta_2 = \begin{vmatrix} 8 + j8 & j50 \\ j2 & -j30 \end{vmatrix} = 340 - j240 = 416.17\underline{/-35.22°}$$

$$\mathbf{I}_2 = \frac{\Delta_2}{\Delta} = \frac{416.17\underline{/-35.22°}}{68} = 6.12\underline{/-35.22°} \text{ A}$$

所求的電流為

$$\mathbf{I}_o = -\mathbf{I}_2 = 6.12\underline{/144.78°} \text{ A}$$

練習題 8.15 利用網目分析法，試求圖 8.38 電路的電流 I_o。

答：$5.969\underline{/65.45°}$ A.

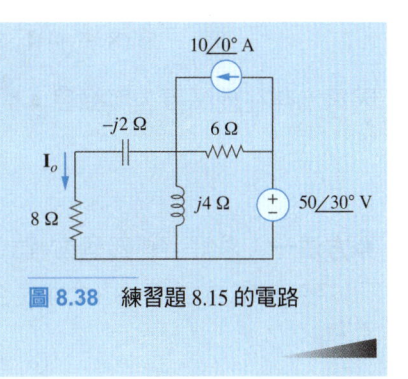

圖 8.38 練習題 8.15 的電路

利用網目分析法，試求圖 8.39 電路的 V_o。

範例 8.16

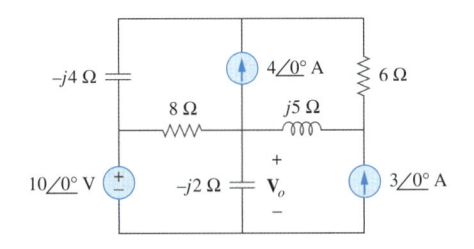

圖 8.39 範例 8.16 的電路

解：如圖 8.40 所示，因網目 3 與網目 4 間包括電流源，所以網目 3 與網目 4 形成一個超網目。在網目 1 迴路，由 KVL 可得

$$-10 + (8 - j2)\mathbf{I}_1 - (-j2)\mathbf{I}_2 - 8\mathbf{I}_3 = 0$$

即

$$(8 - j2)\mathbf{I}_1 + j2\mathbf{I}_2 - 8\mathbf{I}_3 = 10 \tag{8.16.1}$$

網目 2 迴路，

$$\mathbf{I}_2 = -3 \tag{8.16.2}$$

對於超網目迴路，

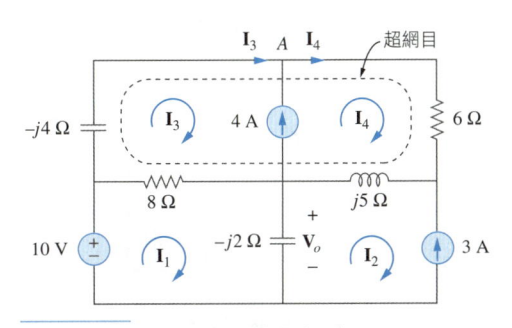

圖 8.40 如圖 8.39 所示電路的分析

$$(8 - j4)\mathbf{I}_3 - 8\mathbf{I}_1 + (6 + j5)\mathbf{I}_4 - j5\mathbf{I}_2 = 0 \tag{8.16.3}$$

因電流存在於網目 3 與網目 4 間，因此在節點 A 處，

$$\mathbf{I}_4 = \mathbf{I}_3 + 4 \tag{8.16.4}$$

◆**方法一**：求解上述四個方程式，利用消去法簡化為二個方程式。

將 (8.16.1) 式與 (8.16.2) 式合併後可得

$$(8 - j2)\mathbf{I}_1 - 8\mathbf{I}_3 = 10 + j6 \tag{8.16.5}$$

將 (8.16.2) 式至 (8.16.4) 式合併：

$$-8\mathbf{I}_1 + (14 + j)\mathbf{I}_3 = -24 - j35 \tag{8.16.6}$$

由 (8.16.5) 式與 (8.16.6) 式，可得矩陣方程式為

$$\begin{bmatrix} 8 - j2 & -8 \\ -8 & 14 + j \end{bmatrix} \begin{bmatrix} \mathbf{I}_1 \\ \mathbf{I}_3 \end{bmatrix} = \begin{bmatrix} 10 + j6 \\ -24 - j35 \end{bmatrix}$$

可得以下的行列式值為

$$\Delta = \begin{vmatrix} 8 - j2 & -8 \\ -8 & 14 + j \end{vmatrix} = 112 + j8 - j28 + 2 - 64 = 50 - j20$$

$$\Delta_1 = \begin{vmatrix} 10 + j6 & -8 \\ -24 - j35 & 14 + j \end{vmatrix} = 140 + j10 + j84 - 6 - 192 - j280$$

可得電流 $\mathbf{I}_1$ 為

$$\mathbf{I}_1 = \frac{\Delta_1}{\Delta} = \frac{-58 - j186}{50 - j20} = 3.618 \underline{/274.5°} \text{ A}$$

則所求之電壓 $\mathbf{V}_o$ 為

$$\mathbf{V}_o = -j2(\mathbf{I}_1 - \mathbf{I}_2) = -j2(3.618\underline{/274.5°} + 3)$$
$$= -7.2134 - j6.568 = 9.756\underline{/222.32°} \text{ V}$$

◆**方法二**：利用 MATLAB 求解 (8.16.1) 式至 (8.16.4) 式，首先將上述方程表示成矩陣形式：

$$\begin{bmatrix} 8 - j2 & j2 & -8 & 0 \\ 0 & 1 & 0 & 0 \\ -8 & -j5 & 8 - j4 & 6 + j5 \\ 0 & 0 & -1 & 1 \end{bmatrix} \begin{bmatrix} \mathbf{I}_1 \\ \mathbf{I}_2 \\ \mathbf{I}_3 \\ \mathbf{I}_4 \end{bmatrix} = \begin{bmatrix} 10 \\ -3 \\ 0 \\ 4 \end{bmatrix} \tag{8.16.7a}$$

即

$$AI = B$$

求取 **A** 的逆矩陣,可得到 **I**:

$$I = A^{-1}B \tag{8.16.7b}$$

以下為 MATLAB 求解的過程:

```
>> A = [(8-j*2)  j*2    -8       0;
        0         1      0       0;
        -8       -j*5  (8-j*4) (6+j*5);
        0         0     -1      1];
>> B = [10 -3 0 4]';
>> I = inv(A)*B
I =
   0.2828 - 3.6069i
  -3.0000
  -1.8690 - 4.4276i
   2.1310 - 4.4276i
>> Vo = -2*j*(I(1) - I(2))
Vo =
  -7.2138 - 6.5655i
```

結果同前。

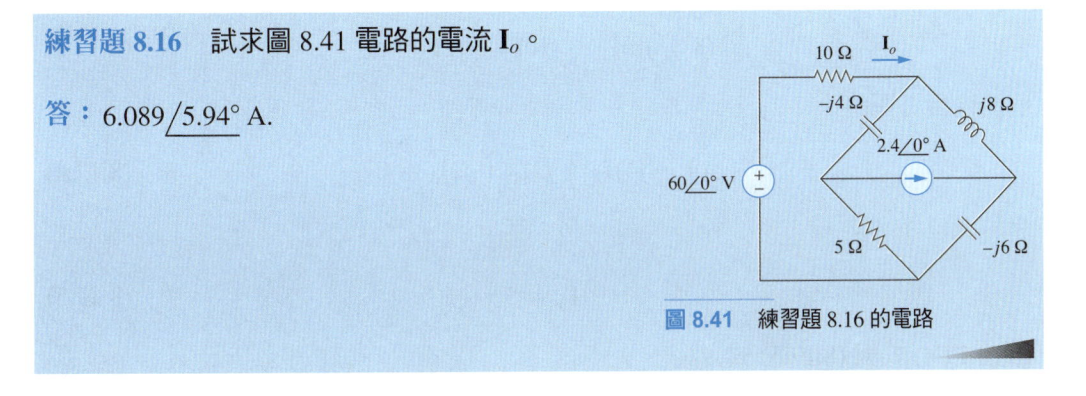

練習題 8.16 試求圖 8.41 電路的電流 I_o。

答:$6.089\underline{/5.94°}$ A.

圖 8.41 練習題 8.16 的電路

8.11 重疊定理

　　由於交流電路是線性電路的,所以重疊定理在交流電路中的應用與在直流電路中之使用是相同的。若電路工作在不同頻率電源下,則重疊定理更為重要。在此情況下,因阻抗由頻率決定,因此對不同的頻率須採用不同的頻域等效電路。其總響應為時域中各單獨響應之和。在相量域或頻域中去加總響應是不對的。為什麼?因為在正弦分析中,指數因子 $e^{j\omega t}$ 是隱藏的,且其在不同的角頻率 ω,該因子是變化的。因此,在相量域中不同頻率響應的累加是沒有意義的。亦即,當電路中有不同頻率工作的電源時，必須在時間領域中完成各頻率響應之和。

範例 8.17 利用重疊定理，試求圖 8.37 電路的 I_o。

解：令

$$I_o = I'_o + I''_o \tag{8.17.1}$$

其中 I'_o 與 I''_o 分別為由電壓源與電流源所引起的電流。如圖 8.42(a) 所示電路，為了求解 I'_o。假如設 Z 為 $-j2$ 與 $8+j10$ 的並聯阻抗，則

$$Z = \frac{-j2(8+j10)}{-2j+8+j10} = 0.25 - j2.25$$

及電流 I'_o 為

$$I'_o = \frac{j20}{4-j2+Z} = \frac{j20}{4.25-j4.25}$$

即

$$I'_o = -2.353 + j2.353 \tag{8.17.2}$$

為了求解 I''_o，考慮如圖 8.42(b) 所示之電路。對於網目 1 迴路，

$$(8+j8)I_1 - j10I_3 + j2I_2 = 0 \tag{8.17.3}$$

對於網目 2 迴路，

$$(4-j4)I_2 + j2I_1 + j2I_3 = 0 \tag{8.17.4}$$

對於網目 3 迴路，

$$I_3 = 5 \tag{8.17.5}$$

由 (8.17.4) 式與 (8.17.5) 式，

$$(4-j4)I_2 + j2I_1 + j10 = 0$$

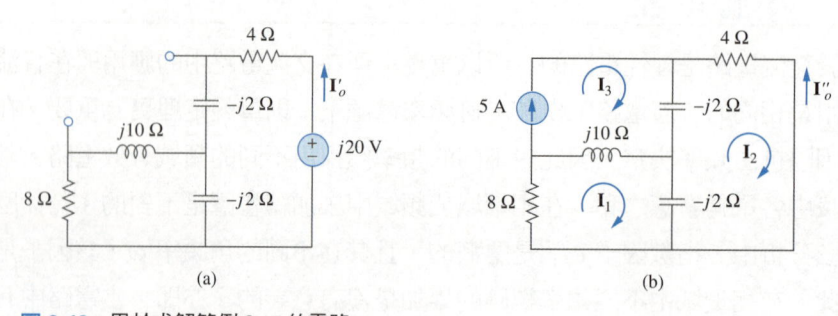

圖 8.42 用於求解範例 8.17 的電路

利用 $\mathbf{I}_2$ 表示 $\mathbf{I}_1$ 得

$$\mathbf{I}_1 = (2 + j2)\mathbf{I}_2 - 5 \tag{8.17.6}$$

將 (8.17.5) 式與 (8.17.6) 式代入 (8.17.3) 式可得

$$(8 + j8)[(2 + j2)\mathbf{I}_2 - 5] - j50 + j2\mathbf{I}_2 = 0$$

即

$$\mathbf{I}_2 = \frac{90 - j40}{34} = 2.647 - j1.176$$

則電流 $\mathbf{I}''_o$ 為

$$\mathbf{I}''_o = -\mathbf{I}_2 = -2.647 + j1.176 \tag{8.17.7}$$

由 (8.17.2) 式與 (8.17.7) 式，可得

$$\mathbf{I}_o = \mathbf{I}'_o + \mathbf{I}''_o = -5 + j3.529 = 6.12\underline{/144.78°}\ \text{A}$$

與範例 8.15 所得到的結果相同。可看出使用重疊定理來求解此例並非最好的。利用重疊定理來求解比用原電路求解難一倍。然而，在範例 8.18 中，利用重疊定理求解是明顯容易的方法。

練習題 8.17 利用重疊定理，試求圖 8.38 電路的電流 $\mathbf{I}_o$。

答：$5.97\underline{/65.45°}$ A.

範例 8.18

利用重疊定理，試求圖 8.43 電路的 v_o。

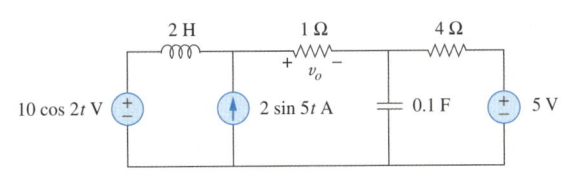

圖 8.43 範例 8.18 的電路

解：由於電路工作在三個不同的頻率下 (直流電壓源 $\omega = 0$)，求解的方法之一是利用重疊定理，將所求的響應分解為三個單獨頻率響應。因此，令

$$v_o = v_1 + v_2 + v_3 \tag{8.18.1}$$

其中 v_1 是由 5 V 直流電壓源引起的響應，v_2 是由 10 cos 2t V 電壓源引起的響應，v_3 為由 2 sin 5t A 電流源所引起之響應。

求 v_1 時，須將 5 V 直流源以外的其他電源均設為零。在此直流穩態下，電容器為開路，電感器為短路。或者由另一方面看，因 $\omega = 0$，所以 $j\omega L = 0$，$1/j\omega C = \infty$，此時的等效電路如圖 8.44(a) 所示。由分壓可得

$$-v_1 = \frac{1}{1+4}(5) = 1 \text{ V} \tag{8.18.2}$$

求 v_2 時，需將 5 V 直流源與 2 sin 5t A 電流源設為零，並將該電路轉換到頻域。

$$10 \cos 2t \Rightarrow 10\underline{/0°}, \quad \omega = 2 \text{ rad/s}$$
$$2 \text{ H} \Rightarrow j\omega L = j4 \text{ }\Omega$$
$$0.1 \text{ F} \Rightarrow \frac{1}{j\omega C} = -j5 \text{ }\Omega$$

等效電路，如圖 8.44(b) 所示。令

$$\mathbf{Z} = -j5 \parallel 4 = \frac{-j5 \times 4}{4 - j5} = 2.439 - j1.951$$

由分壓，

$$\mathbf{V}_2 = \frac{1}{1 + j4 + \mathbf{Z}}(10\underline{/0°}) = \frac{10}{3.439 + j2.049} = 2.498\underline{/-30.79°}$$

轉換至時域，

$$v_2 = 2.498 \cos(2t - 30.79°) \tag{8.18.3}$$

求 v_3，須將電壓源設為零，並將電路轉換至頻域。

$$2 \sin 5t \Rightarrow 2\underline{/-90°}, \quad \omega = 5 \text{ rad/s}$$
$$2 \text{ H} \Rightarrow j\omega L = j10 \text{ }\Omega$$
$$0.1 \text{ F} \Rightarrow \frac{1}{j\omega C} = -j2 \text{ }\Omega$$

等效電路，如圖 8.44(c) 所示。令

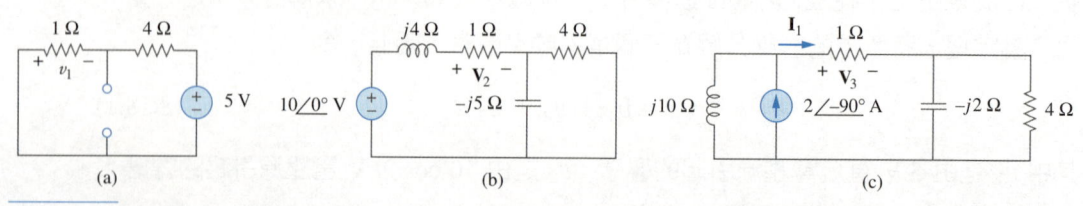

圖 8.44 求解範例 8.18 的電路：(a) 除 5 V 直流源外其他電源均設為零，(b) 除交流電壓源外其他電源均設為零，(c) 除交流電流源外其他電源均設為零

$$\mathbf{Z}_1 = -j2 \parallel 4 = \frac{-j2 \times 4}{4 - j2} = 0.8 - j1.6 \ \Omega$$

由分流,

$$\mathbf{I}_1 = \frac{j10}{j10 + 1 + \mathbf{Z}_1}(2\underline{/-90°}) \ \text{A}$$

$$\mathbf{V}_3 = \mathbf{I}_1 \times 1 = \frac{j10}{1.8 + j8.4}(-j2) = 2.328\underline{/-80°} \ \text{V}$$

轉換至時域為

$$v_3 = 2.33\cos(5t - 80°) = 2.33\sin(5t + 10°) \ \text{V} \tag{8.18.4}$$

將 (8.18.2) 式至 (8.18.4) 式代入 (8.18.1) 式,可得

$$v_o(t) = -1 + 2.498\cos(2t - 30.79°) + 2.33\sin(5t + 10°) \ \text{V}$$

練習題 8.18 利用重疊定理,試求圖 8.45 電路的 v_o。

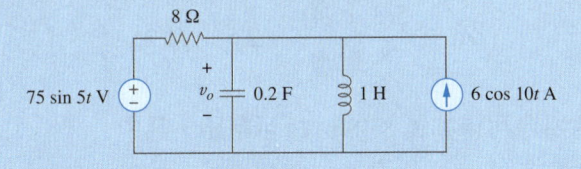

圖 8.45 練習題 8.18 的電路

答: $11.577\sin(5t - 81.12°) + 3.154\cos(10t - 86.24°)$ V.

8.12 電源變換

如圖 8.46 所示,在頻域中的電源變換包括電壓源與阻抗串聯轉換為電流源與阻抗並聯,反之亦然。當由一種電源形式轉換至另一種電源形式時,須牢記以下的關係:

$$\boxed{\mathbf{V}_s = \mathbf{Z}_s \mathbf{I}_s \quad \Leftrightarrow \quad \mathbf{I}_s = \frac{\mathbf{V}_s}{\mathbf{Z}_s}} \tag{8.70}$$

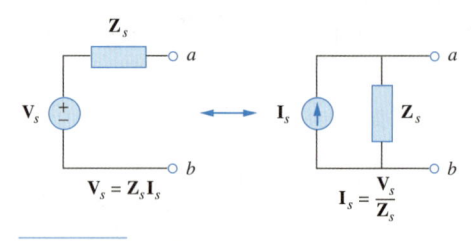

圖 8.46　電源變換

範例 8.19　利用電源變換的方法，試求圖 8.47 電路的 V_x。

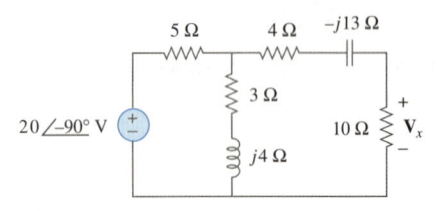

解： 轉換電壓源為電流源得到如圖 8.48(a) 所示電路，其中

$$\mathbf{I}_s = \frac{20\underline{/-90°}}{5} = 4\underline{/-90°} = -j4 \text{ A}$$

圖 8.47　範例 8.19 的電路

5 Ω 電阻與 (3 + j4) 阻抗並聯可得

$$\mathbf{Z}_1 = \frac{5(3+j4)}{8+j4} = 2.5 + j1.25 \text{ Ω}$$

將電流源變換為電壓源可得如圖 8.48(b) 所示電路，其中

$$\mathbf{V}_s = \mathbf{I}_s \mathbf{Z}_1 = -j4(2.5 + j1.25) = 5 - j10 \text{ V}$$

由分壓定理可知，

$$\mathbf{V}_x = \frac{10}{10 + 2.5 + j1.25 + 4 - j13}(5 - j10) = 5.519\underline{/-28°} \text{ V}$$

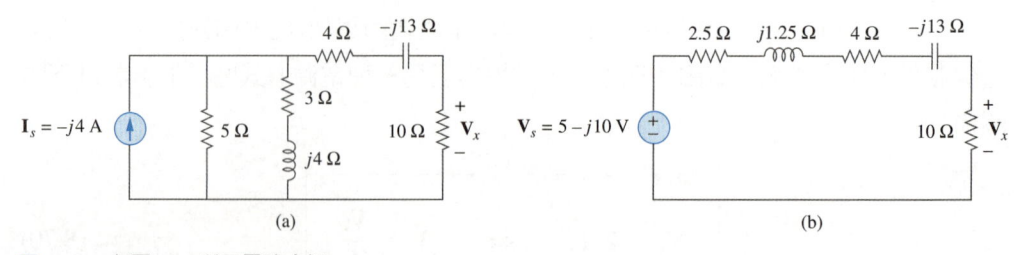

圖 8.48　在圖 8.47 所示電路之解

練習題 8.19 利用電源變換的觀念，試求圖 8.49 電路的 $\mathbf{I}_o$。

答：$9.863\underline{/99.46°}$ A.

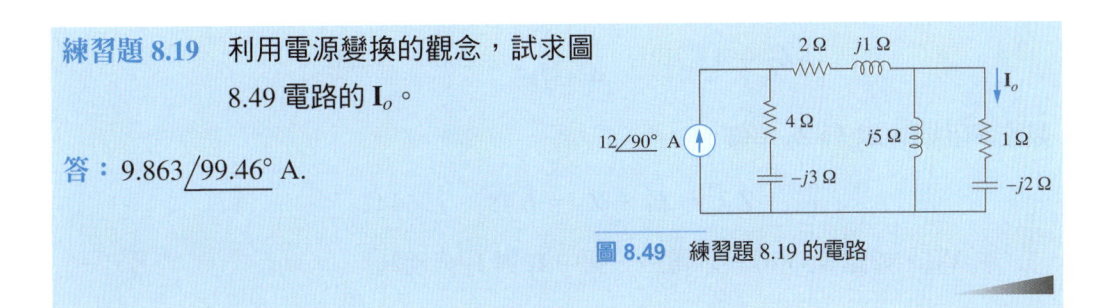

圖 8.49 練習題 8.19 的電路

8.13 戴維寧與諾頓等效電路

戴維寧定理與諾頓定理在交流電路中的應用與在直流電路中的應用是相同的。唯一不同的是需進行複數運算。戴維寧等效電路的頻域形成，如圖 8.50 所示，圖中的線性電路可用一個電壓源與其相應之阻抗相串聯來取代。諾頓等效電路，如圖 8.51 所示，圖中的線性電路可用一個電流源與其相應之阻抗並聯來取代。請記住：上述二種等效電路間的關係為

$$\mathbf{V}_{Th} = \mathbf{Z}_N \mathbf{I}_N, \qquad \mathbf{Z}_{Th} = \mathbf{Z}_N \tag{8.71}$$

如同電源變換。其中 $\mathbf{V}_{Th}$ 為開路電壓，而 $\mathbf{I}_N$ 為短路電流。

若電路在不同的電源頻率下工作 (如範例 8.18 所示)，須在每一頻率下決定出其戴維寧或諾頓的等效電路。如此，每個頻率下會對應出其相應的等效電路，而非由等效電源及等效阻抗所組成的一個等效電路。

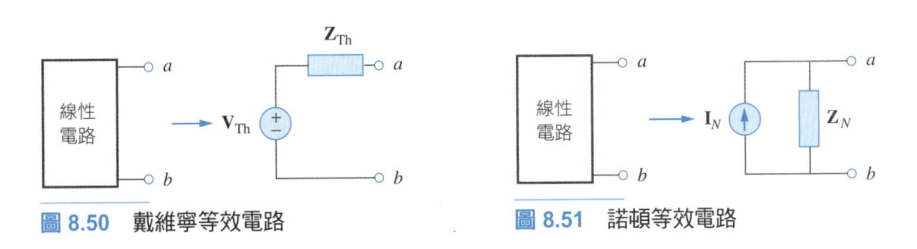

圖 8.50 戴維寧等效電路

圖 8.51 諾頓等效電路

範例 8.20

試求圖 8.52 電路中 a-b 二端的戴維寧等效電路。

解：將電壓源設為零，求出 $\mathbf{Z}_{Th}$。如圖 8.53(a) 所示，8 Ω 電阻與 $-j6$ 電抗相並聯，阻抗為

$$\mathbf{Z}_1 = -j6 \parallel 8 = \frac{-j6 \times 8}{8 - j6} = 2.88 - j3.84 \ \Omega$$

同理，4 Ω 電阻與 $j12$ 電抗相並聯，可得阻抗為

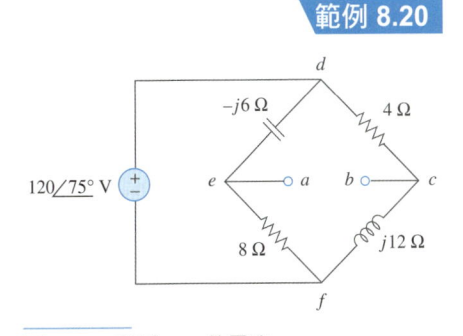

圖 8.52 範例 8.20 的電路

$$\mathbf{Z}_2 = 4 \parallel j12 = \frac{j12 \times 4}{4 + j12} = 3.6 + j1.2 \; \Omega$$

戴維寧阻抗為 $\mathbf{Z}_1$ 與 $\mathbf{Z}_2$ 串聯，

$$\mathbf{Z}_{Th} = \mathbf{Z}_1 + \mathbf{Z}_2 = 6.48 - j2.64 \; \Omega$$

求 $\mathbf{V}_{Th}$，如圖 8.53(b) 所示電路，圖中 $\mathbf{I}_1$ 與 $\mathbf{I}_2$ 分別為

$$\mathbf{I}_1 = \frac{120\underline{/75°}}{8 - j6} \; \text{A}, \qquad \mathbf{I}_2 = \frac{120\underline{/75°}}{4 + j12} \; \text{A}$$

由 KVL，如圖 8.53(b) 所示電路中的迴路 *bcdeab*，可得

$$\mathbf{V}_{Th} - 4\mathbf{I}_2 + (-j6)\mathbf{I}_1 = 0$$

於是

$$\begin{aligned}
\mathbf{V}_{Th} = 4\mathbf{I}_2 + j6\mathbf{I}_1 &= \frac{480\underline{/75°}}{4 + j12} + \frac{720\underline{/75° + 90°}}{8 - j6} \\
&= 37.95\underline{/3.43°} + 72\underline{/201.87°} \\
&= -28.936 - j24.55 = 37.95\underline{/220.31°} \; \text{V}
\end{aligned}$$

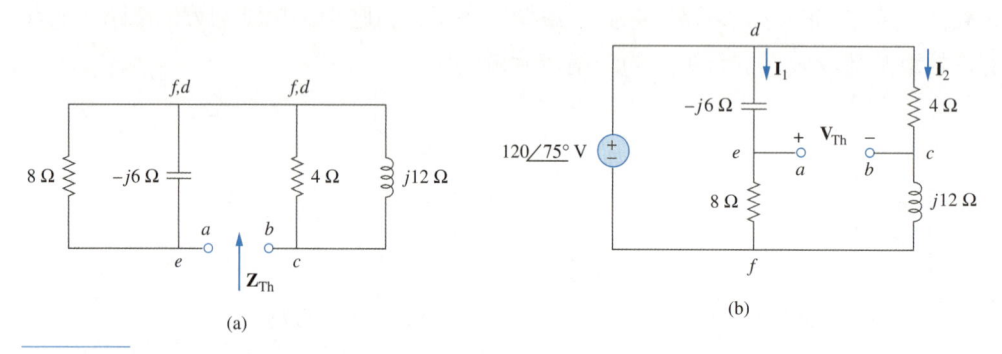

圖 8.53 用於求解圖 8.52 所示電路：(a) 求 $\mathbf{Z}_{Th}$，(b) 求 $\mathbf{V}_{Th}$

練習題 8.20 試求圖 8.54 電路中，在 *a-b* 二端的戴維寧等效電路。

答：$\mathbf{Z}_{Th} = 12.4 - j3.2 \; \Omega$，
$\mathbf{V}_{Th} = 63.24\underline{/-51.57°} \; \text{V}$.

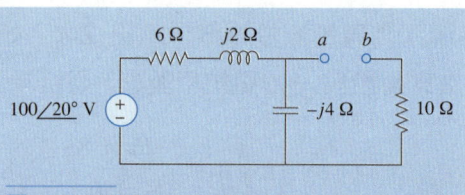

圖 8.54 練習題 8.20 的電路

範例 8.21

試求圖 8.55 電路中，由 *a-b* 二端看進去的戴維寧等效電路。

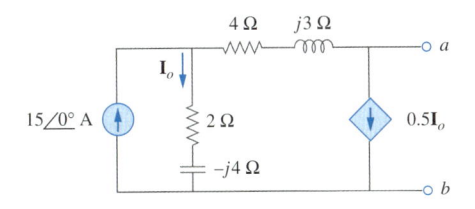

圖 8.55 範例 8.21 的電路

解：求 $\mathbf{V}_{Th}$，如圖 8.56(a) 所示電路中節點 1，由 KCL 可得

$$15 = \mathbf{I}_o + 0.5\mathbf{I}_o \quad \Rightarrow \quad \mathbf{I}_o = 10 \text{ A}$$

由 KVL，如圖 8.56(a) 所示電路之右邊迴路，可得

$$-\mathbf{I}_o(2 - j4) + 0.5\mathbf{I}_o(4 + j3) + \mathbf{V}_{Th} = 0$$

即

$$\mathbf{V}_{Th} = 10(2 - j4) - 5(4 + j3) = -j55$$

因此，戴維寧電壓為

$$\mathbf{V}_{Th} = 55\underline{/-90°} \text{ V}$$

求 $\mathbf{Z}_{Th}$，須將獨立電源移去。因有電流控制之電流源，所以需在 *a-b* 二端接上一個 3 A 的電流源 (3 A 是為了便於運算所取的任意值，為可被流出節點之總電流整除的數)，如圖 8.56(b) 所示。在該節點，由 KCL 可得

$$3 = \mathbf{I}_o + 0.5\mathbf{I}_o \quad \Rightarrow \quad \mathbf{I}_o = 2 \text{ A}$$

如圖 8.56(b) 中之外圍迴路，由 KVL 可得

$$\mathbf{V}_s = \mathbf{I}_o(4 + j3 + 2 - j4) = 2(6 - j)$$

則戴維寧等效阻抗為

$$\mathbf{Z}_{Th} = \frac{\mathbf{V}_s}{\mathbf{I}_s} = \frac{2(6 - j)}{3} = 4 - j0.6667 \text{ Ω}$$

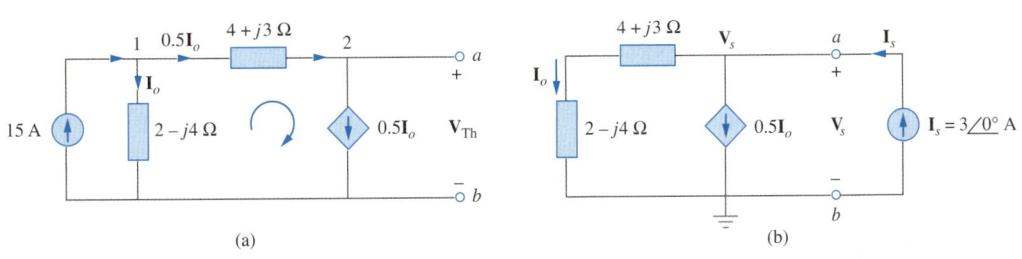

圖 8.56 用於求解圖 8.55 所示電路：(a) 求 $\mathbf{V}_{Th}$，(b) 求 $\mathbf{Z}_{Th}$

練習題 8.21 試求圖 8.57 電路中，從 $a\text{-}b$ 二端看進去的戴維寧等效電路。

答：$\mathbf{Z}_{Th} = 4.473\underline{/-7.64°}\ \Omega$，$\mathbf{V}_{Th} = 7.35\underline{/72.9°}\ \text{V}$。

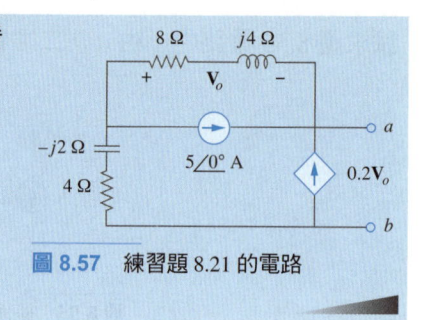

圖 8.57 練習題 8.21 的電路

範例 8.22 利用諾頓定理，試求圖 8.58 電路的電流 $\mathbf{I}_o$。

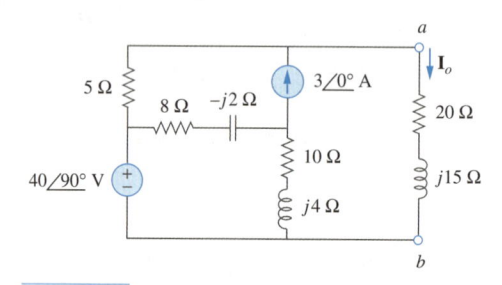

圖 8.58 範例 8.22 的電路

解：首先需決定 $a\text{-}b$ 二端的諾頓等效電路。$\mathbf{Z}_N$ 的求法與 $\mathbf{Z}_{Th}$ 相同。將各電源設為零，可得如圖 8.59(a) 所示之電路。由圖中明顯得知，阻抗 $(8-j2)$ 與 $(10+j4)$ 被短路，於是

$$\mathbf{Z}_N = 5\ \Omega$$

求 $\mathbf{I}_N$，將 $a\text{-}b$ 點短路，如圖 8.59(b) 所示，並利用網目分析法求解。應注意網目 2 與網目 3 形成一個超網目，因電流源存在其間。網目 1，有

$$-j40 + (18+j2)\mathbf{I}_1 - (8-j2)\mathbf{I}_2 - (10+j4)\mathbf{I}_3 = 0 \tag{8.22.1}$$

對超網目，

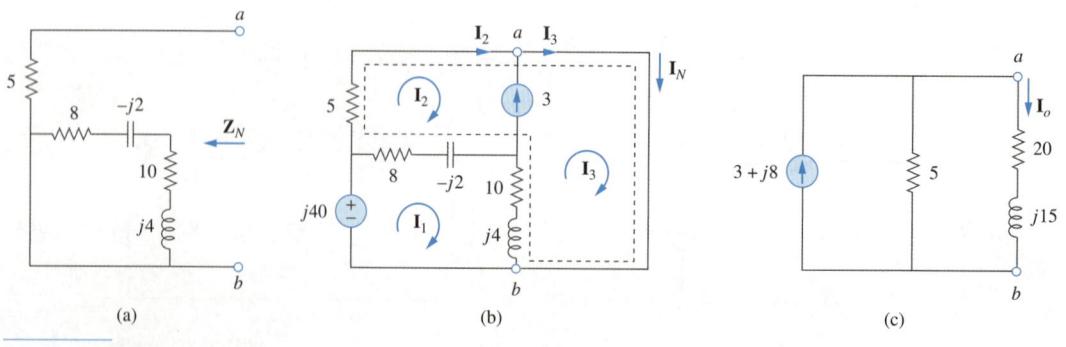

圖 8.59 求解圖 8.58 所示電路：(a) 求 $\mathbf{Z}_N$，(b) 求 $\mathbf{V}_N$，(c) 計算 $\mathbf{I}_o$

$$(13 - j2)\mathbf{I}_2 + (10 + j4)\mathbf{I}_3 - (18 + j2)\mathbf{I}_1 = 0 \tag{8.22.2}$$

在節點 a 處，因網目 2 與網目 3 間有電流存在，於是

$$\mathbf{I}_3 = \mathbf{I}_2 + 3 \tag{8.22.3}$$

將 (8.22.1) 式和 (8.22.2) 式相加，可得

$$-j40 + 5\mathbf{I}_2 = 0 \quad \Rightarrow \quad \mathbf{I}_2 = j8$$

由 (8.22.3) 式，

$$\mathbf{I}_3 = \mathbf{I}_2 + 3 = 3 + j8$$

則諾頓電流

$$\mathbf{I}_N = \mathbf{I}_3 = (3 + j8) \text{ A}$$

圖 8.59(c) 顯示出諾頓等效電路及 a-b 二端的負載阻抗。由分流，

$$\mathbf{I}_o = \frac{5}{5 + 20 + j15}\mathbf{I}_N = \frac{3 + j8}{5 + j3} = 1.465\underline{/38.48°} \text{ A}$$

練習題 8.22 試求圖 8.60 電路中，由 a-b 二端看進去的諾頓等效電路，並利用所求出的等效電路求 $\mathbf{I}_o$。

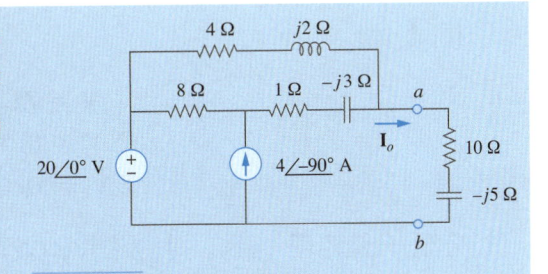

圖 8.60　練習題 8.22 的電路

答：$\mathbf{Z}_N = 3.176 + j0.706\ \Omega$, $\mathbf{I}_N = 8.396\underline{/-32.68°}$ A, $\mathbf{I}_o = 1.9714\underline{/-2.10°}$ A.

8.14　總結

1. 弦波信號是具有正弦函數或餘弦函數形式的信號，一般表示式為

$$v(t) = V_m \cos(\omega t + \phi)$$

其中 V_m 為振幅，$\omega = 2\pi f$ 為角頻率，$(\omega t + \phi)$ 為相幅角，ϕ 為相位角。

2. 相量為一複數可用以表示弦波信號的振幅大小與相位角。已知弦波信號 $v(t) = V_m \cos(\omega t + \phi)$，則相量 $\mathbf{V}$ 為

$$\mathbf{V} = V_m\underline{/\phi}$$

3. 交流電路中，相電壓與相電流在任何時刻是固定的。若 $v(t) = V_m \cos(\omega t + \phi_v)$ 表示元件二端的電壓，$i(t) = I_m \cos(\omega t + \phi_i)$ 表示流過該元件之電流，當元件為電阻器時，則 $\phi_i = \phi_v$。當元件為電容器時，ϕ_i 超前於 ϕ_v 90°；當元件為電感器時，則 ϕ_i 滯後於 ϕ_v 90°。

4. 電路的阻抗 **Z** 等於該電路二端的相電壓與流過它的相電流之比：

$$\mathbf{Z} = \frac{\mathbf{V}}{\mathbf{I}} = R(\omega) + jX(\omega)$$

阻抗的倒數為導納 **Y**：

$$\mathbf{Y} = \frac{1}{\mathbf{Z}} = G(\omega) + jB(\omega)$$

串並聯阻抗合併計算與電阻串並聯的計算方式相同，串聯阻抗相加，並聯導納相加。

5. 電阻器之阻抗 $\mathbf{Z} = R$，電感器之阻抗 $\mathbf{Z} = jX = j\omega L$，電容器之阻抗 $\mathbf{Z} = -jX = 1/j\omega C$。

6. 基本電路定律 (歐姆定律和克希荷夫定律) 運用在交流電路與運用在直流電路相同，即

$$\mathbf{V} = \mathbf{ZI}$$
$$\Sigma \mathbf{I}_k = 0 \quad \text{(KCL)}$$
$$\Sigma \mathbf{V}_k = 0 \quad \text{(KVL)}$$

7. 分壓/分流定理、阻抗/導納之串聯/並聯、電路化簡，以及 Y-Δ 轉換等均可適用於交流電路分析。

8. 節點與網目分析法用於交流電路是利用 KCL 與 KVL 之電路的相量形式。

9. 求電路的穩態響應時，若電路中含有不同頻率的多個獨立電源，則每個獨立電源須分別考慮。分析此類電路最直接的方法是運用重疊定理。對應於不同頻率的相量電路須單獨求解，並將其對應的響應轉為時域。電路的總響應為各個相量電路之時域響應的總和。

10. 電源轉換的觀念同樣適用於頻域。

11. 交流電路之戴維寧等效電路，由等效電壓源 $\mathbf{V}_{Th}$ 與戴維寧阻抗 $\mathbf{Z}_{Th}$ 相串聯所組成。

12. 交流電路之諾頓等效電路，由等效電流源 $\mathbf{I}_N$ 與諾頓阻抗 $\mathbf{Z}_N$ ($=\mathbf{Z}_{Th}$) 相並聯所組成。

複習題

8.1 下列哪一項不是正確地表示弦波信號 $A \cos \omega t$？
(a) $A \cos 2\pi ft$ (b) $A \cos(2\pi t/T)$
(c) $A \cos \omega(t-T)$ (d) $A \sin(\omega t - 90°)$

8.2 一函數以固定間隔重複本身者稱之為：
(a) 相量 (b) 諧波 (c) 週期性的 (d) 反應

8.3 下列哪一個頻率有較短週期？
(a) 1 krad/s (b) 1 kHz

8.4 若 $v_1 = 30 \sin(\omega t + 10°)$，$v_2 = 20 \sin(\omega t + 50°)$，下列敘述何者正確？
(a) v_1 超前 v_2 (b) v_2 超前 v_1
(c) v_2 滯後 v_1 (d) v_1 滯後 v_2
(e) v_1 與 v_2 同相

8.5 電感器二端的電壓超前流過它的電流 $90°$。
(a) 對 (b) 錯

8.6 阻抗的虛部稱為：
(a) 電阻 (b) 導納
(c) 電納 (d) 電導
(e) 電抗

8.7 電容器的阻抗會隨著頻率的增加而增加。
(a) 對 (b) 錯

8.8 在圖 8.61 電路中，在什麼頻率下輸出電壓 $v_o(t)$ 等於輸入電壓 $v(t)$？
(a) 0 rad/s (b) 1 rad/s
(c) 4 rad/s (d) ∞ rad/s
(e) 以上皆非

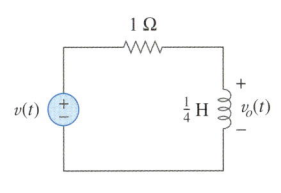

圖 **8.61** 複習題 8.8 的電路

8.9 某 RC 串聯電路 $|V_R| = 12$ V 且 $|V_C| = 5$ V，則其供應電壓的振幅為：
(a) -7 V (b) 7 V (c) 13 V (d) 17 V

8.10 某 RLC 串聯電路 $R = 30\ \Omega$、$X_C = 50\ \Omega$ 及 $X_L = 90\ \Omega$，則電路的阻抗為：
(a) $30 + j140\ \Omega$ (b) $30 + j40\ \Omega$
(c) $30 - j40\ \Omega$ (d) $-30 - j40\ \Omega$
(e) $-30 + j40\ \Omega$

8.11 圖 8.62 電路中，電容器二端的電壓 $\mathbf{V}_o$ 為：
(a) $5 \underline{/0°}$ V (b) $7.071 \underline{/45°}$ V
(c) $7.071 \underline{/-45°}$ (d) $5 \underline{/-45°}$ V

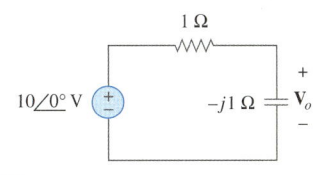

圖 **8.62** 複習題 8.11 的電路

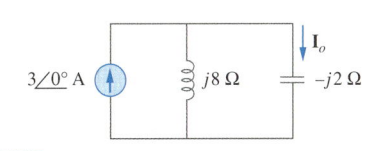

8.12 圖 8.63 電路的電流 $\mathbf{I}_o$ 為：
(a) $4 \underline{/0°}$ A (b) $2.4 \underline{/-90°}$ A
(c) $0.6 \underline{/0°}$ A (d) -1 A

圖 **8.63** 複習題 8.12 的電路

8.13 利用節點分析法，試求圖 8.64 電路的 $\mathbf{V}_o$ 為：
(a) -24 V (b) 8 V (c) 8 V (d) 24 V

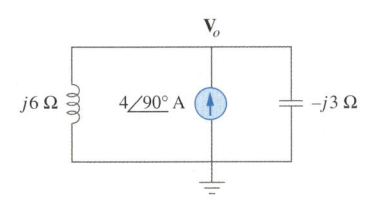

圖 **8.64** 複習題 8.13 的電路

8.14 圖 8.65 電路的電流 $i(t)$ 為：
(a) $10 \cos t$ A (b) $10 \sin t$ A
(c) $5 \cos t$ A (d) $5 \sin t$ A
(e) $4.472 \cos(t - 63.43°)$ A

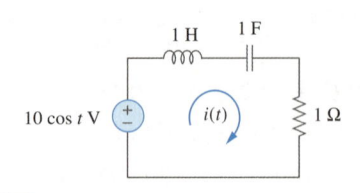

圖 8.65　複習題 8.14 的電路

8.15 圖 8.66 電路中，具有二個電源且頻率不同，則電流 $i_x(t)$ 可用哪一種方式得到：
(a) 電源變化
(b) 重疊定理
(c) PSpice

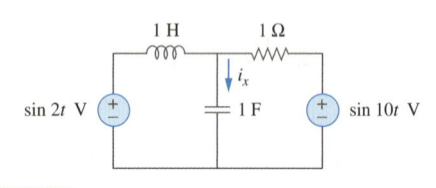

圖 8.66　複習題 8.15 的電路

8.16 圖 8.67 電路中，由 a-b 二端看進去的戴維寧等效阻抗為：
(a) 1 Ω　　　　　　(b) $0.5 - j0.5$ Ω
(c) $0.5 + j0.5$ Ω　(d) $1 + j2$ Ω
(e) $1 - j2$ Ω

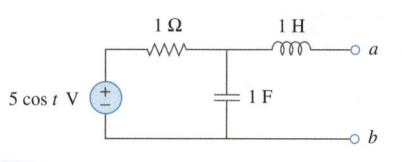

圖 8.67　複習題 8.16 和 8.17 的電路

8.17 圖 8.67 電路中，在 a-b 二端之戴維寧電壓為：
(a) $3.535\underline{/-45°}$ V　(b) $3.535\underline{/45°}$ V
(c) $7.071\underline{/-45°}$ V　(d) $7.071\underline{/45°}$ V

8.18 圖 8.68 電路中，由 a-b 二端看進去的諾頓等效阻抗為：
(a) $-j4$ Ω　(b) $-j2$ Ω　(c) $j2$ Ω　(d) $j4$ Ω

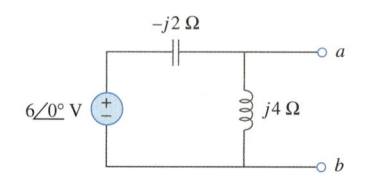

圖 8.68　複習題 8.18 和 8.19 的電路

8.19 圖 8.68 電路中，在 a-b 二端的諾頓電流為：
(a) $1\underline{/0°}$ A　　(b) $1.5\underline{/-90°}$ A
(c) $1.5\underline{/90°}$ A　(d) $3\underline{/90°}$ A

答：8.1 d，　8.2 c，　8.3 b，　8.4 b,d，　8.5 a，　8.6 e，
8.7 b，　8.8 d，　8.9 c，　8.10 b，　8.11 c，　8.12 a，　8.13 d，
8.14 a，　8.15 b，　8.16 c，　8.17 a，　8.18 a，　8.19 d

習題

8.2 節　弦波信號

8.1 已知弦波電壓 $v(t) = 50\cos(30t + 10°)$ V，試求：(a) 振幅 V_m，(b) 週期 T，(c) 頻率 f，(d) 在 $t = 10$ ms 時的 $v(t)$。

8.2 某線性電路中的電流源為：
$$i_s = 15\cos(25\pi t + 25°) \text{ A}$$
(a) 該電流的振幅為多少？
(b) 其角頻率為多少？
(c) 試求電流的頻率。
(d) 試計算 $t = 2$ ms 時的 i_s。

8.3 試將下列函數表示為餘弦函數之形式：
(a) $10\sin(\omega t + 30°)$
(b) $-9\sin(8t)$
(c) $-20\sin(\omega t + 45°)$

8.4 試設計一個問題幫助其他學生更瞭解弦波函數。

8.5 已知 $v_1 = 45\sin(\omega t + 30°)$ V 且 $v_2 = 50\cos(\omega t - 30°)$ V，試計算這二個弦波信號間的相位角及哪個是滯後的？

8.6 以下各組弦波信號，試計算哪一個是超前的及超前多少？

(a) $v(t) = 10\cos(4t - 60°)$ 和
$i(t) = 4\sin(4t + 50°)$

(b) $v_1(t) = 4\cos(377t + 10°)$ 和
$v_2(t) = -20\cos 377t$

(c) $x(t) = 13\cos 2t + 5\sin 2t$ 和
$y(t) = 15\cos(2t - 11.8°)$

8.3 節　相量

8.7 若 $f(\phi) = \cos\phi + j\sin\phi$，試證明 $f(\phi) = e^{j\phi}$。

8.8 試計算下列各複數，並將計算結果表示為直角坐標形式：

(a) $\dfrac{60\underline{/45°}}{7.5 - j10} + j2$

(b) $\dfrac{32\underline{/-20°}}{(6-j8)(4+j2)} + \dfrac{20}{-10+j24}$

(c) $20 + (16\underline{/-50°})(5 + j12)$

8.9 試計算下列複數，並將計算結果表示為極坐標形式：

(a) $5\underline{/30°}\left(6 - j8 + \dfrac{3\underline{/60°}}{2+j}\right)$

(b) $\dfrac{(10\underline{/60°})(35\underline{/-50°})}{(2+j6) - (5+j)}$

8.10 試設計一個問題幫助其他學生更瞭解相量。

8.11 試求下列各信號所對應的相量：

(a) $v(t) = 21\cos(4t - 15°)$ V

(b) $i(t) = -8\sin(10t + 70°)$ mA

(c) $v(t) = 120\sin(10t - 50°)$ V

(d) $i(t) = -60\cos(30t + 10°)$ mA

8.12 令 $\mathbf{X} = 4\underline{/40°}$ 且 $\mathbf{Y} = 20\underline{/-30°}$，試計算以下各量，並將結果表示為極坐標形式：

(a) $(\mathbf{X} + \mathbf{Y})\mathbf{X}^*$　(b) $(\mathbf{X} - \mathbf{Y})^*$

(c) $(\mathbf{X} + \mathbf{Y})/\mathbf{X}$

8.13 試計算下列複數：

(a) $\dfrac{2+j3}{1-j6} + \dfrac{7-j8}{-5+j11}$

(b) $\dfrac{(5\underline{/10°})(10\underline{/-40°})}{(4\underline{/-80°})(-6\underline{/50°})}$

(c) $\begin{vmatrix} 2+j3 & -j2 \\ -j2 & 8-j5 \end{vmatrix}$

8.14 試化簡下列表示式：

(a) $\dfrac{(5-j6) - (2+j8)}{(-3+j4)(5-j) + (4-j6)}$

(b) $\dfrac{(240\underline{/75°} + 160\underline{/-30°})(60 - j80)}{(67 + j84)(20\underline{/32°})}$

(c) $\left(\dfrac{10+j20}{3+j4}\right)^2 \sqrt{(10+j5)(16-j20)}$

8.15 試計算下列各行列式的值：

(a) $\begin{vmatrix} 10+j6 & 2-j3 \\ -5 & -1+j \end{vmatrix}$

(b) $\begin{vmatrix} 20\underline{/-30°} & -4\underline{/-10°} \\ 16\underline{/0°} & 3\underline{/45°} \end{vmatrix}$

(c) $\begin{vmatrix} 1-j & -j & 0 \\ j & 1 & -j \\ 1 & j & 1+j \end{vmatrix}$

8.16 試將下列各弦波信號轉換為相量：

(a) $-20\cos(4t + 135°)$

(b) $8\sin(20t + 30°)$

(c) $20\cos(2t) + 15\sin(2t)$

8.17 二個電壓 v_1 與 v_2 相串聯，則其和為 $v = v_1 + v_2$。若 $v_1 = 10\cos(50t - \pi/3)$ V，且 $v_2 = 12\cos(50t + 30°)$ V，試求 v。

8.18 試求下列各相量其所對應的弦波信號：

(a) $\mathbf{V}_1 = 60\underline{/15°}$ V，$\omega = 1$

(b) $\mathbf{V}_2 = 6 + j8$ V，$\omega = 40$

(c) $\mathbf{I}_1 = 2.8e^{-j\pi/3}$ A，$\omega = 377$

(d) $\mathbf{I}_2 = -0.5 - j1.2$ A，$\omega = 10^3$

8.19 利用相量，試計算下列各式的值：

(a) $3\cos(20t + 10°) - 5\cos(20t - 30°)$

(b) $40\sin 50t + 30\cos(50t - 45°)$

(c) $20\sin 400t + 10\cos(400t + 60°)$
　　$- 5\sin(400t - 20°)$

8.20 某線性網路的輸入電流為 $7.5\cos(10t+30°)$ A，以及輸出電壓為 $120\cos(10t+75°)$ V，試求其對應的阻抗。

8.21 試化簡下列各式：

(a) $f(t) = 5\cos(2t+15°) - 4\sin(2t-30°)$

(b) $g(t) = 8\sin t + 4\cos(t+50°)$

(c) $h(t) = \int_0^t (10\cos 40t + 50\sin 40t)\,dt$

8.22 已知一交流電壓 $v(t) = 55\cos(5t+45°)$ V，試利用相量求解：

$$10v(t) + 4\frac{dv}{dt} - 2\int_{-\infty}^t v(t)\,dt$$

假設 $t = -\infty$ 時的積分值為 0。

8.23 利用相量分析，試計算下列各式：

(a) $v = [110\sin(20t+30°) + 220\cos(20t-90°)]$ V

(b) $i = [30\cos(5t+60°) - 20\sin(5t+60°)]$ A

8.24 利用相量法，試求下列積微分方程中的 $v(t)$：

(a) $v(t) + \int v\,dt = 10\cos t$

(b) $\frac{dv}{dt} + 5v(t) + 4\int v\,dt = 20\sin(4t+10°)$

8.25 利用相量法，試計算下列方程式的 $i(t)$：

(a) $2\frac{di}{dt} + 3i(t) = 4\cos(2t-45°)$

(b) $10\int i\,dt + \frac{di}{dt} + 6i(t) = 5\cos(5t+22°)$ A

8.26 已知某 RLC 串聯電路的迴路方程式為：

$$\frac{di}{dt} + 2i + \int_{-\infty}^t i\,dt = \cos 2t \text{ A}$$

假設 $t = -\infty$ 時積分值為 0，試利用相量法求解 $i(t)$。

8.27 某 RLC 並聯電路的節點方程式為：

$$\frac{dv}{dt} + 50v + 100\int v\,dt = 110\cos(377t-10°) \text{ V}$$

假定 $t = -\infty$ 時的積分值為 0，試利用相量法求解 $v(t)$。

8.4 節　電路元件之相量關係

8.28 試計算流過一 8 Ω 電阻器的電流，其外接電源 $v_s = 110\cos 377t$ V。

8.29 若流過一 2 μF 電容器的電流為 $i = 4\sin(10^6 t + 25°)$ A，試求該電容器二端的瞬時電壓。

8.30 將電壓 $v(t) = 100\cos(60t+20°)$ V 作用於相互並聯的 40 kΩ 電阻器與 50 μF 電容器二端，試求流過該電阻器與電容器的穩態電流。

8.31 某 RLC 串聯電路中，$R = 80$ Ω、$L = 240$ mH，以及 $C = 5$ mF，若輸入電壓為 $v(t) = 10\cos 2t$，試求通過該電路的電流。

8.32 利用圖 8.69 電路，試設計一個問題幫助其他學生更瞭解電路元件的相量關係。

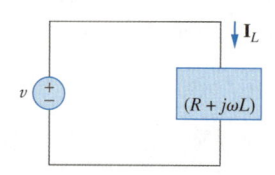

圖 8.69　習題 8.32 的電路

8.33 某 RL 串聯電路連接到一 110 V 的交流電源，其電阻器二端的電壓為 85 V，試求電感器二端的電壓。

8.34 角頻率 ω 為何值時，圖 8.70 電路的強迫響應 v_o 為零？

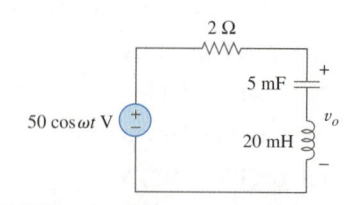

圖 8.70　習題 8.34 的電路

8.5 節　阻抗與導納

8.35 在圖 8.71 電路中，試求 $v_s(t) = 50\cos 200t$ V 時的電流 i。

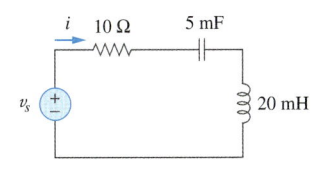

圖 8.71 習題 8.35 的電路

8.36 利用圖 8.72 電路，試設計一個問題幫助其他學生更瞭解阻抗。

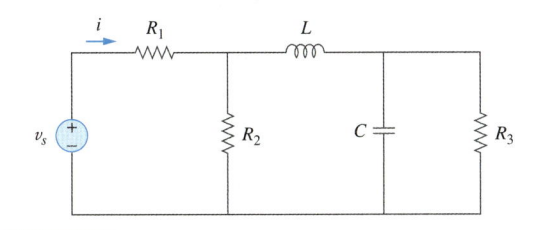

圖 8.72 習題 8.36 的電路

8.37 試求圖 8.73 電路的導納 **Y**。

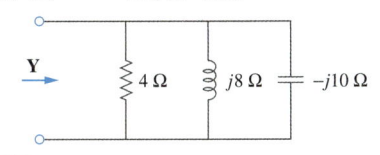

圖 8.73 習題 8.37 的電路

8.38 利用圖 8.74 電路，試設計一個問題幫助其他學生更瞭解導納。

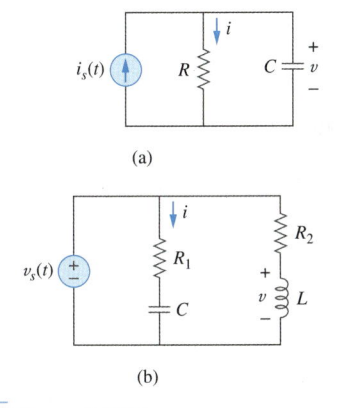

圖 8.74 習題 8.38 的電路

8.39 試求圖 8.75 電路的 Z_{eq}，並利用它計算電流 **I**，假設 $\omega = 10$ rad/s。

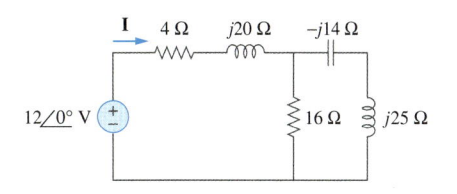

圖 8.75 習題 8.39 的電路

8.40 在圖 8.76 電路中，試求下列各情況的 i_o：
(a) $\omega = 1$ rad/s (b) $\omega = 5$ rad/s
(c) $\omega = 10$ rad/s

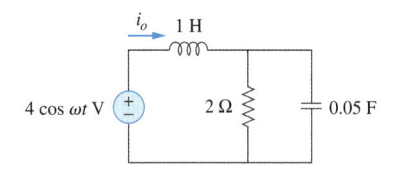

圖 8.76 習題 8.40 的電路

8.41 試求圖 8.77 *RLC* 電路的 $v(t)$。

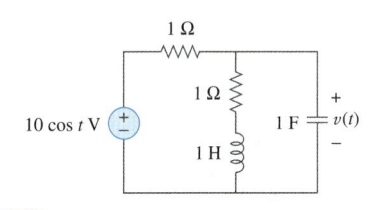

圖 8.77 習題 8.41 的電路

8.42 試求圖 8.78 電路的 $v_o(t)$。

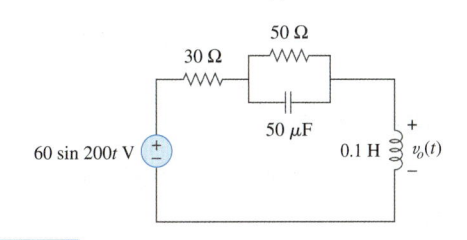

圖 8.78 習題 8.42 的電路

8.43 試求圖 8.79 電路的電流 $\mathbf{I}_o$。

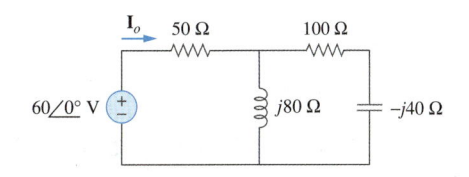

圖 8.79 習題 8.43 的電路

8.44 試求圖 8.80 電路的 $i(t)$。

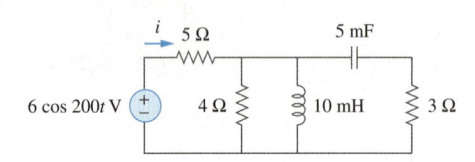

圖 8.80　習題 8.44 的電路

8.45 試求圖 8.81 網路的電流 $\mathbf{I}_o$。

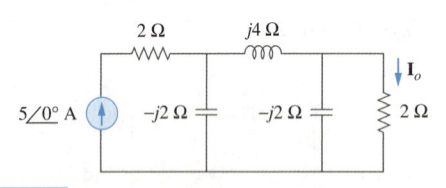

圖 8.81　習題 8.45 的電路

8.46 若 $i_s = 5\cos(10t + 40°)$ A，試求圖 8.82 電路的 i_o。

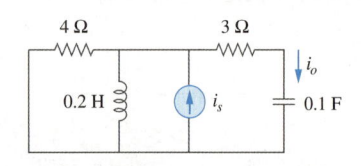

圖 8.82　習題 8.46 的電路

8.47 試求圖 8.83 電路的 $i_s(t)$ 值。

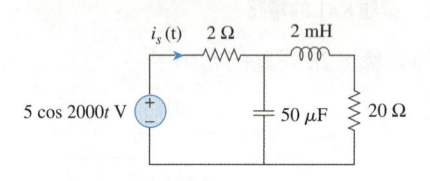

圖 8.83　習題 8.47 的電路

8.48 已知圖 8.84 電路的 $v_s(t) = 20\sin(100t - 40°)$，試求 $i_x(t)$。

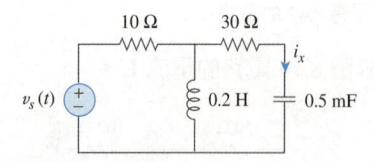

圖 8.84　習題 8.48 的電路

8.49 試求圖 8.85 電路的 $v_s(t)$，流過 1 Ω 電阻器的電流 i_x 為 $0.5\sin 200t$ A。

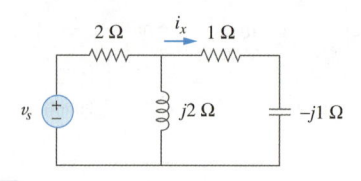

圖 8.85　習題 8.49 的電路

8.50 試求圖 8.86 電路的 v_x，假設 $i_s(t) = 5\cos(100t + 40°)$ A。

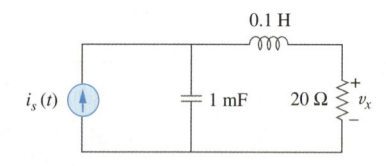

圖 8.86　習題 8.50 的電路

8.51 試求圖 8.87 電路的 i_s，若 2 Ω 電阻器二端的電壓 v_o 為 $10\cos 2t$ V。

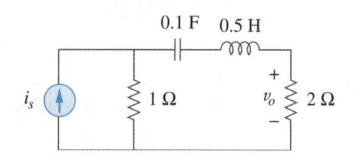

圖 8.87　習題 8.51 的電路

8.52 試求圖 8.88 電路的 $\mathbf{I}_s$，若 $\mathbf{V}_o = 8\underline{/30°}$ V。

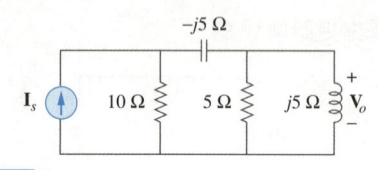

圖 8.88　習題 8.52 的電路

8.53 試求圖 8.89 電路的 $\mathbf{I}_o$。

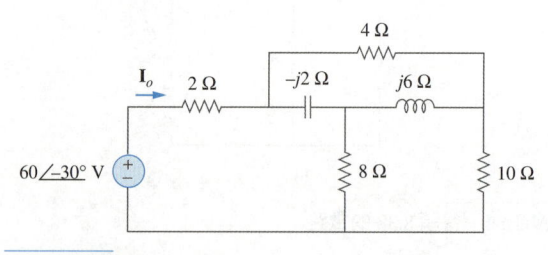

圖 8.89　習題 8.53 的電路

8.54 試求圖 8.90 電路的 $\mathbf{V}_s$，若 $\mathbf{I}_o = 2\underline{/0°}$ A。

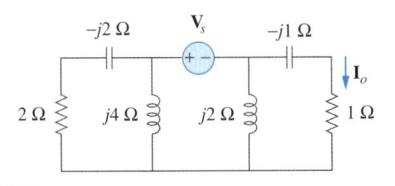

圖 8.90　習題 8.54 的電路

*8.55　試求圖 8.91 所示網路的 $\mathbf{Z}$，假設 $\mathbf{V}_o = 4\underline{/0°}$ V。

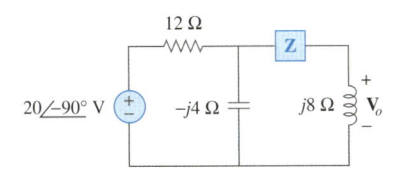

圖 8.91　習題 8.55 的電路

8.7 節　阻抗合併

8.56　在 $\omega = 377$ rad/s 時，試求圖 8.92 電路的輸入阻抗。

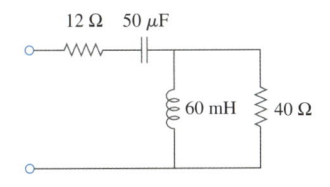

圖 8.92　習題 8.56 的電路

8.57　在 $\omega = 1$ rad/s 時，試求圖 8.93 電路的輸入導納。

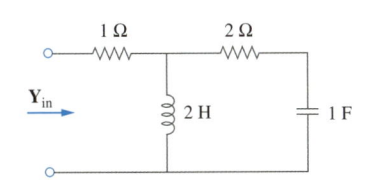

圖 8.93　習題 8.57 的電路

8.58　利用圖 8.94 電路，試設計一個問題幫助其他學生更瞭解阻抗合併。

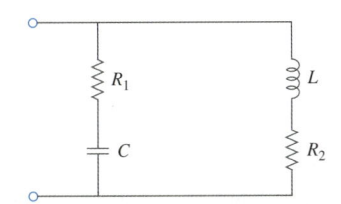

圖 8.94　習題 8.58 的電路

* 星號表示該習題具有挑戰性。

8.59　試求圖 8.95 網路的 $\mathbf{Z}_{in}$，令 $\omega = 10$ rad/s。

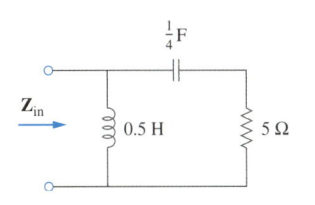

圖 8.95　習題 8.59 的電路

8.60　試求圖 8.96 電路的 $\mathbf{Z}_{in}$。

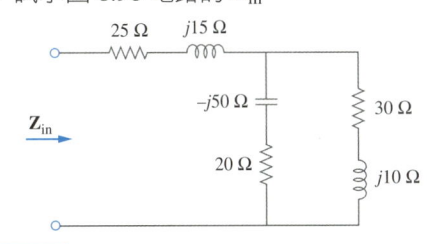

圖 8.96　習題 8.60 的電路

8.61　試求圖 8.97 電路的 $\mathbf{Z}_{eq}$。

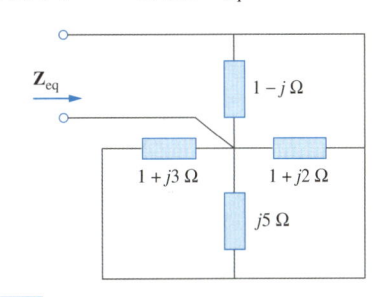

圖 8.97　習題 8.61 的電路

8.62　試求圖 8.98 電路的輸入阻抗 $\mathbf{Z}_{in}$，在 $\omega = 10$ krad/s 時。

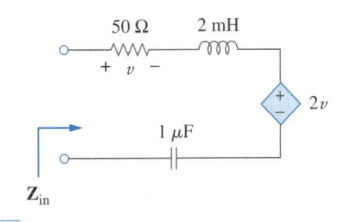

圖 8.98　習題 8.62 的電路

8.63　試求圖 8.99 電路中 $\mathbf{Z}_T$ 的值。

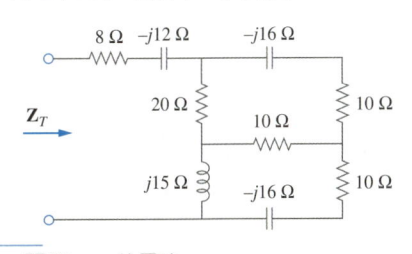

圖 8.99　習題 8.63 的電路

8.64 試求圖 8.100 電路的 Z_T 及 I。

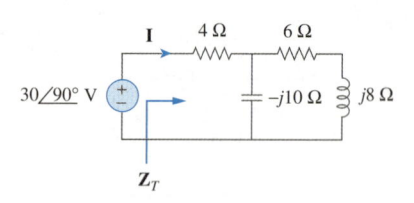

圖 8.100　習題 8.64 的電路

8.65 試求圖 8.101 電路的 Z_T 及 I。

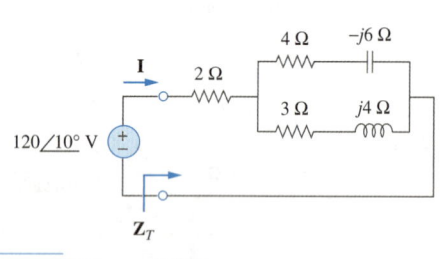

圖 8.101　習題 8.65 的電路

8.66 試求圖 8.102 電路的 Z_T 與 V_{ab}。

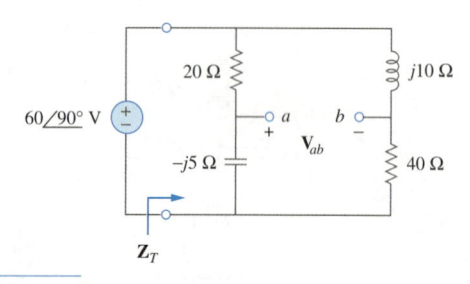

圖 8.102　習題 8.66 的電路

8.67 若 $\omega = 10^3$ rad/s，試求圖 8.103 各電路的輸入導納。

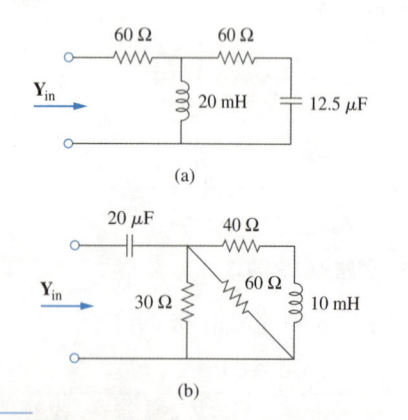

圖 8.103　習題 8.67 的電路

8.68 試求圖 8.104 電路的 Y_{eq}。

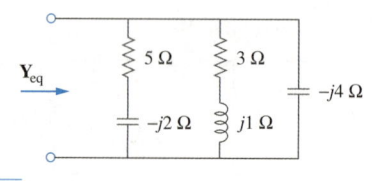

圖 8.104　習題 8.68 的電路

8.69 試求圖 8.105 電路的等效導納 Y_{eq}。

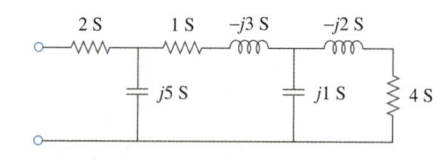

圖 8.105　習題 8.69 的電路

8.70 試求圖 8.106 電路的等效阻抗。

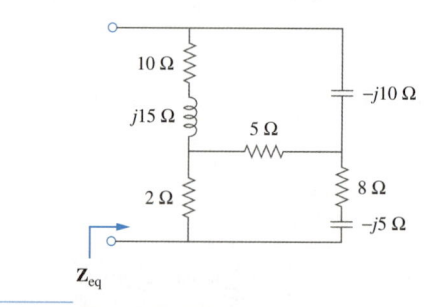

圖 8.106　習題 8.70 的電路

8.71 試求圖 8.107 電路的等效阻抗。

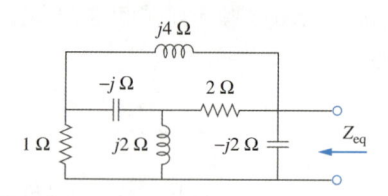

圖 8.107　習題 8.71 的電路

8.72 試求圖 8.108 網路的 Z_{ab} 值。

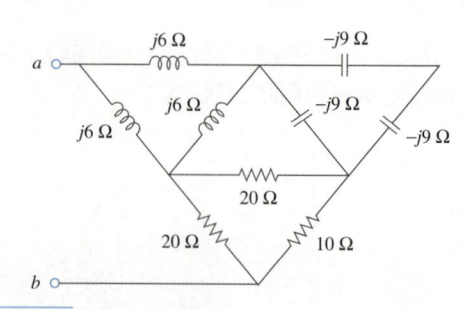

圖 8.108　習題 8.72 的電路

8.73 試求圖 8.109 電路中的等效阻抗。

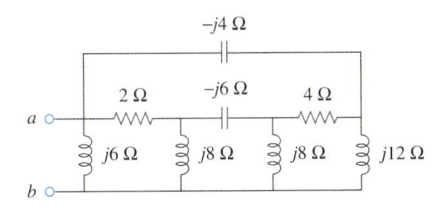

圖 8.109　習題 8.73 的電路

8.9 節　節點分析法

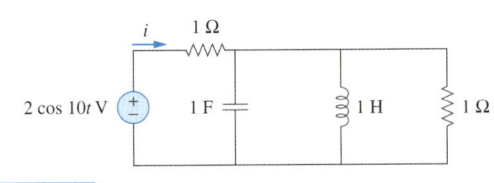

8.74 試求圖 8.110 電路的 i。

圖 8.110　習題 8.74 的電路

8.75 利用圖 8.111 電路，試設計一個問題幫助其他學生更瞭解節點分析。

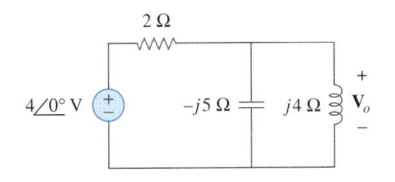

圖 8.111　習題 8.75 的電路

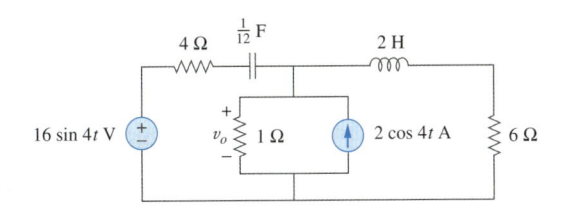

8.76 試求圖 8.112 電路的 v_o。

圖 8.112　習題 8.76 的電路

8.77 試求圖 8.113 電路的 $v_o(t)$。

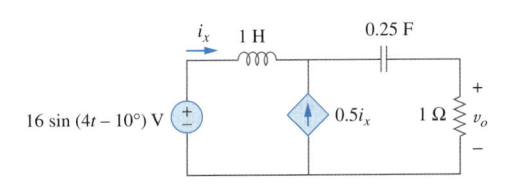

圖 8.113　習題 8.77 的電路

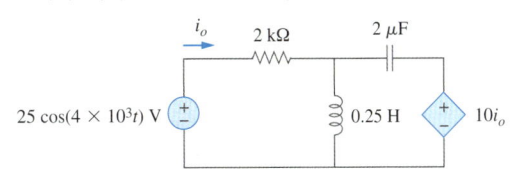

8.78 試求圖 8.114 電路的 i_o。

圖 8.114　習題 8.78 的電路

8.79 試求圖 8.115 電路的 $\mathbf{V}_x$。

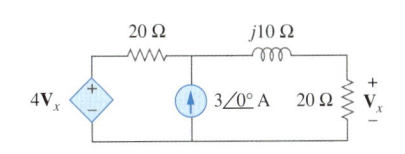

圖 8.115　習題 8.79 的電路

8.80 利用節點分析法，試求圖 8.116 電路的 $\mathbf{V}$。

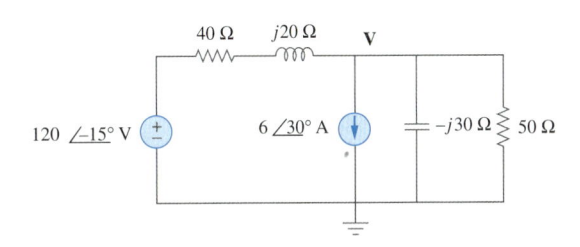

圖 8.116　習題 8.80 的電路

8.81 利用節點分析法，試求圖 8.117 電路的 i_o，假設 $i_s = 6\cos(200t + 15°)$ A。

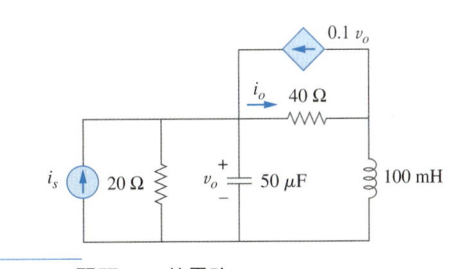

圖 8.117　習題 8.81 的電路

8.82 利用節點分析法，試求圖 8.118 電路的 v_o。

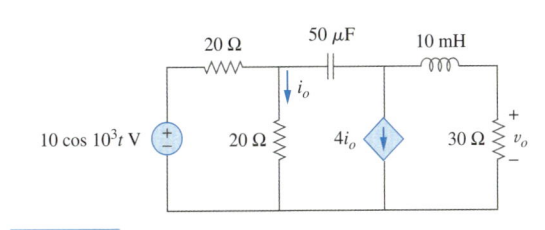

圖 8.118　習題 8.82 的電路

8.83 利用節點分析法，試求圖 8.119 電路的 v_o，假設 $\omega = 2$ krad/s。

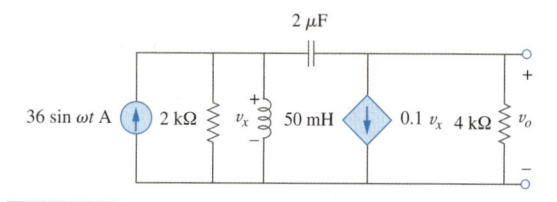

圖 8.119　習題 8.83 的電路

8.84 利用節點分析法，試求圖 8.120 電路的電流 $i_o(t)$。

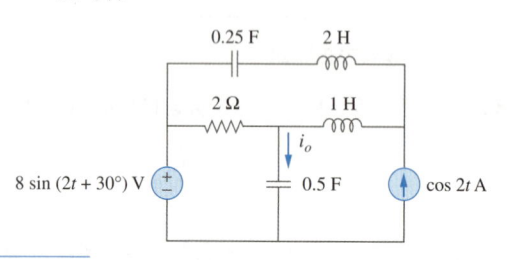

圖 8.120　習題 8.84 的電路

8.85 利用圖 8.121 電路，試設計一個問題幫助其他學生更瞭解節點分析。

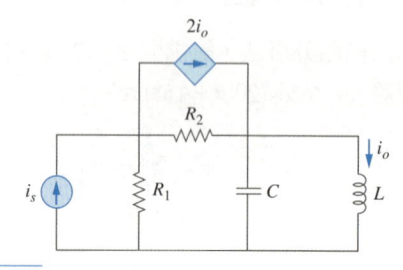

圖 8.121　習題 8.85 的電路

8.86 利用任何的方法，試求圖 8.122 電路的 $\mathbf{V}_x$。

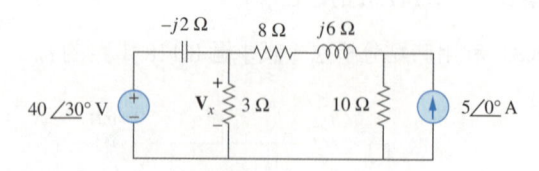

圖 8.122　習題 8.86 的電路

8.87 利用節點分析法，試求圖 8.123 電路中節點 1 與節點 2 的電壓。

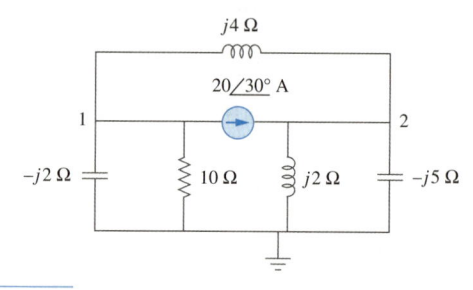

圖 8.123　習題 8.87 的電路

8.88 利用節點分析法，試求圖 8.124 電路的電流 $\mathbf{I}$。

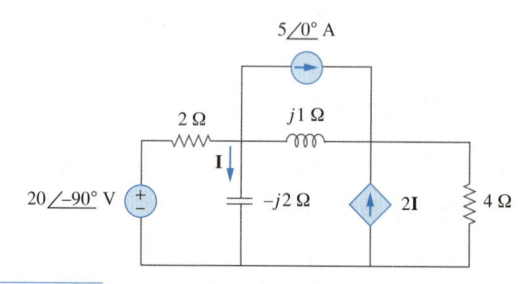

圖 8.124　習題 8.88 的電路

8.89 利用節點分析法，試求圖 8.125 電路的電壓 $\mathbf{V}_x$。

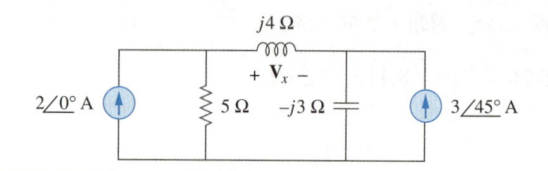

圖 8.125　習題 8.89 的電路

8.90 利用節點分析法，試求圖 8.126 電路的電流 $\mathbf{I}_o$。

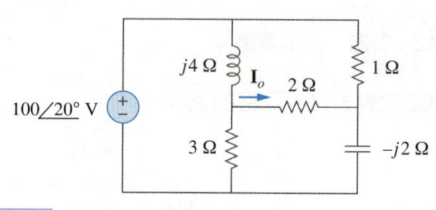

圖 8.126　習題 8.90 的電路

8.91 利用節點分析法，試求圖 8.127 電路的電壓 $\mathbf{V}_o$。

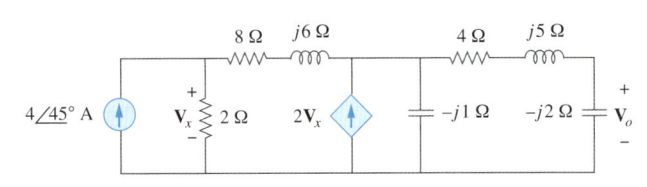

圖 8.127 習題 8.91 的電路

8.92 利用節點分析法，試求圖 8.128 電路的電壓 $\mathbf{V}_o$。

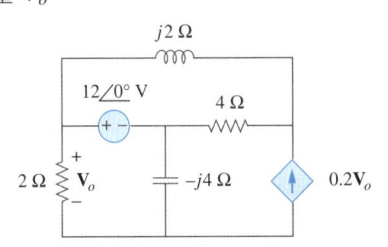

圖 8.128 習題 8.92 的電路

8.93 圖 8.129 電路中，$v_s(t) = V_m \sin \omega t$ 及 $v_o(t) = A \sin(\omega t + \phi)$，試推導 A 與 ϕ 的表示式。

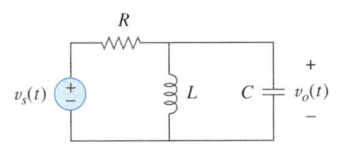

圖 8.129 習題 8.93 的電路

8.94 圖 8.130 各電路中，$\omega = 0$、$\omega \to \infty$ 及 $\omega^2 = 1/LC$，試求 $\mathbf{V}_o/\mathbf{V}_i$。

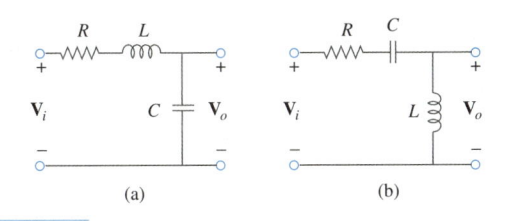

圖 8.130 習題 8.94 的電路

8.95 試求圖 8.131 電路的 $\mathbf{V}_o/\mathbf{V}_s$。

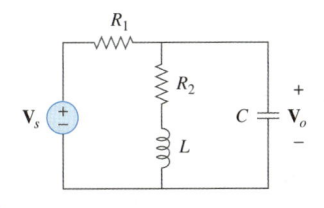

圖 8.131 習題 8.95 的電路

8.96 利用節點分析法，試求圖 8.132 電路的電壓 $\mathbf{V}$。

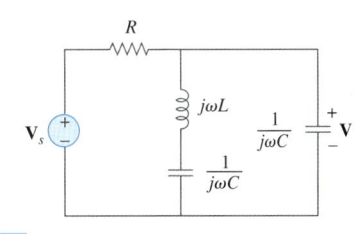

圖 8.132 習題 8.96 的電路

8.10 節 網目分析法

8.97 試設計一個問題幫助其他學生更瞭解網目分析法。

8.98 利用網目分析法，試求圖 8.133 電路的電流 i_o。

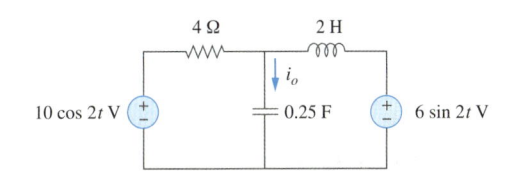

圖 8.133 習題 8.98 的電路

8.99 利用網目分析法，試求圖 8.134 電路的電流 i_o。

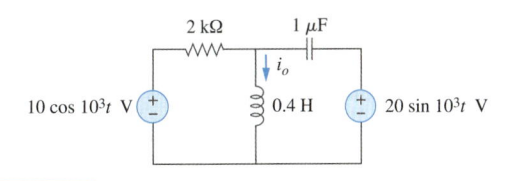

圖 8.134 習題 8.99 的電路

8.100 利用網目分析法，試求圖 8.135 電路的電流 $\mathbf{I}_1$ 與 $\mathbf{I}_2$。

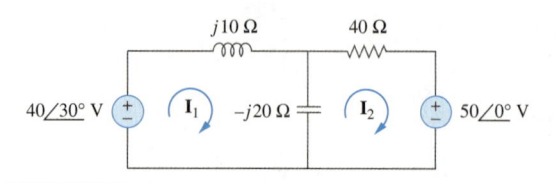

圖 8.135 習題 8.100 的電路

8.101 圖 8.136 電路中，假設 $v_1 = 10 \cos 4t$ V、$v_2 = 20 \cos(4t - 30°)$ V，試求網目電流 i_1 與 i_2。

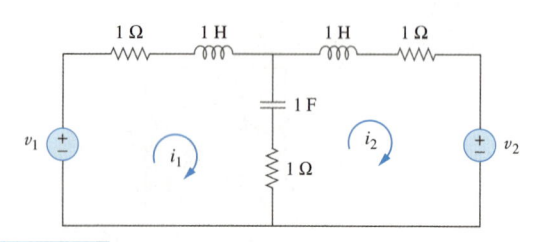

圖 8.136 習題 8.101 的電路

8.102 利用圖 8.137 電路，試設計一個問題幫助其他學生更瞭解網目分析。

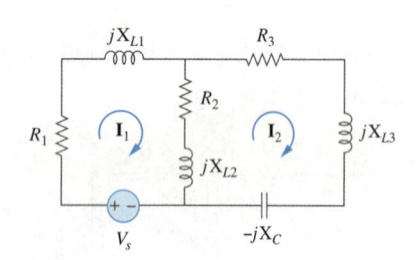

圖 8.137 習題 8.102 的電路

8.103 利用網目分析法，試求圖 8.138 電路的 v_o，假設 $v_{s1} = 120 \cos(100t + 90°)$ V；$v_{s2} = 80 \cos 100t$ V。

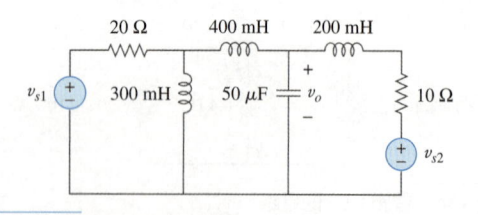

圖 8.138 習題 8.103 的電路

8.104 利用網目分析法，試求圖 8.139 電路的電流 $\mathbf{I}_o$。

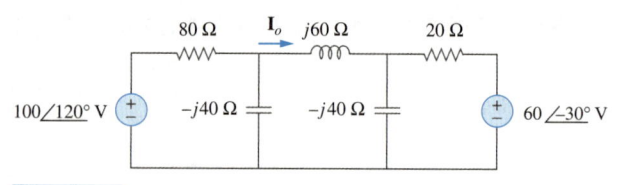

圖 8.139 習題 8.104 的電路

8.105 利用網目分析法，試求圖 8.140 電路的 $\mathbf{V}_o$ 與 $\mathbf{I}_o$。

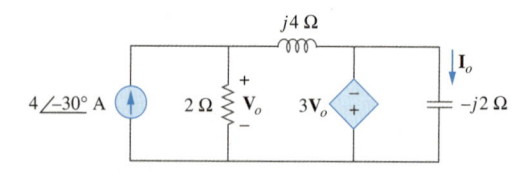

圖 8.140 習題 8.105 的電路

8.106 利用網目分析法，試求習題 8.88 中的 $\mathbf{I}$。

8.107 利用網目分析法，試求圖 8.58 電路 (範例 8.22) 的 $\mathbf{I}_o$。

8.108 利用網目分析法，試求圖 8.60 電路 (練習題 8.22) 的 $\mathbf{I}_o$。

8.109 利用網目分析法，試求圖 8.141 電路的 $\mathbf{V}_o$。

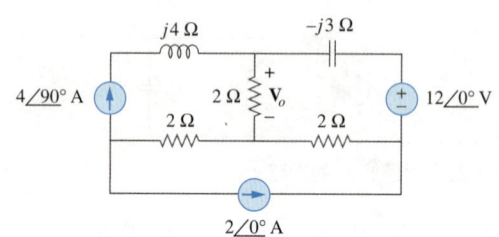

圖 8.141 習題 8.109 的電路

8.110 利用網目分析法，試求圖 8.142 電路的 $\mathbf{I}_1$、$\mathbf{I}_2$ 與 $\mathbf{I}_3$。

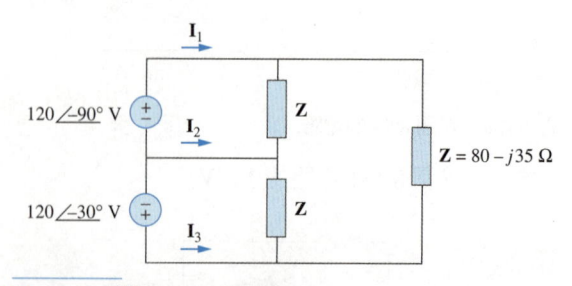

圖 8.142 習題 8.110 的電路

8.111 利用網目分析法，試求圖 8.143 電路的 $\mathbf{I}_o$。

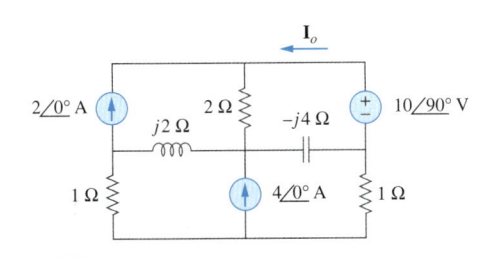

圖 8.143　習題 8.111 的電路

8.112 試求圖 8.144 電路的 $\mathbf{I}_1$、$\mathbf{I}_2$ 與 $\mathbf{I}_3$。

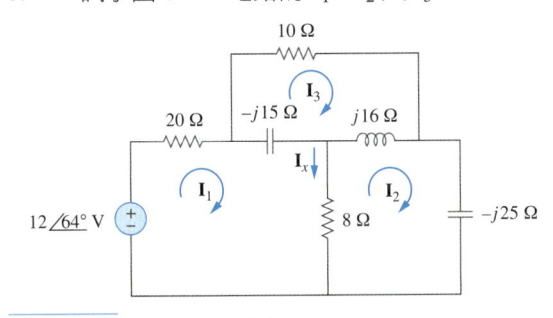

圖 8.144　習題 8.112 的電路

8.11 節　重疊定理

8.113 利用重疊定理，試求圖 8.145 電路的 i_o。

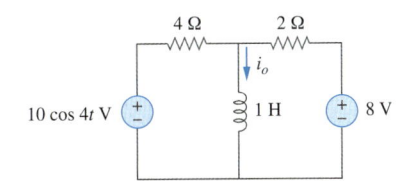

圖 8.145　習題 8.113 的電路

8.114 試求圖 8.146 電路的 v_o，假設 $v_s = 6 \cos 2t + 4 \sin 4t$ V。

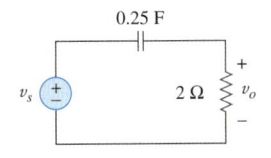

圖 8.146　習題 8.114 的電路

8.115 利用圖 8.147 電路，試設計一個問題幫助其他學生更瞭解重疊定理。

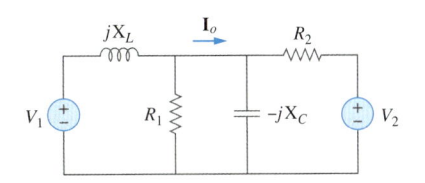

圖 8.147　習題 8.115 的電路

8.116 利用重疊定理，試求圖 8.148 電路的 i_x。

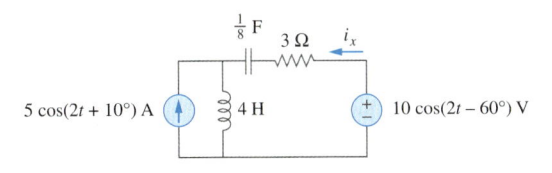

圖 8.148　習題 8.116 的電路

8.117 利用重疊定理，試求圖 8.149 電路的 v_x，假設 $v_s = 50 \sin 2t$ V 及 $i_s = 12 \cos(6t + 10°)$ A。

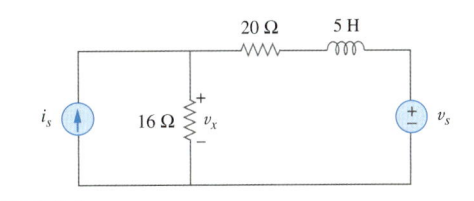

圖 8.149　習題 8.117 的電路

8.118 利用重疊定理，試求圖 8.150 電路的 $i(t)$。

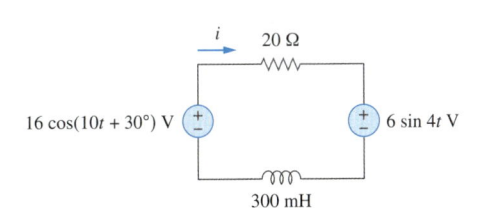

圖 8.150　習題 8.118 的電路

8.119 利用重疊定理，試求圖 8.151 電路的 $v_o(t)$。

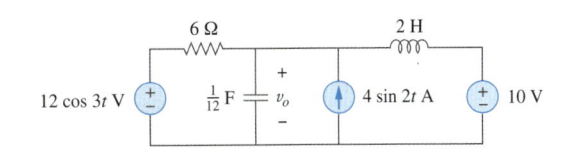

圖 8.151　習題 8.119 的電路

8.120 利用重疊定理，試求圖 8.152 電路的 i_o。

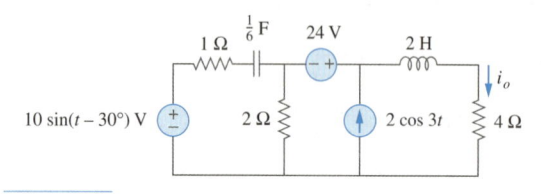

圖 8.152　習題 8.120 的電路

8.121 利用重疊定理，試求圖 8.153 電路的 i_o。

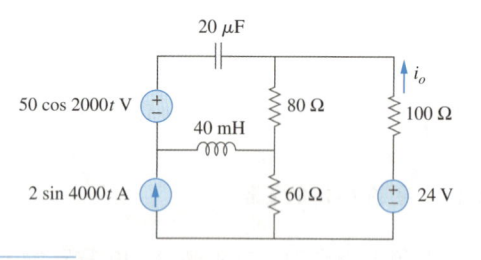

圖 8.153　習題 8.121 的電路

8.12 節　電源變換

8.122 利用電源變換法，試求圖 8.154 電路的 i。

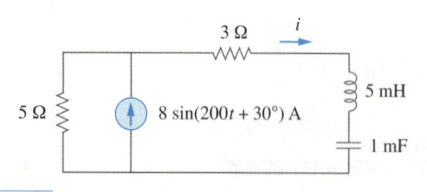

圖 8.154　習題 8.122 的電路

8.123 利用圖 8.155 電路，試設計一個問題幫助其他學生更瞭解電源變換。

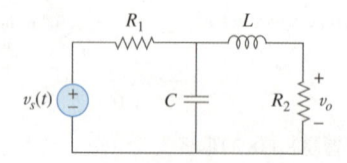

圖 8.155　習題 8.123 的電路

8.124 利用電源變換法，試求圖 8.156 電路的 $\mathbf{I}_x$。

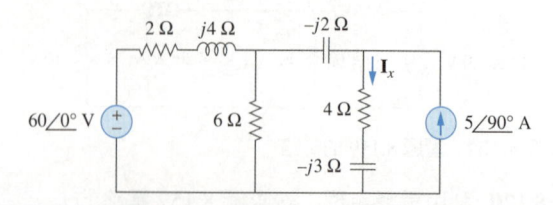

圖 8.156　習題 8.124 的電路

8.125 利用電源變換的觀念，試求圖 8.157 電路的 $\mathbf{V}_o$。

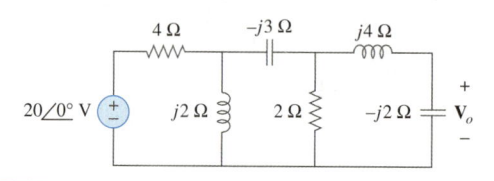

圖 8.157　習題 8.125 的電路

8.126 利用電源變換法，重做習題 8.80。

8.13 節　戴維寧與諾頓等效電路

8.127 如圖 8.158 所示各電路，試求在 $a\text{-}b$ 二端的戴維寧與諾頓等效電路。

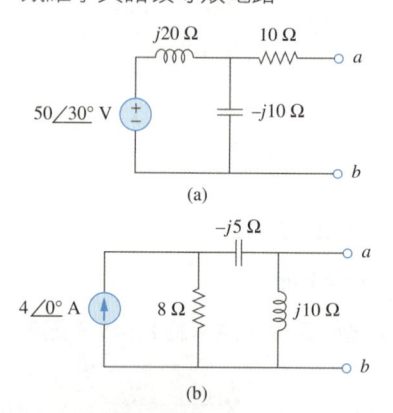

圖 8.158　習題 8.127 的電路

8.128 圖 8.159 各電路中，試求在 $a\text{-}b$ 二端的戴維寧與諾頓等效電路。

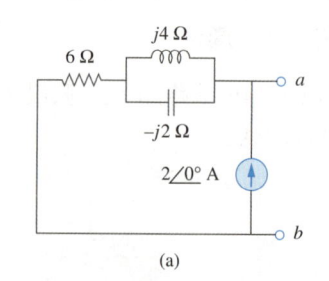

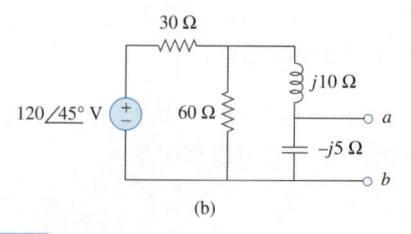

圖 8.159　習題 8.128 的電路

8.129 利用圖 8.160 電路,試設計一個問題幫助其他學生更瞭解戴維寧與諾頓等效電路。

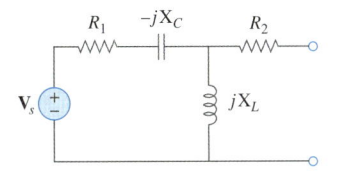

圖 8.160 習題 8.129 的電路

8.130 試求圖 8.161 電路在 *a-b* 二端的戴維寧等效電路。

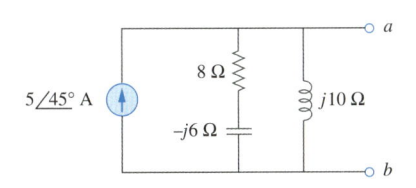

圖 8.161 習題 8.130 的電路

8.131 試求圖 8.162 電路的輸出阻抗。

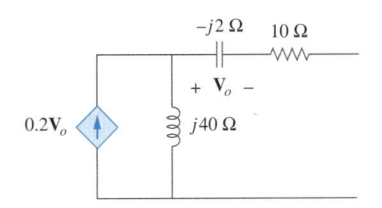

圖 8.162 習題 8.131 的電路

8.132 試求圖 8.163 電路從下列端口看進去的戴維寧效電路。
(a) 在 *a-b* 二端。 (b) 在 *c-d* 二端。

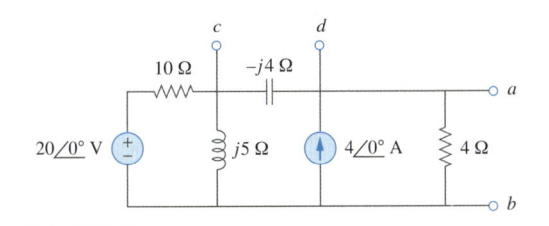

圖 8.163 習題 8.132 的電路

8.133 試求圖 8.164 電路在 *a-b* 二端之戴維寧等效電路。

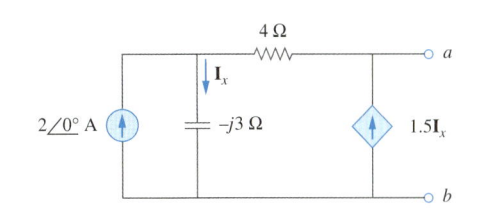

圖 8.164 習題 8.133 的電路

8.134 利用戴維寧定理,試求圖 8.165 電路的 v_o。

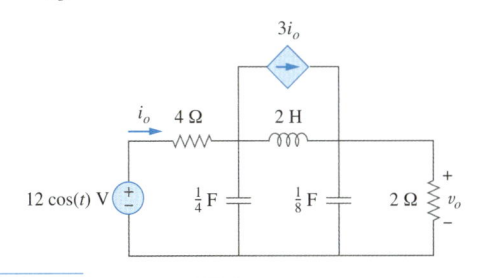

圖 8.165 習題 8.134 的電路

8.135 試求圖 8.166 電路在 *a-b* 二端的諾頓等效電路。

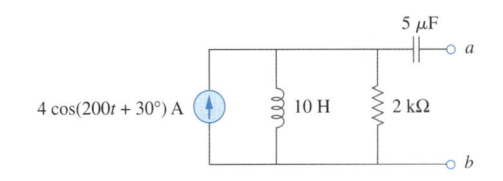

圖 8.166 習題 8.135 的電路

8.136 試求圖 8.167 電路在 *a-b* 二端的諾頓等效電路。

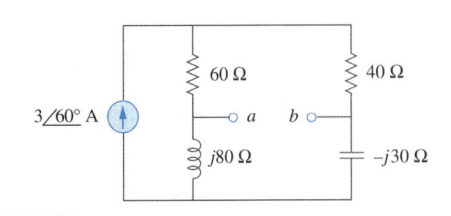

圖 8.167 習題 8.136 的電路

8.137 利用圖 8.168 電路,試設計一個問題幫助其他學生更瞭解諾頓等效電路。

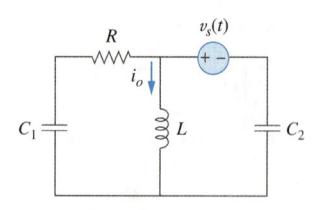

圖 8.168 習題 8.137 的電路

8.138 試求圖 8.169 網路在 a-b 二端的戴維寧與諾頓等效電路，若取 $\omega = 10$ rad/s。

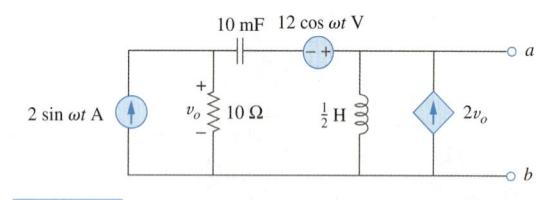

圖 8.169 習題 8.138 的電路

8.139 試求圖 8.170 電路在 a-b 二端的戴維寧與諾頓等效電路。

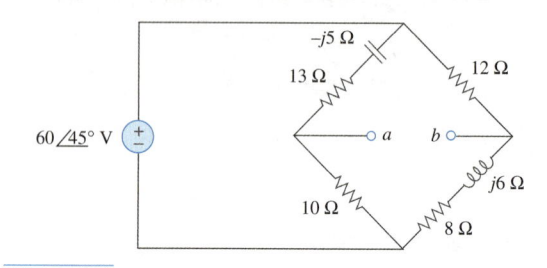

圖 8.170 習題 8.139 的電路

8.140 試求圖 8.171 電路在 a-b 二端的戴維寧等效電路。

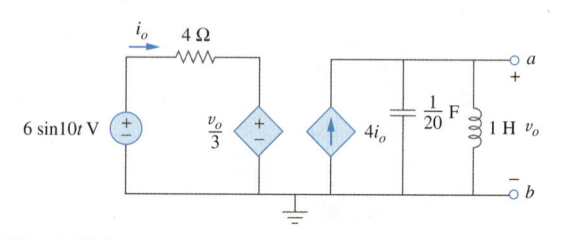

圖 8.171 習題 8.140 的電路

綜合題

8.141 圖 8.172 為用於電視接收器的電路，試求該電路的總阻抗。

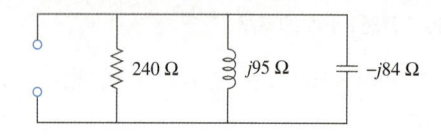

圖 8.172 綜合題 8.141 的電路

8.142 圖 8.173 為工業電子感測器電路的一組成部分，試求該網路在 2 kHz 時的總阻抗。

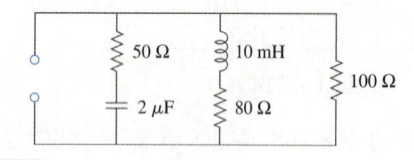

圖 8.173 綜合題 8.142 的電路

8.143 如圖 8.174 所示的串聯音頻電路。
(a) 試問該電路的阻抗大小？
(b) 若頻率減半，試問該電路的阻抗大小？

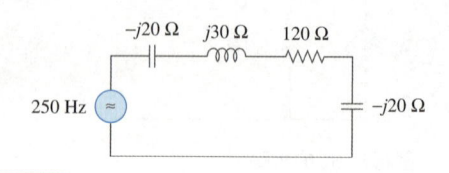

圖 8.174 綜合題 8.143 的電路

8.144 某工業負載可表示為電感器與電阻器的串聯組合模型，如圖 8.175 所示電路。試計算該跨接在這串聯組合的電容器 C 的值為何，才能使得在 2 kHz 頻率時，其網路呈現電阻性的淨阻抗。

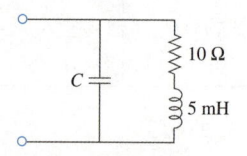

圖 8.175 綜合題 8.144 的電路

8.145 某工業線圈可表示為電感值 L 與電阻值

R 相串聯組合的模型，如圖 8.176 所示電路。因交流電表只能測得正弦信號的振幅大小，當電路工作在穩態下，工作頻率為 60 Hz 時，可測得幅度為：

$|\mathbf{V}_s| = 145$ V, $|\mathbf{V}_1| = 50$ V, $|\mathbf{V}_o| = 110$ V

試利用所測得結果決定 L 與 R 的值。

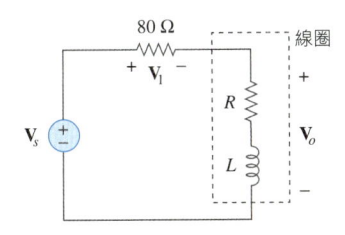

圖 8.176 綜合題 8.145 的電路

8.146 圖 8.177 所示電路中，為一電感值與一電阻值的並聯組合，假如該並聯組合串聯上一個電容器，使得網路淨阻抗在 10 MHz 頻率處工作呈現電阻性。試問所需的 C 值為多少？

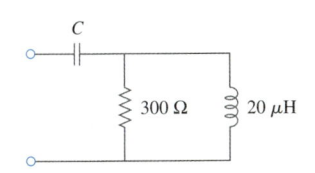

圖 8.177 綜合題 8.146 的電路

8.147 某一傳輸線具有串聯阻抗 $\mathbf{Z} = 100\underline{/75°}$ Ω，及分流導納為 $\mathbf{Y} = 450\underline{/48°}$ μS。試問：(a) 特徵阻抗 $\mathbf{Z}_o = \sqrt{\mathbf{Z}/\mathbf{Y}}$，(b) 傳播常數 $\mathbf{Y} = \sqrt{\mathbf{ZY}}$。

8.148 某電力傳輸系統的模型，如圖 8.178 所示電路，已知電源電壓與電路元件參數如下：

電源電壓 $\mathbf{V}_s = 115\underline{/0°}$ V
源阻抗 $\mathbf{Z}_s = (1 + j0.5)$ Ω
線阻抗 $\mathbf{Z}_t = (0.4 + j0.3)$ Ω
負載阻抗 $\mathbf{Z}_L = (23.2 + j18.9)$ Ω
試求負載電流 $\mathbf{I}_L$。

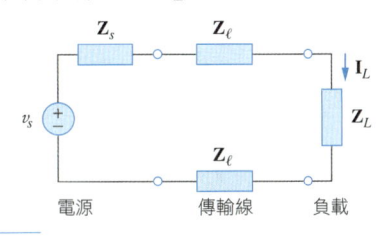

圖 8.178 綜合題 8.148 的電路

Chapter 9 交流功率分析

不能挽回的四件事情：說出去的話；射出去的箭；流逝的時間；錯過的機會。

—— 阿爾・哈利夫・奧馬爾・伊本

加強你的技能和職能

電力系統的職業生涯

1831 年，麥克・法拉第 (Michael Faraday) 在交流發電機原理的發現是工程上的重大突破；這個便捷的發電方法提供日常生活在電子、電機或電機機械上所需的電能。

電力是從電源轉換能量而得，如化石燃料 (天然氣、石油、煤)、核燃料 (鈾)、水能源 (水位差)、地熱能源 (熱水、蒸汽)、風能源、潮汐能源和生物質能 (廢料)。在電力工程領域裡，對這些產生電力的不同方法進行了詳細研究，這已成為電機工程中不可缺少的學科領域。所以，電機工程師應熟悉電力的分析、發電、輸電、配電和成本。

低電壓極點式變壓器，三線配電系統。
© Vol. 129 PhotoDisc/Getty

電力公司非常大量地雇用了電機工程師。該行業包括數以千計的電力系統，從大型的大區域相互關聯電網，到小型的提供各個社區或工廠電力的小型電力公司。由於電力行業的複雜性，因此在業內不同領域中需要大量的電機工程人員：如發電廠 (發電)、輸電和配電、檢修、研究、資料收集與流程控制，以及管理等。因為到處都要用電，所以電力公司每個地方都有，也為世界各地數千個社區民眾提供令人興奮的培訓機會和穩定的就業工作。

9.1 簡介

前幾章對交流電路的分析主要在交流電壓和交流電流的計算。本章主要介紹交流電路的功率分析。

功率分析是至關重要的。功率是在電力公司、電子系統和通訊系統中最重要的物理量，因為這樣的系統包括從一個點到另一個電力傳輸。此外，每一個工業和家用電子設備——每個電扇、馬達、燈、熨斗、電視、個人電腦——具有表明設備正常工作所需的額定功率；若超過額定功率可能造成設備永久性損壞。最常見的電功率形式是 50 或 60 赫茲的交流電源。選擇交流電源取代直流電源後，即可實現發電設備到用戶的高壓電傳輸。

首先定義和推導**瞬間功率**與**平均功率**，然後介紹其他功率原理。這些概念的實際應用中，將討論如何測量功率，以及重新計算電力公司如何收取其客戶的電費。

9.2 瞬間平均功率

如第 2 章所提及的，一個元件所吸收的**瞬間功率** (instantaneous power) $p(t)$ 是元件二端的瞬間電壓 $v(t)$ 與流過該元件的瞬間電流 $i(t)$ 的乘積。根據被動符號規則，

$$p(t) = v(t)i(t) \tqno(9.1)$$

> **瞬間功率 (單位為瓦特) 是任意時間的功率。**

瞬間功率也可看成是電路元件在某個特定瞬間所吸收的功率，瞬間功率通常用小寫字母表示。

瞬間功率是元件吸收能量的速率。

下面考慮電路元件的任意組合從弦波激勵下所吸收瞬間功率的一般情況，如圖 9.1 所示。令電路端點的電壓和電流如下：

$$v(t) = V_m \cos(\omega t + \theta_v) \tqno(9.2a)$$

$$i(t) = I_m \cos(\omega t + \theta_i) \tqno(9.2b)$$

圖 9.1 正弦波電源和被動線性網路

其中 V_m 和 I_m 是振幅 (即峰值)，而且 θ_v 和 θ_i 分別為電壓和電流的相位角。電路吸收的瞬間功率為

$$p(t) = v(t)i(t) = V_m I_m \cos(\omega t + \theta_v) \cos(\omega t + \theta_i) \tqno(9.3)$$

應用三角恆等式，

$$\cos A \cos B = \frac{1}{2}[\cos(A-B) + \cos(A+B)] \tag{9.4}$$

而且 (9.3) 式可表示為

$$p(t) = \frac{1}{2}V_m I_m \cos(\theta_v - \theta_i) + \frac{1}{2}V_m I_m \cos(2\omega t + \theta_v + \theta_i) \tag{9.5}$$

上式說明了瞬間功率有二部分：第一部分是常數與時間無關，這個值取決於電壓和電流之間的相位差；第二部分是頻率為 2ω 的正弦函數，即電壓或電流角頻率的二倍。

圖 9.2 顯示了 (9.5) 式中 $p(t)$ 的波形，其中 $T = 2\pi/\omega$ 是電壓或電流的週期。觀察得知 $p(t)$ 為週期函數，$p(t) = p(t + T_0)$，且 $T_0 = T/2$，因為 $p(t)$ 的頻率是電壓頻率或電流頻率的二倍。同時還觀察到，$p(t)$ 在每一週期的部分時間為正，而該週期其餘時間為負。當 $p(t)$ 為正時，電路是吸收功率；當 $p(t)$ 為負時，電源是吸收功率，即功率是從電路傳送到電源。這是有可能的，因為電路中包含儲能元件 (電容和電感)。

瞬間功率隨時間改變，也因此量測困難。**平均** (average) 功率則比較容易量測。事實上，瓦特計用於量測功率的儀器，是平均功率的響應。

> **平均功率 (單位為瓦特) 是瞬間功率在某個區間的平均值。**

因此，平均功率可表示如下：

$$P = \frac{1}{T}\int_0^T p(t)\, dt \tag{9.6}$$

雖然 (9.6) 式顯示週期 T 的平均值，但如果對 $p(t)$ 的實際週期積分將得到 $T_0 = T/2$ 的相同結果。

將 (9.5) 式代入 (9.6) 式得

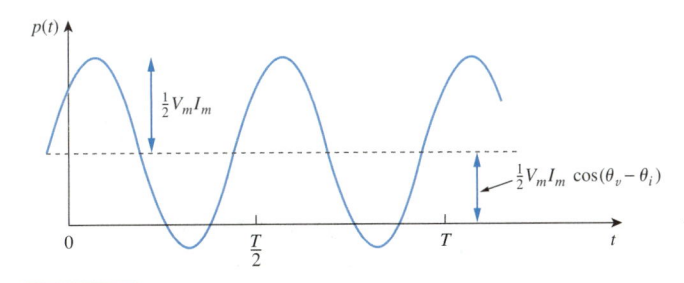

圖 9.2 流入電路的瞬間功率 $p(t)$

$$P = \frac{1}{T}\int_0^T \frac{1}{2}V_m I_m \cos(\theta_v - \theta_i)\,dt$$
$$+ \frac{1}{T}\int_0^T \frac{1}{2}V_m I_m \cos(2\omega t + \theta_v + \theta_i)\,dt$$
$$= \frac{1}{2}V_m I_m \cos(\theta_v - \theta_i)\frac{1}{T}\int_0^T dt$$
$$+ \frac{1}{2}V_m I_m \frac{1}{T}\int_0^T \cos(2\omega t + \theta_v + \theta_i)\,dt \tag{9.7}$$

第一項積分為常數，且常數的平均值還是常數。第二項為弦波函數的積分，而弦波函數在整個週期的平均值為零，因為弦波函數正半週下的面積與負半週下的面積互相抵消。因此，消去 (9.7) 式的第二項後，平均功率變成

$$P = \frac{1}{2}V_m I_m \cos(\theta_v - \theta_i) \tag{9.8}$$

因為 $\cos(\theta_v - \theta_i) = \cos(\theta_i - \theta_v)$，所以重要的是，電壓和電流之間的相位差。

注意：$p(t)$ 是時變函數，而 P 與時間無關。要求得瞬間功率，必須先得到時域中的 $v(t)$ 和 $i(t)$，但是在時域中可以求得電壓和電流的表示式如 (9.8) 式，或在頻域中的表示式。在 (9.2) 式中 $v(t)$ 和 $i(t)$ 的相位形式依次為 $\mathbf{V} = V_m\angle\theta_v$ 和 $\mathbf{I} = I_m\angle\theta_i$。$P$ 可由 (9.8) 式求得，也可使用相位 $\mathbf{V}$ 和 $\mathbf{I}$ 求得，如下：

$$\frac{1}{2}\mathbf{V}\mathbf{I}^* = \frac{1}{2}V_m I_m \angle\theta_v - \theta_i$$
$$= \frac{1}{2}V_m I_m[\cos(\theta_v - \theta_i) + j\sin(\theta_v - \theta_i)] \tag{9.9}$$

上式的實部就是 (9.8) 式的平均功率 P。因此，

$$\boxed{P = \frac{1}{2}\text{Re}[\mathbf{V}\mathbf{I}^*] = \frac{1}{2}V_m I_m \cos(\theta_v - \theta_i)} \tag{9.10}$$

考慮 (9.10) 式的二個特殊情況。當 $\theta_v = \theta_i$ 時，電壓和電流是同相，表示這是純電阻電路或電阻性負載 R，而且

$$P = \frac{1}{2}V_m I_m = \frac{1}{2}I_m^2 R = \frac{1}{2}|\mathbf{I}|^2 R \tag{9.11}$$

其中 $|\mathbf{I}|^2 = \mathbf{I} \times \mathbf{I}^*$。(9.11) 式表示在所有的時間中純電阻電路皆為吸收功率。當 $\theta_v - \theta_i = \pm 90°$ 時，則為純電抗電路，而且

$$P = \frac{1}{2} V_m I_m \cos 90° = 0 \tag{9.12}$$

結論：上式證明純電抗電路不吸收平均功率。

電阻性負載 (R) 總是吸收功率，而電抗性負載 (L 或 C) 吸收平均功率為零。

範例 9.1 已知 $v(t) = 120 \cos(377t + 45°)$ V 和 $i(t) = 10 \cos(377t - 10°)$ A，試求圖 9.1 瞬間功率和被動線性網路的平均吸收功率。

解： 瞬間功率如下：

$$p = vi = 1200 \cos(377t + 45°) \cos(377t - 10°)$$

應用三角恆等式，

$$\cos A \cos B = \frac{1}{2}[\cos(A + B) + \cos(A - B)]$$

得

$$p = 600[\cos(754t + 35°) + \cos 55°]$$

或

$$p(t) = 344.2 + 600 \cos(754t + 35°) \text{ W}$$

平均功率為

$$P = \frac{1}{2} V_m I_m \cos(\theta_v - \theta_i) = \frac{1}{2} 120(10) \cos[45° - (-10°)]$$
$$= 600 \cos 55° = 344.2 \text{ W}$$

這是上面 $p(t)$ 的常數部分。

練習題 9.1 已知 $v(t) = 330 \cos(10t + 20°)$ V 和 $i(t) = 33 \sin(10t + 60°)$ A，試求圖 9.1 瞬間功率和被動線性網路的平均吸收功率。

答： $3.5 + 5.445 \cos(20t - 10°)$ kW, 3.5 kW.

範例 9.2 當電壓 $\mathbf{V} = 120\underline{/0°}$ 被加到阻抗二端時，試計算阻抗 $\mathbf{Z} = 30 - j70\ \Omega$ 的平均吸收功率。

解： 流入阻抗的電流為

$$\mathbf{I} = \frac{\mathbf{V}}{\mathbf{Z}} = \frac{120\underline{/0°}}{30 - j70} = \frac{120\underline{/0°}}{76.16\underline{/-66.8°}} = 1.576\underline{/66.8°}\ \text{A}$$

平均功率為

$$P = \frac{1}{2}V_m I_m \cos(\theta_v - \theta_i) = \frac{1}{2}(120)(1.576)\cos(0 - 66.8°) = 37.24\ \text{W}$$

練習題 9.2 電流 $\mathbf{I} = 33\underline{/30°}$ 流入阻抗 $\mathbf{Z} = 40\underline{/-22°}\ \Omega$，試求傳送到阻抗的平均功率。

答： 20.19 kW。

範例 9.3 試求圖 9.3 電路中電源的平均供應功率和電阻器的平均吸收功率。

解： 電流 $\mathbf{I}$ 表示如下：

$$\mathbf{I} = \frac{5\underline{/30°}}{4 - j2} = \frac{5\underline{/30°}}{4.472\underline{/-26.57°}} = 1.118\underline{/56.57°}\ \text{A}$$

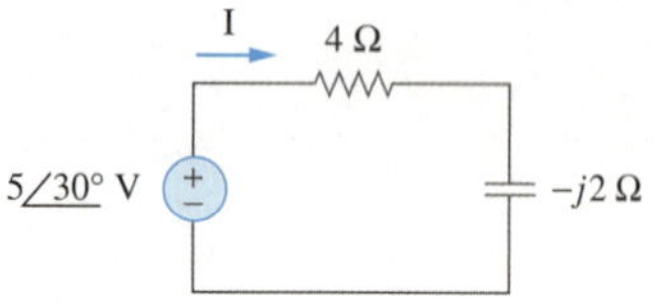

圖 9.3 範例 9.3 的電路

電源的平均供應功率為

$$P = \frac{1}{2}(5)(1.118)\cos(30° - 56.57°) = 2.5\ \text{W}$$

流經電阻器的電流為

$$\mathbf{I}_R = \mathbf{I} = 1.118\underline{/56.57°}\ \text{A}$$

且電阻器上的跨壓為

$$\mathbf{V}_R = 4\mathbf{I}_R = 4.472\underline{/56.57°}\ \text{V}$$

電阻器的平均吸收功率為

$$P = \frac{1}{2}(4.472)(1.118) = 2.5\ \text{W}$$

這與電源的平均供應功率相同。電容器的平均吸收功率為零。

> **練習題 9.3** 試計算圖 9.4 電路中，電阻器和電感器的平均吸收功率，並求電壓源的平均供應功率。
>
> 答：15.361 kW, 0 W, 15.361 kW.
>
> 圖 9.4　練習題 9.3 的電路

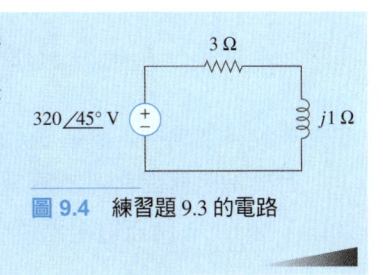

範例 9.4　在圖 9.5(a) 電路中，試計算每個電壓源所產生的平均功率和每個被動元件所吸收的平均功率。

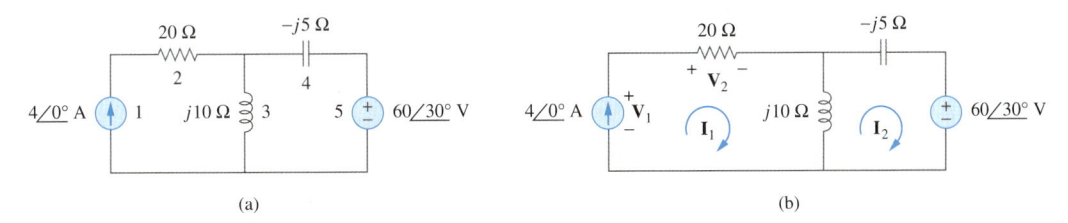

圖 9.5　範例 9.4 的電路

解：應用網目分析如圖 9.5(b) 所示，對於網目 1，

$$\mathbf{I}_1 = 4 \text{ A}$$

對於網目 2，

$$(j10 - j5)\mathbf{I}_2 - j10\mathbf{I}_1 + 60\underline{/30°} = 0, \quad \mathbf{I}_1 = 4 \text{ A}$$

或

$$j5\mathbf{I}_2 = -60\underline{/30°} + j40 \quad \Rightarrow \quad \mathbf{I}_2 = -12\underline{/-60°} + 8$$
$$= 10.58\underline{/79.1°} \text{ A}$$

對於電壓源而言，流經電壓源的電流為 $\mathbf{I}_2 = 10.58\underline{/79.1°}$ A，以及電壓源二端的電壓為 $60\underline{/30°}$ V，所以平均功率為

$$P_5 = \frac{1}{2}(60)(10.58)\cos(30° - 79.1°) = 207.8 \text{ W}$$

根據被動符號規則 (參見圖 1.8)，電壓源吸收平均功率，這是從 $\mathbf{I}_2$ 的方向和電壓源的極性來判斷的。亦即，電路傳送平均功率給電壓源。

對於電流源而言，流經電流源的電流為 $\mathbf{I}_1 = 4\underline{/0°}$，以及電流源二端的電壓為

$$\mathbf{V}_1 = 20\mathbf{I}_1 + j10(\mathbf{I}_1 - \mathbf{I}_2) = 80 + j10(4 - 2 - j10.39)$$
$$= 183.9 + j20 = 184.984\underline{/6.21°} \text{ V}$$

電流源平均供應功率為

$$P_1 = -\frac{1}{2}(184.984)(4)\cos(6.21° - 0) = -367.8 \text{ W}$$

根據被動符號規則，負值表示電流源供應功率給電路。

對於電阻器而言，流經電阻器的電流為 $\mathbf{I}_1 = 4\underline{/0°}$，以及電阻器二端的電壓為 $20\mathbf{I}_1 = 80\underline{/0°}$，所以電阻器所吸收的功率為

$$P_2 = \frac{1}{2}(80)(4) = 160 \text{ W}$$

對於電容器而言，流經電容器的電流為 $\mathbf{I}_2 = 10.58\underline{/79.1°}$，以及電容器二端的電壓為 $-j5\mathbf{I}_2 = (5\underline{/-90°})(10.58\underline{/79.1°}) = 52.9\underline{/79.1° - 90°}$。所以電容器平均吸收功率為

$$P_4 = \frac{1}{2}(52.9)(10.58)\cos(-90°) = 0$$

對於電感器而言，流經電感器的電流為 $\mathbf{I}_1 - \mathbf{I}_2 = 2 - j10.39 = 10.58\underline{/-79.1°}$。電感器二端的電壓為 $j10(\mathbf{I}_1 - \mathbf{I}_2) = 105.8\underline{/-79.1° + 90°}$。因此，電感器的平均吸收功率為

$$P_3 = \frac{1}{2}(105.8)(10.58)\cos 90° = 0$$

注意：電感器和電容器吸收的平均功率為零，和電流源供應的總功率等於電阻器與電壓源吸收的總功率，即

$$P_1 + P_2 + P_3 + P_4 + P_5 = -367.8 + 160 + 0 + 0 + 207.8 = 0$$

表示功率是守恆的。

練習題 9.4 在圖 9.6 電路中，試計算五個元件中每個元件的平均吸收功率。

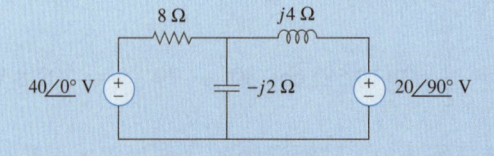

圖 9.6 練習題 9.4 的電路

答：40 V 電壓源：-60 W；$j20$ V 電壓源：-40 W；電阻器：100 W；其他：0 W。

9.3 最大平均功率轉移

在 4.8 節解決了由電阻網路提供功率給負載 R_L 的最大功率轉移問題。證明了透過戴維寧等效電路，當負載電阻等於戴維寧電阻 $R_L = R_{Th}$ 時，最大功率將被傳送到負載。本節將這結果擴充到交流電路。

考慮圖 9.7 的電路，其中交流電路連接到一個代表戴維寧等效的負載 $\mathbf{Z}_L$。該負載通常以阻抗表示，它可能是馬達、天線、電視等等。戴維寧阻抗 $\mathbf{Z}_{Th}$ 和負載阻抗 $\mathbf{Z}_L$ 的直角坐標表示式如下：

$$\mathbf{Z}_{Th} = R_{Th} + jX_{Th} \tag{9.13a}$$

$$\mathbf{Z}_L = R_L + jX_L \tag{9.13b}$$

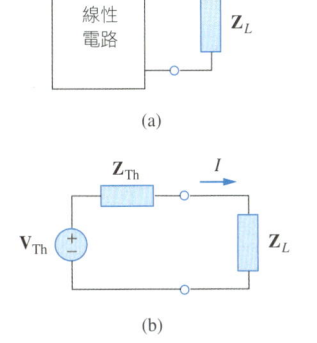

圖 9.7 求最大平均功率轉移：(a) 有負載的電路，(b) 戴維寧等效電路

流經負載的電流為

$$\mathbf{I} = \frac{\mathbf{V}_{Th}}{\mathbf{Z}_{Th} + \mathbf{Z}_L} = \frac{\mathbf{V}_{Th}}{(R_{Th} + jX_{Th}) + (R_L + jX_L)} \tag{9.14}$$

從 (9.11) 式，傳送到負載的平均功率為

$$P = \frac{1}{2}|\mathbf{I}|^2 R_L = \frac{|\mathbf{V}_{Th}|^2 R_L / 2}{(R_{Th} + R_L)^2 + (X_{Th} + X_L)^2} \tag{9.15}$$

為了調整負載參數 R_L 和 X_L 使得 P 為最大，必須令 $\partial P/\partial R_L$ 和 $\partial P/\partial X_L$ 等於零。從 (9.15) 式得

$$\frac{\partial P}{\partial X_L} = -\frac{|\mathbf{V}_{Th}|^2 R_L (X_{Th} + X_L)}{[(R_{Th} + R_L)^2 + (X_{Th} + X_L)^2]^2} \tag{9.16a}$$

$$\frac{\partial P}{\partial R_L} = \frac{|\mathbf{V}_{Th}|^2 [(R_{Th} + R_L)^2 + (X_{Th} + X_L)^2 - 2R_L(R_{Th} + R_L)]}{2[(R_{Th} + R_L)^2 + (X_{Th} + X_L)^2]^2} \tag{9.16b}$$

令 $\partial P/\partial X_L$ 為零，得

$$X_L = -X_{Th} \tag{9.17}$$

且令 $\partial P/\partial R_L$ 為零，得

$$R_L = \sqrt{R_{Th}^2 + (X_{Th} + X_L)^2} \tag{9.18}$$

結合 (9.17) 式和 (9.18) 式得到最大平均功率轉移的結論，所選擇的 $\mathbf{Z}_L$ 必須滿足 $X_L = -X_{Th}$，且 $R_L = R_{Th}$，即

$$\mathbf{Z}_L = R_L + jX_L = R_{Th} - jX_{Th} = \mathbf{Z}_{Th}^* \qquad (9.19)$$

當 $\mathbf{Z}_L = \mathbf{Z}_{Th}^*$ 時，則稱此負載與電源相匹配。

為了獲得最大的平均功率轉移，負載阻抗 $\mathbf{Z}_L$ 必須等於戴維寧阻抗 $\mathbf{Z}_{Th}$ 的共軛複數。

這結果稱為正弦穩態下的**最大平均功率轉移定理** (maximum average power transfer theorem)。在 (9.15) 式中，令 $R_L = R_{Th}$ 且 $X_L = -X_{Th}$，則得最大平均功率為

$$P_{\max} = \frac{|\mathbf{V}_{Th}|^2}{8R_{Th}} \qquad (9.20)$$

在負載為純實數情況下，令 (9.18) 式的 $X_L = 0$，可得到最大功率轉移的條件為

$$R_L = \sqrt{R_{Th}^2 + X_{Th}^2} = |\mathbf{Z}_{Th}| \qquad (9.21)$$

上式說明了，對於純電阻負載的最大平均功率轉移，其負載阻抗 (或電阻) 等於戴維寧阻抗的大小。

範例 9.5 試計算從圖 9.8 電路吸收最大平均功率的負載阻抗 $\mathbf{Z}_L$，且該最大平均功率是多少？

解：首先求負載端的戴維寧等效。從圖 9.9(a) 的電路，可得 $\mathbf{Z}_{Th}$ 如下：

$$\mathbf{Z}_{Th} = j5 + 4 \parallel (8 - j6) = j5 + \frac{4(8-j6)}{4+8-j6} = 2.933 + j4.467 \ \Omega$$

從圖 9.9(b) 的電路，並根據分壓定理可得 $\mathbf{V}_{Th}$ 如下：

$$\mathbf{V}_{Th} = \frac{8-j6}{4+8-j6}(10) = 7.454\angle{-10.3°} \text{ V}$$

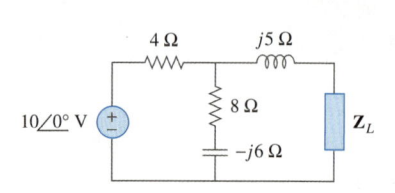

圖 9.8 範例 9.5 的電路

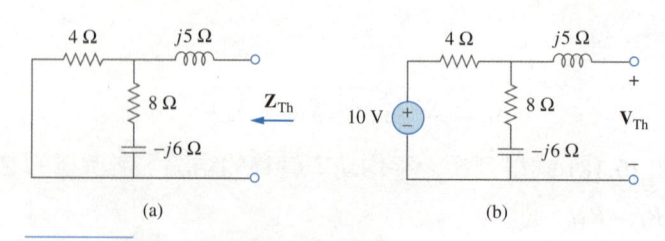

圖 9.9 求圖 9.8 電路的戴維寧等效電路

從電路吸收最大功率的負載阻抗如下：

$$\mathbf{Z}_L = \mathbf{Z}_{Th}^* = 2.933 - j4.467 \ \Omega$$

根據 (9.20) 式，最大平均功率為

$$P_{max} = \frac{|\mathbf{V}_{Th}|^2}{8R_{Th}} = \frac{(7.454)^2}{8(2.933)} = 2.368 \ W$$

> **練習題 9.5** 在圖 9.10 電路中，試求從電路吸收最大平均功率的負載阻抗 $\mathbf{Z}_L$，並計算該最大平均功率。
>
> 答：$3.415 - j0.7317 \ \Omega$, $51.47 \ W$。
>
> 圖 9.10 練習題 9.5 的電路

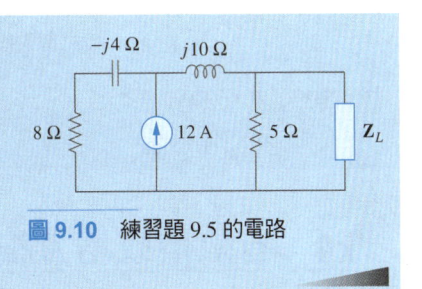

範例 9.6

在圖 9.11 電路中，試求吸收最大平均功率的 R_L 值，並計算該功率。

解： 首先求 R_L 端的戴維寧等效 $\mathbf{Z}_{Th}$：

$$\mathbf{Z}_{Th} = (40 - j30) \parallel j20 = \frac{j20(40 - j30)}{j20 + 40 - j30}$$

$$= 9.412 + j22.35 \ \Omega$$

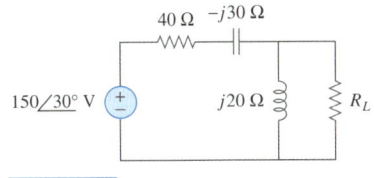

圖 9.11 範例 9.6 的電路

根據分壓定理得

$$\mathbf{V}_{Th} = \frac{j20}{j20 + 40 - j30}(150 \underline{/30°}) = 72.76 \underline{/134°} \ V$$

吸收最大功率的 R_L 值為

$$R_L = |\mathbf{Z}_{Th}| = \sqrt{9.412^2 + 22.35^2} = 24.25 \ \Omega$$

流經負載的電流為

$$\mathbf{I} = \frac{\mathbf{V}_{Th}}{\mathbf{Z}_{Th} + R_L} = \frac{72.76 \underline{/134°}}{33.66 + j22.35} = 1.8 \underline{/100.42°} \ A$$

R_L 吸收的最大平均功率為

$$P_{max} = \frac{1}{2}|\mathbf{I}|^2 R_L = \frac{1}{2}(1.8)^2(24.25) = 39.29 \ W$$

> **練習題 9.6** 在圖 9.12 電路中，調整電阻器 R_L 直到它吸收最大平均功率，並計算 R_L 和它所吸收的最大平均功率。 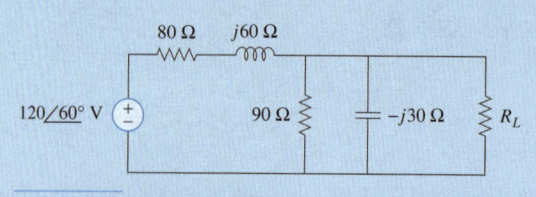
>
> **圖 9.12** 練習題 9.6 的電路
>
> 答：30 Ω, 6.863 W.

9.4 有效值或均方根值

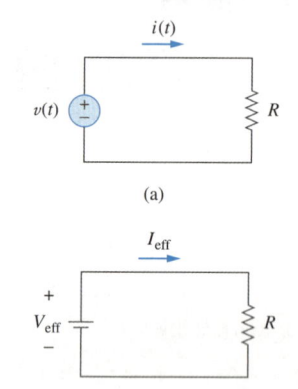

有效值 (effective value) 的構想是由於需要測量電壓源或電流源在傳送功率到電阻負載的有效性。

> 週期性電流的有效值是該週期性電流傳送給電阻器與平均功率相等的直流電流。

在圖 9.13 中，圖 (a) 的電路是交流，而圖 (b) 的電路是直流。其目的是要求弦波電流 i 傳給電阻器 R 與平均功率相等的電流有效值 I_{eff}。在交流電路中，電阻器吸收的平均功率為

$$P = \frac{1}{T}\int_0^T i^2 R\, dt = \frac{R}{T}\int_0^T i^2\, dt \tag{9.22}$$

而在直流電路中電阻器所吸收的功率為

$$P = I_{\text{eff}}^2 R \tag{9.23}$$

令 (9.22) 式與 (9.23) 式相等，然後解 I_{eff} 得

$$I_{\text{eff}} = \sqrt{\frac{1}{T}\int_0^T i^2\, dt} \tag{9.24}$$

以求解交流電流有效值的方法求解交流電壓的有效值，即

$$V_{\text{eff}} = \sqrt{\frac{1}{T}\int_0^T v^2\, dt} \tag{9.25}$$

圖 9.13 求有效電流：(a) 交流電路，(b) 直流電路

這表示有效值是所述週期信號平方的均方根 (或平均)。有效值通常也稱為**均方根** (root-mean-square) 值,簡稱 **rms** 值,可寫成

$$I_{\text{eff}} = I_{\text{rms}}, \qquad V_{\text{eff}} = V_{\text{rms}} \tag{9.26}$$

對於任何週期函數 $x(t)$,其有效值即 rms 值為

$$\boxed{X_{\text{rms}} = \sqrt{\frac{1}{T} \int_0^T x^2 \, dt}} \tag{9.27}$$

> 週期性信號的有效值是它的均方根 (rms) 值。

(9.27) 式說明求 $x(t)$ 的 rms 值,首先求它的平方 x^2,然後求它的平均值,即

$$\frac{1}{T} \int_0^T x^2 \, dt$$

最後再求該平均值的平方根 ($\sqrt{}$)。常數 rms 值是常數本身,對於弦波信號 $i(t) = I_m \cos \omega t$ 的有效值或 rms 值為

$$\begin{aligned}
I_{\text{rms}} &= \sqrt{\frac{1}{T} \int_0^T I_m^2 \cos^2 \omega t \, dt} \\
&= \sqrt{\frac{I_m^2}{T} \int_0^T \frac{1}{2}(1 + \cos 2\omega t) \, dt} = \frac{I_m}{\sqrt{2}}
\end{aligned} \tag{9.28}$$

同理,對於 $v(t) = V_m \cos \omega t$,

$$V_{\text{rms}} = \frac{V_m}{\sqrt{2}} \tag{9.29}$$

請牢記:(9.28) 式和 (9.29) 式只對弦波信號有效。

在 (9.8) 式中的平均功率可用 rms 值表示如下:

$$\begin{aligned}
P &= \frac{1}{2} V_m I_m \cos(\theta_v - \theta_i) = \frac{V_m}{\sqrt{2}} \frac{I_m}{\sqrt{2}} \cos(\theta_v - \theta_i) \\
&= V_{\text{rms}} I_{\text{rms}} \cos(\theta_v - \theta_i)
\end{aligned} \tag{9.30}$$

同理,在 (9.11) 式中電阻器 R 吸收的平均功率可改寫如下:

$$P = I_{\text{rms}}^2 R = \frac{V_{\text{rms}}^2}{R} \tag{9.31}$$

當指定一個弦波電壓或弦波電流，因為其平均值為零，所以通常用它的最大值(或峰值) 或 rms 值來表示。電力公司通常用 rms 值而不是峰值來表示相量大小。例如，每個家庭使用 110 V 電壓就是電力公司供電電壓的 rms 值。使用 rms 值來表示電壓和電流是方便的功率分析。此外，類比伏特計和類比安培計依次被設計成直接讀取電壓和電流的 rms 值。

範例 9.7 試計算圖 9.14 電流波形的 rms 值。如果該電流流經 2 Ω 電阻器，試求該電阻器吸收的平均功率。

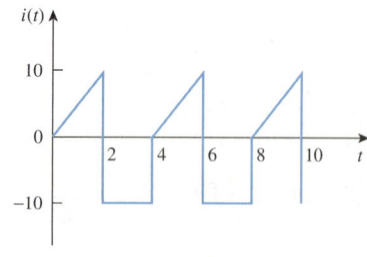

解：左圖電流波形的週期為 $T = 4$。在一個週期內，電流波形的表示如下：

$$i(t) = \begin{cases} 5t, & 0 < t < 2 \\ -10, & 2 < t < 4 \end{cases}$$

圖 9.14 範例 9.7 的電流波形

則 rms 值為

$$I_{\text{rms}} = \sqrt{\frac{1}{T}\int_0^T i^2\, dt} = \sqrt{\frac{1}{4}\left[\int_0^2 (5t)^2\, dt + \int_2^4 (-10)^2\, dt\right]}$$

$$= \sqrt{\frac{1}{4}\left[25\frac{t^3}{3}\Big|_0^2 + 100t\Big|_2^4\right]} = \sqrt{\frac{1}{4}\left(\frac{200}{3} + 200\right)} = 8.165 \text{ A}$$

2 Ω 電阻器吸收的平均功率為

$$P = I_{\text{rms}}^2 R = (8.165)^2(2) = 133.3 \text{ W}$$

練習題 9.7 試計算圖 9.15 電流波形的 rms 值。如果該電流流經 9 Ω 電阻器，試求該電阻器吸收的平均功率。

答：9.238 A, 768 W.

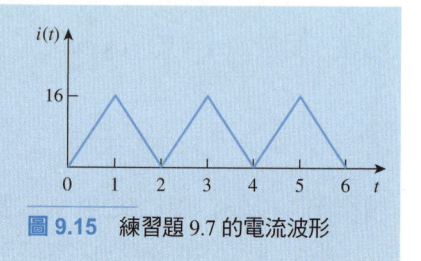

圖 9.15 練習題 9.7 的電流波形

範例 9.8 圖 9.16 的波形是一個半波整流的正弦波，試求 rms 值和 10 Ω 電阻器所消耗的平均功率。

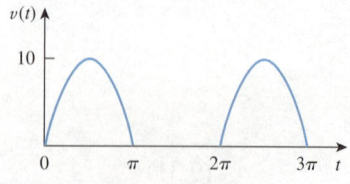

解：左圖電壓波形的週期為 $T = 2\pi$，且表示式如下：

$$v(t) = \begin{cases} 10\sin t, & 0 < t < \pi \\ 0, & \pi < t < 2\pi \end{cases}$$

圖 9.16 範例 9.8 的電壓波形

Chapter 9　交流功率分析　　373

其 rms 值如下：

$$V_{\text{rms}}^2 = \frac{1}{T}\int_0^T v^2(t)\,dt = \frac{1}{2\pi}\left[\int_0^\pi (10\sin t)^2\,dt + \int_\pi^{2\pi} 0^2\,dt\right]$$

但 $\sin^2 t = \frac{1}{2}(1 - \cos 2t)$。因此，

$$V_{\text{rms}}^2 = \frac{1}{2\pi}\int_0^\pi \frac{100}{2}(1 - \cos 2t)\,dt = \frac{50}{2\pi}\left(t - \frac{\sin 2t}{2}\right)\Big|_0^\pi$$

$$= \frac{50}{2\pi}\left(\pi - \frac{1}{2}\sin 2\pi - 0\right) = 25, \quad V_{\text{rms}} = 5\text{ V}$$

電阻器的平均吸收功率為

$$P = \frac{V_{\text{rms}}^2}{R} = \frac{5^2}{10} = 2.5\text{ W}$$

練習題 9.8　試求圖 9.17 的全波整流正弦波的 rms 值，並計算 6 Ω 電阻器所消耗的平均功率。

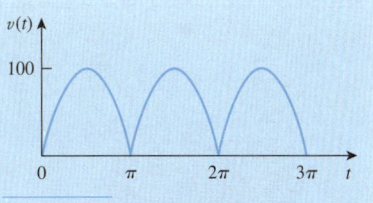

答：70.71 V, 833.3 W.

圖 9.17　練習題 9.8 的電壓波形

9.5　視在功率和功率因數

根據 9.2 節，如果電路端點的電壓和電流為

$$v(t) = V_m\cos(\omega t + \theta_v) \quad 和 \quad i(t) = I_m\cos(\omega t + \theta_i) \tag{9.32}$$

或者相量形式表示為 $\mathbf{V} = V_m\underline{/\theta_v}$ 和 $\mathbf{I} = I_m\underline{/\theta_i}$，則平均功率為

$$P = \frac{1}{2}V_m I_m \cos(\theta_v - \theta_i) \tag{9.33}$$

根據 9.4 節得

$$P = V_{\text{rms}} I_{\text{rms}} \cos(\theta_v - \theta_i) = S\cos(\theta_v - \theta_i) \tag{9.34}$$

上式新增一個新項目：

$$\boxed{S = V_{\text{rms}} I_{\text{rms}}} \tag{9.35}$$

平均功率是二項的乘積，其中一項為 $V_{\text{rms}}I_{\text{rms}}$ 稱為**視在功率** (apparent power, S)。而另一項為因數 $\cos(\theta_v - \theta_i)$ 稱為**功率因數** (power factor, pf)。

> **視在功率 (單位為 VA) 是電壓 rms 值和電流 rms 值的乘積。**

之所以稱為視在功率，因為由直流電阻電路推論，表面上看功率應該是電壓和電流的乘積。視在功率的單位為伏特-安培或 VA，以區別於平均功率或有效功率的單位瓦特。功率因數是沒有單位的，因為它是平均功率與視在功率的比值。

$$\boxed{\text{pf} = \frac{P}{S} = \cos(\theta_v - \theta_i)} \tag{9.36}$$

角度 $\theta_v - \theta_i$ 稱為**功率因數角** (power factor angle)，因為該角度的餘弦值為功率因數。如果 **V** 是負載二端的電壓且 **I** 是流過負載的電流，則功率因數角等於負載阻抗的角度。這可由下式清楚看出，

$$\mathbf{Z} = \frac{\mathbf{V}}{\mathbf{I}} = \frac{V_m \underline{/\theta_v}}{I_m \underline{/\theta_i}} = \frac{V_m}{I_m} \underline{/\theta_v - \theta_i} \tag{9.37}$$

另外，因為

$$\mathbf{V}_{\text{rms}} = \frac{\mathbf{V}}{\sqrt{2}} = V_{\text{rms}} \underline{/\theta_v} \tag{9.38a}$$

且

$$\mathbf{I}_{\text{rms}} = \frac{\mathbf{I}}{\sqrt{2}} = I_{\text{rms}} \underline{/\theta_i} \tag{9.38b}$$

則阻抗值為

$$\mathbf{Z} = \frac{\mathbf{V}}{\mathbf{I}} = \frac{\mathbf{V}_{\text{rms}}}{\mathbf{I}_{\text{rms}}} = \frac{V_{\text{rms}}}{I_{\text{rms}}} \underline{/\theta_v - \theta_i} \tag{9.39}$$

> **功率因數是電壓和電流之間相位差的餘弦值，也是負載阻抗角度的餘弦值。**

從 (9.36) 式，功率因數也可以被視為負載實際消耗功率對負載視在功率的比值。

根據 (9.36) 式，功率因數乘以視在功率可獲得有效功率或平均功率。功率因數的範圍在 0 與 1 之間。對於純電阻電路，其電壓和電流為相量，所以 $\theta_v - \theta_i = 0$ 且 pf $= 1$，這表示視在功率等於平均功率。對於純電抗負載，$\theta_v - \theta_i = \pm 90°$ 且 pf $= 0$，在這種情況下平均功率為 0。在這

二種極端情況之間，pf 被稱為超前或滯後。超前功率因數意思是電流超前電壓，也就是負載為電容性。滯後功率因數意思是電流落後電壓，也就是負載為電感性。

範例 9.9 當電壓為 $v(t) = 120 \cos(100\pi t - 20°)$ V 時，一串聯負載吸收電流 $i(t) = 4 \cos(100\pi t + 10°)$ A。試求負載的視在功率和功率因數，並計算形成串聯連接負載的元件值。

解：視在功率為

$$S = V_{\text{rms}} I_{\text{rms}} = \frac{120}{\sqrt{2}} \frac{4}{\sqrt{2}} = 240 \text{ VA}$$

功率因數為

$$\text{pf} = \cos(\theta_v - \theta_i) = \cos(-20° - 10°) = 0.866 \quad \text{(超前)}$$

pf 是超前的，因為電流超前電壓。pf 也可由負載阻抗求得如下：

$$\mathbf{Z} = \frac{\mathbf{V}}{\mathbf{I}} = \frac{120\underline{/-20°}}{4\underline{/10°}} = 30\underline{/-30°} = 25.98 - j15 \text{ }\Omega$$

$$\text{pf} = \cos(-30°) = 0.866 \quad \text{(超前)}$$

負載阻抗 **Z** 可以由 25.98 Ω 電阻器串聯與下面電容器而得

$$X_C = -15 = -\frac{1}{\omega C}$$

或

$$C = \frac{1}{15\omega} = \frac{1}{15 \times 100\pi} = 212.2 \text{ }\mu\text{F}$$

練習題 9.9 當電壓為 $v(t) = 320 \cos(377t + 10°)$ V 時，某負載阻抗為 **Z** = 60 + j40 Ω，試求負載的功率因數和視在功率。

答：0.8321 滯後，$710\underline{/33.69°}$ VA。

範例 9.10 試計算圖 9.18 整個電路從電源看進去的功率因數，並計算電源所傳送的平均功率。

解： 總阻抗為

$$\mathbf{Z} = 6 + 4 \parallel (-j2) = 6 + \frac{-j2 \times 4}{4 - j2} = 6.8 - j1.6$$

$$= 7\underline{/-13.24°}\ \Omega$$

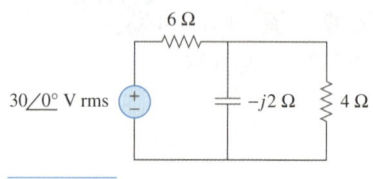

圖 9.18 範例 9.10 的電路

功率因數為

$$\text{pf} = \cos(-13.24) = 0.9734 \quad (\text{超前})$$

因為阻抗是電容性，所以電流的 rms 值為

$$\mathbf{I}_{\text{rms}} = \frac{\mathbf{V}_{\text{rms}}}{\mathbf{Z}} = \frac{30\underline{/0°}}{7\underline{/-13.24°}} = 4.286\underline{/13.24°}\ \text{A}$$

電源的平均供應功率為

$$P = V_{\text{rms}} I_{\text{rms}} \text{pf} = (30)(4.286)0.9734 = 125\ \text{W}$$

或

$$P = I_{\text{rms}}^2 R = (4.286)^2 (6.8) = 125\ \text{W}$$

其中 R 是 $\mathbf{Z}$ 的電阻性部分。

練習題 9.10 試計算圖 9.19 整個電路從電源看進去的功率因數，電源所傳送的平均功率為何？

答： 0.936 滯後，2.008 kW。

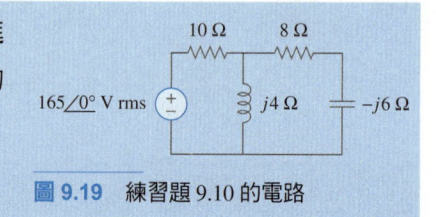

圖 9.19 練習題 9.10 的電路

9.6 複數功率

為了簡化功率的表示式，電力工程師努力多年，提出**複數功率** (complex power)，用來求並聯負載的總效應。因為複數功率包含了負載吸收功率的所有訊息，所以對於電力分析是很重要的。

考慮圖 9.20 的交流負載，已知電壓 $v(t)$ 和電流 $i(t)$ 的相量形式為 $\mathbf{V} = V_m\underline{/\theta_v}$ 和 $\mathbf{I} = I_m\underline{/\theta_i}$，則交流負載所吸收的複數功率 $\mathbf{S}$ 為電流的共

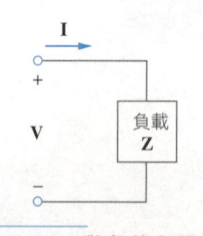

圖 9.20 與負載有關的電壓和電流相量

軛複數和電壓的乘積，即

$$\mathbf{S} = \frac{1}{2}\mathbf{VI}^* \tag{9.40}$$

根據被動符號規則 (參見圖 9.20)，以 rms 值表示如下：

$$\mathbf{S} = \mathbf{V}_{rms}\mathbf{I}_{rms}^* \tag{9.41}$$

其中

$$\mathbf{V}_{rms} = \frac{\mathbf{V}}{\sqrt{2}} = V_{rms}\underline{/\theta_v} \tag{9.42}$$

且

$$\mathbf{I}_{rms} = \frac{\mathbf{I}}{\sqrt{2}} = I_{rms}\underline{/\theta_i} \tag{9.43}$$

因此，(9.41) 式可寫成

$$\begin{aligned}\mathbf{S} &= V_{rms}I_{rms}\underline{/\theta_v - \theta_i} \\ &= V_{rms}I_{rms}\cos(\theta_v - \theta_i) + jV_{rms}I_{rms}\sin(\theta_v - \theta_i)\end{aligned} \tag{9.44}$$

> 在不混淆的情況下，通常可以省略電壓和電流 rms 有效值的下標。

上式也可以從 (9.9) 式得到。注意：從 (9.44) 式複數功率的大小為視在功率，所以複數功率的單位為伏特-安培 (VA)。而且，複數功率的角度為功率因數角。

複數功率可以用負載阻抗 **Z** 來表示。從 (9.37) 式得知，負載阻抗 **Z** 可以寫成

$$\mathbf{Z} = \frac{\mathbf{V}}{\mathbf{I}} = \frac{\mathbf{V}_{rms}}{\mathbf{I}_{rms}} = \frac{V_{rms}}{I_{rms}}\underline{/\theta_v - \theta_i} \tag{9.45}$$

因此，將 $\mathbf{V}_{rms} = \mathbf{Z}\mathbf{I}_{rms}$ 代入 (9.41) 式得

$$\boxed{\mathbf{S} = I_{rms}^2\mathbf{Z} = \frac{V_{rms}^2}{\mathbf{Z}^*} = \mathbf{V}_{rms}\mathbf{I}_{rms}^*} \tag{9.46}$$

因為 $\mathbf{Z} = R + jX$，所以 (9.46) 式變成

$$\mathbf{S} = I_{rms}^2(R + jX) = P + jQ \tag{9.47}$$

其中 P 和 Q 是複數功率的實部和虛部；即

$$P = \text{Re}(\mathbf{S}) = I_{rms}^2 R \tag{9.48}$$

$$Q = \text{Im}(\mathbf{S}) = I_{rms}^2 X \tag{9.49}$$

P 是平均功率或有效功率，而且與負載電阻 R 有關。Q 與負載電抗 X 有關，而且被稱為**無功** (reactive) (或正交) 功率。

比較 (9.44) 式和 (9.47) 式，得

$$P = V_{\text{rms}}I_{\text{rms}} \cos(\theta_v - \theta_i), \qquad Q = V_{\text{rms}}I_{\text{rms}} \sin(\theta_v - \theta_i) \tag{9.50}$$

有效功率 P 是傳遞給負載的平均功率，單位為瓦特；它是唯一有用的功率。它是傳遞給負載的實際功率。無功功率 Q 是電源和負載的電抗性部分之間能量交換的量測。Q 的單位為**無功伏安** (volt-ampere reactive, VAR) 以區別於有效功率的單位瓦特。從第 6 章得知儲存能量元件既不消耗功率也不供應功率，只是與網路中的其他元件來回交換能量。同理，無功功率也是在負載和電源之間來回轉換。它表示負載和電源之間的無損交換。注意：

1. 對於電阻性負載 $Q = 0$ (pf = 1)。
2. 對於電容性負載 $Q < 0$ (超前 pf)。
3. 對於電感性負載 $Q > 0$ (滯後 pf)。

因此，

> 複數功率 (單位為 VA) 是電壓相量 rms 和電流相量 rms 共軛複數的乘積。
> 對於複數功率的實部為有效功率 P，而虛部為無功功率 Q。

介紹複數功率後就可以直接從電壓相量和電流相量求得有效功率與無功功率。

$$\begin{aligned}
\text{複數功率} &= \mathbf{S} = P + jQ = \mathbf{V}_{\text{rms}}(\mathbf{I}_{\text{rms}})^* \\
&= |\mathbf{V}_{\text{rms}}||\mathbf{I}_{\text{rms}}|\underline{/\theta_v - \theta_i} \\
\text{視在功率} &= S = |\mathbf{S}| = |\mathbf{V}_{\text{rms}}||\mathbf{I}_{\text{rms}}| = \sqrt{P^2 + Q^2} \\
\text{有效功率} &= P = \text{Re}(\mathbf{S}) = S\cos(\theta_v - \theta_i) \\
\text{無功功率} &= Q = \text{Im}(\mathbf{S}) = S\sin(\theta_v - \theta_i) \\
\text{功率因數} &= \frac{P}{S} = \cos(\theta_v - \theta_i)
\end{aligned} \tag{9.51}$$

上式顯示複數功率如何包含已知負載相關功率的所有資訊。

利用**功率三角形** (power triangle) 來表示 $\mathbf{S}$、P 和 Q 之間的關係是一種標準的表示法，如圖 9.21(a) 所示。這類似於表示 $\mathbf{Z}$、R 和 X 之間關係的阻抗三角形，如圖 9.21(b) 所示。功率三角形有四項——視在/複數功率、有效功率、無功功率和功率因數角。若已知

S 包含負載的所有功率資訊。**S** 的實部是有效功率 P；它的虛部是無功功率 Q；它的大小是視在功率 S；以及它的相位角的餘弦是功率因數 pf。

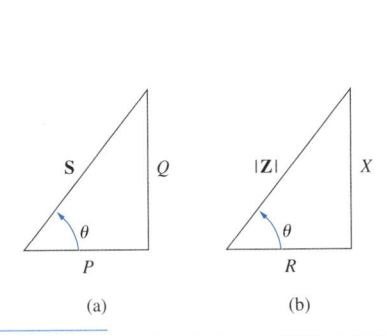

圖 9.21 (a) 功率三角形，(b) 阻抗三角形

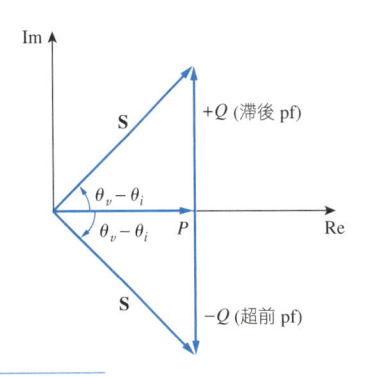

圖 9.22 功率三角形

其中二項，則可以容易由該三角形求得其他二項。如圖 9.22 所示，當 **S** 在第一象限，則得到電感性負載和滯後的功率因數；當 **S** 在第四象限，則得到電容性負載和超前的功率因數。複數功率也可能落在第二象限和第三象限，這需要負載阻抗為負的電阻，在主動電路中有可能出現負電阻的。

範例 9.11 負載二端的電壓為 $v(t) = 60 \cos(\omega t - 10°)$ V，以及電壓降落方向流經該負載的電流為 $i(t) = 1.5 \cos(\omega t + 50°)$ A。試求：(a) 複數功率和視在功率，(b) 有效功率和無功功率，(c) 功率因數和負載阻抗。

解：(a) 對於電壓和電流的 rms 值為

$$\mathbf{V}_{rms} = \frac{60}{\sqrt{2}} \angle -10°, \quad \mathbf{I}_{rms} = \frac{1.5}{\sqrt{2}} \angle +50°$$

則複數功率為

$$\mathbf{S} = \mathbf{V}_{rms}\mathbf{I}_{rms}^* = \left(\frac{60}{\sqrt{2}}\angle -10°\right)\left(\frac{1.5}{\sqrt{2}}\angle -50°\right) = 45\angle -60° \text{ VA}$$

且視在功率為

$$S = |\mathbf{S}| = 45 \text{ VA}$$

(b) 將複數功率改以直角坐標形式表示如下：

$$\mathbf{S} = 45\angle -60° = 45[\cos(-60°) + j\sin(-60°)] = 22.5 - j38.97$$

因為 $\mathbf{S} = P + jQ$，所以有效功率為

$$P = 22.5 \text{ W}$$

而無功功率為

$$Q = -38.97 \text{ VAR}$$

(c) 功率因數為

$$\text{pf} = \cos(-60°) = 0.5 \text{ (超前)}$$

因為無功功率為負值,所以表示 pf 是超前的。而負載阻抗為

$$\mathbf{Z} = \frac{\mathbf{V}}{\mathbf{I}} = \frac{60\underline{/-10°}}{1.5\underline{/+50°}} = 40\underline{/-60°} \text{ Ω}$$

是電容性阻抗。

> **練習題 9.11** 對於一個負載 $\mathbf{V}_{rms} = 110\underline{/85°}$ V,$\mathbf{I}_{rms} = 0.4\underline{/15°}$ A。試求:(a) 複數功率和視在功率,(b) 有效功率和無功功率,(c) 功率因數和負載阻抗。
>
> 答:(a) $44\underline{/70°}$ VA,44 VA,(b) 15.05 W,41.35 VAR,(c) 0.342 滯後,$94.06 + j258.4$ Ω。

範例 9.12 負載 Z 從功率因數為 0.856 滯後的 120 V rms 正弦電源吸收 12 kVA。試求:(a) 傳遞到負載的平均功率和無功功率,(b) 峰值電流,(c) 負載阻抗。

解:(a) 已知 $\text{pf} = \cos\theta = 0.856$,所以功率角為 $\theta = \cos^{-1} 0.856 = 31.13°$。如果視在功率為 $S = 12{,}000$ VA,則平均功率或有效功率為

$$P = S\cos\theta = 12{,}000 \times 0.856 = 10.272 \text{ kW}$$

而無功功率為

$$Q = S\sin\theta = 12{,}000 \times 0.517 = 6.204 \text{ kVA}$$

(b) 因為 pf 為滯後,所以複數功率為

$$\mathbf{S} = P + jQ = 10.272 + j6.204 \text{ kVA}$$

從 $\mathbf{S} = \mathbf{V}_{rms}\mathbf{I}^*_{rms}$ 得

$$\mathbf{I}^*_{rms} = \frac{\mathbf{S}}{\mathbf{V}_{rms}} = \frac{10{,}272 + j6204}{120\underline{/0°}} = 85.6 + j51.7 \text{ A} = 100\underline{/31.13°} \text{ A}$$

因此 $\mathbf{I}_{rms} = 100\underline{/-31.13°}$ 且峰值電流為

$$I_m = \sqrt{2}I_{rms} = \sqrt{2}(100) = 141.4 \text{ A}$$

(c) 負載阻抗為

$$Z = \frac{V_{rms}}{I_{rms}} = \frac{120\underline{/0°}}{100\underline{/-31.13°}} = 1.2\underline{/31.13°}\ \Omega$$

是電感性阻抗。

> **練習題 9.12**　某正弦電源提供 100 kVAR 無功功率給負載 $Z = 250\underline{/-75°}\ \Omega$。試求：(a) 功率因數，(b) 傳遞到負載的視在功率，(c) rms 電壓。
>
> **答**：(a) 0.2588 超前，(b) 103.53 kVA，(c) 5.087 kV。

9.7　†交流功率守恆

功率守恆原理適用於交流電路和直流電路 (參見 1.5 節)。

為了說明交流電路的功率守恆，考慮圖 9.23(a) 的電路，其中二個負載阻抗 Z_1 和 Z_2 與交流電源 V 並聯連接。使用 KCL 得

> 事實上，在範例 9.3 和範例 9.4 中已經看到交流電路的平均功率是守恆的。

$$I = I_1 + I_2 \tag{9.52}$$

電源提供的複數功率為 (從現在起，除非另有規定，電壓和電流的所有值將被假定為有效值)

$$S = VI^* = V(I_1^* + I_2^*) = VI_1^* + VI_2^* = S_1 + S_2 \tag{9.53}$$

其中 S_1 和 S_2 分別表示傳遞給負載 Z_1 和 Z_2 的複數功率。

如果負載與電壓源串聯連接，如圖 9.23(b) 所示，則應用 KVL 得

$$V = V_1 + V_2 \tag{9.54}$$

電源提供的複數功率為

$$S = VI^* = (V_1 + V_2)I^* = V_1I^* + V_2I^* = S_1 + S_2 \tag{9.55}$$

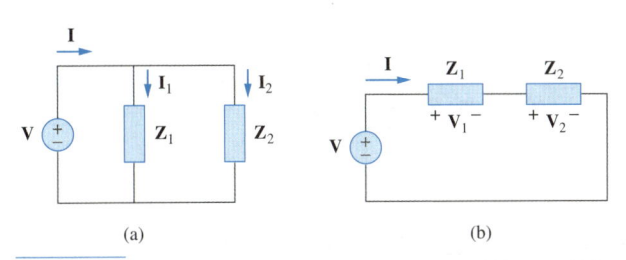

圖 9.23　提供負載的交流電壓源連接方式：(a) 並聯，(b) 串聯

其中 S_1 和 S_2 分別表示傳遞給負載 Z_1 和 Z_2 的複數功率。

從 (9.53) 式和 (9.55) 式，無論負載是否串聯連接和並聯連接 (或串並聯)，電源的**供應** (supplied) 總功率等於**傳遞** (delivered) 到負載的總功率。因此，一般而言，一個電源連接到 N 個負載時，

$$\mathbf{S} = \mathbf{S}_1 + \mathbf{S}_2 + \cdots + \mathbf{S}_N \tag{9.56}$$

> 事實上，所有形式的交流功率皆守恆：包括瞬間、有效、無功和複數。

上式表示一個網路的總複數功率等於各個元件的複數功率之和。(這對於有效功率和無功功率也成立，但對於視在功率則不成立。) 這就是交流功率守恆原理：

> 電源的複數功率、有效功率和無功功率分別等於各個負載的
> 複數功率、有效功率和無功功率之和。

由此可知，從電源流到網路的有效 (或無功) 功率等於從該網路流到其他元件的有效 (或無功) 功率。

範例 9.13 圖 9.24 顯示電壓源經由傳輸線輸入到負載，該傳輸線的阻抗表示 $(4 + j2)\ \Omega$ 的阻抗和返回路徑。試求：(a) 電源，(b) 傳輸線，(c) 負載的有效功率和無功功率。

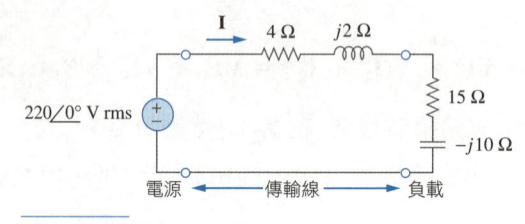

圖 9.24 範例 9.13 的電路

解： 總阻抗為

$$\mathbf{Z} = (4 + j2) + (15 - j10) = 19 - j8 = 20.62\underline{/-22.83°}\ \Omega$$

流經電路的電流為

$$\mathbf{I} = \frac{\mathbf{V}_s}{\mathbf{Z}} = \frac{220\underline{/0°}}{20.62\underline{/-22.83°}} = 10.67\underline{/22.83°}\ \text{A rms}$$

(a) 對於電源，複數功率為

$$\mathbf{S}_s = \mathbf{V}_s\mathbf{I}^* = (220\underline{/0°})(10.67\underline{/-22.83°})$$
$$= 2347.4\underline{/-22.83°} = (2163.5 - j910.8)\ \text{VA}$$

由此可得，有效功率為 2163.5 W 且無功功率為 910.8 VAR (超前)。

(b) 對於傳輸線，電壓為

$$\mathbf{V}_{\text{line}} = (4 + j2)\mathbf{I} = (4.472 \underline{/26.57°})(10.67 \underline{/22.83°})$$
$$= 47.72 \underline{/49.4°} \text{ V rms}$$

傳輸線所吸收的複數功率為

$$\mathbf{S}_{\text{line}} = \mathbf{V}_{\text{line}}\mathbf{I}^* = (47.72 \underline{/49.4°})(10.67 \underline{/-22.83°})$$
$$= 509.2 \underline{/26.57°} = 455.4 + j227.7 \text{ VA}$$

或

$$\mathbf{S}_{\text{line}} = |\mathbf{I}|^2 \mathbf{Z}_{\text{line}} = (10.67)^2(4 + j2) = 455.4 + j227.7 \text{ VA}$$

亦即，有效功率為 455.4 W 且無功功率為 227.76 VAR (滯後)。

(c) 對於負載，電壓為

$$\mathbf{V}_L = (15 - j10)\mathbf{I} = (18.03 \underline{/-33.7°})(10.67 \underline{/22.83°})$$
$$= 192.38 \underline{/-10.87°} \text{ V rms}$$

負載所吸收的複數功率為

$$\mathbf{S}_L = \mathbf{V}_L \mathbf{I}^* = (192.38 \underline{/-10.87°})(10.67 \underline{/-22.83°})$$
$$= 2053 \underline{/-33.7°} = (1708 - j1139) \text{ VA}$$

有效功率為 1708 W 且無功功率為 1139 VAR (超前)。注意：上面的計算使用電壓和電流的 rms 值，而 $\mathbf{S}_s = \mathbf{S}_{\text{line}} + \mathbf{S}_L$，計算結果正如預期。

練習題 9.13 在圖 9.25 電路中，60 Ω 的電阻器吸收 240 W 的平均功率。試求電路中每個分支的複數功率。電路的總複數功率為何？(假設流經 60 Ω 電阻器的電流沒有相位位移。)

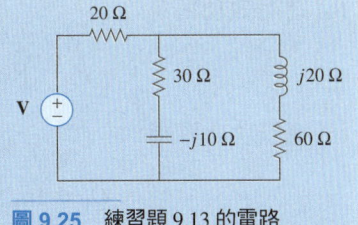

圖 9.25 練習題 9.13 的電路

答： 240.7 $\underline{/21.45°}$ V (rms)；20 Ω 電阻器：656 VA；(30 − j10) Ω 阻抗：480 − j160 VA；(60 + j20) Ω 阻抗：240 + j80 VA；總複數功率：1376 − j80 VA。

範例 9.14 在圖 9.26 電路中，$Z_1 = 60\underline{/-30°}\ \Omega$ 和 $Z_2 = 40\underline{/45°}\ \Omega$。試計算電源提供和從電源端看進去的 (a) 總視在功率，(b) 總有效功率，(c) 總無功功率，(d) pf。

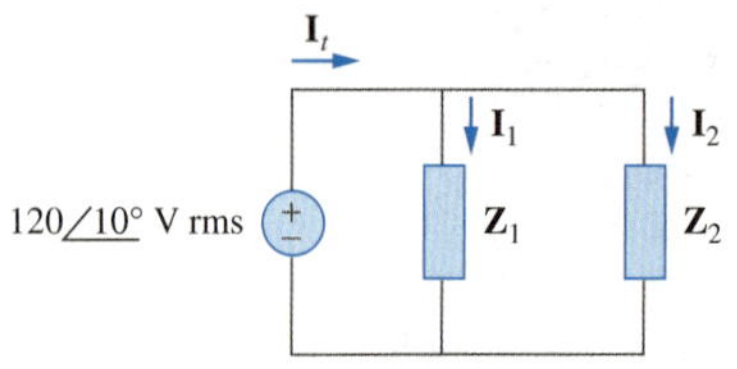

解： 流經 Z_1 的電流為

$$I_1 = \frac{V}{Z_1} = \frac{120\underline{/10°}}{60\underline{/-30°}} = 2\underline{/40°}\ \text{A rms}$$

圖 9.26 範例 9.14 的電路

而流經 Z_2 的電流為

$$I_2 = \frac{V}{Z_2} = \frac{120\underline{/10°}}{40\underline{/45°}} = 3\underline{/-35°}\ \text{A rms}$$

阻抗所吸收的複數功率為

$$S_1 = \frac{V_{rms}^2}{Z_1^*} = \frac{(120)^2}{60\underline{/30°}} = 240\underline{/-30°} = 207.85 - j120\ \text{VA}$$

$$S_2 = \frac{V_{rms}^2}{Z_2^*} = \frac{(120)^2}{40\underline{/-45°}} = 360\underline{/45°} = 254.6 + j254.6\ \text{VA}$$

總複數功率為

$$S_t = S_1 + S_2 = 462.4 + j134.6\ \text{VA}$$

(a) 總視在功率為

$$|S_t| = \sqrt{462.4^2 + 134.6^2} = 481.6\ \text{VA}$$

(b) 總有效功率為

$$P_t = \text{Re}(S_t) = 462.4\ \text{W}\ \text{或}\ P_t = P_1 + P_2$$

(c) 總無功功率為

$$Q_t = \text{Im}(S_t) = 134.6\ \text{VAR}\ \text{或}\ Q_t = Q_1 + Q_2$$

(d) $\text{pf} = P_t/|S_t| = 462.4/481.6 = 0.96$ (滯後)

可以求解電源提供的複數功率 S_s 來交叉驗證上述結果。

$$\begin{aligned} I_t &= I_1 + I_2 = (1.532 + j1.286) + (2.457 - j1.721) \\ &= 4 - j0.435 = 4.024\underline{/-6.21°}\ \text{A rms} \end{aligned}$$

$$\mathbf{S}_s = \mathbf{VI}_t^* = (120\underline{/10°})(4.024\underline{/6.21°})$$
$$= 482.88\underline{/16.21°} = 463 + j135 \text{ VA}$$

這與前面所得結果相同。

> **練習題 9.14** 二個並聯連接的負載分別為 2 kW、pf = 0.75 (超前) 和 4 kW、pf = 0.95 (滯後)，試計算這二個負載的 pf，並求電源提供的複數功率。
>
> **答：** 0.9972 (超前)，$6 - j0.4495$ kVA。

9.8 功率因數校正

大多數的家電負載 (如洗衣機、空調、冰箱等) 和工業負載 (如感應馬達) 是電感性負載，而且工作在較低的功率因數 (滯後)。雖然負載的電感性質不能改變，但是可以增加它的功率因數。

> 在不改變原始負載的電壓或電流情況下，提高功率因數的過程稱為功率因數校正。

換句話說，功率因數校正可視為加入一個與負載並聯的電抗元件 (通常為電容)，使得功率因數接近於 1。

由於大多數負載是電感性，如圖 9.27(a) 所示，所以通過安裝一個與負載並聯的電容器來改善或校正負載的功率因數，如圖 9.27(b) 所示。增加電容器的效果可以利用功率三角形或加入電流的相量圖來說明。圖 9.28 顯示後者，並假設圖 9.27(a) 的電路有一個 $\cos\theta_1$ 的功率因數，而圖 9.27(b) 的電路有一個 $\cos\theta_2$ 的功率因數。從圖 9.28 可看出，並聯電容器後造成供電電壓和電流之間的相位角從 θ_1 減少到 θ_2，因此提高了功率因數。同時，從圖 9.28 的向量大小，可知在相同的供電電壓下，圖 9.27(a) 電路吸收的電流 I_L 要比圖 9.27(b) 電路吸收的電流 I 大，原因在於電流越大，功率損耗就越大(呈平方關係，因為 $P = I_L^2 R$)。因此，在努力減少電流大小或保持功率因數盡可能接近

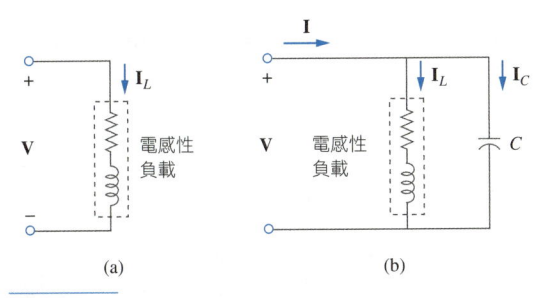

電感性負載可以由電感和電阻串聯結合而成。

圖 9.27 功率因數校正：(a) 原來的電感性負載，(b) 改進功率因數的電感性負載

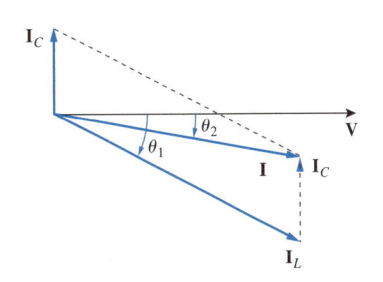

圖 9.28 顯示增加與電感性負載並聯的電容器作用的相量圖

1，將使電力公司與消費者皆受惠。選擇適合的電容，可以使電壓與電流完全同相，這意味著功率因數為 1。

可以從另一個角度來看功率因數校正。參見圖 9.29 功率三角形，如果原來電感負載的視在功率 S_1，則

$$P = S_1 \cos\theta_1, \qquad Q_1 = S_1 \sin\theta_1 = P\tan\theta_1 \qquad (9.57)$$

如果希望功率因數從 $\cos\theta_1$ 增加到 $\cos\theta_2$，而不改變有效功率 (即 $P = S_2 \cos\theta_2$)，則新的無功功率為

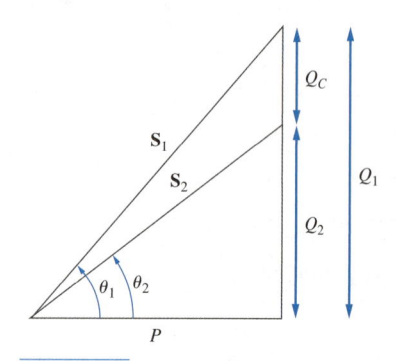

$$Q_2 = P\tan\theta_2 \qquad (9.58)$$

圖 9.29 顯示功率因數校正的功率三角形

無功功率的降低是由並聯電容器引起的；即

$$Q_C = Q_1 - Q_2 = P(\tan\theta_1 - \tan\theta_2) \qquad (9.59)$$

但從 (9.46) 式得知 $Q_C = V_{rms}^2/X_C = \omega C V_{rms}^2$，則所需並聯電容 C 值的計算如下：

$$\boxed{C = \frac{Q_C}{\omega V_{rms}^2} = \frac{P(\tan\theta_1 - \tan\theta_2)}{\omega V_{rms}^2}} \qquad (9.60)$$

注意：負載所消耗的有效功率 P 不受功率因數校正的影響，因為電容消耗的平均功率為零。

雖然在實際負載中最常見的是電感性負載，但它也有可能是電容性負載；即負載工作在超前的功率因數。在這種情況下，功率因數校正時應該將電感器連接到負載。而所需的並聯電感 L 可以由下式計算：

$$Q_L = \frac{V_{rms}^2}{X_L} = \frac{V_{rms}^2}{\omega L} \qquad \Rightarrow \qquad L = \frac{V_{rms}^2}{\omega Q_L} \qquad (9.61)$$

其中 $Q_L = Q_1 - Q_2$，為新舊無功功率之差。

範例 9.15 當負載連接到 120 V (rms)、60 Hz 的傳輸線，該負載吸收 4 kW、0.8 滯後的功率因數。試求將 pf 提升至 0.95 所需的電容值。

解： 如果 pf = 0.8，則

$$\cos\theta_1 = 0.8 \qquad \Rightarrow \qquad \theta_1 = 36.87°$$

其中 θ_1 為電壓和電流之間的相量差。從有效功率和 pf 可得視在功率如下：

$$S_1 = \frac{P}{\cos\theta_1} = \frac{4000}{0.8} = 5000 \text{ VA}$$

無功功率為

$$Q_1 = S_1 \sin\theta = 5000 \sin 36.87 = 3000 \text{ VAR}$$

當 pf 提升至 0.95 時,

$$\cos\theta_2 = 0.95 \quad \Rightarrow \quad \theta_2 = 18.19°$$

有效功率 P 不改變,但視在功率改變,且新值為

$$S_2 = \frac{P}{\cos\theta_2} = \frac{4000}{0.95} = 4210.5 \text{ VA}$$

新的無功功率為

$$Q_2 = S_2 \sin\theta_2 = 1314.4 \text{ VAR}$$

新舊無功功率之間的差是因為新並聯一個電容到負載。因為電容引起的無功功率為

$$Q_C = Q_1 - Q_2 = 3000 - 1314.4 = 1685.6 \text{ VAR}$$

且

$$C = \frac{Q_C}{\omega V_{\text{rms}}^2} = \frac{1685.6}{2\pi \times 60 \times 120^2} = 310.5 \text{ μF}$$

注意:通常購買電容器是為了滿足所需的電壓。在這種情況下,電容器的最大電壓將會是 170 V 峰值。建議購買電壓額度為 200 V 的電容器。

> **練習題 9.15** 試求將 140 kVAR 的負載從 pf = 0.85 (滯後) 校正至 1 所需的電容值。假設利用 110 V (rms)、60 Hz 傳輸線對負載供電。
>
> **答**:30.69 mF.

9.9 總結

1. 一個元件吸收的瞬間功率為該元件的端點電壓和流經該元件電流的乘積:

$$p = vi$$

2. 平均或有效功率 P (單位為瓦特) 是瞬間功率 p 的平均值:

$$P = \frac{1}{T}\int_0^T p\, dt$$

如果 $v(t) = V_m \cos(\omega t + \theta_v)$ 和 $i(t) = I_m \cos(\omega t + \theta_i)$，則 $V_{\text{rms}} = V_m/\sqrt{2}$，$I_{\text{rms}} = I_m/\sqrt{2}$，且

$$P = \frac{1}{2} V_m I_m \cos(\theta_v - \theta_i) = V_{\text{rms}} I_{\text{rms}} \cos(\theta_v - \theta_i)$$

電感器和電容器不吸收平均功率，而電阻器吸收的平均功率為 $(1/2)I_m^2 R = I_{\text{rms}}^2 R$。

3. 當負載阻抗等於從負載端看進去的戴維寧阻抗的共軛複數，即 $\mathbf{Z}_L = \mathbf{Z}_{\text{Th}}^*$，則傳遞給負載的是最大平均功率。

4. 週期信號 $x(t)$ 的有效值是它的均方根 (rms) 值，

$$X_{\text{eff}} = X_{\text{rms}} = \sqrt{\frac{1}{T} \int_0^T x^2 \, dt}$$

弦波信號的有效值或 rms 值是它的振幅除以 $\sqrt{2}$。

5. 功率因數是電壓和電流之間相位差的餘弦值：

$$\text{pf} = \cos(\theta_v - \theta_i)$$

它也是負載阻抗角度或有效功率對視在功率比值的餘弦值。如果電流落後電壓 (電感性負載)，則 pf 滯後；如果電流超前電壓 (電容性負載)，則 pf 超前。

6. 視在功率 S (單位為 VA) 是電壓有效值和電流有效值的乘積。

$$S = V_{\text{rms}} I_{\text{rms}}$$

它也可由 $S = |\mathbf{S}| = \sqrt{P^2 + Q^2}$ 求得，其中 P 為有效功率和 Q 為無功功率。

7. 無功功率 (單位為 VAR) 是

$$Q = \frac{1}{2} V_m I_m \sin(\theta_v - \theta_i) = V_{\text{rms}} I_{\text{rms}} \sin(\theta_v - \theta_i)$$

8. 複數功率 $\mathbf{S}$ (單位為 VA) 是電壓相量有效值和電流相量有效值的共軛複數的乘積；也是有效功率 P 和無功功率 Q 的複數和。

$$\mathbf{S} = \mathbf{V}_{\text{rms}} \mathbf{I}_{\text{rms}}^* = V_{\text{rms}} I_{\text{rms}} \underline{/\theta_v - \theta_i} = P + jQ$$

而且

$$\mathbf{S} = I_{\text{rms}}^2 \mathbf{Z} = \frac{V_{\text{rms}}^2}{\mathbf{Z}^*}$$

9. 一個網路的總複數功率等於個別元件的複數功率之和。同理，總有效功率和總無功功率分別等於個別元件的有效功率與無功功率之和。但是，總視在功率的

計算方法則不相同。
10. 因為經濟原因，功率因數校正是必要的；降低整體無功功率可改善負載的功率因數。

複習題

9.1 電感吸收的平均功率為零。
   (a) 對　　　　(b) 錯

9.2 一個網路從負載端看進去的戴維寧阻抗為 $80 + j55\ \Omega$。要傳遞最大功率給負載，則負載阻抗必須是：
   (a) $-80 + j55\ \Omega$　　(b) $-80 - j55\ \Omega$
   (c) $80 - j55\ \Omega$　　(d) $80 + j55\ \Omega$

9.3 住宅 60 Hz、120 V 電源插座的可用電壓幅度為：
   (a) 110 V　　(b) 120 V
   (c) 170 V　　(d) 210 V

9.4 如果負載阻抗為 $20 - j20$，則功率因數為：
   (a) $\underline{/-45°}$　(b) 0　(c) 1
   (d) 0.7071　(e) 以上皆非

9.5 包含一個已知負載所有功率資訊的量為：
   (a) 功率因數　　(b) 視在功率
   (c) 平均功率　　(d) 無功功率
   (e) 複數功率

9.6 無功功率的單位為：
   (a) 瓦特　　　(b) VA
   (c) VAR　　　(d) 以上皆非

9.7 在圖 9.30(a) 的功率三角形中，無功功率為：
   (a) 1000 VAR 超前　(b) 1000 VAR 滯後
   (c) 866 VAR 超前　(d) 866 VAR 滯後

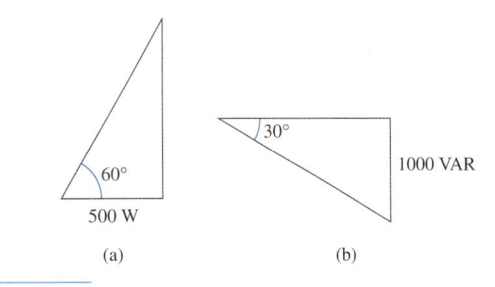

圖 **9.30**　複習題 9.7 和 9.8 的電路

9.8 在圖 9.30(b) 的功率三角形中，視在功率為：
   (a) 2000 VA　　(b) 1000 VAR
   (c) 866 VAR　　(d) 500 VAR

9.9 一個電源與三個負載 $\mathbf{Z}_1$、$\mathbf{Z}_2$、$\mathbf{Z}_3$ 並聯連接，則下列何者為真？
   (a) $P = P_1 + P_2 + P_3$　(b) $Q = Q_1 + Q_2 + Q_3$
   (c) $S = S_1 + S_2 + S_3$　(d) $\mathbf{S} = \mathbf{S}_1 + \mathbf{S}_2 + \mathbf{S}_3$

9.10 測量平均功率的儀器為：
   (a) 伏特計　　(b) 安培計
   (c) 瓦特計　　(d) 無功功率計
   (e) 千瓦-小時表

答：9.1 a，9.2 c，9.3 c，9.4 d，9.5 e，9.6 c，9.7 d，9.8 a，9.9 c，9.10 c

習題[1]

9.2 節　瞬間平均功率

9.1 如果 $v(t) = 160 \cos 50t$ V 和 $i(t) = -33 \sin(50t - 30°)$ A，試計算瞬間功率和平均功率。

9.2 試求圖 9.31 電路中，每個元件提供或吸收的平均功率。

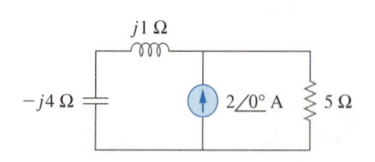

圖 9.31　習題 9.2 的電路

9.3 一個負載是由一個 60 Ω 電阻器和一個 90 μF 電容器並聯而成。如果此負載被連接到 $v_s(t) = 160 \cos 2000t$ 的電壓源，試求傳遞給負載的平均功率。

9.4 利用圖 9.32 電路，試設計一個問題幫助其他學生更瞭解瞬間功率和平均功率。

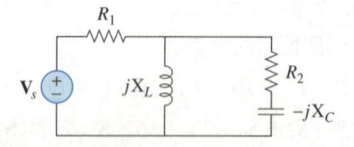

圖 9.32　習題 9.4 的電路

9.5 假設圖 9.33 電路中的 $v_s = 8 \cos(2t - 40°)$ V，試求傳遞給每個被動元件的平均功率。

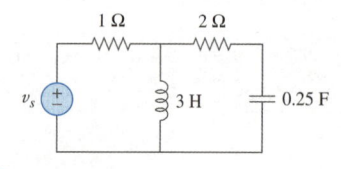

圖 9.33　習題 9.5 的電路

9.6 圖 9.34 電路中，$i_s = 6 \cos 10^3 t$ A，試求 50 Ω 電阻器所吸收的平均功率。

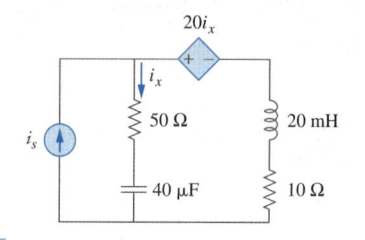

圖 9.34　習題 9.6 的電路

9.7 試求圖 9.35 的電路中 10 Ω 電阻器吸收的平均功率。

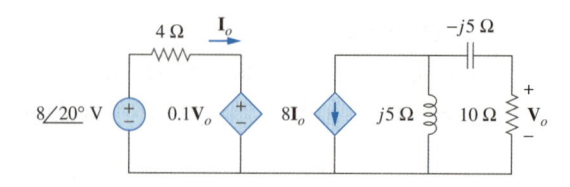

圖 9.35　習題 9.7 的電路

9.8 試計算圖 9.36 的電路中 40 Ω 電阻器所吸收的平均功率。

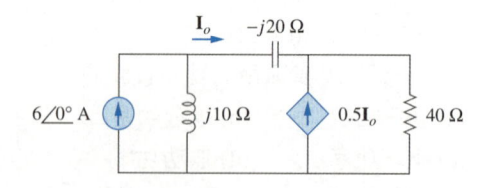

圖 9.36　習題 9.8 的電路

9.9 圖 9.37 運算放大器電路中，$V_s = 10\angle 30°$ V。試求 20 kΩ 電阻器所吸收的平均功率。

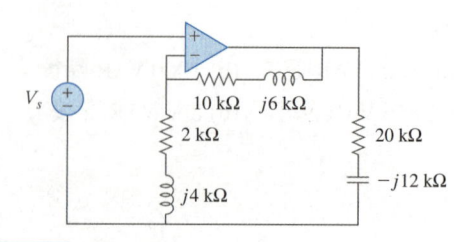

圖 9.37　習題 9.9 的電路

9.10 圖 9.38 運算放大器電路中，試求電阻器所吸收的總平均功率。

---

[1] 從習題 9.22 開始，除非另有說明，否則假定所有的電流值和電壓值皆為有效值。

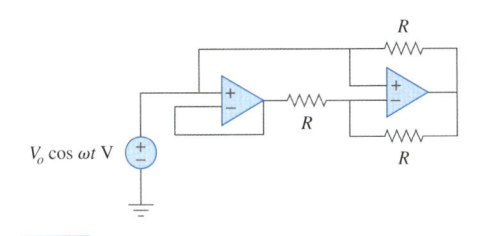

圖 9.38 習題 9.10 的電路

9.11 圖 9.39 網路中，假設 a-b 二端的阻抗為：

$$\mathbf{Z}_{ab} = \frac{R}{\sqrt{1+\omega^2 R^2 C^2}} \angle -\tan^{-1}\omega RC$$

當 $R = 10$ kΩ，$C = 200$ nF 且 $i = 33\sin(377t + 22°)$ mA 時，試求整個網路所消耗的平均功率。

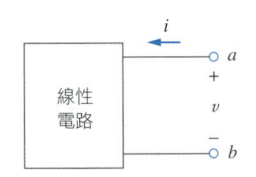

圖 9.39 習題 9.11 的電路

9.3 節　最大平均功率轉移

9.12 試計算圖 9.40 電路中負載阻抗 **Z** 的最大功率轉移，並計算負載所吸收的最大功率。

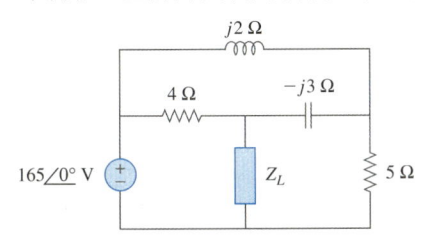

圖 9.40 習題 9.12 的電路

9.13 電源的戴維寧阻抗為 $\mathbf{Z}_{Th} = 120 + j60$ Ω，而戴維寧峰值電壓為 $\mathbf{V}_{Th} = 165 + j0$ V，試求電源提供的最大有效平均功率。

9.14 利用圖 9.41 電路，試設計一個問題幫助其他學生更瞭解最大平均功率轉移。

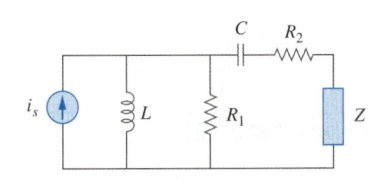

圖 9.41 習題 9.14 的電路

9.15 試求圖 9.42 的電路中吸收最大功率的 $\mathbf{Z}_L$ 值，並求該最大功率。

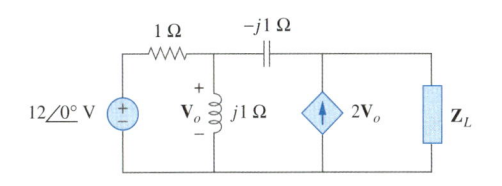

圖 9.42 習題 9.15 的電路

9.16 試求圖 9.43 電路中，從電路吸收最大功率的 $\mathbf{Z}_L$ 值，並計算傳遞給 $\mathbf{Z}_L$ 的功率。

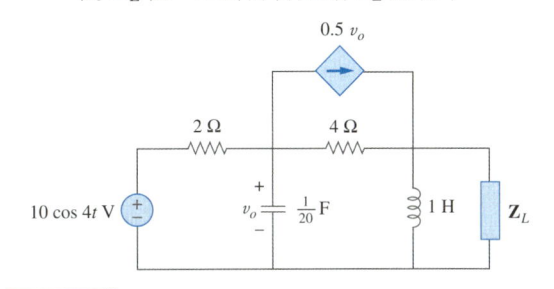

圖 9.43 習題 9.16 的電路

9.17 試計算圖 9.44 電路中從電路吸收最大功率的 $\mathbf{Z}_L$ 值，並計算 $\mathbf{Z}_L$ 接受的最大平均功率。

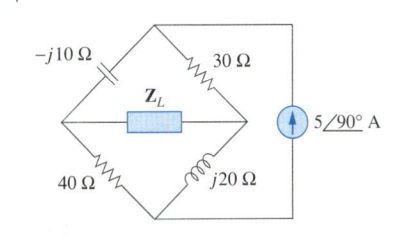

圖 9.44 習題 9.17 的電路

9.18 試求圖 9.45 電路中最大功率轉移的 $\mathbf{Z}_L$ 值。

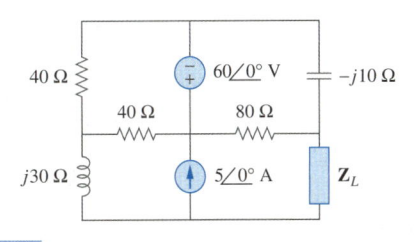

圖 9.45 習題 9.18 的電路

9.19 調整圖 9.46 電路中的可變電阻器 R，直到 R 吸收最大平均功率，試求 R 值和 R 所吸收的最大平均功率。

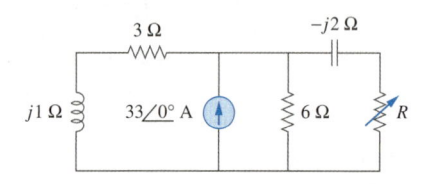

圖 9.46 習題 9.19 的電路

9.20 調整圖 9.47 電路中的負載電阻 R_L，直到 R_L 吸收最大平均功率，試計算 R_L 值和 R_L 所吸收的最大平均功率。

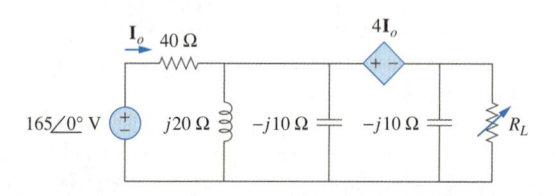

圖 9.47 習題 9.20 的電路

9.21 假設負載阻抗為純電阻性，則圖 9.48 電路中 $a\text{-}b$ 二端應該連接何種負載，以便轉移最大功率到該負載？

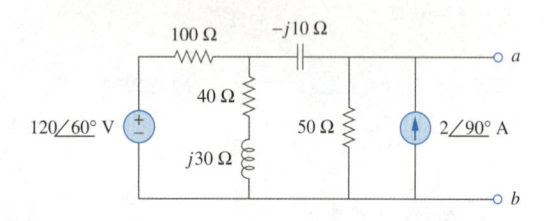

圖 9.48 習題 9.21 的電路

9.4 節　有效值或均方根值

9.22 試求圖 9.49 移位正弦波形的 rms 值。

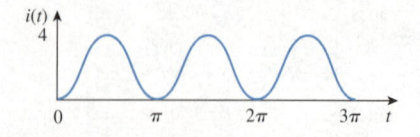

圖 9.49 習題 9.22 的移位正弦波形

9.23 利用圖 9.50 的波形，試設計一個問題幫助其他學生更瞭解如何求波形的 rms 值。

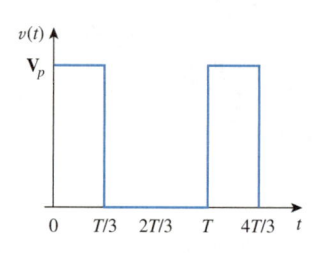

圖 9.50 習題 9.23 的波形

9.24 試計算圖 9.51 波形的 rms 值。

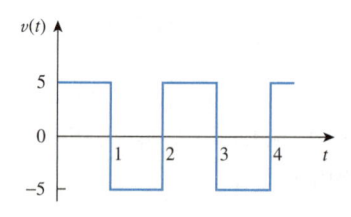

圖 9.51 習題 9.24 的波形

9.25 試計算圖 9.52 信號的 rms 值。

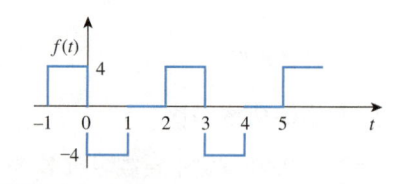

圖 9.52 習題 9.25 的信號

9.26 試求圖 9.53 電壓波形的有效值。

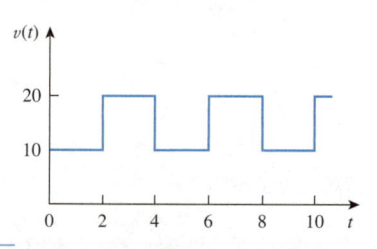

圖 9.53 習題 9.26 的電壓波形

9.27 試計算圖 9.54 電流波形的 rms 值。

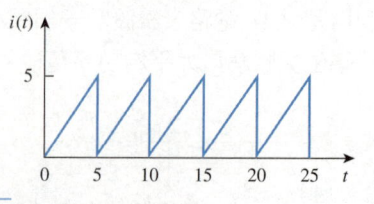

圖 9.54 習題 9.27 的電流波形

9.28 試求圖 9.55 電壓波形的有效值，並求當此電壓跨接在 2 Ω 電阻器時，該電阻器所吸收的平均功率。

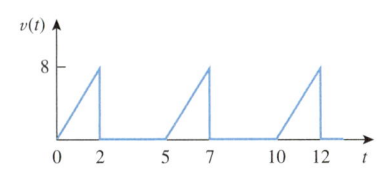

圖 9.55　習題 9.28 的電壓波形

9.29 試計算圖 9.56 電流波形的有效值，以及當該電流流經 12 Ω 電阻器時傳遞給該電阻器的平均功率。

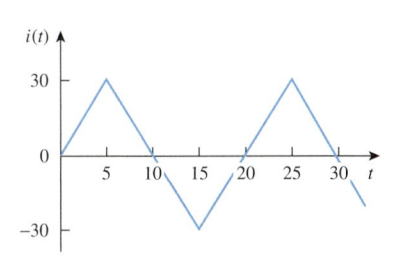

圖 9.56　習題 9.29 的電流波形

9.30 試計算圖 9.57 波形的 rms 值。

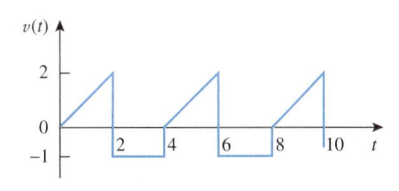

圖 9.57　習題 9.30 的波形

9.31 試求圖 9.58 信號的 rms 值。

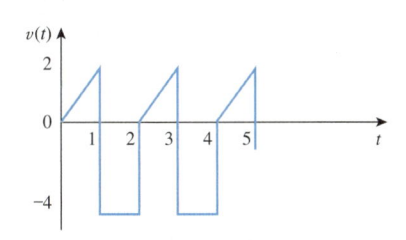

圖 9.58　習題 9.31 的信號

9.32 試求圖 9.59 波形的 rms 值。

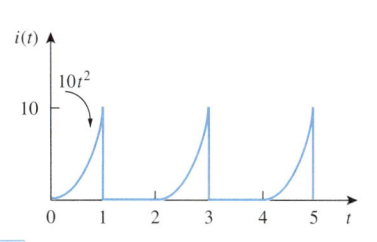

圖 9.59　習題 9.32 的電流波形

9.33 試計算圖 9.60 波形的 rms 值。

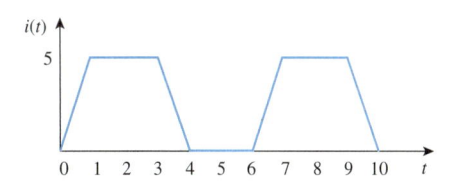

圖 9.60　習題 9.33 的波形

9.34 試求圖 9.61 所定義 $f(t)$ 的有效值。

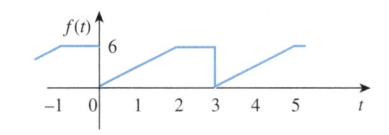

圖 9.61　習題 9.34 的 $f(t)$

9.35 圖 9.62 描繪週期性電壓波形的一個週期，試求該電壓波形在 0 到 6 s 之間的有效值。

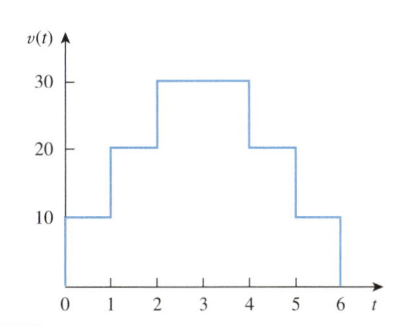

圖 9.62　習題 9.35 的電壓波形

9.36 試計算下列各函數的 rms 值：
(a) $i(t) = 10$ A
(b) $v(t) = 4 + 3 \cos 5t$ V
(c) $i(t) = 8 - 6 \sin 2t$ A
(d) $v(t) = 5 \sin t + 4 \cos t$ V

9.37 試設計一個問題幫助其他學生更瞭解如何計算多個電流總和的 rms 值。

9.5 節　視在功率和功率因數

9.38 對於圖 9.63 的電力系統，試求：(a) 平均功率，(b) 無功功率，(c) 功率因數。注意：220 V 是 rms 值。

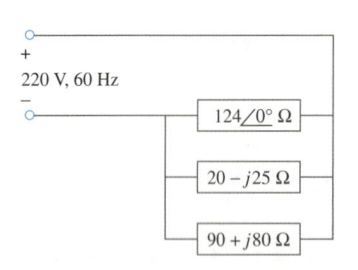

圖 9.63　習題 9.38 的電力系統

9.39 一個 220 V、60 Hz 的電源供電給 $Z_L = 4.2 + j3.6$ Ω 阻抗的交流馬達。(a) 試求 pf、P 和 Q，(b) 試計算將功率因數校正為 1 時所需與馬達並聯的電容值。

9.40 試設計一個問題幫助其他學生更瞭解視在功率和功率因數。

9.41 試求圖 9.64 每個電路的功率因數，並指出每個功率因數為超前或滯後。

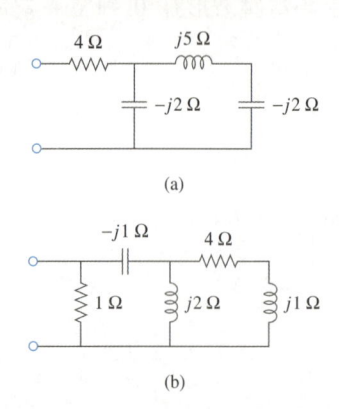

圖 9.64　習題 9.41 的電路

9.6 節　複數功率

9.42 某 110 V rms、60 Hz 電源供應給負載阻抗 Z，在功率因數為 0.707 滯後時傳遞到負載的視在功率為 120 VA。

(a) 試計算負數功率。
(b) 試求供應給負載的 rms 電流。
(c) 試計算 Z。
(d) 假設 $Z = R + j\omega L$，試求 R 和 L 值。

9.43 試設計一個問題幫助其他學生更瞭解複數功率。

9.44 試求圖 9.65 從 v_s 傳遞到網路的複數功率，令 $v_s = 100 \cos 2000t$ V。

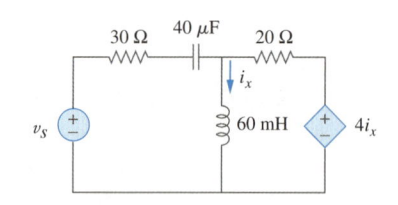

圖 9.65　習題 9.44 的網路

9.45 已知負載二端的跨壓和流經負載的電流如下：

$$v(t) = 20 + 60 \cos 100t \text{ V}$$
$$i(t) = 1 - 0.5 \sin 100t \text{ A}$$

試求：
(a) 電壓和電流的 rms 值。
(b) 負載所消耗的平均功率。

9.46 對於下列電壓和電流相量，試計算複數功率、視在功率、有效功率和無功功率，並指出 pf 為超前或滯後。

(a) $\mathbf{V} = 220\underline{/30°}$ V rms, $\mathbf{I} = 0.5\underline{/60°}$ A rms
(b) $\mathbf{V} = 250\underline{/-10°}$ V rms,
    $\mathbf{I} = 6.2\underline{/-25°}$ A rms
(c) $\mathbf{V} = 120\underline{/0°}$ V rms, $\mathbf{I} = 2.4\underline{/-15°}$ A rms
(d) $\mathbf{V} = 160\underline{/45°}$ V rms, $\mathbf{I} = 8.5\underline{/90°}$ A rms

9.47 對於下列每個情況，試求複數功率、平均功率和無功功率：

(a) $v(t) = 112 \cos(\omega t + 10°)$ V,
    $i(t) = 4 \cos(\omega t - 50°)$ A
(b) $v(t) = 160 \cos 377t$ V,
    $i(t) = 4 \cos(377t + 45°)$ A
(c) $\mathbf{V} = 80\underline{/60°}$ V rms, $\mathbf{Z} = 50\underline{/30°}$ Ω
(d) $\mathbf{I} = 10\underline{/60°}$ A rms, $\mathbf{Z} = 100\underline{/45°}$ Ω

9.48 試計算下列情況的複數功率：
(a) $P = 269$ W, $Q = 150$ VAR (電容性)
(b) $Q = 2000$ VAR, pf $= 0.9$ (超前)
(c) $S = 600$ VA, $Q = 450$ VAR (電感性)
(d) $V_{\text{rms}} = 220$ V, $P = 1$ kW, $|\mathbf{Z}| = 40$ Ω (電感性)

9.49 試求下列情況的複數功率：
(a) $P = 4$ kW, pf $= 0.86$ (滯後)
(b) $S = 2$ kVA, $P = 1.6$ kW (電容性)
(c) $\mathbf{V}_{\text{rms}} = 208 \underline{/20°}$ V, $\mathbf{I}_{\text{rms}} = 6.5 \underline{/-50°}$ A
(d) $\mathbf{V}_{\text{rms}} = 120 \underline{/30°}$ V, $\mathbf{Z} = 40 + j60$ Ω

9.50 試求下列情況的整體阻抗：
(a) $P = 1000$ W, pf $= 0.8$ (超前), $V_{\text{rms}} = 220$ V
(b) $P = 1500$ W, $Q = 2000$ VAR (電感性), $I_{\text{rms}} = 12$ A
(c) $\mathbf{S} = 4500 \underline{/60°}$ VA, $\mathbf{V} = 120 \underline{/45°}$ V

9.51 對於圖 9.66 整體電路，試計算：
(a) 功率因數。
(b) 電源提供的平均功率。
(c) 無功功率。
(d) 視在功率。
(e) 複數功率。

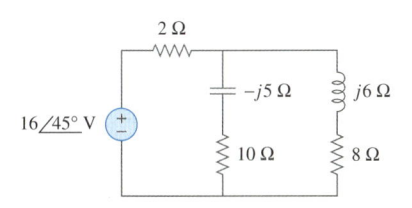

圖 9.66 習題 9.51 的電路

9.52 圖 9.67 電路中，元件 A 在 0.8 pf 滯後時接收 2 kW，元件 B 在 0.4 pf 超前時接收 3 kVA，而元件 C 為電感性且消耗 1 kW 和接收 500 VAR。
(a) 試計算整個系統的功率因數。
(b) 試求 $\mathbf{I}$，已知 $\mathbf{V}_s = 120 \underline{/45°}$ V rms。

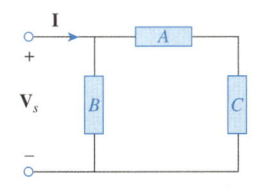

圖 9.67 習題 9.52 的電路

9.53 圖 9.68 電路中，負載 A 在 0.8 pf 超前時接收 4 kVA，負載 B 在 0.6 pf 滯後時接收 2.4 kVA，而方塊 C 為消耗 1 kW 和接收 500 VAR 的電感性負載。試計算：
(a) $\mathbf{I}$。
(b) 電路組合的功率因數。

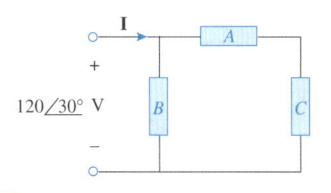

圖 9.68 習題 9.53 的電路

9.7 節 交流功率守恆

9.54 圖 9.69 網路中，試求每個元件所吸收的複數功率。

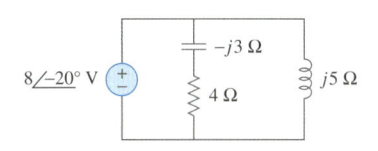

圖 9.69 習題 9.54 的網路

9.55 利用圖 9.70 的電路，試設計一個問題幫助其他學生更瞭解交流電源守恆。

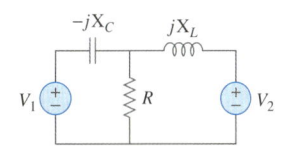

圖 9.70 習題 9.55 的電路

9.56 試求圖 9.71 電路中電源所提供的複數功率。

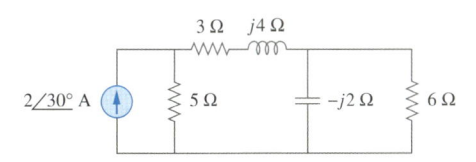

圖 9.71 習題 9.56 的電路

9.57 圖 9.72 電路中，試求相依電流源所提供的平均功率、無功功率和複數功率。

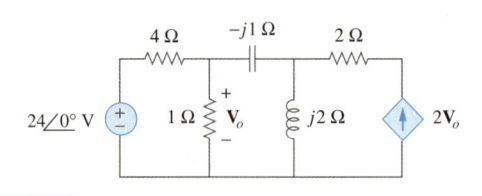

圖 9.72　習題 9.57 的電路

9.58 試求圖 9.73 電路中傳遞給 $10\text{ k}\Omega$ 電阻器的複數功率。

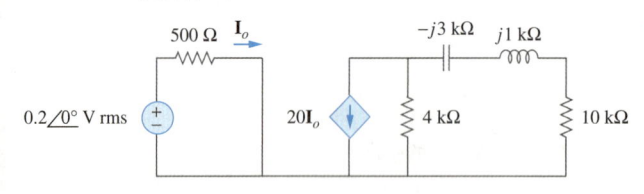

圖 9.73　習題 9.58 的電路

9.59 試求圖 9.74 電路中電感器和電容器的無功功率。

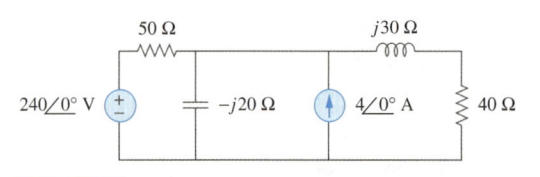

圖 9.74　習題 9.59 的電路

9.60 試求圖 9.75 電路中 $\mathbf{V}_o$ 和輸入功率因數。

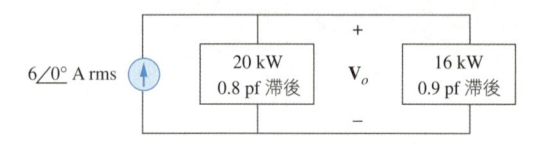

圖 9.75　習題 9.60 的電路

9.61 試求圖 9.76 電路中 $\mathbf{I}_o$ 和供應整個電路的複數功率。

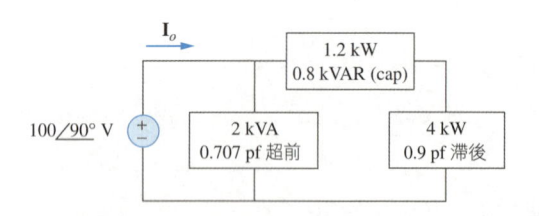

圖 9.76　習題 9.61 的電路

9.62 試求圖 9.77 電路的 $\mathbf{V}_s$。

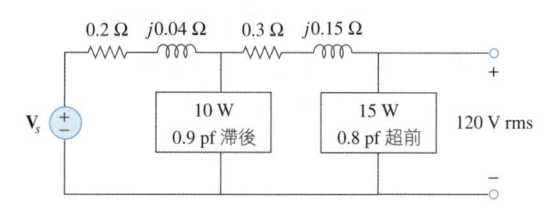

圖 9.77　習題 9.62 的電路

9.63 試求圖 9.78 電路的 $\mathbf{I}_o$。

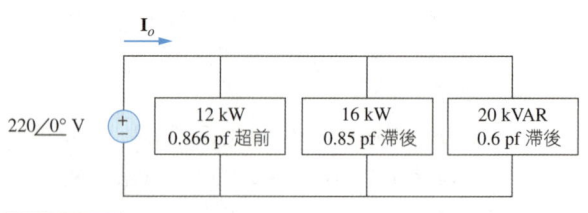

圖 9.78　習題 9.63 的電路

9.64 試計算圖 9.79 電路的 $\mathbf{I}_s$，如果電壓源供應 2.5 kW 和 0.4 kVAR (超前) 的功率。

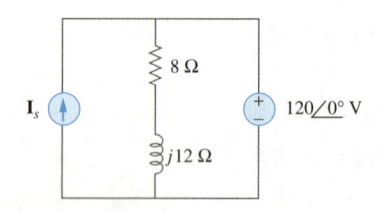

圖 9.79　習題 9.64 的電路

9.65 圖 9.80 運算放大器電路中，$v_s = 4\cos 10^4 t$ V。試求傳遞給 $50\text{ k}\Omega$ 電阻器的平均功率。

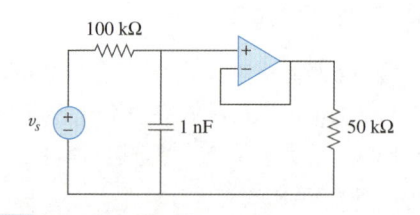

圖 9.80　習題 9.65 的電路

9.66 圖 9.81 運算放大器電路中，試求 $6\text{ k}\Omega$ 電阻器吸收的平均功率。

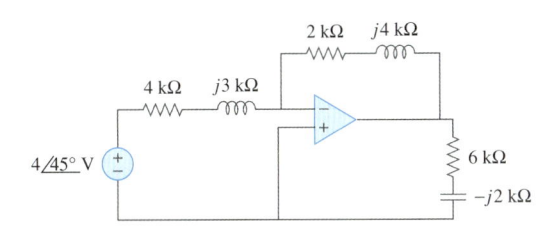

圖 9.81　習題 9.66 的電路

9.67 圖 9.82 運算放大器電路中，試計算：
(a) 電壓源供應的複數功率。
(b) 12 Ω 電阻器所消耗的平均功率。

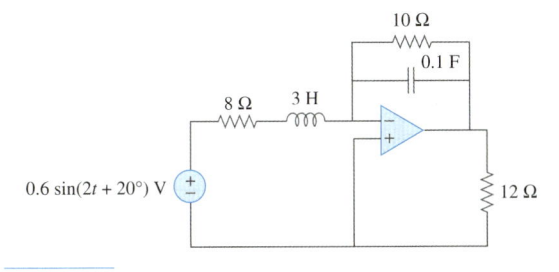

圖 9.82　習題 9.67 的電路

9.68 圖 9.83 串聯 RLC 電路中，試求電流源供應的複數功率。

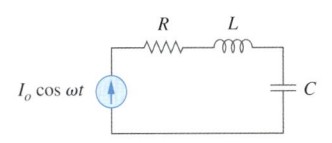

圖 9.83　習題 9.68 的電路

9.8 節　功率因數校正

9.69 參見圖 9.84 電路，
(a) 功率因數為多少？
(b) 消耗的平均功率為多少？
(c) 當連接到負載時功率因數為 1，則電容值為多少？

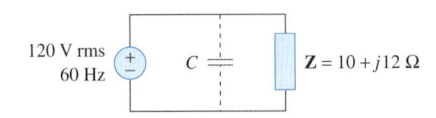

圖 9.84　習題 9.69 的電路

9.70 試設計一個問題幫助其他學生更瞭解功率因數校正。

9.71 一個 120$/0°$ V 電源並聯三個負載：負載 1 吸收 60 kVAR 在 pf = 0.85 滯後；負載 2 吸收 90 kW 和 50 kVAR 超前；負載 3 吸收 100 kW 在 pf = 1。(a) 試求等效阻抗，(b) 試計算並聯組合的功率因數，(c) 試計算電源供應的電流。

9.72 二個並聯的負載從 120 V rms、60 Hz 的電源共吸收 2.4 kW 在 0.8 pf 滯後時，其中一個吸收 1.5 kW 在 0.707 pf 滯後。試求：(a) 第二個負載的 pf，(b) 二個負載的校正 pf 到 0.9 滯後所需並聯的元件值。

9.73 一個 240 V rms、60 Hz 電源供電給一個 10 kW (電阻性)、15 kVAR (電容性)、22 kVAR (電感性) 的負載。試求：
(a) 視在功率。
(b) 負載從電源吸收的電流。
(c) 校正功率因數到 0.96 滯後所需的 kVAR 額定值和電容值。
(d) 在新的功率因數條件下，負載從電源吸收的電流。

9.74 一個 120 V rms、60 Hz 電源供電給二個並聯的負載，如圖 9.85 所示。
(a) 試求並聯組合的功率因數。
(b) 試計算提升功率因數到 1 所需並聯的電容值。

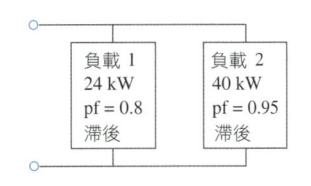

圖 9.85　習題 9.74 的電路

9.75 考慮圖 9.86 所示電源系統，試計算：
(a) 總複數功率。　(b) 功率因數。

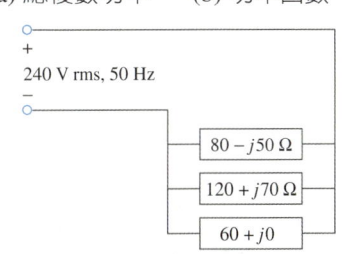

圖 9.86　習題 9.75 的電源系統

綜合題

9.76 當天線調整為相當於 75 Ω 電阻器串聯 4 μH 電感的負載時，發射器傳送到天線功率最大。如果發射器工作在 4.12 MHz 下，試求它的內部阻抗。

9.77 在一個電視發射器中，一個串聯電路有 3 kΩ 阻抗和 50 mA 的總電流。如果跨接在電組二端的電壓為 80 V，則電路的功率因數為多少？

9.78 一個電子電路連接到 110 V 交流傳輸線，該電路所吸收的均方根值為 2 A，且相位角為 55°。
(a) 試求電路吸收的有效功率。
(b) 試計算視在功率。

9.79 一個工業用電熱器有個名牌寫著：210 V 60 Hz 12 kVA 0.78 pf 滯後，試計算：
(a) 視在功率和複數功率。
(b) 電熱器的阻抗。

*9.80 一個 0.85 功率因數 2000 kW 的渦輪發電機操作在額定負載下，加入另一個 0.8 功率因數 300 kW 的負載。試問在防止渦輪發電機過載情況下，要操作此渦輪發電機所需的電容 kVAR 值為多少？

9.81 一個電動機的名牌上顯示下面的資訊：

線路電壓：220 V rms
線路電流：15 A rms
線路頻率：60 Hz
功率：2700 W

試計算電動機的功率因數 (滯後)，並求提升電動機的 pf 到 1 必須並聯的電容 C 值。

9.82 圖 9.87 電路中，一個 550 V 的饋線供給一個工廠，該工廠由一個吸收 60 kW 在 0.75 pf (電感性) 馬達、一個額定值 20 kVAR 的電容，和一個吸收 20 kW 的照明系統。
(a) 試計算該工廠所消耗的總無功功率和視在功率。
(b) 試決定總體 pf。
(c) 試求饋線中的電流。

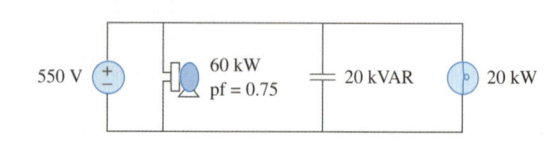

圖 9.87 綜合題 9.82 的電路

9.83 某工廠有下面四種主要的負載：
- 一個額定為 5 hp (馬力)、0.8 pf 滯後 (1 hp = 0.7457 kW) 的馬達。
- 一個額定為 1.2 kW、1.0 pf 的電熱器。
- 十個 120 W 的燈泡。
- 一個額定為 1.6 kVAR、0.6 pf 超前的同步馬達。

(a) 試計算總有效和無功功率。
(b) 試求總體的功率因數。

* 星號表示該習題具有挑戰性。

Chapter 10 拉普拉斯轉換概論

解決問題最重要的不是問題的解決方案,而是在尋找解決方案的過程中所獲得的實力。

—— 無名氏

加強你的技能和職能

ABET EC 2000 標準 (3.h),"瞭解工程解決方案對全球和社會環境影響的教導。"

身為一名學生,你必須確保自己能夠獲得"瞭解工程解決方案對全球和社會環境影響的教導。"如果你已經參加 ABET 認證的工程項目,則必須接受某些課程以符合這個標準。筆者的建議是,當你在接受這樣的訓練時,從所有的選修課程中,選修包含全球性問題和社會關注的課程。未來的工程師必須充分瞭解工程師和他們所設計的產品將會影響所有的人。

Photo by Charles Alexander

ABET EC 2000 標準 (3.i),"終身學習能力的必要性。"

你必須充分瞭解和認識"終身學習能力的必要性。"強調這個能力和需求似乎很荒謬。然而,令人驚訝的是,很多工程師並沒有真正理解這個概念。要能夠跟上現在所面臨的問題和將來要面對的技術爆炸,唯一的途徑就是不斷地學習。學習必須包括非技術性問題,以及在你從事的領域中最新的技術。

要能跟上你所從事領域的尖端技術的方法就是,透過同事和專業技術機構 (特別是 IEEE);而保持領先的另一個最佳途徑則是經常閱讀最先進的技術文件。

~歷史人物~

皮埃爾・西蒙・拉普拉斯 (Pierre Simon Laplace, 1749-1827)，法國天文學家和數學家。在 1779 年，他首次提出以其名字命名的拉普拉斯轉換法，並將此轉換法應用在求解微分方程式。

拉普拉斯出生於法國諾曼第奧格地區博蒙的貧困家庭，在 20 歲時成為數學教授。拉普拉斯的數學能力啟發了西莫恩・帕松 (Simeon Poisson)，他稱拉普拉斯為法國的牛頓。拉普拉斯在位勢論、機率論、天文學和天體力學方面有許多重要貢獻。他眾所周知的著作《天體力學》(Traite de Mecanique Celeste)，是對牛頓天文學研究的補充。本章的主題——拉普拉斯轉換就是以他的名字命名的。

© Time & Life Pictures/Getty

10.1 簡介

本章和後面幾章的目的是介紹各式各樣輸入和響應的電路分析方法。這種電路是建立在**微分方程式** (differential equation) 的模式下，它們的解答描述電路完全響應的特性，此數學方法可以系統化求解微分方程式。以下就介紹這強而有力的**拉普拉斯轉換法** (Laplace transformation)，它可將微分方程式轉換成**代數方程式** (algebraic equation)。因此，大幅地簡化求解微分方程式的過程。

你現在應該對轉換法的構想有點概念了。在使用相位分析電路時，需將電路從時域轉換到頻域或相量域。得到相量的結果後，再將它逆轉回時域。拉普拉斯轉換法就是遵循這個轉換過程，利用拉普拉斯轉換法將電路從時域轉換成頻域，求解後，再利用拉普拉斯反轉換法將結果轉回時域。

拉普拉斯轉換因為若干原因而顯得重要。首先，與相量分析相比，它可應用更廣泛的輸入。其次，它提供包含初始條件電路的簡易解法，因為它以代數方程式取代微分方程式。第三，經過一次的拉普拉斯轉換和反轉換，就可求得包含暫態響應和穩態響應在內的電路全響應。

本章先定義拉普拉斯轉換，並得到拉普拉斯重要的性質。透過檢查這些屬性，將看到拉普拉斯轉換法是如何工作，以及為什麼要使用拉普拉斯轉換法，這也有助於更理解數學轉換的想法。然後，介紹拉普拉斯轉換法的某些性質在電路分析是非常有幫助的。最後，介紹拉普拉斯反轉換、傳輸函數和卷積定理。本章將專注於拉普拉斯轉換的機制。第 11 章將研究拉普拉斯轉換在電路分析、網路穩定性、網路綜合方面的應用。

10.2 拉普拉斯轉換的定義

函數 $f(t)$ 的拉普拉斯轉換，記作 $F(s)$ 或 $\mathcal{L}[f(t)]$，定義如下：

$$\mathcal{L}[f(t)] = F(s) = \int_{0^-}^{\infty} f(t)e^{-st}\, dt \tag{10.1}$$

其中 s 為複數變數，如下：

$$s = \sigma + j\omega \tag{10.2}$$

因為 (10.1) 式中 e 的指數 st 必須是無單位的，而 s 的單位與頻率單位相同，是秒分之一 (s^{-1}) 或 "頻率"。(10.1) 式的積分下限為 0^-，表示時間在 $t=0$ 之前一點。使用 0^- 作為積分下限是為了包含原點和獲得 $f(t)$ 在 $t=0$ 處的不連續性。這將滿足在 $t=0$ 處不連續的函數，如奇異函數。

> 對於一般的函數 $f(t)$，它的積分下限可以由 0 開始。

應該注意：(10.1) 式的積分是相對於時間的定積分。因此，積分結果與時間無關，且只包含變數 "s"。

(10.1) 式顯示了轉換法的一般概念。函數 $f(t)$ 被轉換成函數 $F(s)$，$f(t)$ 的變數為 t，而 $F(s)$ 的變數為 s，故此為從 t 域轉到 s 域的轉換法。若 s 表示頻率，則拉普拉斯轉換的描述如下：

> **拉普拉斯轉換是函數從時域 $f(t)$ 轉換到複數頻域 $F(s)$ 的積分轉換法。**

當拉普拉斯轉換法應用於電路分析時，則微分方程式表示時域中的電路。若以 $f(t)$ 取代微分方程式，則它對應的拉普拉斯轉換 $F(s)$ 為頻域中代數方程式所代表的電路。

假設在 $t<0$ 時 (10.1) 式的 $f(t)$ 被忽略。為了確保這種情況，通常將函數乘以單位步級函數。因此，$f(t)$ 可寫成 $f(t)u(t)$ 或 $f(t)$，$t \geq 0$。

(10.1) 式的拉普拉斯轉換稱為**單邊** (one-sided) 或**單側** (unilateral) 拉普拉斯轉換，而**雙邊** (two-sided) 或**雙側** (bilateral) 拉普拉斯轉換如下：

$$F(s) = \int_{-\infty}^{\infty} f(t)e^{-st}\, dt \tag{10.3}$$

(10.1) 式的單邊拉普拉斯轉換已可滿足本課程的要求，所以本書只討論單邊拉普拉斯轉換。

函數 $f(t)$ 可能沒有拉普拉斯轉換式。為了使 $f(t)$ 有拉普拉斯轉換式，(10.1) 式

$$|e^{j\omega t}| = \sqrt{\cos^2 \omega t + \sin^2 \omega t} = 1$$

的積分必須收斂到有限值。因為對任意 t 值而言，$|e^{j\omega t}| = 1$，因此當

$$\int_{0^-}^{\infty} e^{-\sigma t}|f(t)|\, dt < \infty \tag{10.4}$$

積分收斂，對某些實數值 $\sigma = \sigma_c$。所以，拉普拉斯轉換的收斂區域為 $\text{Re}(s) = \sigma > \sigma_c$，如圖 10.1 所示。在收斂區域內，$|F(s)| < \infty$ 且存在 $F(s)$。而在收斂區域外，$F(s)$ 為未定義。幸運的是，在本書電路分析的所有函數均滿足 (10.4) 式的收斂條件。因此，在以下的分析中不需特別指定 σ_c 值。

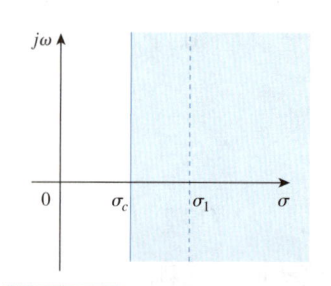

圖 10.1 拉普拉斯轉換的收斂區域

伴隨 (10.1) 式，拉普拉斯正轉換的是拉普拉斯反轉換，如下：

$$\mathcal{L}^{-1}[F(s)] = f(t) = \frac{1}{2\pi j}\int_{\sigma_1 - j\infty}^{\sigma_1 + j\infty} F(s)e^{st}\, ds \tag{10.5}$$

其中在收斂區域 $\sigma_1 > \sigma_c$，積分是沿直線 $(\sigma_1 + j\omega, -\infty < \omega < \infty)$ 進行的，如圖 10.1 所示。(10.5) 式的應用涉及有關複數積分的知識超出本書討論範圍，因此將不使用 (10.5) 式求拉普拉斯反轉換，而使用 10.3 節介紹的查表法。$f(t)$ 和 $F(s)$ 被視為拉普拉斯轉換對，其中

$$f(t) \quad \Leftrightarrow \quad F(s) \tag{10.6}$$

(10.6) 式的意思是 $f(t)$ 和 $F(s)$ 是一對一對應的。下面範例將推導一些重要函數的拉普拉斯轉換。

範例 10.1 試求下列各函數的拉普拉斯轉換：(a) $u(t)$，(b) $e^{-at}u(t)$，$a \geq 0$ 和 (c) $\delta(t)$。

解：(a) 對於圖 10.2(a) 單位步級函數 $u(t)$ 的拉普拉斯轉換為

$$\begin{aligned}\mathcal{L}[u(t)] &= \int_{0^-}^{\infty} 1 e^{-st}\, dt = -\frac{1}{s}e^{-st}\bigg|_0^{\infty} \\ &= -\frac{1}{s}(0) + \frac{1}{s}(1) = \frac{1}{s}\end{aligned} \tag{10.1.1}$$

(b) 對於圖 10.2(b) 指數函數的拉普拉斯轉換為

$$\begin{aligned}\mathcal{L}[e^{-at}u(t)] &= \int_{0^-}^{\infty} e^{-at}e^{-st}\, dt \\ &= -\frac{1}{s+a}e^{-(s+a)t}\bigg|_0^{\infty} = \frac{1}{s+a}\end{aligned} \tag{10.1.2}$$

(c) 對於圖 10.2(c) 單位脈衝函數的拉普拉斯轉換為

$$\mathcal{L}[\delta(t)] = \int_{0^-}^{\infty} \delta(t) e^{-st}\, dt = e^{-0} = 1 \tag{10.1.3}$$

因為脈衝函數 $\delta(t)$ 在 $t = 0$ 以外的任何地方為零，所以 (10.1.3) 式使用 (6.64) 式脈衝函數 $\delta(t)$ 的篩選性質。

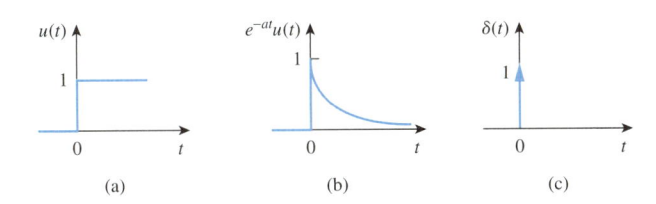

圖 10.2 範例 10.1 的電路：(a) 單位步級函數，(b) 指數函數，(c) 單位脈衝函數

練習題 10.1 試求下列各函數的拉普拉斯轉換：(a) $r(t) = tu(t)$，即斜波函數，(b) $Ae^{-at}u(t)$ 和 (c) $Be^{-j\omega t}u(t)$。

答：(a) $1/s^2$, (b) $A/(s+a)$, (c) $B/(s+j\omega)$.

試求 $f(t) = \sin \omega t\, u(t)$ 的拉普拉斯轉換。   **範例 10.2**

解：使用 (B.27) 式和 (10.1) 式求正弦函數的拉普拉斯轉換：

$$\begin{aligned}
F(s) = \mathcal{L}[\sin \omega t] &= \int_0^{\infty} (\sin \omega t) e^{-st}\, dt = \int_0^{\infty} \left(\frac{e^{j\omega t} - e^{-j\omega t}}{2j} \right) e^{-st}\, dt \\
&= \frac{1}{2j} \int_0^{\infty} (e^{-(s-j\omega)t} - e^{-(s+j\omega)t})\, dt \\
&= \frac{1}{2j} \left(\frac{1}{s - j\omega} - \frac{1}{s + j\omega} \right) = \frac{\omega}{s^2 + \omega^2}
\end{aligned}$$

練習題 10.2 試求 $f(t) = 50 \cos \omega t\, u(t)$ 的拉普拉斯轉換。

答：$50s/(s^2 + \omega^2)$.

10.3 拉普拉斯轉換的性質

拉普拉斯轉換性質有助於求函數的拉普拉斯轉換，而不用像範例 10.1 和範例 10.2 一樣使用 (10.1) 式求解。然而，在推導這些性質時，應該記住 (10.1) 式為拉普拉斯轉換的基本定義。

線性性質

若 $F_1(s)$ 和 $F_2(s)$ 依次為函數 $f_1(t)$ 和 $f_2(t)$ 的拉普拉斯轉換，則

$$\mathcal{L}[a_1 f_1(t) + a_2 f_2(t)] = a_1 F_1(s) + a_2 F_2(s) \tag{10.7}$$

其中 a_1 和 a_2 是常數，(10.7) 式為拉普拉斯轉換線性性質的表示式。(10.7) 式可利用 (10.1) 式拉普拉斯轉換的基本定義得到證明。

例如，根據 (10.7) 式的線性性質，可得

$$\mathcal{L}[\cos\omega t\, u(t)] = \mathcal{L}\left[\frac{1}{2}(e^{j\omega t} + e^{-j\omega t})\right] = \frac{1}{2}\mathcal{L}[e^{j\omega t}] + \frac{1}{2}\mathcal{L}[e^{-j\omega t}] \tag{10.8}$$

根據範例 10.1(b)，$\mathcal{L}[e^{-at}] = 1/(s+a)$，因此得

$$\mathcal{L}[\cos\omega t\, u(t)] = \frac{1}{2}\left(\frac{1}{s-j\omega} + \frac{1}{s+j\omega}\right) = \frac{s}{s^2+\omega^2} \tag{10.9}$$

比例性質

如果 $f(t)$ 的拉普拉斯轉換是 $F(s)$，則

$$\mathcal{L}[f(at)] = \int_{0^-}^{\infty} f(at) e^{-st}\, dt \tag{10.10}$$

其中 a 是常數且 $a>0$。令 $x=at$、$dx=a\, dt$，則

$$\mathcal{L}[f(at)] = \int_{0^-}^{\infty} f(x) e^{-x(s/a)} \frac{dx}{a} = \frac{1}{a}\int_{0^-}^{\infty} f(x) e^{-x(s/a)}\, dx \tag{10.11}$$

將此積分式與 (10.1) 式比較可證明當以 x 取代 (10.1) 式的 t，則 s/a 將取代 (10.1) 式的 s。因此，得到比例性質如下：

$$\mathcal{L}[f(at)] = \frac{1}{a} F\left(\frac{s}{a}\right) \tag{10.12}$$

例如，從範例 10.2 得知

$$\mathcal{L}[\sin\omega t\, u(t)] = \frac{\omega}{s^2 + \omega^2} \tag{10.13}$$

使用 (10.12) 式的比例性質得

$$\mathcal{L}[\sin 2\omega t\, u(t)] = \frac{1}{2}\frac{\omega}{(s/2)^2 + \omega^2} = \frac{2\omega}{s^2 + 4\omega^2} \tag{10.14}$$

也可利用 (10.13) 式，以 2ω 取代 ω 而得到與上式相同的結果。

時間位移性質

如果 $f(t)$ 的拉普拉斯轉換是 $F(s)$，則

$$\mathcal{L}[f(t-a)u(t-a)] = \int_{0^-}^{\infty} f(t-a)u(t-a)e^{-st}\,dt \tag{10.15}$$

$$a \geq 0$$

但 $t<a$ 時 $u(t-a)=0$、$t>a$ 時 $u(t-a)=1$，因此，

$$\mathcal{L}[f(t-a)u(t-a)] = \int_{a}^{\infty} f(t-a)e^{-st}\,dt \tag{10.16}$$

如果令 $x=t-a$，則 $dx=dt$ 且 $t=x+a$。當 $t\to a$ 時，$x\to 0$，且當 $t\to\infty$ 時，$x\to\infty$。因此，

$$\mathcal{L}[f(t-a)u(t-a)] = \int_{0^-}^{\infty} f(x)e^{-s(x+a)}\,dx$$

$$= e^{-as}\int_{0^-}^{\infty} f(x)e^{-sx}\,dx = e^{-as}F(s)$$

或

$$\boxed{\mathcal{L}[f(t-a)u(t-a)] = e^{-as}F(s)} \tag{10.17}$$

換句話說，如果函數延遲 a 時間，則在 s 域的結果是拉普拉斯轉換函數 (無延遲) 乘以 e^{-as}。這個性質稱為拉普拉斯轉換的**時間延遲性質** (time-delay property) 或**時間位移性質** (time-shift property)。

例如，從 (10.9) 式得知

$$\mathcal{L}[\cos\omega t\, u(t)] = \frac{s}{s^2 + \omega^2}$$

在 (10.17) 式中使用時間位移性質得

$$\mathcal{L}[\cos\omega(t-a)u(t-a)] = e^{-as}\frac{s}{s^2+\omega^2} \tag{10.18}$$

頻率位移性質

如果 $f(t)$ 的拉普拉斯轉換是 $F(s)$，則

$$\mathcal{L}[e^{-at}f(t)u(t)] = \int_0^\infty e^{-at}f(t)e^{-st}\,dt$$

$$= \int_0^\infty f(t)e^{-(s+a)t}\,dt = F(s+a)$$

或

$$\boxed{\mathcal{L}[e^{-at}f(t)u(t)] = F(s+a)} \tag{10.19}$$

即 $e^{-at}f(t)$ 函數的拉普拉斯轉換，可以利用將 $f(t)$ 的拉普拉斯轉換中的 s 替換成 $s+a$ 求得。這就是**頻率位移** (frequency shift) 或**頻率轉換** (frequency translation) 性質。

例如，已知

$$\cos\omega t\,u(t) \quad\Leftrightarrow\quad \frac{s}{s^2+\omega^2}$$

和 (10.20)

$$\sin\omega t\,u(t) \quad\Leftrightarrow\quad \frac{\omega}{s^2+\omega^2}$$

在 (10.19) 式中使用頻率位移性質得

$$\mathcal{L}[e^{-at}\cos\omega t\,u(t)] = \frac{s+a}{(s+a)^2+\omega^2} \tag{10.21a}$$

$$\mathcal{L}[e^{-at}\sin\omega t\,u(t)] = \frac{\omega}{(s+a)^2+\omega^2} \tag{10.21b}$$

時間微分性質

如果 $f(t)$ 的拉普拉斯轉換是 $F(s)$，則 $f(t)$ 微分的拉普拉斯轉換是

$$\mathcal{L}\left[\frac{df}{dt}u(t)\right] = \int_{0^-}^\infty \frac{df}{dt}e^{-st}\,dt \tag{10.22}$$

利用部分積分法，令 $u = e^{-st}$、$du = -se^{-st}dt$、$dv = (df/dt)\,dt = df(t)$、$v = f(t)$，則

$$\mathcal{L}\left[\frac{df}{dt}u(t)\right] = f(t)e^{-st}\Big|_{0^-}^{\infty} - \int_{0^-}^{\infty} f(t)[-se^{-st}]\,dt$$

$$= 0 - f(0^-) + s\int_{0^-}^{\infty} f(t)e^{-st}\,dt = sF(s) - f(0^-)$$

或

$$\mathcal{L}[f'(t)] = sF(s) - f(0^-) \tag{10.23}$$

$f(t)$ 二次微分的拉普拉斯轉換是 (10.23) 式的重複應用如下：

$$\mathcal{L}\left[\frac{d^2f}{dt^2}\right] = s\mathcal{L}[f'(t)] - f'(0^-) = s[sF(s) - f(0^-)] - f'(0^-)$$

$$= s^2 F(s) - sf(0^-) - f'(0^-)$$

或

$$\mathcal{L}[f''(t)] = s^2 F(s) - sf(0^-) - f'(0^-) \tag{10.24}$$

依此類推，則 $f(t)$ 第 n 次微分的拉普拉斯轉換如下：

$$\mathcal{L}\left[\frac{d^n f}{dt^n}\right] = s^n F(s) - s^{n-1}f(0^-) \\ - s^{n-2}f'(0^-) - \cdots - s^0 f^{(n-1)}(0^-) \tag{10.25}$$

例如，可以利用 (10.23) 式，從餘弦函數的拉普拉斯轉換求得正弦函數的拉普拉斯轉換。若令 $f(t) = \cos\omega t\, u(t)$，則 $f(0) = 1$、$f'(t) = -\omega\sin\omega t\, u(t)$，利用 (10.23) 式和比例性質，

$$\mathcal{L}[\sin\omega t\, u(t)] = -\frac{1}{\omega}\mathcal{L}[f'(t)] = -\frac{1}{\omega}[sF(s) - f(0^-)]$$

$$= -\frac{1}{\omega}\left(s\frac{s}{s^2 + \omega^2} - 1\right) = \frac{\omega}{s^2 + \omega^2} \tag{10.26}$$

結果符合 (10.20) 式。

時間積分性質

如果 $f(t)$ 的拉普拉斯轉換是 $F(s)$，則 $f(t)$ 積分的拉普拉斯轉換是

$$\mathcal{L}\left[\int_0^t f(x)dx\right] = \int_{0^-}^{\infty}\left[\int_0^t f(x)dx\right]e^{-st}\,dt \tag{10.27}$$

利用部分積分法，令

$$u = \int_0^t f(x)\,dx, \qquad du = f(t)\,dt$$

和

$$dv = e^{-st}\,dt, \qquad v = -\frac{1}{s}e^{-st}$$

然後得

$$\mathcal{L}\left[\int_0^t f(x)\,dx\right] = \left[\int_0^t f(x)\,dx\right]\left(-\frac{1}{s}e^{-st}\right)\bigg|_{0^-}^{\infty}$$
$$-\int_{0^-}^{\infty}\left(-\frac{1}{s}\right)e^{-st}f(t)\,dt$$

當 $t=\infty$ 時，上式右邊的第一項為 0，因為 $e^{-s\infty}=0$。而當 $t=0$ 時，該項為 $\frac{1}{s}\int_0^0 f(x)\,dx = 0$。因此，上式第一項為 0，而且

$$\mathcal{L}\left[\int_0^t f(x)\,dx\right] = \frac{1}{s}\int_{0^-}^{\infty} f(t)e^{-st}\,dt = \frac{1}{s}F(s)$$

或簡化為

$$\boxed{\mathcal{L}\left[\int_0^t f(x)dx\right] = \frac{1}{s}F(s)} \tag{10.28}$$

例如，若令 $f(t)=u(t)$，從範例 10.1(a) 得 $F(s)=1/s$，利用 (10.28) 式得

$$\mathcal{L}\left[\int_0^t f(x)dx\right] = \mathcal{L}[t] = \frac{1}{s}\left(\frac{1}{s}\right)$$

因此，斜波函數的拉普拉斯轉換為

$$\mathcal{L}[t] = \frac{1}{s^2} \tag{10.29}$$

利用 (10.28) 式得

$$\mathcal{L}\left[\int_0^t x\,dx\right] = \mathcal{L}\left[\frac{t^2}{2}\right] = \frac{1}{s}\frac{1}{s^2}$$

或

$$\mathcal{L}[t^2] = \frac{2}{s^3} \tag{10.30}$$

重複應用 (10.28) 式可得

$$\mathcal{L}[t^n] = \frac{n!}{s^{n+1}} \tag{10.31}$$

同樣地，利用部分積分可得

$$\mathcal{L}\left[\int_{-\infty}^t f(x)\,dx\right] = \frac{1}{s}F(s) + \frac{1}{s}f^{-1}(0^-) \tag{10.32}$$

其中

$$f^{-1}(0^-) = \int_{-\infty}^{0^-} f(t)\,dt$$

頻率微分性質

如果 $f(t)$ 的拉普拉斯轉換是 $F(s)$，則

$$F(s) = \int_{0^-}^{\infty} f(t)e^{-st}\,dt$$

二邊對 s 微分得

$$\frac{dF(s)}{ds} = \int_{0^-}^{\infty} f(t)(-te^{-st})\,dt = \int_{0^-}^{\infty} (-tf(t))e^{-st}\,dt = \mathcal{L}[-tf(t)]$$

則頻率微分性質為

$$\boxed{\mathcal{L}[tf(t)] = -\frac{dF(s)}{ds}} \tag{10.33}$$

重複應用上式得

$$\mathcal{L}[t^n f(t)] = (-1)^n \frac{d^n F(s)}{ds^n} \tag{10.34}$$

例如，從範例 10.1(b) 得 $\mathcal{L}[e^{-at}] = 1/(s+a)$，利用 (10.33) 式的性質得

$$\mathcal{L}[te^{-at}u(t)] = -\frac{d}{ds}\left(\frac{1}{s+a}\right) = \frac{1}{(s+a)^2} \tag{10.35}$$

注意:如果 $a=0$,則可得 $\mathcal{L}[t] = 1/s^2$,與 (10.29) 式相同。重複應用 (10.33) 式將得到 (10.31) 式的結果。

時間週期性質

如果 $f(t)$ 函數是如圖 10.3 所示的週期函數,則代表圖 10.4 所示時間位移函數的總和,即

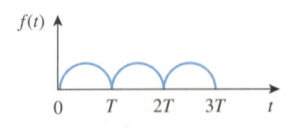

$$\begin{aligned} f(t) &= f_1(t) + f_2(t) + f_3(t) + \cdots \\ &= f_1(t) + f_1(t-T)u(t-T) \\ &\quad + f_1(t-2T)u(t-2T) + \cdots \end{aligned} \tag{10.36}$$

圖 10.3 週期函數

其中函數 $f_1(t)$ 與函數 $f(t)$ 在 $0<t<T$ 區間的部分相同,即

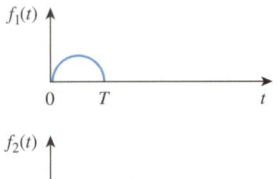

$$f_1(t) = f(t)[u(t) - u(t-T)] \tag{10.37a}$$

或

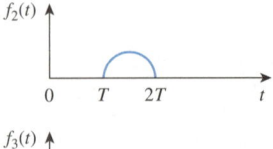

$$f_1(t) = \begin{cases} f(t), & 0 < t < T \\ 0, & \text{其他} \end{cases} \tag{10.37b}$$

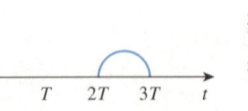

接下來轉換 (10.36) 式的每一項,並應用 (10.17) 式的時間位移性質,得

$$\begin{aligned} F(s) &= F_1(s) + F_1(s)e^{-Ts} + F_1(s)e^{-2Ts} + F_1(s)e^{-3Ts} + \cdots \\ &= F_1(s)[1 + e^{-Ts} + e^{-2Ts} + e^{-3Ts} + \cdots] \end{aligned} \tag{10.38}$$

圖 10.4 圖 10.3 之週期函數的分解圖

但是

$$1 + x + x^2 + x^3 + \cdots = \frac{1}{1-x} \tag{10.39}$$

如果 $|x|<1$。因此,

$$\boxed{F(s) = \frac{F_1(s)}{1 - e^{-Ts}}} \tag{10.40}$$

其中 $F_1(s)$ 是 $f_1(t)$ 的拉普拉斯轉換函數;換句話說,$F_1(s)$ 只是 $f(t)$ 第一個週期的拉普拉斯轉換函數。(10.40) 式證明了週期函數的拉普拉斯轉換是這個函數第一個週期的拉普拉斯轉換除以 $1 - e^{-Ts}$。

初值定理與終值定理

初值定理和終值定理可直接使用拉普拉斯轉換 $F(s)$ 求 $f(t)$ 函數的初值 $f(0)$ 和終值 $f(\infty)$。要求這些性質，首先從 (10.23) 式的微分性質開始：

$$sF(s) - f(0) = \mathcal{L}\left[\frac{df}{dt}\right] = \int_{0^-}^{\infty} \frac{df}{dt} e^{-st} dt \tag{10.41}$$

如果令 $s \to \infty$，因為指數阻尼因數的原因，使得 (10.41) 式的積分趨近於零，而且 (10.41) 式改為

$$\lim_{s \to \infty}[sF(s) - f(0)] = 0$$

因為 $f(0)$ 與 s 無關，則得

$$\boxed{f(0) = \lim_{s \to \infty} sF(s)} \tag{10.42}$$

這就是**初值定理** (initial-value theorem)。例如，從 (10.21a) 式得

$$f(t) = e^{-2t} \cos 10t\, u(t) \quad \Leftrightarrow \quad F(s) = \frac{s+2}{(s+2)^2 + 10^2} \tag{10.43}$$

使用初值定理得

$$f(0) = \lim_{s \to \infty} sF(s) = \lim_{s \to \infty} \frac{s^2 + 2s}{s^2 + 4s + 104}$$

$$= \lim_{s \to \infty} \frac{1 + 2/s}{1 + 4/s + 104/s^2} = 1$$

此結果與直接由 $f(t)$ 求得的一致。

在 (10.41) 式中，令 $s \to 0$，得

$$\lim_{s \to 0}[sF(s) - f(0^-)] = \int_{0^-}^{\infty} \frac{df}{dt} e^{0t} dt = \int_{0^-}^{\infty} df = f(\infty) - f(0^-)$$

或

$$\boxed{f(\infty) = \lim_{s \to 0} sF(s)} \tag{10.44}$$

這就是**終值定理** (final-value theorem)。為了使終值定理成立，則 $F(s)$ 的所有極點必須落在 s 的左半平面內 (參見圖 10.1 或圖 10.9)；也就是，極點的實部必須為負

整數。唯一的例外是 $F(s)$ 有單一極點在 $s=0$ 處,因為 $1/s$ 的影響將被 (10.44) 式的 $sF(s)$ 抵銷。例如,從 (10.21b) 式,

$$f(t) = e^{-2t}\sin 5t\, u(t) \quad \Leftrightarrow \quad F(s) = \frac{5}{(s+2)^2 + 5^2} \tag{10.45}$$

應用終值定理得

$$f(\infty) = \lim_{s \to 0} sF(s) = \lim_{s \to 0} \frac{5s}{s^2 + 4s + 29} = 0$$

這與從 $f(t)$ 所得的結果相符。另一個例子,

$$f(t) = \sin t\, u(t) \quad \Leftrightarrow \quad f(s) = \frac{1}{s^2 + 1} \tag{10.46}$$

所以,

$$f(\infty) = \lim_{s \to 0} sF(s) = \lim_{s \to 0} \frac{s}{s^2 + 1} = 0$$

這是不正確的,因為 $f(t) = \sin t$ 在 +1 與 −1 之間振盪,而且不會有 $t \to \infty$ 的情形。因此,終值定理不能用來求 $f(t) = \sin t$ 的終值,因為 $F(s)$ 在 $s = \pm j$ 處有極點,而這些極點不在 s 的左半平面。一般而言,終值定理不能用來求正弦函數的終值——因為這些函數持續振盪而不可能有終值。

初值定理和終值定理描述在時域和 s 域之中的原點和無限遠之間的關係,它們可用來驗證拉普拉斯轉換的正確性。

表 10.1 列出拉普拉斯轉換的基本性質。最後一個性質 (卷積定理) 將在 10.5 節證明。雖然還有其他拉普拉斯轉換的性質,但表 10.1 所列的基本性質已經足夠目前使用。表 10.2 總結一些常用函數的拉普拉斯轉換,除非必要,該表中皆省略 $u(t)$ 因數。

要提醒的是,許多套裝軟體 (如 Mathcad、MATLAB、Maple 和 Mathematica) 都提供數學符號。例如,Mathcad 有拉普拉斯轉換、傅立葉轉換、Z 轉換和反函數的數學符號。

表 10.1　拉普拉斯轉換的性質

性質	$f(t)$	$F(s)$
線性性質	$a_1 f_1(t) + a_2 f_2(t)$	$a_1 F_1(s) + a_2 F_2(s)$
比例性質	$f(at)$	$\dfrac{1}{a} F\left(\dfrac{s}{a}\right)$
時間位移	$f(t-a)u(t-a)$	$e^{-as} F(s)$
頻率位移	$e^{-at} f(t)$	$F(s+a)$
時間微分	$\dfrac{df}{dt}$	$sF(s) - f(0^-)$
	$\dfrac{d^2 f}{dt^2}$	$s^2 F(s) - sf(0^-) - f'(0^-)$
	$\dfrac{d^3 f}{dt^3}$	$s^3 F(s) - s^2 f(0^-) - sf'(0^-) - f''(0^-)$
	$\dfrac{d^n f}{dt^n}$	$s^n F(s) - s^{n-1} f(0^-) - s^{n-2} f'(0^-) - \cdots - f^{(n-1)}(0^-)$
時間積分	$\displaystyle\int_0^t f(x)\,dx$	$\dfrac{1}{s} F(s)$
頻率微分	$t f(t)$	$-\dfrac{d}{ds} F(s)$
頻率積分	$\dfrac{f(t)}{t}$	$\displaystyle\int_s^\infty F(s)\,ds$
時間週期	$f(t) = f(t + nT)$	$\dfrac{F_1(s)}{1 - e^{-sT}}$
初值定理	$f(0)$	$\displaystyle\lim_{s\to\infty} sF(s)$
終值定理	$f(\infty)$	$\displaystyle\lim_{s\to 0} sF(s)$
卷積積分	$f_1(t) * f_2(t)$	$F_1(s) F_2(s)$

表 10.2　拉普拉斯轉換對*

$f(t)$	$F(s)$	$f(t)$	$F(s)$
$\delta(t)$	1	$\sin \omega t$	$\dfrac{\omega}{s^2 + \omega^2}$
$u(t)$	$\dfrac{1}{s}$	$\cos \omega t$	$\dfrac{s}{s^2 + \omega^2}$
e^{-at}	$\dfrac{1}{s+a}$	$\sin(\omega t + \theta)$	$\dfrac{s \sin\theta + \omega \cos\theta}{s^2 + \omega^2}$
t	$\dfrac{1}{s^2}$	$\cos(\omega t + \theta)$	$\dfrac{s \cos\theta - \omega \sin\theta}{s^2 + \omega^2}$
t^n	$\dfrac{n!}{s^{n+1}}$	$e^{-at} \sin \omega t$	$\dfrac{\omega}{(s+a)^2 + \omega^2}$
$t e^{-at}$	$\dfrac{1}{(s+a)^2}$	$e^{-at} \cos \omega t$	$\dfrac{s+a}{(s+a)^2 + \omega^2}$
$t^n e^{-at}$	$\dfrac{n!}{(s+a)^{n+1}}$		

*定義在 $t \geq 0$；當 $t < 0$，$f(t) = 0$。

範例 10.3 試求 $f(t) = \delta(t) + 2u(t) - 3e^{-2t}u(t)$ 的拉普拉斯轉換。

解： 根據線性性質，

$$F(s) = \mathcal{L}[\delta(t)] + 2\mathcal{L}[u(t)] - 3\mathcal{L}[e^{-2t}u(t)]$$

$$= 1 + 2\frac{1}{s} - 3\frac{1}{s+2} = \frac{s^2 + s + 4}{s(s+2)}$$

練習題 10.3 試求 $f(t) = (\cos(2t) + e^{-4t})u(t)$ 的拉普拉斯轉換。

答：$\dfrac{2s^2 + 4s + 4}{(s+4)(s^2+4)}$.

範例 10.4 試求 $f(t) = t^2 \sin 2t\, u(t)$ 的拉普拉斯轉換。

解： 已知

$$\mathcal{L}[\sin 2t] = \frac{2}{s^2 + 2^2}$$

利用 (10.34) 式的頻率性質得

$$F(s) = \mathcal{L}[t^2 \sin 2t] = (-1)^2 \frac{d^2}{ds^2}\left(\frac{2}{s^2+4}\right)$$

$$= \frac{d}{ds}\left(\frac{-4s}{(s^2+4)^2}\right) = \frac{12s^2 - 16}{(s^2+4)^3}$$

練習題 10.4 試求 $f(t) = t^2 \cos 3t\, u(t)$ 的拉普拉斯轉換。

答：$\dfrac{2s(s^2 - 27)}{(s^2+9)^3}$.

範例 10.5 試求圖 10.5 中函數 $g(t)$ 的拉普拉斯轉換。

解： 圖 10.5 的 $g(t)$ 函數可表示如下：

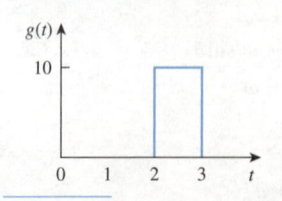

$$g(t) = 10[u(t-2) - u(t-3)]$$

因為已知 $u(t)$ 的拉普拉斯轉換，所以應用時間位移性質可得

圖 10.5 範例 10.5 的 $g(t)$ 函數

$$G(s) = 10\left(\frac{e^{-2s}}{s} - \frac{e^{-3s}}{s}\right) = \frac{10}{s}(e^{-2s} - e^{-3s})$$

練習題 10.5 試求圖 10.6 中函數 $h(t)$ 的拉普拉斯轉換。

答：$\dfrac{10}{s}(2 - e^{-4s} - e^{-8s})$.

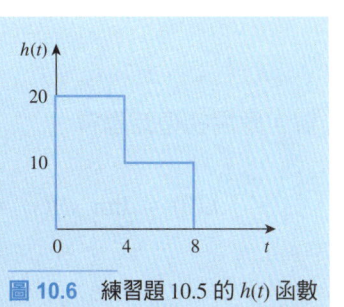

圖 10.6　練習題 10.5 的 $h(t)$ 函數

範例 10.6

試求圖 10.7 中週期函數 $f(t)$ 的拉普拉斯轉換。

解：這個函數的週期 $T = 2$，應用 (10.40) 式先求函數第一個週期的拉普拉斯轉換如下：

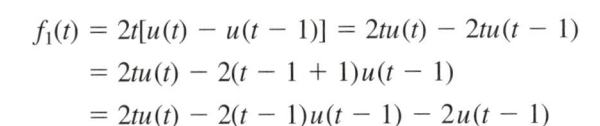

$$\begin{aligned}f_1(t) &= 2t[u(t) - u(t-1)] = 2tu(t) - 2tu(t-1) \\ &= 2tu(t) - 2(t - 1 + 1)u(t-1) \\ &= 2tu(t) - 2(t-1)u(t-1) - 2u(t-1)\end{aligned}$$

圖 10.7　範例 10.6 的週期函數

使用時間位移性質得

$$F_1(s) = \frac{2}{s^2} - 2\frac{e^{-s}}{s^2} - \frac{2}{s}e^{-s} = \frac{2}{s^2}(1 - e^{-s} - se^{-s})$$

因此，圖 10.7 週期函數的拉普拉斯轉換為

$$F(s) = \frac{F_1(s)}{1 - e^{-Ts}} = \frac{2}{s^2(1 - e^{-2s})}(1 - e^{-s} - se^{-s})$$

練習題 10.6 試求圖 10.8 中週期函數 $f(t)$ 的拉普拉斯轉換。

答：$\dfrac{1 - e^{-2s}}{s(1 - e^{-5s})}$.

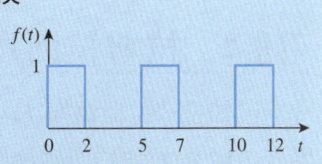

圖 10.8　練習題 10.6 的週期函數

範例 10.7 試求下面拉普拉斯轉換的初值與終值：

$$H(s) = \frac{20}{(s+3)(s^2+8s+25)}$$

解： 應用初值定理得

$$h(0) = \lim_{s\to\infty} sH(s) = \lim_{s\to\infty} \frac{20s}{(s+3)(s^2+8s+25)}$$

$$= \lim_{s\to\infty} \frac{20/s^2}{(1+3/s)(1+8/s+25/s^2)} = \frac{0}{(1+0)(1+0+0)} = 0$$

檢查 $H(s)$ 的極點位置，則可肯定終值定理是適用的。$H(s)$ 的極點為 -3、$-4 \pm j3$，它們的實部皆為負數，所以都落在圖 10.9 中 s 的左半平面。因此，應用終值定理得

$$h(\infty) = \lim_{s\to 0} sH(s) = \lim_{s\to 0} \frac{20s}{(s+3)(s^2+8s+25)}$$

$$= \frac{0}{(0+3)(0+0+25)} = 0$$

如果函數 $h(t)$ 已知，則也可利用 $h(t)$ 求初值和終值。參見範例 10.11，該範例的 $h(t)$ 函數為已知。

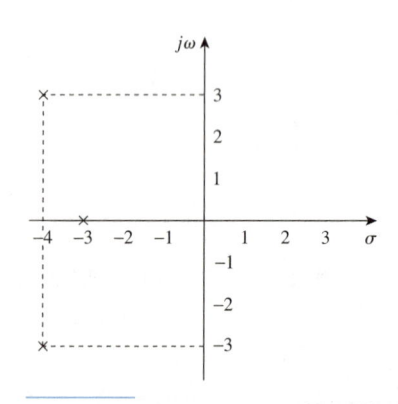

圖 10.9 範例 10.7 之 $H(s)$ 函數的極點

練習題 10.7 試求下面拉普拉斯轉換的初值和終值：

$$G(s) = \frac{6s^3 + 2s + 5}{s(s+2)^2(s+3)}$$

答： 6, 0.4167.

10.4 拉普拉斯反轉換

已知拉普拉斯轉換 $F(s)$，如何將它轉換回時域，並求得對應的 $f(t)$ 函數？可使用表 10.2 的拉普拉斯轉換對求解 $f(t)$，而避免使用 (10.5) 式求解 $f(t)$。

假設 $F(s)$ 的一般式為

$$F(s) = \frac{N(s)}{D(s)} \tag{10.47}$$

其中 $N(s)$ 稱為分子多項式，$D(s)$ 稱為分母多項式。$N(s) = 0$ 的根稱為 $F(s)$ 的**零點**

(zeros)，$D(s) = 0$ 的根稱為 $F(s)$ 的**極點** (poles)。雖然 (10.47) 式與 (14.3) 式的形式相似，但本章的 $F(s)$ 是一個函數的拉普拉斯轉換，不需要轉移函數。利用**部分分式展開** (partial fraction expansion)，將 $F(s)$ 分解成簡單項，每一簡單項都可從表 10.2 求得反轉換。因此，求拉普拉斯反轉換包括二個步驟：

> 使用 MATLAB、Mathcad 和 Maple 套裝軟體可以很簡單求得部分分式展開。

求拉普拉斯反轉換的步驟：
1. 利用部分分式展開法，將 $F(s)$ 分解成簡單項。
2. 從表 10.2 的轉換對，求每一簡單項的拉普拉斯反轉換。

以下介紹三種 $F(s)$ 的可能形式，以及對每種形式如何應用這二個步驟。

10.4.1 簡單極點

如果 $F(s)$ 只有簡單極點，則 $D(s)$ 可表示為一階因式的乘積，如下：

$$F(s) = \frac{N(s)}{(s + p_1)(s + p_2) \cdots (s + p_n)} \tag{10.48}$$

其中 $s = -p_1, -p_2, \ldots, -p_n$ 為簡單極點，對所有 $i \neq j$ 而言，$p_i \neq p_j$ (也就是每個極點都不相同)。假設 $N(s)$ 的冪次小於 $D(s)$ 的冪次，則可利用部分分式展開法將 (10.48) 式的 $F(s)$ 分解如下：

> 否則，必須先使用長除法，所以 $F(s) = N(s)/D(s) = Q(s) + R(s)/D(s)$。長除法餘式 $R(s)$ 的冪次小於 $D(s)$ 的冪次。

$$F(s) = \frac{k_1}{s + p_1} + \frac{k_2}{s + p_2} + \cdots + \frac{k_n}{s + p_n} \tag{10.49}$$

展開式的係數 $k_1, k_2, \ldots, k_n$ 就是 $F(s)$ 的**餘數** (residues)，而有許多求展開式係數的方法。其中之一就是使用**餘數法** (residue method)。若對 (10.49) 式二邊同乘 $(s + p_1)$，則得

$$(s + p_1)F(s) = k_1 + \frac{(s + p_1)k_2}{s + p_2} + \cdots + \frac{(s + p_1)k_n}{s + p_n} \tag{10.50}$$

因為 $p_i \neq p_j$，令 (10.50) 式的 $s = -p_1$，則 (10.50) 式的右邊只留下 k_1 如下：

$$(s + p_1)F(s) \big|_{s = -p_1} = k_1 \tag{10.51}$$

因此，一般而言，

$$\boxed{k_i = (s + p_i)F(s) \big|_{s = -p_i}} \tag{10.52}$$

> 歷史註記：希維賽德定理是以奧利佛·希維賽德 (Oliver Heaviside, 1850-1925) 命名的。他是英國工程師、運算微積分的先驅。

這就是**希維賽德定理** (Heaviside's theorem)。一旦求出 k_i 值，則可繼續使用 (10.49) 式求 $F(s)$ 的反轉換。因為 (10.49) 式的每一項反轉換是 $\mathcal{L}^{-1}[k/(s+a)] = ke^{-at}u(t)$，則從表 10.2 得

$$f(t) = (k_1 e^{-p_1 t} + k_2 e^{-p_2 t} + \cdots + k_n e^{-p_n t})u(t) \tag{10.53}$$

10.4.2　重複極點

假設 $F(s)$ 在 $s = -p$ 處有 n 個重複極點，則 $F(s)$ 可以表示如下：

$$F(s) = \frac{k_n}{(s+p)^n} + \frac{k_{n-1}}{(s+p)^{n-1}} + \cdots + \frac{k_2}{(s+p)^2} + \frac{k_1}{s+p} + F_1(s) \tag{10.54}$$

其中 $F_1(s)$ 是 $F(s)$ 在 $s = -p$ 處沒有極點的剩餘部分，則展開式的係數 k_n 如下：

$$k_n = (s+p)^n F(s)|_{s=-p} \tag{10.55}$$

如上面方法，要求 k_{n-1}，則將 (10.54) 式的每一項乘上 $(s+p)^n$，並對 s 微分去掉 k_n 項，然後再將 $s = -p$ 代入刪去 k_{n-1} 以外的其他項。因此，得到

$$k_{n-1} = \frac{d}{ds}[(s+p)^n F(s)]|_{s=-p} \tag{10.56}$$

重複上述步驟得

$$k_{n-2} = \frac{1}{2!}\frac{d^2}{ds^2}[(s+p)^n F(s)]|_{s=-p} \tag{10.57}$$

第 m 項為

$$k_{n-m} = \frac{1}{m!}\frac{d^m}{ds^m}[(s+p)^n F(s)]|_{s=-p} \tag{10.58}$$

其中 $m = 1, 2, \ldots, n-1$。當 m 增加，則高階微分就越困難。當使用部分分式展開法求出 $k_1, k_2, \ldots, k_n$ 後，則可應用拉普拉斯反轉換：

$$\mathcal{L}^{-1}\left[\frac{1}{(s+a)^n}\right] = \frac{t^{n-1}e^{-at}}{(n-1)!}u(t) \tag{10.59}$$

到 (10.54) 式右邊的每一項，則得

$$f(t) = \left(k_1 e^{-pt} + k_2 t e^{-pt} + \frac{k_3}{2!} t^2 e^{-pt} \right. \\ \left. + \cdots + \frac{k_n}{(n-1)!} t^{n-1} e^{-pt}\right) u(t) + f_1(t) \tag{10.60}$$

10.4.3 複數極點

如果共軛複數極點不是重複的,則稱為簡單複數極點。如果共軛複數極點是重複的,則稱為雙重複數極點或多重複數極點。簡單複數極點的處理方法與簡單實數極點的處理方法相同,但因為包含複數運算,所以結果比較複雜。有一種簡單的方法稱為**完全平方法** (completing the square)。它是在 $D(s)$ 使用完全平方如 $(s+\alpha)^2 + \beta^2$ 來表示共軛複數極點 (二次項),然後再利用表 10.2 求每一項的反轉換。

因為 $N(s)$ 和 $D(s)$ 的係數階為實數,而且多項式的複數根都是共軛成對的,所以 $F(s)$ 的一般形式如下:

$$F(s) = \frac{A_1 s + A_2}{s^2 + as + b} + F_1(s) \tag{10.61}$$

其中 $F_1(s)$ 是 $F(s)$ 沒有複數極點對的剩餘部分。將分母完全平方如下:

$$s^2 + as + b = s^2 + 2\alpha s + \alpha^2 + \beta^2 = (s+\alpha)^2 + \beta^2 \tag{10.62}$$

而且令

$$A_1 s + A_2 = A_1(s+\alpha) + B_1 \beta \tag{10.63}$$

則 (10.61) 式改為

$$F(s) = \frac{A_1(s+\alpha)}{(s+\alpha)^2 + \beta^2} + \frac{B_1 \beta}{(s+\alpha)^2 + \beta^2} + F_1(s) \tag{10.64}$$

從表 10.2 得反轉換如下:

$$f(t) = (A_1 e^{-\alpha t} \cos\beta t + B_1 e^{-\alpha t} \sin\beta t) u(t) + f_1(t) \tag{10.65}$$

利用 (8.11) 式可將正弦項和餘弦項合併。

不論極點是簡單極點、重複極點或複數極點,一般可用**代數法** (method of algebra) 求展開式的係數,如圖 10.9 至圖 10.11 所示。要應用此方法,首先將 $F(s) = N(s)/D(s)$ 展開為包含未知常數的展開式,將結果乘以公共分母。然後使用比

較係數法 (也就是冪次相同之項的係數必須相等) 求未知數。

另一個常用的方法是代入特定且便於計算的 s 值，並得到與未知係數同數量的聯立方程式，然後求解聯立方程式可得未知係數。必須確定每個 s 值不是 $F(s)$ 的極點之一，範例 10.11 將說明此方法。

範例 10.8 試求下面 $F(s)$ 的拉普拉斯反轉換：

$$F(s) = \frac{3}{s} - \frac{5}{s+1} + \frac{6}{s^2+4}$$

解：拉普拉斯反轉換如下：

$$f(t) = \mathcal{L}^{-1}[F(s)] = \mathcal{L}^{-1}\left(\frac{3}{s}\right) - \mathcal{L}^{-1}\left(\frac{5}{s+1}\right) + \mathcal{L}^{-1}\left(\frac{6}{s^2+4}\right)$$
$$= (3 - 5e^{-t} + 3\sin 2t)u(t), \quad t \geq 0$$

其中每一項的反轉換可從表 10.2 查出。

練習題 10.8　試求下面 $F(s)$ 的拉普拉斯反轉換：

$$F(s) = 5 + \frac{6}{s+4} - \frac{7s}{s^2+25}$$

答：$5\delta(t) + (6e^{-4t} - 7\cos(5t))u(t)$。

範例 10.9 已知 $F(s)$ 如下，試求 $f(t)$。

$$F(s) = \frac{s^2 + 12}{s(s+2)(s+3)}$$

解：前一範例有提供部分分式形式，而本範例則未提供部分分式形式。因此，須先求出部分分式形式。因為有三個極點，所以令

$$\frac{s^2 + 12}{s(s+2)(s+3)} = \frac{A}{s} + \frac{B}{s+2} + \frac{C}{s+3} \tag{10.9.1}$$

其中 A、B 和 C 是未知數，而有二種方法求這些未知數。

◆ **方法一　餘數法**：

$$A = sF(s)\big|_{s=0} = \frac{s^2+12}{(s+2)(s+3)}\bigg|_{s=0} = \frac{12}{(2)(3)} = 2$$

$$B = (s+2)F(s)\big|_{s=-2} = \frac{s^2+12}{s(s+3)}\bigg|_{s=-2} = \frac{4+12}{(-2)(1)} = -8$$

$$C = (s+3)F(s)|_{s=-3} = \frac{s^2+12}{s(s+2)}\bigg|_{s=-3} = \frac{9+12}{(-3)(-1)} = 7$$

◆**方法二** **代數法**：對 (10.9.1) 式二邊同乘 $s(s+2)(s+3)$ 得

$$s^2 + 12 = A(s+2)(s+3) + Bs(s+3) + Cs(s+2)$$

或

$$s^2 + 12 = A(s^2+5s+6) + B(s^2+3s) + C(s^2+2s)$$

比較二邊冪次相同的係數得

常數： $12 = 6A \Rightarrow A = 2$
s： $0 = 5A + 3B + 2C \Rightarrow 3B + 2C = -10$
s^2： $1 = A + B + C \Rightarrow B + C = -1$

因此，$A = 2$、$B = -8$、$C = 7$，而 (10.9.1) 式改為

$$F(s) = \frac{2}{s} - \frac{8}{s+2} + \frac{7}{s+3}$$

然後對每一項求拉普拉斯反轉換得

$$f(t) = (2 - 8e^{-2t} + 7e^{-3t})u(t)$$

> **練習題 10.9** 已知 $F(s)$ 如下，試求 $f(t)$。
>
> $$F(s) = \frac{6(s+2)}{(s+1)(s+3)(s+4)}$$
>
> **答**： $f(t) = (e^{-t} + 3e^{-3t} - 4e^{-4t})u(t)$.

已知 $V(s)$ 如下，試求 $v(t)$。　　**範例 10.10**

$$V(s) = \frac{10s^2+4}{s(s+1)(s+2)^2}$$

解：前一範例是非重根情況，而本範例則是有重根情況。令

$$\begin{aligned}V(s) &= \frac{10s^2+4}{s(s+1)(s+2)^2}\\ &= \frac{A}{s} + \frac{B}{s+1} + \frac{C}{(s+2)^2} + \frac{D}{s+2}\end{aligned} \quad (10.10.1)$$

◆方法一　餘數法：

$$A = sV(s)\big|_{s=0} = \frac{10s^2+4}{(s+1)(s+2)^2}\bigg|_{s=0} = \frac{4}{(1)(2)^2} = 1$$

$$B = (s+1)V(s)\big|_{s=-1} = \frac{10s^2+4}{s(s+2)^2}\bigg|_{s=-1} = \frac{14}{(-1)(1)^2} = -14$$

$$C = (s+2)^2 V(s)\big|_{s=-2} = \frac{10s^2+4}{s(s+1)}\bigg|_{s=-2} = \frac{44}{(-2)(-1)} = 22$$

$$D = \frac{d}{ds}[(s+2)^2 V(s)]\bigg|_{s=-2} = \frac{d}{ds}\left(\frac{10s^2+4}{s^2+s}\right)\bigg|_{s=-2}$$

$$= \frac{(s^2+s)(20s) - (10s^2+4)(2s+1)}{(s^2+s)^2}\bigg|_{s=-2} = \frac{52}{4} = 13$$

◆方法二　代數法：對 (10.10.1) 式二邊同乘 $s(s+1)(s+2)^2$ 得

$$10s^2 + 4 = A(s+1)(s+2)^2 + Bs(s+2)^2 + Cs(s+1) + Ds(s+1)(s+2)$$

或

$$10s^2 + 4 = A(s^3 + 5s^2 + 8s + 4) + B(s^3 + 4s^2 + 4s) + C(s^2+s) + D(s^3 + 3s^2 + 2s)$$

比較係數得

常數：$\quad 4 = 4A \quad \Rightarrow \quad A = 1$
s：$\quad 0 = 8A + 4B + C + 2D \quad \Rightarrow \quad 4B + C + 2D = -8$
s^2：$\quad 10 = 5A + 4B + C + 3D \quad \Rightarrow \quad 4B + C + 3D = 5$
s^3：$\quad 0 = A + B + D \quad \Rightarrow \quad B + D = -1$

解上面聯立方程式得 $A=1$、$B=-14$、$C=22$、$D=13$，所以，

$$V(s) = \frac{1}{s} - \frac{14}{s+1} + \frac{22}{(s+2)^2} + \frac{13}{s+2}$$

然後對每一項求拉普拉斯反轉換得

$$v(t) = (1 - 14e^{-t} + 22te^{-2t} + 13e^{-2t})u(t)$$

練習題 10.10　已知 $G(s)$ 如下，試求 $g(t)$。

$$G(s) = \frac{s^3 + 2s + 6}{s(s+1)^2(s+3)}$$

答：$(2 - 3.25e^{-t} - 1.5te^{-t} + 2.25e^{-3t})u(t)$。

範例 10.11 試求範例 10.7 頻域函數的拉普拉斯反轉換：

$$H(s) = \frac{20}{(s+3)(s^2+8s+25)}$$

解：本範例的 $H(s)$ 在 $s^2+8s+25=0$ 或 $s=-4\pm j3$ 有一對複數極點，所以令

$$H(s) = \frac{20}{(s+3)(s^2+8s+25)} = \frac{A}{s+3} + \frac{Bs+C}{(s^2+8s+25)} \quad (10.11.1)$$

接下來，使用二種方法求這個展開式的係數。

◆**方法一 結合法**：使用餘數法求係數 A，

$$A = (s+3)H(s)|_{s=-3} = \frac{20}{s^2+8s+25}\bigg|_{s=-3} = \frac{20}{10} = 2$$

雖然使用餘數法可求得 B 和 C，但為了避免複數運算所以將不採用這方法。將二個 s 值 [如 $s=0$ 或 1，這些不是 $F(s)$ 的極點] 代入 (10.11.1) 式，這可得到二個聯立方程式，然後可求得 B 和 C。將 $s=0$ 代入 (10.11.1) 式得

$$\frac{20}{75} = \frac{A}{3} + \frac{C}{25}$$

或

$$20 = 25A + 3C \quad (10.11.2)$$

因為 $A=2$，所以從 (10.11.2) 式得 $C=-10$。再將 $s=1$ 代入 (10.11.1) 式得

$$\frac{20}{(4)(34)} = \frac{A}{4} + \frac{B+C}{34}$$

或

$$20 = 34A + 4B + 4C \quad (10.11.3)$$

因為 $A=2$、$C=-10$，所以從 (10.11.3) 式得 $B=-2$。

◆**方法二 代數法**：對 (10.11.1) 式二邊同乘 $(s+3)(s^2+8s+25)$ 得

$$\begin{aligned} 20 &= A(s^2+8s+25) + (Bs+C)(s+3) \\ &= A(s^2+8s+25) + B(s^2+3s) + C(s+3) \end{aligned} \quad (10.11.4)$$

比較係數得

$s^2:\quad 0 = A+B \quad \Rightarrow \quad A=-B$
$s:\quad 0 = 8A+3B+C = 5A+C \quad \Rightarrow \quad C=-5A$
常數：$20 = 25A+3C = 25A-15A \quad \Rightarrow \quad A=2$

即 $B = -2$、$C = -10$，因此得

$$H(s) = \frac{2}{s+3} - \frac{2s+10}{(s^2+8s+25)} = \frac{2}{s+3} - \frac{2(s+4)+2}{(s+4)^2+9}$$

$$= \frac{2}{s+3} - \frac{2(s+4)}{(s+4)^2+9} - \frac{2}{3}\frac{3}{(s+4)^2+9}$$

然後對每一項求拉普拉斯反轉換得

$$h(t) = \left(2e^{-3t} - 2e^{-4t}\cos 3t - \frac{2}{3}e^{-4t}\sin 3t\right)u(t) \tag{10.11.5}$$

(10.11.5) 式可以當作結果。但是，還可以將正弦項和餘弦項合併如下：

$$h(t) = (2e^{-3t} - Re^{-4t}\cos(3t - \theta))u(t) \tag{10.11.6}$$

應用 (8.11) 式，可從 (10.11.5) 式求得 (10.11.6) 式。接下來，求係數 R 和相位角 θ 如下：

$$R = \sqrt{2^2 + (\tfrac{2}{3})^2} = 2.108, \qquad \theta = \tan^{-1}\frac{\tfrac{2}{3}}{2} = 18.43°$$

因此，

$$h(t) = (2e^{-3t} - 2.108e^{-4t}\cos(3t - 18.43°))u(t)$$

> **練習題 10.11** 已知 $G(s)$ 如下，試求 $g(t)$。
>
> $$G(s) = \frac{60}{(s+1)(s^2+4s+13)}$$
>
> 答：$6e^{-t} - 6e^{-2t}\cos 3t - 2e^{-2t}\sin 3t,\ t \geq 0.$

10.5 卷積積分

卷積 (convolution) 又稱為**摺積** (folding)。卷積是工程師非常寶貴的工具，因為它提供了觀察和表現物理系統的一種方法。例如，在已知系統脈衝響應 $h(t)$ 的情況下，卷積可用來求激發 $x(t)$ 對系統的響應 $y(t)$。**卷積積分** (convolution integral) 的定義如下：

$$y(t) = \int_{-\infty}^{\infty} x(\lambda)h(t-\lambda)\,d\lambda \tag{10.66}$$

或簡寫為

$$y(t) = x(t) * h(t) \tag{10.67}$$

其中 λ 是虛擬變數，而且星號 (*) 表示卷積。(10.66) 式和 (10.67) 式說明了輸出等於輸入與單位脈衝響應的卷積。卷積過程滿足交換律：

$$y(t) = x(t) * h(t) = h(t) * x(t) \tag{10.68a}$$

或

$$y(t) = \int_{-\infty}^{\infty} x(\lambda) h(t - \lambda) \, d\lambda = \int_{-\infty}^{\infty} h(\lambda) x(t - \lambda) \, d\lambda \tag{10.68b}$$

這意味著，對二個函數進行卷積的順序是無關緊要的。稍後將看到，當使用卷積積分執行圖形計算時，使用交換律的優點。

> 二個信號的卷積是將其中一個信號的時間反轉並平移，
> 再與第二個信號點對點相乘，最後對相乘後的信號積分。

(10.66) 式的卷積積分是適合任何線性系統的一般形式。但是，假設系統有以下二個特性，則卷積積分可以被簡化如下。第一，對 $t < 0$ 而言，$x(t) = 0$，則

$$y(t) = \int_{-\infty}^{\infty} x(\lambda) h(t - \lambda) \, d\lambda = \int_{0}^{\infty} x(\lambda) h(t - \lambda) \, d\lambda \tag{10.69}$$

第二，如果系統的脈衝響應是因果關係 [也就是，$t < 0$ 則 $h(t) = 0$]，則對 $t - \lambda < 0$ 或 $\lambda > t$ 時，$h(t - \lambda) = 0$。所以，(10.69) 式改為：

$$\boxed{y(t) = h(t) * x(t) = \int_{0}^{t} x(\lambda) h(t - \lambda) \, d\lambda} \tag{10.70}$$

卷積積分具有下列性質：

1. $x(t) * h(t) = h(t) * x(t)$ (交換律)
2. $f(t) * [x(t) + y(t)] = f(t) * x(t) + f(t) * y(t)$ (分配律)
3. $f(t) * [x(t) * y(t)] = [f(t) * x(t)] * y(t)$ (結合律)
4. $f(t) * \delta(t) = \int_{-\infty}^{\infty} f(\lambda) \delta(t - \lambda) \, d\lambda = f(t)$
5. $f(t) * \delta(t - t_o) = f(t - t_o)$

6. $f(t) * \delta'(t) = \int_{-\infty}^{\infty} f(\lambda)\delta'(t - \lambda)\, d\lambda = f'(t)$

7. $f(t) * u(t) = \int_{-\infty}^{\infty} f(\lambda)u(t - \lambda)\, d\lambda = \int_{-\infty}^{t} f(\lambda)\, d\lambda$

在學習如何驗證 (10.70) 式的卷積積分之前，先建立拉普拉斯轉換和卷積積分之間的關係。已知二個函數 $f_1(t)$ 和 $f_2(t)$ 的拉普拉斯轉換依次為 $F_1(s)$ 和 $F_2(s)$，它們的卷積為

$$f(t) = f_1(t) * f_2(t) = \int_0^t f_1(\lambda)f_2(t - \lambda)\, d\lambda \tag{10.71}$$

取拉普拉斯轉換得

$$F(s) = \mathcal{L}[f_1(t) * f_2(t)] = F_1(s)F_2(s) \tag{10.72}$$

為證明 (10.72) 式為真，首先定義 $F_1(s)$ 如下：

$$F_1(s) = \int_{0^-}^{\infty} f_1(\lambda)e^{-s\lambda}\, d\lambda \tag{10.73}$$

二邊同時乘以 $F_2(s)$ 得

$$F_1(s)F_2(s) = \int_{0^-}^{\infty} f_1(\lambda)[F_2(s)e^{-s\lambda}]\, d\lambda \tag{10.74}$$

利用 (10.17) 式的時間平移性質，上式括號中的項可寫為

$$F_2(s)e^{-s\lambda} = \mathcal{L}[f_2(t - \lambda)u(t - \lambda)]$$
$$= \int_0^{\infty} f_2(t - \lambda)u(t - \lambda)e^{-st}\, dt \tag{10.75}$$

將 (10.75) 式代入 (10.74) 式得

$$F_1(s)F_2(s) = \int_0^{\infty} f_1(\lambda)\left[\int_0^{\infty} f_2(t - \lambda)u(t - \lambda)e^{-st}\, dt\right] d\lambda \tag{10.76}$$

交換積分結果的順序得

$$F_1(s)F_2(s) = \int_0^{\infty}\left[\int_0^{t} f_1(\lambda)f_2(t - \lambda)\, d\lambda\right]e^{-st}\, dt \tag{10.77}$$

括號中的積分只適用從 0 到 t，因為對 $\lambda < t$ 而言，延遲單位步級函數 $u(t-\lambda) = 1$；

對 $\lambda > t$ 而言，延遲單位步級函數 $u(t-\lambda) = 0$。注意：括號內積分正是 (10.71) 式 $f_1(t)$ 和 $f_2(t)$ 的卷積。因此，

$$F_1(s)F_2(s) = \mathcal{L}[f_1(t) * f_2(t)] \tag{10.78}$$

正如所需。這說明時域中的卷積等效於 s 域中的乘積。例如，假設 $x(t) = 4e^{-t}$ 和 $h(t) = 5e^{-2t}$，應用 (10.78) 式的性質得

$$\begin{aligned} h(t) * x(t) &= \mathcal{L}^{-1}[H(s)X(s)] = \mathcal{L}^{-1}\left[\left(\frac{5}{s+2}\right)\left(\frac{4}{s+1}\right)\right] \\ &= \mathcal{L}^{-1}\left[\frac{20}{s+1} + \frac{-20}{s+2}\right] \\ &= 20(e^{-t} - e^{-2t}), \quad t \geq 0 \end{aligned} \tag{10.79}$$

雖然可以使用 (10.78) 式的性質求二個信號的卷積，如上面例子一樣，但如果 $F_1(s)F_2(s)$ 非常複雜，則求拉普拉斯反轉換可能比較艱難。另外，在 $f_1(t)$ 和 $f_2(t)$ 為指數形式，以及沒有明確的拉普拉斯轉換時，必須執行時域的卷積。

從圖形的角度可更容易理解時域中執行二個信號卷積的過程。以 (10.70) 式來說明卷積積分的圖解過程，通常包含下列四個步驟：

圖解卷積積分的步驟：
1. **摺疊**：對 $h(\lambda)$ 取縱軸的對稱鏡像，得 $h(-\lambda)$。
2. **移位**：$h(-\lambda)$ 平移或延遲 t，得 $h(t-\lambda)$。
3. **相乘**：求 $h(t-\lambda)$ 和 $x(\lambda)$ 的乘積。
4. **積分**：已知時間 t，計算 $h(t-\lambda)x(\lambda)$ 乘積下面 $0 < \lambda < t$ 之間的面積，求得在 t 時的 $y(t)$。

因為步驟 1 的摺疊操作，所以稱為**卷積或摺積**。而函數 $h(t-\lambda)$ 掃過或滑過 $x(\lambda)$，從這個重疊運算的觀點來看，卷積積分也可稱為**重疊積分** (superposition integral)。

要應用上述四個步驟，必須先畫出 $x(\lambda)$ 和 $h(t-\lambda)$ 圖。要求 $x(\lambda)$，可將原函數 $x(t)$ 中的 t 換成 λ。畫 $h(t-\lambda)$ 是執行卷積的關鍵，它包含 $h(\lambda)$ 對縱軸的對稱和對時間 t 的平移。分析上，以 $t-\lambda$ 代入 $h(t)$ 的 t，可求得 $h(t-\lambda)$。因為卷積適用交換律，應用步驟 1 和 2 到 $x(t)$ 而不是 $h(t)$ 可能更方便。要實際理解上述過程最好的方法就是透過下列的範例。

範例 10.12 試求圖 10.10 二個信號的卷積。

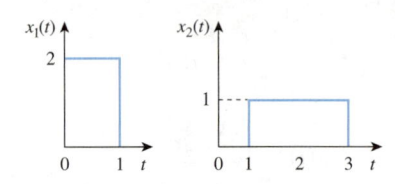

圖 10.10 範例 10.12 的電路

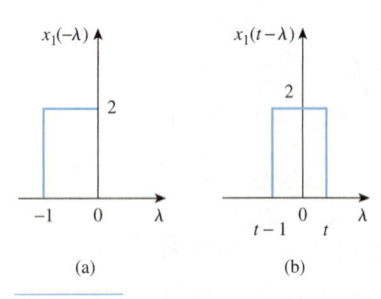

圖 10.11 (a) 摺疊 $x_1(\lambda)$，(b) $x_1(-\lambda)$ 平移時間 t

解： 根據上述四個步驟求 $y(t) = x_1(t) * x_2(t)$。首先，摺疊 $x_1(t)$ 如圖 10.11(a) 所示，再平移時間 t 如圖 10.11(b) 所示。對不同的 t 值，執行這二個函數相乘和積分，並計算重疊區域的面積。

當 $0 < t < 1$ 時，這二個函數沒有重疊區域，如圖 10.12(a) 所示。因此，

$$y(t) = x_1(t) * x_2(t) = 0, \quad 0 < t < 1 \tag{10.12.1}$$

當 $1 < t < 2$ 時，這二個信號在 1 和 t 之間重疊，如圖 10.12(b) 所示。因此，

$$y(t) = \int_1^t (2)(1)\, d\lambda = 2\lambda \Big|_1^t = 2(t-1), \quad 1 < t < 2 \tag{10.12.2}$$

當 $2 < t < 3$ 時，這二個信號在 $(t-1)$ 和 t 之間完全重疊，如圖 10.12(c) 所示。這很容易看出曲線下面的面積為 2，或者

$$y(t) = \int_{t-1}^t (2)(1)\, d\lambda = 2\lambda \Big|_{t-1}^t = 2, \quad 2 < t < 3 \tag{10.12.3}$$

當 $3 < t < 4$ 時，這二個信號在 $(t-1)$ 和 3 之間重疊，如圖 10.12(d) 所示。因此，

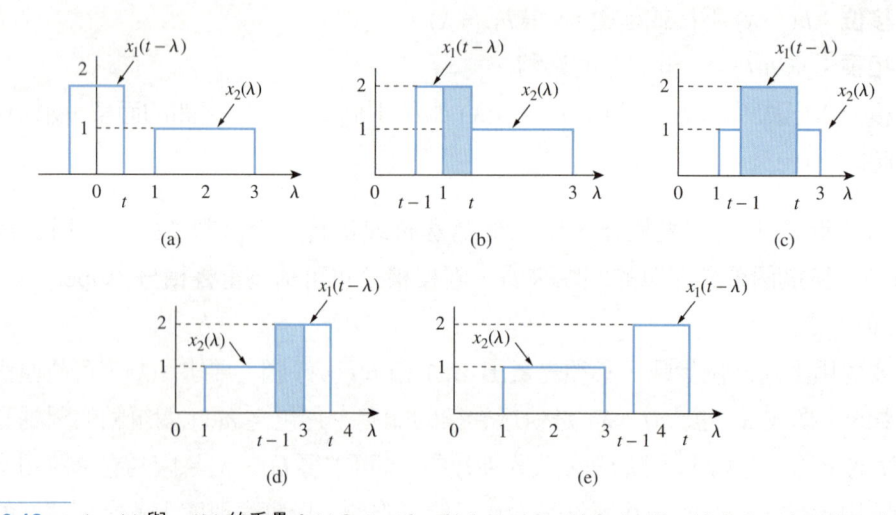

圖 10.12 $x_1(t-\lambda)$ 與 $x_2(\lambda)$ 的重疊：(a) $0 < t < 1$，(b) $1 < t < 2$，(c) $2 < t < 3$，(d) $3 < t < 4$，(e) $t > 4$

$$y(t) = \int_{t-1}^{3} (2)(1)\, d\lambda = 2\lambda \Big|_{t-1}^{3} \tag{10.12.4}$$
$$= 2(3 - t + 1) = 8 - 2t, \quad 3 < t < 4$$

當 $t > 4$ 時，這二個信號沒有重疊區域，如圖 10.12(e) 所示。因此，

$$y(t) = 0, \quad t > 4 \tag{10.12.5}$$

結合 (10.12.1) 式至 (10.12.5) 式得

$$y(t) = \begin{cases} 0, & 0 \le t \le 1 \\ 2t - 2, & 1 \le t \le 2 \\ 2, & 2 \le t \le 3 \\ 8 - 2t, & 3 \le t \le 4 \\ 0, & t \ge 4 \end{cases} \tag{10.12.6}$$

(10.12.6) 式的波形如圖 10.13 所示。注意：該式中的 $y(t)$ 是連續的。這事實可用來驗證當 t 從一個範圍到另一個範圍的結果。(10.12.6) 式的結果也可以不使用圖解法，而直接使用 (10.70) 式和階梯函數的性質求出。這將在範例 10.14 中說明。

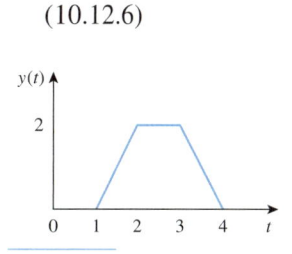

圖 10.13 圖 10.10 中 $x_1(t)$ 與 $x_2(t)$ 的卷積

練習題 10.12 利用圖解法求圖 10.14 的卷積。要顯示 s 域的工作多麼強大，在 s 域進行等效運算驗證答案。

圖 10.14 練習題 10.12 的圖形

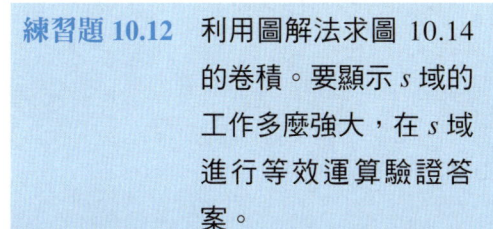

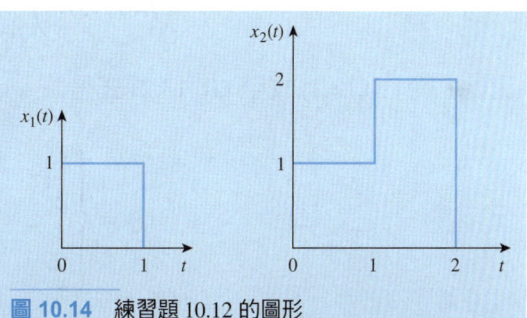

答： 卷積 $y(t)$ 的結果如圖 10.15 所示，其中

$$y(t) = \begin{cases} t, & 0 \le t \le 2 \\ 6 - 2t, & 2 \le t \le 3 \\ 0, & 其他 \end{cases}$$

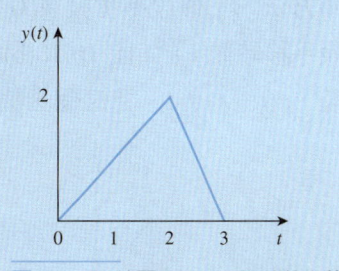

圖 10.15 練習題 10.12 信號的卷積

範例 10.13 利用圖解法求圖 10.16 中 $g(t)$ 和 $u(t)$ 的卷積。

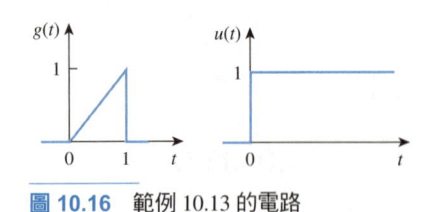

圖 10.16 範例 10.13 的電路

解： 令 $y(t) = g(t)*u(t)$，有二種方法可以求 $y(t)$。

◆**方法一**：假設摺疊 $g(t)$ 如圖 10.17(a) 所示、平移時間 t 如圖 10.17(b) 所示。因為在 $0<t<1$ 時，原信號 $g(t)=t$；所以在 $0< t-\lambda<1$ 即 $t-1<\lambda<t$ 時，$g(t-\lambda)=t-\lambda$。在 $t<0$ 時，二個函數沒有重疊，$y(0)=0$。

當 $0<t<1$ 時，$g(t-\lambda)$ 和 $u(\lambda)$ 在 0 和 t 之間重疊，如圖 10.17(b) 所示。因此，

$$y(t) = \int_0^t (1)(t-\lambda)\,d\lambda = \left(t\lambda - \frac{1}{2}\lambda^2\right)\Big|_0^t$$
$$= t^2 - \frac{t^2}{2} = \frac{t^2}{2}, \quad 0 \le t \le 1 \tag{10.13.1}$$

當 $t>1$ 時，這二個函數在 $(t-1)$ 和 t 之間完全重疊，如圖 10.17(c) 所示。因此，

$$y(t) = \int_{t-1}^t (1)(t-\lambda)\,d\lambda$$
$$= \left(t\lambda - \frac{1}{2}\lambda^2\right)\Big|_{t-1}^t = \frac{1}{2}, \quad t \ge 1 \tag{10.13.2}$$

因此，從 (10.13.1) 式至 (10.13.2) 式得

$$y(t) = \begin{cases} \dfrac{1}{2}t^2, & 0 \le t \le 1 \\ \dfrac{1}{2}, & t \ge 1 \end{cases}$$

◆**方法二**：假設不摺疊 $g(t)$，而摺疊單位步級函數 $u(t)$，如圖 10.18(a) 所示，以及平移時間 t，如圖 10.18(b) 所示。因為在 $t>0$ 時，$u(t)=1$；在 $t-\lambda>0$ 即 $\lambda<t$ 時，$u(t-\lambda)=1$。這二個函數在 0 和 t 之間重疊，所以，

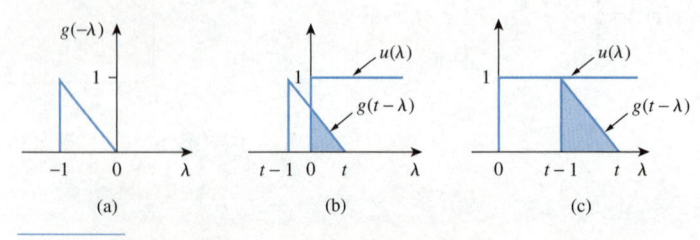

圖 10.17 圖 10.16 摺疊 $g(t)$ 後的 $g(t)$ 和 $u(t)$ 的卷積

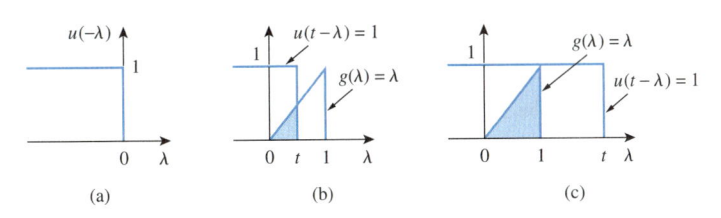

圖 10.18 圖 10.16 摺疊 $u(t)$ 後的 $g(t)$ 和 $u(t)$ 的卷積

$$y(t) = \int_0^t (1)\lambda \, d\lambda = \frac{1}{2}\lambda^2 \Big|_0^t = \frac{t^2}{2}, \quad 0 \leq t \leq 1 \tag{10.13.3}$$

當 $t > 1$ 時，這二個函數在 0 和 1 之間重疊，如圖 10.18(c) 所示。因此，

$$y(t) = \int_0^1 (1)\lambda \, d\lambda = \frac{1}{2}\lambda^2 \Big|_0^1 = \frac{1}{2}, \quad t \geq 1 \tag{10.13.4}$$

因此，從 (10.13.3) 式至 (10.13.4) 式得

$$y(t) = \begin{cases} \dfrac{1}{2}t^2, & 0 \leq t \leq 1 \\ \dfrac{1}{2}, & t \geq 1 \end{cases}$$

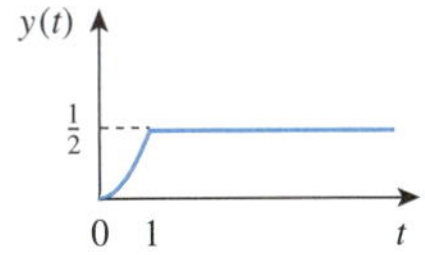

雖然二種方法如預期得到相同結果，注意：在這個範例中摺疊單位步級函數 $u(t)$ 比摺疊 $g(t)$ 更簡單。圖 10.19 顯示 $y(t)$。

圖 10.19 範例 10.13 的結果

練習題 10.13 已知 $g(t)$ 和 $f(t)$ 如圖 10.20 所示，試求 $y(t) = g(t)*f(t)$。

答： $y(t) = \begin{cases} 3(1 - e^{-t}), & 0 \leq t \leq 1 \\ 3(e - 1)e^{-t}, & t \geq 1 \\ 0, & \text{其他} \end{cases}$

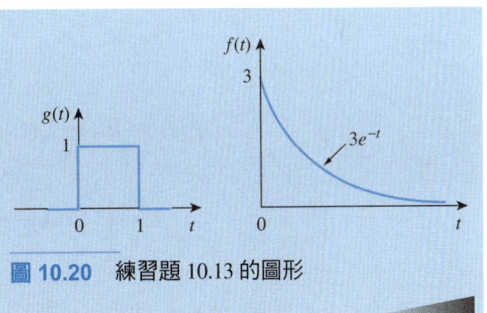

圖 10.20 練習題 10.13 的圖形

對於圖 10.21(a) 的 *RL* 電路，利用卷積積分求圖 10.21(b) 所示的響應 $i_o(t)$。　　**範例 10.14**

解：

1. **定義：** 已經清楚地說明這個問題，而且也指定解題方法。
2. **表達：** 使用卷積積分求解輸入如圖 10.21(b) 所示 $i_s(t)$ 的響應 $i_o(t)$。

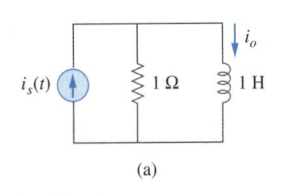

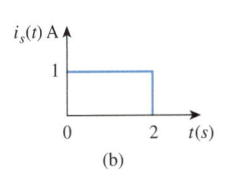

圖 10.21 範例 10.14 的電路

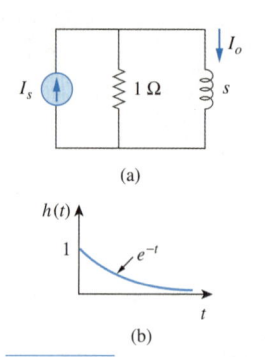

圖 10.22 圖 10.21(a) 電路的：
(a) s 域等效電路，(b) 脈衝響應

3. **選擇**：已經學過使用卷積積分和圖解法執行卷積運算。另外，還可在 s 域中求解電流。接下來，使用卷積積分執行卷積運算，然後使用圖解法驗證結果。

4. **嘗試**：如前所述，本問題有二種解法：直接使用卷積積分和使用圖解法。要使用這些方法，首先需要電路的單位脈衝響應 $h(t)$。在 s 域中，對圖 10.22(a) 電路使用分流定理得

$$I_o = \frac{1}{s+1}I_s$$

因此，

$$H(s) = \frac{I_o}{I_s} = \frac{1}{s+1} \tag{10.14.1}$$

而且由拉普拉斯反轉換得

$$h(t) = e^{-t}u(t) \tag{10.14.2}$$

圖 10.22(b) 顯示電路的脈衝響應 $h(t)$。

要使用卷積積分，回想 s 域中電路的響應如下：

$$I_o(s) = H(s)I_s(s)$$

在圖 10.21(b) 的 $i_s(t)$ 為

$$i_s(t) = u(t) - u(t-2)$$

所以，

$$\begin{aligned} i_o(t) = h(t) * i_s(t) &= \int_0^t i_s(\lambda)h(t-\lambda)\,d\lambda \\ &= \int_0^t [u(\lambda) - u(\lambda - 2)]e^{-(t-\lambda)}\,d\lambda \end{aligned} \tag{10.14.3}$$

因為 $0 < \lambda < 2$ 時 $u(\lambda - 2) = 0$，則在 $\lambda > 0$ 時被積函數 $u(\lambda)$ 不等於零，否則在 $\lambda > 2$ 時被積函數 $u(\lambda - 2)$ 不等於零。因此，計算該積分的最好方法是分二部分處理。對 $0 < t < 2$ 時，

$$\begin{aligned} i_o'(t) &= \int_0^t (1)e^{-(t-\lambda)}\,d\lambda = e^{-t}\int_0^t (1)e^{\lambda}\,d\lambda \\ &= e^{-t}(e^t - 1) = 1 - e^{-t}, \qquad 0 < t < 2 \end{aligned} \tag{10.14.4}$$

對 $t > 2$ 時，

$$i''_o(t) = \int_2^t (1)e^{-(t-\lambda)}\, d\lambda = e^{-t}\int_2^t e^{\lambda}\, d\lambda \qquad (10.14.5)$$
$$= e^{-t}(e^t - e^2) = 1 - e^2 e^{-t}, \qquad t > 2$$

將 (10.14.4) 式和 (10.14.5) 式代入 (10.14.3) 式得

$$\begin{aligned}i_o(t) &= i'_o(t) - i''_o(t) \\ &= (1 - e^{-t})[u(t-2) - u(t)] - (1 - e^2 e^{-t})u(t-2) \\ &= \begin{cases} 1 - e^{-t}\,\text{A}, & 0 < t < 2 \\ (e^2 - 1)e^{-t}\,\text{A}, & t > 2 \end{cases} \end{aligned} \qquad (10.14.6)$$

5. **驗證**：要使用圖解法，先摺疊圖 10.21(b) 的 $i_s(t)$，再移位 t，如圖 10.23(a) 所示。在 $0 < t < 2$ 之間，$i_s(t-\lambda)$ 和 $h(\lambda)$ 二個函數在 0 到 t 之間重疊。因此，

$$i_o(t) = \int_0^t (1)e^{-\lambda}\, d\lambda = -e^{-\lambda}\Big|_0^t = (\mathbf{1 - e^{-t}})\,\mathbf{A}, \quad 0 \le t \le 2 \quad (10.14.7)$$

在 $t > 2$ 時，$i_s(t-\lambda)$ 和 $h(\lambda)$ 二個函數在 $t-2$ 到 t 之間重疊，如圖 10.23(b) 所示。因此，

$$\begin{aligned}i_o(t) &= \int_{t-2}^t (1)e^{-\lambda}\, d\lambda = -e^{-\lambda}\Big|_{t-2}^t = -e^{-t} + e^{-(t-2)} \\ &= (\mathbf{e^2 - 1})e^{-t}\,\mathbf{A}, \qquad t \ge 0\end{aligned} \qquad (10.14.8)$$

圖 10.23 範例 10.14 圖解法的圖形

結合 (10.14.7) 式和 (10.14.8) 式得

$$i_o(t) = \begin{cases} \mathbf{1 - e^{-t}}\,\mathbf{A}, & 0 \le t \le 2 \\ (\mathbf{e^2 - 1})e^{-t}\,\mathbf{A}, & t \ge 2 \end{cases} \qquad (10.14.9)$$

這個結果與 (10.14.6) 式相同。因此，激發信號 $i_s(t)$ 和響應信號 $i_o(t)$ 的波形如圖 10.24 所示。

6. **滿意**？是的，這個問題的解答和驗證結果是令人滿意的，因此可將此解當作此問題的答案。

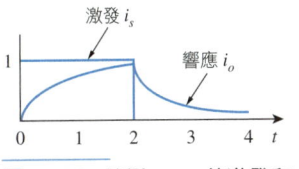

圖 10.24 範例 10.14 的激發和響應圖形

> **練習題 10.14** 利用卷積求圖 10.25(a) 電路的 $v_o(t)$，電路的激發信號如圖 10.25(b) 所示。要顯示 s 域的工作多麼強大，在 s 域進行等效運算驗證答案。
>
> 答：$20(e^{-t} - e^{-2t})u(t)$ V.

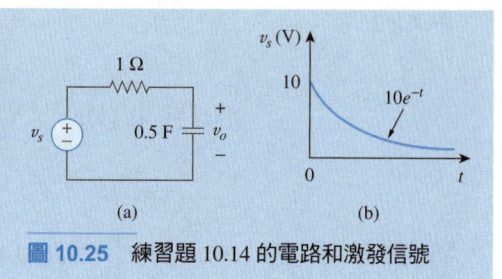

圖 10.25 練習題 10.14 的電路和激發信號

10.6 †積分-微分方程式應用

拉普拉斯轉換在解積分-微分方程式是非常有用的。使用拉普拉斯轉換的微分和積分性質，對積微分方程式的每一項進行轉換。初始條件將自動被考慮，求解 s 域的代數方程，然後使用拉普拉斯反轉換將結果轉回時域。下面範例將說明此過程。

範例 10.15 利用拉普拉斯轉換求下面微分方程式：

$$\frac{d^2v(t)}{dt^2} + 6\frac{dv(t)}{dt} + 8v(t) = 2u(t)$$

初始條件 $v(0) = 1$、$v'(0) = -2$。

解： 對上面微分方程式的每一項取拉普拉斯轉換得

$$[s^2V(s) - sv(0) - v'(0)] + 6[sV(s) - v(0)] + 8V(s) = \frac{2}{s}$$

代入 $v(0) = 1$、$v'(0) = -2$ 得

$$s^2V(s) - s + 2 + 6sV(s) - 6 + 8V(s) = \frac{2}{s}$$

或

$$(s^2 + 6s + 8)V(s) = s + 4 + \frac{2}{s} = \frac{s^2 + 4s + 2}{s}$$

因此，

$$V(s) = \frac{s^2 + 4s + 2}{s(s+2)(s+4)} = \frac{A}{s} + \frac{B}{s+2} + \frac{C}{s+4}$$

其中

$$A = sV(s)\big|_{s=0} = \frac{s^2 + 4s + 2}{(s+2)(s+4)}\bigg|_{s=0} = \frac{2}{(2)(4)} = \frac{1}{4}$$

$$B = (s+2)V(s)\big|_{s=-2} = \frac{s^2 + 4s + 2}{s(s+4)}\bigg|_{s=-2} = \frac{-2}{(-2)(2)} = \frac{1}{2}$$

$$C = (s+4)V(s)\big|_{s=-4} = \frac{s^2 + 4s + 2}{s(s+2)}\bigg|_{s=-4} = \frac{2}{(-4)(-2)} = \frac{1}{4}$$

因此，

$$V(s) = \frac{\frac{1}{4}}{s} + \frac{\frac{1}{2}}{s+2} + \frac{\frac{1}{4}}{s+4}$$

取拉普拉斯反轉換得

$$v(t) = \frac{1}{4}(1 + 2e^{-2t} + e^{-4t})u(t)$$

練習題 10.15 利用拉普拉斯轉換求下面微分方程式：

$$\frac{d^2v(t)}{dt^2} + 4\frac{dv(t)}{dt} + 4v(t) = 2e^{-t}$$

初始條件 $v(0) = v'(0) = 2$。

答：$(2e^{-t} + 4te^{-2t})\,u(t)$.

範例 10.16

試求下面積分-微分方程式的響應 $y(t)$。

$$\frac{dy}{dt} + 5y(t) + 6\int_0^t y(\tau)\,d\tau = u(t), \quad y(0) = 2$$

解：對上面方程式的每一項取拉普拉斯轉換得

$$[sY(s) - y(0)] + 5Y(s) + \frac{6}{s}Y(s) = \frac{1}{s}$$

將 $y(0) = 2$ 代入上式，然後二邊同乘以 s 得

$$Y(s)(s^2 + 5s + 6) = 1 + 2s$$

或

$$Y(s) = \frac{2s + 1}{(s+2)(s+3)} = \frac{A}{s+2} + \frac{B}{s+3}$$

其中

$$A = (s+2)Y(s)|_{s=-2} = \frac{2s+1}{s+3}\bigg|_{s=-2} = \frac{-3}{1} = -3$$

$$B = (s+3)Y(s)|_{s=-3} = \frac{2s+1}{s+2}\bigg|_{s=-3} = \frac{-5}{-1} = 5$$

因此，

$$Y(s) = \frac{-3}{s+2} + \frac{5}{s+3}$$

取拉普拉斯反轉換得

$$y(t) = (-3e^{-2t} + 5e^{-3t})u(t)$$

> **練習題 10.16** 試求下面積分-微分方程式：
>
> $$\frac{dy}{dt} + 3y(t) + 2\int_0^t y(\tau)\,d\tau = 2e^{-3t}, \qquad y(0) = 0$$
>
> 答：$(-e^{-t} + 4e^{-2t} - 3e^{-3t})u(t)$。

10.7 總結

1. 拉普拉斯轉換可將以時域表示的信號轉換到 s 域 (或複數頻域) 中進行分析，它的定義如下：

$$\mathcal{L}[f(t)] = F(s) = \int_0^\infty f(t)e^{-st}\,dt$$

2. 表 10.1 列出拉普拉斯轉換的性質，而表 10.2 列出常用基本函數的拉普拉斯轉換。

3. 拉普拉斯反轉換可使用部分分式展開法和表 10.2 拉普拉斯轉換對的對照表求解。實數極點產生指數函數，而複數極點則產生阻尼正弦函數。

4. 二個訊號得卷積是由其中一個信號的時間反轉、平移，再以點對點方式乘以第二個信號，然後再積分。卷積積分涉及時域中二個信號的卷積和二個拉普拉斯轉換相乘積的拉普拉斯反轉換。

$$\mathcal{L}^{-1}[F_1(s)F_2(s)] = f_1(t) * f_2(t) = \int_0^t f_1(\lambda)f_2(t-\lambda)\,d\lambda$$

5. 在時域中，網路的輸出 $y(t)$ 是輸入 $x(t)$ 與脈衝響應的卷積。

$$y(t) = h(t) * x(t)$$

卷積可視為反轉-平移-相乘-時域的方法。

6. 拉普拉斯轉換可以求解線性的積分-微分方程式。

複習題

10.1 任何函數 $f(t)$ 都存在拉普拉斯轉換。
(a) 對 (b) 錯

10.2 拉普拉斯轉換 $H(s)$ 中的變數 s 稱為：
(a) 複數頻率 (b) 轉換函數
(c) 零點 (d) 極點

10.3 $u(t-2)$ 的拉普拉斯轉換為：
(a) $\dfrac{1}{s+2}$ (b) $\dfrac{1}{s-2}$
(c) $\dfrac{e^{2s}}{s}$ (d) $\dfrac{e^{-2s}}{s}$

10.4 下面函數的零點是在：
$$F(s) = \frac{s+1}{(s+2)(s+3)(s+4)}$$
(a) -4 (b) -3 (c) -2 (d) -1

10.5 下面函數的極點是在：
$$F(s) = \frac{s+1}{(s+2)(s+3)(s+4)}$$
(a) -4 (b) -3 (c) -2 (d) -1

10.6 如果 $F(s) = 1/(s+2)$，則 $f(t)$ 為：
(a) $e^{2t}u(t)$ (b) $e^{-2t}u(t)$
(c) $u(t-2)$ (d) $u(t+2)$

10.7 已知 $F(s) = e^{-2s}/(s+1)$，則 $f(t)$ 為：
(a) $e^{-2(t-1)}u(t-1)$ (b) $e^{-(t-2)}u(t-2)$
(c) $e^{-t}u(t-2)$ (d) $e^{-t}u(t+1)$
(e) $e^{-(t-2)}u(t)$

10.8 $f(t)$ 的拉普拉斯轉換如下，則它的初值為：
$$F(s) = \frac{s+1}{(s+2)(s+3)}$$
(a) 不存在 (b) ∞ (c) 0 (d) 1 (e) $\dfrac{1}{6}$

10.9 下面拉普拉斯轉換的反轉換為：
$$\frac{s+2}{(s+2)^2+1}$$
(a) $e^{-t}\cos 2t$ (b) $e^{-t}\sin 2t$
(c) $e^{-2t}\cos t$ (d) $e^{-2t}\sin 2t$
(e) 以上皆非

10.10 $u(t)*u(t)$ 的結果為：
(a) $u^2(t)$ (b) $tu(t)$ (c) $t^2u(t)$ (d) $\delta(t)$

答：10.1 b，10.2 a，10.3 d，10.4 d，10.5 a, b, c
10.6 b，10.7 b，10.8 d，10.9 c，10.10 b

習題

10.2 和 10.3 節　拉普拉斯轉換的定義與性質

10.1 試求下列函數的拉普拉斯轉換：
(a) $\cosh at$ (b) $\sinh at$
[提示：$\cosh x = \dfrac{1}{2}(e^x + e^{-x})$，
$\sinh x = \dfrac{1}{2}(e^x - e^{-x})$。]

10.2 試求下列函數的拉普拉斯轉換：
(a) $\cos(\omega t + \theta)$ (b) $\sin(\omega t + \theta)$

10.3 試求下列函數的拉普拉斯轉換：
(a) $e^{-2t}\cos 3tu(t)$ (b) $e^{-2t}\sin 4tu(t)$
(c) $e^{-3t}\cosh 2tu(t)$ (d) $e^{-4t}\cos tu(t)$
(e) $te^{-t}\sin 2tu(t)$

10.4 試設計一個問題幫助其他學生更瞭解如何求不同時變函數的拉普拉斯轉換。

10.5 試求下列函數的拉普拉斯轉換：
 (a) $t^2 \cos(2t + 30°)u(t)$
 (b) $3t^4 e^{-2t} u(t)$
 (c) $2tu(t) - 4\dfrac{d}{dt}\delta(t)$
 (d) $2e^{-(t-1)}u(t)$
 (e) $5u(t/2)$
 (f) $6e^{-t/3}u(t)$
 (g) $\dfrac{d^n}{dt^n}\delta(t)$

10.6 已知 $f(t)$ 如下，試求拉普拉斯轉換 $F(s)$。

$$f(t) = \begin{cases} 5t, & 0 < t < 1 \\ -5t, & 1 < t < 2 \\ 0, & \text{其他} \end{cases}$$

10.7 試求下列信號的拉普拉斯轉換：
 (a) $f(t) = (2t + 4)u(t)$
 (b) $g(t) = (4 + 3e^{-2t})u(t)$
 (c) $h(t) = (6\sin(3t) + 8\cos(3t))u(t)$
 (d) $x(t) = (e^{-2t}\cosh(4t))u(t)$

10.8 已知 $f(t)$ 如下，試求拉普拉斯轉換 $F(s)$。
 (a) $2tu(t-4)$
 (b) $5\cos(t)\delta(t-2)$
 (c) $e^{-t}u(t-t)$
 (d) $\sin(2t)u(t-\tau)$

10.9 試求下列函數的拉普拉斯轉換：
 (a) $f(t) = (t-4)u(t-2)$
 (b) $g(t) = 2e^{-4t}u(t-1)$
 (c) $h(t) = 5\cos(2t-1)u(t)$
 (d) $p(t) = 6[u(t-2) - u(t-4)]$

10.10 利用二種不同的方法，試求下面函數的拉普拉斯轉換：
$$g(t) = \dfrac{d}{dt}(te^{-t}\cos t)$$

10.11 已知 $f(t)$ 如下，試求 $F(s)$。
 (a) $f(t) = 6e^{-t}\cosh 2t$
 (b) $f(t) = 3te^{-2t}\sinh 4t$
 (c) $f(t) = 8e^{-3t}\cosh tu(t-2)$

10.12 已知 $g(t) = e^{-2t}\cos 4t$，試求 $G(s)$。

10.13 試求下列函數的拉普拉斯轉換。
 (a) $t\cos tu(t)$
 (b) $e^{-t}\sin tu(t)$
 (c) $\dfrac{\sin\beta t}{t}u(t)$

10.14 試求圖 10.26 信號的拉普拉斯轉換。

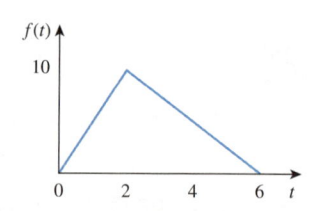

圖 10.26 習題 10.14 的信號波形

10.15 試求圖 10.27 函數的拉普拉斯轉換。

圖 10.27 習題 10.15 的函數波形

10.16 試求圖 10.28 中 $f(t)$ 函數的拉普拉斯轉換。

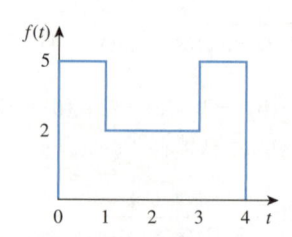

圖 10.28 習題 10.16 的函數波形

10.17 利用圖 10.29 的函數圖形，試設計一個問題幫助其他學生更瞭解一個簡單、非週期性波形的拉普拉斯轉換。

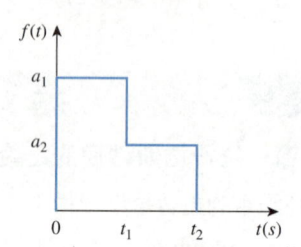

圖 10.29 習題 10.17 的函數波形

10.18 試求圖 10.30 函數的拉普拉斯轉換。

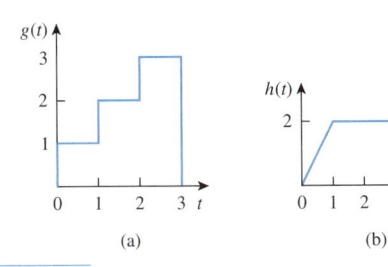

圖 10.30 習題 10.18 的函數波形

10.19 試求圖 10.31 單位脈衝串列函數的拉普拉斯轉換。

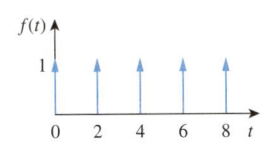

圖 10.31 習題 10.19 的函數波形

10.20 利用圖 10.32 的函數圖形,試設計一個問題幫助其他學生更瞭解一個簡單、週期性波形的拉普拉斯轉換。

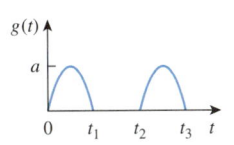

圖 10.32 習題 10.20 的函數波形

10.21 試求圖 10.33 週期性波形的拉普拉斯轉換。

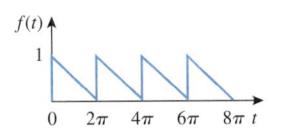

圖 10.33 習題 10.21 的函數波形

10.22 試求圖 10.34 函數的拉普拉斯轉換。

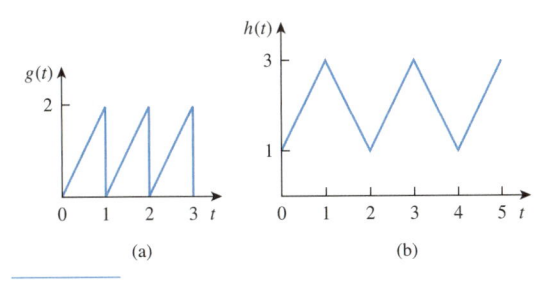

圖 10.34 習題 10.22 的函數波形

10.23 試求圖 10.35 週期性函數的拉普拉斯轉換。

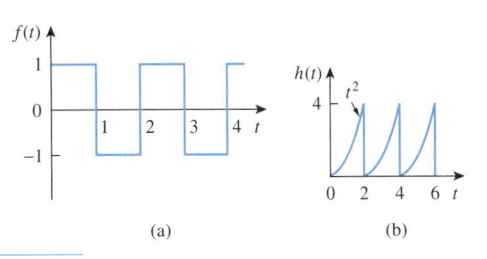

圖 10.35 習題 10.23 的函數波形

10.24 試設計一個問題幫助其他學生更瞭解如何求拉普拉斯轉換的初值和終值。

10.25 令

$$F(s) = \frac{5(s+1)}{(s+2)(s+3)}$$

(a) 利用初值和終值定理求 $f(0)$ 和 $f(\infty)$。
(b) 利用部分分式法求 $f(t)$ 來驗證 (a) 的答案。

10.26 已知 $F(s)$ 函數如下,試求 $f(t)$ 的初值和終值,如果存在初值或終值。

(a) $F(s) = \dfrac{5s^2 + 3}{s^3 + 4s^2 + 6}$

(b) $F(s) = \dfrac{s^2 - 2s + 1}{4(s-2)(s^2 + 2s + 4)}$

10.4 節　拉普拉斯反轉換

10.27 試求下列函數的拉普拉斯反轉換:

(a) $F(s) = \dfrac{1}{s} + \dfrac{2}{s+1}$

(b) $G(s) = \dfrac{3s+1}{s+4}$

(c) $H(s) = \dfrac{4}{(s+1)(s+3)}$

(d) $J(s) = \dfrac{12}{(s+2)^2(s+4)}$

10.28 試設計一個問題幫助其他學生更瞭解如何求拉普拉斯反轉換。

10.29 試求下列函數的拉普拉斯反轉換:

$$V(s) = \frac{2s + 26}{s(s^2 + 4s + 13)}$$

10.30 試求下列函數的拉普拉斯反轉換：

(a) $F_1(s) = \dfrac{6s^2 + 8s + 3}{s(s^2 + 2s + 5)}$

(b) $F_2(s) = \dfrac{s^2 + 5s + 6}{(s+1)^2(s+4)}$

(c) $F_3(s) = \dfrac{10}{(s+1)(s^2 + 4s + 8)}$

10.31 對下列每個 $F(s)$ 求 $f(t)$：

(a) $\dfrac{10s}{(s+1)(s+2)(s+3)}$

(b) $\dfrac{2s^2 + 4s + 1}{(s+1)(s+2)^3}$

(c) $\dfrac{s+1}{(s+2)(s^2 + 2s + 5)}$

10.32 試求下列函數的拉普拉斯反轉換：

(a) $\dfrac{8(s+1)(s+3)}{s(s+2)(s+4)}$

(b) $\dfrac{s^2 - 2s + 4}{(s+1)(s+2)^2}$

(c) $\dfrac{s^2 + 1}{(s+3)(s^2 + 4s + 5)}$

10.33 試求下列函數的拉普拉斯反轉換：

(a) $\dfrac{6(s-1)}{s^4 - 1}$

(b) $\dfrac{se^{-\pi s}}{s^2 + 1}$

(c) $\dfrac{8}{s(s+1)^3}$

10.34 試求下列拉普拉斯轉換的時間函數：

(a) $F(s) = 10 + \dfrac{s^2 + 1}{s^2 + 4}$

(b) $G(s) = \dfrac{e^{-s} + 4e^{-2s}}{s^2 + 6s + 8}$

(c) $H(s) = \dfrac{(s+1)e^{-2s}}{s(s+3)(s+4)}$

10.35 試求下列拉普拉斯反轉換的 $f(t)$：

(a) $F(s) = \dfrac{(s+3)e^{-6s}}{(s+1)(s+2)}$

(b) $F(s) = \dfrac{4 - e^{-2s}}{s^2 + 5s + 4}$

(c) $F(s) = \dfrac{se^{-s}}{(s+3)(s^2 + 4)}$

10.36 試求下列函數的拉普拉斯反轉換：

(a) $X(s) = \dfrac{3}{s^2(s+2)(s+3)}$

(b) $Y(s) = \dfrac{2}{s(s+1)^2}$

(c) $Z(s) = \dfrac{5}{s(s+1)(s^2 + 6s + 10)}$

10.37 試求下列函數的拉普拉斯反轉換：

(a) $H(s) = \dfrac{s+4}{s(s+2)}$

(b) $G(s) = \dfrac{s^2 + 4s + 5}{(s+3)(s^2 + 2s + 2)}$

(c) $F(s) = \dfrac{e^{-4s}}{s+2}$

(d) $D(s) = \dfrac{10s}{(s^2 + 1)(s^2 + 4)}$

10.38 已知 $F(s)$ 函數如下，試求 $f(t)$：

(a) $F(s) = \dfrac{s^2 + 4s}{s^2 + 10s + 26}$

(b) $F(s) = \dfrac{5s^2 + 7s + 29}{s(s^2 + 4s + 29)}$

*10.39 已知 $F(s)$ 函數如下，試求 $f(t)$：

(a) $F(s) = \dfrac{2s^3 + 4s^2 + 1}{(s^2 + 2s + 17)(s^2 + 4s + 20)}$

(b) $F(s) = \dfrac{s^2 + 4}{(s^2 + 9)(s^2 + 6s + 3)}$

10.40 試證明

$\mathcal{L}^{-1}\left[\dfrac{4s^2 + 7s + 13}{(s+2)(s^2 + 2s + 5)}\right] = \left[\sqrt{2}e^{-t}\cos(2t + 45°) + 3e^{-2t}\right]u(t)$

---

* 星號表示該習題具有挑戰性。

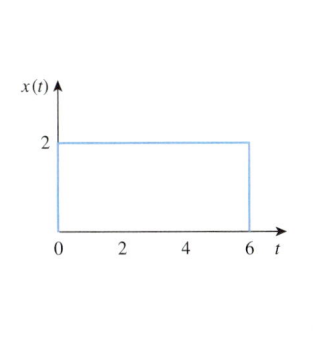

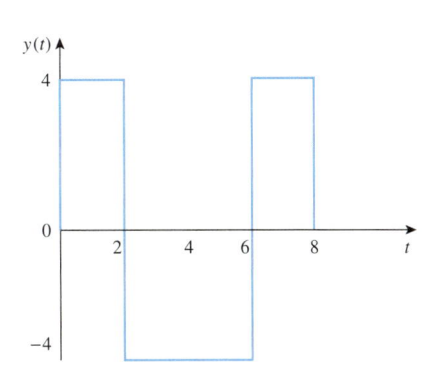

圖 10.36　習題 10.41 的函數波形

10.5 節　卷積積分

*10.41 令 $x(t)$ 和 $y(t)$ 如圖 10.36 所示，試求 $z(t) = x(t)*y(t)$。

10.42 試設計一個問題幫助其他學生更瞭解如何求二個函數的卷積。

10.43 對如圖 10.37 所示的每一對 $x(t)$ 和 $h(t)$，試求 $y(t) = x(t)*h(t)$。

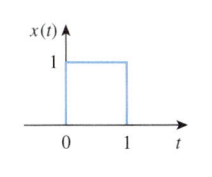

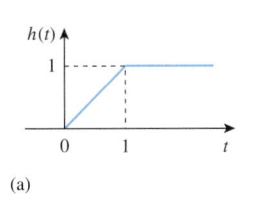

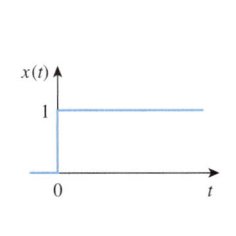

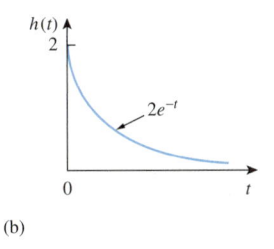

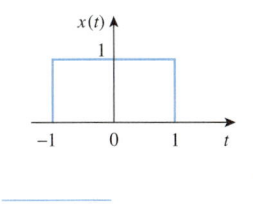

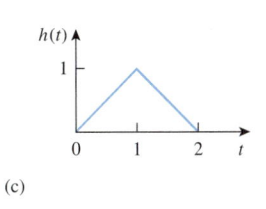

圖 10.37　習題 10.43 的函數波形

10.44 試求圖 10.38 所示每一對信號的卷積。

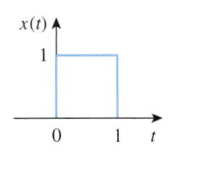

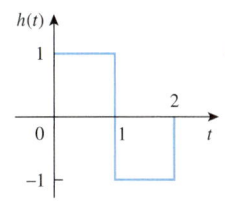

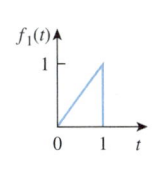

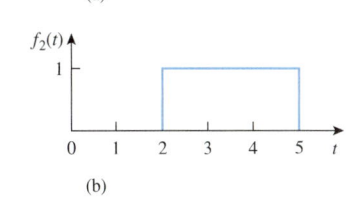

圖 10.38　習題 10.44 的函數波形

10.45 已知 $h(t) = 4e^{-2t}u(t)$ 和 $x(t) = \delta(t) - 2e^{-2t}u(t)$，試求 $y(t) = x(t)*h(t)$。

10.46 已知函數如下：

$$x(t) = 2\delta(t), \quad y(t) = 4u(t), \quad z(t) = e^{-2t}u(t)$$

試求下列卷積：

(a) $x(t)*y(t)$　　　(b) $x(t)*z(t)$
(c) $y(t)*z(t)$　　　(d) $y(t)*[y(t) + z(t)]$

10.47 一個系統的轉換函數如下：

$$H(s) = \frac{s}{(s+1)(s+2)}$$

(a) 試求系統的脈衝響應。

(b) 已知輸入 $x(t) = u(t)$，試求輸出 $y(t)$。

10.48 已知 $F(s)$ 函數如下，利用卷積求 $f(t)$：

(a) $F(s) = \dfrac{4}{(s^2 + 2s + 5)^2}$

(b) $F(s) = \dfrac{2s}{(s+1)(s^2+4)}$

*10.49 利用卷積積分求：
(a) $t*e^{at}u(t)$
(b) $\cos(t)*\cos(t)u(t)$

10.6 節　積分-微分方程式應用

10.50 利用拉普拉斯轉換求下面微分方程式，其中初始條件 $v(0) = 1$、$dv(0)/dt = -2$。

$$\dfrac{d^2v(t)}{dt^2} + 2\dfrac{dv(t)}{dt} + 10v(t) = 3\cos 2t$$

10.51 已知 $v(0) = 2$、$dv(0)/dt = 4$，試求：

$$\dfrac{d^2v}{dt^2} + 5\dfrac{dv}{dt} + 6v = 10e^{-t}u(t)$$

10.52 已知微分方程式和初始條件如下，利用拉普拉斯轉換求 $t > 0$ 時的 $i(t)$：

$$\dfrac{d^2i}{dt^2} + 3\dfrac{di}{dt} + 2i + \delta(t) = 0,$$
$$i(0) = 0, \qquad i'(0) = 3$$

*10.53 利用拉普拉斯轉換求下面方程式的 $x(t)$：

$$x(t) = \cos t + \int_0^t e^{\lambda - t} x(\lambda)\, d\lambda$$

10.54 試設計一個問題幫助其他學生更瞭解求解時變輸入信號的二階微分方程式。

10.55 如果下面微分方程式的初始條件為零，試解 $y(t)$：

$$\dfrac{d^3y}{dt^3} + 6\dfrac{d^2y}{dt^2} + 8\dfrac{dy}{dt} = e^{-t}\cos 2t$$

10.56 試求下面積分-微分方程式的 $v(t)$，初始條件 $v(0) = 2$：

$$4\dfrac{dv}{dt} + 12\int_{-\infty}^t v\, dt = 0$$

10.57 試設計一個問題幫助其他學生更瞭解使用拉普拉斯轉換求解週期性輸入的積分-微分方程式。

10.58 已知積分-微分方程式如下，且 $v(0) = -1$，試求 $t > 0$ 時的 $v(t)$：

$$\dfrac{dv}{dt} + 2v + 5\int_0^t v(\lambda)\, d\lambda = 4u(t)$$

10.59 試解下面積分-微分方程式：

$$\dfrac{dy}{dt} + 4y + 3\int_0^t y\, dt = 6e^{-2t}, \qquad y(0) = -1$$

10.60 試解下面積分-微分方程式：

$$2\dfrac{dx}{dt} + 5x + 3\int_0^t x\, dt + 4 = \sin 4t, \qquad x(0) = 1$$

10.61 試解下面指定初始條件的積分-微分方程式：

(a) $d^2v/dt^2 + 4v = 12, v(0) = 0,$
$dv(0)/dt = 2$

(b) $d^2i/dt^2 + 5di/dt + 4i = 8, i(0) = -1,$
$di(0)/dt = 0$

(c) $d^2v/dt^2 + 2dv/dt + v = 3, v(0) = 5,$
$dv(0)/dt = 1$

(d) $d^2i/dt^2 + 2di/dt + 5i = 10, i(0) = 4,$
$di(0)/dt = -2$

Chapter 11 拉普拉斯轉換應用

溝通技巧是任何工程師都應擁有的最重要的技能。溝通技巧的關鍵因素是提問和瞭解答案。一個很簡單的問題,可能是成敗的關鍵!

—— 詹姆士・華生

加強你的技能和職能

提問

在超過 30 年的教學中,筆者致力於思考如何幫助學生學習。無論學生花多少時間在學習一門課,對學生最有幫助的是學習如何在課堂提問,問這些問題。透過提問,學生變得積極參與學習過程,而不再只是被動的資訊接受者。筆者覺得積極參與對於學習過程非常有幫助,這對於現代的研發工程師是非常重要的。事實上,提問是科學的基礎。正如查理斯・史坦梅茲所說:"沒有人是真正的傻瓜,除非他停止問問題。"

Photo by Charles Alexander

提問似乎是很簡單且容易的,我們在日常生活中不都一直提問嗎?事實是,以適當的方式提出問題,需要一定的思考和準備,所以將大幅提高學習的過程。

筆者相信有多種提問的形式能有效地使用,以下是自身的經驗分享。請記住,最重要的一點是,不必提出完美的問題。因為問答 (Q&A) 的形式讓問題可以在互相交流下發展,而原來的問題可以很容易地修訂。筆者經常告訴學生,非常歡迎他們在課堂上閱讀自己提出的問題。

提問時有三件要注意的事:第一,準備問題。在課堂上如果是害羞或尚未學習提問的學生,可以在進教室前先寫下要提問的問題;第二,等待適當時間提出問題。自己簡單地判斷適當的時間;第三,萬一有人要求重複問題時,則語意簡單地說明問題或以不同方法說明。

最後的建議是,並非所有的教授都喜歡學生在課堂上提問,即使他們沒有這麼說。學生必須去發掘哪個教授喜歡學生在課堂上提問。最後,在學習提高工程師最重要技能之一時,祝你好運!

11.1 簡介

前一章已經介紹了拉普拉斯轉換，接下來則要介紹拉普拉斯轉換的應用。請記住：拉普拉斯轉換確實是電路分析、合成與設計中最強大的數學工具之一。研究 s 域中的電路與系統，可以幫助我們瞭解電路和系統的實際功能。本章將深入探討在 s 域中拉普拉斯轉換與電路的關係。另外，將簡單地介紹物理系統。相信讀者都學過機械系統，本章也將使用描述電子電路的微分方程式來描述機械系統。其實我們生活的宇宙是很奇妙的，相同的微分方程式可用來描述任何線性的電路、系統或過程，關鍵就是**線性** (linear)。

> **系統** (system) 就是描述輸入和輸出物理系統的數學模型。

將電路視為系統是很恰當的。過去，將電路與系統分開討論，所以本章將實際討論電路與系統。實際上，電路只不過是電機系統的一個類別。

最重要的是，要記住：本章和最後一章所討論的一切都適用於任何線性系統。在最後一章中，將使用拉普拉斯轉換求解微分方程式和積分方程式。在本章中，將介紹在 s 域中電路模型的概念，利用這些原理求解任何種類的線性電路。以及快速瀏覽如何使用狀態變數分析多輸入和多輸出的系統。

11.2 電路元件模型

掌握了如何獲取拉普拉斯轉換和反轉換，現在則準備採用拉普拉斯轉換分析電路。這通常包括三個步驟。

應用拉普拉斯轉換的步驟：
1. 將電路從時域轉換成 s 域。
2. 使用節點分析、網目分析、電源變換、重疊或任何熟悉的電路分析方法解電路。
3. 對 s 域解取拉普拉斯反轉換，則得到時域解。

> 從步驟 2 推斷，所有適用於直流電路的分析方法，皆適用於 s 域的電路分析。

上面的步驟中只有步驟 1 是新的，本節將會討論。與相量分析相同，對電路中的每一元件，以拉普拉斯轉換法從時域轉換成頻域或 s 域。

對於電阻，在時域中電壓-電流關係如下：

$$v(t) = Ri(t) \tag{11.1}$$

取拉普拉斯轉換得

$$V(s) = RI(s) \tag{11.2}$$

對於電感，

$$v(t) = L\frac{di(t)}{dt} \tag{11.3}$$

對等號二邊取拉普拉斯轉換得

$$V(s) = L[sI(s) - i(0^-)] = sLI(s) - Li(0^-) \tag{11.4}$$

或

$$I(s) = \frac{1}{sL}V(s) + \frac{i(0^-)}{s} \tag{11.5}$$

s 域的等效電路如圖 11.1 所示，其中初始條件被建模為電壓源或電流源。

對於電容，

$$i(t) = C\frac{dv(t)}{dt} \tag{11.6}$$

將它轉換到 s 域如下：

$$I(s) = C[sV(s) - v(0^-)] = sCV(s) - Cv(0^-) \tag{11.7}$$

或

$$V(s) = \frac{1}{sC}I(s) + \frac{v(0^-)}{s} \tag{11.8}$$

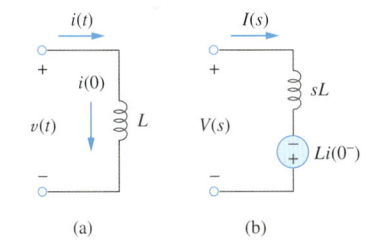

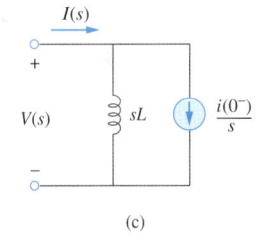

圖 11.1 電感的表示：(a) 時域電路，(b)(c) s 域等效電路

s 域的等效電路如圖 11.2 所示。有了 s 域的等效電路，則可使用拉普拉斯轉換求解第 6 章和第 7 章介紹的一階電路和二階電路。觀察 (11.3) 式到 (11.8) 式得知，初始條件是拉普拉斯轉換的一部分，這是使用拉普拉斯轉換分析電路的優點之一。另一個優點是可以得到網路的完全響應——暫態響應和穩態響應，如範例 11.2 和範例 11.3 的說明。另外，觀察 (11.5) 式到 (11.8) 式的對偶性，證實第 7 章 (參見表 7.1) 中，L 和 C、$I(s)$ 和 $V(s)$、$v(0)$ 和 $i(0)$ 的對偶關係。

如果假設電感和電容的初始條件為零，則上面轉換式改寫如下：

> 在電路分析中使用拉普拉斯轉換的優雅之處，是在轉換的過程中自動包含初始條件，因此可得電路的完全解 (暫態響應和穩態響應)。

圖 11.2 電容的表示：(a) 時域電路，(b) (c) s 域等效電路

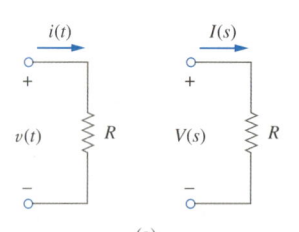

$$電阻： V(s) = RI(s)$$

$$電感： V(s) = sLI(s) \quad (11.9)$$

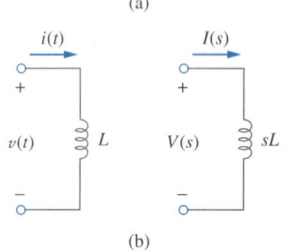

$$電容： V(s) = \frac{1}{sC}I(s)$$

它們的 s 域等效電路如圖 11.3 所示。

s 域的阻抗定義為初始條件為零時的電壓轉換式對電流轉換式的比值，如下：

$$Z(s) = \frac{V(s)}{I(s)} \quad (11.10)$$

因此，三個電路元件的阻抗如下：

$$電阻： Z(s) = R$$

$$電感： Z(s) = sL \quad (11.11)$$

$$電容： Z(s) = \frac{1}{sC}$$

表 11.1 總結這些元件的阻抗。在 s 域中的導納是阻抗的倒數，或者

$$Y(s) = \frac{1}{Z(s)} = \frac{I(s)}{V(s)} \quad (11.12)$$

利用拉普拉斯轉換分析電路，將更方便使用各種信號源，如脈衝、步級、斜波、指數和正弦等信號源。

如果 $f(t)$ 的拉普拉斯轉換為 $F(s)$，則 $af(t)$ 的拉普拉斯轉換為 $aF(s)$ ——線性性質。從這一個簡單性質可以很容易開發與繪製相依電源和運算放大器的模型。因為可將相依電源當成單一數值處理，所以其模型比較簡單。相依電源只包含二個控制值，即常數乘以電壓或電流。因此，

$$\mathcal{L}[av(t)] = aV(s) \quad (11.13)$$

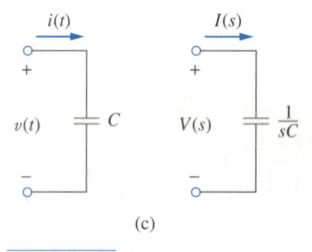

圖 11.3 在初始條件為零時，時域和 s 域的表示

表 11.1 s 域中元件的阻抗*

元件	$Z(s) = V(s)/I(s)$
電阻	R
電感	sL
電容	$1/sC$

*假設初始條件為零。

$$\mathcal{L}[ai(t)] = aI(s) \tag{11.14}$$

理想的運算放大器可當成電阻處理，無論是實際運算放大器或理想運算放大器，它的作用就只是將電壓乘以常數。因此，只需使用運算放大器的輸入電壓為零和輸入電流為零的限制，寫出相關的方程式。

範例 11.1

試求圖 11.4 電路的 $v_o(t)$，假設初始條件為零。

解： 首先，將電路從時域轉換成 s 域，

$$u(t) \Rightarrow \frac{1}{s}$$

$$1\,\text{H} \Rightarrow sL = s$$

$$\frac{1}{3}\text{F} \Rightarrow \frac{1}{sC} = \frac{3}{s}$$

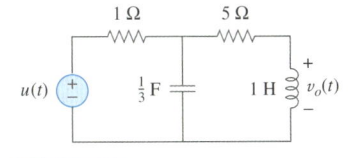

圖 11.4 範例 11.1 的電路

所得到的 s 域電路如圖 11.5 所示。然後應用網目分析，對網目 1 而言，

$$\frac{1}{s} = \left(1 + \frac{3}{s}\right)I_1 - \frac{3}{s}I_2 \tag{11.1.1}$$

對網目 2 而言，

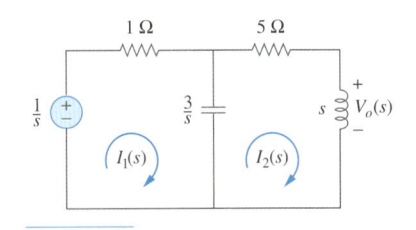

圖 11.5 頻域等效電路的網目分析

$$0 = -\frac{3}{s}I_1 + \left(s + 5 + \frac{3}{s}\right)I_2$$

或

$$I_1 = \frac{1}{3}(s^2 + 5s + 3)I_2 \tag{11.1.2}$$

將 (11.1.2) 式代入 (11.1.1) 式得

$$\frac{1}{s} = \left(1 + \frac{3}{s}\right)\frac{1}{3}(s^2 + 5s + 3)I_2 - \frac{3}{s}I_2$$

二邊同乘以 $3s$ 得

$$3 = (s^3 + 8s^2 + 18s)I_2 \quad \Rightarrow \quad I_2 = \frac{3}{s^3 + 8s^2 + 18s}$$

$$V_o(s) = sI_2 = \frac{3}{s^2 + 8s + 18} = \frac{3}{\sqrt{2}}\frac{\sqrt{2}}{(s+4)^2 + (\sqrt{2})^2}$$

取拉普拉斯反轉換得

$$v_o(t) = \frac{3}{\sqrt{2}} e^{-4t} \sin \sqrt{2}t \text{ V}, \qquad t \geq 0$$

> **練習題 11.1** 試求圖 11.6 電路的 $v_o(t)$，假設初始條件為零。
>
> 答：$40(1 - e^{-2t} - 2te^{-2t})u(t)$ V。

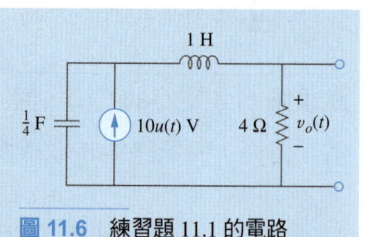

圖 11.6　練習題 11.1 的電路

範例 11.2 試求圖 11.7 電路的 $v_o(t)$，假設 $v_o(0) = 5$ V。

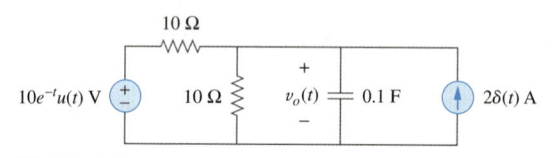

圖 11.7　範例 11.2 的電路

解：先將電路轉換成 s 域如圖 11.8 所示，初始條件包含於電流源 $Cv_o(0) = 0.1 \times 5 = 0.5$ A [參見圖 11.2(c)]。在頂端節點應用節點分析得

$$\frac{10/(s+1) - V_o}{10} + 2 + 0.5 = \frac{V_o}{10} + \frac{V_o}{10/s}$$

或

$$\frac{1}{s+1} + 2.5 = \frac{2V_o}{10} + \frac{sV_o}{10} = \frac{1}{10}V_o(s+2)$$

二邊同乘以 10 得

$$\frac{10}{s+1} + 25 = V_o(s+2)$$

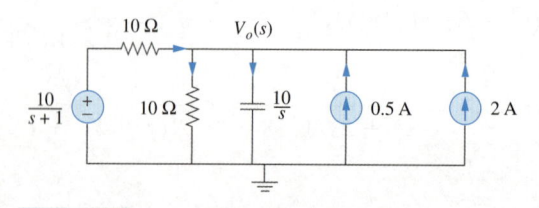

圖 11.8　圖 11.7 電路的節點分析等效電路

或

$$V_o = \frac{25s + 35}{(s+1)(s+2)} = \frac{A}{s+1} + \frac{B}{s+2}$$

其中

$$A = (s+1)V_o(s)\big|_{s=-1} = \frac{25s+35}{(s+2)}\bigg|_{s=-1} = \frac{10}{1} = 10$$

$$B = (s+2)V_o(s)\big|_{s=-2} = \frac{25s+35}{(s+1)}\bigg|_{s=-2} = \frac{-15}{-1} = 15$$

因此，

$$V_o(s) = \frac{10}{s+1} + \frac{15}{s+2}$$

取拉普拉斯反轉換得

$$v_o(t) = (10e^{-t} + 15e^{-2t})u(t) \text{ V}$$

練習題 11.2 試求圖 11.9 電路的 $v_o(t)$。注意：因為電壓輸入是乘以 $u(t)$，所以在 $t<0$ 時，電壓源短路，且 $i_L(0)=0$。

答：$(60e^{-2t} - 10e^{-t/3})u(t)$ V．

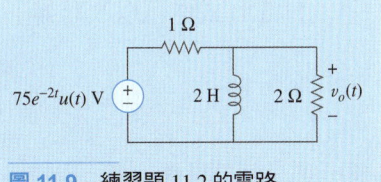

圖 11.9 練習題 11.2 的電路

如圖 11.10(a) 的電路，在 $t=0$ 時開關從位置 a 切換到位置 b，試求 $t>0$ 時的 $i(t)$。 **範例 11.3**

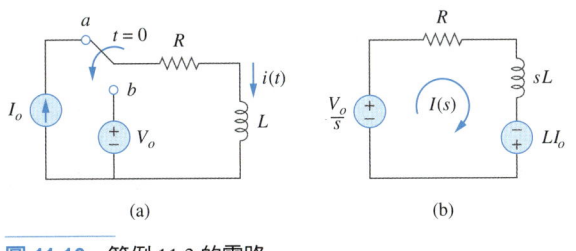

圖 11.10 範例 11.3 的電路

解：流過電感的初始電流為 $i(0)=I_o$。對 $t>0$ 而言，圖 11.10(b) 顯示轉換到 s 域的電路。初始條件包含於電壓源 $Li(0)=LI_o$ 中。使用網目分析得

$$I(s)(R+sL) - LI_o - \frac{V_o}{s} = 0 \tag{11.3.1}$$

或

$$I(s) = \frac{LI_o}{R+sL} + \frac{V_o}{s(R+sL)} = \frac{I_o}{s+R/L} + \frac{V_o/L}{s(s+R/L)} \tag{11.3.2}$$

對 (11.3.2) 式等號右邊的第二項使用部分分式展開得

$$I(s) = \frac{I_o}{s+R/L} + \frac{V_o/R}{s} - \frac{V_o/R}{(s+R/L)} \tag{11.3.3}$$

取拉普拉斯反轉換得

$$i(t) = \left(I_o - \frac{V_o}{R}\right)e^{-t/\tau} + \frac{V_o}{R}, \qquad t \geq 0 \tag{11.3.4}$$

其中 $\tau = R/L$。括號內之項為暫態響應，而第二項為穩態響應。換句話說，終值是 $i(\infty) = V_o/R$，在 (11.3.2) 式和 (11.3.3) 式應用終值定理可得終值；即

$$\lim_{s \to 0} sI(s) = \lim_{s \to 0}\left(\frac{sI_o}{s+R/L} + \frac{V_o/L}{s+R/L}\right) = \frac{V_o}{R} \tag{11.3.5}$$

(11.3.4) 式也可以改寫如下：

$$i(t) = I_o e^{-t/\tau} + \frac{V_o}{R}(1 - e^{-t/\tau}), \qquad t \geq 0 \tag{11.3.6}$$

第一項是自然響應，第二項為強迫響應。如果初值 $I_o = 0$，則 (11.3.6) 式可改為

$$i(t) = \frac{V_o}{R}(1 - e^{-t/\tau}), \qquad t \geq 0 \tag{11.3.7}$$

這就是步級響應，因為它是由沒有初始能量的步級輸入 V_o 引起的。

> **練習題 11.3** 圖 11.11 的開關停留在位置 b 很長的時間，在 $t=0$ 時開關移到位置 a，試求 $t>0$ 時的 $v(t)$。
>
> **答**：$v(t) = (V_o - I_o R)e^{-t/\tau} + I_o R$，$t>0$，其中 $\tau = RC$。
>
> **圖 11.11** 練習題 11.3 的電路

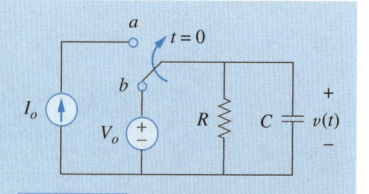

11.3 電路分析

在 s 域做電路分析是比較容易的，只需將時域中複雜的數學關係轉換到 s 域。在 s 域中，微分與積分的運算被轉變成簡單的 s 和 $1/s$ 乘法運算。這樣就可以使用代數來建立和求解電路方程式。令人興奮的是，在 s 域中所有的直流電路理論和關係都有效。

> 記住：包括電容和電感的等效電路 (equivalent circuit)
> 只存在 s 域中，不能反轉換回時域。

範例 11.4 對於圖 11.12(a) 電路，試求跨接於電容二端的電壓，假設 $v_s(t) = 10u(t)$ V，以及假設 $t = 0$ 時，流經電感的電流為 -1 A，跨接於電容二端的電壓為 $+5$ V。

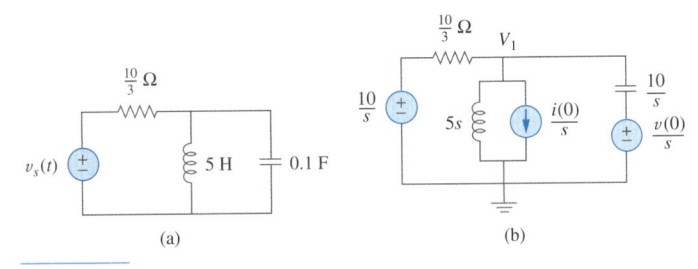

圖 11.12 範例 11.4 的電路

解： 圖 11.12(b) 表示在 s 域下包含初始條件的電路，因此求解此電路變成一個簡單的節點分析問題。因為在時域下 V_1 值也是電容電壓值，而且是僅有的未知節點電壓，所以只需寫一個方程式：

$$\frac{V_1 - 10/s}{10/3} + \frac{V_1 - 0}{5s} + \frac{i(0)}{s} + \frac{V_1 - [v(0)/s]}{1/(0.1s)} = 0 \tag{11.4.1}$$

將 $v(0) = +5$ V、$i(0) = -1$ A 代入上式得

$$0.1\left(s + 3 + \frac{2}{s}\right)V_1 = \frac{3}{s} + \frac{1}{s} + 0.5 \tag{11.4.2}$$

上式二邊同乘以 $10s$ 化簡得

$$(s^2 + 3s + 2)V_1 = 40 + 5s$$

或

$$V_1 = \frac{40 + 5s}{(s+1)(s+2)} = \frac{35}{s+1} - \frac{30}{s+2} \tag{11.4.3}$$

取拉普拉斯反轉換得

$$v_1(t) = (35e^{-t} - 30e^{-2t})u(t) \text{ V} \tag{11.4.4}$$

練習題 11.4 對於圖 11.12 電路，以及相同的初始條件，試求所有 $t>0$ 情況下流經電感的電流。

答：$i(t) = (3 - 7e^{-t} + 3e^{-2t})u(t)$ A.

範例 11.5 對於與範例 11.4 相同的圖 11.12 電路，以及相同的初始條件，以重疊法求電容的電壓值。

解： 因為在 s 域的等效電路有三個獨立電源，因此可以對三個獨立電源分別求解。圖 11.13 為在 s 域中每次只考慮一個電源的等效電路，因此求解此電路變成三個節點分析問題。首先，求解圖 11.13(a) 的電容電壓：

$$\frac{V_1 - 10/s}{10/3} + \frac{V_1 - 0}{5s} + 0 + \frac{V_1 - 0}{1/(0.1s)} = 0$$

或

$$0.1\left(s + 3 + \frac{2}{s}\right)V_1 = \frac{3}{s}$$

化簡得

$$(s^2 + 3s + 2)V_1 = 30$$

$$V_1 = \frac{30}{(s+1)(s+2)} = \frac{30}{s+1} - \frac{30}{s+2}$$

取拉普拉斯反轉換得

$$v_1(t) = (30e^{-t} - 30e^{-2t})u(t) \text{ V} \tag{11.5.1}$$

對於圖 11.13(b) 而言，得

$$\frac{V_2 - 0}{10/3} + \frac{V_2 - 0}{5s} - \frac{1}{s} + \frac{V_2 - 0}{1/(0.1s)} = 0$$

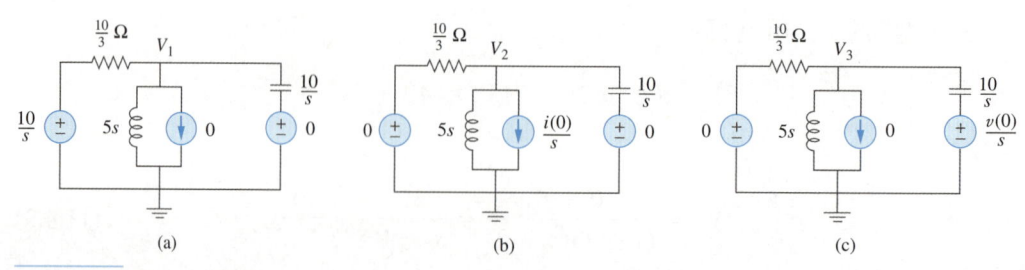

圖 11.13 範例 11.5 的電路

或

$$0.1\left(s + 3 + \frac{2}{s}\right)V_2 = \frac{1}{s}$$

二邊同乘以 $10s$ 並化簡，得

$$V_2 = \frac{10}{(s+1)(s+2)} = \frac{10}{s+1} - \frac{10}{s+2}$$

取拉普拉斯反轉換得

$$v_2(t) = (10e^{-t} - 10e^{-2t})u(t) \text{ V} \tag{11.5.2}$$

對於圖 11.13(c) 而言，得

$$\frac{V_3 - 0}{10/3} + \frac{V_3 - 0}{5s} - 0 + \frac{V_3 - 5/s}{1/(0.1s)} = 0$$

或

$$0.1\left(s + 3 + \frac{2}{s}\right)V_3 = 0.5$$

$$V_3 = \frac{5s}{(s+1)(s+2)} = \frac{-5}{s+1} + \frac{10}{s+2}$$

取拉普拉斯反轉換得

$$v_3(t) = (-5e^{-t} + 10e^{-2t})u(t) \text{ V} \tag{11.5.3}$$

最後將 (11.5.1) 式、(11.5.2) 式和 (11.5.3) 式相加得

$$\begin{aligned}v(t) &= v_1(t) + v_2(t) + v_3(t) \\ &= \{(30 + 10 - 5)e^{-t} + (-30 + 10 - 10)e^{-2t}\}u(t) \text{ V}\end{aligned}$$

或

$$v(t) = (35e^{-t} - 30e^{-2t})u(t) \text{ V}$$

這結果與範例 11.4 的答案一致。

> **練習題 11.5** 對於與範例 11.4 相同的圖 11.12 電路，以及相同的初始條件，以重疊法求電感的電流值。
>
> **答**：$i(t) = (3 - 7e^{-t} + 3e^{-2t})u(t)$ A.

範例 11.6 假設在 $t=0$ 時，沒有初始能量存在圖 11.14 的電路中，而且 $i_s = 10\,u(t)$ A。(a) 利用戴維寧定理求 $V_o(s)$，(b) 利用初值和終值定理求 $v_o(0^+)$ 和 $v_o(\infty)$，(c) 試求 $v_o(t)$。

解：因為沒有初始能量儲存於電路中，故假設 $t=0$ 時，流經電感的電流和跨接於電容的電壓皆為零。

(a) 要求戴維寧等效電路，則移除 5 Ω 電阻，然後求 $V_{oc}(V_{Th})$ 和 I_{sc}。要求 V_{Th}，使用圖 11.15(a) 的拉普拉斯轉換電路。因為 $I_x = 0$，相依電壓源沒貢獻，所以，

$$V_{oc} = V_{Th} = 5\left(\frac{10}{s}\right) = \frac{50}{s}$$

要求 Z_{Th}，參考圖 11.15(b) 的電路，首先求 I_{sc}，再使用節點分析法求 V_1，即可得 I_{sc} ($I_{sc} = I_x = V_1/2s$)。

$$-\frac{10}{s} + \frac{(V_1 - 2I_x) - 0}{5} + \frac{V_1 - 0}{2s} = 0$$

將

$$I_x = \frac{V_1}{2s}$$

代入得

$$V_1 = \frac{100}{2s + 3}$$

因此，

$$I_{sc} = \frac{V_1}{2s} = \frac{100/(2s+3)}{2s} = \frac{50}{s(2s+3)}$$

而且

$$Z_{Th} = \frac{V_{oc}}{I_{sc}} = \frac{50/s}{50/[s(2s+3)]} = 2s + 3$$

圖 11.16 為圖 11.15 電路 a-b 二端看進去的戴維寧等效電路。從圖 11.16 得

$$V_o = \frac{5}{5 + Z_{Th}}V_{Th} = \frac{5}{5 + 2s + 3}\left(\frac{50}{s}\right) = \frac{250}{s(2s+8)} = \frac{125}{s(s+4)}$$

(b) 使用初值定理求得

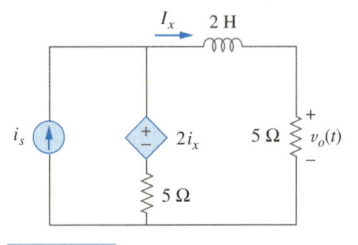

圖 11.14 範例 11.6 的電路

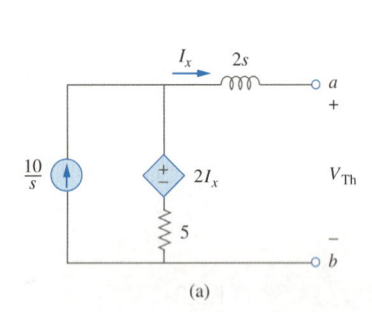

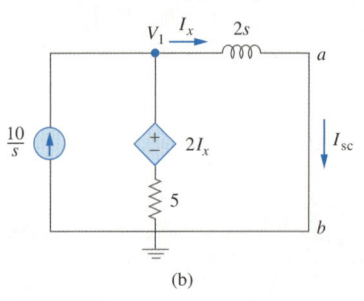

圖 11.15 範例 11.6：(a) 求 V_{Th}，(b) 求 Z_{Th}

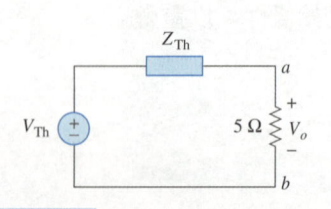

圖 11.16 在 s 域中圖 11.14 的戴維寧等效電路

$$v_o(0) = \lim_{s \to \infty} sV_o(s) = \lim_{s \to \infty} \frac{125}{s+4} = \lim_{s \to \infty} \frac{125/s}{1+4/s} = \frac{0}{1} = 0$$

使用終值定理求得

$$v_o(\infty) = \lim_{s \to 0} sV_o(s) = \lim_{s \to 0} \frac{125}{s+4} = \frac{125}{4} = 31.25 \text{ V}$$

(c) 利用部分分式展開得

$$V_o = \frac{125}{s(s+4)} = \frac{A}{s} + \frac{B}{s+4}$$

$$A = sV_o(s)\Big|_{s=0} = \frac{125}{s+4}\Big|_{s=0} = 31.25$$

$$B = (s+4)V_o(s)\Big|_{s=-4} = \frac{125}{s}\Big|_{s=-4} = -31.25$$

$$V_o = \frac{31.25}{s} - \frac{31.25}{s+4}$$

取拉普拉斯反轉換得

$$v_o(t) = 31.25(1 - e^{-4t})u(t) \text{ V}$$

注意：將 0 和 ∞ 代入上式的 t，可驗證 (b) 小題得到的 $v_o(0)$ 和 $v_o(\infty)$ 的正確性。

> **練習題 11.6** 在 $t = 0$ 時，圖 11.17 電路的初始能量為零。假設 $v_s = 30u(t)$ V。(a) 利用戴維寧定理求 $V_o(s)$，(b) 利用初值和終值定理求 $v_o(0)$ 和 $v_o(\infty)$，(c) 試求 $v_o(t)$。
>
> 圖 11.17 練習題 11.6 的電路
>
> **答**：(a) $V_o(s) = \frac{24(s+0.25)}{s(s+0.3)}$，(b) 24 V，20 V，(c) $(20 + 4e^{-0.3t})u(t)$ V。

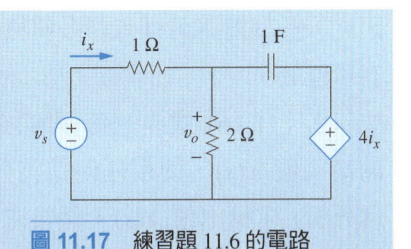

11.4 轉移函數

轉移函數 (transfer function) 是信號處理中的重要概念，因為它說明了網路如何處理通過的信號。它是求網路響應、計算 (或設計) 網路穩定性和網路合成的最佳工具。網路的轉移函數描述輸出對輸入的行為。假設沒有初始能量情況下，它指出輸入到輸出的轉移關係。

> 對於電機網路而言，轉移函數也稱為**網路函數** (network function)。

> 轉移函數 $H(s)$ 是輸出響應 $Y(s)$ 對輸入激發 $X(s)$ 的比值，
> 假設所有初始條件皆為零。

因此，

$$H(s) = \frac{Y(s)}{X(s)} \tag{11.15}$$

轉移函數與輸入和輸出的定義有關，因為在電路的任何地方輸入和輸出可以是電流或電壓。有四種可能的轉移函數如下：

> 有些作者不認為 (11.16c) 式和 (11.16d) 式是轉移函數。

$$H(s) = 電壓增益 = \frac{V_o(s)}{V_i(s)} \tag{11.16a}$$

$$H(s) = 電流增益 = \frac{I_o(s)}{I_i(s)} \tag{11.16b}$$

$$H(s) = 阻抗 = \frac{V(s)}{I(s)} \tag{11.16c}$$

$$H(s) = 導納 = \frac{I(s)}{V(s)} \tag{11.16d}$$

因此，一個電路可以有許多轉移函數。注意：(11.16a) 式和 (11.16b) 式的 $H(s)$ 是沒有單位的。

　　求 (11.16) 式中的每個轉移函數的方法有二種。第一種方法是任意一個合宜的輸入值 $X(s)$，使用任何電路分析方法 (如分流定理、分壓定理、節點分析和網目分析) 求輸出值 $Y(s)$，然後求這二者的比值。另一種方法是利用**階梯法** (ladder method)，它可以根據電路的輸出反推得電路的輸入。根據這個方法，先假設電路輸出為 1 V 或 1 A，然後使用基本的歐姆定律和克希荷夫電流定律求輸入，則轉移函數變成統一由輸入來區分。當電路具有更多的迴路與節點，使用節點分析或網目分析變得很麻煩時，則階梯法變為更適合使用。第一種方法是假設輸入，並求輸出；而第二種方法是假設輸出，並求輸入。在二種方法中，$H(s)$ 為輸出對輸入轉換的比值。這二種方法是根據線性性質，因為本書只處理線性電路。範例 11.8 將說明這些方法。

　　(11.15) 式假設 $X(s)$ 和 $Y(s)$ 皆為已知，有時候是 $X(s)$ 和轉換函數 $H(s)$ 為已知，求輸出 $Y(s)$ 如下：

$$Y(s) = H(s)X(s) \tag{11.17}$$

然後取拉普拉斯反轉換得 $y(t)$。有種特殊情況是當輸入為單位脈衝函數 $x(t) = \delta(t)$，

所以 $X(s) = 1$。在這種情況下，

$$Y(s) = H(s) \quad 或 \quad y(t) = h(t) \tag{11.18}$$

其中

$$h(t) = \mathcal{L}^{-1}[H(s)] \tag{11.19}$$

$h(t)$ 項代表**單位脈衝響應** (unit impulse response)，它是在時域下網路的單位脈衝響應。因此，(11.19) 式提供對轉移函數的新解釋：$H(s)$ 代表網路單位脈衝響應的拉普拉斯反轉換。當網路的脈衝響應 $h(t)$ 為已知，可以在 s 域中使用 (11.17) 式在任何輸入信號情況下，求網路的響應；或在時域中，使用卷積積分 (參見 10.5 節)，求網路的響應。

> 單位脈衝響應是當輸入為單位脈衝時電路的輸出響應。

範例 11.7

一個線性系統的輸出為 $y(t) = 10e^{-t}\cos 4t\, u(t)$，且輸入為 $x(t) = e^{-t}u(t)$。試求此系統的轉移函數和脈衝響應。

解： 如果 $x(t) = e^{-t}u(t)$ 和 $y(t) = 10e^{-t}\cos 4t\, u(t)$，則

$$X(s) = \frac{1}{s+1} \quad 和 \quad Y(s) = \frac{10(s+1)}{(s+1)^2 + 4^2}$$

因此，

$$H(s) = \frac{Y(s)}{X(s)} = \frac{10(s+1)^2}{(s+1)^2 + 16} = \frac{10(s^2 + 2s + 1)}{s^2 + 2s + 17}$$

為求 $h(t)$，先將 $H(s)$ 化簡如下：

$$H(s) = 10 - 40\frac{4}{(s+1)^2 + 4^2}$$

從表 10.2 得

$$h(t) = 10\delta(t) - 40e^{-t}\sin 4t\, u(t)$$

練習題 11.7 一個線性函數的轉移函數如下：

$$H(s) = \frac{2s}{s+6}$$

試求輸入為 $10e^{-3t}u(t)$ 時的輸出 $y(t)$ 和脈衝響應。

答： $-20e^{-3t} + 40e^{-6t}u(t),\ t \geq 0,\ 2\delta(t) - 12e^{-6t}u(t)$。

範例 11.8 試求圖 11.18 電路的轉移函數 $H(s) = V_o(s)/I_o(s)$。

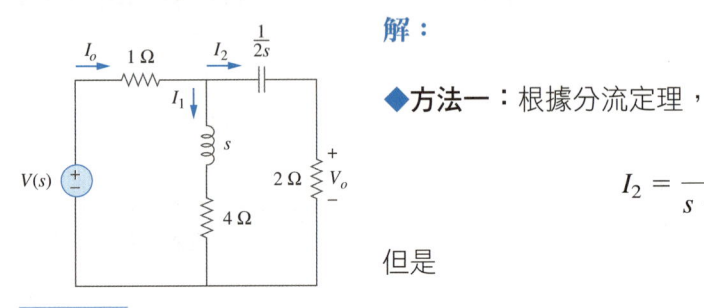

圖 11.18 範例 11.8 的電路

解：

◆**方法一**：根據分流定理，

$$I_2 = \frac{(s+4)I_o}{s+4+2+1/2s}$$

但是

$$V_o = 2I_2 = \frac{2(s+4)I_o}{s+6+1/2s}$$

因此，

$$H(s) = \frac{V_o(s)}{I_o(s)} = \frac{4s(s+4)}{2s^2+12s+1}$$

◆**方法二**：利用階梯法，令 $V_o = 1$ V。根據歐姆定律 $I_2 = V_o/2 = 1/2$ A。跨接於 $(2 + 1/2s)$ 電阻上的電壓為

$$V_1 = I_2\left(2 + \frac{1}{2s}\right) = 1 + \frac{1}{4s} = \frac{4s+1}{4s}$$

這與跨接於 $(s + 4)$ 電阻上的電壓相同，因此，

$$I_1 = \frac{V_1}{s+4} = \frac{4s+1}{4s(s+4)}$$

在頂端節點應用 KCL 得

$$I_o = I_1 + I_2 = \frac{4s+1}{4s(s+4)} + \frac{1}{2} = \frac{2s^2+12s+1}{4s(s+4)}$$

因此，

$$H(s) = \frac{V_o}{I_o} = \frac{1}{I_o} = \frac{4s(s+4)}{2s^2+12s+1}$$

與方法一所得結果相同。

練習題 11.8 試求圖 11.18 電路的轉移函數 $H(s) = I_1(s)/I_o(s)$。

答：$\dfrac{4s+1}{2s^2+12s+1}$.

在圖 11.19 電路的 s 域中，試求：(a) 轉移函數 $H(s) = V_o/V_i$，(b) 脈衝響應，(c) $v_i(t) = u(t)$ V 時的響應，(d) $v_i(t) = 8\cos 2t$ V 時的響應。

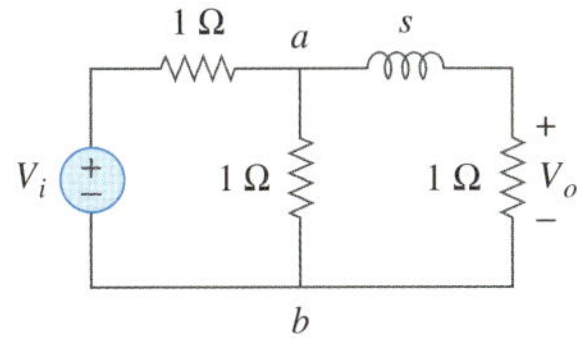

範例 11.9

圖 11.19 範例 11.9 的電路

解：(a) 利用分壓定理，

$$V_o = \frac{1}{s+1} V_{ab} \tag{11.9.1}$$

但是

$$V_{ab} = \frac{1 \| (s+1)}{1 + 1 \| (s+1)} V_i = \frac{(s+1)/(s+2)}{1 + (s+1)/(s+2)} V_i$$

或

$$V_{ab} = \frac{s+1}{2s+3} V_i \tag{11.9.2}$$

將 (11.9.2) 式代入 (11.9.1) 式得

$$V_o = \frac{V_i}{2s+3}$$

因此，轉移函數為

$$H(s) = \frac{V_o}{V_i} = \frac{1}{2s+3}$$

(b) 可以將 $H(s)$ 改寫如下：

$$H(s) = \frac{1}{2} \frac{1}{s + \frac{3}{2}}$$

它的拉普拉斯反轉換就是要求的脈衝響應：

$$h(t) = \frac{1}{2} e^{-3t/2} u(t)$$

(c) 當 $v_i(t) = u(t)$、$V_i(s) = 1/s$ 時，則

$$V_o(s) = H(s) V_i(s) = \frac{1}{2s(s + \frac{3}{2})} = \frac{A}{s} + \frac{B}{s + \frac{3}{2}}$$

其中

$$A = sV_o(s)\big|_{s=0} = \frac{1}{2(s + \frac{3}{2})}\bigg|_{s=0} = \frac{1}{3}$$

$$B = \left(s + \frac{3}{2}\right)V_o(s)\bigg|_{s=-3/2} = \frac{1}{2s}\bigg|_{s=-3/2} = -\frac{1}{3}$$

因此，對於 $v_i(t) = u(t)$，

$$V_o(s) = \frac{1}{3}\left(\frac{1}{s} - \frac{1}{s + \frac{3}{2}}\right)$$

而且拉普拉斯反轉換為

$$v_o(t) = \frac{1}{3}(1 - e^{-3t/2})u(t) \text{ V}$$

(d) 當 $v_i(t) = 8\cos 2t$，則 $V_i(s) = \dfrac{8s}{s^2 + 4}$，以及

$$\begin{aligned}V_o(s) = H(s)V_i(s) &= \frac{4s}{(s + \frac{3}{2})(s^2 + 4)} \\ &= \frac{A}{s + \frac{3}{2}} + \frac{Bs + C}{s^2 + 4}\end{aligned} \quad (11.9.3)$$

其中

$$A = \left(s + \frac{3}{2}\right)V_o(s)\bigg|_{s=-3/2} = \frac{4s}{s^2 + 4}\bigg|_{s=-3/2} = -\frac{24}{25}$$

為了求 B 和 C，將 (11.9.3) 式二邊同乘以 $(s + 3/2)(s^2 + 4)$ 得

$$4s = A(s^2 + 4) + B\left(s^2 + \frac{3}{2}s\right) + C\left(s + \frac{3}{2}\right)$$

比較係數得

$$\text{常數：} \quad 0 = 4A + \frac{3}{2}C \quad \Rightarrow \quad C = -\frac{8}{3}A$$

$$s: \quad 4 = \frac{3}{2}B + C$$

$$s^2: \quad 0 = A + B \quad \Rightarrow \quad B = -A$$

解上面各式得 $A = -24/25$、$B = 24/25$、$C = 64/25$，因此，對於 $v_i(t) = 8\cos 2t$ V，

$$V_o(s) = \frac{-\frac{24}{25}}{s + \frac{3}{2}} + \frac{24}{25}\frac{s}{s^2 + 4} + \frac{32}{25}\frac{2}{s^2 + 4}$$

它的拉普拉斯反轉換為

$$v_o(t) = \frac{24}{25}\left(-e^{-3t/2} + \cos 2t + \frac{4}{3}\sin 2t\right)u(t) \text{ V}$$

> **練習題 11.9** 對圖 11.20 的電路,重做範例 11.9 的問題。
>
> **答:** (a) $2/(s+4)$, (b) $2e^{-4t}u(t)$, (c) $\frac{1}{2}(1-e^{-4t})u(t)$ V,
> (d) $3.2(-e^{-4t} + \cos 2t + \frac{1}{2}\sin 2t)u(t)$ V.
>
> **圖 11.20** 練習題 11.9 的電路

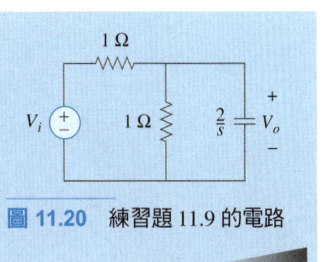

11.5 狀態變數

到目前為止,本書只介紹單一輸入和單一輸出的系統分析方法。但許多工程系統包含多個輸入和多個輸出如圖 11.21 所示。狀態變數法在分析與瞭解高度複雜系統時是非常重要的工具。因此,狀態變數模型比單一輸入單一輸出模型 (如轉移函數) 更普遍。即使一章都不能完全闡述整個狀態變數主題,更不用說一節了,本節將只簡單扼要地介紹狀態變數。

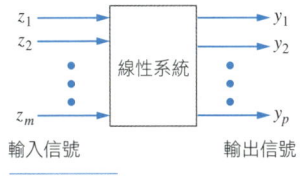

圖 11.21 m 輸入和 p 輸出的線性系統

在狀態變數模型中,指定一個描述系統內部行為的變數集合,這些變數稱為系統的**狀態變數** (state variable)。當該系統的當前狀態和輸入信號是已知的,則狀態變數用來確定系統的未來行為。換句話說,如果已知這些變數,則允許只使用代數方程式求系統其他參數。

> 狀態變數是特性化系統狀態的物理性質,不管系統是什麼狀態。

狀態變數常見例子是壓力、體積和溫度。在一個電路中,狀態變數是電感器電流和電容器電壓,因為它們共同描述了系統的能量狀態。

表示狀態方程式的標準方法是將它們安排成一組一階微分方程式:

$$\dot{\mathbf{x}} = \mathbf{A}\mathbf{x} + \mathbf{B}\mathbf{z} \tag{11.20}$$

其中

$$\dot{\mathbf{x}}(t) = \begin{bmatrix} x_1(t) \\ x_2(t) \\ \vdots \\ x_n(t) \end{bmatrix} = \text{表示 } n \text{ 個狀態向量的狀態向量}$$

而且點 (.) 表示相對於時間的一階微分，

$$\dot{\mathbf{x}}(t) = \begin{bmatrix} \dot{x}_1(t) \\ \dot{x}_2(t) \\ \vdots \\ \dot{x}_n(t) \end{bmatrix}$$

而且

$$\mathbf{z}(t) = \begin{bmatrix} z_1(t) \\ z_2(t) \\ \vdots \\ z_m(t) \end{bmatrix} = 表示 \ m \ 個輸入的輸入向量$$

A 和 **B** 分別代表 $n \times n$、$n \times m$ 矩陣。除了 (11.20) 式的狀態方程式，還需要輸出方程式。完整的狀態模型或狀態空間為

$$\dot{\mathbf{x}} = \mathbf{Ax} + \mathbf{Bz} \quad (11.21\text{b})$$
$$\mathbf{y} = \mathbf{Cx} + \mathbf{Dz} \quad (11.21\text{a})$$

其中

$$\mathbf{y}(t) = \begin{bmatrix} y_1(t) \\ y_2(t) \\ \vdots \\ y_p(t) \end{bmatrix} = 表示 \ p \ 個輸出的輸出向量$$

而且 **C** 和 **D** 分別代表 $p \times n$、$p \times m$ 矩陣。對於單一輸入單一輸出的特殊狀態，$n = m = p = 1$。

假設輸入狀態為零，則對 (11.21a) 式求拉普拉斯轉換可求得系統的轉移函數，如下：

$$s\mathbf{X}(s) = \mathbf{AX}(s) + \mathbf{BZ}(s) \quad \rightarrow \quad (s\mathbf{I} - \mathbf{A})\mathbf{X}(s) = \mathbf{BZ}(s)$$

或

$$\mathbf{X}(s) = (s\mathbf{I} - \mathbf{A})^{-1}\mathbf{BZ}(s) \quad (11.22)$$

其中 **I** 是單位矩陣。對 (11.21b) 式取拉普拉斯反轉換得

$$\mathbf{Y}(s) = \mathbf{CX}(s) + \mathbf{DZ}(s) \quad (11.23)$$

將 (11.22) 式代入 (11.23) 式，並除以 **Z**(s) 得轉移函數如下：

$$H(s) = \frac{Y(s)}{Z(s)} = C(sI - A)^{-1}B + D \qquad (11.24)$$

其中

$$A = \text{系統矩陣}$$
$$B = \text{輸入耦合矩陣}$$
$$C = \text{輸出矩陣}$$
$$D = \text{回授矩陣}$$

大多數情況下，$D = 0$，所以 (11.24) 式中 $H(s)$ 的分子階數小於分母的階數，因此，

$$H(s) = C(sI - A)^{-1}B \qquad (11.25)$$

因為包含矩陣運算，所以可以使用 MATLAB 求這個轉移函數。

使用狀態變數分析電路有下列三個步驟。

使用狀態變數方法分析電路的步驟：

1. 選擇電感器電流 i 和電容器電壓 v 當作狀態變數，並確定它們符合被動符號規則。
2. 對電路應用 KCL 和 KVL，則可得到以狀態變數來表示電路變數 (電壓和電流)。這應該得到一組一階充分必要的微分方程，以求得所有的狀態變數。
3. 得到輸出方程式，將最後的結果以狀態空間表示。

步驟 1 和 3 通常是簡單的，主要任務是在步驟 2 中，以下將使用範例來說明。

範例 11.10 試求圖 11.22 電路的狀態空間表示。當輸入為 v_s、輸出為 i_x 時，求電路的轉移函數，取 $R = 1\,\Omega$、$C = 0.25$ F 和 $L = 0.5$ H。

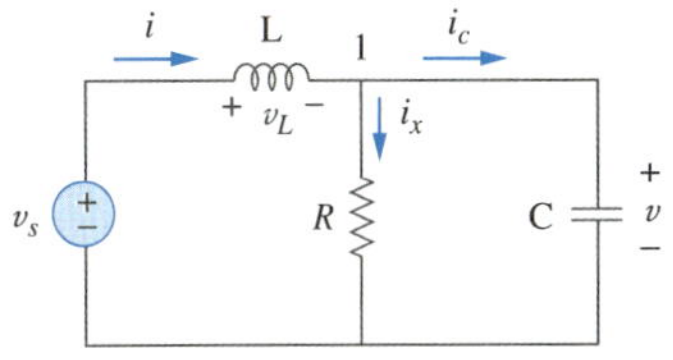

解： 選擇電感器電流 i 和電容器電壓 v 當作狀態變數。

$$v_L = L\frac{di}{dt} \qquad (11.10.1)$$

$$i_C = C\frac{dv}{dt} \qquad (11.10.2)$$

圖 11.22 範例 11.10 的電路

應用 KCL 到節點 1 得

$$i = i_x + i_C \quad \rightarrow \quad C\frac{dv}{dt} = i - \frac{v}{R}$$

或

$$\dot{v} = -\frac{v}{RC} + \frac{i}{C} \tag{11.10.3}$$

因為跨接於 R 和 C 上的電壓相同。對外迴路應用 KVL 得

$$v_s = v_L + v \quad \rightarrow \quad L\frac{di}{dt} = -v + v_s$$

$$\dot{i} = -\frac{v}{L} + \frac{v_s}{L} \tag{11.10.4}$$

(11.10.3) 式和 (11.10.4) 式組成狀態方程式。如果把 i_x 當作輸出

$$i_x = \frac{v}{R} \tag{11.10.5}$$

將 (11.10.3) 式、(11.10.4) 式和 (11.10.5) 式寫入標準矩陣形式如下：

$$\begin{bmatrix} \dot{v} \\ \dot{i} \end{bmatrix} = \begin{bmatrix} \frac{-1}{RC} & \frac{1}{C} \\ \frac{-1}{L} & 0 \end{bmatrix} \begin{bmatrix} v \\ i \end{bmatrix} + \begin{bmatrix} 0 \\ \frac{1}{L} \end{bmatrix} v_s \tag{11.10.6a}$$

$$i_x = \begin{bmatrix} \frac{1}{R} & 0 \end{bmatrix} \begin{bmatrix} v \\ i \end{bmatrix} \tag{11.10.6b}$$

如果 $R=1$、$C=\frac{1}{4}$、$L=\frac{1}{2}$，則從 (11.10.6) 式的矩陣得

$$\mathbf{A} = \begin{bmatrix} \frac{-1}{RC} & \frac{1}{C} \\ \frac{-1}{L} & 0 \end{bmatrix} = \begin{bmatrix} -4 & 4 \\ -2 & 0 \end{bmatrix}, \quad \mathbf{B} = \begin{bmatrix} 0 \\ \frac{1}{L} \end{bmatrix} = \begin{bmatrix} 0 \\ 2 \end{bmatrix},$$

$$\mathbf{C} = \begin{bmatrix} \frac{1}{R} & 0 \end{bmatrix} = \begin{bmatrix} 1 & 0 \end{bmatrix}$$

$$s\mathbf{I} - \mathbf{A} = \begin{bmatrix} s & 0 \\ 0 & s \end{bmatrix} - \begin{bmatrix} -4 & 4 \\ -2 & 0 \end{bmatrix} = \begin{bmatrix} s+4 & -4 \\ 2 & s \end{bmatrix}$$

取拉普拉斯反轉換得

$$(s\mathbf{I} - \mathbf{A})^{-1} = \frac{(s\mathbf{I}-\mathbf{A})\text{ 的伴隨矩陣}}{(s\mathbf{I}-\mathbf{A})\text{ 的行列式}} = \frac{\begin{bmatrix} s & 4 \\ -2 & s+4 \end{bmatrix}}{s^2 + 4s + 8}$$

因此，得轉換函數如下：

$$\mathbf{H}(s) = \mathbf{C}(s\mathbf{I} - \mathbf{A})^{-1}\mathbf{B} = \frac{\begin{bmatrix} 1 & 0 \end{bmatrix}\begin{bmatrix} s & 4 \\ -2 & s+4 \end{bmatrix}\begin{bmatrix} 0 \\ 2 \end{bmatrix}}{s^2 + 4s + 8} = \frac{\begin{bmatrix} 1 & 0 \end{bmatrix}\begin{bmatrix} 8 \\ 2s+8 \end{bmatrix}}{s^2 + 4s + 8}$$

$$= \frac{8}{s^2 + 4s + 8}$$

這與直接對電路取拉普拉斯轉換而得的 $\mathbf{H}(s) = I_x(s)/V_s(s)$ 是相同的。狀態變數法真正的優點在處理多個輸入和多個輸出的電路。本範例只有一個輸入 v_s、一個輸出 i_x，下一個範例則有二個輸入、二個輸出。

> **練習題 11.10** 試求圖 11.23 電路的狀態變數模型，令 $R_1 = 1$、$R_2 = 2$、$C = 0.5$ 和 $L = 0.2$，並求電路的轉移函數。
>
> 答：$\begin{bmatrix} \dot{v} \\ \dot{i} \end{bmatrix} = \begin{bmatrix} \frac{-1}{R_1 C} & \frac{-1}{C} \\ \frac{1}{L} & \frac{-R_2}{L} \end{bmatrix} \begin{bmatrix} v \\ i \end{bmatrix} + \begin{bmatrix} \frac{1}{R_1 C} \\ 0 \end{bmatrix} v_s,$
>
> $\mathbf{H}(s) = \dfrac{20}{s^2 + 12s + 30}.$
>
> 圖 11.23 練習題 11.10 的電路

範例 11.11

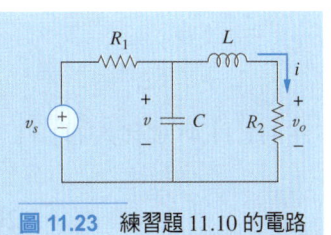

圖 11.24 電路可視為二個輸入、二個輸出的系統，試求這個系統的狀態變數模型和轉移函數。

解： 本範例有二個輸入 v_s 和 v_i，以及二個輸出 v_o 和 i_o。接下來，選擇電感器電流 i 和電容器電壓 v 當作狀態變數。應用 KVL 繞行左邊迴路得

$$-v_s + i_1 + \frac{1}{6}\dot{i} = 0 \quad \rightarrow \quad \dot{i} = 6v_s - 6i_1 \quad (11.11.1)$$

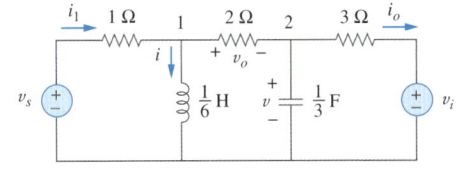

圖 11.24 範例 11.11 的電路

需消去 i_1。應用 KVL 繞行包含 v_s、1 Ω 電阻器、2 Ω 電阻器和 $\frac{1}{3}$ F 電容器的迴路得

$$v_s = i_1 + v_o + v \quad (11.11.2)$$

但在節點 1，應用 KCL 得

$$i_1 = i + \frac{v_o}{2} \quad \rightarrow \quad v_o = 2(i_1 - i) \quad (11.11.3)$$

將 (11.11.3) 式代入 (11.11.2) 式得

$$v_s = 3i_1 + v - 2i \quad \rightarrow \quad i_1 = \frac{2i - v + v_s}{3} \quad (11.11.4)$$

將 (11.11.4) 式代入 (11.11.1) 式得

$$\dot{i} = 2v - 4i + 4v_s \quad (11.11.5)$$

這是第一個狀態方程式。要求第二個狀態方程式，在節點 2 應用 KCL 得

$$\frac{v_o}{2} = \frac{1}{3}\dot{v} + i_o \quad \to \quad \dot{v} = \frac{3}{2}v_o - 3i_o \tag{11.11.6}$$

需消去 v_o 和 i_o。從右邊迴路很容易看出

$$i_o = \frac{v - v_i}{3} \tag{11.11.7}$$

將 (11.11.4) 式代入 (11.11.3) 式得

$$v_o = 2\left(\frac{2i - v + v_s}{3} - i\right) = -\frac{2}{3}(v + i - v_s) \tag{11.11.8}$$

將 (11.11.7) 式和 (11.11.8) 式代入 (11.11.6) 式得第二個狀態方程式：

$$\dot{v} = -2v - i + v_s + v_i \tag{11.11.9}$$

(11.11.7) 式和 (11.11.8) 式就是二個輸出方程式。將 (11.11.5) 式和 (11.11.7) 式至 (11.11.9) 式寫入標準矩陣形式，即為此電路的狀態變數模型：

$$\begin{bmatrix}\dot{v}\\ \dot{i}\end{bmatrix} = \begin{bmatrix}-2 & -1\\ 2 & -4\end{bmatrix}\begin{bmatrix}v\\ i\end{bmatrix} + \begin{bmatrix}1 & 1\\ 4 & 0\end{bmatrix}\begin{bmatrix}v_s\\ v_i\end{bmatrix} \tag{11.11.10a}$$

$$\begin{bmatrix}v_o\\ i_o\end{bmatrix} = \begin{bmatrix}-\frac{2}{3} & -\frac{2}{3}\\ \frac{1}{3} & 0\end{bmatrix}\begin{bmatrix}v\\ i\end{bmatrix} + \begin{bmatrix}\frac{2}{3} & 0\\ 0 & -\frac{1}{3}\end{bmatrix}\begin{bmatrix}v_s\\ v_i\end{bmatrix} \tag{11.11.10b}$$

練習題 11.11 試求圖 11.25 電路的狀態模型，v_o 和 i_o 視為輸出變數。

答：$\begin{bmatrix}\dot{v}\\ \dot{i}\end{bmatrix} = \begin{bmatrix}-2 & -2\\ 4 & -8\end{bmatrix}\begin{bmatrix}v\\ i\end{bmatrix} + \begin{bmatrix}2 & 0\\ 0 & -8\end{bmatrix}\begin{bmatrix}i_1\\ i_2\end{bmatrix}$

$\begin{bmatrix}v_o\\ i_o\end{bmatrix} = \begin{bmatrix}1 & 0\\ 0 & 1\end{bmatrix}\begin{bmatrix}v\\ i\end{bmatrix} + \begin{bmatrix}0 & 0\\ 0 & 1\end{bmatrix}\begin{bmatrix}i_1\\ i_2\end{bmatrix}$

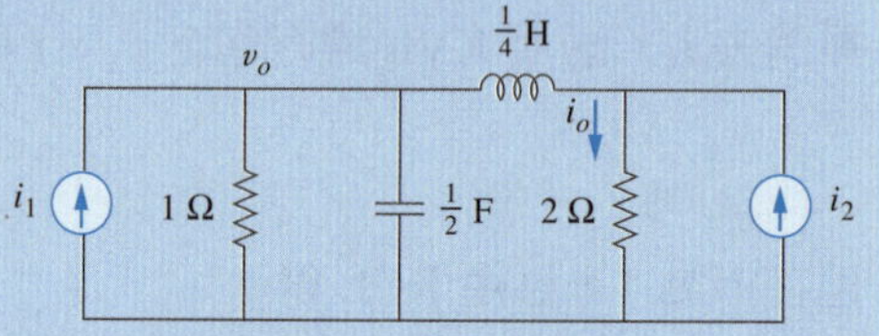

圖 11.25 練習題 11.11 的電路

範例 11.12 假設一個系統的輸出是 $y(t)$、輸入是 $z(t)$，而描述此輸入與輸出關係的微分方程式如下：

$$\frac{d^2y(t)}{dt^2} + 3\frac{dy(t)}{dt} + 2y(t) = 5z(t) \tag{11.12.1}$$

試求這個系統的狀態模型和轉移函數。

解：首先，選擇狀態變數。令 $x_1 = y(t)$，因此，

$$\dot{x}_1 = \dot{y}(t) \tag{11.12.2}$$

現在令

$$x_2 = \dot{x}_1 = \dot{y}(t) \tag{11.12.3}$$

注意：一個二階系統通常有二個一階項的解。

從 (11.12.3) 式可得 $\dot{x}_2 = \ddot{y}(t)$，由 (11.12.1) 式可求得

$$\dot{x}_2 = \ddot{y}(t) = -2y(t) - 3\dot{y}(t) + 5z(t) = -2x_1 - 3x_2 + 5z(t) \tag{11.12.4}$$

將 (11.12.2) 式至 (11.12.4) 式寫成矩陣方程式如下：

$$\begin{bmatrix} \dot{x}_1 \\ \dot{x}_2 \end{bmatrix} = \begin{bmatrix} 0 & 1 \\ -2 & -3 \end{bmatrix} \begin{bmatrix} x_1 \\ x_2 \end{bmatrix} + \begin{bmatrix} 0 \\ 5 \end{bmatrix} z(t) \tag{11.12.5}$$

$$\mathbf{y}(t) = \begin{bmatrix} 1 & 0 \end{bmatrix} \begin{bmatrix} x_1 \\ x_2 \end{bmatrix} \tag{11.12.6}$$

現在得轉移函數如下：

$$s\mathbf{I} - \mathbf{A} = s\begin{bmatrix} 1 & 0 \\ 0 & 1 \end{bmatrix} - \begin{bmatrix} 0 & 1 \\ -2 & -3 \end{bmatrix} = \begin{bmatrix} s & -1 \\ 2 & s+3 \end{bmatrix}$$

其反矩陣如下：

$$(s\mathbf{I} - \mathbf{A})^{-1} = \frac{\begin{bmatrix} s+3 & 1 \\ -2 & s \end{bmatrix}}{s(s+3) + 2}$$

於是轉移函數為

$$\mathbf{H}(s) = \mathbf{C}(s\mathbf{I} - \mathbf{A})^{-1}\mathbf{B} = \frac{(1 \quad 0)\begin{bmatrix} s+3 & 1 \\ -2 & s \end{bmatrix}\begin{pmatrix} 0 \\ 5 \end{pmatrix}}{s(s+3) + 2} = \frac{(1 \quad 0)\begin{pmatrix} 5 \\ 5s \end{pmatrix}}{s(s+3) + 2}$$

$$= \frac{5}{(s+1)(s+2)}$$

要驗證這個，直接應用拉普拉斯轉換到 (11.12.1) 式的每一項。因為初始條件為零，則

$$[s^2 + 3s + 2]Y(s) = 5Z(s) \quad \to \quad H(s) = \frac{Y(s)}{Z(s)} = \frac{5}{s^2 + 3s + 2}$$

這與前面所得的結果一致。

練習題 11.12 推導一組代表下列微分方程式的狀態方程式：

$$\frac{d^3y}{dt^3} + 18\frac{d^2y}{dt^2} + 20\frac{dy}{dt} + 5y = z(t)$$

答：$\mathbf{A} = \begin{bmatrix} 0 & 1 & 0 \\ 0 & 0 & 1 \\ -5 & -20 & -18 \end{bmatrix}$, $\mathbf{B} = \begin{bmatrix} 0 \\ 0 \\ 1 \end{bmatrix}$, $\mathbf{C} = \begin{bmatrix} 1 & 0 & 0 \end{bmatrix}$.

11.6 總結

1. 拉普拉斯轉換可用來分析電路，將每個元件從時域轉到 s 域，使用任何分析電路的方法解題，使用拉普拉斯反轉換將結果轉回時域。

2. 在 s 域中，電路元件被 $t=0$ 時的初始條件取代，如下 (注意：下列為電壓模型，但對應的電流模型作用相同)：

    電阻：$v_R = Ri \quad \rightarrow \quad V_R = RI$

    電感：$v_L = L\dfrac{di}{dt} \quad \rightarrow \quad V_L = sLI - Li(0^-)$

    電容：$v_C = \displaystyle\int i\,dt \quad \rightarrow \quad V_C = \dfrac{1}{sC} - \dfrac{v(0^-)}{s}$

3. 使用拉普拉斯轉換分析電路時，可以得到電路的完全響應 (包括暫態響應和穩態響應)，因為在轉換過程中包含了初始條件。

4. 一個網路的轉移函數 $H(s)$ 是脈衝響應 $h(t)$ 的拉普拉斯轉換。

5. 在 s 域中，轉移函數 $H(s)$ 表示輸出響應 $Y(s)$ 和輸入激發 $X(s)$ 的關係；即 $H(s) = Y(s)/X(s)$。

6. 狀態變數模型是分析包含多輸入和多輸出複雜系統的有用工具。狀態變數分析在電路理論和控制中普遍採用的有效方法。系統的狀態是求系統在任何已知輸入的未來響應所需數量的最小一組變數 (稱為狀態變數)。狀態變數形式的狀態方程式如下：

$$\dot{\mathbf{x}} = \mathbf{A}x + \mathbf{B}z$$

而輸出方程式為

$$y = \mathbf{C}x + \mathbf{D}z$$

7. 對於一個電路，首先選擇電容器電壓和電感器電流作為狀態變數，然後應用 KCL 和 KVL 求狀態方程式。

複習題

11.1 流過電阻器的電流為 $i(t)$，則在 s 域中該電阻器的電壓可表示為 $sRI(s)$。
(a) 對　(b) 錯

11.2 RL 串聯電路的輸入電壓為 $v(t)$，則 s 域中流過 RL 的電流可表示為：

(a) $V(s)\left[R + \dfrac{1}{sL}\right]$　(b) $V(s)(R + sL)$

(c) $\dfrac{V(s)}{R + 1/sL}$　(d) $\dfrac{V(s)}{R + sL}$

11.3 10 F 電容器的阻抗為：
(a) $10/s$　(b) $s/10$　(c) $1/10s$　(d) $10s$

11.4 通常在時域中可求得戴維寧等效電路。
(a) 對　(b) 錯

11.5 轉移函數被定義於當所有輸入條件都為零。
(a) 對　(b) 錯

11.6 如果一個線性系統的輸入為 $\delta(t)$ 和輸出為 $e^{-2t}u(t)$，則此系統的轉移函數為：

(a) $\dfrac{1}{s + 2}$　(b) $\dfrac{1}{s - 2}$

(c) $\dfrac{s}{s + 2}$　(d) $\dfrac{s}{s - 2}$

(e) 以上皆非

11.7 如果一個系統的轉移函數為：

$$H(s) = \dfrac{s^2 + s + 2}{s^3 + 4s^2 + 5s + 1}$$

則系統的輸入為 $X(s) = s^3 + 4s^2 + 5s + 1$，輸出為 $Y(s) = s^2 + s + 2$。
(a) 對　(b) 錯

11.8 一個網路的轉移函數如下：

$$H(s) = \dfrac{s + 1}{(s - 2)(s + 3)}$$

則此網路是穩定的。
(a) 對　(b) 錯

11.9 下列哪一個方程式稱為狀態方程式？
(a) $\dot{\mathbf{x}} = \mathbf{A}\mathbf{x} + \mathbf{B}\mathbf{z}$
(b) $\mathbf{y} = \mathbf{C}\mathbf{x} + \mathbf{D}\mathbf{z}$
(c) $\mathbf{H}(s) = \mathbf{Y}(s)/\mathbf{Z}(s)$
(d) $\mathbf{H}(s) = \mathbf{C}(s\mathbf{I} - \mathbf{A})^{-1}\mathbf{B}$

11.10 描述單一輸入、單一輸出的狀態模型如下：

$$\dot{x}_1 = 2x_1 - x_2 + 3z$$
$$\dot{x}_2 = -4x_2 - z$$
$$y = 3x_1 - 2x_2 + z$$

下列哪一個矩陣是錯誤的？

(a) $\mathbf{A} = \begin{bmatrix} 2 & -1 \\ 0 & -4 \end{bmatrix}$　(b) $\mathbf{B} = \begin{bmatrix} 3 \\ -1 \end{bmatrix}$

(c) $\mathbf{C} = \begin{bmatrix} 3 & -2 \end{bmatrix}$　(d) $\mathbf{D} = \mathbf{0}$

答：11.1 b，11.2 d，11.3 c，11.4 b，11.5 b，11.6 a，11.7 b，11.8 b，11.9 a，11.10 d

習題

11.2 和 11.3 節　電路元件模型和電路分析

11.1 一個 RLC 電路的電流描述如下：

$$\frac{d^2i}{dt^2} + 10\frac{di}{dt} + 25i = 0$$

如果 $i(0) = 2$ 和 $di(0)/dt = 0$，試求 $t > 0$ 時的 $i(t)$。

11.2 描述 RLC 網路的電壓微分方程式如下：

$$\frac{d^2v}{dt^2} + 5\frac{dv}{dt} + 4v = 0$$

已知 $v(0) = 0$ 和 $dv(0)/dt = 5$，試求 $v(t)$。

11.3 描述 RLC 電路自然響應的微分方程式如下：

$$\frac{d^2v}{dt^2} + 2\frac{dv}{dt} + v = 0$$

其初始條件 $v(0) = 20$ V 和 $dv(0)/dt = 0$，試求 $v(t)$。

11.4 如果 $R = 20\ \Omega$、$L = 0.6$ H，什麼 C 值將使 RLC 串聯電路：
(a) 過阻尼。
(b) 臨界阻尼。
(c) 欠阻尼。

11.5 RLC 串聯電路的響應為：

$$v_C(t) = [30 - 10e^{-20t} + 30e^{-10t}]u(t)\text{V}$$
$$i_L(t) = [40e^{-20t} - 60e^{-10t}]u(t)\text{mA}$$

其中 $v_C(t)$ 和 $i_L(t)$ 依次為電容電壓和電感電流。試求 R、L、C 值。

11.6 試設計一個並聯 RLC 電路，滿足下面特徵方程式：

$$s^2 + 100s + 10^6 = 0$$

11.7 RLC 電路的步級響應如下：

$$\frac{d^2i}{dt^2} + 2\frac{di}{dt} + 5i = 10$$

已知 $i(0) = 6$ 和 $di(0)/dt = 12$，試求 $i(t)$。

11.8 RLC 電路的分支電壓描述如下：

$$\frac{d^2v}{dt^2} + 4\frac{dv}{dt} + 8v = 48$$

如果初始條件 $v(0) = 0 = dv(0)/dt$，試求 $v(t)$。

11.9 串聯 RLC 電路描述如下：

$$L\frac{d^2i(t)}{dt} + R\frac{di(t)}{dt} + \frac{i(t)}{C} = 2$$

試求當 $L = 0.5$ H、$R = 4\ \Omega$ 和 $C = 0.2$ F 時的響應。令 $i(0^-) = 1$ A 和 $di(0^-)/dt = 0$。

11.10 一個串聯 RLC 電路的步級響應為

$$V_c = 40 - 10e^{-2000t} - 10e^{-4000t}\ \text{V},\ t > 0$$
$$i_L(t) = 3e^{-2000t} + 6e^{-4000t}\ \text{mA},\ t > 0$$

(a) 試求 C。
(b) 試決定此電路為哪一種阻尼類型。

11.11 一個並聯 RLC 電路的步級響應為

$$v = 10 + 20e^{-300t}(\cos 400t - 2\sin 400t)\text{V},\ t \geq 0$$

當電感器為 50 mH 時，試求 R 和 C。

11.12 利用拉普拉斯轉換求圖 11.26 電路的 $i(t)$。

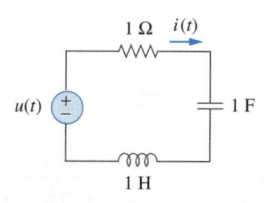

圖 11.26　習題 11.12 的電路

11.13 利用圖 11.27，試設計一個問題幫助其他學生更瞭解使用拉普拉斯轉換分析電路。

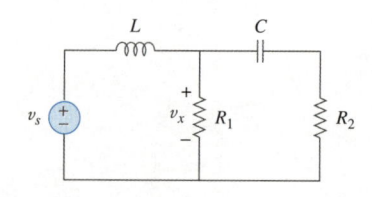

圖 11.27　習題 11.13 的電路

11.14 試求圖 11.28 電路在 $t>0$ 時的 $i(t)$，假設 $i_s(t) = [4u(t) + 2\delta(t)]$ mA。

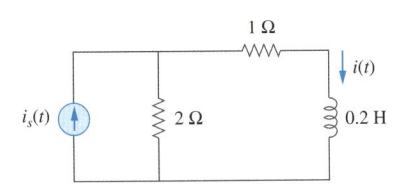

圖 11.28　習題 11.14 的電路

11.15 對於圖 11.29 電路，試求需要一個臨界阻尼響應的 R 值。

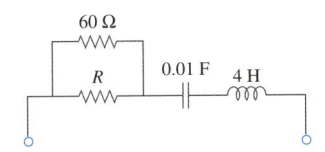

圖 11.29　習題 11.15 的電路

11.16 圖 11.30 電路的電容初始狀態為未充電，試求 $t>0$ 時的 $v_o(t)$。

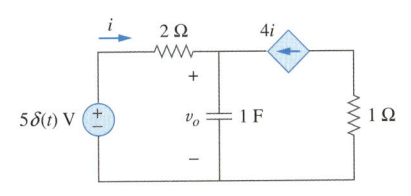

圖 11.30　習題 11.16 的電路

11.17 如果圖 11.31 電路的 $i_s(t) = e^{-2t}u(t)$ A，試求 $i_o(t)$ 值。

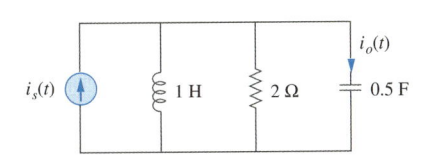

圖 11.31　習題 11.17 的電路

11.18 試求圖 11.32 電路在 $t>0$ 時的 $v(t)$，令 $v_s = 20$ V。

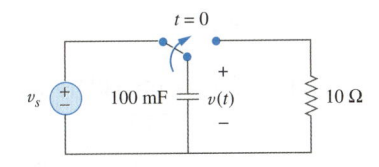

圖 11.32　習題 11.18 的電路

11.19 圖 11.33 電路的開關，在 $t=0$ 時從 A 點移到 B 點 (注意：開關必須連接到 B 點，在斷開與 A 點連接之前，先連後斷開關)，試求 $t>0$ 時的 $v(t)$。

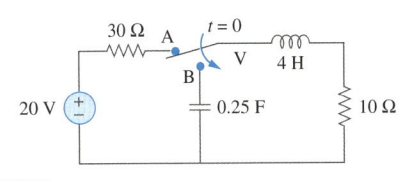

圖 11.33　習題 11.19 的電路

11.20 試求圖 11.34 電路在 $t>0$ 時的 $i(t)$。

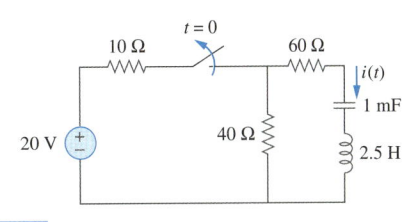

圖 11.34　習題 11.20 的電路

11.21 在圖 11.35 電路中，在 $t=0$ 時開關 (先連後斷開關) 從 A 點移到 B 點，試求 $t \geq 0$ 時的 $v(t)$。

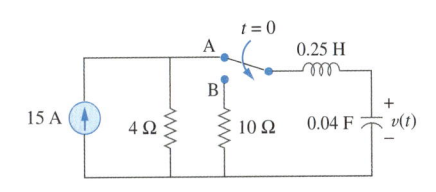

圖 11.35　習題 11.21 的電路

11.22 試求圖 11.36 電路，在 $t>0$ 時跨接於電容器二端的電壓時間函數。假設在 $t=0^-$ 時存在穩態條件。

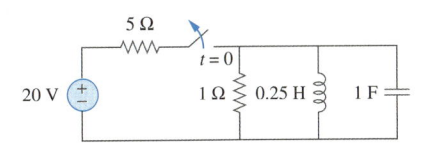

圖 11.36　習題 11.22 的電路

11.23 試求圖 11.37 電路在 $t>0$ 時的 $v(t)$。

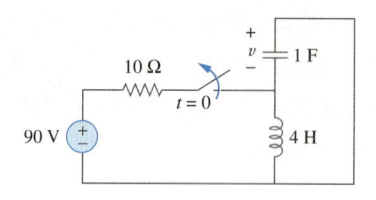

圖 11.37　習題 11.23 的電路

11.24 圖 11.38 電路的開關已經關閉很長的時間，但在 $t=0$ 時被打開，試求 $t>0$ 時的 $i(t)$。

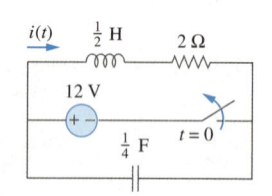

圖 11.38　習題 11.24 的電路

11.25 試求圖 11.39 電路在 $t>0$ 時的 $v(t)$。

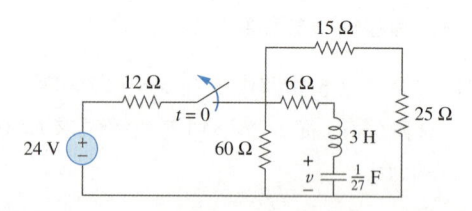

圖 11.39　習題 11.25 的電路

11.26 圖 11.40 電路的開關，在 $t=0$ 時從 A 點移到 B 點 (注意：開關必須連接到 B 點，在斷開與 A 點連接之前，先連後斷開關)，試求 $t>0$ 時的 $i(t)$。同時假設電容的初始電壓為零。

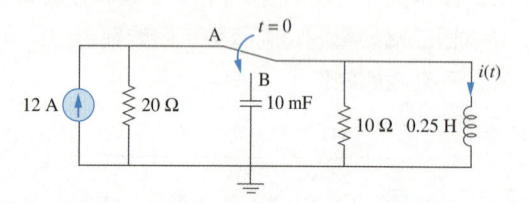

圖 11.40　習題 11.26 的電路

11.27 試求圖 11.41 電路在 $t>0$ 時的 $v(t)$。

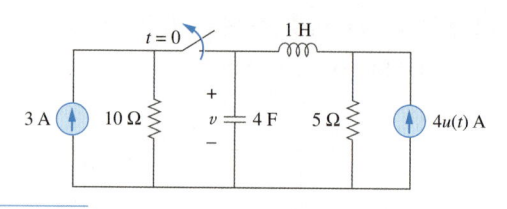

圖 11.41　習題 11.27 的電路

11.28 試求圖 11.42 電路在 $t>0$ 時的 $v(t)$。

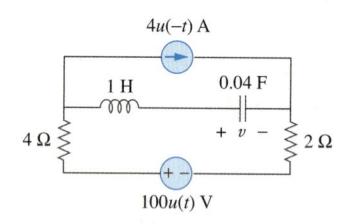

圖 11.42　習題 11.28 的電路

11.29 試求圖 11.43 電路在 $t>0$ 時的 $i(t)$。

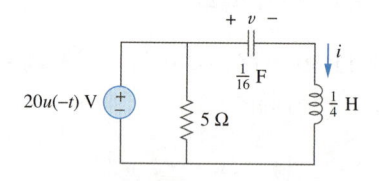

圖 11.43　習題 11.29 的電路

11.30 試求圖 11.44 電路在 $t>0$ 時的 $v_o(t)$。

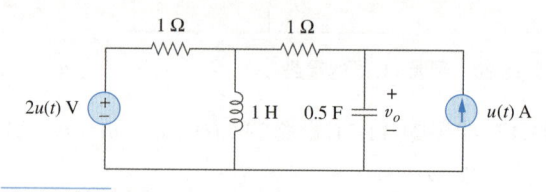

圖 11.44　習題 11.30 的電路

11.31 試求圖 11.45 電路在 $t>0$ 時的 $v(t)$ 和 $i(t)$。

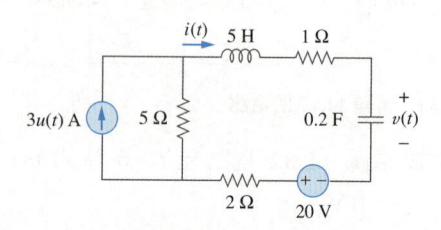

圖 11.45　習題 11.31 的電路

11.32 試求圖 11.46 電路在 $t>0$ 時的 $i(t)$。

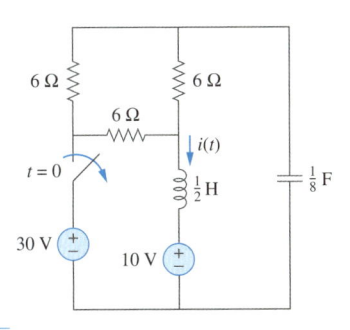

圖 11.46　習題 11.32 的電路

11.33 利用圖 11.47 的電路，試設計一個問題幫助其他學生更瞭解如何使用戴維寧定理 (在 s 域中) 輔助電路分析。

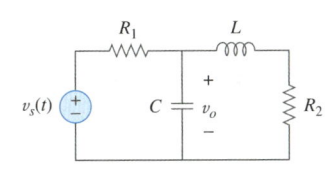

圖 11.47　習題 11.33 的電路

11.34 求解圖 11.48 電路的網目電流，可以保留 s 域計算的結果。

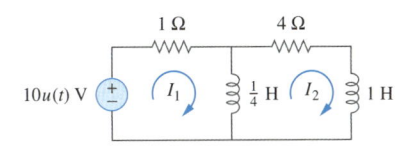

圖 11.48　習題 11.34 的電路

11.35 試求圖 11.49 電路的 $v_o(t)$。

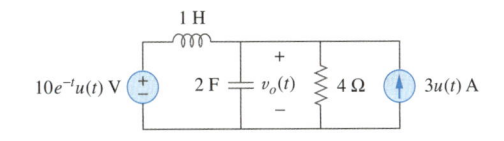

圖 11.49　習題 11.35 的電路

11.36 參考圖 11.50 電路，試求 $t>0$ 時的 $i(t)$。

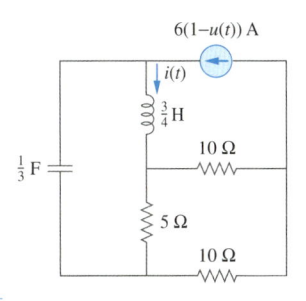

圖 11.50　習題 11.36 的電路

11.37 試求圖 11.51 電路在 $t>0$ 時的 v。

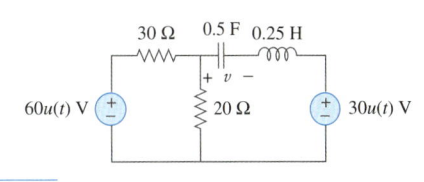

圖 11.51　習題 11.37 的電路

11.38 圖 11.52 電路的開關，在 $t=0$ 時從 a 點移到 b 點 (先連後斷開關)，試求 $t>0$ 時的 $i(t)$。

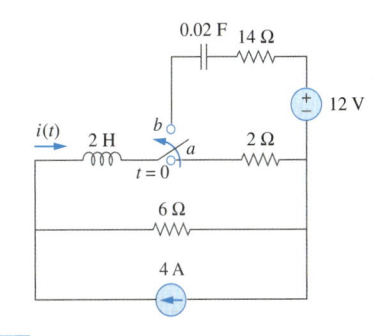

圖 11.52　習題 11.38 的電路

11.39 試求圖 11.53 網路在 $t>0$ 時的 $i(t)$。

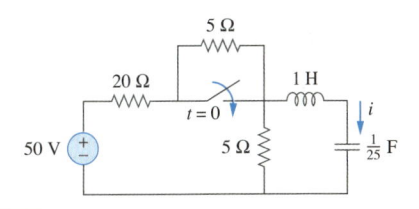

圖 11.53　習題 11.39 的電路

11.40 試求圖 11.54 電路在 $t>0$ 時的 $v(t)$ 和 $i(t)$。假設 $v(0)=0$ V、$i(0)=1$ A。

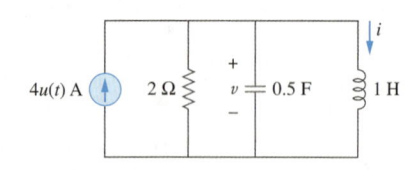

圖 11.54 習題 11.40 的電路

11.41 試求圖 11.55 電路的輸出電壓 $v_o(t)$。

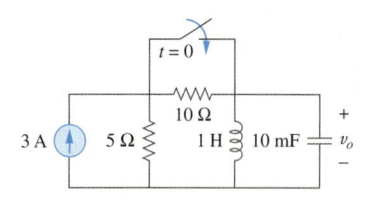

圖 11.55 習題 11.41 的電路

11.42 試求圖 11.56 電路在 $t>0$ 時的 $i(t)$ 和 $v(t)$。

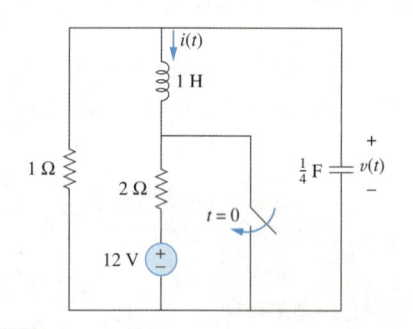

圖 11.56 習題 11.42 的電路

11.43 試求圖 11.57 電路在 $t>0$ 時的 $i(t)$。

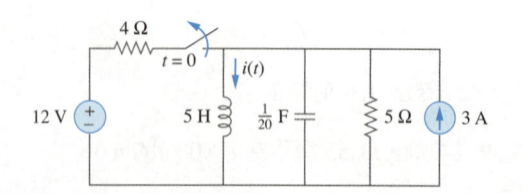

圖 11.57 習題 11.43 的電路

11.44 試求圖 11.58 電路在 $t>0$ 時的 $i(t)$。

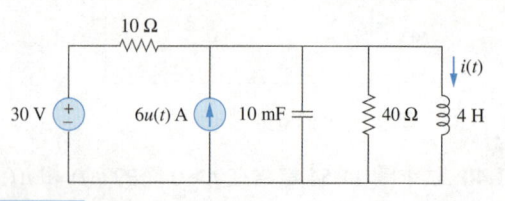

圖 11.58 習題 11.44 的電路

11.45 試求圖 11.59 電路在 $t>0$ 時的 $v(t)$。

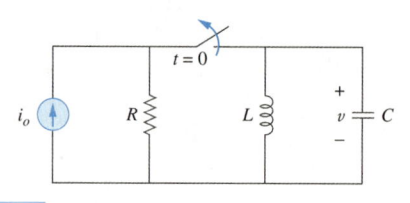

圖 11.59 習題 11.45 的電路

11.46 試求圖 11.60 電路的 $i_o(t)$。

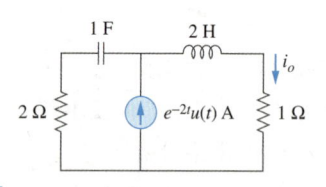

圖 11.60 習題 11.46 的電路

11.47 試求圖 11.61 網路的 $i_o(t)$。

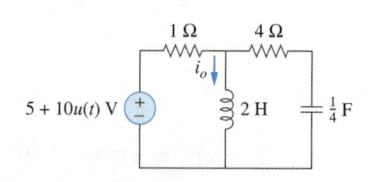

圖 11.61 習題 11.47 的電路

11.48 試求圖 11.62 電路的 $V_x(s)$。

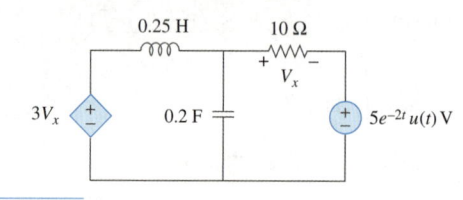

圖 11.62 習題 11.48 的電路

11.49 試求圖 11.63 電路在 $t>0$ 時的 $i_o(t)$。

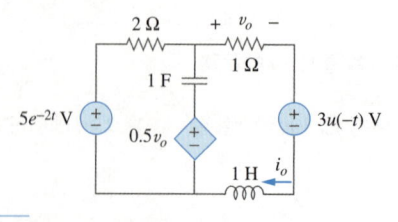

圖 11.63 習題 11.49 的電路

11.50 試求圖 11.64 電路在 $t>0$ 時的 $v(t)$。假設 $v(0^+)=4$ V、$i(0^+)=2$ A。

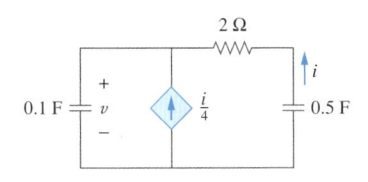

圖 11.64 習題 11.50 的電路

11.51 試求圖 11.65 電路在 $t>0$ 時的 $i(t)$。

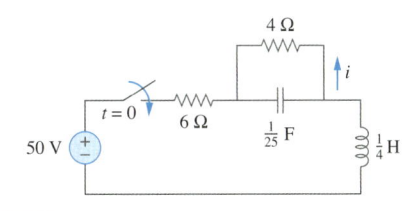

圖 11.65 習題 11.51 的電路

11.52 圖 11.66 電路的開關在 $t=0$ 之前關閉很長的時間，但在 $t=0$ 時被斷開，試求 $t>0$ 時的 i_x 和 v_R。

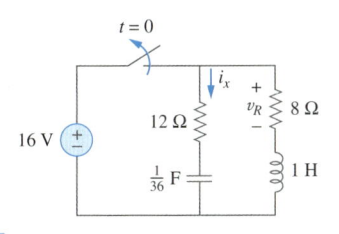

圖 11.66 習題 11.52 的電路

11.53 圖 11.67 電路的開關停在位置 1 很長一段時間，但在 $t=0$ 時切換到位置 2。
(a) 試求 $v(0^+)$、$dv(0^+)/dt$。
(b) 試求 $t \geq 0$ 時的 $v(t)$。

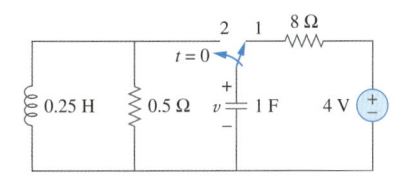

圖 11.67 習題 11.53 的電路

11.54 圖 11.68 電路的開關，在 $t<0$ 時停在位置 1，但在 $t=0$ 時切換到電容的頂端。注意：這是先連後斷型開關；開關停在位置 1，直到連接上電容頂端後，才斷開與位置 1 的連接。試求 $v(t)$。

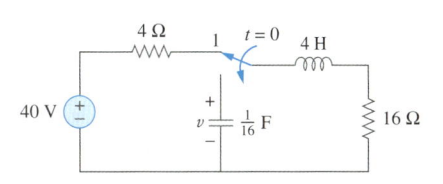

圖 11.68 習題 11.54 的電路

11.55 試求圖 11.69 電路在 $t>0$ 時的 i_1 和 i_2。

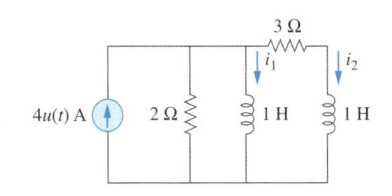

圖 11.69 習題 11.55 的電路

11.56 試求圖 11.70 網路在 $t>0$ 時的 $i_o(t)$。

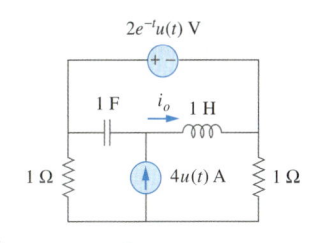

圖 11.70 習題 11.56 的電路

11.57 (a) 試求圖 11.71(a) 所示電壓的拉普拉斯轉換；(b) 利用圖 11.71(b) 電路的 $v_s(t)$ 值，試求 $v_o(t)$ 值。

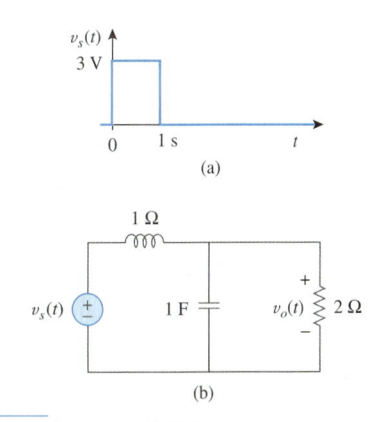

圖 11.71 習題 11.57 的電路

11.58 利用圖 11.72 的電路，試設計一個問題幫助其他學生更瞭解在 s 域中包含相依電源電路的分析。

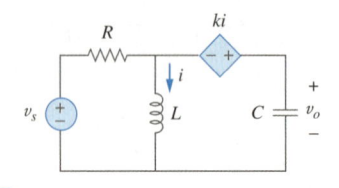

圖 11.72　習題 11.58 的電路

11.59　試求圖 11.73 電路的 $v_o(t)$，如果 $v_x(0) = 2$ V 和 $i(0) = 1$ A。

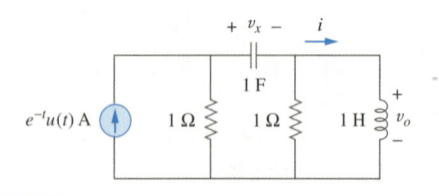

圖 11.73　習題 11.59 的電路

11.60　試求圖 11.74 電路在 $t > 0$ 時的響應 $v_R(t)$，令 $R = 3\,\Omega$、$L = 2$ H 和 $C = 1/18$ F。

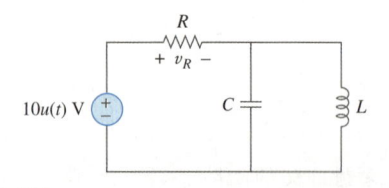

圖 11.74　習題 11.60 的電路

*11.61　利用拉普拉斯轉換，試求圖 11.75 電路的電壓 $v_o(t)$。

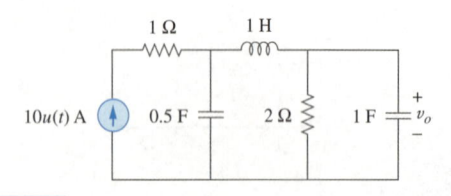

圖 11.75　習題 11.61 的電路

11.62　利用圖 11.76 的電路，試設計一個問題幫助其他學生更瞭解在 s 域中求解節點電壓。

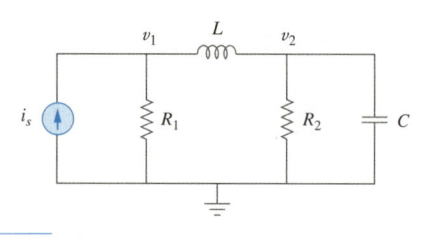

圖 11.76　習題 11.62 的電路

11.63　如圖 11.77 的並聯 RLC 電路，試求 $v(t)$ 和 $i(t)$，已知 $v(0) = 5$ 和 $i(0) = -2$ A。

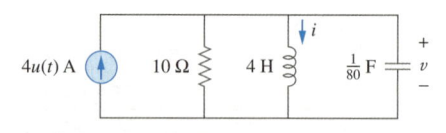

圖 11.77　習題 11.63 的電路

11.64　圖 11.78 電路的開關在 $t = 0$ 從位置 1 切換到位置 2，試求 $t > 0$ 時的 $v(t)$。

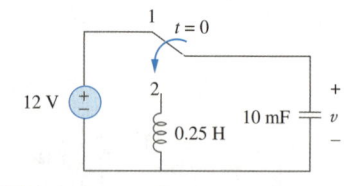

圖 11.78　習題 11.64 的電路

11.65　對於圖 11.79 所示的 RLC 電路，當開關是關閉時 $v(0) = 2$ V，試求完全響應。

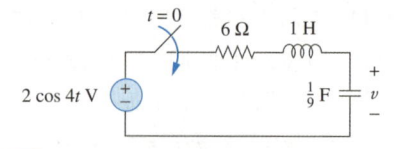

圖 11.79　習題 11.65 的電路

11.66　對於圖 11.80 的運算放大器電路，取 $v_s = 3e^{-5t}u(t)$ V，試求 $t > 0$ 時的 $v_o(t)$。

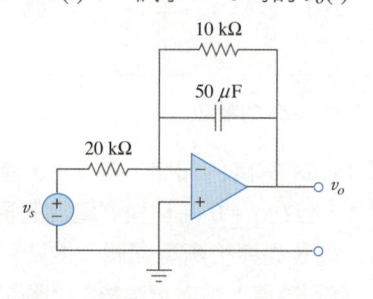

圖 11.80　習題 11.66 的電路

* 星號表示該習題具有挑戰性。

11.67 如圖 11.81 的運算放大器電路，如果 $v_1(0^+) = 2$ V、$v_2(0^+) = 0$ V，試求 $t > 0$ 時的 v_o，令 $R = 100$ kΩ 和 $C = 1$ μF。

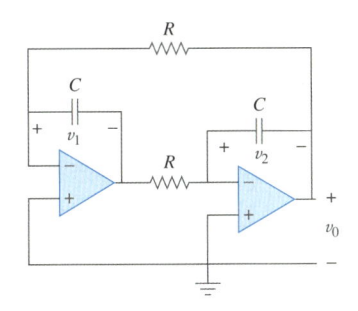

圖 **11.81** 習題 11.67 的電路

11.68 試求圖 11.82 運算放大器電路的 V_o/V_s。

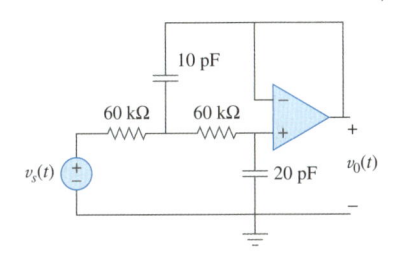

圖 **11.82** 習題 11.68 的電路

11.4 節　轉移函數

11.69 一個系統的轉移函數如下：

$$H(s) = \frac{s^2}{3s + 1}$$

當系統輸入為 $4e^{-t/3}u(t)$ 時，試求輸出。

11.70 當一個系統的輸入為單位步級函數時，其響應為 $10 \cos 2t\, u(t)$，試求這個系統的轉移函數。

11.71 試設計一個問題幫助其他學生更瞭解如何在已知轉移函數和輸入情況下求輸出。

11.72 當 $t = 0$ 時，單位步級函數作用到某系統，其響應為：

$$y(t) = \left[4 + \frac{1}{2}e^{-3t} - e^{-2t}(2\cos 4t + 3 \sin 4t) \right] u(t)$$

則此系統的轉移函數為何？

11.73 對於圖 11.83 所示的電路，試求 $H(s) = V_o(s)/V_s(s)$，假設初始條件為零。

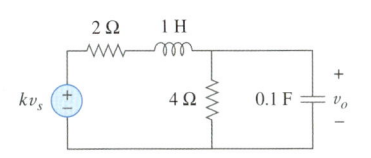

圖 **11.83** 習題 11.73 的電路

11.74 試求圖 11.84 電路的轉移函數 $H(s) = V_o/V_s$。

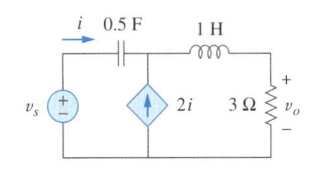

圖 **11.84** 習題 11.74 的電路

11.75 一個實際電路的轉移函數如下：

$$H(s) = \frac{5}{s+1} - \frac{3}{s+2} + \frac{6}{s+4}$$

試求這個電路的脈衝響應。

11.76 試求圖 11.85 電路的 (a) I_1/V_s，(b) I_2/V_x。

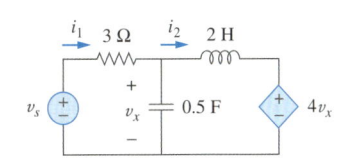

圖 **11.85** 習題 11.76 的電路

11.77 參考圖 11.86 網路，試求下列轉移函數：
(a) $H_1(s) = V_o(s)/V_s(s)$
(b) $H_2(s) = V_o(s)/I_s(s)$
(c) $H_3(s) = I_o(s)/I_s(s)$
(d) $H_4(s) = I_o(s)/V_s(s)$

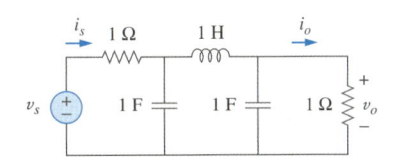

圖 **11.86** 習題 11.77 的電路

11.78 對於圖 11.87 的運算放大器電路，試求轉移函數 $T(s) = I(s)/V_s(s)$，假設所有初始條件皆為零。

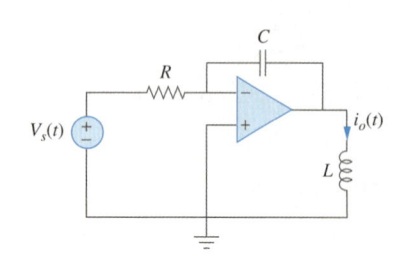

圖 11.87　習題 11.78 的電路

11.79　試求圖 11.88 運算放大器電路的增益 $H(s) = V_o/V_s$。

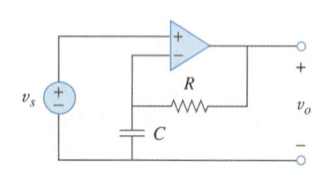

圖 11.88　習題 11.79 的電路

11.80　參考圖 11.89 的 RL 電路，試求：
(a) 電路的脈衝響應 $h(t)$。
(b) 電路的單位步級響應。

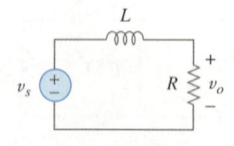

圖 11.89　習題 11.80 的電路

11.81　一個並聯 RL 電路的 $R = 4\,\Omega$ 和 $L = 1\,H$，且電路的輸入為 $i_s(t) = 2e^{-t}u(t)\,A$。試求在所有 $t > 0$ 時的電感電流 $i_L(t)$，假設 $i_L(0) = -2\,A$。

11.82　一個電路的轉移函數如下：

$$H(s) = \frac{s+4}{(s+1)(s+2)^2}$$

試求這個電路的脈衝響應。

11.5 節　狀態變數

11.83　推導練習題 11.12 的狀態方程式。

11.84　推導圖 11.90 電路的狀態方程式。

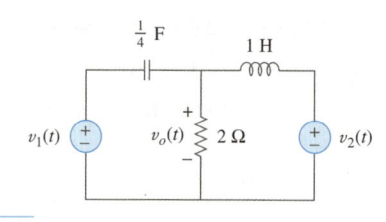

圖 11.90　習題 11.84 的電路

11.85　推導圖 11.91 電路的狀態方程式。

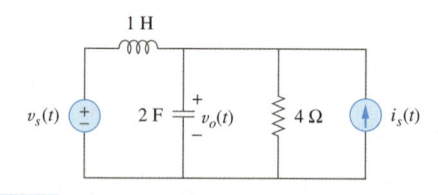

圖 11.91　習題 11.85 的電路

11.86　推導圖 11.92 電路的狀態方程式。

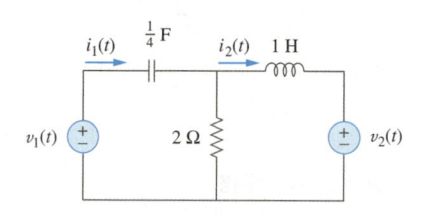

圖 11.92　習題 11.86 的電路

11.87　推導下面微分方程式的狀態方程式：

$$\frac{d^2y(t)}{dt^2} + \frac{6\,dy(t)}{dt} + 7y(t) = z(t)$$

*11.88　推導下面微分方程式的狀態方程式：

$$\frac{d^2y(t)}{dt^2} + \frac{7\,dy(t)}{dt} + 9y(t) = \frac{dz(t)}{dt} + z(t)$$

*11.89　推導下面微分方程式的狀態方程式：

$$\frac{d^3y(t)}{dt^3} + \frac{6\,d^2y(t)}{dt^2} + \frac{11\,dy(t)}{dt} + 6y(t) = z(t)$$

*11.90　已知狀態方程式如下，試求 $y(t)$：

$$\dot{\mathbf{x}} = \begin{bmatrix} -4 & 4 \\ -2 & 0 \end{bmatrix} x + \begin{bmatrix} 0 \\ 2 \end{bmatrix} u(t)$$

$$\mathbf{y}(t) = \begin{bmatrix} 1 & 0 \end{bmatrix} x$$

*11.91　已知狀態方程式如下，試求 $y_1(t)$ 和 $y_2(t)$：

$$\dot{\mathbf{x}} = \begin{bmatrix} -2 & -1 \\ 2 & -4 \end{bmatrix} x + \begin{bmatrix} 1 & 1 \\ 4 & 0 \end{bmatrix} \begin{bmatrix} u(t) \\ 2u(t) \end{bmatrix}$$

$$\mathbf{y} = \begin{bmatrix} -2 & -2 \\ 1 & 0 \end{bmatrix} x + \begin{bmatrix} 2 & 0 \\ 0 & -1 \end{bmatrix} \begin{bmatrix} u(t) \\ 2u(t) \end{bmatrix}$$

綜合題

11.92 試求圖 11.93 運算放大器電路的轉移函數，轉移函數形式如下：

$$\frac{V_o(s)}{V_i(s)} = \frac{as}{s^2 + bs + c}$$

其中 a、b 和 c 是常數，試求這些常數值。

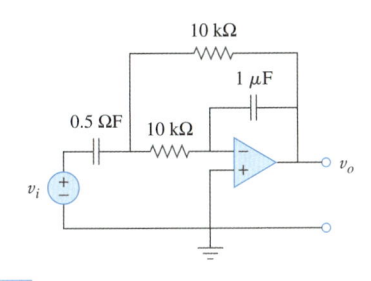

圖 11.93 綜合題 11.92 的電路

11.93 一個實際網路的輸入導納為 $Y(s)$，這個導納有一個極點在 $s = -3$、一個零點在 $s = -1$ 和 $Y(\infty) = 0.25$ S。

(a) 試求 $Y(s)$。

(b) 一個 8 V 電池通過一個開關連接到此網路。如果在 $t = 0$ 時開關是關閉的，利用拉普拉斯轉換求流經 $Y(s)$ 的電流 $i(t)$。

11.94 迴轉器是在網路中模擬電感器的元件，基本迴轉器電路如圖 11.94 所示。利用求 $V_i(s)/I_o(s)$，來證明通過該迴轉器所產生的電感為 $L = CR^2$。

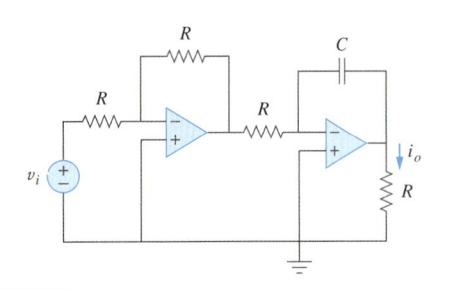

圖 11.94 綜合題 11.94 的電路

Chapter 12 雙埠網路

今天能做的事,絕不拖延到明天。
自己能做的事,絕不麻煩他人。
沒有到手的錢,絕不花。
不想要的東西,絕不因便宜而購買。
驕傲所付出的代價超過飢餓、乾渴和寒冷。
絕不後悔吃得太少。
心甘情願做的事,不覺得麻煩。
不要為沒有發生的壞事而痛苦!
拿東西要抓不扎手的地方。
生氣時,先數到十再說話;如果非常生氣,就數到一百。

——湯瑪士・傑佛遜

加強你的技能和職能

教育事業

三分之二的工程師在私人企業上班,另一些則在學術界教導學生成為工程師。電路分析是一門成為工程師的重要課程。如果你喜歡教學,將來可以考慮成為一位工程教育家。

工程領域的教授在國家最高學府工作,講授研究所和大學程度的課程,並為他們的學校和社區大眾提供專業服務,同時也被寄予能在專業領域上有創新的貢獻。因此,他們必須具備電機工程的基礎理論,以及將所學的知識傳授給學生的技巧。

Photo by James Watson

如果喜歡做研究,也可成為工程領域的先鋒,提出創新的技術、發明、諮詢和教學,並考慮成為一位大學教授。最佳的方式就是與你的教授交談,並從中汲取他們的經驗。

要成為一名成功的工程系教授,必須深刻地理解工程數學和大學物理。如果在解工程學科問題時遇到困難,則必須先增強數學和物理方面的基礎知識。

目前多數大學都要求工程系教授具有博士學位。此外,有些大學還要求教授積極參與研究,並在有良好聲譽的學術期刊上發表研究論文。為了準備在工程教育領域工作,學習盡可能越廣泛越好,因為電機工程正在迅速變化,成為跨學科的工程科學。毫無疑問,工程教育是一個有價值的職業。當看到自己的學生畢業後成為職場上的領導者,並為人類福祉作出顯著的貢獻時,教授們便會獲得滿足感和成就感。

12.1 簡介

線性網路中電流流入或流出的一對端子稱為**埠** (port)。二個端子的器件或元件 (如電阻、電容和電感) 可構成單埠網絡。到目前為止，我們所接觸的電路元件大部分是二個端子電路或稱單埠電路，如圖 12.1(a) 所示。我們已經處理過二端的電壓或電流通過一個單一的一對端子，諸如電阻器、電容器或電感器的二個端子。還學習了四個端子或雙埠電路，包括運算放大器、電晶體、變壓器等，如圖 12.1(b) 所示。在一般情況下，一個網絡可以具有 n 個埠。埠是網路的存取點且由一對端子組成；當電流由埠的某一端流入而從另一端流出，則該埠的淨電流為零。

在本章中，主要討論的是**雙埠網路** [(two-port network)，或簡稱**雙埠** (two-ports)]。

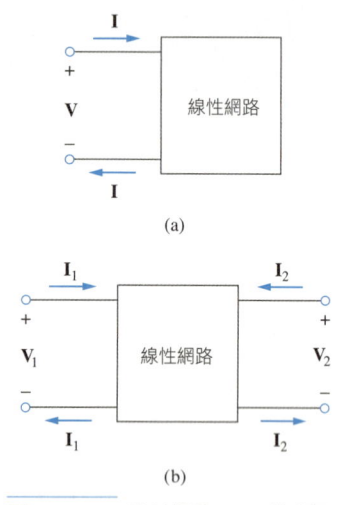

圖 12.1 (a) 單埠網路，(b) 雙埠網路

> 雙埠網路是指具有二個埠 (輸入端與輸出端) 的電子網路。

因此，一個雙埠網路具有作為接點的二對端子。如圖 12.1(b) 所示，電流從埠的一端輸入，而從該埠的另一端流出。三端器件 (如電晶體) 可以看成是雙埠網路。

學習雙埠網路有二個原因：第一，這樣的網路在通信、控制系統、電力系統和電子學方面是很有用的。例如，它們被用在電子模擬電晶體，以方便串接的設計。第二，若知道雙埠網路的參數，則在大型的網路應用中，可把雙埠網路當作一個"黑盒子"。

描述雙埠網路的特性需要確定如圖 12.1(b) 所示端子的變數 V_1、V_2、I_1 和 I_2 之間的關係，其中有二個是獨立的。描述電壓和電流關係變化的項目稱為**參數** (parameter)。本章的目的是推導六組這樣的參數，並顯示這些參數之間的關係，以及雙埠網路如何串聯、並聯和串接。如同運算放大器，我們只關心電路的端點行為。雖然雙埠網路可以包含獨立電源，但本章假設雙埠網路不包含獨立電源。

12.2 阻抗參數

阻抗參數和導納參數常用於濾波器的電路中，在阻抗匹配網路和電力配送網路中也非常有用。本節將討論阻抗參數，而下一節將討論導納參數。

一個雙埠網路可電壓驅動如圖 12.2(a) 或電流驅動如圖 12.2(b) 所示。從圖 12.2(a) 與圖 12.2(b) 的端電壓與端電流的關係如下：

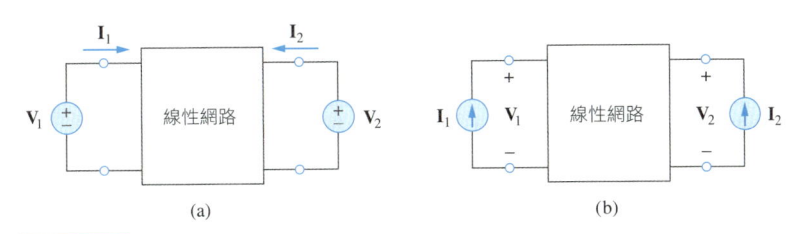

圖 12.2　線性雙埠網路：(a) 由電壓源驅動，(b) 由電流源驅動

$$V_1 = z_{11}I_1 + z_{12}I_2$$
$$V_2 = z_{21}I_1 + z_{22}I_2$$
(12.1)

> 這四個變數中，只有二個變數是獨立的，其他二個變數可利用 (12.1) 式求得。

或以矩陣形式表示如下：

$$\begin{bmatrix} V_1 \\ V_2 \end{bmatrix} = \begin{bmatrix} z_{11} & z_{12} \\ z_{21} & z_{22} \end{bmatrix} \begin{bmatrix} I_1 \\ I_2 \end{bmatrix} = [z] \begin{bmatrix} I_1 \\ I_2 \end{bmatrix}$$
(12.2)

其中 z 項稱為**阻抗參數** (impedance parameters) 或簡稱 z **參數** (z parameters)，且單位為歐姆。

阻抗參數的值可以通過設置 $I_1 = 0$ (輸入埠開路) 或 $I_2 = 0$ (輸出埠開路) 來驗證。因此，

$$z_{11} = \left.\frac{V_1}{I_1}\right|_{I_2=0}, \quad z_{12} = \left.\frac{V_1}{I_2}\right|_{I_1=0}$$
$$z_{21} = \left.\frac{V_2}{I_1}\right|_{I_2=0}, \quad z_{22} = \left.\frac{V_2}{I_2}\right|_{I_1=0}$$
(12.3)

因為 z 參數是由輸入埠開路或輸出埠開路獲得，所以也被稱為**開路阻抗參數** (open-circuit impedance parameters)。具體來說，

z_{11} = 開路輸入阻抗
z_{12} = 從埠 1 到埠 2 的開路轉移阻抗
z_{21} = 從埠 2 到埠 1 的開路轉移阻抗　　(12.4)
z_{22} = 開路輸出阻抗

如圖 12.3(a) 所示，連接一個電壓源 V_1 (或一個電流源 I_1) 到埠 1，且埠 2 開路，並求出 I_1 和 V_2。然後根據 (12.3) 式可求得 z_{11} 和 z_{21} 如下：

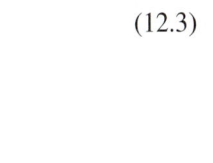

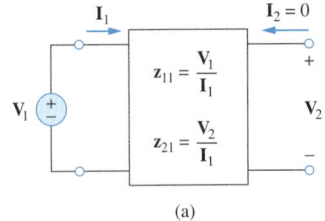

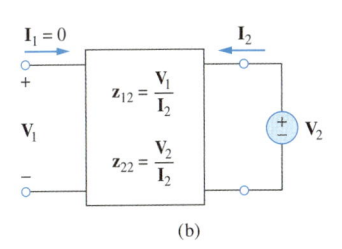

圖 12.3　計算 z 參數：(a) 求 z_{11} 和 z_{21}，(b) 求 z_{12} 和 z_{22}

$$z_{11} = \frac{V_1}{I_1}, \qquad z_{21} = \frac{V_2}{I_1} \tag{12.5}$$

同理，如圖 12.3(b) 所示，連接一個電壓源 V_2 (或一個電流源 I_2) 到埠 2，且埠 1 開路，並求出 I_2 和 V_1。然後根據 (12.3) 式可求得 z_{12} 和 z_{22} 如下：

$$z_{12} = \frac{V_1}{I_2}, \qquad z_{22} = \frac{V_2}{I_2} \tag{12.6}$$

上述過程為我們提供了計算或測量 z 參數的方法。

有時候，z_{11} 和 z_{22} 稱為**驅動點阻抗** (driving-point impedances)，而 z_{12} 和 z_{21} 稱為**轉移阻抗** (transfer impedances)。驅動點阻抗是雙端子 (單埠) 元件的輸入阻抗。因此，z_{11} 是輸出開路時的輸入驅動點阻抗，而 z_{22} 是輸入開路時的輸出驅動點阻抗。

當 $z_{11} = z_{22}$ 時，則此雙埠網路為**對稱** (symmetrical)。這意味此網路在某中心線上成鏡像對稱。也就是說，該中心線將網路分成二個相同部分。

當雙埠網路為線性且沒有獨立電源時，則轉移阻抗是相等的 ($z_{12} = z_{21}$)，而且此雙埠網路稱為**互易** (reciprocal)。意思是，若激發點與響應點互換，此轉移阻抗仍維持不變。如圖 12.4 所示，如果將某一埠的理想電壓源與另一埠的理想電流表互換位置，而電流表的讀數保持不變，則此雙埠網路為互易網路。根據 (12.1) 式，如圖 12.4(a) 的互易網路使 $V = z_{12}I$，如圖 12.4(b) 則得 $V = z_{21}I$。這只有在 $z_{12} = z_{21}$ 的情況下才成立。任何全部由電阻器、電容器和電感器所組成的雙埠網路必是互易網路。互易網路可以被圖 12.5(a) 的 T 型等效網路所取代。對於不是互易的雙埠網路，更通用的等效電路如圖 12.5(b) 所示。注意：該等效電路可由 (12.1) 式得到。

必須提醒，某些雙埠網路不存在 z 參數是因為這些雙埠網路無法使用 (12.1) 式來描述。例如，圖 12.6 的理想變壓器，其雙埠網路的定義方程式如下：

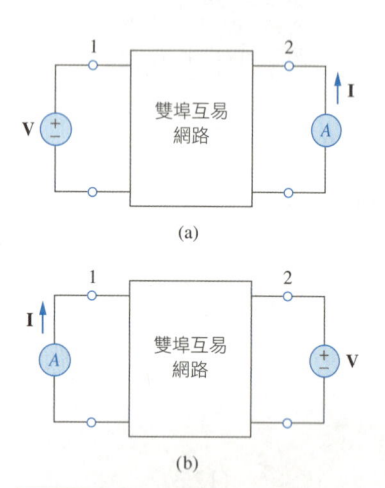

圖 12.4 某一埠的理想電壓源與另一埠的理想電流表互換位置，而電流表保持相同讀數的雙埠互易網路

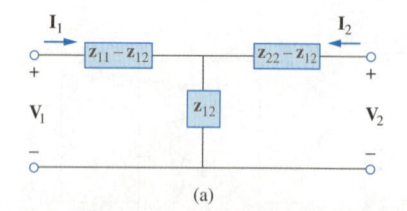

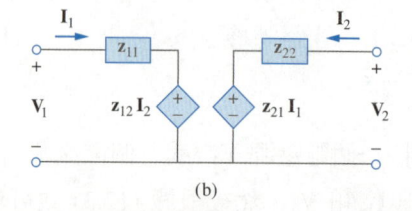

圖 12.5 (a) T 型等效網路只適用於互易網路，(b) 通用等效網路

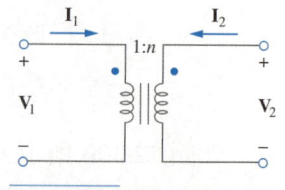

圖 12.6 沒有 z 參數的理想變壓器

$$\mathbf{V}_1 = \frac{1}{n}\mathbf{V}_2, \qquad \mathbf{I}_1 = -n\mathbf{I}_2 \tag{12.7}$$

顯而易見地，上式不能像 (12.1) 式用電流來表示電壓，反之亦然。因此，理想的變壓器沒有 z 參數。但是，它有混合參數，在 12.4 節將會介紹。

範例 12.1

試求圖 12.7 電路的 z 參數。

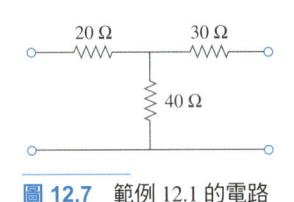

解：

◆**方法一**：計算 z_{11} 和 z_{21} 時，連接一個電壓源 $\mathbf{V}_1$ 到輸入埠，而令輸出埠為開路，如圖 12.8(a) 所示。

圖 **12.7** 範例 12.1 的電路

$$\mathbf{z}_{11} = \frac{\mathbf{V}_1}{\mathbf{I}_1} = \frac{(20+40)\mathbf{I}_1}{\mathbf{I}_1} = 60\ \Omega$$

亦即，$\mathbf{z}_{11}$ 是埠 1 的輸入阻抗，

$$\mathbf{z}_{21} = \frac{\mathbf{V}_2}{\mathbf{I}_1} = \frac{40\mathbf{I}_1}{\mathbf{I}_1} = 40\ \Omega$$

計算 $\mathbf{z}_{12}$ 和 $\mathbf{z}_{22}$ 時，令輸入埠為開路，而連接一個電壓源 $\mathbf{V}_2$ 到輸出埠，如圖 12.8(b) 所示，則

$$\mathbf{z}_{12} = \frac{\mathbf{V}_1}{\mathbf{I}_2} = \frac{40\mathbf{I}_2}{\mathbf{I}_2} = 40\ \Omega, \qquad \mathbf{z}_{22} = \frac{\mathbf{V}_2}{\mathbf{I}_2} = \frac{(30+40)\mathbf{I}_2}{\mathbf{I}_2} = 70\ \Omega$$

因此，

$$[\mathbf{z}] = \begin{bmatrix} 60\ \Omega & 40\ \Omega \\ 40\ \Omega & 70\ \Omega \end{bmatrix}$$

◆**方法二**：因為已知電路不存在獨立電源，所以 $\mathbf{z}_{12} = \mathbf{z}_{21}$，並且利用圖 12.5(a) 的 T 型等效電路。比較圖 12.7 與圖 12.5(a) 得

$$\mathbf{z}_{12} = 40\ \Omega = \mathbf{z}_{21}$$
$$\mathbf{z}_{11} - \mathbf{z}_{12} = 20 \quad \Rightarrow \quad \mathbf{z}_{11} = 20 + \mathbf{z}_{12} = 60\ \Omega$$
$$\mathbf{z}_{22} - \mathbf{z}_{12} = 30 \quad \Rightarrow \quad \mathbf{z}_{22} = 30 + \mathbf{z}_{12} = 70\ \Omega$$

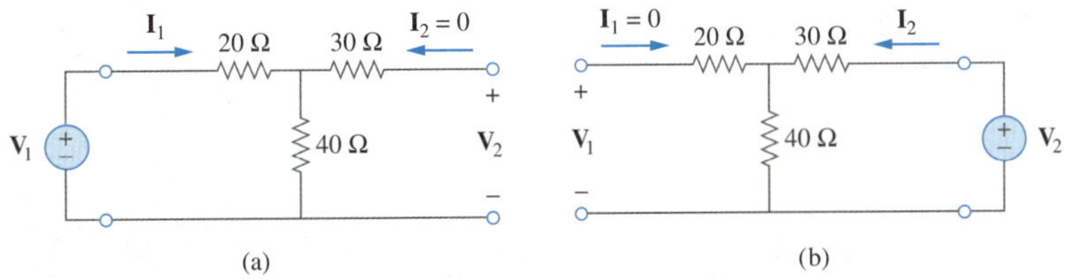

圖 **12.8** 範例 12.1 的電路：(a) 求 $\mathbf{z}_{11}$ 和 $\mathbf{z}_{21}$，(b) 求 $\mathbf{z}_{12}$ 和 $\mathbf{z}_{22}$

練習題 12.1 試求圖 12.9 雙埠網路的 z 參數。

答：$z_{11} = 7\ \Omega$, $z_{12} = z_{21} = z_{22} = 3\ \Omega$.

圖 12.9　練習題 12.1 的電路

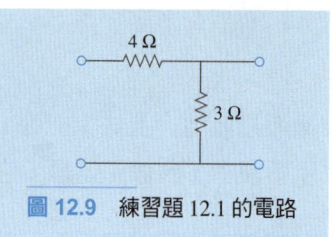

範例 12.2 試求圖 12.10 電路的 I_1 與 I_2。

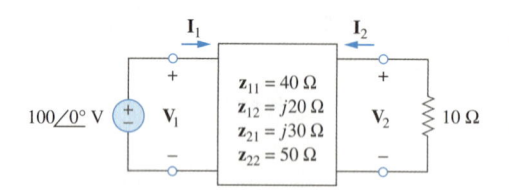

圖 12.10　範例 12.2 的電路

解： 這不是互易網路，可以使用圖 12.5(b) 的等效電路，但也可直接使用 (12.1) 式。將已知的 z 參數代入 (12.1) 式得

$$V_1 = 40I_1 + j20I_2 \tag{12.2.1}$$

$$V_2 = j30I_1 + 50I_2 \tag{12.2.2}$$

因為要求的是電流 I_1 和 I_2，所以將下面的電壓：

$$V_1 = 100\underline{/0°}, \quad V_2 = -10I_2$$

代入 (12.2.1) 式和 (12.2.2) 式得

$$100 = 40I_1 + j20I_2 \tag{12.2.3}$$

$$-10I_2 = j30I_1 + 50I_2 \quad \Rightarrow \quad I_1 = j2I_2 \tag{12.2.4}$$

將 (12.2.4) 式代入 (12.2.3) 式得

$$100 = j80I_2 + j20I_2 \quad \Rightarrow \quad I_2 = \frac{100}{j100} = -j$$

從 (12.2.4) 式得知 $I_1 = j2(-j) = 2$，因此，

$$I_1 = 2\underline{/0°}\ \text{A}, \quad I_2 = 1\underline{/-90°}\ \text{A}$$

練習題 12.2 試求圖 12.11 雙埠網路的 I_1 與 I_2。

答：$200\underline{/30°}$ mA, $100\underline{/120°}$ mA.

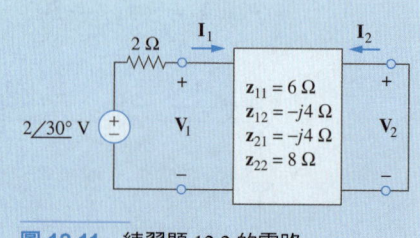

圖 12.11　練習題 12.2 的電路

12.3 導納參數

由前一節得知，某些雙埠網路可能不存在阻抗參數，所以對於這類網路需要使用另一種描述方法。利用網路端電壓來表示端電流所獲得的第二組參數可能符合這個需求。在圖 12.12(a) 或 (b) 中，以端電壓來表示端電流的方程式如下：

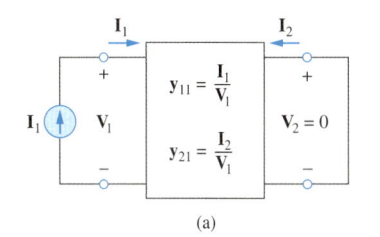

$$\begin{aligned} \mathbf{I}_1 &= \mathbf{y}_{11}\mathbf{V}_1 + \mathbf{y}_{12}\mathbf{V}_2 \\ \mathbf{I}_2 &= \mathbf{y}_{21}\mathbf{V}_1 + \mathbf{y}_{22}\mathbf{V}_2 \end{aligned} \tag{12.8}$$

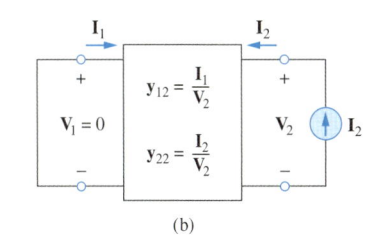

或以矩陣形式表示如下：

$$\begin{bmatrix} \mathbf{I}_1 \\ \mathbf{I}_2 \end{bmatrix} = \begin{bmatrix} \mathbf{y}_{11} & \mathbf{y}_{12} \\ \mathbf{y}_{21} & \mathbf{y}_{22} \end{bmatrix} \begin{bmatrix} \mathbf{V}_1 \\ \mathbf{V}_2 \end{bmatrix} = [\mathbf{y}] \begin{bmatrix} \mathbf{V}_1 \\ \mathbf{V}_2 \end{bmatrix} \tag{12.9}$$

其中 **y** 項稱為**導納參數** (admittance parameters) 或簡稱 **y 參數** (y parameters)，且單位為西門子。

圖 **12.12** 計算 y 參數：(a) 求 $\mathbf{y}_{11}$ 和 $\mathbf{y}_{21}$，(b) 求 $\mathbf{y}_{12}$ 和 $\mathbf{y}_{22}$

導納參數的值可以通過設置 $\mathbf{V}_1 = 0$ (輸入埠短路) 或 $\mathbf{V}_2 = 0$ (輸出埠短路) 來驗證。因此，

$$\mathbf{y}_{11} = \left.\frac{\mathbf{I}_1}{\mathbf{V}_1}\right|_{\mathbf{V}_2=0}, \quad \mathbf{y}_{12} = \left.\frac{\mathbf{I}_1}{\mathbf{V}_2}\right|_{\mathbf{V}_1=0}$$
$$\mathbf{y}_{21} = \left.\frac{\mathbf{I}_2}{\mathbf{V}_1}\right|_{\mathbf{V}_2=0}, \quad \mathbf{y}_{22} = \left.\frac{\mathbf{I}_2}{\mathbf{V}_2}\right|_{\mathbf{V}_1=0} \tag{12.10}$$

因為 y 參數是由輸入埠短路或輸出埠短路獲得，所以也被稱為**短路導納參數** (short-circuit admittance parameters)。特別是，

$$\begin{aligned} \mathbf{y}_{11} &= 短路輸入導納 \\ \mathbf{y}_{12} &= 從埠\ 2\ 到埠\ 1\ 的短路轉移導納 \\ \mathbf{y}_{21} &= 從埠\ 1\ 到埠\ 2\ 的短路轉移導納 \\ \mathbf{y}_{22} &= 短路輸出導納 \end{aligned} \tag{12.11}$$

連接一個電流源 $\mathbf{I}_1$ 到埠 1，且埠 2 短路，如圖 12.12(a) 所示，求出 $\mathbf{V}_1$ 和 $\mathbf{I}_2$。然後根據 (12.10) 式可求得 $\mathbf{y}_{11}$ 和 $\mathbf{y}_{21}$ 如下：

$$\mathbf{y}_{11} = \frac{\mathbf{I}_1}{\mathbf{V}_1}, \qquad \mathbf{y}_{21} = \frac{\mathbf{I}_2}{\mathbf{V}_1} \tag{12.12}$$

同理，如圖 12.12(b) 所示，連接一個電流源 I_2 到埠 2，且埠 1 短路，求出 I_1 和 V_2。然後根據 (12.10) 式可求得 y_{12} 和 y_{22} 如下：

$$y_{12} = \frac{I_1}{V_2}, \qquad y_{22} = \frac{I_2}{V_2} \tag{12.13}$$

上述過程為我們提供了計算或測量 y 參數的方法。阻抗參數和導納參數統稱為**導抗** (immittance) 參數。

對於一個不包含相依電源的線性雙埠網路，它的轉移導納是相等的（$y_{12} = y_{21}$），這可使用證明 z 參數的方法來證明。互易網路（$y_{12} = y_{21}$）可通過 Π 型等效網路進行建模，如圖 12.13(a)，若不是互易網路，則使用圖 12.13(b) 的通用等效網路來建模。

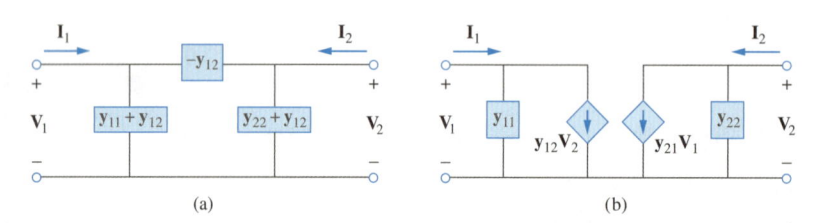

圖 12.13 (a) Π 型等效網路只適用於互易網路，(b) 通用等效網路

範例 12.3 試求圖 12.14 中 Π 型網路的 y 參數。

解：

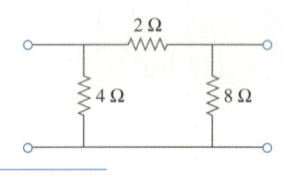

圖 12.14 範例 12.3 的電路

◆**方法一**：計算 y_{11} 和 y_{21} 時，連接一個電流源 I_1 到輸入埠，而將輸出埠短路如圖 12.15(a) 所示。因為 8 Ω 電阻器被短路，2 Ω 電阻器與 4 Ω 電阻器並聯，因此，

$$V_1 = I_1(4 \parallel 2) = \frac{4}{3}I_1, \qquad y_{11} = \frac{I_1}{V_1} = \frac{I_1}{\frac{4}{3}I_1} = 0.75 \text{ S}$$

利用分流定理得

$$-I_2 = \frac{4}{4+2}I_1 = \frac{2}{3}I_1, \qquad y_{21} = \frac{I_2}{V_1} = \frac{-\frac{2}{3}I_1}{\frac{4}{3}I_1} = -0.5 \text{ S}$$

圖 12.15 範例 12.3 的電路：(a) 求 y_{11} 和 y_{21}，(b) 求 y_{12} 和 y_{22}

計算 y_{12} 和 y_{22} 時，令輸入埠短路，且連接一個電流源 I_2 到輸出埠，如圖 12.15(b) 所示。所以，4 Ω 電阻器被短路，而 2 Ω 電阻器和 8 Ω 電阻器為並聯，因此，

$$V_2 = I_2(8 \parallel 2) = \frac{8}{5}I_2, \qquad y_{22} = \frac{I_2}{V_2} = \frac{I_2}{\frac{8}{5}I_2} = \frac{5}{8} = 0.625 \text{ S}$$

利用分流定理得

$$-I_1 = \frac{8}{8+2}I_2 = \frac{4}{5}I_2, \qquad y_{12} = \frac{I_1}{V_2} = \frac{-\frac{4}{5}I_2}{\frac{8}{5}I_2} = -0.5 \text{ S}$$

◆**方法二**：比較圖 12.14 與圖 12.13(a) 得

$$y_{12} = -\frac{1}{2} \text{ S} = y_{21}$$

$$y_{11} + y_{12} = \frac{1}{4} \quad \Rightarrow \quad y_{11} = \frac{1}{4} - y_{12} = 0.75 \text{ S}$$

$$y_{22} + y_{12} = \frac{1}{8} \quad \Rightarrow \quad y_{22} = \frac{1}{8} - y_{12} = 0.625 \text{ S}$$

結果與方法一所得的相同。

練習題 12.3 試求圖 12.16 中 T 型網路的 y 參數。

答：$y_{11} = 227.3$ mS, $y_{12} = y_{21} = -90.91$ mS,
$y_{22} = 136.36$ mS.

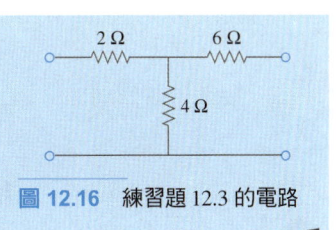

圖 12.16　練習題 12.3 的電路

範例 12.4

試求圖 12.17 雙埠網路的 y 參數。

解：參考前面範例的解題程序，求解 y_{11} 和 y_{21} 時，利用圖 12.18(a) 的電路，將埠 2 短路，以及在埠 1 連接一個電流源。所以，在節點 1 得

$$\frac{V_1 - V_o}{8} = 2I_1 + \frac{V_o}{2} + \frac{V_o - 0}{4}$$

但 $I_1 = \dfrac{V_1 - V_o}{8}$，因此，

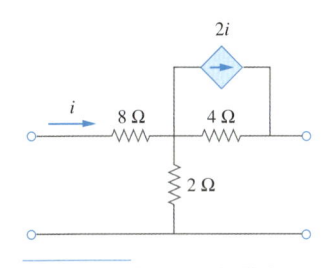

圖 12.17　範例 12.4 的電路

$$0 = \frac{V_1 - V_o}{8} + \frac{3V_o}{4}$$

$$0 = V_1 - V_o + 6V_o \quad \Rightarrow \quad V_1 = -5V_o$$

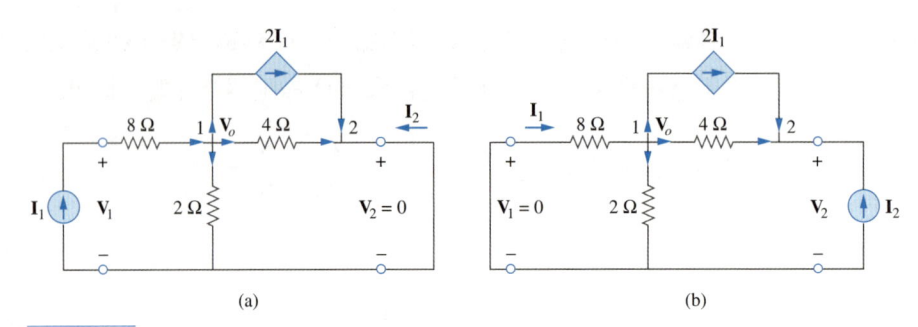

圖 12.18 範例 12.4 的電路：(a) 求 y_{11} 和 y_{21}；(b) 求 y_{12} 和 y_{22}

因此，

$$\mathbf{I}_1 = \frac{-5\mathbf{V}_o - \mathbf{V}_o}{8} = -0.75\mathbf{V}_o$$

和

$$y_{11} = \frac{\mathbf{I}_1}{\mathbf{V}_1} = \frac{-0.75\mathbf{V}_o}{-5\mathbf{V}_o} = 0.15 \text{ S}$$

在節點 2，

$$\frac{\mathbf{V}_o - 0}{4} + 2\mathbf{I}_1 + \mathbf{I}_2 = 0$$

或

$$-\mathbf{I}_2 = 0.25\mathbf{V}_o - 1.5\mathbf{V}_o = -1.25\mathbf{V}_o$$

因此，

$$y_{21} = \frac{\mathbf{I}_2}{\mathbf{V}_1} = \frac{1.25\mathbf{V}_o}{-5\mathbf{V}_o} = -0.25 \text{ S}$$

同理，求解 y_{12} 和 y_{22} 時，利用圖 12.18(b) 的電路。在節點 1 得

$$\frac{0 - \mathbf{V}_o}{8} = 2\mathbf{I}_1 + \frac{\mathbf{V}_o}{2} + \frac{\mathbf{V}_o - \mathbf{V}_2}{4}$$

但 $\mathbf{I}_1 = \dfrac{0 - \mathbf{V}_o}{8}$，因此，

$$0 = -\frac{\mathbf{V}_o}{8} + \frac{\mathbf{V}_o}{2} + \frac{\mathbf{V}_o - \mathbf{V}_2}{4}$$

或

$$0 = -\mathbf{V}_o + 4\mathbf{V}_o + 2\mathbf{V}_o - 2\mathbf{V}_2 \quad \Rightarrow \quad \mathbf{V}_2 = 2.5\mathbf{V}_o$$

因此，

$$\mathbf{y}_{12} = \frac{\mathbf{I}_1}{\mathbf{V}_2} = \frac{-\mathbf{V}_o/8}{2.5\mathbf{V}_o} = -0.05 \text{ S}$$

在節點 2，

$$\frac{\mathbf{V}_o - \mathbf{V}_2}{4} + 2\mathbf{I}_1 + \mathbf{I}_2 = 0$$

或

$$-\mathbf{I}_2 = 0.25\mathbf{V}_o - \frac{1}{4}(2.5\mathbf{V}_o) - \frac{2\mathbf{V}_o}{8} = -0.625\mathbf{V}_o$$

因此，

$$\mathbf{y}_{22} = \frac{\mathbf{I}_2}{\mathbf{V}_2} = \frac{0.625\mathbf{V}_o}{2.5\mathbf{V}_o} = 0.25 \text{ S}$$

注意：本範例不是互易網路，所以在這種情況下，$\mathbf{y}_{12} \neq \mathbf{y}_{21}$。

練習題 12.4 試求圖 12.19 電路的 y 參數。

答： $\mathbf{y}_{11} = 625$ mS, $\mathbf{y}_{12} = -125$ mS, $\mathbf{y}_{21} = 375$ mS, $\mathbf{y}_{22} = 125$ mS.

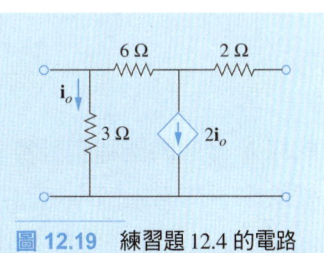

圖 12.19 練習題 12.4 的電路

12.4 混合參數

雙埠網路並不一定存在 z 參數與 y 參數，所以有發展另一組參數的需要，第三組參數是基於使 $\mathbf{V}_1$ 和 $\mathbf{I}_2$ 為相依變數而得的，如下：

$$\begin{aligned}\mathbf{V}_1 &= \mathbf{h}_{11}\mathbf{I}_1 + \mathbf{h}_{12}\mathbf{V}_2 \\ \mathbf{I}_2 &= \mathbf{h}_{21}\mathbf{I}_1 + \mathbf{h}_{22}\mathbf{V}_2\end{aligned} \tag{12.14}$$

或以矩陣形式表示如下：

$$\begin{bmatrix}\mathbf{V}_1 \\ \mathbf{I}_2\end{bmatrix} = \begin{bmatrix}\mathbf{h}_{11} & \mathbf{h}_{12} \\ \mathbf{h}_{21} & \mathbf{h}_{22}\end{bmatrix}\begin{bmatrix}\mathbf{I}_1 \\ \mathbf{V}_2\end{bmatrix} = [\mathbf{h}]\begin{bmatrix}\mathbf{I}_1 \\ \mathbf{V}_2\end{bmatrix} \tag{12.15}$$

其中 **h** 項稱為**混合參數** (hybrid parameters) 或簡稱 ***h* 參數** (*h* parameters)，因為它們是由電壓和電流的混合比組成的。在描述電子元件如電晶體時，*h* 參數是非常有用的。量測元件的 *h* 參數比量測元件的 *z* 參數或 *y* 參數要容易。事實上，(12.7) 式所描述圖 12.6 的理想變壓器沒有 *z* 參數，但可使用混合參數來描述此理想變壓器，因為 (12.7) 式與 (12.14) 式是一致的。

h 參數的值可由下式決定：

$$\mathbf{h}_{11} = \left.\frac{\mathbf{V}_1}{\mathbf{I}_1}\right|_{\mathbf{V}_2=0}, \quad \mathbf{h}_{12} = \left.\frac{\mathbf{V}_1}{\mathbf{V}_2}\right|_{\mathbf{I}_1=0}$$
$$\mathbf{h}_{21} = \left.\frac{\mathbf{I}_2}{\mathbf{I}_1}\right|_{\mathbf{V}_2=0}, \quad \mathbf{h}_{22} = \left.\frac{\mathbf{I}_2}{\mathbf{V}_2}\right|_{\mathbf{I}_1=0}$$
(12.16)

顯而易見，(12.16) 式的 $\mathbf{h}_{11}$、$\mathbf{h}_{12}$、$\mathbf{h}_{21}$ 和 $\mathbf{h}_{22}$ 等參數分別代表阻抗、電壓增益、電流增益和導納，這就是為什麼稱它們為混合參數的原因。具體說明如下：

$$\begin{aligned}\mathbf{h}_{11} &= 短路輸入阻抗 \\ \mathbf{h}_{12} &= 開路反向電壓增益 \\ \mathbf{h}_{21} &= 短路正向電流增益 \\ \mathbf{h}_{22} &= 開路輸出導納\end{aligned}$$
(12.17)

計算 *h* 參數的過程與計算 *z* 參數和 *y* 參數的過程相似。連接電壓源或電流源到適當的埠，將另一個埠短路或開路，根據感興趣的參數，進行常規的電路分析。對於互易網路，$\mathbf{h}_{12} = -\mathbf{h}_{21}$，證明方法與證明 $\mathbf{z}_{12} = \mathbf{z}_{21}$ 相同。圖 12.20 顯示雙埠網路的混合模型。

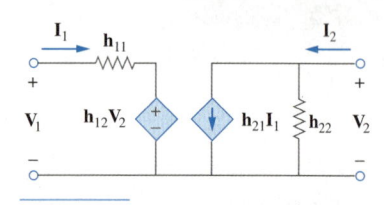

圖 12.20 雙埠網路的 *h* 參數等效網路

與 *h* 參數有密切關係的參數為 ***g* 參數** (*g* parameters)，或稱**逆混合參數** (inverse hybrid parameters)。*g* 參數被用來描述端電流與端電壓，如下：

$$\begin{aligned}\mathbf{I}_1 &= \mathbf{g}_{11}\mathbf{V}_1 + \mathbf{g}_{12}\mathbf{I}_2 \\ \mathbf{V}_2 &= \mathbf{g}_{21}\mathbf{V}_1 + \mathbf{g}_{22}\mathbf{I}_2\end{aligned}$$
(12.18)

或

$$\begin{bmatrix}\mathbf{I}_1 \\ \mathbf{V}_2\end{bmatrix} = \begin{bmatrix}\mathbf{g}_{11} & \mathbf{g}_{12} \\ \mathbf{g}_{21} & \mathbf{g}_{22}\end{bmatrix}\begin{bmatrix}\mathbf{V}_1 \\ \mathbf{I}_2\end{bmatrix} = [\mathbf{g}]\begin{bmatrix}\mathbf{V}_1 \\ \mathbf{I}_2\end{bmatrix}$$
(12.19)

g 參數值的計算公式如下：

$$g_{11} = \left.\frac{I_1}{V_1}\right|_{I_2=0}, \qquad g_{12} = \left.\frac{I_1}{I_2}\right|_{V_1=0}$$
$$g_{21} = \left.\frac{V_2}{V_1}\right|_{I_2=0}, \qquad g_{22} = \left.\frac{V_2}{I_2}\right|_{V_1=0}$$
(12.20)

因此，逆混合參數的具體描述如下：

g_{11} = 開路輸入導納
g_{12} = 短路反向電流增益 (12.21)
g_{21} = 開路正向電壓增益
g_{22} = 短路輸出阻抗

圖 12.21 顯示雙埠網路的逆混合模型，g 參數模型通常用來描述場效電晶體。

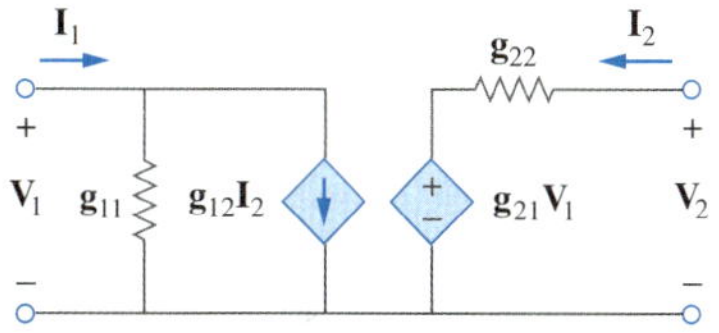

圖 12.21 雙埠網路的 g 參數網路

範例 12.5

試求圖 12.22 雙埠網路的混合參數。

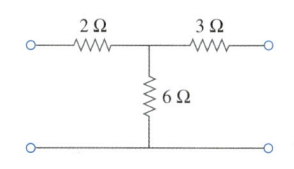

解： 計算 h_{11} 和 h_{21} 時，連接一個電流源 I_1 到輸入埠，而將輸出埠短路如圖 12.23(a) 所示。從圖 12.23(a) 得

$$V_1 = I_1(2 + 3 \parallel 6) = 4I_1$$

因此，

$$h_{11} = \frac{V_1}{I_1} = 4 \; \Omega$$

圖 12.22 範例 12.5 的電路

從圖 12.23(a)，利用分流定理得

$$-I_2 = \frac{6}{6+3}I_1 = \frac{2}{3}I_1$$

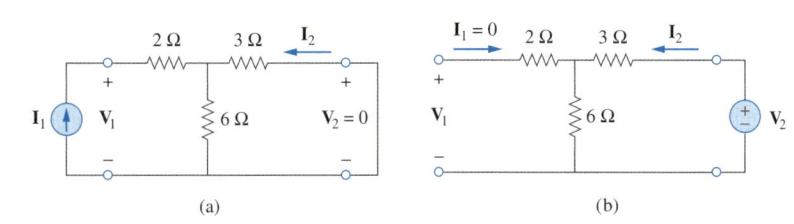

圖 12.23 範例 12.5 的電路：(a) 計算 h_{11} 和 h_{21}，(b) 計算 h_{12} 和 h_{22}

因此，

$$h_{21} = \frac{I_2}{I_1} = -\frac{2}{3}$$

計算 h_{12} 和 h_{22} 時，將輸入埠開路，並連接一個電壓源 V_2 到輸出埠，如圖 12.23(b) 所示。根據分壓定理，

$$V_1 = \frac{6}{6+3}V_2 = \frac{2}{3}V_2$$

因此，

$$h_{12} = \frac{V_1}{V_2} = \frac{2}{3}$$

而且

$$V_2 = (3+6)I_2 = 9I_2$$

因此，

$$h_{22} = \frac{I_2}{V_2} = \frac{1}{9} \text{ S}$$

練習題 12.5 試求圖 12.24 電路的 h 參數。

答：$h_{11} = 1.2\ \Omega,\ h_{12} = 0.4,\ h_{21} = -0.4,\ h_{22} = 400$ mS.

圖 12.24 練習題 12.5 的電路

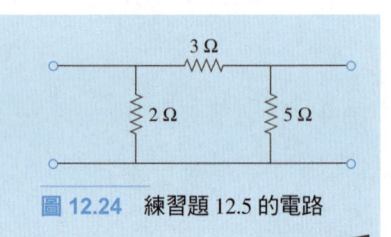

範例 12.6 試求圖 12.25 電路，由輸出埠看進去的戴維寧等效電路。

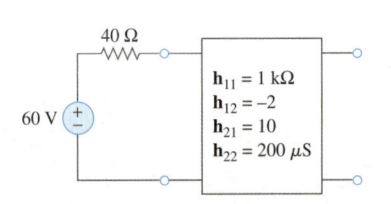

圖 12.25 範例 12.6 的電路

解： 計算 Z_{Th} 和 V_{Th} 時，使用通用解題步驟，牢記 h 模型輸入埠與輸出埠相關的公式。求 Z_{Th} 時，刪除輸入埠上的 60 V 電壓源，連接 1 V 電壓源到輸出埠，如圖 12.26(a) 所示。從 (12.14) 式得

$$V_1 = h_{11}I_1 + h_{12}V_2 \qquad (12.6.1)$$

$$I_2 = h_{21}I_1 + h_{22}V_2 \qquad (12.6.2)$$

將 $V_2 = 1$ 和 $V_1 = -40I_1$ 代入 (12.6.1) 式和 (12.6.2) 式得

$$-40\mathbf{I}_1 = \mathbf{h}_{11}\mathbf{I}_1 + \mathbf{h}_{12} \quad \Rightarrow \quad \mathbf{I}_1 = -\frac{\mathbf{h}_{12}}{40 + \mathbf{h}_{11}} \tag{12.6.3}$$

$$\mathbf{I}_2 = \mathbf{h}_{21}\mathbf{I}_1 + \mathbf{h}_{22} \tag{12.6.4}$$

將 (12.6.3) 式代入 (12.6.4) 式得

$$\mathbf{I}_2 = \mathbf{h}_{22} - \frac{\mathbf{h}_{21}\mathbf{h}_{12}}{\mathbf{h}_{11} + 40} = \frac{\mathbf{h}_{11}\mathbf{h}_{22} - \mathbf{h}_{21}\mathbf{h}_{12} + \mathbf{h}_{22}40}{\mathbf{h}_{11} + 40}$$

因此，

$$\mathbf{Z}_{Th} = \frac{\mathbf{V}_2}{\mathbf{I}_2} = \frac{1}{\mathbf{I}_2} = \frac{\mathbf{h}_{11} + 40}{\mathbf{h}_{11}\mathbf{h}_{22} - \mathbf{h}_{21}\mathbf{h}_{12} + \mathbf{h}_{22}40}$$

將 h 參數值代入上式得

$$\mathbf{Z}_{Th} = \frac{1000 + 40}{10^3 \times 200 \times 10^{-6} + 20 + 40 \times 200 \times 10^{-6}}$$
$$= \frac{1040}{20.21} = 51.46 \, \Omega$$

求 $\mathbf{V}_{Th}$ 就是求圖 12.26(b) 輸出埠的開路電壓 $\mathbf{V}_2$。在輸入埠，

$$-60 + 40\mathbf{I}_1 + \mathbf{V}_1 = 0 \quad \Rightarrow \quad \mathbf{V}_1 = 60 - 40\mathbf{I}_1 \tag{12.6.5}$$

在輸出埠，

$$\mathbf{I}_2 = 0 \tag{12.6.6}$$

將 (12.6.5) 式與 (12.6.6) 式代入 (12.6.1) 式與 (12.6.2) 式得

$$60 - 40\mathbf{I}_1 = \mathbf{h}_{11}\mathbf{I}_1 + \mathbf{h}_{12}\mathbf{V}_2$$

或

$$60 = (\mathbf{h}_{11} + 40)\mathbf{I}_1 + \mathbf{h}_{12}\mathbf{V}_2 \tag{12.6.7}$$

和

$$0 = \mathbf{h}_{21}\mathbf{I}_1 + \mathbf{h}_{22}\mathbf{V}_2 \quad \Rightarrow \quad \mathbf{I}_1 = -\frac{\mathbf{h}_{22}}{\mathbf{h}_{21}}\mathbf{V}_2 \tag{12.6.8}$$

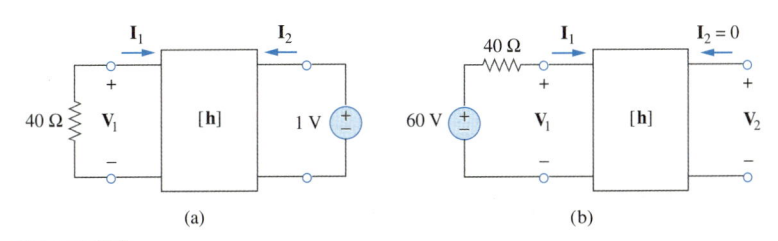

圖 12.26 範例 12.6 的電路：(a) 求 $\mathbf{Z}_{Th}$，(b) 求 $\mathbf{V}_{Th}$

將 (12.6.8) 式代入 (12.6.7) 式得

$$60 = \left[-(\mathbf{h}_{11} + 40)\frac{\mathbf{h}_{22}}{\mathbf{h}_{21}} + \mathbf{h}_{12} \right] \mathbf{V}_2$$

或

$$\mathbf{V}_{\text{Th}} = \mathbf{V}_2 = \frac{60}{-(\mathbf{h}_{11} + 40)\mathbf{h}_{22}/\mathbf{h}_{21} + \mathbf{h}_{12}} = \frac{60\mathbf{h}_{21}}{\mathbf{h}_{12}\mathbf{h}_{21} - \mathbf{h}_{11}\mathbf{h}_{22} - 40\mathbf{h}_{22}}$$

將 h 參數值代入上式得

$$\mathbf{V}_{\text{Th}} = \frac{60 \times 10}{-20.21} = -29.69 \text{ V}$$

> **練習題 12.6**　試求圖 12.27 電路中輸入埠的阻抗。
>
> 答：1.6667 kΩ.

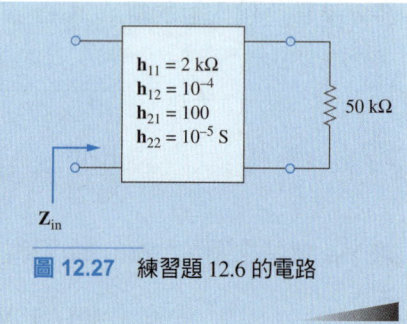

圖 12.27　練習題 12.6 的電路

$h_{11} = 2 \text{ k}\Omega$
$h_{12} = 10^{-4}$
$h_{21} = 100$
$h_{22} = 10^{-5}$ S
50 kΩ

範例 12.7　以 s 函數來表示圖 12.28 電路中的 g 參數。

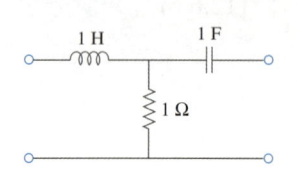

解： 在 s 域，

$$1 \text{ H} \quad \Rightarrow \quad sL = s, \quad 1 \text{ F} \quad \Rightarrow \quad \frac{1}{sC} = \frac{1}{s}$$

計算 g_{11} 和 g_{21} 時，將輸出埠開路，且連接一個電壓源 $\mathbf{V}_1$ 到輸入埠，如圖 12.29(a) 所示。從圖 12.29(a) 得

$$\mathbf{I}_1 = \frac{\mathbf{V}_1}{s + 1}$$

圖 12.28　範例 12.7 的電路

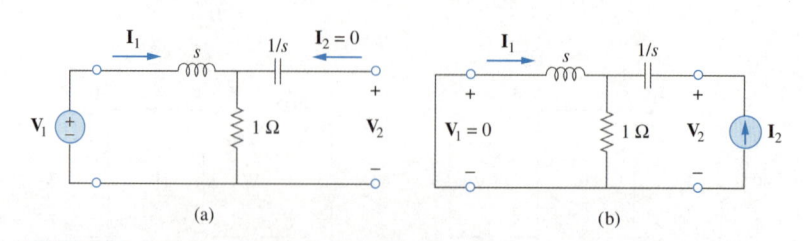

圖 12.29　計算圖 12.28 電路在 s 域的 g 參數

或

$$\mathbf{g}_{11} = \frac{\mathbf{I}_1}{\mathbf{V}_1} = \frac{1}{s+1}$$

根據分壓定理,

$$\mathbf{V}_2 = \frac{1}{s+1}\mathbf{V}_1$$

或

$$\mathbf{g}_{21} = \frac{\mathbf{V}_2}{\mathbf{V}_1} = \frac{1}{s+1}$$

求 $\mathbf{g}_{12}$ 和 $\mathbf{g}_{22}$ 時,將輸入埠短路,且連接一個電流源 $\mathbf{I}_2$ 到輸出埠,如圖 12.29(b) 所示。根據分流定理得

$$\mathbf{I}_1 = -\frac{1}{s+1}\mathbf{I}_2$$

或

$$\mathbf{g}_{12} = \frac{\mathbf{I}_1}{\mathbf{I}_2} = -\frac{1}{s+1}$$

而且

$$\mathbf{V}_2 = \mathbf{I}_2\left(\frac{1}{s} + s \parallel 1\right)$$

或

$$\mathbf{g}_{22} = \frac{\mathbf{V}_2}{\mathbf{I}_2} = \frac{1}{s} + \frac{s}{s+1} = \frac{s^2+s+1}{s(s+1)}$$

因此,

$$[\mathbf{g}] = \begin{bmatrix} \dfrac{1}{s+1} & -\dfrac{1}{s+1} \\ \dfrac{1}{s+1} & \dfrac{s^2+s+1}{s(s+1)} \end{bmatrix}$$

練習題 12.7　對圖 12.30 的階梯網路，試求 s 域的 g 參數。

答：$[g] = \begin{bmatrix} \dfrac{s+2}{s^2+3s+1} & -\dfrac{1}{s^2+3s+1} \\ \dfrac{1}{s^2+3s+1} & \dfrac{s(s+2)}{s^2+3s+1} \end{bmatrix}$.

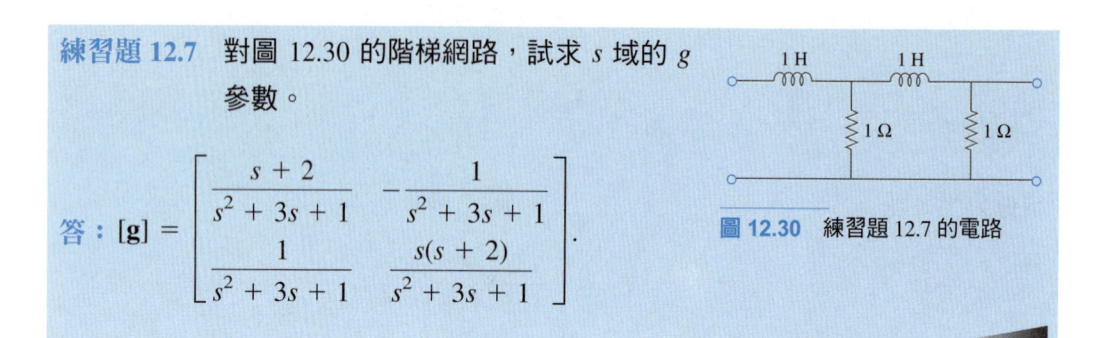

圖 12.30　練習題 12.7 的電路

12.5 傳輸參數

因為沒有限制哪個端電壓或端電流是獨立的，以及哪個是非獨立的變數，所以可以產生很多組參數。另一組表示輸入埠與輸出埠之間變數關係的參數如下：

$$\begin{aligned} V_1 &= AV_2 - BI_2 \\ I_1 &= CV_2 - DI_2 \end{aligned} \quad (12.22)$$

或

$$\begin{bmatrix} V_1 \\ I_1 \end{bmatrix} = \begin{bmatrix} A & B \\ C & D \end{bmatrix} \begin{bmatrix} V_2 \\ -I_2 \end{bmatrix} = [T] \begin{bmatrix} V_2 \\ -I_2 \end{bmatrix} \quad (12.23)$$

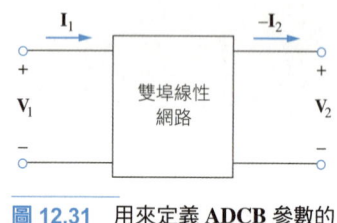

圖 12.31　用來定義 ADCB 參數的端點變數

(12.22) 式和 (12.23) 式表示輸入變數 (V_1 和 I_1) 與輸出變數 (V_2 和 $-I_2$) 之間的關係。注意：在計算傳輸參數時，寧可使用 $-I_2$ 而不用 I_2。因為假設電流是從網路流出的，如圖 12.31 所示，這與圖 12.1(b) 假設電流流入網路的方向相反。這只是配合傳統的規定，當串接雙埠網路 (從輸出埠串接到輸入埠)，則 I_2 從雙埠網路流出是比較合邏輯的。同時，在電力工業中，也習慣假設 I_2 從雙埠網路流出。

(12.22) 式和 (12.23) 式的雙埠網路參數也提供如何量測電路中從電源傳輸到負載的電壓與電流。這些參數在分析傳輸線 (如同軸電纜或光纖) 時是很有用的，因為它們以接收端的變數 (V_2 和 $-I_2$) 來表示傳送端變數 (V_1 和 I_1)，因此稱為**傳輸參數** (transmission parameters)，或稱為 **ABCD** 參數。它們被用於電話系統、微波網路和雷達的設計中。

傳輸參數的計算方式如下：

$$\begin{aligned} A &= \left.\frac{V_1}{V_2}\right|_{I_2=0}, & B &= \left.-\frac{V_1}{I_2}\right|_{V_2=0} \\ C &= \left.\frac{I_1}{V_2}\right|_{I_2=0}, & D &= \left.-\frac{I_1}{I_2}\right|_{V_2=0} \end{aligned} \tag{12.24}$$

因此,傳輸參數的具體描述如下:

$$\begin{aligned} \mathbf{A} &= 開路電壓比 \\ \mathbf{B} &= 負的短路轉移阻抗 \\ \mathbf{C} &= 開路轉移導納 \\ \mathbf{D} &= 負的短路電流比 \end{aligned} \tag{12.25}$$

其中 **A** 和 **D** 是沒有單位的,**B** 的單位是歐姆,**C** 的單位是西門子。因為傳輸參數提供輸入變數與輸出變數間的直接關係,所以這些傳輸參數在串接網路中非常有用。

最後一組參數是以輸入埠變數來表示輸出埠變數的參數,如下:

$$\begin{aligned} V_2 &= aV_1 - bI_1 \\ I_2 &= cV_1 - dI_1 \end{aligned} \tag{12.26}$$

或

$$\begin{bmatrix} V_2 \\ I_2 \end{bmatrix} = \begin{bmatrix} a & b \\ c & d \end{bmatrix} \begin{bmatrix} V_1 \\ -I_1 \end{bmatrix} = [t] \begin{bmatrix} V_1 \\ -I_1 \end{bmatrix} \tag{12.27}$$

a、**b**、**c**、**d** 參數稱為**反向傳輸參數** (inverse transmission parameters),或稱為 ***t* 參數** (*t* parameters)。計算方式如下:

$$\begin{aligned} a &= \left.\frac{V_2}{V_1}\right|_{I_1=0}, & b &= \left.-\frac{V_2}{I_1}\right|_{V_1=0} \\ c &= \left.\frac{I_2}{V_1}\right|_{I_1=0}, & d &= \left.-\frac{I_2}{I_1}\right|_{V_1=0} \end{aligned} \tag{12.28}$$

從 (12.28) 式與前面的經驗,這些參數的具體描述如下:

$$\begin{matrix} \mathbf{a} = 開路電壓增益 \\ \mathbf{b} = 負的短路轉移阻抗 \\ \mathbf{c} = 開路轉移導納 \\ \mathbf{d} = 負的短路電流增益 \end{matrix} \quad (12.29)$$

其中 **a** 和 **d** 是沒有單位的，**b** 和 **c** 的單位分別是歐姆和西門子。

就傳輸或反向傳輸參數而言，若下面條件成立，則網路是互易的。

$$\boxed{AD - BC = 1, \quad ad - bc = 1} \quad (12.30)$$

可以用證明 z 參數的轉移阻抗關係的方法來證明上式的關係。另外，稍後還可使用表 12.1，從互易網路 $\mathbf{z}_{12} = \mathbf{z}_{21}$ 的事實來推導 (12.30) 式。

範例 12.8 試求圖 12.32 雙埠網路的傳輸參數。

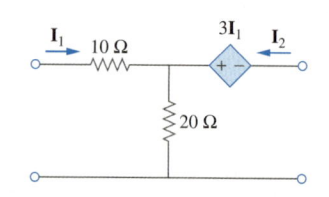

解：計算 **A** 和 **C** 時，將輸出埠開路如圖 12.33(a) 所示，所以 $\mathbf{I}_2 = 0$。連接一個電壓源 $\mathbf{V}_1$ 到輸入埠，得

$$\mathbf{V}_1 = (10 + 20)\mathbf{I}_1 = 30\mathbf{I}_1 \quad 和 \quad \mathbf{V}_2 = 20\mathbf{I}_1 - 3\mathbf{I}_1 = 17\mathbf{I}_1$$

因此，

$$A = \frac{\mathbf{V}_1}{\mathbf{V}_2} = \frac{30\mathbf{I}_1}{17\mathbf{I}_1} = 1.765, \quad C = \frac{\mathbf{I}_1}{\mathbf{V}_2} = \frac{\mathbf{I}_1}{17\mathbf{I}_1} = 0.0588 \text{ S}$$

圖 12.32 範例 12.8 的電路

計算 **B** 和 **D** 時，將輸出埠短路，所以 $\mathbf{V}_2 = 0$，如圖 12.33(b) 所示。然後連接一個電壓源 $\mathbf{V}_1$ 到輸入埠，在圖 12.33(b) 電路的節點 a 應用 KCL 得

$$\frac{\mathbf{V}_1 - \mathbf{V}_a}{10} - \frac{\mathbf{V}_a}{20} + \mathbf{I}_2 = 0 \quad (12.8.1)$$

但 $\mathbf{V}_a = 3\mathbf{I}_1$ 和 $\mathbf{I}_1 = (\mathbf{V}_1 - \mathbf{V}_a)/10$，解之得

$$\mathbf{V}_a = 3\mathbf{I}_1 \quad \mathbf{V}_1 = 13\mathbf{I}_1 \quad (12.8.2)$$

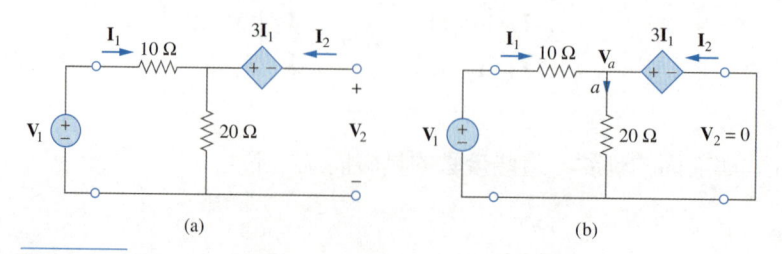

圖 12.33 範例 12.8 的電路：(a) 計算 **A** 和 **C**，(b) 計算 **B** 和 **D**

將 $V_a = 3I_1$ 代入 (12.8.1) 式，並以 $13I_1$ 取代第一項的 V_1 得

$$I_1 - \frac{3I_1}{20} + I_2 = 0 \quad \Rightarrow \quad \frac{17}{20}I_1 = -I_2$$

因此，

$$D = -\frac{I_1}{I_2} = \frac{20}{17} = 1.176, \quad B = -\frac{V_1}{I_2} = \frac{-13I_1}{(-17/20)I_1} = 15.29 \text{ Ω}$$

> **練習題 12.8** 試求圖 12.16 電路的傳輸參數 (參見練習題 12.3)。
>
> 答：$A = 1.5$, $B = 11$ Ω, $C = 250$ mS, $D = 2.5$.

範例 12.9

圖 12.34 雙埠網路的 ABCD 參數為

$$\begin{bmatrix} 4 & 20 \text{ Ω} \\ 0.1 \text{ S} & 2 \end{bmatrix}$$

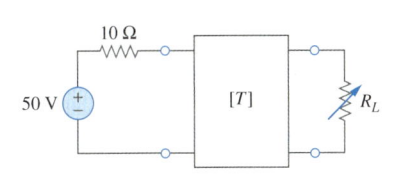

為了得到最大功率轉移，將輸出埠連接到一個可變的負載。求 R_L 與最大功率轉移。

圖 12.34 範例 12.9 的電路

解： 首先，要求出輸出埠或負載的戴維寧等效 (Z_{Th} 和 V_{Th})。
使用圖 12.35(a) 的電路求 Z_{Th}。目標是獲得 $Z_{Th} = V_2/I_2$。將已知的 **ABCD** 參數代入 (12.22) 式得

$$V_1 = 4V_2 - 20I_2 \tag{12.9.1}$$

$$I_1 = 0.1V_2 - 2I_2 \tag{12.9.2}$$

在輸入埠，$V_1 = -10I_1$，代入 (12.9.1) 式得

$$-10I_1 = 4V_2 - 20I_2$$

或

$$I_1 = -0.4V_2 + 2I_2 \tag{12.9.3}$$

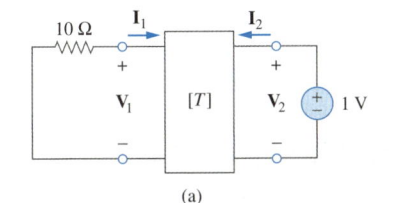

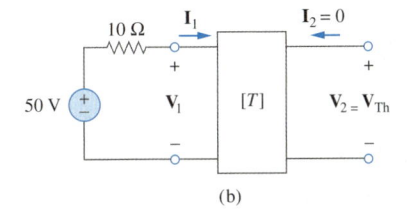

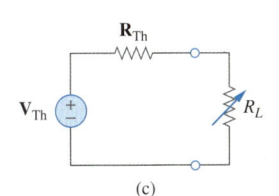

圖 12.35 解範例 12.9 的電路：(a) 求 Z_{Th}，(b) 求 V_{Th}，(c) 求最大傳輸功率的 R_L

令 (12.9.2) 式右邊等於 (12.9.3) 式右邊，得

$$0.1\mathbf{V}_2 - 2\mathbf{I}_2 = -0.4\mathbf{V}_2 + 2\mathbf{I}_2 \quad \Rightarrow \quad 0.5\mathbf{V}_2 = 4\mathbf{I}_2$$

因此，

$$\mathbf{Z}_{Th} = \frac{\mathbf{V}_2}{\mathbf{I}_2} = \frac{4}{0.5} = 8\ \Omega$$

使用圖 12.35(b) 的電路求 $\mathbf{V}_{Th}$。在輸出埠 $\mathbf{I}_2 = 0$，且在輸入埠 $\mathbf{V}_1 = 50 - 10\mathbf{I}_1$。將其代入 (12.9.1) 式和 (12.9.2) 式得

$$50 - 10\mathbf{I}_1 = 4\mathbf{V}_2 \tag{12.9.4}$$

$$\mathbf{I}_1 = 0.1\mathbf{V}_2 \tag{12.9.5}$$

將 (12.9.5) 式代入 (12.9.4) 式得

$$50 - \mathbf{V}_2 = 4\mathbf{V}_2 \quad \Rightarrow \quad \mathbf{V}_2 = 10$$

因此，

$$\mathbf{V}_{Th} = \mathbf{V}_2 = 10\ \text{V}$$

等效電路如圖 12.35(c) 所示。對於最大功率轉移而言，

$$R_L = \mathbf{Z}_{Th} = 8\ \Omega$$

根據 (4.24) 式，最大功率為

$$P = I^2 R_L = \left(\frac{\mathbf{V}_{Th}}{2R_L}\right)^2 R_L = \frac{\mathbf{V}_{Th}^2}{4R_L} = \frac{100}{4 \times 8} = 3.125\ \text{W}$$

練習題 12.9 如果圖 12.36 雙埠網路的傳輸參數如下，試求 $\mathbf{I}_1$ 和 $\mathbf{I}_2$。

$$\begin{bmatrix} 5 & 10\ \Omega \\ 0.4\ \text{S} & 1 \end{bmatrix}$$

答：1 A，-0.2 A。

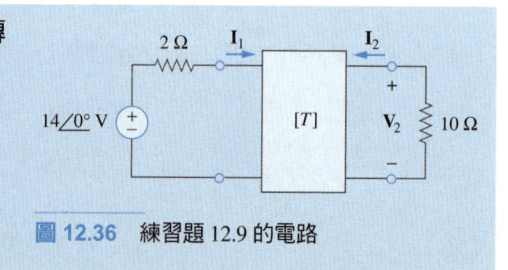

圖 12.36 練習題 12.9 的電路

12.6 †各組參數之間的關係

因為六組參數描述的是同一個雙埠網路的同一個輸入端和輸出端的變數關係，所以它們是相互關聯的。如果有二組參數存在，則可建立二組之間的關係。下面以

二個範例來示範這個過程:

若 z 參數為已知,則可從 (12.2) 式求得 y 參數:

$$\begin{bmatrix} V_1 \\ V_2 \end{bmatrix} = \begin{bmatrix} z_{11} & z_{12} \\ z_{21} & z_{22} \end{bmatrix} \begin{bmatrix} I_1 \\ I_2 \end{bmatrix} = [z] \begin{bmatrix} I_1 \\ I_2 \end{bmatrix} \tag{12.31}$$

或

$$\begin{bmatrix} I_1 \\ I_2 \end{bmatrix} = [z]^{-1} \begin{bmatrix} V_1 \\ V_2 \end{bmatrix} \tag{12.32}$$

而且,從 (12.9) 式得

$$\begin{bmatrix} I_1 \\ I_2 \end{bmatrix} = \begin{bmatrix} y_{11} & y_{12} \\ y_{21} & y_{22} \end{bmatrix} \begin{bmatrix} V_1 \\ V_2 \end{bmatrix} = [y] \begin{bmatrix} V_1 \\ V_2 \end{bmatrix} \tag{12.33}$$

比較 (12.32) 式和 (12.33) 式得

$$[y] = [z]^{-1} \tag{12.34}$$

[z] 的伴隨矩陣為

$$\begin{bmatrix} z_{22} & -z_{12} \\ -z_{21} & z_{11} \end{bmatrix}$$

它的行列式為

$$\Delta_z = z_{11}z_{22} - z_{12}z_{21}$$

代入 (12.34) 式得

$$\begin{bmatrix} y_{11} & y_{12} \\ y_{21} & y_{22} \end{bmatrix} = \frac{\begin{bmatrix} z_{22} & -z_{12} \\ -z_{21} & z_{11} \end{bmatrix}}{\Delta_z} \tag{12.35}$$

由對應項得

$$y_{11} = \frac{z_{22}}{\Delta_z}, \quad y_{12} = -\frac{z_{12}}{\Delta_z}, \quad y_{21} = -\frac{z_{21}}{\Delta_z}, \quad y_{22} = \frac{z_{11}}{\Delta_z} \tag{12.36}$$

第二個範例是已知 z 參數求 h 參數,從 (12.1) 式得

$$V_1 = z_{11}I_1 + z_{12}I_2 \tag{12.37a}$$

$$V_2 = z_{21}I_1 + z_{22}I_2 \tag{12.37b}$$

從 (12.37b) 式可得 I_2 的表示式:

$$I_2 = -\frac{z_{21}}{z_{22}}I_1 + \frac{1}{z_{22}}V_2 \tag{12.38}$$

代入 (12.37a) 式得

$$V_1 = \frac{z_{11}z_{22} - z_{12}z_{21}}{z_{22}} I_1 + \frac{z_{12}}{z_{22}} V_2 \qquad (12.39)$$

以矩陣形式表示 (12.38) 式和 (12.39) 式如下：

$$\begin{bmatrix} V_1 \\ I_2 \end{bmatrix} = \begin{bmatrix} \dfrac{\Delta_z}{z_{22}} & \dfrac{z_{12}}{z_{22}} \\ -\dfrac{z_{21}}{z_{22}} & \dfrac{1}{z_{22}} \end{bmatrix} \begin{bmatrix} I_1 \\ V_2 \end{bmatrix} \qquad (12.40)$$

從 (12.15) 式得

$$\begin{bmatrix} V_1 \\ I_2 \end{bmatrix} = \begin{bmatrix} h_{11} & h_{12} \\ h_{21} & h_{22} \end{bmatrix} \begin{bmatrix} I_1 \\ V_2 \end{bmatrix}$$

上式與 (12.40) 式比較，得

$$h_{11} = \frac{\Delta_z}{z_{22}}, \quad h_{12} = \frac{z_{12}}{z_{22}}, \quad h_{21} = -\frac{z_{21}}{z_{22}}, \quad h_{22} = \frac{1}{z_{22}} \qquad (12.41)$$

表 12.1 提供六組雙埠網路參數的轉換公式。若已知其中一組參數，則可由表 12.1 求得其他參數。例如，已知 T 參數，則可從表 12.1 的第 5 行第 3 列得其對應的 h 參數。而且，已知互易網路的 $z_{21} = z_{12}$，則可使用表 12.1 以其他參數來表示互易網路的條件。而且表 12.1 還顯示：

$$[g] = [h]^{-1} \qquad (12.42)$$

但

$$[t] \neq [T]^{-1} \qquad (12.43)$$

範例 12.10 試求雙埠網路的 [z] 和 [g]，假設

$$[T] = \begin{bmatrix} 10 & 1.5\ \Omega \\ 2\ S & 4 \end{bmatrix}$$

解：如果 $A = 10$，$B = 1.5$，$C = 2$，$D = 4$，則此矩陣的行列式為

$$\Delta_T = AD - BC = 40 - 3 = 37$$

從表 12.1 得

$$z_{11} = \frac{A}{C} = \frac{10}{2} = 5, \quad z_{12} = \frac{\Delta_T}{C} = \frac{37}{2} = 18.5$$

表 12.1　雙埠網路參數的轉換

	z		y		h		h		T		t	
z	z_{11}	z_{12}	$\dfrac{y_{22}}{\Delta_y}$	$-\dfrac{y_{12}}{\Delta_y}$	$\dfrac{\Delta_h}{h_{22}}$	$\dfrac{h_{12}}{h_{22}}$	$\dfrac{1}{g_{11}}$	$-\dfrac{g_{12}}{g_{11}}$	$\dfrac{A}{C}$	$\dfrac{\Delta_T}{C}$	$\dfrac{d}{c}$	$\dfrac{1}{c}$
	z_{21}	z_{22}	$-\dfrac{y_{21}}{\Delta_y}$	$\dfrac{y_{11}}{\Delta_y}$	$-\dfrac{h_{21}}{h_{22}}$	$\dfrac{1}{h_{22}}$	$\dfrac{g_{21}}{g_{11}}$	$\dfrac{\Delta_g}{g_{11}}$	$\dfrac{1}{C}$	$\dfrac{D}{C}$	$\dfrac{\Delta_t}{c}$	$\dfrac{a}{c}$
y	$\dfrac{z_{22}}{\Delta_z}$	$-\dfrac{z_{12}}{\Delta_z}$	y_{11}	y_{12}	$\dfrac{1}{h_{11}}$	$-\dfrac{h_{12}}{h_{11}}$	$\dfrac{\Delta_g}{g_{22}}$	$\dfrac{g_{12}}{g_{22}}$	$\dfrac{D}{B}$	$-\dfrac{\Delta_T}{B}$	$\dfrac{a}{b}$	$-\dfrac{1}{b}$
	$-\dfrac{z_{21}}{\Delta_z}$	$\dfrac{z_{11}}{\Delta_z}$	y_{21}	y_{22}	$\dfrac{h_{21}}{h_{11}}$	$\dfrac{\Delta_h}{h_{11}}$	$-\dfrac{g_{21}}{g_{22}}$	$\dfrac{1}{g_{22}}$	$-\dfrac{1}{B}$	$\dfrac{A}{B}$	$-\dfrac{\Delta_t}{b}$	$\dfrac{d}{b}$
h	$\dfrac{\Delta_z}{z_{22}}$	$\dfrac{z_{12}}{z_{22}}$	$\dfrac{1}{y_{11}}$	$-\dfrac{y_{12}}{y_{11}}$	h_{11}	h_{12}	$\dfrac{g_{22}}{\Delta_g}$	$-\dfrac{g_{12}}{\Delta_g}$	$\dfrac{B}{D}$	$\dfrac{\Delta_T}{D}$	$\dfrac{b}{a}$	$\dfrac{1}{a}$
	$-\dfrac{z_{21}}{z_{22}}$	$\dfrac{1}{z_{22}}$	$\dfrac{y_{21}}{y_{11}}$	$\dfrac{\Delta_y}{y_{11}}$	h_{21}	h_{22}	$-\dfrac{g_{21}}{\Delta_g}$	$\dfrac{g_{11}}{\Delta_g}$	$-\dfrac{1}{D}$	$\dfrac{C}{D}$	$\dfrac{\Delta_t}{a}$	$\dfrac{c}{a}$
g	$\dfrac{1}{z_{11}}$	$-\dfrac{z_{12}}{z_{11}}$	$\dfrac{\Delta_y}{y_{22}}$	$\dfrac{y_{12}}{y_{22}}$	$\dfrac{h_{22}}{\Delta_h}$	$-\dfrac{h_{12}}{\Delta_h}$	g_{11}	g_{12}	$\dfrac{C}{A}$	$-\dfrac{\Delta_T}{A}$	$\dfrac{c}{d}$	$-\dfrac{1}{d}$
	$\dfrac{z_{21}}{z_{11}}$	$\dfrac{\Delta_z}{z_{11}}$	$-\dfrac{y_{21}}{y_{22}}$	$\dfrac{1}{y_{22}}$	$-\dfrac{h_{21}}{\Delta_h}$	$\dfrac{h_{11}}{\Delta_h}$	g_{21}	g_{22}	$\dfrac{1}{A}$	$\dfrac{B}{A}$	$\dfrac{\Delta_t}{d}$	$\dfrac{b}{d}$
T	$\dfrac{z_{11}}{z_{21}}$	$\dfrac{\Delta_z}{z_{21}}$	$-\dfrac{y_{22}}{y_{21}}$	$-\dfrac{1}{y_{21}}$	$-\dfrac{\Delta_h}{h_{21}}$	$-\dfrac{h_{11}}{h_{21}}$	$\dfrac{1}{g_{21}}$	$\dfrac{g_{22}}{g_{21}}$	A	B	$\dfrac{d}{\Delta_t}$	$\dfrac{b}{\Delta_t}$
	$\dfrac{1}{z_{21}}$	$\dfrac{z_{22}}{z_{21}}$	$-\dfrac{\Delta_y}{y_{21}}$	$-\dfrac{y_{11}}{y_{21}}$	$-\dfrac{h_{22}}{h_{21}}$	$-\dfrac{1}{h_{21}}$	$\dfrac{g_{11}}{g_{21}}$	$\dfrac{\Delta_g}{g_{21}}$	C	D	$\dfrac{c}{\Delta_t}$	$\dfrac{a}{\Delta_t}$
t	$\dfrac{z_{22}}{z_{12}}$	$\dfrac{\Delta_z}{z_{12}}$	$-\dfrac{y_{11}}{y_{12}}$	$-\dfrac{1}{y_{12}}$	$\dfrac{1}{h_{12}}$	$\dfrac{h_{11}}{h_{12}}$	$-\dfrac{\Delta_g}{g_{12}}$	$-\dfrac{g_{22}}{g_{12}}$	$\dfrac{D}{\Delta_T}$	$\dfrac{B}{\Delta_T}$	a	b
	$\dfrac{1}{z_{12}}$	$\dfrac{z_{11}}{z_{12}}$	$-\dfrac{\Delta_y}{y_{12}}$	$-\dfrac{y_{22}}{y_{12}}$	$\dfrac{h_{22}}{h_{12}}$	$\dfrac{\Delta_h}{h_{12}}$	$-\dfrac{g_{11}}{g_{12}}$	$\dfrac{1}{g_{12}}$	$\dfrac{C}{\Delta_T}$	$\dfrac{A}{\Delta_T}$	c	d

$\Delta_z = z_{11}z_{22} - z_{12}z_{21},\quad \Delta_h = h_{11}h_{22} - h_{12}h_{21},\quad \Delta_T = AD - BC$
$\Delta_y = y_{11}y_{22} - y_{12}y_{21},\quad \Delta_g = g_{11}g_{22} - g_{12}g_{21},\quad \Delta_t = ad - bc$

$$z_{21} = \dfrac{1}{C} = \dfrac{1}{2} = 0.5, \qquad z_{22} = \dfrac{D}{C} = \dfrac{4}{2} = 2$$

$$g_{11} = \dfrac{C}{A} = \dfrac{2}{10} = 0.2, \qquad g_{12} = -\dfrac{\Delta_T}{A} = -\dfrac{37}{10} = -3.7$$

$$g_{21} = \dfrac{1}{A} = \dfrac{1}{10} = 0.1, \qquad g_{22} = \dfrac{B}{A} = \dfrac{1.5}{10} = 0.15$$

因此，

$$[\mathbf{z}] = \begin{bmatrix} 5 & 18.5 \\ 0.5 & 2 \end{bmatrix} \Omega, \qquad [\mathbf{g}] = \begin{bmatrix} 0.2\ \text{S} & -3.7 \\ 0.1 & 0.15\ \Omega \end{bmatrix}$$

> **練習題 12.10** 試求雙埠網路的 [y] 和 [T]，其中 z 參數為
> $$[\mathbf{z}] = \begin{bmatrix} 6 & 4 \\ 4 & 6 \end{bmatrix} \Omega$$
>
> 答：$[\mathbf{y}] = \begin{bmatrix} 0.3 & -0.2 \\ -0.2 & 0.3 \end{bmatrix}$ S, $[\mathbf{T}] = \begin{bmatrix} 1.5 & 5\ \Omega \\ 0.25\ \text{S} & 1.5 \end{bmatrix}$。

範例 12.11 試求圖 12.37 運算放大器電路的 y 參數，並證明這個電路沒有 z 參數。

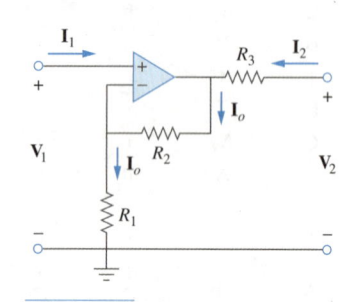

解： 因為沒有電流可以流入運算放大器的輸入端，所以 $\mathbf{I}_1 = 0$。$\mathbf{I}_1$ 可以用 $\mathbf{V}_1$ 和 $\mathbf{V}_2$ 來表示如下：

$$\mathbf{I}_1 = 0\mathbf{V}_1 + 0\mathbf{V}_2 \tag{12.11.1}$$

比較上式與 (12.8) 式，

$$\mathbf{y}_{11} = 0 = \mathbf{y}_{12}$$

圖 12.37 範例 12.11 的電路

而且

$$\mathbf{V}_2 = R_3\mathbf{I}_2 + \mathbf{I}_o(R_1 + R_2)$$

其中 $\mathbf{I}_o$ 是流經 R_1 和 R_2 的電流。但是，$\mathbf{I}_o = \mathbf{V}_1/R_1$，因此，

$$\mathbf{V}_2 = R_3\mathbf{I}_2 + \frac{\mathbf{V}_1(R_1 + R_2)}{R_1}$$

上式可重寫如下：

$$\mathbf{I}_2 = -\frac{(R_1 + R_2)}{R_1 R_3}\mathbf{V}_1 + \frac{\mathbf{V}_2}{R_3}$$

比較上式與 (12.8) 式，可證明

$$\mathbf{y}_{21} = -\frac{(R_1 + R_2)}{R_1 R_3}, \qquad \mathbf{y}_{22} = \frac{1}{R_3}$$

[y] 矩陣的行列式為

$$\Delta_y = \mathbf{y}_{11}\mathbf{y}_{22} - \mathbf{y}_{12}\mathbf{y}_{21} = 0$$

因為 $\Delta_y = 0$，則 [y] 沒有反矩陣。因此，根據 (12.34) 式得知 [z] 矩陣不存在。注意：主動元件沒有互易電路。

練習題 12.11 試求圖 12.38 運算放大器電路的 z 參數,並證明這個電路沒有 y 參數。

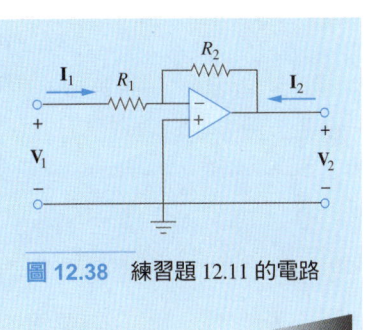

答:$[\mathbf{z}] = \begin{bmatrix} R_1 & 0 \\ -R_2 & 0 \end{bmatrix}$,因為 $[\mathbf{z}]^{-1}$ 不存在,所以 $[\mathbf{y}]$ 不存在。

圖 12.38 練習題 12.11 的電路

12.7 網路互連

大型複雜網路可被分割成許多個子網路以便於分析和設計。可利用雙埠網路來建構這些子網路,然後相互連接形成原來的大型複雜網路。這些雙埠網路可能因此被視為電路的基本方塊,且可以相互連接形成一個複雜的網路。雖然這些相互連接的網路可以由前幾節所討論的六組參數之一來描述,但其中某一組特定參數可能具有明顯的優勢。例如,在串聯的網路中,將個別的 z 參數相加之後得到較大網路的 z 參數。在並聯的網路中,將個別的 y 參數相加之後得到較大網路的 y 參數。在串接的網路中,將個別的傳輸參數相乘可得較大網路的傳輸參數。

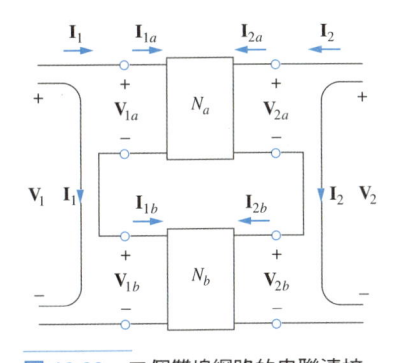

考慮二個雙埠網路的串聯連接如圖 12.39 所示。這個網路被視為串聯是因為它們的輸入電流相同,而端電壓則相加。另外,每個網路都有一個公共的參考點,當電路被串聯在一起時,每個電路的公共參考點被連接在一起。對 N_a 網路而言,

$$\mathbf{V}_{1a} = \mathbf{z}_{11a}\mathbf{I}_{1a} + \mathbf{z}_{12a}\mathbf{I}_{2a}$$
$$\mathbf{V}_{2a} = \mathbf{z}_{21a}\mathbf{I}_{1a} + \mathbf{z}_{22a}\mathbf{I}_{2a}$$
(12.44)

對 N_b 網路而言,

$$\mathbf{V}_{1b} = \mathbf{z}_{11b}\mathbf{I}_{1b} + \mathbf{z}_{12b}\mathbf{I}_{2b}$$
$$\mathbf{V}_{2b} = \mathbf{z}_{21b}\mathbf{I}_{1b} + \mathbf{z}_{22b}\mathbf{I}_{2b}$$
(12.45)

圖 12.39 二個雙埠網路的串聯連接

從圖 12.39 得知

$$\mathbf{I}_1 = \mathbf{I}_{1a} = \mathbf{I}_{1b}, \quad \mathbf{I}_2 = \mathbf{I}_{2a} = \mathbf{I}_{2b}$$
(12.46)

而且

$$\mathbf{V}_1 = \mathbf{V}_{1a} + \mathbf{V}_{1b} = (\mathbf{z}_{11a} + \mathbf{z}_{11b})\mathbf{I}_1 + (\mathbf{z}_{12a} + \mathbf{z}_{12b})\mathbf{I}_2$$
$$\mathbf{V}_2 = \mathbf{V}_{2a} + \mathbf{V}_{2b} = (\mathbf{z}_{21a} + \mathbf{z}_{21b})\mathbf{I}_1 + (\mathbf{z}_{22a} + \mathbf{z}_{22b})\mathbf{I}_2$$
(12.47)

因此,整個網路的 z 參數為

$$\begin{bmatrix} \mathbf{z}_{11} & \mathbf{z}_{12} \\ \mathbf{z}_{21} & \mathbf{z}_{22} \end{bmatrix} = \begin{bmatrix} \mathbf{z}_{11a} + \mathbf{z}_{11b} & \mathbf{z}_{12a} + \mathbf{z}_{12b} \\ \mathbf{z}_{21a} + \mathbf{z}_{21b} & \mathbf{z}_{22a} + \mathbf{z}_{22b} \end{bmatrix} \tag{12.48}$$

或

$$[\mathbf{z}] = [\mathbf{z}_a] + [\mathbf{z}_b] \tag{12.49}$$

若要證明整個網路的 z 參數是由個別網路的 z 參數的總和，可以串聯 n 個網路。例如，二個 [**h**] 模型的雙埠網路串聯在一起，利用表 12.1 將 **h** 參數轉換成 **z** 參數，然後應用 (12.49) 式。最後再利用表 12.1 轉換回 **h** 參數。

如果二個雙埠網路的埠電壓相等，且較大網路的埠電流等於個別網路埠電流之和，則為並聯連接。另外，每個網路都有一個公共的參考點，當電路被並聯在一起時，每個電路的公共參考點被連接在一起。二個雙埠網路的並聯連接如圖 12.40 所示。對於這二個網路而言，

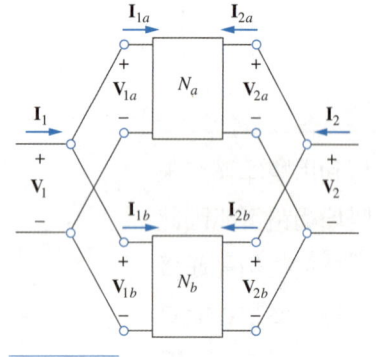

圖 12.40 二個雙埠網路的並聯連接

$$\begin{aligned} \mathbf{I}_{1a} &= \mathbf{y}_{11a}\mathbf{V}_{1a} + \mathbf{y}_{12a}\mathbf{V}_{2a} \\ \mathbf{I}_{2a} &= \mathbf{y}_{21a}\mathbf{V}_{1a} + \mathbf{y}_{22a}\mathbf{V}_{2a} \end{aligned} \tag{12.50}$$

且

$$\begin{aligned} \mathbf{I}_{1b} &= \mathbf{y}_{11b}\mathbf{V}_{1b} + \mathbf{y}_{12b}\mathbf{V}_{2b} \\ \mathbf{I}_{2a} &= \mathbf{y}_{21b}\mathbf{V}_{1b} + \mathbf{y}_{22b}\mathbf{V}_{2b} \end{aligned} \tag{12.51}$$

但從圖 12.40 得

$$\begin{aligned} \mathbf{V}_1 &= \mathbf{V}_{1a} = \mathbf{V}_{1b}, \qquad \mathbf{V}_2 = \mathbf{V}_{2a} = \mathbf{V}_{2b} \\ \mathbf{I}_1 &= \mathbf{I}_{1a} + \mathbf{I}_{1b}, \qquad \mathbf{I}_2 = \mathbf{I}_{2a} + \mathbf{I}_{2b} \end{aligned} \tag{12.52}$$

將 (12.50) 式和 (12.51) 式代入 (12.52b) 式得

$$\begin{aligned} \mathbf{I}_1 &= (\mathbf{y}_{11a} + \mathbf{y}_{11b})\mathbf{V}_1 + (\mathbf{y}_{12a} + \mathbf{y}_{12b})\mathbf{V}_2 \\ \mathbf{I}_2 &= (\mathbf{y}_{21a} + \mathbf{y}_{21b})\mathbf{V}_1 + (\mathbf{y}_{22a} + \mathbf{y}_{22b})\mathbf{V}_2 \end{aligned} \tag{12.53}$$

因此，整個網路的 y 參數為

$$\begin{bmatrix} \mathbf{y}_{11} & \mathbf{y}_{12} \\ \mathbf{y}_{21} & \mathbf{y}_{22} \end{bmatrix} = \begin{bmatrix} \mathbf{y}_{11a} + \mathbf{y}_{11b} & \mathbf{y}_{12a} + \mathbf{y}_{12b} \\ \mathbf{y}_{21a} + \mathbf{y}_{21b} & \mathbf{y}_{22a} + \mathbf{y}_{22b} \end{bmatrix} \tag{12.54}$$

或

$$[\mathbf{y}] = [\mathbf{y}_a] + [\mathbf{y}_b] \tag{12.55}$$

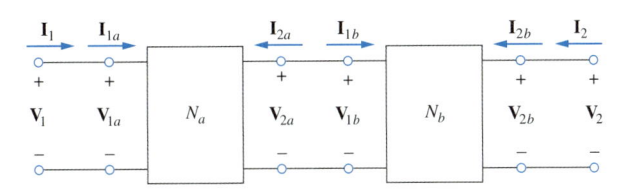

圖 12.41 二個雙埠網路的串接連接

要證明整個網路的 y 參數是由個別網路的 y 參數的總和，可以並聯 n 個網路。

如果一個網路的輸出為另一個網路的輸入，則稱這二個網路為**串接**(cascaded)。二個雙埠網路的串接如圖 12.41 所示。對於這二個網路而言，

$$\begin{bmatrix} \mathbf{V}_{1a} \\ \mathbf{I}_{1a} \end{bmatrix} = \begin{bmatrix} \mathbf{A}_a & \mathbf{B}_a \\ \mathbf{C}_a & \mathbf{D}_a \end{bmatrix} \begin{bmatrix} \mathbf{V}_{2a} \\ -\mathbf{I}_{2a} \end{bmatrix} \tag{12.56}$$

$$\begin{bmatrix} \mathbf{V}_{1b} \\ \mathbf{I}_{1b} \end{bmatrix} = \begin{bmatrix} \mathbf{A}_b & \mathbf{B}_b \\ \mathbf{C}_b & \mathbf{D}_b \end{bmatrix} \begin{bmatrix} \mathbf{V}_{2b} \\ -\mathbf{I}_{2b} \end{bmatrix} \tag{12.57}$$

從圖 12.41 得

$$\begin{bmatrix} \mathbf{V}_1 \\ \mathbf{I}_1 \end{bmatrix} = \begin{bmatrix} \mathbf{V}_{1a} \\ \mathbf{I}_{1a} \end{bmatrix}, \quad \begin{bmatrix} \mathbf{V}_{2a} \\ -\mathbf{I}_{2a} \end{bmatrix} = \begin{bmatrix} \mathbf{V}_{1b} \\ \mathbf{I}_{1b} \end{bmatrix}, \quad \begin{bmatrix} \mathbf{V}_{2b} \\ -\mathbf{I}_{2b} \end{bmatrix} = \begin{bmatrix} \mathbf{V}_2 \\ -\mathbf{I}_2 \end{bmatrix} \tag{12.58}$$

將它代入 (12.56) 式和 (12.57) 式得

$$\begin{bmatrix} \mathbf{V}_1 \\ \mathbf{I}_1 \end{bmatrix} = \begin{bmatrix} \mathbf{A}_a & \mathbf{B}_a \\ \mathbf{C}_a & \mathbf{D}_a \end{bmatrix} \begin{bmatrix} \mathbf{A}_b & \mathbf{B}_b \\ \mathbf{C}_b & \mathbf{D}_b \end{bmatrix} \begin{bmatrix} \mathbf{V}_2 \\ -\mathbf{I}_2 \end{bmatrix} \tag{12.59}$$

因此，整個網路的傳輸參數為個別網路的傳輸參數之乘積，

$$\begin{bmatrix} \mathbf{A} & \mathbf{B} \\ \mathbf{C} & \mathbf{D} \end{bmatrix} = \begin{bmatrix} \mathbf{A}_a & \mathbf{B}_a \\ \mathbf{C}_a & \mathbf{D}_a \end{bmatrix} \begin{bmatrix} \mathbf{A}_b & \mathbf{B}_b \\ \mathbf{C}_b & \mathbf{D}_b \end{bmatrix} \tag{12.60}$$

或

$$\boxed{[\mathbf{T}] = [\mathbf{T}_a][\mathbf{T}_b]} \tag{12.61}$$

這個性質使得網路的傳輸參數非常有用。注意：矩陣的相乘必須與 N_a 和 N_b 網路串接的順序一致。

範例 12.12 試求圖 12.42 電路的 V_2/V_s。

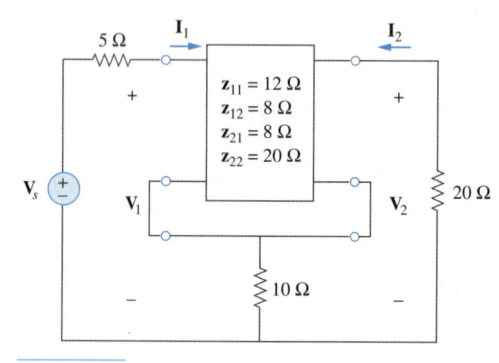

圖 12.42 範例 12.12 的電路

解： 本電路可視為二個雙埠網路的串聯，對於 N_b 網路，

$$z_{12b} = z_{21b} = 10 = z_{11b} = z_{22b}$$

因此，

$$[z] = [z_a] + [z_b] = \begin{bmatrix} 12 & 8 \\ 8 & 20 \end{bmatrix} + \begin{bmatrix} 10 & 10 \\ 10 & 10 \end{bmatrix} = \begin{bmatrix} 22 & 18 \\ 18 & 30 \end{bmatrix}$$

但

$$V_1 = z_{11}I_1 + z_{12}I_2 = 22I_1 + 18I_2 \tag{12.12.1}$$

$$V_2 = z_{21}I_1 + z_{22}I_2 = 18I_1 + 30I_2 \tag{12.12.2}$$

而且，在輸入埠

$$V_1 = V_s - 5I_1 \tag{12.12.3}$$

以及在輸出埠

$$V_2 = -20I_2 \quad \Rightarrow \quad I_2 = -\frac{V_2}{20} \tag{12.12.4}$$

將 (12.12.3) 式和 (12.12.4) 式代入 (12.12.1) 式得

$$V_s - 5I_1 = 22I_1 - \frac{18}{20}V_2 \quad \Rightarrow \quad V_s = 27I_1 - 0.9V_2 \tag{12.12.5}$$

將 (12.12.4) 式代入 (12.12.2) 式得

$$V_2 = 18I_1 - \frac{30}{20}V_2 \quad \Rightarrow \quad I_1 = \frac{2.5}{18}V_2 \tag{12.12.6}$$

將 (12.12.6) 式代入 (12.12.5) 式得

$$\mathbf{V}_s = 27 \times \frac{2.5}{18}\mathbf{V}_2 - 0.9\mathbf{V}_2 = 2.85\mathbf{V}_2$$

所以，

$$\frac{\mathbf{V}_2}{\mathbf{V}_s} = \frac{1}{2.85} = 0.3509$$

練習題 12.12 試求圖 12.43 電路的 $\mathbf{V}_2/\mathbf{V}_s$。

答：$0.6799\underline{/-29.05°}$。

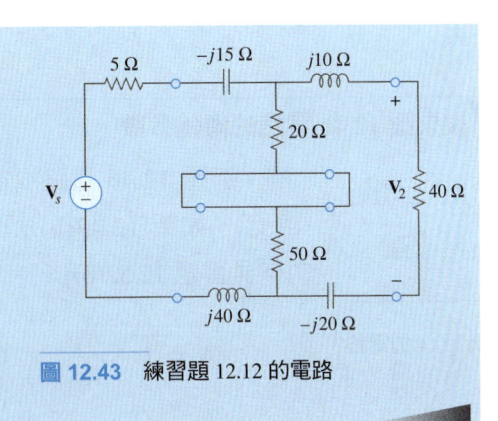

圖 12.43 練習題 12.12 的電路

範例 12.13

試求圖 12.44 雙埠網路的 y 參數。

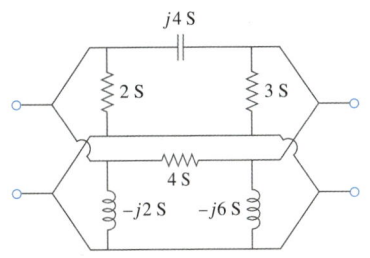

解：將圖 12.44 的上層網路稱為 N_a，下層網路稱為 N_b。這二個網路是並聯連接。將 N_a 和 N_b 網路與圖 12.13(a) 的電路做比較，則得

$$\mathbf{y}_{12a} = -j4 = \mathbf{y}_{21a}, \quad \mathbf{y}_{11a} = 2 + j4, \quad \mathbf{y}_{22a} = 3 + j4$$

或

$$[\mathbf{y}_a] = \begin{bmatrix} 2 + j4 & -j4 \\ -j4 & 3 + j4 \end{bmatrix} \text{S}$$

圖 12.44 範例 12.13 的電路

以及

$$\mathbf{y}_{12b} = -4 = \mathbf{y}_{21b}, \quad \mathbf{y}_{11b} = 4 - j2, \quad \mathbf{y}_{22b} = 4 - j6$$

或

$$[\mathbf{y}_b] = \begin{bmatrix} 4 - j2 & -4 \\ -4 & 4 - j6 \end{bmatrix} \text{S}$$

整個網路的 y 參數為

$$[\mathbf{y}] = [\mathbf{y}_a] + [\mathbf{y}_b] = \begin{bmatrix} 6 + j2 & -4 - j4 \\ -4 - j4 & 7 - j2 \end{bmatrix} \text{S}$$

練習題 12.13 試求圖 12.45 雙埠網路的 y 參數。

答：$\begin{bmatrix} 27-j15 & -25+j10 \\ -25+j10 & 27-j5 \end{bmatrix}$ S.

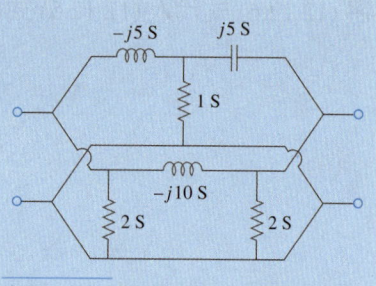

圖 12.45 練習題 12.13 的電路

範例 12.14 試求圖 12.46 電路的傳輸參數。

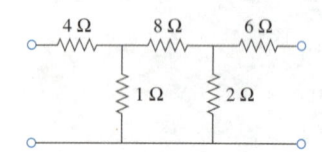

圖 12.46 範例 12.14 的電路

解：將圖 12.46 電路視為二個 T 型網路的串接連接，如圖 12.47(a) 所示。如圖 12.47(b) 所示，一般的 T 型雙埠網路的傳輸參數如下 [參見習題 12.52(b)]：

$$\mathbf{A} = 1 + \frac{R_1}{R_2}, \quad \mathbf{B} = R_3 + \frac{R_1(R_2+R_3)}{R_2}$$

$$\mathbf{C} = \frac{1}{R_2}, \quad \mathbf{D} = 1 + \frac{R_3}{R_2}$$

將上式應用到圖 12.47(a) 的串接網路 N_a 和 N_b，則得

$$\mathbf{A}_a = 1 + 4 = 5, \quad \mathbf{B}_a = 8 + 4 \times 9 = 44 \,\Omega$$
$$\mathbf{C}_a = 1 \text{ S}, \quad \mathbf{D}_a = 1 + 8 = 9$$

或以矩陣形式表示如下：

$$[\mathbf{T}_a] = \begin{bmatrix} 5 & 44\,\Omega \\ 1\text{ S} & 9 \end{bmatrix}$$

且

$$\mathbf{A}_b = 1, \quad \mathbf{B}_b = 6\,\Omega, \quad \mathbf{C}_b = 0.5 \text{ S}, \quad \mathbf{D}_b = 1 + \frac{6}{2} = 4$$

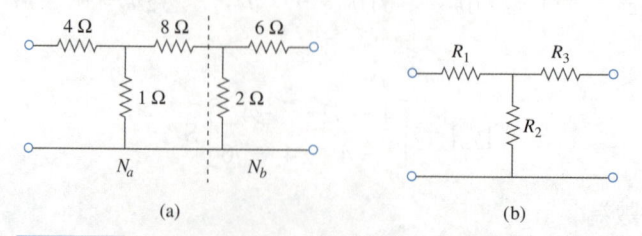

圖 12.47 範例 12.14 的電路：(a) 將圖 12.46 的電路分割成二個雙埠網路，(b) 一般 T 型雙埠網路

即

$$[\mathbf{T}_b] = \begin{bmatrix} 1 & 6\,\Omega \\ 0.5\,\mathrm{S} & 4 \end{bmatrix}$$

因此，對圖 12.46 的整個網路而言，

$$[\mathbf{T}] = [\mathbf{T}_a][\mathbf{T}_b] = \begin{bmatrix} 5 & 44 \\ 1 & 9 \end{bmatrix} \begin{bmatrix} 1 & 6 \\ 0.5 & 4 \end{bmatrix}$$

$$= \begin{bmatrix} 5 \times 1 + 44 \times 0.5 & 5 \times 6 + 44 \times 4 \\ 1 \times 1 + 9 \times 0.5 & 1 \times 6 + 9 \times 4 \end{bmatrix}$$

$$= \begin{bmatrix} 27 & 206\,\Omega \\ 5.5\,\mathrm{S} & 42 \end{bmatrix}$$

注意：

$$\Delta_{T_a} = \Delta_{T_b} = \Delta_T = 1$$

證明此網路為互易網路。

練習題 12.14 試求圖 12.48 電路的 **ABCD** 參數表示法。

答：$[\mathbf{T}] = \begin{bmatrix} 6.3 & 472\,\Omega \\ 0.425\,\mathrm{S} & 32 \end{bmatrix}$。

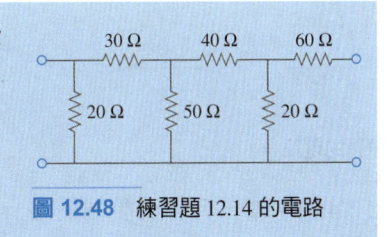

圖 12.48 練習題 12.14 的電路

12.8 總結

1. 雙埠網路是指有二個埠 (或二對存取端點) ——輸入埠與輸出埠的網路。
2. 用來建立雙埠網路的六組參數是阻抗參數 [z]、導納參數 [y]、混合參數 [h]、逆混合參數 [g]、傳輸參數 [T] 和反向傳輸參數 [t]。
3. 描述輸入埠變數和輸出埠變數關係的參數如下：

$$\begin{bmatrix} \mathbf{V}_1 \\ \mathbf{V}_2 \end{bmatrix} = [\mathbf{z}] \begin{bmatrix} \mathbf{I}_1 \\ \mathbf{I}_2 \end{bmatrix}, \quad \begin{bmatrix} \mathbf{I}_1 \\ \mathbf{I}_2 \end{bmatrix} = [\mathbf{y}] \begin{bmatrix} \mathbf{V}_1 \\ \mathbf{V}_2 \end{bmatrix}, \quad \begin{bmatrix} \mathbf{V}_1 \\ \mathbf{I}_2 \end{bmatrix} = [\mathbf{h}] \begin{bmatrix} \mathbf{I}_1 \\ \mathbf{V}_2 \end{bmatrix}$$

$$\begin{bmatrix} \mathbf{I}_1 \\ \mathbf{V}_2 \end{bmatrix} = [\mathbf{g}] \begin{bmatrix} \mathbf{V}_1 \\ \mathbf{I}_2 \end{bmatrix}, \quad \begin{bmatrix} \mathbf{V}_1 \\ \mathbf{I}_1 \end{bmatrix} = [\mathbf{T}] \begin{bmatrix} \mathbf{V}_2 \\ -\mathbf{I}_2 \end{bmatrix}, \quad \begin{bmatrix} \mathbf{V}_2 \\ \mathbf{I}_2 \end{bmatrix} = [\mathbf{t}] \begin{bmatrix} \mathbf{V}_1 \\ -\mathbf{I}_1 \end{bmatrix}$$

4. 對適當的輸入埠或輸出埠短路或開路，可計算或量測這些網路參數。
5. 如果網路參數 $z_{12} = z_{21}$、$y_{12} = y_{21}$、$h_{12} = -h_{21}$、$g_{12} = -g_{21}$、$\Delta_T = 1$ 或 $\Delta_t = 1$，則此雙埠網路為互易網路。如果具有相依電源的雙埠網路，則不是互易網路。

6. 表 12.1 提供六組參數之間的關係，其中三個重要的關係是

$$[\mathbf{y}] = [\mathbf{z}]^{-1}, \quad [\mathbf{g}] = [\mathbf{h}]^{-1}, \quad [\mathbf{t}] \neq [\mathbf{T}]^{-1}$$

7. 雙埠網路的連接方式包括串聯、並聯或串接連接。串聯連接時，整個網路的 z 參數是由個別網路的 z 參數相加。並聯連接時，整個網路的 y 參數是由個別網路的 y 參數相加。串接連接時，整個網路的傳輸參數是由個別網路的傳輸參數依次相乘的。

複習題

12.1 對圖 12.49(a) 單一元件的雙端網路，$\mathbf{z}_{11}$ 為：
(a) 0 (b) 5 (c) 10 (d) 20 (e) 未定義

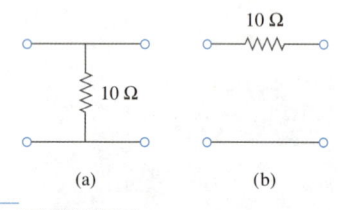

圖 12.49 複習題的電路

12.2 對圖 12.49(b) 單一元件的雙端網路，$\mathbf{z}_{11}$ 為：
(a) 0 (b) 5 (c) 10 (d) 20 (e) 未定義

12.3 對圖 12.49(a) 單一元件的雙端網路，$\mathbf{y}_{11}$ 為：
(a) 0 (b) 5 (c) 10 (d) 20 (e) 未定義

12.4 對圖 12.49(b) 單一元件的雙端網路，$\mathbf{h}_{21}$ 為：
(a) -0.1 (b) -1 (c) 0 (d) 10 (e) 未定義

12.5 對圖 12.49(a) 單一元件的雙端網路，$\mathbf{B}$ 為：
(a) 0 (b) 5 (c) 10 (d) 20 (e) 未定義

12.6 對圖 12.49(b) 單一元件的雙端網路，$\mathbf{B}$ 為：
(a) 0 (b) 5 (c) 10 (d) 20 (e) 未定義

12.7 當雙埠網路的埠 1 短路，$\mathbf{I}_1 = 4\mathbf{I}_2$ 和 $\mathbf{V}_2 = 0.25\mathbf{I}_2$，則下列何者為真？
(a) $y_{11} = 4$ (b) $y_{12} = 16$
(c) $y_{21} = 16$ (d) $y_{22} = 0.25$

12.8 雙埠網路如下列方程式所描述：

$$\mathbf{V}_1 = 50\mathbf{I}_1 + 10\mathbf{I}_2$$
$$\mathbf{V}_2 = 30\mathbf{I}_1 + 20\mathbf{I}_2$$

則下列何者為假？
(a) $\mathbf{z}_{12} = 10$ (b) $\mathbf{y}_{12} = -0.0143$
(c) $\mathbf{h}_{12} = 0.5$ (d) $\mathbf{A} = 50$

12.9 如果雙埠網路為互易網路，則下列何者為假？
(a) $\mathbf{z}_{21} = \mathbf{z}_{12}$ (b) $\mathbf{y}_{21} = \mathbf{y}_{12}$
(c) $\mathbf{h}_{21} = \mathbf{h}_{12}$ (d) $AD = BC + 1$

12.10 如果串接圖 12.49 中的二個單一元件的雙埠網路，則 $\mathbf{D}$ 為：
(a) 0 (b) 0.1 (c) 2 (d) 10 (e) 未定義

答：12.1 c，12.2 e，12.3 e，12.4 b，12.5 a，12.6 c，12.7 b，12.8 d，12.9 c，12.10 c

習題

12.2 節　阻抗參數

12.1 試求圖 12.50 網路的 z 參數。

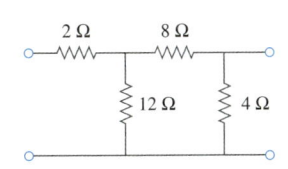

圖 12.50　習題 12.1 和 12.27 的網路

*12.2 試求圖 12.51 電路的等效阻抗參數。

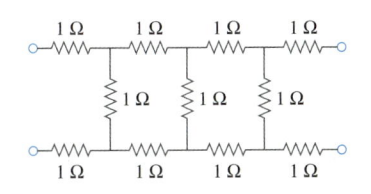

圖 12.51　習題 12.2 的電路

12.3 試求圖 12.52 網路的 z 參數。

圖 12.52　習題 12.3 的電路

12.4 利用圖 12.53 的電路，試設計一個問題幫助其他學生更瞭解如何計算電路的 z 參數。

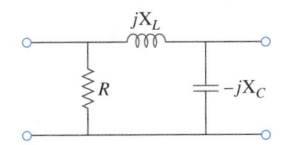

圖 12.53　習題 12.4 的電路

12.5 試求圖 12.54 網路以 s 函數表示的 z 參數。

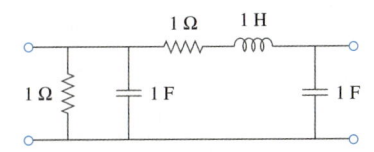

圖 12.54　習題 12.5 的電路

12.6 試求圖 12.55 電路的 z 參數。

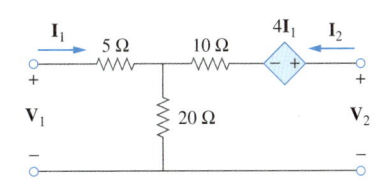

圖 12.55　習題 12.6 和 12.73 的電路

12.7 試求圖 12.56 電路的等效阻抗參數。

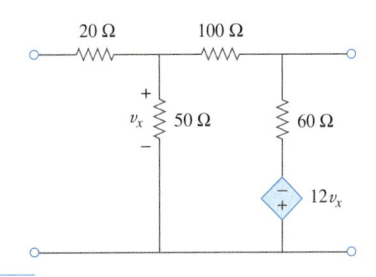

圖 12.56　習題 12.7 的電路

12.8 一個網路的 y 參數如下：

$$Y = [y] = \begin{bmatrix} 0.5 & -0.2 \\ -0.2 & 0.4 \end{bmatrix} S$$

試求這個網路的 z 參數。

12.9 建立可實現如下列 z 參數的雙埠網路：

(a) $[z] = \begin{bmatrix} 25 & 20 \\ 5 & 10 \end{bmatrix} \Omega$

(b) $[z] = \begin{bmatrix} 1 + \dfrac{3}{s} & \dfrac{1}{s} \\ \dfrac{1}{s} & 2s + \dfrac{1}{s} \end{bmatrix} \Omega$

12.10 試求下列 z 參數所表示的雙埠網路：

$$[z] = \begin{bmatrix} 6 + j3 & 5 - j2 \\ 5 - j2 & 8 - j \end{bmatrix} \Omega$$

12.11 對於圖 12.57 所示的電路，令：

$$[z] = \begin{bmatrix} 10 & -6 \\ -4 & 12 \end{bmatrix} \Omega$$

---

* 星號表示該習題具有挑戰性。

試求 I_1、I_2、V_1 和 V_2。

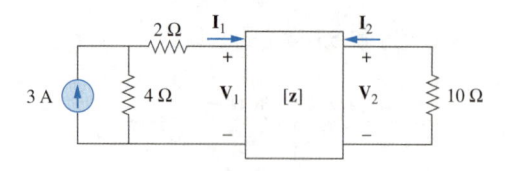

圖 12.57 習題 12.11 的電路

12.12 試求在圖 12.58 網路中，傳遞到 $Z_L = 5 + j4$ 的平均功率。注意：電壓為均方根電壓。

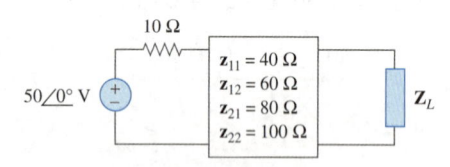

圖 12.58 習題 12.12 的網路

12.13 對於圖 12.59 所示的雙埠網路，試證明輸出端的

$$Z_{Th} = z_{22} - \frac{z_{12}z_{21}}{z_{11} + Z_s}$$

和

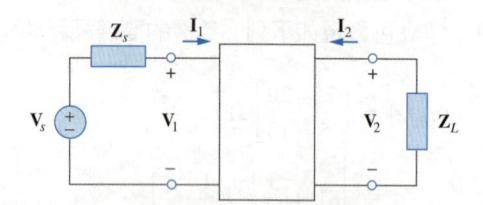

$$V_{Th} = \frac{z_{21}}{z_{11} + Z_s}V_s$$

圖 12.59 習題 12.13 和 12.39 的雙埠網路

12.14 對於圖 12.61 的雙埠網路：

$$[z] = \begin{bmatrix} 40 & 60 \\ 80 & 120 \end{bmatrix} \Omega$$

試求：
(a) 最大功率轉移到負載時的 Z_L。
(b) 傳輸到負載的最大功率。

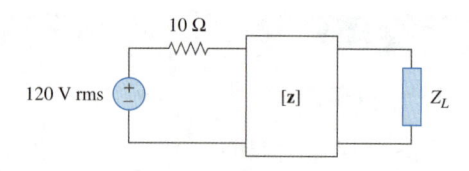

圖 12.60 習題 12.14 的雙埠網路

12.15 對於圖 12.61 電路，在 $\omega = 2$ rad/s、$z_{11} = 10\ \Omega$、$z_{12} = z_{21} = j6\ \Omega$、$z_{22} = 4\ \Omega$，試求 $a\text{-}b$ 二端的戴維寧等效電路和 v_o。

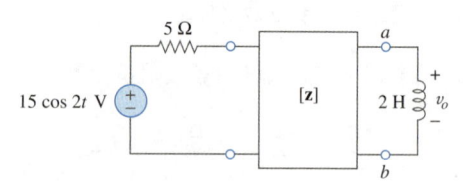

圖 12.61 習題 12.15 的電路

12.3 節　導納參數

*__12.16__ 試求圖 12.62 電路的 z 和 y 參數。

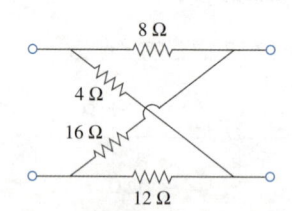

圖 12.62 習題 12.16 的電路

12.17 試求圖 12.63 雙埠網路的 y 參數。

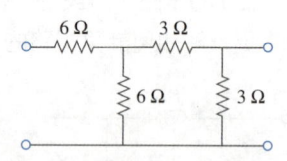

圖 12.63 習題 12.17 和 12.35 的雙埠網路

12.18 利用圖 12.64 的電路，試設計一個問題幫助其他學生更瞭解如何求 s 域的 y 參數。

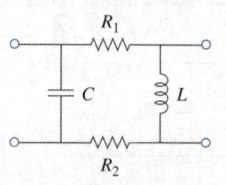

圖 12.64 習題 12.18 的電路

12.19 試求圖 12.65 電路的 y 參數。

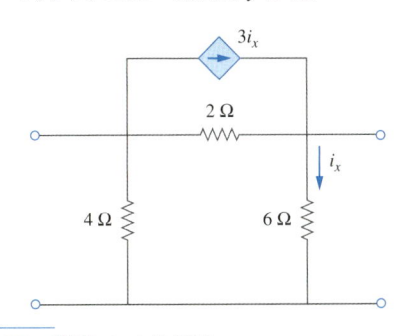

圖 12.65　習題 12.19 的電路

12.20 試求圖 12.66 雙埠網路等效電路的導納參數。

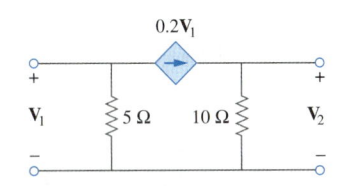

圖 12.66　習題 12.20 的雙埠網路

12.21 試求圖 12.67 雙埠網路的 y 參數。

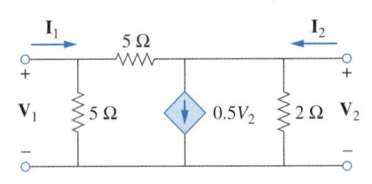

圖 12.67　習題 12.21 的雙埠網路

12.22 試求：
(a) 圖 12.68 雙埠網路的 y 參數。
(b) $v_s = 2u(t)$ V 時的 $\mathbf{V}_2(s)$。

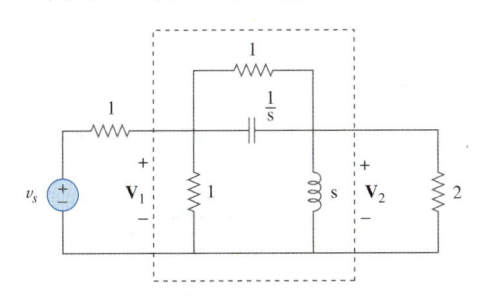

圖 12.68　習題 12.22 的雙埠網路

12.23 試求下面 y 參數所表示的電阻電路：

$$[\mathbf{y}] = \begin{bmatrix} \dfrac{1}{2} & -\dfrac{1}{4} \\ -\dfrac{1}{4} & \dfrac{3}{8} \end{bmatrix} \text{S}$$

12.24 試繪製下面 y 參數所表示的雙埠網路：

$$[\mathbf{y}] = \begin{bmatrix} 1 & -0.5 \\ -0.5 & 1.5 \end{bmatrix} \text{S}$$

12.25 試求圖 12.69 雙埠網路的 $[\mathbf{y}]$。

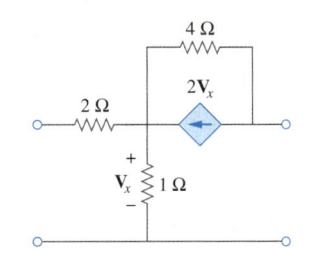

圖 12.69　習題 12.25 的雙埠網路

12.26 試求圖 12.70 電路的 y 參數。

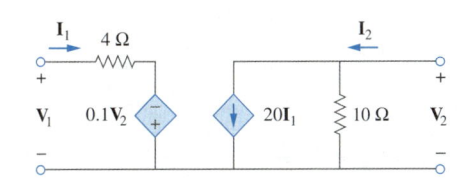

圖 12.70　習題 12.26 的電路

12.27 在圖 12.50 的電路中，輸入埠連接一個 1 A 直流電流源。利用 y 參數計算 2 Ω 電阻器所消耗的功率，並使用直接電路分析驗證計算結果。

12.28 在圖 12.71 橋式電路中，$I_1 = 10$ A、$I_2 = -4$ A。
(a) 利用 y 參數計算 V_1 和 V_2。
(b) 利用直接電路分析驗證 (a) 的結果。

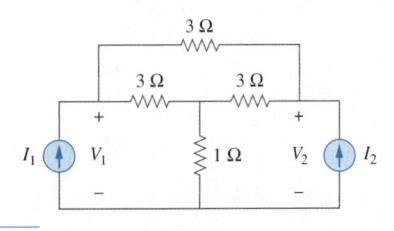

圖 12.71　習題 12.28 的電路

12.4 節　混合參數

12.29 試求圖 12.72 電路的 h 參數。

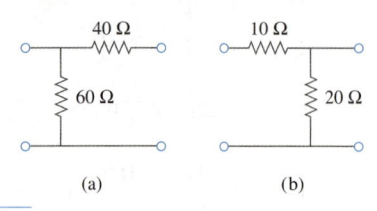

圖 12.72　習題 12.29 的網路

12.30 試求圖 12.73 電路的混合參數。

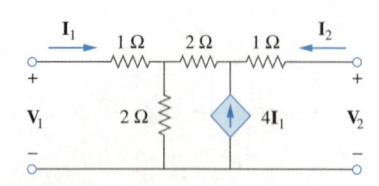

圖 12.73　習題 12.30 的網路

12.31 利用圖 12.74 的電路，試設計一個問題幫助其他學生更瞭解如何求 s 域的 h 和 g 參數。

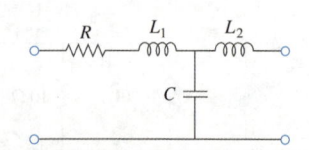

圖 12.74　習題 12.31 的電路

12.32 試求圖 12.75 雙埠網路的 h 參數。

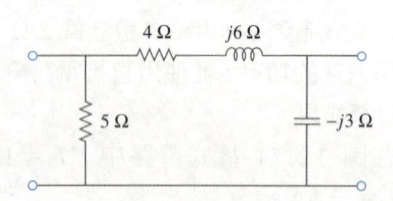

圖 12.75　習題 12.32 的雙埠網路

12.33 試求圖 12.76 雙埠網路的 h 和 g 參數。

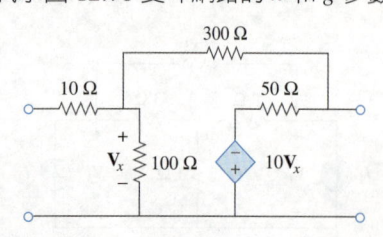

圖 12.76　習題 12.33 的雙埠網路

12.34 對於圖 12.77 雙埠網路，

$$[\mathbf{h}] = \begin{bmatrix} 16\ \Omega & 3 \\ -2 & 0.01\ \text{S} \end{bmatrix}$$

試求：
(a) V_2/V_1　(b) I_2/I_1
(c) I_1/V_1　(d) V_2/I_1

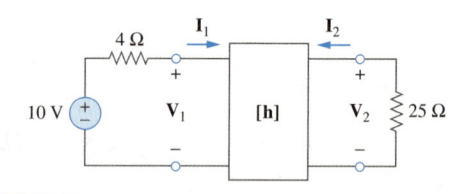

圖 12.77　習題 12.34 的電路

12.35 在圖 12.63 的電路中，輸入埠連接一個 10 V 直流電壓源。當輸出埠連接一個 5 Ω 電阻器，利用電路的 h 參數求 5 Ω 電阻器二端的電壓，並使用直接電路分析驗證計算結果。

12.36 對於圖 12.78 雙埠網路的 h 參數為：

$$[\mathbf{h}] = \begin{bmatrix} 600\ \Omega & 0.04 \\ 30 & 2\ \text{mS} \end{bmatrix}$$

已知 $Z_s = 2\ \text{k}\Omega$、$Z_L = 400\ \Omega$，試求 Z_{in} 和 Z_{out}。

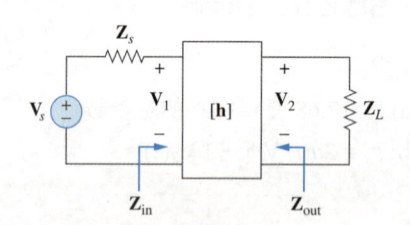

圖 12.78　習題 12.36 的電路

12.37 試求圖 12.79 中 Y 型網路的 g 參數。

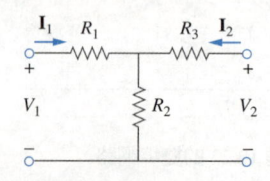

圖 12.79　習題 12.37 的電路

12.38 利用圖 12.80 的電路，試設計一個問題幫助其他學生更瞭解如何求交流電路的 g 參數。

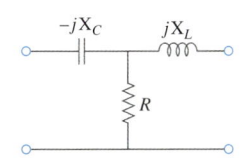

圖 12.80 習題 12.38 的電路

12.39 試證明圖 12.59 雙埠網路的

$$\frac{\mathbf{I}_2}{\mathbf{I}_1} = \frac{-\mathbf{g}_{21}}{\mathbf{g}_{11}\mathbf{Z}_L + \Delta_g}$$

$$\frac{\mathbf{V}_2}{\mathbf{V}_s} = \frac{\mathbf{g}_{21}\mathbf{Z}_L}{(1 + \mathbf{g}_{11}\mathbf{Z}_s)(\mathbf{g}_{22} + \mathbf{Z}_L) - \mathbf{g}_{21}\mathbf{g}_{12}\mathbf{Z}_s}$$

其中 Δ_g 是 [g] 矩陣的行列式值。

12.40 已知雙埠元件的 h 參數如下：

$$\mathbf{h}_{11} = 600\ \Omega, \quad \mathbf{h}_{12} = 10^{-3}, \quad \mathbf{h}_{21} = 120,$$
$$\mathbf{h}_{22} = 2 \times 10^{-6}\ \mathrm{S}$$

試繪製包含上述各元件值的元件電路模型。

12.5 節　傳輸參數

12.41 試求圖 12.81 單一元件雙埠網路的傳輸參數。

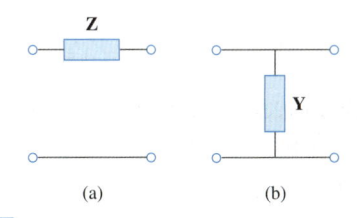

圖 12.81 習題 12.41 的網路

12.42 利用圖 12.82 的電路，試設計一個問題幫助其他學生更瞭解如何求交流電路的傳輸參數。

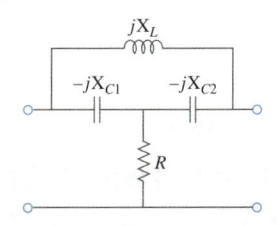

圖 12.82 習題 12.42 的電路

12.43 試求圖 12.83 電路的 **ABCD** 參數。

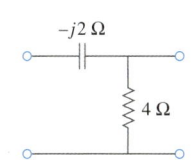

圖 12.83 習題 12.43 的電路

12.44 試求圖 12.84 電路的傳輸參數。

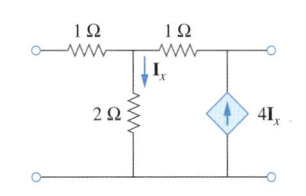

圖 12.84 習題 12.44 的電路

12.45 試求圖 12.85 網路的 **ABCD** 參數。

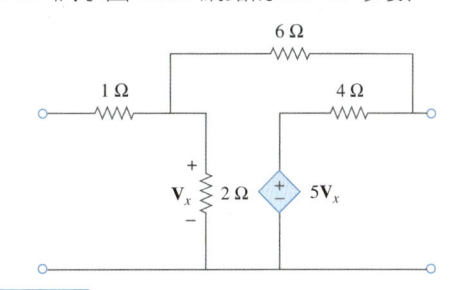

圖 12.85 習題 12.45 的網路

12.46 對某個雙埠網路，令 $\mathbf{A} = 4$、$\mathbf{B} = 30\ \Omega$、$\mathbf{C} = 0.1\ \mathrm{S}$、$\mathbf{D} = 1.5$，試求輸入阻抗 $Z_{\mathrm{in}} = \mathbf{V}_1/\mathbf{I}_1$，當：
(a) 輸出端短路。
(b) 輸出埠開路。
(c) 輸出端連接一個 $10\ \Omega$ 負載。

12.47 利用 s 域的阻抗，試求圖 12.86 電路的傳輸參數。

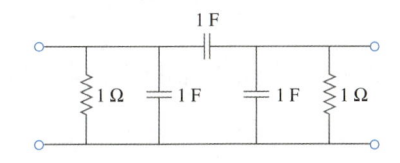

圖 12.86 習題 12.47 的電路

12.48 推導圖 12.87 電路 t 參數的 s 域表示式。

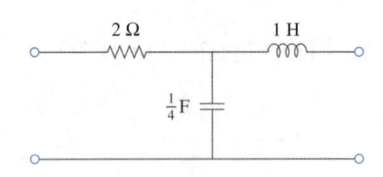

圖 12.87 習題 12.48 的電路

12.6 節　各組參數之間的關係

12.49 (a) 試證明圖 12.88 中 T 型網路的 h 參數為：

$$h_{11} = R_1 + \frac{R_2 R_3}{R_1 + R_3}, \quad h_{12} = \frac{R_2}{R_2 + R_3}$$

$$h_{21} = -\frac{R_2}{R_2 + R_3}, \quad h_{22} = \frac{1}{R_2 + R_3}$$

(b) 試證明同一個 T 型網路的傳輸參數為：

$$A = 1 + \frac{R_1}{R_2}, \quad B = R_3 + \frac{R_1}{R_2}(R_2 + R_3)$$

$$C = \frac{1}{R_2}, \quad D = 1 + \frac{R_3}{R_2}$$

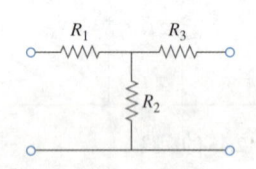

圖 12.88 習題 12.49 的網路

12.50 試推導以 ABCD 參數表示的 z 參數表示式。

12.51 試證明雙埠網路的傳輸參數可以利用 y 參數求得如下：

$$A = -\frac{y_{22}}{y_{21}}, \quad B = -\frac{1}{y_{21}}$$

$$C = -\frac{\Delta_y}{y_{21}}, \quad D = -\frac{y_{11}}{y_{21}}$$

12.52 試證明 g 參數可以利用 z 參數求得如下：

$$g_{11} = \frac{1}{z_{11}}, \quad g_{12} = -\frac{z_{12}}{z_{11}}$$

$$g_{21} = \frac{z_{21}}{z_{11}}, \quad g_{22} = \frac{\Delta_z}{z_{11}}$$

12.53 試求圖 12.89 網路的 $\mathbf{V}_o/\mathbf{V}_s$。

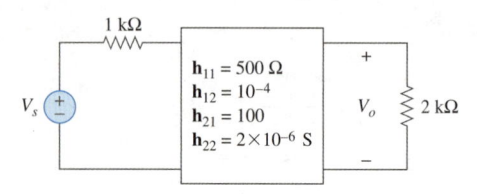

圖 12.89 習題 12.53 的電路

12.54 已知傳輸參數如下：

$$[\mathbf{T}] = \begin{bmatrix} 3 & 20 \\ 1 & 7 \end{bmatrix}$$

試求雙埠網路的其他五組參數。

12.55 試設計一個問題幫助其他學生更瞭解，已知混合參數方程式下，如何發展 y 參數和傳輸參數。

12.56 已知：

$$[\mathbf{g}] = \begin{bmatrix} 0.06 \text{ S} & -0.4 \\ 0.2 & 2 \text{ }\Omega \end{bmatrix}$$

試求：

(a) [z]　(b) [y]　(c) [h]　(d) [T]

12.57 試設計一個在 $\omega = 10^6$ rad/s 時，實現下面 z 參數的 T 型網路。

$$[\mathbf{z}] = \begin{bmatrix} 4 + j3 & 2 \\ 2 & 5 - j \end{bmatrix} \text{k}\Omega$$

12.58 試求圖 12.90 橋式電路的：

(a) z 參數。
(b) h 參數。
(c) 傳輸參數。

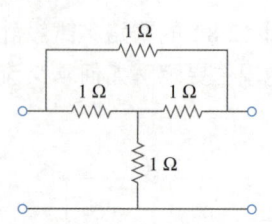

圖 12.90 習題 12.58 的電路

12.59 試求圖 12.91 運算放大器電路的 z 參數，並求傳輸參數。

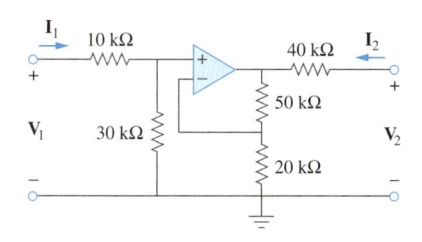

圖 12.91 習題 12.59 的電路

12.60 試求圖 12.92 運算放大器電路在 $\omega = 1000$ rad/s 時的 y 參數，並求對應的 h 參數。

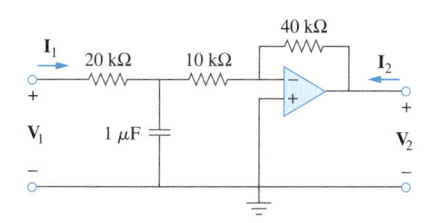

圖 12.92 習題 12.60 的電路

12.7 節　網路互連

12.61 試求圖 12.93 電路的 y 參數。

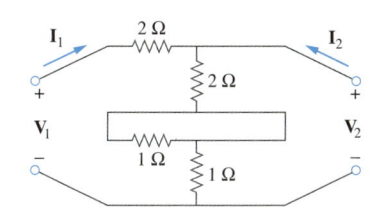

圖 12.93 習題 12.61 的電路

12.62 在圖 12.94 雙埠網路中，令 $y_{12} = y_{21} = 0$、$y_{11} = 2$ mS 和 $y_{22} = 10$ mS，試求 V_o/V_s。

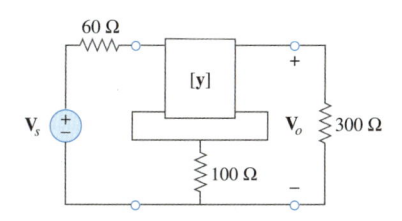

圖 12.94 習題 12.62 的雙埠網路

12.63 如果並聯連接三個圖 12.95 的電路，試求整個電路的傳輸參數。

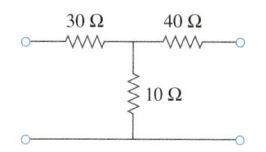

圖 12.95 習題 12.63 的電路

12.64 試求圖 12.96 網路的 h 參數。

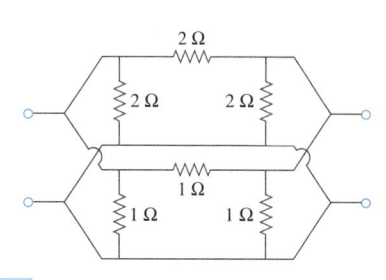

圖 12.96 習題 12.64 的網路

*__12.65__ 對於圖 12.97 二個串-並聯連接的雙埠網路，試求這個網路的 z 參數。

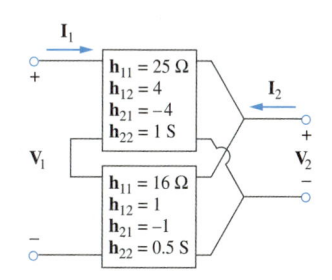

圖 12.97 習題 12.65 的電路

12.66 如果串接三個圖 12.55 的電路，試求整個電路的 z 參數。

*__12.67__ 試求圖 12.98 電路以 s 函數表示的 **ABCD** 參數。（提示：先將電路分割成子電路，然後利用習題 12.41 的結果將它們串接在一起。）

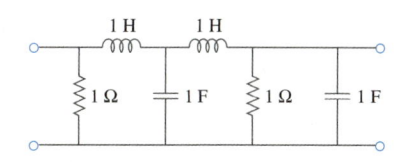

圖 12.98 習題 12.67 的電路

*__12.68__ 對於圖 12.99 所示個別的雙埠網路，其中

$$[\mathbf{z}_a] = \begin{bmatrix} 8 & 6 \\ 4 & 5 \end{bmatrix} \Omega \quad [\mathbf{y}_b] = \begin{bmatrix} 8 & -4 \\ 2 & 10 \end{bmatrix} S$$

試求：

(a) 整個雙埠網路的 y 參數。

(b) 當 $\mathbf{Z}_L = 2\,\Omega$ 時的電壓比 $\mathbf{V}_o/\mathbf{V}_i$。

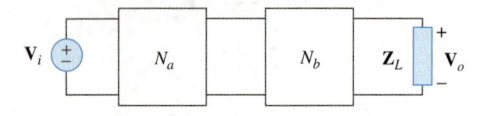

圖 12.99 習題 12.68 的網路

Appendix A 聯立方程式和反矩陣

在電路分析中，經常看到的聯立方程組的形式如下：

$$\begin{aligned} a_{11}x_1 + a_{12}x_2 + \cdots + a_{1n}x_n &= b_1 \\ a_{21}x_1 + a_{22}x_2 + \cdots + a_{2n}x_n &= b_2 \\ &\vdots \\ a_{n1}x_1 + a_{n2}x_2 + \cdots + a_{nn}x_n &= b_n \end{aligned} \tag{A.1}$$

其中需求解 n 個未知數 $x_1, x_2, \ldots, x_n$。(A.1) 式可改為矩陣形式如下：

$$\begin{bmatrix} a_{11} & a_{12} & \cdots & a_{1n} \\ a_{21} & a_{22} & \cdots & a_{2n} \\ \vdots & \vdots & \cdots & \vdots \\ a_{n1} & a_{n2} & \cdots & a_{nn} \end{bmatrix} \begin{bmatrix} x_1 \\ x_2 \\ \vdots \\ x_n \end{bmatrix} = \begin{bmatrix} b_2 \\ b_2 \\ \vdots \\ b_n \end{bmatrix} \tag{A.2}$$

此矩陣方程式可簡寫如下：

$$\mathbf{AX} = \mathbf{B} \tag{A.3}$$

其中

$$\mathbf{A} = \begin{bmatrix} a_{11} & a_{12} & \cdots & a_{1n} \\ a_{21} & a_{22} & \cdots & a_{2n} \\ \vdots & \vdots & \cdots & \vdots \\ a_{n1} & a_{n2} & \cdots & a_{nn} \end{bmatrix}, \quad \mathbf{X} = \begin{bmatrix} x_1 \\ x_2 \\ \vdots \\ x_n \end{bmatrix}, \quad \mathbf{B} = \begin{bmatrix} b_1 \\ b_2 \\ \vdots \\ b_n \end{bmatrix} \tag{A.4}$$

$\mathbf{A}$ 為 $n \times n$ 階方陣，而 $\mathbf{X}$ 和 $\mathbf{B}$ 為行矩陣。

有幾種求解 (A.1) 式和 (A.3) 式的方法，包括代入法、高斯消去法、克萊姆法則、反矩陣法與數值分析法。

A.1 克萊姆法則

在許多情況下，克萊姆法則可用來求解電路分析中的聯立方程式。克萊姆法則指出 (A.1) 式或 (A.3) 式的解為

$$\begin{cases} x_1 = \dfrac{\Delta_1}{\Delta} \\ x_2 = \dfrac{\Delta_2}{\Delta} \\ \vdots \\ x_n = \dfrac{\Delta_n}{\Delta} \end{cases} \tag{A.5}$$

其中 $\Delta, \Delta_1, \Delta_2, \ldots, \Delta_n$ 為下行列式：

$$\Delta = \begin{vmatrix} a_{11} & a_{12} & \cdots & a_{1n} \\ a_{21} & a_{22} & \cdots & a_{2n} \\ \vdots & \vdots & \cdots & \vdots \\ a_{n1} & a_{n2} & \cdots & a_{nn} \end{vmatrix}, \quad \Delta_1 = \begin{vmatrix} b_1 & a_{12} & \cdots & a_{1n} \\ b_2 & a_{22} & \cdots & a_{2n} \\ \vdots & \vdots & \cdots & \vdots \\ b_n & a_{n2} & \cdots & a_{nn} \end{vmatrix}$$

$$\Delta_2 = \begin{vmatrix} a_{11} & b_1 & \cdots & a_{1n} \\ a_{21} & b_2 & \cdots & a_{2n} \\ \vdots & \vdots & \cdots & \vdots \\ a_{n1} & b_n & \cdots & a_{nn} \end{vmatrix}, \ldots, \Delta_n = \begin{vmatrix} a_{11} & a_{12} & \cdots & b_1 \\ a_{21} & a_{22} & \cdots & b_2 \\ \vdots & \vdots & \cdots & \vdots \\ a_{n1} & a_{n2} & \cdots & b_n \end{vmatrix} \tag{A.6}$$

注意：Δ 是矩陣 **A** 的行列式，Δ_k 是以 **B** 取代 **A** 中第 k 行所形成矩陣的行列式。從 (A.5) 式可清楚看出克萊姆法則只適用於 $\Delta \neq 0$，當 $\Delta = 0$ 時聯立方程組的解不是唯一的，因為此聯立方程組為線性相依。

行列式 Δ 的值可以透過沿著第一列擴展來獲得如下：

$$\begin{aligned} \Delta &= \begin{vmatrix} a_{11} & a_{12} & a_{13} & \cdots & a_{1n} \\ a_{21} & a_{22} & a_{23} & \cdots & a_{2n} \\ a_{31} & a_{32} & a_{33} & \cdots & a_{3n} \\ \vdots & \vdots & \vdots & \cdots & \vdots \\ a_{n1} & a_{n2} & a_{n3} & \cdots & a_{nn} \end{vmatrix} \\ &= a_{11}M_{11} - a_{12}M_{12} + a_{13}M_{13} + \cdots + (-1)^{1+n}a_{1n}M_{1n} \end{aligned} \tag{A.7}$$

其中 M_{ij} 是從矩陣 **A** 中刪除第 i 列元素與第 j 行元素所形成的 $(n-1) \times (n-1)$ 階子矩陣行列式。Δ 值也可以透過沿著第一行擴展來獲得

$$\Delta = a_{11}M_{11} - a_{21}M_{21} + a_{31}M_{31} + \cdots + (-1)^{n+1}a_{n1}M_{n1} \tag{A.8}$$

下面是專門用來計算 2×2 階和 3×3 階矩陣的行列式值的公式，因為在本書中經常會看到 2×2 階和 3×3 階矩陣。對 2×2 階矩陣：

$$\Delta = \begin{vmatrix} a_{11} & a_{12} \\ a_{21} & a_{22} \end{vmatrix} = a_{11}a_{22} - a_{12}a_{21} \tag{A.9}$$

對 3×3 階矩陣：

$$\begin{aligned}\Delta &= \begin{vmatrix} a_{11} & a_{12} & a_{13} \\ a_{21} & a_{22} & a_{23} \\ a_{31} & a_{32} & a_{33} \end{vmatrix} = a_{11}(-1)^2\begin{vmatrix} a_{22} & a_{23} \\ a_{32} & a_{33} \end{vmatrix} + a_{21}(-1)^3\begin{vmatrix} a_{12} & a_{13} \\ a_{32} & a_{33} \end{vmatrix} \\ &\quad + a_{31}(-1)^4\begin{vmatrix} a_{12} & a_{13} \\ a_{22} & a_{23} \end{vmatrix} \\ &= a_{11}(a_{22}a_{33} - a_{32}a_{23}) - a_{21}(a_{12}a_{33} - a_{32}a_{13}) \\ &\quad + a_{31}(a_{12}a_{23} - a_{22}a_{13})\end{aligned} \tag{A.10}$$

另一個求解 3×3 階矩陣的行列式值的方法是在行列式下方重複前二列，然後將對角線的各元素相成如下：

$$\begin{aligned}\Delta &= \begin{vmatrix} a_{11} & a_{12} & a_{13} \\ a_{21} & a_{22} & a_{23} \\ a_{31} & a_{32} & a_{33} \\ a_{11} & a_{12} & a_{13} \\ a_{21} & a_{22} & a_{23} \end{vmatrix} \\ &= a_{11}a_{22}a_{33} + a_{21}a_{32}a_{13} + a_{31}a_{12}a_{23} - a_{13}a_{22}a_{31} - a_{23}a_{32}a_{11} \\ &\quad - a_{33}a_{12}a_{21}\end{aligned} \tag{A.11}$$

總結：

> 使用克萊姆法則求解聯立方程式的公式如下：
>
> $$x_k = \frac{\Delta_k}{\Delta}, \qquad k = 1, 2, \ldots, n \tag{A.12}$$
>
> 其中 Δ 是矩陣 **A** 的行列式，Δ_k 是以 **B** 取代 **A** 中第 k 行所形成矩陣的行列式。

因為計算器、電腦和套裝軟體，如 MATLAB，可以很容易地用於求解線性方程組，所以在附錄中，介紹使用克萊姆方法的說明並不多。但在需要使用手計算方程式解時，則附錄中所包含的內容將變得非常有用。在任何情況下，瞭解計算器和套裝軟體的數學基礎是很重要的。

雖然可以使用其他的方法求解聯立方程式，如矩陣反轉和消除法。但本節只涵蓋克萊姆的方法，因為它簡單且適用於強大的計算器。

範例 A.1 試求下面聯立方程式的解：

$$4x_1 - 3x_2 = 17, \quad -3x_1 + 5x_2 = -21$$

解：將上述方程組寫成矩陣形式如下：

$$\begin{bmatrix} 4 & -3 \\ -3 & 5 \end{bmatrix} \begin{bmatrix} x_1 \\ x_2 \end{bmatrix} = \begin{bmatrix} 17 \\ -21 \end{bmatrix}$$

計算行列式值如下：

$$\Delta = \begin{vmatrix} 4 & -3 \\ -3 & 5 \end{vmatrix} = 4 \times 5 - (-3)(-3) = 11$$

$$\Delta_1 = \begin{vmatrix} 17 & -3 \\ -21 & 5 \end{vmatrix} = 17 \times 5 - (-3)(-21) = 22$$

$$\Delta_2 = \begin{vmatrix} 4 & 17 \\ -3 & -21 \end{vmatrix} = 4 \times (-21) - 17 \times (-3) = -33$$

因此，

$$x_1 = \frac{\Delta_1}{\Delta} = \frac{22}{11} = 2, \quad x_2 = \frac{\Delta_2}{\Delta} = \frac{-33}{11} = -3$$

> **練習題 A.1** 試求下面聯立方程式的解：
>
> $$3x_1 - x_2 = 4, \quad -6x_1 + 18x_2 = 16$$
>
> **答**：$x_1 = 1.833, x_2 = 1.5$。

範例 A.2 試求下面聯立方程式的 x_1、x_2、x_3：

$$25x_1 - 5x_2 - 20x_3 = 50$$
$$-5x_1 + 10x_2 - 4x_3 = 0$$
$$-5x_1 - 4x_2 + 9x_3 = 0$$

解：在矩陣形式下，上面聯立方程式將改寫為

$$\begin{bmatrix} 25 & -5 & -20 \\ -5 & 10 & -4 \\ -5 & -4 & 9 \end{bmatrix} \begin{bmatrix} x_1 \\ x_2 \\ x_3 \end{bmatrix} = \begin{bmatrix} 50 \\ 0 \\ 0 \end{bmatrix}$$

使用 (A.11) 式求行列式，首先需將矩陣的最上面二列重複如下：

$$\Delta = \begin{vmatrix} 25 & -5 & -20 \\ -5 & 10 & -4 \\ -5 & -4 & 9 \end{vmatrix}$$

$$= 25(10)9 + (-5)(-4)(-20) + (-5)(-5)(-4)$$
$$- (-20)(10)(-5) - (-4)(-4)25 - 9(-5)(-5)$$
$$= 2250 - 400 - 100 - 1000 - 400 - 225 = 125$$

同理，

$$\Delta_1 = \begin{vmatrix} 50 & -5 & -20 \\ 0 & 10 & -4 \\ 0 & -4 & 9 \end{vmatrix}$$

$$= 4500 + 0 + 0 - 0 - 800 - 0 = 3700$$

$$\Delta_2 = \begin{vmatrix} 25 & 50 & -20 \\ -5 & 0 & -4 \\ -5 & 0 & 9 \end{vmatrix}$$

$$= 0 + 0 + 1000 - 0 - 0 + 2250 = 3250$$

$$\Delta_3 = \begin{vmatrix} 25 & -5 & 50 \\ -5 & 10 & 0 \\ -5 & -4 & 0 \end{vmatrix}$$

$$= 0 + 1000 + 0 + 2500 - 0 - 0 = 3500$$

因此，得

$$x_1 = \frac{\Delta_1}{\Delta} = \frac{3700}{125} = 29.6$$

$$x_2 = \frac{\Delta_2}{\Delta} = \frac{3250}{125} = 26$$

$$x_3 = \frac{\Delta_2}{\Delta} = \frac{3500}{125} = 28$$

> **練習題 A.2** 試求下面聯立方程式的解：
> $$3x_1 - x_2 - 2x_3 = 1$$
> $$-x_1 + 6x_2 - 3x_3 = 0$$
> $$-2x_1 - 3x_2 + 6x_3 = 6$$
>
> 答：$x_1 = 3 = x_3, x_2 = 2$。

A.2 反矩陣法

可以使用反矩陣法來求解 (A.3) 式的線性系統方程式。在 $\mathbf{AX} = \mathbf{B}$ 的矩陣方程式中，可使用 $\mathbf{A}$ 的反矩陣來求 $\mathbf{X}$，即

$$\mathbf{X} = \mathbf{A}^{-1}\mathbf{B} \tag{A.13}$$

其中 $\mathbf{A}^{-1}$ 為 $\mathbf{A}$ 的反矩陣。反矩陣必須從求解聯立方程式的應用中區分出來。

根據定義，$\mathbf{A}$ 的反矩陣必須滿足：

$$\mathbf{A}^{-1}\mathbf{A} = \mathbf{A}\mathbf{A}^{-1} = \mathbf{I} \tag{A.14}$$

其中 $\mathbf{I}$ 是單位矩陣，且 $\mathbf{A}^{-1}$ 可寫為

$$\mathbf{A}^{-1} = \frac{\text{adj } \mathbf{A}}{\det \mathbf{A}} \tag{A.15}$$

其中 adj $\mathbf{A}$ 為 $\mathbf{A}$ 的伴隨矩陣，det $\mathbf{A} = |\mathbf{A}|$ 為 $\mathbf{A}$ 的行列式。$\mathbf{A}$ 的伴隨矩陣為 $\mathbf{A}$ 的餘因子轉置矩陣。假設一個 $n \times n$ 階矩陣如下：

$$\mathbf{A} = \begin{bmatrix} a_{11} & a_{12} & \cdots & a_{1n} \\ a_{21} & a_{22} & \cdots & a_{2n} \\ \vdots & & & \\ a_{n1} & a_{n2} & \cdots & a_{nn} \end{bmatrix} \tag{A.16}$$

$\mathbf{A}$ 的餘因子矩陣定義如下：

$$\mathbf{C} = \text{cof}(\mathbf{A}) = \begin{bmatrix} c_{11} & c_{12} & \cdots & c_{1n} \\ c_{21} & c_{22} & \cdots & c_{2n} \\ \vdots & & & \\ c_{n1} & c_{n2} & \cdots & c_{nn} \end{bmatrix} \tag{A.17}$$

其中 c_{ij} 是 $(-1)^{i+j}$ 與從矩陣 $\mathbf{A}$ 中刪去第 i 列元素和第 j 行元素所得 $(n-1) \times (n-1)$ 階子矩陣行列式的乘積。例如，從 (A.16) 式的 $\mathbf{A}$ 中刪去第一列元素和第一行元素，得餘因子 c_{11} 如下：

$$c_{11} = (-1)^2 \begin{vmatrix} a_{22} & a_{23} & \cdots & a_{2n} \\ a_{32} & a_{33} & \cdots & a_{3n} \\ \vdots & & & \\ a_{n2} & a_{n3} & \cdots & a_{nn} \end{vmatrix} \quad \text{(A.18)}$$

一旦求出餘因子，則可得 **A** 的伴隨矩陣如下：

$$\text{adj}(\mathbf{A}) = \begin{bmatrix} c_{11} & c_{12} & \cdots & c_{1n} \\ c_{21} & c_{22} & \cdots & c_{2n} \\ \vdots & & & \\ c_{n1} & c_{n2} & \cdots & c_{nn} \end{bmatrix}^T = \mathbf{C}^T \quad \text{(A.19)}$$

其中 T 為轉置符號。

餘因子除了可用來求 **A** 的伴隨矩陣外，也可用來求 **A** 的行列式值如下：

$$|\mathbf{A}| = \sum_{j=1}^{n} a_{ij} c_{ij} \quad \text{(A.20)}$$

其中 i 為 1 到 n 之間的任意值。將 (A.19) 式和 (A.20) 式代入 (A.15) 式，得 **A** 的反矩陣如下：

$$\boxed{\mathbf{A}^{-1} = \frac{\mathbf{C}^T}{|\mathbf{A}|}} \quad \text{(A.21)}$$

如果一個 2×2 階矩陣如下：

$$\mathbf{A} = \begin{bmatrix} a & b \\ c & d \end{bmatrix} \quad \text{(A.22)}$$

它的反矩陣為

$$\mathbf{A}^{-1} = \frac{1}{|\mathbf{A}|} \begin{bmatrix} d & -b \\ -c & a \end{bmatrix} = \frac{1}{ad-bc} \begin{bmatrix} d & -b \\ -c & a \end{bmatrix} \quad \text{(A.23)}$$

如果一個 3×3 階矩陣如下：

$$\mathbf{A} = \begin{bmatrix} a_{11} & a_{12} & a_{13} \\ a_{21} & a_{22} & a_{23} \\ a_{31} & a_{32} & a_{33} \end{bmatrix} \quad \text{(A.24)}$$

首先求餘因子矩陣如下：

$$\mathbf{C} = \begin{bmatrix} c_{11} & c_{12} & c_{13} \\ c_{21} & c_{22} & c_{23} \\ c_{31} & c_{32} & c_{33} \end{bmatrix} \quad \text{(A.25)}$$

其中

$$c_{11} = \begin{vmatrix} a_{22} & a_{23} \\ a_{32} & a_{33} \end{vmatrix}, \quad c_{12} = -\begin{vmatrix} a_{21} & a_{23} \\ a_{31} & a_{33} \end{vmatrix}, \quad c_{13} = \begin{vmatrix} a_{21} & a_{22} \\ a_{31} & a_{32} \end{vmatrix},$$

$$c_{21} = -\begin{vmatrix} a_{12} & a_{13} \\ a_{32} & a_{33} \end{vmatrix}, \quad c_{22} = \begin{vmatrix} a_{11} & a_{13} \\ a_{31} & a_{33} \end{vmatrix}, \quad c_{23} = -\begin{vmatrix} a_{11} & a_{12} \\ a_{31} & a_{32} \end{vmatrix}, \quad \text{(A.26)}$$

$$c_{31} = \begin{vmatrix} a_{12} & a_{13} \\ a_{22} & a_{23} \end{vmatrix}, \quad c_{32} = -\begin{vmatrix} a_{11} & a_{13} \\ a_{21} & a_{23} \end{vmatrix}, \quad c_{33} = \begin{vmatrix} a_{11} & a_{12} \\ a_{21} & a_{22} \end{vmatrix}$$

可使用 (A.11) 式求得 3×3 階矩陣的行列式如下：

$$|\mathbf{A}| = a_{11}c_{11} + a_{12}c_{12} + a_{13}c_{13} \quad \text{(A.27)}$$

這個解法可延伸到 $n>3$，但本書實際主要應用於 2×2 階和 3×3 階矩陣。

範例 A.3 試使用反矩陣法，求解下面聯立方程式：

$$2x_1 + 10x_2 = 2, \quad -x_1 + 3x_2 = 7$$

解： 首先將二個方程式以矩陣形式表示如下：

$$\begin{bmatrix} 2 & 10 \\ -1 & 3 \end{bmatrix} \begin{bmatrix} x_1 \\ x_2 \end{bmatrix} = \begin{bmatrix} 2 \\ 7 \end{bmatrix}$$

或

$$\mathbf{AX} = \mathbf{B} \longrightarrow \mathbf{X} = \mathbf{A}^{-1}\mathbf{B}$$

其中

$$\mathbf{A} = \begin{bmatrix} 2 & 10 \\ -1 & 3 \end{bmatrix}, \quad \mathbf{X} = \begin{bmatrix} x_1 \\ x_2 \end{bmatrix}, \quad \mathbf{B} = \begin{bmatrix} 2 \\ 7 \end{bmatrix}$$

$\mathbf{A}$ 的行列式為 $|\mathbf{A}| = 2 \times 3 - 10(-1) = 16$，所以 $\mathbf{A}$ 的反矩陣為

$$\mathbf{A}^{-1} = \frac{1}{16} \begin{bmatrix} 3 & -10 \\ 1 & 2 \end{bmatrix}$$

因此

$$\mathbf{X} = \mathbf{A}^{-1}\mathbf{B} = \frac{1}{16} \begin{bmatrix} 3 & -10 \\ 1 & 2 \end{bmatrix} \begin{bmatrix} 2 \\ 7 \end{bmatrix} = \frac{1}{16} \begin{bmatrix} -64 \\ 16 \end{bmatrix} = \begin{bmatrix} -4 \\ 1 \end{bmatrix}$$

即 $x_1 = -4$ 和 $x_2 = 1$。

> **練習題 A.3** 試使用反矩陣法，求解下面二個聯立方程式：
>
> $$2y_1 - y_2 = 4, \quad y_1 + 3y_2 = 9$$
>
> 答：$y_1 = 3, y_2 = 2$.

範例 A.4

試使用反矩陣法，求解下面聯立方程式的 x_1、x_2、x_3：

$$x_1 + x_2 + x_3 = 5$$
$$-x_1 + 2x_2 = 9$$
$$4x_1 + x_2 - x_3 = -2$$

解：在矩陣形式下，上面聯立方程式將改寫為

$$\begin{bmatrix} 1 & 1 & 1 \\ -1 & 2 & 0 \\ 4 & 1 & -1 \end{bmatrix} \begin{bmatrix} x_1 \\ x_2 \\ x_3 \end{bmatrix} = \begin{bmatrix} 5 \\ 9 \\ -2 \end{bmatrix}$$

或

$$\mathbf{AX} = \mathbf{B} \longrightarrow \mathbf{X} = \mathbf{A}^{-1}\mathbf{B}$$

其中

$$\mathbf{A} = \begin{bmatrix} 1 & 1 & 1 \\ -1 & 2 & 0 \\ 4 & 1 & -1 \end{bmatrix}, \quad \mathbf{X} = \begin{bmatrix} x_1 \\ x_2 \\ x_3 \end{bmatrix}, \quad \mathbf{B} = \begin{bmatrix} 5 \\ 9 \\ -2 \end{bmatrix}$$

現在求餘因子如下：

$$c_{11} = \begin{vmatrix} 2 & 0 \\ 1 & -1 \end{vmatrix} = -2, \; c_{12} = -\begin{vmatrix} -1 & 0 \\ 4 & -1 \end{vmatrix} = -1, \; c_{13} = \begin{vmatrix} -1 & 2 \\ 4 & 1 \end{vmatrix} = -9$$

$$c_{21} = -\begin{vmatrix} 1 & 1 \\ 1 & -1 \end{vmatrix} = 2, \; c_{22} = \begin{vmatrix} 1 & 1 \\ 4 & -1 \end{vmatrix} = -5, \quad c_{23} = -\begin{vmatrix} 1 & 1 \\ 4 & 1 \end{vmatrix} = 3$$

$$c_{31} = \begin{vmatrix} 1 & 1 \\ 2 & 0 \end{vmatrix} = -2, \quad c_{32} = -\begin{vmatrix} 1 & 1 \\ -1 & 0 \end{vmatrix} = -1, \; c_{33} = \begin{vmatrix} 1 & 1 \\ -1 & 2 \end{vmatrix} = 3$$

$\mathbf{A}$ 的伴隨矩陣為

$$\text{adj } \mathbf{A} = \begin{bmatrix} -2 & -1 & -9 \\ 2 & -5 & 3 \\ -2 & -1 & 3 \end{bmatrix}^T = \begin{bmatrix} -2 & 2 & -2 \\ -1 & -5 & -1 \\ -9 & 3 & 3 \end{bmatrix}$$

可使用 **A** 的任意列或行來求 **A** 的行列式值。因為第二列有個元素為 0，所以可利用這個優點來求 **A** 的行列式值如下：

$$|\mathbf{A}| = -1c_{21} + 2c_{22} + (0)c_{23} = -1(2) + 2(-5) = -12$$

因此 **A** 的反矩陣為

$$\mathbf{A}^{-1} = \frac{1}{-12}\begin{bmatrix} -2 & 2 & -2 \\ -1 & -5 & -1 \\ -9 & 3 & 3 \end{bmatrix}$$

$$\mathbf{X} = \mathbf{A}^{-1}\mathbf{B} = \frac{1}{-12}\begin{bmatrix} -2 & 2 & -2 \\ -1 & -5 & -1 \\ -9 & 3 & 3 \end{bmatrix}\begin{bmatrix} 5 \\ 9 \\ -2 \end{bmatrix} = \begin{bmatrix} -1 \\ 4 \\ 2 \end{bmatrix}$$

即 $x_1 = -1$，$x_2 = 4$，$x_3 = 2$。

> **練習題 A.4** 試使用反矩陣法，求解下面聯立方程式：
>
> $$y_1 - y_3 = 1$$
> $$2y_1 + 3y_2 - y_3 = 1$$
> $$y_1 - y_2 - y_3 = 3$$
>
> 答：$y_1 = 6, y_2 = -2, y_3 = 5.$

Appendix B 複數

一般而言，運用複數能夠讓電路分析和電機工程的運算更加方便，特別是在交流電路的分析上。儘管現在的計算器和電腦套裝軟體已可執行複數運算，但讀者仍然應該瞭解複數的運算原理。

B.1 複數表示法

複數 z 可以寫成**直角坐標形式** (rectangular form) 如下：

$$z = x + jy \tag{B.1}$$

其中 $j = \sqrt{-1}$；x 為 z 的**實部** (real part)，而 y 為 z 的**虛部** (imaginary part)，即

$$x = \text{Re}(z), \qquad y = \text{Im}(z) \tag{B.2}$$

複數 z 在複數平面上的表示如圖 B.1 所示。因為 $j = \sqrt{-1}$

$$\begin{aligned}
\frac{1}{j} &= -j \\
j^2 &= -1 \\
j^3 &= j \cdot j^2 = -j \\
j^4 &= j^2 \cdot j^2 = 1 \\
j^5 &= j \cdot j^4 = j \\
&\vdots \\
j^{n+4} &= j^n
\end{aligned} \tag{B.3}$$

> 複數平面上看起來像二維曲線坐標空間，但實際上並非如此。

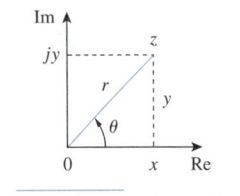

圖 B.1 複數的圖形表示

複數 z 的第二種表示法是透過其大小 r 和與實軸的角度 θ 來表示，如圖 B.1 所示，這就是所謂的**極坐標形式** (polar form)，如下：

$$z = |z|\underline{/\theta} = r\underline{/\theta} \tag{B.4}$$

其中

$$r = \sqrt{x^2 + y^2}, \quad \theta = \tan^{-1}\frac{y}{x} \tag{B.5a}$$

或

$$x = r\cos\theta, \quad y = r\sin\theta \tag{B.5b}$$

即

$$z = x + jy = r\underline{/\theta} = r\cos\theta + jr\sin\theta \tag{B.6}$$

使用 (B.5) 式將平面坐標轉換成極坐標形式時，必須小心決定 θ 的正確值。θ 有下列四種可能性：

$$\begin{aligned}
z &= x + jy, & \theta &= \tan^{-1}\frac{y}{x} & &\text{(第 1 象限)} \\
z &= -x + jy, & \theta &= 180° - \tan^{-1}\frac{y}{x} & &\text{(第 2 象限)} \\
z &= -x - jy, & \theta &= 180° + \tan^{-1}\frac{y}{x} & &\text{(第 3 象限)} \\
z &= x - jy, & \theta &= 360° - \tan^{-1}\frac{y}{x} & &\text{(第 4 象限)}
\end{aligned} \tag{B.7}$$

> 在指數形式中 $z = re^{j\theta}$，所以 $dz/d\theta = jre^{j\theta} = jz$。

其中假設 x 和 y 皆為正數。

複數的第三種表示法為**指數形式** (exponential form)：

$$z = re^{j\theta} \tag{B.8}$$

這幾乎與極坐標形式相同，因為使用相同的大小 r 和角度 θ。

三種複數的表示法總結如下：

$$\begin{aligned}
z &= x + jy, & &(x = r\cos\theta, y = r\sin\theta) & &\text{直角坐標形式} \\
z &= r\underline{/\theta}, & &\left(r = \sqrt{x^2 + y^2}, \theta = \tan^{-1}\frac{y}{x}\right) & &\text{極坐標形式} \\
z &= re^{j\theta}, & &\left(r = \sqrt{x^2 + y^2}, \theta = \tan^{-1}\frac{y}{x}\right) & &\text{指數形式}
\end{aligned} \tag{B.9}$$

前二種形式之間的關係如 (B.5) 式和 (B.6) 式。在 B.3 節將推導尤拉公式，來證明第三種形式與前二種形式等效。

範例 B.1

將下列複數轉換成極坐標形式和指數形式：

(a) $z_1 = 6 + j8$，(b) $z_2 = 6 - j8$，(c) $z_3 = -6 + j8$，(d) $z_4 = -6 - j8$。

解：請注意，我們特意選擇這些落在四個不同象限複數，如圖 B.2 所示。

(a) 對於 $z_1 = 6 + j8$ (第 1 象限)

$$r_1 = \sqrt{6^2 + 8^2} = 10, \qquad \theta_1 = \tan^{-1}\frac{8}{6} = 53.13°$$

因此，極坐標形式為 $10\underline{/53.13°}$，而指數形式為 $10e^{j53.13°}$。

(b) 對於 $z_2 = 6 - j8$ (第 4 象限)

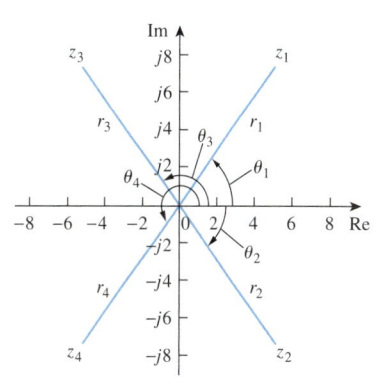

$$r_2 = \sqrt{6^2 + (-8)^2} = 10, \qquad \theta_2 = 360° - \tan^{-1}\frac{8}{6} = 306.87°$$

圖 B.2 範例 B.1 的坐標

因此極坐標形式為 $10\underline{/306.87°}$，而指數形式為 $10e^{j306.87°}$。θ_2 也可以寫成 $-53.13°$，如圖 B.2 所示。所以極坐標形式改為 $10\underline{/-53.13°}$，而指數形式改為 $10e^{-j53.13°}$。

(c) 對於 $z_3 = -6 + j8$ (第 2 象限)

$$r_3 = \sqrt{(-6)^2 + 8^2} = 10, \qquad \theta_3 = 180° - \tan^{-1}\frac{8}{6} = 126.87°$$

因此極坐標形式為 $10\underline{/126.87°}$，而指數形式為 $10e^{j126.87°}$。

(d) 對於 $z_4 = -6 - j8$ (第 3 象限)

$$r_4 = \sqrt{(-6)^2 + (-8)^2} = 10, \qquad \theta_4 = 180° + \tan^{-1}\frac{8}{6} = 233.13°$$

因此極坐標形式為 $10\underline{/233.13°}$，而指數形式為 $10e^{j233.13°}$。

練習題 B.1 將下列複數轉換成極坐標形式和指數形式：(a) $z_1 = 3 - j4$，(b) $z_2 = 5 + j12$，(c) $z_3 = -3 - j9$，(d) $z_4 = -7 + j$。

答：(a) $5\underline{/306.9°}$, $5e^{j306.9°}$，(b) $13\underline{/67.38°}$, $13e^{j67.38°}$，
(c) $9.487\underline{/251.6°}$, $9.487e^{j251.6°}$，(d) $7.071\underline{/171.9°}$, $7.071e^{j171.9°}$。

範例 B.2 將下列複數轉換成平面坐標形式：(a) $12\underline{/-60°}$，(b) $-50\underline{/285°}$，(c) $8e^{j10°}$，(d) $20e^{-j\pi/3}$。

解： (a) 使用 (B.6) 式得

$$12\underline{/-60°} = 12\cos(-60°) + j12\sin(-60°) = 6 - j10.39$$

注意：$\theta = -60°$ 相當於 $\theta = 360° - 60° = 300°$。

(b) 可寫成

$$-50\underline{/285°} = -50\cos 285° - j50\sin 285° = -12.94 + j48.3$$

(c) 同理，

$$8e^{j10°} = 8\cos 10° + j8\sin 10° = 7.878 + j1.389$$

(d) 最後，

$$20e^{-j\pi/3} = 20\cos(-\pi/3) + j20\sin(-\pi/3) = 10 - j17.32$$

練習題 B.2 試求下列複數的直角坐標形式：(a) $-8\underline{/210°}$，(b) $40\underline{/305°}$，(c) $10e^{-j30°}$，(d) $50e^{j\pi/2}$。

答： (a) $6.928 + j4$，(b) $22.94 - j32.77$，(c) $8.66 - j5$，(d) $j50$。

B.2 數學運算

因為複數與時間或頻率無關，所以使用標準字表示複數，而使用粗體字表示相量。

若且為若二個複數 $z_1 = x_1 + jy_1$ 和 $z_2 = x_2 + jy_2$ 相等，則它們的實部相等，且它們的虛部也相等。

$$x_1 = x_2, \qquad y_1 = y_2 \tag{B.10}$$

複數 $z = x + jy$ 的**共軛複數** (complex conjugate) 為

$$z^* = x - jy = r\underline{/-\theta} = re^{-j\theta} \tag{B.11}$$

因此，將某複數虛部的 j 換成 $-j$，則得該複數的共軛複數。

已知二複數為 $z_1 = x_1 + jy_1 = r_1\underline{/\theta_1}$ 和 $z_2 = x_2 + jy_2 = r_2\underline{/\theta_2}$，則此二複數的和為：

$$z_1 + z_2 = (x_1 + x_2) + j(y_1 + y_2) \tag{B.12}$$

此二複數的差為：

$$z_1 - z_2 = (x_1 - x_2) + j(y_1 - y_2) \tag{B.13}$$

複數的加法與減法運算使用直角坐標形式比較方便，而複數的乘法與除法運算則使用極坐標形式或指數形式比較適合。因此，二複數極坐標形式的積為：

$$z_1 z_2 = r_1 r_2 \underline{/\theta_1 + \theta_2} \tag{B.14}$$

而二複數直角坐標形式的積為：

$$\begin{aligned} z_1 z_2 &= (x_1 + jy_1)(x_2 + jy_2) \\ &= (x_1 x_2 - y_1 y_2) + j(x_1 y_2 + x_2 y_1) \end{aligned} \tag{B.15}$$

二複數極坐標形式的商為：

$$\frac{z_1}{z_2} = \frac{r_1}{r_2} \underline{/\theta_1 - \theta_2} \tag{B.16}$$

而二複數直角坐標形式的商為：

$$\frac{z_1}{z_2} = \frac{x_1 + jy_1}{x_2 + jy_2} \tag{B.17}$$

將上式分子與分母同時乘以 z_2^*，使分母有理化如下：

$$\frac{z_1}{z_2} = \frac{(x_1 + jy_1)(x_2 - jy_2)}{(x_2 + jy_2)(x_2 - jy_2)} = \frac{x_1 x_2 + y_1 y_2}{x_2^2 + y_2^2} + j\frac{x_2 y_1 - x_1 y_2}{x_2^2 + y_2^2} \tag{B.18}$$

範例 B.3

如果 $A = 2 + j5$、$B = 4 - j6$，試求：(a) $A^*(A+B)$，(b) $(A+B)/(A-B)$。

解：(a) 如果 $A = 2 + j5$，則 $A^* = 2 - j5$，且

$$A + B = (2 + 4) + j(5 - 6) = 6 - j$$

因此，

$$A^*(A + B) = (2 - j5)(6 - j) = 12 - j2 - j30 - 5 = 7 - j32$$

(b) 同理，

$$A - B = (2 - 4) + j[5 - (-6)] = -2 + j11$$

因此，

$$\begin{aligned} \frac{A+B}{A-B} &= \frac{6-j}{-2+j11} = \frac{(6-j)(-2-j11)}{(-2+j11)(-2-j11)} \\ &= \frac{-12 - j66 + j2 - 11}{(-2)^2 + 11^2} = \frac{-23 - j64}{125} = -0.184 - j0.512 \end{aligned}$$

> **練習題 B.3** 如果 $C = -3 + j7$、$D = 8 + j$,試計算:(a) $(C - D^*)(C + D^*)$,(b) D^2/C^*,(c) $2CD/(C + D)$。
>
> 答:(a) $-103 - j26$,(b) $-5.19 + j6.776$,(c) $6.045 + j11.53$。

範例 B.4 試計算:

(a) $\dfrac{(2 + j5)(8e^{j10°})}{2 + j4 + 2\underline{/-40°}}$ (b) $\dfrac{j(3 - j4)^*}{(-1 + j6)(2 + j)^2}$

解:(a) 因為本題含有極坐標形式和指數形式,所以最好將所有項目改以極坐標形式表示如下:

$$2 + j5 = \sqrt{2^2 + 5^2}\underline{/\tan^{-1} 5/2} = 5.385\underline{/68.2°}$$
$$(2 + j5)(8e^{j10°}) = (5.385\underline{/68.2°})(8\underline{/10°}) = 43.08\underline{/78.2°}$$
$$2 + j4 + 2\underline{/-40°} = 2 + j4 + 2\cos(-40°) + j2\sin(-40°)$$
$$= 3.532 + j2.714 = 4.454\underline{/37.54°}$$

因此,

$$\frac{(2 + j5)(8e^{j10°})}{2 + j4 + 2\underline{/-40°}} = \frac{43.08\underline{/78.2°}}{4.454\underline{/37.54°}} = 9.672\underline{/40.66°}$$

(b) 因為本題所有項目皆為直角坐標形式,所以可以使用直角坐標形式計算。但,

$$j(3 - j4)^* = j(3 + j4) = -4 + j3$$
$$(2 + j)^2 = 4 + j4 - 1 = 3 + j4$$
$$(-1 + j6)(2 + j)^2 = (-1 + j6)(3 + j4) = -3 - 4j + j18 - 24$$
$$= -27 + j14$$

因此,

$$\frac{j(3 - j4)^*}{(-1 + j6)(2 + j)^2} = \frac{-4 + j3}{-27 + j14} = \frac{(-4 + j3)(-27 - j14)}{27^2 + 14^2}$$
$$= \frac{108 + j56 - j81 + 42}{925} = 0.1622 - j0.027$$

> **練習題 B.4** 試計算下列複數分數：
>
> (a) $\dfrac{6\underline{/30°} + j5 - 3}{-1 + j + 2e^{j45°}}$ (b) $\left[\dfrac{(15 - j7)(3 + j2)^*}{(4 + j6)^*(3\underline{/70°})}\right]^*$
>
> 答：(a) $3.387\underline{/-5.615°}$, (b) $2.759\underline{/-287.6°}$.

B.3 尤拉公式

尤拉公式是複數變數中一個重要的結果，可利用 e^x、$\cos\theta$、$\sin\theta$ 的級數展開式來推導尤拉公式。已知

$$e^x = 1 + x + \frac{x^2}{2!} + \frac{x^3}{3!} + \frac{x^4}{4!} + \cdots \tag{B.19}$$

以 $j\theta$ 取代上式的 x 得

$$e^{j\theta} = 1 + j\theta - \frac{\theta^2}{2!} - j\frac{\theta^3}{3!} + \frac{\theta^4}{4!} + \cdots \tag{B.20}$$

且，

$$\begin{aligned}\cos\theta &= 1 - \frac{\theta^2}{2!} + \frac{\theta^4}{4!} - \frac{\theta^6}{6!} + \cdots \\ \sin\theta &= \theta - \frac{\theta^3}{3!} + \frac{\theta^5}{5!} - \frac{\theta^7}{7!} + \cdots \end{aligned} \tag{B.21}$$

因此，

$$\cos\theta + j\sin\theta = 1 + j\theta - \frac{\theta^2}{2!} - j\frac{\theta^3}{3!} + \frac{\theta^4}{4!} + j\frac{\theta^5}{5!} - \cdots \tag{B.22}$$

比較 (B.20) 式與 (B.22) 式，得

$$\boxed{e^{j\theta} = \cos\theta + j\sin\theta} \tag{B.23}$$

這就是**尤拉公式** (Euler's formula)。複數 (B.8) 式的指數表示式就是根據此尤拉公式而得的。從 (B.23) 式得：

$$\boxed{\cos\theta = \mathrm{Re}(e^{j\theta}), \qquad \sin\theta = \mathrm{Im}(e^{j\theta})} \tag{B.24}$$

而且，
$$|e^{j\theta}| = \sqrt{\cos^2\theta + \sin^2\theta} = 1$$

以 $-\theta$ 取代 (B.23) 式的 θ，得
$$e^{-j\theta} = \cos\theta - j\sin\theta \tag{B.25}$$

(B.23) 式與 (B.25) 式相加得
$$\boxed{\cos\theta = \frac{1}{2}(e^{j\theta} + e^{-j\theta})} \tag{B.26}$$

(B.25) 式減去 (B.23) 式得
$$\boxed{\sin\theta = \frac{1}{2j}(e^{j\theta} - e^{-j\theta})} \tag{B.27}$$

有用的恆等式

如果 $z = x + jy = r\underline{/\theta}$，則在處理複數運算時，下列恆等式是非常有用的。

$$zz^* = x^2 + y^2 = r^2 \tag{B.28}$$

$$\sqrt{z} = \sqrt{x+jy} = \sqrt{re^{j\theta/2}} = \sqrt{r}\underline{/\theta/2} \tag{B.29}$$

$$z^n = (x+jy)^n = r^n\underline{/n\theta} = r^n e^{jn\theta} = r^n(\cos n\theta + j\sin n\theta) \tag{B.30}$$

$$z^{1/n} = (x+jy)^{1/n} = r^{1/n}\underline{/\theta/n + 2\pi k/n} \tag{B.31}$$
$$k = 0, 1, 2, \ldots, n-1$$

$$\ln(re^{j\theta}) = \ln r + \ln e^{j\theta} = \ln r + j\theta + j2k\pi$$
$$(k = \text{整數}) \tag{B.32}$$

$$\frac{1}{j} = -j$$
$$e^{\pm j\pi} = -1$$
$$e^{\pm j2\pi} = 1 \tag{B.33}$$
$$e^{j\pi/2} = j$$
$$e^{-j\pi/2} = -j$$

$$\text{Re}(e^{(\alpha+j\omega)t}) = \text{Re}(e^{\alpha t}e^{j\omega t}) = e^{\alpha t}\cos\omega t$$
$$\text{Im}(e^{(\alpha+j\omega)t}) = \text{Im}(e^{\alpha t}e^{j\omega t}) = e^{\alpha t}\sin\omega t \tag{B.34}$$

如果 $A = 6+j8$，試求：(a) $\sqrt{A}$，(b) A^4。

範例 B.5

解：(a) 首先將 A 轉換成極坐標形式：

$$r = \sqrt{6^2 + 8^2} = 10, \qquad \theta = \tan^{-1}\frac{8}{6} = 53.13°, \qquad A = 10\underline{/53.13°}$$

因此，

$$\sqrt{A} = \sqrt{10}\underline{/53.13°/2} = 3.162\underline{/26.56°}$$

(b) 因為 $A = 10\underline{/53.13°}$

$$A^4 = r^4\underline{/4\theta} = 10^4\underline{/4 \times 53.13°} = 10{,}000\underline{/212.52°}$$

練習題 B.5 如果 $A = 3 - j4$，試求：(a) $A^{1/3}$（開 3 次方），(b) $\ln A$。

答：(a) $1.71\underline{/102.3°}$, $1.71\underline{/222.3°}$, $1.71\underline{/342.3°}$,

(b) $1.609 + j5.356 + j2n\pi$ ($n = 0, 1, 2, \ldots$).

Appendix C 數學公式

本附錄並未提供所有的公式，只包含求解本書中電路問題所需的公式。

C.1 二次方程式

二次方程式 $ax^2 + bx + c = 0$ 的根為：

$$x_1, x_2 = \frac{-b \pm \sqrt{b^2 - 4ac}}{2a}$$

C.2 三角恆等式

$$\sin(-x) = -\sin x$$
$$\cos(-x) = \cos x$$
$$\sec x = \frac{1}{\cos x}, \quad \csc x = \frac{1}{\sin x}$$
$$\tan x = \frac{\sin x}{\cos x}, \quad \cot x = \frac{1}{\tan x}$$
$$\sin(x \pm 90°) = \pm \cos x$$
$$\cos(x \pm 90°) = \mp \sin x$$
$$\sin(x \pm 180°) = -\sin x$$
$$\cos(x \pm 180°) = -\cos x$$
$$\cos^2 x + \sin^2 x = 1$$
$$\frac{a}{\sin A} = \frac{b}{\sin B} = \frac{c}{\sin C} \quad \text{(正弦定律)}$$
$$a^2 = b^2 + c^2 - 2bc \cos A \quad \text{(餘弦定律)}$$

$$\frac{\tan\frac{1}{2}(A-B)}{\tan\frac{1}{2}(A+B)} = \frac{a-b}{a+b} \quad \text{(正切定律)}$$

$$\sin(x \pm y) = \sin x \cos y \pm \cos x \sin y$$

$$\cos(x \pm y) = \cos x \cos y \mp \sin x \sin y$$

$$\tan(x \pm y) = \frac{\tan x \pm \tan y}{1 \mp \tan x \tan y}$$

$$2\sin x \sin y = \cos(x-y) - \cos(x+y)$$

$$2\sin x \cos y = \sin(x+y) + \sin(x-y)$$

$$2\cos x \cos y = \cos(x+y) + \cos(x-y)$$

$$\sin 2x = 2\sin x \cos x$$

$$\cos 2x = \cos^2 x - \sin^2 x = 2\cos^2 x - 1 = 1 - 2\sin^2 x$$

$$\tan 2x = \frac{2\tan x}{1 - \tan^2 x}$$

$$\sin^2 x = \frac{1}{2}(1 - \cos 2x)$$

$$\cos^2 x = \frac{1}{2}(1 + \cos 2x)$$

$$K_1 \cos x + K_2 \sin x = \sqrt{K_1^2 + K_2^2}\cos\left(x + \tan^{-1}\frac{-K_2}{K_1}\right)$$

$$e^{jx} = \cos x + j\sin x \quad \text{(尤拉公式)}$$

$$\cos x = \frac{e^{jx} + e^{-jx}}{2}$$

$$\sin x = \frac{e^{jx} - e^{-jx}}{2j}$$

$$1 \text{ rad} = 57.296°$$

C.3 雙曲線函數

$$\sinh x = \frac{1}{2}(e^x - e^{-x})$$

$$\cosh x = \frac{1}{2}(e^x + e^{-x})$$

$$\tanh x = \frac{\sinh x}{\cosh x}$$

$$\coth x = \frac{1}{\tanh x}$$

$$\operatorname{csch} x = \frac{1}{\sinh x}$$

$$\operatorname{sech} x = \frac{1}{\cosh x}$$

$$\sinh(x \pm y) = \sinh x \cosh y \pm \cosh x \sinh y$$

$$\cosh(x \pm y) = \cosh x \cosh y \pm \sinh x \sinh y$$

C.4 微分

如果 $U = U(x)$、$V = V(x)$，且 $a = $ 常數，

$$\frac{d}{dx}(aU) = a\frac{dU}{dx}$$

$$\frac{d}{dx}(UV) = U\frac{dV}{dx} + V\frac{dU}{dx}$$

$$\frac{d}{dx}\left(\frac{U}{V}\right) = \frac{V\frac{dU}{dx} - U\frac{dV}{dx}}{V^2}$$

$$\frac{d}{dx}(aU^n) = naU^{n-1}$$

$$\frac{d}{dx}(a^U) = a^U \ln a \frac{dU}{dx}$$

$$\frac{d}{dx}(e^U) = e^U \frac{dU}{dx}$$

$$\frac{d}{dx}(\sin U) = \cos U \frac{dU}{dx}$$

$$\frac{d}{dx}(\cos U) = -\sin U \frac{dU}{dx}$$

C.5 積分

如果 $U = U(x)$、$V = V(x)$，且 $a = $ 常數，

$$\int a\, dx = ax + C$$

$$\int U\, dV = UV - \int V\, dU \quad \text{(部分積分)}$$

$$\int U^n\, dU = \frac{U^{n+1}}{n+1} + C, \quad n \neq 1$$

$$\int \frac{dU}{U} = \ln U + C$$

$$\int a^U \, dU = \frac{a^U}{\ln a} + C, \qquad a > 0, a \neq 1$$

$$\int e^{ax} \, dx = \frac{1}{a} e^{ax} + C$$

$$\int x e^{ax} \, dx = \frac{e^{ax}}{a^2}(ax - 1) + C$$

$$\int x^2 e^{ax} \, dx = \frac{e^{ax}}{a^3}(a^2 x^2 - 2ax + 2) + C$$

$$\int \ln x \, dx = x \ln x - x + C$$

$$\int \sin ax \, dx = -\frac{1}{a}\cos ax + C$$

$$\int \cos ax \, dx = \frac{1}{a}\sin ax + C$$

$$\int \sin^2 ax \, dx = \frac{x}{2} - \frac{\sin 2ax}{4a} + C$$

$$\int \cos^2 ax \, dx = \frac{x}{2} + \frac{\sin 2ax}{4a} + C$$

$$\int x \sin ax \, dx = \frac{1}{a^2}(\sin ax - ax \cos ax) + C$$

$$\int x \cos ax \, dx = \frac{1}{a^2}(\cos ax + ax \sin ax) + C$$

$$\int x^2 \sin ax \, dx = \frac{1}{a^3}(2ax \sin ax + 2 \cos ax - a^2 x^2 \cos ax) + C$$

$$\int x^2 \cos ax \, dx = \frac{1}{a^3}(2ax \cos ax - 2 \sin ax + a^2 x^2 \sin ax) + C$$

$$\int e^{ax} \sin bx \, dx = \frac{e^{ax}}{a^2 + b^2}(a \sin bx - b \cos bx) + C$$

$$\int e^{ax} \cos bx \, dx = \frac{e^{ax}}{a^2 + b^2}(a \cos bx + b \sin bx) + C$$

$$\int \sin ax \sin bx \, dx = \frac{\sin(a-b)x}{2(a-b)} - \frac{\sin(a+b)x}{2(a+b)} + C, \qquad a^2 \neq b^2$$

$$\int \sin ax \cos bx \, dx = -\frac{\cos(a-b)x}{2(a-b)} - \frac{\cos(a+b)x}{2(a+b)} + C, \qquad a^2 \neq b^2$$

$$\int \cos ax \cos bx \, dx = \frac{\sin(a-b)x}{2(a-b)} + \frac{\sin(a+b)x}{2(a+b)} + C, \qquad a^2 \neq b^2$$

$$\int \frac{dx}{a^2 + x^2} = \frac{1}{a} \tan^{-1} \frac{x}{a} + C$$

$$\int \frac{x^2 \, dx}{a^2 + x^2} = x - a \tan^{-1} \frac{x}{a} + C$$

$$\int \frac{dx}{(a^2 + x^2)^2} = \frac{1}{2a^2} \left(\frac{x}{x^2 + a^2} + \frac{1}{a} \tan^{-1} \frac{x}{a} \right) + C$$

C.6 定積分

如果 m 和 n 為整數,

$$\int_0^{2\pi} \sin ax \, dx = 0$$

$$\int_0^{2\pi} \cos ax \, dx = 0$$

$$\int_0^{\pi} \sin^2 ax \, dx = \int_0^{\pi} \cos^2 ax \, dx = \frac{\pi}{2}$$

$$\int_0^{\pi} \sin mx \sin nx \, dx = \int_0^{\pi} \cos mx \cos nx \, dx = 0, \quad m \neq n$$

$$\int_0^{\pi} \sin mx \cos nx \, dx = \begin{cases} 0, & m + n = 偶數 \\ \dfrac{2m}{m^2 - n^2}, & m + n = 奇數 \end{cases}$$

$$\int_0^{2\pi} \sin mx \sin nx \, dx = \int_{-\pi}^{\pi} \sin mx \sin nx \, dx = \begin{cases} 0, & m \neq n \\ \pi, & m = n \end{cases}$$

$$\int_0^{\infty} \frac{\sin ax}{x} dx = \begin{cases} \dfrac{\pi}{2}, & a > 0 \\ 0, & a = 0 \\ -\dfrac{\pi}{2}, & a < 0 \end{cases}$$

C.7 羅必達法則

如果 $f(0) = 0 = h(0)$,則

$$\lim_{x \to 0} \frac{f(x)}{h(x)} = \lim_{x \to 0} \frac{f'(x)}{h'(x)}$$

其中 $f'(x)$ 表示 $f(x)$ 的微分。

Appendix D 奇數習題答案

第 1 章

1.1 (a) -103.84 mC, (b) -198.65 mC, (c) -3.941 C, (d) -26.08 C

1.3 (a) $3t + 1$ C, (b) $t^2 + 5t$ mC, (c) $2\sin(10t + \pi/6) + 1$ μC, (d) $-e^{-30t}[0.16\cos 40t + 0.12\sin 40t]$ C

1.5 25 C

1.7 $i = \begin{cases} 25 \text{ A}, & 0 < t < 2 \\ -25 \text{ A}, & 2 < t < 6 \\ 25 \text{ A}, & 6 < t < 8 \end{cases}$

參見圖 D.1 所示波形。

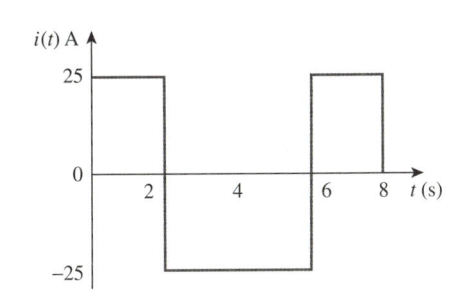

圖 D.1 習題 1.7 波形

1.9 (a) 10 C, (b) 22.5 C, (c) 30 C

1.11 3.888 kC, 5.832 kJ

1.13 123.37 mW, 58.76 mJ

1.15 (a) 2.945 mC, (b) $-720e^{-4t}$ μW, (c) -180 μJ

1.17 70 W

1.19 6 A, -72 W, 18 W, 18 W, 36 W

1.21 750×10^3 hrs

1.23 (a) 10 kWh, (b) 416.7 W

1.25 (a) 4A, (b) 6,667 天

1.27 13.43×10^6 J

第 2 章

2.1 這是個設計問題,有許多答案。

2.3 184.3 mm

2.5 $n = 9, b = 15, l = 7$

2.7 6 分支和 4 節點

2.9 7 A, -1 A, 5 A

2.11 6 V, 3 V

2.13 12 A, -10 A, 5 A, -2 A

2.15 6 V, -4 A

2.17 2 V, -22 V, 10 V

2.19 -2 A, 12 W, -24 W, 20 W, 16 W

2.21 4.167 V

2.23 2 V, 21.33 W

2.25 0.1 A, 2 kV, 0.2 kW

2.27 1 A

2.29 8.125 Ω

2.31 56 A, 8 A, 48 A, 32 A, 16 A

2.33 3 V, 6 A

2.35 32 V, 800 mA

2.37 2.5 Ω

2.39 (a) 727.3 Ω, (b) 3 kΩ

2.41 16 Ω

2.43 (a) 12 Ω, (b) 16 Ω

2.45 (a) 59.8 Ω, (b) 32.5 Ω

2.47 24 Ω

2.49 (a) 4 Ω, (b) $R_1 = 18$ Ω, $R_2 = 6$ Ω, $R_3 = 3$ Ω

2.51 (a) 9.231 Ω, (b) 36.25 Ω

2.53 (a) 142.32 Ω, (b) 33.33 Ω

2.55 997.4 mA

2.57 12.21 Ω, 1.64 A

2.59 (a) 四個 20 Ω 電阻器並聯
(b) 一個 300 Ω 電阻串聯一個 1.8 Ω 電阻器和二個 20 Ω 電阻器並聯
(c) 二個並聯的 24 kΩ 電阻再串聯二個並聯的 56 kΩ 電阻器
(d) 一個 20 kΩ 電阻器、300 kΩ 電阻器、24 kΩ 電阻器的串聯組合，和二個 56 kΩ 電阻器的並聯組合

2.61 75 Ω

2.63 38 kΩ, 3.333 kΩ

2.65 3 kΩ, ∞ Ω (最佳解)

第 3 章

3.1 這是個設計問題，有許多答案。

3.3 -6 A, -3 A, -2 A, 1 A, -60 V

3.5 20 V

3.7 5.714 V

3.9 79.34 mA

3.11 3 V, 293.9 W, 750 mW, 121.5 W

3.13 40 V, 40 V

3.15 29.45 A, 144.6 W, 129.6 W, 12 W

3.17 1.73 A

3.19 10 V, 4.933 V, 12.267 V

3.21 1 V, 3 V

3.23 22.34 V

3.25 25.52 V, 22.05 V, 14.842 V, 15.055 V

3.27 625 mV, 375 mV, 1.625 V

3.29 -0.7708 V, 1.209 V, 2.309 V, 0.7076 V

3.31 4.97 V, 4.85 V, -0.12 V

3.33 (a) 和 (b) 分別在二平面，並且可以被重畫為如圖 D.2 所示。

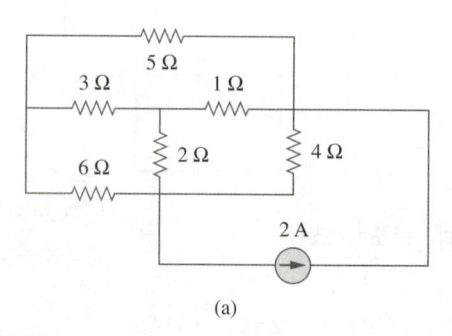

圖 **D.2** 習題 3.33 的電路

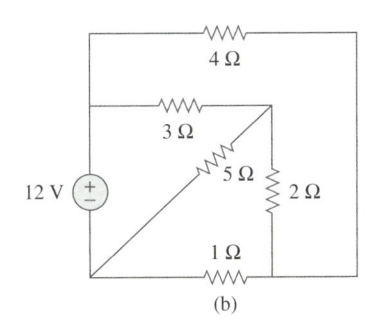

圖 D.2 習題 3.33 的電路（續）

3.35 20 V

3.37 12 V

3.39 這是個設計問題，有許多答案。

3.41 1.188 A

3.43 1.7778 A, 53.33 V

3.45 8.561 A

3.47 10 V, 4.933 V, 12.267 V

3.49 57 V, 18 A

3.51 20 V

3.53 1.6196 mA, -1.0202 mA, -2.461 mA, 3 mA, -2.423 mA

3.55 -1 A, 0 A, 2 A

3.57 6 kΩ, 60 V, 30 V

3.59 -4.48 A, -1.0752 kvolts

3.61 -0.3

3.63 -4 V, 2.105 A

3.65 2.17 A, 1.9912 A, 1.8119 A, 2.094 A, 2.249 A

3.67 -30 V

3.69 $\begin{bmatrix} 1.75 & -0.25 & -1 \\ -0.25 & 1 & -0.25 \\ -1 & -0.25 & 1.25 \end{bmatrix} \begin{bmatrix} V_1 \\ V_2 \\ V_3 \end{bmatrix} = \begin{bmatrix} 20 \\ 5 \\ 5 \end{bmatrix}$

3.71 6.255 A, 1.9599 A, 3.694 A

3.73 $\begin{bmatrix} 9 & -3 & -4 & 0 \\ -3 & 8 & 0 & 0 \\ -4 & 0 & 6 & -1 \\ 0 & 0 & -1 & 2 \end{bmatrix} \begin{bmatrix} i_1 \\ i_2 \\ i_3 \\ i_4 \end{bmatrix} = \begin{bmatrix} 6 \\ 4 \\ 2 \\ -3 \end{bmatrix}$

第 4 章

4.1 600 mA, 250 V

4.3 (a) 0.5 V, 0.5 A, (b) 5 V, 5 A, (c) 5 V, 500 mA

4.5 4.5 V

4.7 888.9 mV

4.9 2 A

4.11 17.99 V, 1.799 A

4.13 8.696 V

4.15 1.875 A, 10.55 W

4.17 -8.571 V

4.19 -26.67 V

4.21 這是個設計問題，有許多答案。

4.23 1 A, 8 W

4.25 -6.6 V

4.27 -48 V

4.29 3 V

4.31 3.652 V

4.33 40 V, 20 Ω, 1.6 A

4.35 -125 mV

4.37 10 Ω, 666.7 mA

4.39 20 Ω, -49.2 V

4.41 4 Ω, -8 V, -2 A

4.43 10 Ω, 0 V

4.45 3 Ω, 2 A

4.47 1.1905 V, 476.2 mΩ, 2.5 A

4.49 28 Ω, 3.286 A

4.51 (a) 2 Ω, 7 A, (b) 1.5 Ω, 12.667 A

4.53 3 Ω, 1 A

4.55 100 kΩ, −20 mA

4.57 10 Ω, 166.67 V, 16.667 A

4.59 22.5 Ω, 40 V, 1.7778 A

4.61 1.2 Ω, 9.6 V, 8 A

4.63 −3.333 Ω, 0 A

4.65 $V_0 = 24 - 5I_0$

4.67 25 Ω, 7.84 W

4.69 ∞ (理論上)

4.71 8 kΩ, 1.152 W

4.73 20.77 W

4.75 1 kΩ, 3 mW

4.77 (a) 700 ohms, 114.29 ohms, (b) 10 mA

4.79 (a) 20 Ω, (b) 37.14 Ω, 138.48 mA

第 5 章

5.1 (a) 1.5 MΩ, (b) 60 Ω, (c) 98.06 dB

5.3 10 V

5.5 0.999990

5.7 −100 nV, −10 mV

5.9 2 V, 2 V

5.11 這是個設計問題，有許多答案。

5.13 2.7 V, 288 μA

5.15 (a) $-\left(R_1 + R_3 + \dfrac{R_1 R_3}{R_2}\right)$, (b) −92 kΩ

5.17 (a) −2.4, (b) −16, (c) −400

5.19 −562.5 μA

5.21 −4 V

5.23 $-\dfrac{R_f}{R_1}$

5.25 2.312 V

5.27 2.7 V

5.29 $\dfrac{R_2}{R_1}$

5.31 727.2 μA

5.33 12 mW, −2 mA

5.35 若 $R_i = 60\,k$, $R_f = 390\,k$.

5.37 1.5 V

5.39 3 V

5.41 參見圖 D.3。

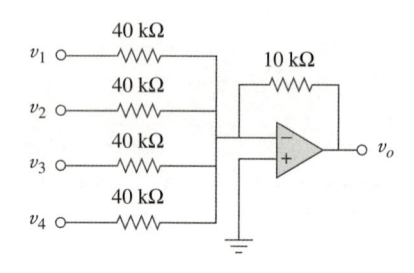

圖 D.3 習題 5.41 的電路

5.43 20 k

5.45 參見圖 D.4，其中 R ≤ 100 kΩ。

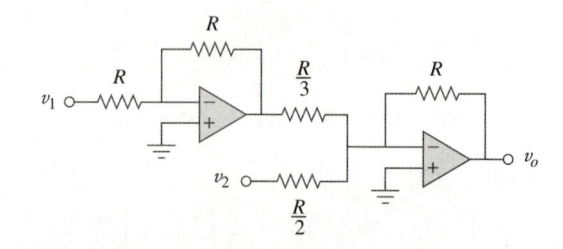

圖 D.4 習題 5.45 的電路

5.47 14.09 V

5.49 $R_1 = R_3 = 20\text{ k}\Omega, R_2 = R_4 = 80\text{ k}\Omega$

5.51 參見圖 D.5。

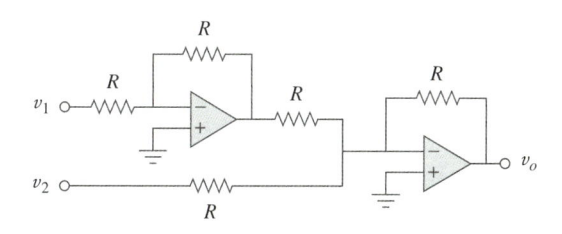

圖 D.5 習題 5.51 的電路

5.53 證明題。

5.55 7.956, 7.956, 1.989

5.57 $6v_{s1} - 6v_{s2}$

5.59 -12

5.61 2.4 V

5.63 $\dfrac{R_2R_4/R_1R_5 - R_4/R_6}{1 - R_2R_4/R_3R_5}$

5.65 -21.6 mV

5.67 2 V

5.69 -25.71 mV

5.71 7.5 V

5.73 10.8 V

5.75 加法器的輸出為 $v_0 = -v_1 - (5/3)v_2$，其中 $v_2 = 6$ V 電池，反向放大器的 $v_1 = -12\,v$

5.77 9

5.79 $A = \dfrac{1}{(1 + \frac{R_1}{R_3})R_L - R_1(\frac{R_2 + R_L}{R_2R_3})(R_4 + \frac{R_2R_L}{R_2 + R_L})}$

第 6 章

6.1 $15(1 - 3t)e^{-3t}$ A, $30t(1 - 3t)e^{-6t}$ W

6.3 這是個設計問題，有許多答案。

6.5 $v = \begin{cases} 20\text{ mA}, & 0 < t < 2\text{ ms} \\ -20\text{ mA}, & 2 < t < 6\text{ ms} \\ 20\text{ mA}, & 6 < t < 8\text{ ms} \end{cases}$

6.7 $[0.1t^2 + 10]$ V

6.9 13.624 V, 70.66 W

6.11 $v(t) = \begin{cases} 10 + 3.75t\text{ V}, & 0 < t < 2\text{s} \\ 22.5 - 2.5t\text{ V}, & 2 < t < 4\text{s} \\ 12.5\text{ V}, & 4 < t < 6\text{s} \\ 2.5t - 2.5\text{ V}, & 6 < t < 8\text{s} \end{cases}$

6.13 $v_1 = 42$ V, $v_2 = 48$ V

6.15 (a) 125 mJ, 375 mJ, (b) 70.31 mJ, 23.44 mJ

6.17 (a) 3 F, (b) 8 F, (c) 1 F

6.19 10 μF

6.21 2.5 μF

6.23 這是個設計問題，有許多答案。

6.25 (a) 對於電容器串聯，

$$Q_1 = Q_2 \rightarrow C_1v_1 = C_2v_2 \rightarrow \dfrac{v_1}{v_2} = \dfrac{C_2}{C_1}$$

$$v_s = v_1 + v_2 = \dfrac{C_2}{C_1}v_2 + v_2 = \dfrac{C_1 + C_2}{C_1}v_2$$

$$\rightarrow v_2 = \dfrac{C_1}{C_1 + C_2}v_s$$

同理，$v_1 = \dfrac{C_2}{C_1 + C_2}v_s$

(b) 對於電容器並聯，

$$v_1 = v_2 = \dfrac{Q_1}{C_1} = \dfrac{Q_2}{C_2}$$

$$Q_s = Q_1 + Q_2 = \dfrac{C_1}{C_2}Q_2 + Q_2 = \dfrac{C_1 + C_2}{C_2}Q_2$$

或

$$Q_2 = \dfrac{C_2}{C_1 + C_2}Q_s$$

$$Q_1 = \dfrac{C_1}{C_1 + C_2}Q_s$$

$$i = \frac{dQ}{dt} \rightarrow i_1 = \frac{C_1}{C_1 + C_2} i_s,$$

$$i_2 = \frac{C_2}{C_1 + C_2} i_s$$

6.27 $1\ \mu F$, $16\ \mu F$

6.29 (a) 1.6 C, (b) 1 C

6.31 $v(t) = \begin{cases} 1.5t^2\ \text{kV}, & 0 < t < 1\text{s} \\ [3t - 1.5]\ \text{kV}, & 1 < t < 3\text{s}; \\ [0.75t^2 - 7.5t + 23.25]\ \text{kV}, & 3 < t < 5\text{s} \end{cases}$

$i_1 = \begin{cases} 18t\ \text{mA}, & 0 < t < 1\text{s} \\ 18\ \text{mA}, & 1 < t < 3\text{s}; \\ [9t - 45]\ \text{mA}, & 3 < t < 5\text{s} \end{cases}$

$i_2 = \begin{cases} 12t\ \text{mA}, & 0 < t < 1\text{s} \\ 12\ \text{mA}, & 1 < t < 3\text{s} \\ [6t - 30]\ \text{mA}, & 3 < t < 5\text{s} \end{cases}$

6.33 15 V, 10 F

6.35 6.4 mH

6.37 $4.8 \cos 100t$ V, 96 mJ

6.39 $(5t^3 + 5t^2 + 20t + 1)$ A

6.41 5.977 A, 35.72 J

6.43 $144\ \mu J$

6.45 $i(t) = \begin{cases} 250t^2\ \text{A}, & 0 < t < 1\text{s} \\ [1 - t + 0.25t^2]\ \text{kA}, & 1 < t < 2\text{s} \end{cases}$

6.47 $5\ \Omega$

6.49 3.75 mH

6.51 7.778 mH

6.53 20 mH

6.55 (a) 1.4 L, (b) 500 mL

6.57 6.625 H

6.59 證明題。

6.61 (a) 6.667 mH, e^{-t} mA, $2e^{-t}$ mA
(b) $-20e^{-t}\ \mu V$ (c) 1.3534 nJ

6.63 參見圖 D.6。

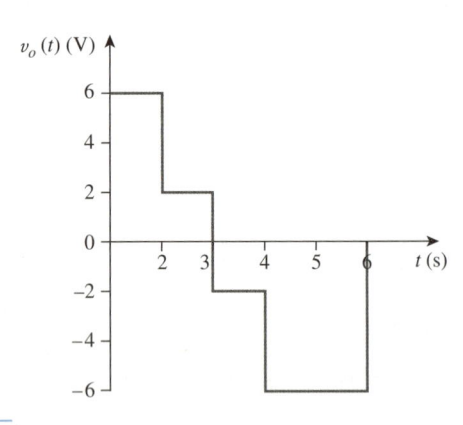

圖 **D.6** 習題 6.63 的波形

6.65 (a) 40 J, 40 J, (b) 80 J, (c) $5 \times 10^{-5}(e^{-200t} - 1) + 4$.
$1.25 \times 10^{-5}(e^{-200t} - 1) - 2$ A
(d) $6.25 \times 10^{-5}(e^{-200t} - 1) + 2$ A

6.67 (a) $0.7143\ \mu F$, (b) 5 ms, (c) 3.466 ms

6.69 $3.222\ \mu s$

6.71 這是個設計問題，有許多答案。

6.73 $12e^{-t}$ 伏特，在 $0 < t < 1$ 秒
$4.415e^{-2(t-1)}$ 伏特，在 1 秒 $< t < \infty$

6.75 $4e^{-t/12}$ V

6.77 $1.2e^{-3t}$ A

6.79 (a) $16\ k\Omega$, 16 H, 1 ms, (b) $126.42\ \mu J$

6.81 (a) $10\ \Omega$, 500 ms, (b) $40\ \Omega$, $250\ \mu s$

6.83 $-6e^{-16t}u(t)$ V

6.85 $6e^{-5t}u(t)$ A

6.87 $13.333\ \Omega$

6.89 $10e^{-4t}$ V, $t > 0$, $2.5e^{-4t}$ V, $t > 0$

6.91 這是個設計問題，有許多答案。

6.93 $[5u(t+1) + 10u(t) - 25u(t-1) + 15u(t-2)]$ V

6.95 (c) $z(t) = \cos 4t\, \delta(t-1) = \cos 4\delta(t-1) = -0.6536\delta(t-1)$，曲線如下圖。

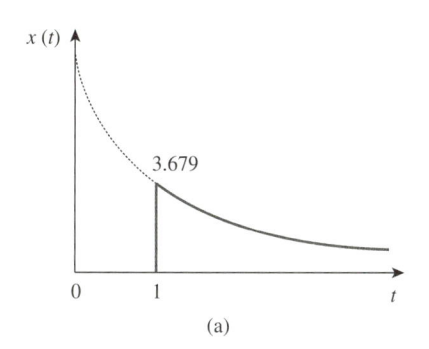

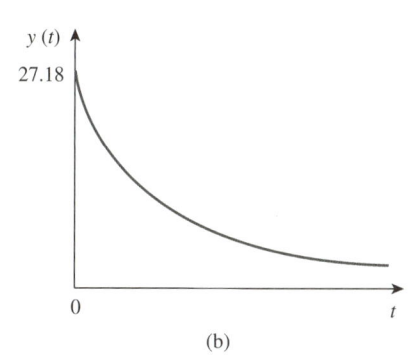

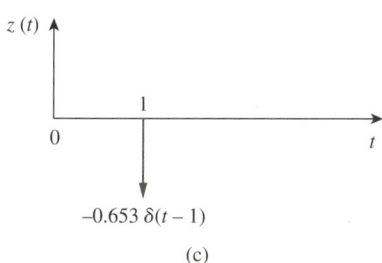

圖 D.7 習題 6.95 的波形

6.97 (a) 112×10^{-9}, (b) 7

6.99 $1.5u(t-2)$ A

6.101 (a) $-e^{-2t}u(t)$ V, (b) $2e^{1.5t}u(t)$ A

6.103 (a) 4 s, (b) 10 V, (c) $(10 - 8e^{-t/4})u(t)$ V

6.105 (a) 4 V, $t < 0$, $20 - 16e^{-t/8}$, $t > 0$,
(b) 4 V, $t < 0$, $12 - 8e^{-t/6}$ V, $t > 0$.

6.107 這是個設計問題，有許多答案。

6.109 0.8 A, $0.8e^{-t/480}u(t)$ A

6.111 $[20 - 15e^{-14.286t}]u(t)$ V

6.113 $\begin{cases} 24(1-e^{-t}) \text{ V}, & 0 < t < 1 \\ 30 - 14.83e^{-(t-1)} \text{ V}, & t > 1 \end{cases}$

6.115 $\begin{cases} 8(1-e^{-t/5}) \text{ V}, & 0 < t < 1 \\ 1.45e^{-(t-1)/5} \text{ V}, & t > 1 \end{cases}$

6.117 $V_S = Ri + L\dfrac{di}{dt}$

或 $L\dfrac{di}{dt} = -R\left(i - \dfrac{V_S}{R}\right)$

$\dfrac{di}{i - V_S/R} = \dfrac{-R}{L}dt$

對二邊積分得

$\ln\left(i - \dfrac{V_S}{R}\right)\bigg|_{I_0}^{i(t)} = \dfrac{-R}{L}t$

$\ln\left(\dfrac{i - V_S/R}{I_0 - V_S/R}\right) = \dfrac{-t}{\tau}$

或 $\dfrac{i - V_S/R}{I_0 - V_S/R} = e^{-t/\tau}$

$i(t) = \dfrac{V_S}{R} + \left(I_0 - \dfrac{V_S}{R}\right)e^{-t/\tau}$

與 (6.91) 式相同。

6.119 (a) 5 A, $5e^{-t/2}u(t)$ A, (b) 6 A, $6e^{-2t/3}u(t)$ A

6.121 96 V, $96e^{-4t}u(t)$ V

6.123 $2.4e^{-2t}u(t)$ A, $600e^{-5t}u(t)$ mA

6.125 $6e^{-4t}u(t)$ volts

6.127 $20e^{-8t}u(t)$ V, $(10 - 5e^{-8t})u(t)$ A

6.129 $2e^{-8t}u(t)$ A, $-8e^{-8t}u(t)$ V

6.131 $\begin{cases} 2(1-e^{-2t}) \text{ A} & 0 < t < 1 \\ 1.729e^{-2(t-1)} \text{ A} & t > 1 \end{cases}$

6.133 0W, 100 ηJ

6.135 $(0.4-20t)e^{-10t}$ V

6.137 $L < 200$ mH

6.139 1.271 Ω

第 7 章

7.1 (a) 2 A, 12 V, (b) −4 A/s, −5 V/s, (c) 0 A, 0 V

7.3 (a) 0 A, −10 V, 0 V, (b) 0 A/s, 8 V/s, 8 V/s, (c) 400 mA, 6 V, 16 V

7.5 (a) 0 A, 0 V, (b) 4 A/s, 0 V/s, (c) 2.4 A, 9.6 V

7.7 過阻尼

7.9 $[(10 + 50t)e^{-5t}]$ A

7.11 $[(10 + 10t)e^{-t}]$ V

7.13 120 Ω

7.15 750 Ω, 200 μF, 25 H

7.17 $[21.55e^{-2.679t} - 1.55e^{-37.32t}]$ V

7.19 $24\sin(0.5t)$ V

7.21 $18e^{-t} - 2e^{-9t}$ V

7.23 40 mF

7.25 這是個設計問題，有許多答案。

7.27 $[3 - 3(\cos(2t) + \sin(2t))e^{-2t}]$ volts

7.29 (a) $3 - 3\cos 2t + \sin 2t$ V,
(b) $2 - 4e^{-t} + e^{-4t}$ A,
(c) $3 + (2 + 3t)e^{-t}$ V,
(d) $2 + 2\cos 2te^{-t}$ A

7.31 80 V, 40 V

7.33 $[20 + 0.2052e^{-4.95t} - 10.205e^{-0.05t}]$ V

7.35 這是個設計問題，有許多答案。

7.37 $7.5e^{-4t}$ A

7.39 $(-6 + [0.021e^{-47.83t} - 6.02e^{-0.167t}])$ V

7.41 $727.5 \sin(4.583t)e^{-2t}$ mA

7.43 8 Ω, 2.075 mF

7.45 $[4 - [3\cos(1.3229t) + 1.1339\sin(1.3229t)]e^{-t/2}]$ A,
$[4.536\sin(1.3229t)e^{-t/2}]$ V

7.47 $(200te^{-10t})$ V

7.49 $[3 + (3 + 6t)e^{-2t}]$ A

7.51 $\left[-\dfrac{i_0}{\omega_o C}\sin(\omega_o t)\right]$ V, 在 $\omega_o = 1/\sqrt{LC}$

7.53 $(d^2 i/dt^2) + 0.125(di/dt) + 400i = 600$

7.55 $7.448 - 3.448e^{-7.25t}$ V, $t > 0$

7.57 (a) $s^2 + 20s + 36 = 0$,
(b) $-\dfrac{3}{4}e^{-2t} - \dfrac{5}{4}e^{-18t}$ A, $6e^{-2t} + 10e^{-18t}$ V

7.59 $-32te^{-t}$ V

7.61 $2.4 - 2.667e^{-2t} + 0.2667e^{-5t}$ A,
$9.6 - 16e^{-2t} + 6.4e^{-5t}$ V

7.63 4.167 H, 12 nF

7.65 $20(1 - e^{-3t/25})$ V

第 8 章

8.1 (a) 50 V, (b) 209.4 ms, (c) 4.775 Hz, (d) 44.48 V, 0.3 rad

8.3 (a) $10\cos(\omega t - 60°)$, (b) $9\cos(8t + 90°)$, (c) $20\cos(\omega t + 135°)$

8.5 30°, v_1 滯後 v_2

8.7 證明題。

8.9 (a) $50.88\underline{/-15.52°}$, (b) $60.02\underline{/-110.96°}$

8.11 (a) $21\underline{/-15°}$ V, (b) $8\underline{/160°}$ mA,

(c) $120\underline{/-140°}$ V, (d) $60\underline{/-170°}$ mA

附錄 D 奇數習題答案

8.13 (a) $-1.2749 + j0.1520$, (b) -2.083, (c) $35 + j14$

8.15 (a) $-6 - j11$, (b) $120.99 + j4.415$, (c) -1

8.17 $15.62 \cos(50t - 9.8°)$ V

8.19 (a) $3.32 \cos(20t + 114.49°)$,
(b) $64.78 \cos(50t - 70.89°)$,
(c) $9.44 \cos(400t - 44.7°)$

8.21 (a) $f(t) = 8.324 \cos(30t + 34.86°)$,
(b) $g(t) = 5.565 \cos(t - 62.49°)$,
(c) $h(t) = 1.2748 \cos(40t - 168.69°)$

8.23 (a) $320.1 \cos(20t - 80.11°)$ A,
(b) $36.05 \cos(5t + 93.69°)$ A

8.25 (a) $0.8 \cos(2t - 98.13°)$ A,
(b) $0.745 \cos(5t - 4.56°)$ A

8.27 $0.289 \cos(377t - 92.45°)$ V

8.29 $2 \sin(10^6 t - 65°)$

8.31 $78.3 \cos(2t + 51.21°)$ mA

8.33 69.82 V

8.35 $4.789 \cos(200t - 16.7°)$ A

8.37 $(250 - j25)$ mS

8.39 $9.135 + j27.47$ Ω,
$414.5 \cos(10t - 71.6°)$ mA

8.41 $6.325 \cos(t - 18.43°)$ V

8.43 $499.7 \underline{/-28.85°}$ mA

8.45 -5 A

8.47 $460.7 \cos(2000t + 52.63°)$ mA

8.49 $1.4142 \sin(200t - 45°)$ V

8.51 $25 \cos(2t - 53.13°)$ A

8.53 $8.873 \underline{/-21.67°}$ A

8.55 $(2.798 - j16.403)$ Ω

8.57 $0.3171 - j0.1463$ S

8.59 $2.707 + j2.509$

8.61 $1 + j0.5$ Ω

8.63 $34.69 - j6.93$ Ω

8.65 $17.35 \underline{/0.9°}$ A, $6.83 + j1.094$ Ω

8.67 (a) $14.8 \underline{/-20.22°}$ mS, (b) $19.704 \underline{/74.56°}$ mS

8.69 $1.661 + j0.6647$ S

8.71 $1.058 - j2.235$ Ω

8.73 $0.3796 + j1.46$ Ω

8.75 這是個設計問題，有許多答案。

8.77 $15.181 \sin(4t - 8.43°)$ V

8.79 $29.11 \angle -166°$ V

8.81 $7.276 \cos(200t - 82.17°)$ A

8.83 $8.951 \sin(2000t + 93.43°)$ kV

8.85 這是個設計問題，有許多答案。

8.87 $28.93 \angle 135.38°$ V, $49.18 \angle 124.08°$ V

8.89 $5.749 \angle 138.94°$ V

8.91 $5.63 \angle 189°$ V

8.93 $\dfrac{\omega L V_m}{\sqrt{R^2(1-\omega^2 LC)^2 + \omega^2 L^2}}$, $90° - \tan^{-1}\dfrac{\omega L}{\sqrt{R(1-\omega^2 L)}}$

8.95 $\dfrac{R_2 + j\omega L}{R_1 + R_2 - \omega^2 LCR_1 + j\omega(L + R_1 R_2 C)}$

8.97 這是個設計問題，有許多答案。

8.99 $39.5 \cos(10^3 t - 18.43°)$ mA

8.101 $2.741 \cos(4t - 41.07°)$ A, $4.114 \cos(4t + 92°)$ A

8.103 $56.26 \cos(100t + 33.93°)$ V

8.105 $5.657\angle-75°$ V, $8.485\angle 15°$ A

8.107 $1.465\angle 38.48°$ A

8.109 $11.648\angle 52.82°$ V

8.111 $3.35\angle 174.3°$ A

8.113 $[4 + 0.79 \cos(4t - 71.56°)]$ A

8.115 這是個設計問題，有許多答案。

8.117 $[147.7 \cos(6t + 26.5°) + 21.41 \sin(2t - 15.52°)]$ V

8.119 $[10 + 21.45 \sin(2t + 26.56°) + 10.73\cos(3t - 26.56°)]$V

8.121 $\{0.1 + 0.217 \cos(2000t + 134.1°) - 1.1782 \sin(4000t + 7.38°)\}$ A

8.123 這是個設計問題，有許多答案。

8.125 $(3.529 - j5.883)$ V

8.127 (a) $\mathbf{Z}_N = \mathbf{Z}_{Th} = 22.63\angle-63.43°$ Ω, $\mathbf{V}_{Th} = 50\angle-150°$ V, $\mathbf{I}_N = 2.236\angle-86.6°$ A,
(b) $\mathbf{Z}_N = \mathbf{Z}_{Th} = 10\angle 26°$ Ω, $\mathbf{V}_{Th} = 33.92\angle 58°$ V, $\mathbf{I}_N = 3.392\angle 32°$ A

8.129 這是個設計問題，有許多答案。

8.131 $-6 + j38$ Ω

8.133 $-24 + j12$ V, $-8 + j6$ Ω

8.135 1 kΩ, $5.657 \cos(200t + 75°)$ A

8.137 這是個設計問題，有許多答案。

8.139 $4.945\angle-69.76°$ V, $0.4378\angle-75.24°$ A, $11.243 + j1.079$ Ω

8.141 $228\angle-18.2°$Ω

8.143 (a) $(120-j10)$ Ω, (b) $(120-j65)$ Ω

8.145 378.9 mH, 102.8 Ω

8.147 (a) $471.4\angle 13.5°$Ω, (b) $212.1\angle 61.5°$ mS

第 9 章

(除非特別說明，否則所有值皆為有效值。)

9.1 $[1.320 + 2.640\cos(100t + 60°)]$ kW, 1.320 kW

9.3 213.4 W

9.5 $P_{1\Omega} = 1.4159$ W, $P_{2\Omega} = 5.097$ W, $P_{3H} = P_{0.25F} = 0$ W

9.7 160 W

9.9 22.42 mW

9.11 3.472 W

9.13 28.36 W

9.15 90 W

9.17 20 Ω, 31.25 W

9.19 258.5 W

9.21 19.58 Ω

9.23 這是個設計問題，有許多答案。

9.25 3.266

9.27 2.887 A

9.29 17.321 A, 3.6 kW

9.31 2.944 V

9.33 3.332 A

9.35 21.6 V

9.37 這是個設計問題，有許多答案。

9.39 (a) 0.7592, 6.643 kW, 5.695 kVAR, (b) 312 μF

9.41 (a) 0.5547 (超前)，(b) 0.9304 (滯後)

9.43 這是個設計問題，有許多答案。

9.45 (a) 46.9 V, 1.061 A, (b) 20 W

9.47 (a) $S = 112 + j194$ VA, 平均功率 = 112 W, 無功功率 = 194 VAR

(b) $S = 226.3 - j226.3$ VA,
平均功率 = 226.3 W,
無功功率 = -226.3 VAR
(c) $S = 110.85 + j64$ VA, 平均功率 = 110.85 W, 無功功率 = 64 VAR
(d) $S = 7.071 + j7.071$ kVA, 平均功率 = 7.071 kW, 無功功率 = 7.071 kVAR

9.49 (a) $4 + j2.373$ kVA,
(b) $1.6 - j1.2$ kVA,
(c) $0.4624 + j1.2705$ kVA,
(d) $110.77 + j166.16$ VA

9.51 (a) 0.9956 (滯後),
(b) 31.12 W,
(c) 2.932 VAR,
(d) 31.26 VA,
(e) $[31.12 + j2.932]$ VA

9.53 (a) $47\underline{/29.8°}$ A, (b) 1.0 (滯後)

9.55 這是個設計問題，有許多答案。

9.57 $(50.45 - j33.64)$ VA

9.59 $j339.3$ VAR, $-j1.4146$ kVAR

9.61 $66.2\underline{/92.4°}$ A, $6.62\underline{/-2.4°}$ kVA

9.63 $221.6\underline{/-28.13°}$ A

9.65 80 μW

9.67 (a) $18\underline{/36.86°}$ mVA, (b) 2.904 mW

9.69 (a) 0.6402 (滯後),
(b) 590.2 W,
(c) 130.4 μF

9.71 (a) $50.14 + j1.7509$ mΩ,
(b) 0.9994 (滯後),
(c) $2.392\underline{/-2°}$ kA

9.73 (a) 12.21 kVA, (b) $50.86\underline{/-35°}$ A,
(c) 4.083 kVAR, 188.03 μF, (d) $43.4\underline{/-16.26°}$ A

9.75 (a) $1,835.9 - j114.68$ VA, (b) 0.998 (滯後)

9.77 0.5333

9.79 (a) 12 kVA, $9.36 + j7.51$ kVA,
(b) $2.866 + j2.3$ Ω

9.81 0.8182 (滯後), 1.398 μF

9.83 (a) 7.328 kW, 1.196 kVAR, (b) 0.987

第 10 章

10.1 (a) $\dfrac{s}{s^2 - a^2}$,
(b) $\dfrac{a}{s^2 - a^2}$

10.3 (a) $\dfrac{s + 2}{(s + 2)^2 + 9}$, (b) $\dfrac{4}{(s + 2)^2 + 16}$,
(c) $\dfrac{s + 3}{(s + 3)^2 - 4}$ (d) $\dfrac{1}{(s + 4)^2 - 1}$,
(e) $\dfrac{4(s + 1)}{[(s + 1)^2 + 4]^2}$

10.5 (a) $\dfrac{8 - 12\sqrt{3}s - 6s^2 + \sqrt{3}s^3}{(s^2 + 4)^3}$,
(b) $\dfrac{72}{(s + 2)^5}$, (c) $\dfrac{2}{s^2} - 4s$,
(d) $\dfrac{2e}{s + 1}$, (e) $\dfrac{5}{s}$, (f) $\dfrac{18}{3s + 1}$, (g) s^n

10.7 (a) $\dfrac{2}{s^2} + \dfrac{4}{s}$, (b) $\dfrac{4}{s} + \dfrac{3}{s + 2}$,
(c) $\dfrac{8s + 18}{s^2 + 9}$, (d) $\dfrac{s + 2}{s^2 + 4s - 12}$

10.9 (a) $\dfrac{e^{-2s}}{s^2} - \dfrac{2e^{-2s}}{s^2}$, (b) $\dfrac{2e^{-s}}{e^4(s + 4)}$,
(c) $\dfrac{2.702s}{s^2 + 4} + \dfrac{8.415}{s^2 + 4}$,
(d) $\dfrac{6}{s}e^{-2s} - \dfrac{6}{s}e^{-4s}$

10.11 (a) $\dfrac{6(s + 1)}{s^2 + 2s - 3}$,
(b) $\dfrac{24(s + 2)}{(s^2 + 4s - 12)^2}$,
(c) $\dfrac{e^{-(2s+6)}[(4e^2 + 4e^{-2})s + (16e^2 + 8e^{-2})]}{s^2 + 6s + 8}$

10.13 (a) $\dfrac{s^2 - 1}{(s^2 + 1)^2}$,
(b) $\dfrac{2(s + 1)}{(s^2 + 2s + 2)^2}$,

(c) $\tan^{-1}\left(\dfrac{\beta}{s}\right)$

10.15 $5\dfrac{1-e^{-s}-se^{-s}}{s^2(1-e^{-3s})}$

10.17 這是個設計問題，有許多答案。

10.19 $\dfrac{1}{1-e^{-2s}}$

10.21 $\dfrac{(2\pi s - 1 + e^{-2\pi s})}{2\pi s^2(1-e^{-2\pi s})}$

10.23 (a) $\dfrac{(1-e^{-s})^2}{s(1-e^{-2s})}$,
(b) $\dfrac{2(1-e^{-2s}) - 4se^{-2s}(s+s^2)}{s^3(1-e^{-2s})}$

10.25 (a) 5 和 0, (b) 5 和 0

10.27 (a) $u(t) + 2e^{-t}u(t)$, (b) $3\delta(t) - 11e^{-4t}u(t)$,
(c) $(2e^{-t} - 2e^{-3t})u(t)$,
(d) $(3e^{-4t} - 3e^{-2t} + 6te^{-2t})u(t)$

10.29 $\left(2 - 2e^{-2t}\cos 3t - \dfrac{2}{3}e^{-2t}\sin 3t\right)u(t), t \geq 0$

10.31 (a) $(-5e^{-t} + 20e^{-2t} - 15e^{-3t})u(t)$
(b) $\left(-e^{-t} + \left(1 + 3t - \dfrac{t^2}{2}\right)e^{-2t}\right)u(t)$,
(c) $(-0.2e^{-2t} + 0.2e^{-t}\cos(2t) + 0.4e^{-t}\sin(2t))u(t)$

10.33 (a) $(3e^{-t} + 3\sin(t) - 3\cos(t))u(t)$,
(b) $\cos(t-\pi)u(t-\pi)$,
(c) $8[1 - e^{-t} - te^{-t} - 0.5t^2e^{-t}]u(t)$

10.35 (a) $[2e^{-(t-6)} - e^{-2(t-6)}]u(t-6)$,
(b) $\dfrac{4}{3}u(t)[e^{-t} - e^{-4t}] - \dfrac{1}{3}u(t-2)[e^{-(t-2)} - e^{-4(t-2)}]$
(c) $\dfrac{1}{13}u(t-1)[-3e^{-3(t-1)} + 3\cos 2(t-1) + 2\sin 2(t-1)]$

10.37 (a) $(2 - e^{-2t})u(t)$,
(b) $[0.4e^{-3t} + 0.6e^{-t}\cos t + 0.8e^{-t}\sin t]u(t)$,
(c) $e^{-2(t-4)}u(t-4)$,
(d) $\left(\dfrac{10}{3}\cos t - \dfrac{10}{3}\cos 2t\right)u(t)$

10.39 (a) $(-1.6e^{-t}\cos 4t - 4.05e^{-t}\sin 4t + 3.6e^{-2t}\cos 4t + (3.45e^{-2t}\sin 4t)u(t)$,
(b) $[0.08333\cos 3t + 0.02778\sin 3t + 0.0944e^{-0.551t} - 0.1778e^{-5.449t}]u(t)$

10.41 $z(t) = \begin{cases} 8t, & 0 < t < 2 \\ 16 - 8t, & 2 < t < 6 \\ -16, & 6 < t < 8 \\ 8t - 80, & 8 < t < 12 \\ 112 - 8t, & 12 < t < 14 \\ 0, & \text{其他值} \end{cases}$

10.43 (a) $y(t) = \begin{cases} \dfrac{1}{2}t^2, & 0 < t < 1 \\ -\dfrac{1}{2}t^2 + 2t - 1, & 1 < t < 2 \\ 1, & t > 2 \\ 0, & \text{其他值} \end{cases}$
(b) $y(t) = 2(1 - e^{-t}), t > 0$,
(c) $y(t) = \begin{cases} \dfrac{1}{2}t^2 + t + \dfrac{1}{2}, & -1 < t < 0 \\ -\dfrac{1}{2}t^2 + t + \dfrac{1}{2}, & 0 < t < 2 \\ \dfrac{1}{2}t^2 - 3t + \dfrac{9}{2}, & 2 < t < 3 \\ 0, & \text{其他值} \end{cases}$

10.45 $(4e^{-2t} - 8te^{-2t})u(t)$

10.47 (a) $(-e^{-t} + 2e^{-2t})u(t)$, (b) $(e^{-t} - e^{-2t})u(t)$

10.49 (a) $\left(\dfrac{t}{a}(e^{at} - 1) - \dfrac{1}{a^2} - \dfrac{e^{at}}{a^2}(at-1)\right)u(t)$,
(b) $[0.5\cos(t)(t + 0.5\sin(2t)) - 0.5\sin(t)(\cos(t) - 1)]u(t)$

10.51 $(5e^{-t} - 3e^{-3t})u(t)$

10.53 $\cos(t) + \sin(t)$ 或 $1.4142\cos(t - 45°)$

10.55 $\left(\dfrac{1}{40} + \dfrac{1}{20}e^{-2t} - \dfrac{3}{104}e^{-4t} - \dfrac{3}{65}e^{-t}\cos(2t) - \dfrac{2}{65}e^{-t}\sin(2t)\right)u(t)$

10.57 這是個設計問題，有許多答案。

10.59 $[-2.5e^{-t} + 12e^{-2t} - 10.5e^{-3t}]u(t)$

10.61 (a) $[3 + 3.162 \cos(2t - 161.12°)]u(t)$ 伏特,
(b) $[2 - 4e^{-t} + e^{-4t}]u(t)$ 安培,
(c) $[3 + 2e^{-t} + 3te^{-t}]u(t)$ 伏特,
(d) $[2 + 2e^{-t}\cos(2t)]u(t)$ 安培

第 11 章

11.1 $[(2 + 10t)e^{-5t}]u(t)$ A

11.3 $[(20 + 20t)e^{-t}]u(t)$ V

11.5 750 Ω, 25 H, 200 μF

11.7 $[2 + 4e^{-t}(\cos(2t) + 2\sin(2t))]u(t)$ A

11.9 $[400 + 789.8e^{-1.5505t} - 189.8e^{-6.45t}]u(t)$ mA

11.11 20.83 Ω, 80 μF

11.13 這是個設計問題,有許多答案。

11.15 120 Ω

11.17 $\left(e^{-2t} - \dfrac{2}{\sqrt{7}}e^{-0.5t}\sin\left(\dfrac{\sqrt{7}}{2}t\right)\right)u(t)$ A

11.19 $[-1.3333e^{-t/2} + 1.3333e^{-2t}]u(t)$ 伏特

11.21 $[64.65e^{-2.679t} - 4.65e^{-37.32t}]u(t)$ 伏特

11.23 $18\cos(0.5t - 90°)u(t)$ 伏特

11.25 $[18e^{-t} - 2e^{-9t}]u(t)$ 伏特

11.27 $[20 - 10.206e^{-0.05051t} + 0.2052e^{-4.949t}]u(t)$ 伏特

11.29 $10\cos(8t + 90°)u(t)$ 安培

11.31 $[35 + 25e^{-0.8t}\cos(0.6t + 126.87°)]u(t)$ 伏特,
$5e^{-0.8t}[\cos(0.6t - 90°)]u(t)$ 安培

11.33 這是個設計問題,有許多答案。

11.35 $[5.714e^{-t} - 5.714e^{-t/2}\cos(0.866t)$
$+ 25.57e^{-t/2}\sin(0.866t)]u(t)$ V

11.37 $[-6 + 6.022e^{-0.1672t} - 0.021e^{-47.84t}]u(t)$ 伏特

11.39 $[0.3636e^{-2t}\cos(4.583t - 90°)]u(t)$ 安培

11.41 $[200te^{-10t}]u(t)$ 伏特

11.43 $[3 + 3e^{-2t} + 6te^{-2t}]u(t)$ 安培

11.45 $[i_o/(\omega C)]\cos(\omega t + 90°)u(t)$ 伏特

11.47 $[15 - 10e^{-0.6t}(\cos(0.2t) - \sin(0.2t))]u(t)$ A

11.49 $[0.7143e^{-2t} - 1.7145e^{-0.5t}\cos(1.25t) + 3.194e^{-0.5t}\sin(1.25t)]u(t)$ A

11.51 $[-5 + 17.156e^{-15.125t}\cos(4.608t - 73.06°)]u(t)$ 安培

11.53 4 伏特, -8 伏特/秒, $[4.618e^{-t}\cos(1.7321t + 30°)]u(t)$ 伏特

11.55 $[4 - 3.2e^{-t} - 0.8e^{-6t}]u(t)$ 安培,
$[1.6e^{-t} - 1.6e^{-6t}]u(t)$ 安培

11.57 (a) $(3/s)[1 - e^{-s}]$, (b) $[(2 - 2e^{-1.5t})u(t) - (2 - 2e^{-1.5(t-1)})u(t-1)]$ V

11.59 $[e^{-t} - 2e^{-t/2}\cos(t/2)]u(t)$ V

11.61 $[6.667 - 6.8e^{-1.2306t} + 5.808e^{-0.6347t}\cos(1.4265t + 88.68°)]u(t)$ V

11.63 $[5e^{-4t}\cos(2t) + 230e^{-4t}\sin(2t)]u(t)$ V,
$[6 - 6e^{-4t}\cos(2t) - 11.375e^{-4t}\sin(2t)]u(t)$ A

11.65 $\{2.202e^{-3t} + 3.84te^{-3t} - 0.202\cos(4t) + 0.6915\sin(4t)\}u(t)$ V

11.67 $[e^{10t} - e^{-10t}]u(t)$ 伏特,這是個不穩定電路。

11.69 $\left[\dfrac{4}{3} - \dfrac{8}{9}e^{-t/3} + \dfrac{4}{27}te^{-t/3}\right]u(t)$

11.71 這是個設計問題,有許多答案。

11.73 $10k/(s^2 + 4.5s + 15)$

11.75 $(5e^{-t} - 3e^{-2t} + 6e^{-4t})u(t)$

11.77 (a) $\dfrac{1}{s^3 + 2s^2 + 3s + 2}$, (b) $\dfrac{1}{s^3 + 2s + 2s + 1}$,
(c) $\dfrac{1}{s^3 + s^2 + 2s + 1}$, (d) $\dfrac{1}{s^3 + 2s^2 + 3s + 2}$

11.79 $sRC + 1$

11.81 $\left(2 + \dfrac{8}{3}e^{-t} - \dfrac{14}{3}e^{-4t}\right)u(t)$

11.83 證明題。

11.85 證明題。

11.87 證明題。

11.89 證明題。

11.91 $(-2.4 + 4.4e^{-3t}\cos t - 0.8e^{-3t}\sin t)u(t)$,
$(-1.2 - 0.8e^{-3t}\cos t + 0.6e^{-3t}\sin t)u(t)$

11.93 (a) $\dfrac{s+1}{4(s+3)}$, (b) $\dfrac{1}{3}[2+4e^{-3t}]u(t)$ A

第 12 章

12.1 $\begin{bmatrix} 8 & 2 \\ 2 & 3.333 \end{bmatrix} \Omega$

12.3 $\begin{bmatrix} (8+j12) & j12 \\ j12 & -j8 \end{bmatrix} \Omega$

12.5 $\begin{bmatrix} \dfrac{s^2+s+1}{s^3+2s^2+3s+1} & \dfrac{1}{s^3+2s^2+3s+1} \\ \dfrac{1}{s^3+2s^2+3s+1} & \dfrac{s^2+2s+2}{s^3+2s^2+3s+1} \end{bmatrix}$

12.7 $\begin{bmatrix} 29.88 & 3.704 \\ -70.37 & 11.11 \end{bmatrix} \Omega$

12.9 參見圖 D.8。

圖 D.8 習題 12.9 的電路

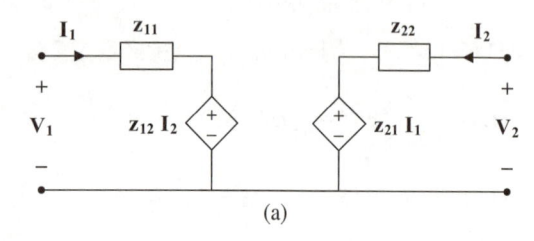

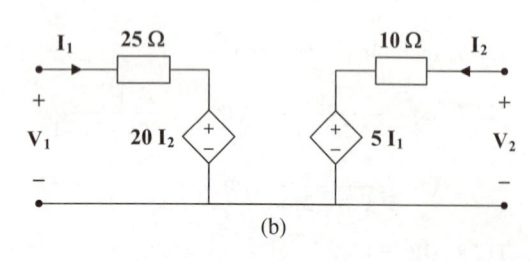

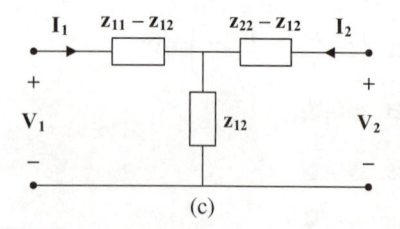

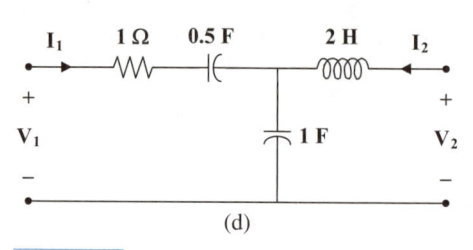

圖 D.8 習題 12.9 的電路 (續)

12.11 0.8049 A, 0.1463 A, -1.463 V, 7.1706 V

12.13 證明題。

12.15 $6\angle 90°$ V, $3.18\cos(2+148°)$ V

12.17 $\begin{bmatrix} \dfrac{1}{8} & \dfrac{-1}{12} \\ \dfrac{-1}{12} & \dfrac{1}{2} \end{bmatrix}$ S

12.19 $\begin{bmatrix} 0.75 & 0 \\ -0.5 & 0.1667 \end{bmatrix}$ S

12.21 $\begin{bmatrix} 0.4 & -0.2 \\ 0.2 & 1.2 \end{bmatrix}$ S

12.23 $Z_1 = 4\Omega$, $Z_2 = 4\Omega$, $Z_3 = 8\Omega$

12.25 $\begin{bmatrix} 1.5 & 0.5 \\ -3.5 & -1.5 \end{bmatrix}$ S

12.27 281.2 mV, 證明題。

12.29 $\begin{bmatrix} 10\Omega & 1 \\ -1 & 0.05\text{S} \end{bmatrix}$

12.31 這是個設計問題，有許多答案。

12.33 $\begin{bmatrix} 85\Omega & 0.25 \\ 14.75 & 0.0725\text{S} \end{bmatrix}$, $\begin{bmatrix} 0.02929\text{S} & -0.101 \\ -5.96 & 34.34\Omega \end{bmatrix}$

12.35 1.1905 V

12.37 $g_{11} = \dfrac{1}{R_1+R_2}$, $g_{12} = -\dfrac{R_2}{R_1+R_2}$
$g_{21} = \dfrac{R_2}{R_1+R_2}$, $g_{22} = R_3 + \dfrac{R_1 R_2}{R_1+R_2}$

12.39 證明題。

12.41 (a) $\begin{bmatrix} 1 & \mathbf{Z} \\ 0 & 1 \end{bmatrix}$, (b) $\begin{bmatrix} 1 & 0 \\ \mathbf{Y} & 1 \end{bmatrix}$

12.43 $\begin{bmatrix} 1 - j0.5 & -j2 \ \Omega \\ 0.25 \ \text{S} & 1 \end{bmatrix}$

12.45 $\begin{bmatrix} 0.3235 & 1.176 \ \Omega \\ 0.02941 \ \text{S} & 0.4706 \end{bmatrix}$

12.47 $\begin{bmatrix} \dfrac{2s+1}{s} & \dfrac{1}{s} \ \Omega \\ \dfrac{(s+1)(3s+1)}{s} \text{S} & 2 + \dfrac{1}{s} \end{bmatrix}$

12.49 證明題。

12.51 證明題。

12.53 -134.14

12.55 這是個設計問題，有許多答案。

12.57 這是個設計問題，有許多答案。

12.59 $\begin{bmatrix} 40 & 0 \\ 1.5 & 40 \end{bmatrix} \text{k}\Omega, \ \begin{bmatrix} 0.381 & 15.24 \ \text{k}\Omega \\ 9.52\mu\text{S} & 0.381 \end{bmatrix}$

12.61 $\begin{bmatrix} \dfrac{0.5}{3} & -\dfrac{1}{-0.5} \\ -\dfrac{-0.5}{3} & \dfrac{2}{5/6} \end{bmatrix} \text{S}$

12.63 $\begin{bmatrix} 4 & 63.29 \ \Omega \\ 0.1576 \ \text{S} & 4.994 \end{bmatrix}$

12.65 $\begin{bmatrix} 57.67 & 3.333 \\ 3.333 & 0.6667 \end{bmatrix} \Omega$

12.67 $\begin{bmatrix} s^4 + s^3 + 3s^2 + 2s + 1 & s^3 + 2s \\ s^4 + 2s^3 + 4s^2 + 4s + 2 & s^3 + s^2 + 2s + 1 \end{bmatrix}$

Index 中英索引

g 參數 (g parameters) 492
h 參數 (h parameters) 492
t 參數 (t parameters) 499
y 參數 (y parameters) 487
z 參數 (z parameters) 483

■ 一 劃

一階微分方程式 (first-order differential equation) 197
一階電路 (first-order circuits) 196

■ 二 劃

二階微分方程式 (second-order differential equation) 256
二階電路 (second-order circuit) 250

■ 三 劃

已知節點 (datum node) 66

■ 四 劃

不同相 (out of phase) 297
互易 (reciprocal) 484
元件 (element) 2
分流 (current-division) 318
分流定理 (principle of current division) 40
分流器 (current divider) 40
分壓 (voltage-division) 317
分壓定理 (principle of voltage division) 38
分壓器 (voltage divider) 38
切換函數 (switching function) 209
反向傳輸參數 (inverse transmission parameters) 499
反相器 (inverter) 148
反相輸入 (inverting input) 143
欠阻尼 (underdamped) 257

■ 五 劃

主動元件 (active element) 11
代數方程式 (algebraic equation) 400
代數法 (method of algebra) 419
功率 (power) 8
功率三角形 (power triangle) 378
功率因數 (power factor, pf) 374
功率因數角 (power factor angle) 374
加法器 (summer) 153
平均 (average) 361
平面電路 (planar circuit) 79

■ 六 劃

交流電 (alternating current, ac) 294
交流電路 (ac circuit) 294

565

交流電壓 (ac voltage)　7
同相 (in phase)　297
地 (ground)　66
地表接地 (earth ground)　66
有效值 (effective value)　370
自然頻率 (natural frequency)　257
自然響應 (natural response)　198

■ 七　劃

串接 (cascaded)　509
均方根 (root-mean-square)　371
完全平方法 (completing the square)　419
完全響應 (complete response 或 total response)　218
希維賽德定理 (Heaviside's theorem)　418
步級響應 (step response)　217
角頻率 (angular frequency)　295

■ 八　劃

阻尼因子 (damping factor)　257
阻尼自然頻率 (damped natural frequency)　259
阻尼頻率 (damping frequency)　259
阻抗 (impedance)　312
阻抗參數 (impedance parameters)　483
供應 (supplied)　382
初值定理 (initial-value theorem)　411
卷積 (convolution)　424
卷積積分 (convolution integral)　424
取樣性質 (sampling property)　211
奈培頻率 (neper frequency)　257
姆歐 (mho，歐姆倒著唸)　27
弦波相量 (sinor)　303
弦波穩態響應 (sinusoidal steady-state response)　295
拉普拉斯轉換法 (Laplace transformation)　400
狀態變數 (state variable)　461

直流電壓 (dc voltage)　7
非反相輸入 (noninverting input)　143
非平面電路 (nonplanar circuit)　79
非線性電阻 (nonlinear resistor)　27
非線性電容器 (nonlinear capacitor)　179
非線性電感器 (nonlinear inductor)　188

■ 九　劃

相位 (phase)　297
相量表示 (phasor representation)　303
相量圖 (phasor diagram)　304
負載 (load)　115
重疊 (superposition)　107
重疊積分 (superposition integral)　427
逆混合參數 (inverse hybrid parameters)　492

■ 十　劃

振幅 (amplitude)　295
振盪頻率 (resonant frequency)　257
時間位移性質 (time-shift property)　405
時間延遲性質 (time-delay property)　405
時間常數 (time constant)　198
特徵方程式 (characteristic equation)　256
級 (stage)　157
能量守恆定律 (law of conservation of energy)　9

■ 十一　劃

被動元件 (passive element)　11
被動符號規則 (passive sign convention)　9
部分分式展開 (partial fraction expansion)　417
參考節點 (reference node)　66
參數 (parameter)　482
國際單位制 (International System of Units, SI)　3
埠 (port)　482
強度 (strength)　211
強迫響應 (forced res-ponse)　220
混合參數 (hybrid parameters)　492

終值定理 (final-value theorem) 411
閉迴路增益 (closed-loop gain) 144

■ 十二 劃

週期 (period) 295
週期性的 (periodic) 296
階梯法 (ladder method) 456
單位步級函數 (unit step function) 209
單位脈衝 (unit impulse) 209
單位脈衝函數 (unit impulse function) 210
單位脈衝響應 (unit impulse response) 457
單位斜波 (unit ramp) 209
單位斜波函數 (unit ramp function) 211
單位增益放大器 (unity gain amplifier) 151
單側 (unilateral) 401
單邊 (one-sided) 401
幅角 (argument) 295
循環頻率 (cyclic frequency) 296
最大功率定理 (maximum power theorem) 127
最大平均功率轉移定理 (maximum average power transfer theorem) 368
無功 (reactive) 378
無功伏安 (volt-ampere reactive, VAR) 378
無阻尼自然頻率 (undamped natural frequency) 257
無損耗電路 (loss-less circuit) 260
無源電路 (source-free circuits) 196
發電機 (generator) 11
短路 (short circuit) 25
短路導納參數 (short-circuit admittance parameters) 487
等效 (equivalence) 112
等效電阻 (equivalent resistance) 41
虛部運算 (imaginary part of) 302
視在功率 (apparent power, S) 374
超前 (lead) 297

超節點 (supernode) 74
超網目 (supermesh) 84
開迴路電壓增益 (open-loop voltage gain) 143
開路阻抗參數 (open-circuit impedance parameters) 483

■ 十三 劃

運算放大器 (operational amplifier) 11
過阻尼 (overdamped) 257
傳遞 (delivered) 382
傳輸參數 (transmission parameters) 498
微分方程式 (differential equation) 400
極點 (poles) 417
閘極函數 (gate function) 212
零點 (zeros) 417
電子學 (electronics) 65
電池 (battery) 11
電位差 (potential difference) 7
電位器 (potentiometer/pot) 26
電抗 (reactance) 313
電阻 (resistance) 24, 313
電阻矩陣 (resistance matrix) 87
電阻率 (resistivity) 24
電阻器 (resistor) 11, 24
電流控制電流源 (current-controlled current source, CCCS) 13
電流控制電壓源 (current-controlled voltage source, CCVS) 13
電容性阻抗 (capacitive) 313
電容器 (capacitor) 11, 176
電納 (susceptance) 314
電能 (energy) 8
電荷 (electric charge) 3
電荷守恆定律 (law of conservation of charge) 4
電感 (inductance) 187
電感性阻抗 (inductive) 313

電感器 (inductor)　11, 187
電源變換 (source transformation)　112
電路 (electric circuit)　2
電導 (conductance)　27, 314
電導矩陣 (conductance matrix)　87
電壓 (voltage)　7
電壓控制電流源 (voltage-controlled current source, VCCS)　13
電壓控制電壓源 (voltage-controlled voltage source, VCVS)　13
電壓隨耦器 (voltage follower)　151

■ 十四　劃

實部運算 (real part of)　302
對稱 (symmetrical)　484
摺積 (folding)　424
滯後 (lag)　297
網目電流 (mesh current)　79
網路函數 (network function)　455
複數功率 (complex power)　376

■ 十五　劃

儀表放大器 (instrumentation amplifier)　153
廣義節點 (generalized node)　74
暫態響應 (transient response)　220
歐姆定律 (Ohm's law)　25
線性 (linear)　104, 444
線性電阻 (linear resistor)　26
線性電容器 (linear capacitor)　179
線性電感器 (linear inductor)　188
線圈電感 (coil)　188
餘數 (residues)　417
餘數法 (residue method)　417

■ 十六　劃

導抗 (immittance)　488
導納 (admittance)　313

導納參數 (admittance parameters)　487
機殼接地 (chassis ground)　66
激發 (excitation)　104
獨立迴路 (independent loop)　30
篩選性質 (sifting property)　211
諾頓定理 (Norton's theorem)　104
頻域 (frequency domain)　305
頻率位移 (frequency shift)　406
頻率轉換 (frequency translation)　406

■ 十七　劃

儲能元件 (storage element)　176
壓升 (voltage rise)　7
壓降 (voltage drop)　7
戴維寧定理 (Thevenin's theorem)　104
戴維寧等效電路 (Thevenin equivalent circuit)　115
瞬時功率 (instantaneous power)　8, 360
臨界阻尼 (critically damped)　257

■ 十八　劃

繞線電阻 (winding resistance)　189
繞線電容 (winding capacitance)　189
繞線電感 (choke)　188
轉移函數 (transfer function)　455
轉移阻抗 (transfer impedances)　484
雙側 (bilateral)　401
雙埠 (two-ports)　482
雙埠網路 (two-port network)　482
雙邊 (two-sided)　401

■ 十九　劃以上

穩態響應 (steady-state response)　220
響應 (response)　104
驅動點阻抗 (driving-point impedances)　484